# 山区水源输水工程设计实例

陈　羽　胡　刚　涂晓霞
徐苏晨　刘亚洲　编著

华中科技大学出版社
中国·武汉

## 内 容 提 要

本书以我国"十二五"至"十三五"期间的部分山区水源输水工程项目为背景，在系统总结"印江县栗子园水利工程""盘州市朱昌河水库工程""兴义市纳达水库工程""红河县猛甸水库工程"等项目设计理论技术与设计经验的基础上，详细阐述了这些山区水源输水工程项目在设计及相关方面的特点，可为水利工程项目设计提供参考。全书分四篇，主要内容包括工程简介与枢纽布置、大坝稳定及应力分析、泄洪消能设计、灌溉供水工程设计、安全监测设计和工程设计经验等。

本书具有较高的实用价值，可作为高等院校相关专业师生的参考用书，也可供从事水利工程设计、科研、施工、监测、建设及运行管理等工作的人员参考。

**图书在版编目(CIP)数据**

山区水源输水工程设计实例/陈羽等编著. —武汉：华中科技大学出版社，2023.1
ISBN 978-7-5680-8730-8

Ⅰ. ①山… Ⅱ. ①陈… Ⅲ. ①山区-水源-输水-设计 Ⅳ. ①TV67

中国版本图书馆 CIP 数据核字(2022)第 164329 号

**山区水源输水工程设计实例**　　陈羽　胡刚　涂晓霞　徐苏晨　刘亚洲　编著
Shanqu Shuiyuan Shushui Gongcheng Sheji Shili

策划编辑：何臻卓　李国钦
责任编辑：陈　骏
责任校对：刘　竣
责任监印：徐　露
出版发行：华中科技大学出版社(中国·武汉)　　电话：(027)81321913
　　　　　武汉市东湖新技术开发区华工科技园　　邮编：430223
录　　排：华中科技大学惠友文印中心
印　　刷：广东虎彩云印刷有限公司
开　　本：787mm×1092mm　1/16
印　　张：26.25
字　　数：670 千字
版　　次：2023 年 1 月第 1 版第 1 次印刷
定　　价：88.00 元

# 前　　言

2009年秋季以来，我国西南地区气温较常年同期普遍偏高1℃至2℃，为1952年以来历史同期次高值；降水量较常年同期偏少三成至五成，为1952年以来历史同期最少。高温少雨导致旱情迅速蔓延，造成一场罕见的特大旱情。持续高温少雨天气，导致云南、广西、贵州、四川、重庆五省区市的旱情持续加重。云南大部地区干旱等级升至100年以上一遇；贵州出现80年一遇的严重干旱，部分地区旱情甚至百年一遇；广西部分地区的旱情已达到特大干旱等级，总体旱情50年一遇，旱魔以惊人的速度在西南大地肆虐。

此次旱情牵动了党中央、国务院和地方各级政府，水利部组织长江水利委员会与珠江水利委员会共同编制了《西南五省（自治区、直辖市）重点水源工程近期建设规划报告》，在西南五省（自治区、直辖市）规划并建设一批水源输水工程，以保障当地的人畜饮水和农业灌溉。本书所述的四个工程项目就是在这样的背景下顺利产生并完成建设的。

本书所述四个工程项目的设计是在中水珠江规划勘测设计有限公司（原水利部珠江水利委员会勘测设计研究院）的领导和支持帮助下完成的。

因时间仓促及作者水平有限，书中不当之处敬请广大读者、专业人士批评指正。

**作　者**

**2022年12月**

# 目　　录

## 第1篇　印江县栗子园水利工程

## 第2篇　盘州市朱昌河水库工程

## 第3篇 兴义市纳达水库工程



## 第4篇 红河县勐甸水库工程

# 第 1 篇

# 印江县栗子园水利工程

# 第1章 拱坝工程技术研究进展综述

## 1.1 国内外拱坝发展概况

拱坝是世界各国较常采用的拦河坝的一种重要坝型，以其结构合理和体形优美而著称。拱坝是所有挡水建筑物中最为安全的一种[1]。

拱坝作为国内外主要的坝型之一，其优越性已得到广泛的认可。①它的外荷载主要是通过拱的作用传递到坝端两岸，坝体应力状态以受压为主，这一特性能适应坝体材料（混凝土或砌石）抗压强度高的特点，使材料的强度较能充分发挥。②拱坝的荷载主要是通过拱的作用传递到坝端两岸，拱坝的稳定性主要是依靠坝端两岸岩体来维持，而不像重力坝主要靠自重维持。拱坝的体积较重力坝小得多，在坝址、坝高条件相同的情况下，拱坝体积为重力坝的1/5～1/1.5，从而节省了建坝材料。③拱坝属于高次超静定的空间壳体结构，具有相当强的超载能力。当外荷载增加或拱坝某局部开裂时，坝体应力可以自行调整，只要坝肩稳定可靠，坝体安全裕度一般较大。综上所述，拱坝是一种经济性和安全性都比较优越的坝型[2]。

我国的拱坝建设通过研究与施工实践，成功地解决了狭窄河谷大流量泄洪消能、岩溶地区高拱坝防渗、复杂地基加固处理等问题。拱坝体形有单曲、双曲、单心圆、多心圆、抛物线、椭圆、对数螺旋线、统一二次曲线和混合曲线等多种形式；体型设计从手工设计发展到优化设计和计算机辅助设计，研制了线性和非线性、静力和动力、多拱梁和有限元等分析方法和功能强大的软件。近年来，我国兴建了大量的砌石拱坝，在砌石坝的体型设计、砌石胶凝材料和砌筑工艺方面积累了丰富的经验[2]。

**1.国外拱坝发展概况**

人类修建拱坝的历史悠久。早在公元前3世纪的古罗马时期，人们就已经意识到了拱结构有较强的承载能力，修建了大量拱形建筑和桥梁以及圆筒形的拦河拱坝。目前发现拱坝遗址有罗马时期建于法国圣·里米省南部的鲍姆拱坝（坝高12 m），以及位于葡萄牙东南部埃沃拉的蒙特诺沃的一座拱坝（坝高5.7 m）[3]。6世纪土耳其修建了达拉(Dara)拱坝，坝高5 m。13世纪伊朗修建了凯巴拱坝（坝高26 m）、阿巴斯拱坝（坝高20 m）和库里特拱坝（坝高60 m）。中世纪西班牙修建了4座拱坝，分别为阿尔曼萨拱坝（坝高23 m）、蒂维拱坝（坝高46 m）、雷列乌拱坝（坝高33 m）和埃尔切拱坝（坝高23 m）。1611年意大利建造了高桥拱坝（坝高39 m）。早期的拱坝没有理论指导，前人在实践中积累经验、摸索着前进。17世纪，佐拉拱坝是运用圆筒公式设计修建的第一座拱坝，它开创了采用应力分析拱坝的先例。与佐拉拱坝同期，澳大利亚修建了一批混凝土单曲拱坝：Parramatta拱坝（坝高16 m），Tamuworth拱坝（坝高20 m），Mudgee拱坝（坝高15 m），Wellington拱坝（坝高15 m），Barossa拱坝（坝高36 m），Lithgow拱坝（坝高27 m）和Medlow拱坝（坝高20 m）[2]。

19世纪，美国建造了斯威特沃特拱坝，拱坝的风格以厚重的体型为主。20世纪，固端拱法得到了深入研究[4]。1914 年建成的 Salmon 拱坝就是按固端拱法设计的拱坝，这是第一座变半径的拱坝并设置了 3 条径向横缝以考虑温度荷载的影响。1889 年维切尔（H. Vischer）和瓦格纳（L. Wagener）在校核 1884 年美国建成的熊谷拱坝时，提出了拱冠梁法。十多年后，拱冠梁法被运用于对探险者拱坝和巴夫洛比尔拱坝（坝高 99 m）的设计中。1917 年，瑞士工程师将拱冠梁法发展为多拱梁法，设计了瑞士第一座拱坝——蒙特萨尔文拱坝。1923—1935 年，美国垦务局对拱梁分载法进行了深入研究和改进。1936 年，美国垦务局修建了胡佛重力拱坝（图 1-1-1），坝高 221 m，是第一座超过 200 m 的高拱坝，不仅其高度和规模是当时世界之最，而且该坝的一整套混凝土施工方法和基于板壳理论而又颇具特色的“试载法”一直影响到今天混凝土拱坝的设计和施工。与美国不同，欧洲的坝工专家设计拱坝以轻巧优美等特点见长，充分利用了拱坝良好的受力性能和较高的经济性优势。1935 年法国以采用削除收拉区的混凝土来消除梁底的拉应力为原则，设计了马里奇拱坝（图 1-1-2），其特点在于强调拱的作用[2]。

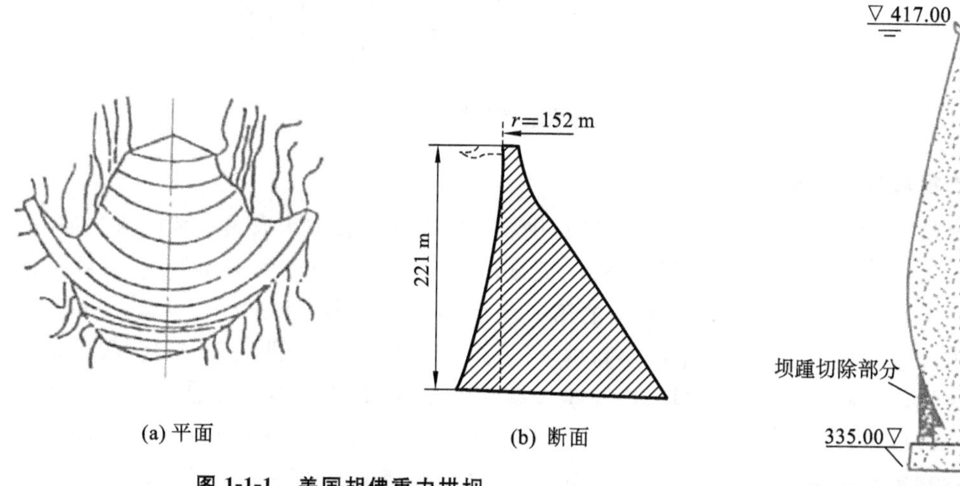


(a) 平面　　(b) 断面

图 1-1-1 美国胡佛重力拱坝

图 1-1-2 法国马里奇拱坝

1939 年，意大利采用设置拱坝周边缝以消除拉应力的方法修建了奥雪莱塔拱坝。以柯恩为首的法国工程师设计了许多新型拱坝枢纽，同时进行了坝身开孔泄洪、坝身变薄和宽河谷建拱坝的大胆尝试。这一时期，拱坝开始向跨越 200 m 高度冲击。瑞士 1957 年建成 236 m 高的莫瓦逊拱坝，是继胡佛重力拱坝之后出现的第一座超过 200 m 的特高拱坝。1961 年，意大利建成瓦依昂拱坝，坝高 261. 5 m，是相当典型的双曲薄拱坝。大坝在设计、施工等方面均获得了巨大成功，在水库投运 3 年后，水库岸坡发生岩石大规模高速滑坡，大坝承受了超过坝顶高约 100 m 以上涌浪的动水冲击，除左岸坝顶有一段长 9 m、深 1.5 m 的混凝土略有损坏外，大坝安然无恙（图 1-1-3）。因此人们对拱坝的实际超载能力有了一次感性认识。奥地利坝工专家认为，这次事故再次证实了拱坝有很高的安全性。

同时，从 20 世纪 50 年代开始了拱圈线的探索，1955 年，瑞士建立的埃默森拱坝第一次采用抛物线作为拱圈线。1963 年，莱图莱斯拱坝成为第一座椭圆拱坝。1962 年，法国乌格朗拱坝采用对数螺旋线拱。目前，国外已建成 250 m 以上的拱坝有格鲁吉亚的英古里双曲拱坝，高 272 m，坝底厚度 86 m，厚高比 0.316；意大利的瓦依昂拱坝，高 261. 5 m，坝底厚度 22 m，厚高比 0.084；国外最薄的是法国的托拉拱坝，高 88 m，坝底厚度 2 m，厚高比为

0.023。现今拱坝已成为大坝设计中的三大优选坝型之一[2]。

图 1-1-3 意大利瓦依昂拱坝

**2. 国内拱坝发展概况**

我国最早在1927年建成福建省上里砌石拱坝，高27.3 m。中华人民共和国成立后，我国水利水电事业迅速发展，拱坝建设在防洪、灌溉、水电、航运等事业的推动下，有了巨大的发展。1958年建成的流溪河拱坝是我国的第一座混凝土双曲拱坝（坝高78 m）。1961年，建成的响洪甸重力拱坝是我国的第一座高拱坝（坝高87. 5 m）。20世纪70年代，我国拱坝建设发展很快，各种拱坝如双曲拱坝、空腹拱坝等相继出现，特别是中小型砌石拱坝的发展迅速。我国建成了石门双曲拱坝（坝高88 m）和泉水双曲拱坝（坝高80 m）；80年代相继建成了凤滩空腹重力拱坝（坝高112. 5 m）、白山重力拱坝（坝高149. 5 m）、龙羊峡重力拱坝（坝高178 m）、东江双曲拱坝（坝高157 m）和紧水滩双曲拱坝（坝高102 m）。随着国家西部大开发战略的实施，我国成为世界上规模最大的坝工建设国家，建成了东风双曲拱坝（坝高162 m）、李家峡双曲拱坝（坝高165 m）、隔河岩重力拱坝（坝高151 m）和二滩双曲拱坝（坝高240 m）等。据中国大坝委员会1999年的统计资料，全世界已建成的坝高超过30 m的拱坝共1102座，其中中国有517座，占全世界的46. 9%[5]。表1-1-1为我国建成的坝高100 m以上拱坝情况[6]，表1-1-2则列举了我国坝高200 m以上的高至特高拱坝[7]。

表 1-1-1 我国已建成坝高 100 m 以上的混凝土拱坝

| 名称 | 坝 型 | 坝高/m | 总库容/(亿立方米) | 总装机容量/MW | 坝体混凝土/(万立方米) | 坝基岩石 |
|---|---|---|---|---|---|---|
| 二滩 | 双曲拱坝 | 240 | 58.0 | 3300 | 413 | 正长玄武岩 |
| 龙羊峡 | 重力拱坝 | 178 | 247 | 1280 | 165 | 花岗闪长岩 |
| 东风 | 双曲拱坝 | 162 | 10.25 | 2510 | 43 | 石灰岩 |
| 东江 | 双曲拱坝 | 157 | 91.5 | 500 | 100 | 花岗岩 |
| 李家峡 | 双曲拱坝 | 165 | 16.5 | 2000 | 120 | 混合斜长岩 |
| 隔河岩 | 重力拱坝 | 151 | 34.4 | 1200 | 268 | 石灰岩 |

续表

| 名称 | 坝 型 | 坝高/m | 总库容/(亿立方米) | 总装机容量/MW | 坝体混凝土/(万立方米) | 坝基岩石 |
|---|---|---|---|---|---|---|
| 白山 | 重力拱坝 | 149.5 | 53.1 | 1500 | 163 | 混合岩 |
| 风滩 | 空腹重力拱坝 | 112.5 | 17.15 | 400 | 117 | 砂岩板岩 |
| 紧水滩 | 双曲拱坝 | 102 | 13.935 | 300 | 30 | 花岗斑岩 |
| 乌江渡 | 重力拱坝 | 165 | 21.4 | | 188 | |
| 沙牌 | 碾压混凝土拱坝 | 132 | 0.78 | | 42 | |
| 群英 | 浆砌石拱坝 | 100.5 | 0.2 | | 7 | |

**表 1-1-2　我国 200 m 以上的高至特高拱坝**

| 序号 | 名称 | 坝高/m | 所在河流 | 序号 | 名称 | 坝高/m | 所在河流 |
|---|---|---|---|---|---|---|---|
| 1 | 怒江桥 | 288 | 怒江上游 | 9 | 古学 | 240 | 澜沧江上游 |
| 2 | 同卡 | 276 | 怒江上游 | 10 | 小湾 | 294.5 | 澜沧江 |
| 3 | 罗拉 | 275 | 怒江上游 | 11 | 溪洛渡 | 285.5 | 金沙江下游 |
| 4 | 松塔 | 295 | 怒江中游 | 12 | 锦屏 | 305 | 雅砻江 |
| 5 | 马吉 | 290 | 怒江中游 | 13 | 拉西瓦 | 250 | 黄河 |
| 6 | 叶巴滩 | 224 | 金沙江上游 | 14 | 二滩 | 240 | 雅砻江 |
| 7 | 旭龙 | 213 | 金沙江上游 | 15 | 白鹤滩 | 289 | 金沙江下游 |
| 8 | 孟底沟 | 201 | 雅砻江 | 16 | 乌东德 | 270 | 金沙江下游 |

我国的水能资源蕴藏量丰富，其中大部水能资源集中在西南地区，随着我国西部大开发战略的逐步实施以及国家电力能源结构的调整，西部的水力能源开发更加得到重视。西南地区的河谷狭窄，水流落差较大，许多坝址适合修建拱坝，且多数为高甚至特高拱坝。如二滩拱坝（图 1-1-4）、小湾拱坝（坝高 294.5 m）、溪洛渡拱坝（坝高 285.5 m，图 1-1-5）、锦屏拱坝（坝高 305 m）、乌东德拱坝（坝高 270 m）、拉西瓦拱坝（坝高 250 m）、白鹤滩拱坝（坝高 289 m），等等。与此相应，有关技术如拱坝应力变形计算、拱坝稳定分析、拱坝动力分析和抗震、拱坝温控、灌浆和地基处理、拱坝优化、水力学和泄洪消能、碾压混凝土拱坝、拱坝施工技术、拱坝模型试验等，都取得了长足进步[2]。

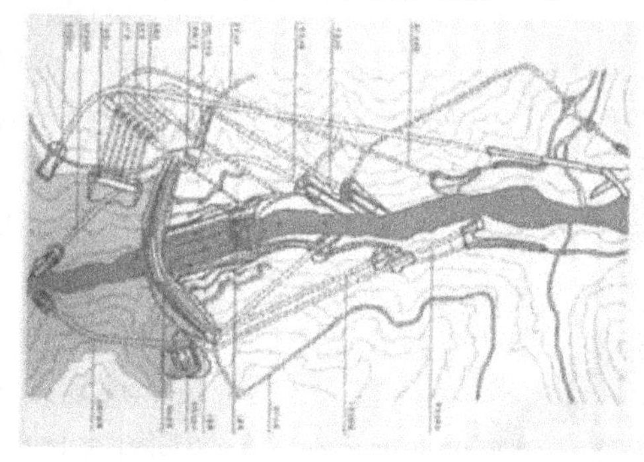

（a）枢纽布置图

（b）大坝照片图

**图 1-1-4　二滩拱坝**

图 1-1-5 溪洛渡特高拱坝

随着国家“西部大开发”“西电东送”战略的实施，我国水电建设的重点转向西部高山峡谷地区，出现一批高拱坝枢纽(300 m 级)，工程量跻于世界前列。这些坝址位于高地震区，这对我国拱坝建设水平既是严峻的考验，也带来了难得的机遇。如澜沧江的小湾水电站，拱坝坝高 294.5 m，装机容量 420 万千瓦，泄洪功率 4600 万千瓦，坝址地震基本烈度为Ⅷ度，而且有大规模的地下厂房及洞室群；又如金沙江的溪洛渡水电站，拱坝坝高 285.5 m，装机容量 1440 万千瓦，泄洪功率近 1 亿千瓦，坝址地震基本烈度与澜沧江的小湾水电站相同，其难度又比小湾水电站上了一个台阶。这些工程规模较大，泄洪功率比世界最高水平高出 2～3 倍，而且处于强地震区，其建造技术居于世界前列[2]。

由于拱坝结构复杂，为了解决高至特高拱坝建设中的难题，我国一直都把高至特高拱坝研究作为国家重点科技攻关的课题。目前，我国已发展成为名副其实的拱坝大国，不仅在拱坝数量上占世界第一位，而且在拱坝科学技术上取得了令人瞩目的科技成果，已达到世界一流水平[2]。

## 1.2 拱坝优化设计研究概况

我国的拱坝优化技术发展已经进入了实用阶段，并且在国际上处于领先地位。拱坝优化是在满足某些约束条件下使某一目标函数取极值。对于拱坝来讲，约束条件主要是保证坝的安全，而目标函数则是坝的体积最小或造价最低。在进行高拱坝设计时，约束条件和目标函数的表述有本质上的区别，这两类要求是两套系统，前者是模糊的(例如将拱坝上允许出现的最大拉应力减小或增大 0.1 MPa，究竟对坝体安全度有多大的影响是难以说清的)；后者(体积或造价)则有十分明确的概念的确定值。在目标函数取极值点的附近区域，“坡度”是平缓的。即偏离理论最优点一定距离，对目标函数的影响不大，因此可在增加较小工程量或造价的前提下提高安全性。近来，不少专家倾向于把拱坝优化的问题倒过来描述，即在混凝土量不超过某一限制的条件下，使坝体具有最高的安全度，但这种优化的难度比常规优化更高，原因就在于坝体的安全度以什么函数来表示：是单纯的最大应力，还是综合的可靠度指标，还是另外的特征？对于不同体型和地质、地形条件的拱坝，其破坏机理是不同的，如何选择合理的安全指标，是一个需要做深入研究的课题。总之，在高拱坝建设上，安全较之造价更为重要[2]。

结构优化设计的目的在于寻求既安全又经济的结构形式，采用数学规划方法是非常有效的研究途径。目前，结构优化设计已广泛应用于国民经济建设的各个领域。结构优化设计主要为参数优化和拓扑形状优化，优化设计研究的主要内容是优化模型的建立、结构分析方法和优化算法[2]。

**1. 体形优化发展概况**

拓扑优化是指形状优化，也称为外形优化。拓扑优化的目标是寻找承受单荷载或多荷载物体的最佳材料分配方案。它与传统的优化设计不同的是，拓扑优化不需要给出目标函数、状态变量和设计变量等参数优化变量，只要给出结构的材料特性、模型、载荷等。拓扑优化可以分为两种类型：微结构的拓扑优化和宏观结构的拓扑优化。Lurie 提出，如果设计空间不闭合，则拓扑优化就不能很好定位。解决方法有两条：一是在问题建立方程时用微结构扩大设计空间（Cheng 等人[8]用此方法求解了密度连续变化结构的拓扑优化问题）；另一种方法是限制方程的求解空间。Rossow 和 Taylor 对于拓扑优化设计预报提出了变厚度薄板模型。Atrek 和 Kodali 发展了 shape - method。Xie，Steven[9]和 Querin[10]等人提出了进化的结构优化法（ESO）。Young[11]等人发展了双向进化优化法（BESO）。王跃方等人[12,13]提出了适用于桁架结构的拓扑优化设计方法。拓扑优化所能解决的问题由单一荷载的优化问题延伸到多荷载情况、双边结构、板壳问题、特征频率优化、弯曲特征值优化问题、压力最小值问题等。Diza[14]等人对于结构振动的特征频率值进行拓扑优化研究；Kikuchi N、Fleru YC 等人对动荷载进行拓扑优化研究[15,16]；Hammer、Eschenauer 等人对风、雪荷载，水流、洪水荷载等作用结构的拓扑优化设计进行了研究。拓扑优化注重结构外形优化，完成之后再进行参数优化会得到更好的效果。拓扑优化在其他行业的成功应用为水工结构工程领域的优化设计、特别是高拱坝初始体型设计提供了一个新的研究思路和发展空间[2]。

国内的拱坝体形优化设计概念是由朱伯芳院士在 20 世纪 70 年代末期提出，到 90 年代初趋于成熟[17]，基于有限单元法的拱坝优化设计工作最早是河海大学王德信所做[18]，近年来该领域的研究又有了新的进展。厉易生[19]通过研究，提出并证明了双目标优化的有效点集是象集的第 3 象限的边界，在此基础上得到拱坝双目标（经济和安全）优化的一个实用解法。刘国华、汪树玉、张海南等人[20-24]利用基于拱坝全调整拱梁分载法的基本原理，导出了材料非线性条件下的拱梁刚度方程，给出了裂缝扩展的判别与跟踪方法，并在分载法框架下研究裂缝对拱、梁应力应变的影响，形成了非线性全调整分载法；将已有的拱圈线型用混合线型来统一描述，通过改变曲率方程中的参数，能很好地适应坝体各个部位不同的地形地质条件和受力特点，并实现不同拱圈线型间的平滑过渡；通过对拱坝多目标优化的模型、方法与程序实现的探讨，提出以经济性指标（如坝体方量 $V$）和安全性指标（应力水平 $\sigma$、强度失效概率 $F$、高应力区范围 $H$）作为优化的多个目标函数的设想；多目标优化采用理想点法，通过对各分目标的权系数调整，可提供多个解决方案；探讨了拱坝优化的柔性建模方法，将优化模型中的变量系统、约束系统和目标系统用数学手段表达出来。孙林松、王德信、谢能刚等人[25-32]在拱坝体形优化设计中引进裂缝深度约束条件，结构分析采用超级有限单元法，既能有效控制计算规模，又能方便地反映结构开裂的局部特性；以最大拉应力最小为目标，建立了拱坝体型优化设计的数学模型，可以使在一定的坝体体积限制下的坝体内的最大拉应力得到有效降低，且拉应力区域也相应减小；基于静、动力荷载作用下高拱坝的安全性与经济性，建立了高拱坝体型多目标优化设计模型，利用模糊理论提出了多目标优化的评价函数；针对高地震区高拱坝的抗震设计，从高拱坝的动力平衡方程出发，导出了基于拱坝体型特征量的状态控制方程，提出了拱坝结构抗震动力优化设计的数学模型，建立了动力最优化的能量目标函数；根据不同结构形式在地震中表现出迥异的抗震性能这一客观事实，提出了既将结构视为使用主体，又将其视为抗震主体的一体化抗震设计概念，即对结构的形状、尺寸和材料的自控制设计，从结构的动力状态控制方程出发，建立了自控制抗震设计的数学模型和功能函数。封伯昊、张俊芝、张立翔[33]以统计数学和模糊数学的概念为基础，建立了一种考虑强度安全性的基于模糊可靠度概念的拱坝优化模型；程心恕、封伯昊[34]用微分和概率论方法对荷载和抗力的统计特征进行处理，求得拱梁分载值和应力分量的方差，通过JC法可求出反映坝体的抗拉能力和抗压能力两组可靠度指标，并在此基础上作为随机应力方法的延伸，提出了考虑强度随机性的拱坝优化方法，用强度可靠度指标的多准则优化和数学规划相结合的优化模型，进行拱坝体形优化[2]。

**2. 算法优化发展概况**

在算法优化方面，传统的最优化方法有单纯形法、共轭梯度法、惩罚函数法及复合形法等。随着问题对象复杂性的增加，一些现代优化计算方法也应运而生，如有神经网络法、遗传算法、免疫算法及模拟退火算法等。

神经网络法是对人脑或自然的神经网络若干基本特征的抽象和模拟，是一个非线性的动力系统，具有大规模的并行处理和分布式的信息存储能力，以及良好的自适应性、组织性及很强的学习、联想、容错及抗干扰能力。目前，神经网络有数十种模型，比较典型的有BP网络、CPN网络、T网络及Daruin网络等，该方法在非线性动力系统的参数识别方面有很好的应用。

遗传算法由美国密执安大学的J. H. Holland于1970年创建，它基于达尔文生物进化原则，对包含可行解的群体反复使用遗传学的基本操作，不断生成新的群体，使种群不断进化，同时以全局并行搜索技术来搜索优化群体中的最优个体，以求得满足要求的最优解。由于遗传算法实现全局并行搜索，搜索空间大，并且在搜索过程中不断向可能包含最优解的方向调整搜索空间，因此宜于寻找到最优解或准最优解。和其他方法相比，需要解决的问题越复杂，目标越不明确，遗传算法的优越性越大。遗传算法被广泛地运用于结构优化设计问题中。研究结果表明遗传算法是求解离散变量优化问题较为有效的方法，它极大地减小了计算工作量，能够获得全局最优解，非常适合于工程优化设计。

20世纪70年代，Jerne提出了免疫系统的网络假说，开创了独特型网络理论，给出了免疫网络的数学框架，Perelson对此进行进一步阐述，1986年，Farmer基于免疫网络的假说，构造了一个免疫系统的动态模型，并提出了一些有价值的学习算法的构想，其工作具有重要意义。

1982年，Kirkpatrick等将热力学中的退火思想引入组合优化领域，提出了求解大规模优化问题的模拟退火算法。模拟退火算法是基于金属退火的机理而建立起来的一种全局最优化方法，它能够以随机搜索技术从概率的意义上找出目标函数的全局最优点[2]。

近年来，发展迅速的计算机并行技术引起世界各国的足够重视，世界各国都在投巨资建立自己的高性能计算中心，计算机技术是提高数据处理、优化效率和规模的实用途径。并行计算的硬件有SISD型计算机、SIMD型并行机、共享存储MIMD并行多处理机、分布存储

MIMD并行多处理机、分布共享存储MIMD并行机,并行的软件平台目前主要有可移植的异构编程环境PVM和消息传递标准平台MPI。现有成熟的并行模型有PRAM模型(SIMD-PRAM模型、MIMD-PRAM模型)、H-PRAM模型、LogP模型、C3模型和BDM模型。在并行算法方面,现在研究较多的有线性代数方程组的并行计算、特征值与特征值向量的并行计算、多重网格与区域分解算法的并行计算、离散变换与离散卷积的并行算法、小波分析的并行算法等。与水工结构工程专业密切相关的研究有并行有限元法、并行边界元法以及大型稀疏线性方程组的解法。国外计算机并行方面的研究工作很多,如PLAPACK重在构造界面友好的、结构清晰的层次结构[2]。

**3. 我国高拱坝体型优化设计研究现状简况**

国内拱坝优化设计研究一直在进步,从多拱梁优化发展到有限元优化,从静力优化发展到考虑地震荷载的动力优化,从单目标优化发展到双目标优化和多目标优化。这些工作发展和完善了我国提出的建立在拱坝优化基础上的二次曲线及混合曲线拱坝新体型,保持并扩大了我国在国际上拱坝体型设计领域的领先优势[2]。

结构分析方法是拱坝优化设计中必不可少的一环。在研究的初期,优化中的应力分析方法是从拱冠梁法起步的。20世纪80年代后期,我国的多拱梁分析方法得到很大发展,东北勘测设计研究院提出的反力参数法,河海大学提出了分载位移法,水利水电科学研究院提出了位移内力混合法,浙江大学提出了基于径向纤维直线假定的全调整多拱梁法等。随着研究的深入与计算条件的提高,拱梁分载法、三维有限元法等精细计算方法越来越多地应用于拱坝体型优化设计,约束函数已全面反映了规范的要求,拱坝优化设计程序趋于成熟。拱坝设计规范要求拱坝应力分析一般以拱梁分载法计算成果作为衡量强度安全的主要标准,但对高拱坝或地质条件比较复杂的拱坝,需要用有限元法计算加以验证,必要时两者应同时进行,相互验证[2]。同时我国高拱坝体型优化设计中也还存在一些问题需要考虑。

潘家铮院士在"水利建设中的哲学思考"的讲座中认为:应该综合、辩证地认识拱坝优化问题。拱坝优化设计思路和技术路线是十分科学的,但有时优化出的体型并不合理;将经济性和安全性两种性质不同的因素综合为一,虽然可以用加权来解决,但权重的确定就很模糊了;工程的安全性又用什么衡量?简单的数学寻优道路又走不通,这似乎是一个"模糊综合评价决策"问题[2]。

拱坝设计专家李瓒则认为:拱坝优化非常重要,但更重要的是必须在布置基本落实和地质条件基本清楚的前提下,才能收到效果;拱坝设计中要特别注意拱坝坝肩稳定问题,否则将遗患无穷;拱坝设计的好坏乃至成败,在于设计人员对工程、自然和地质条件的充分掌握。拱坝的经济性源于拱坝的整体性,而拱坝整体性的保证来源于设计人员对坝址地质情况的全面掌握、良好的大坝设计、施工和基础处理[2]。

## 1.3 拱坝强度安全度评价研究进展

### 1.3.1 允许应力和安全系数

**1. 允许应力**

拱坝是一种重要的坝型,以其材料强度发挥充分、承载能力大、体积小、泄洪布置方便、潜在安全度高及抗震性能好等优点而受到国内外坝工界的重视。众所周知，现行的拱坝设计都是以规范为标准的。国内外拱坝设计准则一般都以允许应力作为控制条件。允许压应力指标与混凝土本身极限抗压强度、坝的安全级别和荷载组合有关，允许拉应力指标与荷载组合和坝体应力计算方法有关。例如，基本荷载组合和特殊荷载组合时的允许拉应力指标、允许压应力指标不同；采用拱梁分载法和有限元法计算坝体应力时，允许拉应力指标不同[2]。

拱坝设计中的允许应力是拱坝强度安全评价的重要指标之一，关系到坝体的经济性，并反映拱坝的安全度，也反映了拱坝发展的水平。如允许压应力，国外在19世纪时期只有1.0 MPa左右，到了20世纪40年代为2.5～3.0 MPa，且不允许坝基上游面出现拉应力。到了20世纪50年代，拱坝在西欧一些国家得到较快发展，拱坝的允许压应力提高到6.0～7.0 MPa，有些甚至到10.0 MPa。在我国，目前对混凝土拱坝的一般规定是，允许拉应力不超过1.2～1.5 MPa，压应力则取坝体混凝土抗压强度的25%～33%。计算中如果出现了应力超标，就通过调整体型来改善应力状态，只要最终满足了规范的应力控制，同时坝体的工程量最小就认为是合理的体型[2]。

对于拱坝的允许拉应力，由于拱坝计算得到的拉应力往往较实际拉应力偏大，因此坝体断面在拉应力控制下会设计得较厚。拱坝的拉应力较大的位置常在拱冠部分悬臂梁上游坝基处，但实际应用中，梁底上游面的拉应力大小对拱坝设计来说并不十分重要。一般认为，允许适当放宽梁底上游面的拉应力。因为考虑到拱坝与拱梁之间的协调作用，即使梁底全部开裂，水平拱仍可承担全部荷载，而且，水下混凝土还会因膨胀抵消一部分拉应力。另一种观点是，当悬臂梁底的拉应力很大时，可在梁底局部范围留底缝，使基础对坝体的约束放松。也可增加坝体上部混凝土的弹模，减小梁底拉应力。既然拱坝是可以调整自身应力分布的整体结构，那么以局部应力来评价拱坝也是值得商榷的[2]。

**2. 安全系数**

安全系数一般指坝体混凝土的极限抗压强度大于允许压应力的倍数。预留安全系数主要考虑到下列问题：①对材料性能认识不足，或长期运用导致性能变化；②施工上存在缺陷，不能达到预期要求；③对荷载或工作条件考虑不全，有不可预见因素；④分析方法不完善，不能准确反映结构的实际工作状况等。但是，由于目前拱坝应力分析方法日趋完善，施工质量不断提高，以及拱坝有较高的安全度，所以拱坝的安全系数在国外已有降低的趋势或规定[35]。

## 1.3.2 极限承载能力

随着我国水利水电事业的发展，涌现出一大批特高拱坝，如澜沧江的小湾，金沙江的溪洛渡、白鹤滩，雅砻江的锦屏，怒江的松塔、马吉等，坝高都在300 m左右。国内外坝工专家普遍认为特高拱坝与坝高在100 m左右的拱坝有本质上的区别。现行的设计规范和工程经验已无法覆盖这些特高拱坝。不少特高拱坝的应力分析和模型试验表明：即使在设计荷载下，在拱坝的某些部位，其实际拉应力也可能远远超过混凝土的抗拉强度，所以拱坝在某些荷载下发生局部破坏是难免的。但拱坝是一种高次超静定结构，局部点的应力达到极限，并不表示结构已经丧失承载能力。为了克服采用允许应力法设计特高拱坝的局限性，应该着手于研究特高拱坝的破坏机理、破坏过程以及极限承载能力等这些基础性的问题，以拱坝的整体工作能力为评价依据，更好地指导特高拱坝的设计和建设[2]。

**1. 极限承载能力的分析方法**

拱坝的极限承载能力实际上反映了拱坝的整体工作能力，目前确定拱坝极限承载能力的手段不外乎模型试验和数值计算。采用结构模型试验确定拱坝的超载能力已有了几十年的历史，模型试验的难点在于目前很难找到能完全满足相似要求的模型材料、只考虑了水压力和自重而未能考虑温度变化和渗透压力、周期长、费用高等，优点是能得到相当明显的形象概念和充分的量值结论，并能得出破坏的全过程，如裂缝的形成、发展，直至破坏。数值计算的难点在于材料本构关系和强度理论的选用，破坏过程的确定，优势在于费用较低[2]。

**2. 超载方式**

拱坝进入极限工作状态，通常采用的超载方式有两种，即强度储备系数法和超载法。

强度储备系数法即保持坝体的正常工作状态不变，逐步降低材料强度，直至结构丧失承载能力。以材料的设计强度与降低到破坏时的强度之比来定义材料强度储备系数。强度储备系数法的优点是可以考虑材料强度的不确定性和可能的弱化效应，缺点是：①这种方法几乎无法用试验来实现；②实际工程中的结构往往很复杂，要准确地确定材料的强度参数是很困难的；③在降低材料的强度参数 $f$ 和 $c$ 值时，采用何种方式降低材料强度还值得进一步研究[2]。

超载法通常采用超水容重或超水位的方式。超水容重就是保持结构的自重和水位不变，以增加水容重方式超载，直至结构破坏。以破坏时的液体容重与设计时容重之比来定义超载系数。超水位则保持结构自重和水容重不变，用抬高水位的方式超载，以破坏时的水压荷载与设计水压荷载比来定义安全系数。较之强度储备系数法，超载法有如下优点：①可以考虑荷载的不确定性；②方法直观，概念明确，易于为工程界接受；③便于与结构模型试验相比较；④工程经验比较丰富。但是这样的超载方式是否给出了正确的结论还需要进一步研究。而且，大量的计算事实也表明，不同的超载方式，所模拟的拱坝的破坏形式和破坏机理是不同的[2]。

在采用有限元增量计算法推求拱坝极限承载力的时候也有一定的难度：①计算要采用精细的步长划分，而且拱坝有很高的超载能力，计算量很大；②拱坝体型及坝基地质构造复杂，网格划分时经常会有畸形单元；由于地质缺陷或加固措施导致相邻单元材料性质差异过大，再加上高水平的荷载，在计算过程中，经常出现局部发散现象，使得增量计算难以进行下去，最终结果可信度低，也难以判断何时结构丧失承载力。以上两点说明要采用有限元正确计算出拱坝的超载系数，如何进行加载增量步的控制至关重要。因此，问题便集中在对非线性问题解曲线的跟踪，即结构承载全过程的非线性跟踪上[2]。

对结构进行变形全过程的非线性跟踪分析，是全面了解该结构的受力性能所必须进行的一项复杂工作。近十多年来，国内外许多学者都致力于非线性跟踪技术的研究，并提出了很多方法。在这些非线性跟踪分析方法中，弧长控制类方法和能量控制类方法是两类最主要的方法[2]。

## 1.4　拱坝坝肩稳定安全度评价研究进展

拱坝本身安全度较高，但必须保证两岸坝肩基岩的稳定，拱坝的稳定性主要是依靠两岸坝肩岩体来维持，在两岸有坚固岩体支撑的条件下，拱坝的破坏主要取决于坝体压应力是否超过了筑坝材料的强度极限以及坝肩的稳定性。国外拱坝的失事绝大多数由坝肩岩体失稳引起坝身破坏。如建成于1954年的法国马尔帕塞拱坝，在1959年12月发生严重事故，大坝失事，损失惨重，死亡421人，这是世界上第一座拱坝破坏事故。其失事主要原因在于左岸坝肩楔形体的滑动，左岸重力墩的片岩基础受水侵蚀和风化后，强度降低，摩擦系数减小，致使重力墩位移2.08 m，从而导致拱坝破坏。据不完全统计，至1980年，国外已建拱坝有48座拱坝损坏，其中17座是因施工质量不好招致损坏，其余31座是由于坝基岩体稳定问题没有得到很好解决引起的。正如朗德(P. Londe)所指出："拱坝坝肩岩体稳定问题是工程界所面临的最困难的问题。"坝肩稳定安全问题已引起设计人员高度重视，并把拱座稳定分析列入了拱坝规范。拱坝坝肩稳定问题已成为决定拱坝方案、设计和施工成败的关键[2]。

正确分析评价坝肩的稳定安全度的方法有两类：一类是数值计算法，它包括刚体极限平衡法（如刚性块法、分块法、赤平投影法等）、有限元法和可靠性理论；另一类是模型试验法，它包括线弹性结构应力模型试验与模型破坏试验和地质力学模型试验。在结构或地质条件比较复杂的大中型水库高拱坝中，往往需要辅以模型试验来研究其实际应力状态，并校核拱坝坝肩稳定计算成果[2]。

## 1.5 拱坝泄洪消能研究进展

窄河谷、高水头、大流量是我国大中型水利水电工程的特点，其泄水建筑物的布置受地形、地质条件制约，不仅单宽泄流量大、流速高，而且能量集中。大中型水利水电工程建设中，泄水建筑物的布置、结构形式选择和消能防冲设计都存在较大难度。如果大中型水利水电工程高拱坝的泄洪消能问题处理不好，不仅将在下游河床产生严重的冲刷破坏，而且会造成恶劣的流态，影响大坝和其他枢纽建筑物的正常运行。因此，泄洪消能成为高拱坝设计中的关键性技术难题，消能设施的合理选择与优化对枢纽的布置、工程量和投资费用的大小及大坝的安全有着密切的关系[36]。

随着我国水利水电工程高拱坝建设的迅速发展，泄洪消能设计任务越来越繁重，尤其是峡谷河床的高拱坝主要通过坝身来宣泄大量洪水。我国高拱坝泄洪消能的主要特点是：水头高，流量大，河谷窄，泄流集中，下泄落差和泄洪功率大，加之河谷狭窄，溢流前沿的长度有限，所以单宽流量及单宽泄洪功率也很大，而且坝区河谷地质条件复杂，这使得高拱坝的泄洪消能与防冲问题显得更加突出，其下游泄洪消能形式的选择和设计也成为高拱坝建设的关键技术难题之一[37]。表1-1-3列举了国内外部分高坝泄洪功率。我国高坝工程泄洪流量大、功率大，泄洪消能、防冲以及高速水流问题十分突出。据统计，高拱坝泄洪、消能和防冲建筑物的造价要占整个大坝土建工程造价的1/3。因此可以说泄洪消能问题是高拱坝设计中的关键性问题[38]。

**表1-1-3 国内外部分高坝泄洪功率比较[39]**

| 序号 | 工程名称 | 国家 | 坝高/m | 落差/m | 流量/($m^3/s$) | 泄洪功率/(MW) |
|---|---|---|---|---|---|---|
| 1 | 二滩 | 中国 | 240 | 166.3 | 16300 | 39000 |
| 2 | 小湾 | 中国 | 294.5 | 226 | 15350 | 46000 |
| 3 | 构皮滩 | 中国 | 225 | 144 | 27470 | 41690 |

续表

| 序号 | 工程名称 | 国家 | 坝高/m | 落差/m | 流量/($m^3$/s) | 泄洪功率/(MW) |
|---|---|---|---|---|---|---|
| 4 | 溪洛渡 | 中国 | 285.5 | 205 | 31496 | 98000 |
| 5 | 拉西瓦 | 中国 | 250 | 210 | 6000 | 12360 |
| 6 | 糯扎渡 | 中国 | 261.5 | 182 | 33000 | 58860 |
| 7 | 锦屏 | 中国 | 305 | 225 | 10074 | 22666 |
| 8 | 隔河岩 | 中国 | 151 | 100 | 27800 | 20700 |
| 9 | 埃尔卡洪 | 洪都拉斯 | 226 | 184 | 8950 | 8276 |
| 10 | 英古里 | 格鲁吉亚 | 272 | 230 | 2500 | 5040 |
| 11 | 莫西格克 | 美国 | 185 | 103.6 | 7800 | 8100 |
| 12 | 姆拉丁其 | 黑山 | 220 | 178 | 1900 | 3563 |
| 13 | 莫西洛克 | 美国 | 184 | 103.6 | 7800 | 7939 |
| 14 | KATSE | 南非 | 185 | 143 | 6252 | 8762 |
| 15 | KARIBA | 赞比亚 | 128 | 103 | 8400 | 8479 |

拱坝常见的泄洪布置方式一般分为坝身泄洪和坝外泄洪(岸边泄洪)两大类。坝身泄洪是指在坝顶留设溢流坝(表孔)、坝身开设泄洪洞(中孔)或坝体底部预留泄洪洞(深孔),让洪水通过坝身下泄。岸边泄洪一般是在岸边合适的部位采用岸边陡槽溢洪道或泄洪洞来实现。虽然岸边泄洪可把洪水输运到离大坝较远的下游河道,有利于大坝安全,但其施工复杂、工程造价高。据统计一般泄洪洞的单位流量投资是坝身泄洪的1.5倍[39]。另外由于拱坝对地质条件的要求,高拱坝枢纽两岸地形一般为高山深谷,通常很难找到布置溢洪道的合适场地,故许多高拱坝均采用具有低造价这一突出优点的坝身泄洪方式来泄洪消能[2]。

高拱坝坝身泄洪的消能方式是挑流消能,即用各种形式的挑流建筑物,从底面及侧面对泄流建筑物末端的射流水股进行控制,在挑距范围内导向挑射于合适的部位落入下游水垫塘,进行水下淹没扩散消能。在水利水电工程的各种消能形式中,挑流消能占的比例最大(特别是在高坝工程中)。高拱坝坝身泄洪工程几乎全部采用挑流消能方式。挑流消能因具有投资省、工程结构简单、工期短以及对泄流量、尾水深度变化适应性强等优点而得到广泛应用,并已成为高水头、大单宽流量泄洪建筑物的有效消能方式[2]。

在拱坝采用挑流消能方式时,高速下泄的水流在除空中消耗少部分能量外,大部分洪水余能将直接作用于河道中。由于水舌射程距坝趾较近,为避免对下游河床产生过大冲刷,影响坝基安全及两岸岸坡的稳定,通常在坝体下游设二道坝或预挖冲刷坑以抬高尾水位,从而形成了水垫塘或冲坑,靠其中的水体来消耗高速水流余能。而水垫塘是高坝在采用坝身泄洪消能时,为保护下游河床而修建的比较有效的防护措施,是目前高拱坝泄洪消能布置的一种较成功的、并得到众多工程采用的方案[2]。

近年来,通过我国学者不懈的努力与大量创造性工作,我国在高坝泄洪消能技术研究方面取得了许多突破性进展,解决了大量技术难题,达到了国际领先水平[2]。

“七五”期间,在清江隔河岩拱坝工程问题研究中,采用表、中孔联合泄洪的方式。表孔采用宽尾墩的形式以达到表孔水流纵向扩散的目的,表、中孔出流水舌在空间上进行碰撞消能,坝下设表孔水流消力池,该消力池中的水体同时作为中孔下泄水流的动水垫。根据实践经验表明，在溢流坝上采用高低坎挑射水舌于空中碰撞消能，取得了良好的消能效果[2]。

在进行 240 m 高的二滩拱坝的研究中，根据“分散泄流，削弱水流冲刷力，加固河床，增强河道抗冲能力”的综合治理措施，一方面采取各种工程措施尽量减小下泄水流对河床的冲刷破坏能力，另一方面通过加固消能区河床来提高河道的抗冲能力，以保证泄洪时安全可靠[40]。经过可靠计算与风险分析，采用坝身泄洪和泄洪洞泄洪相结合，坝身泄洪量和泄洪洞泄洪量之比为 2∶1，坝身泄洪采用表孔和中孔的方式，选用了坝身 7 表孔(11 m × 11.15 m)、6 中孔(6 m × 5 m)和右岸 2 条泄洪隧洞(13 m × 16 m)三套泄洪设施联合泄洪。为增加消能率，强化表、中孔水舌空中扩散，采用水舌空中碰撞消能以减少水流对下游的冲击力；坝下设水垫塘和二道坝，并对水垫塘进行全面衬护，并结合泄洪洞分区消能方式，形成泄洪消能总布置方案，较好地解决了泄洪消能问题。这种泄洪消能布置原则可归纳为：多种设施，分散泄洪；双层多孔，水流撞击；分区消能，按需防护。工程建成后经数年泄洪考验证明是成功的。这对高水头、大流量、窄河谷的大型水利水电枢纽泄洪消能布置具有较普遍的意义[2]。

“八五”期间，针对坝高 294.5 m、泄洪功率 46000 MW 的小湾拱坝进行的研究[41]，基本上是“二滩模式”的深化，仍采用坝身表孔、中孔泄洪和泄洪洞泄洪相结合的泄洪方式，对表孔、中孔水舌的纵向分层和横向扩散进行了较为全面深入的研究，并提出了减少一条泄洪洞，适当增加坝身泄量的方案[2]。

同一时期，在对 225 m 高的构皮滩拱坝进行的研究中[42]，由于泄洪洞出口处为十分软弱的黏土岩，不能满足泄洪消能的要求，因此研究采用全部泄量都从坝身通过的方案。同时由于按“二滩模式”设计水垫塘，水垫塘基础位于软硬两种岩石上，而且水舌冲击力和脉动压力最大的区域均处在软硬两种岩石的交界区及软弱区内，这给水垫塘的设计增加了困难。由此提出了水垫塘长度是否能够缩短的课题。“二滩模式”中的水舌空中碰撞消能方式是减少水垫塘底板上冲击力最为有效的措施，其机理是表孔和中孔水舌在空中碰撞，碰撞时在空中消耗部分能量，碰撞后水舌分散射入水垫塘，从而使水流冲击压力大为减少[2]。

“九五”期间，在针对坝高 285.5 m、泄洪功率达 98000 MW 的溪洛渡拱坝的研究中[43]，仍准备采用“二滩模式”的表孔、中孔水流水舌碰撞泄洪消能的方案，但在此双层水流泄洪方案中，一方面泄洪量不能满足下泄 30000 $m^3/s$ 流量的要求，二是两侧表孔水舌在下游不能完全归槽，由此引起水流对两岸的冲刷，为此提出了表孔、中孔、深孔三层联合泄洪的方案[44]。

另外，我国还有多座 200 m 级的高坝，其泄水流速大于 50 m/s，单宽流量大于 200 $m^3/s$。借鉴“二滩模式”，小湾、构皮滩和溪洛渡等工程采用了分层出流、分区消能、按需防护的方案。经水工模型试验验证，方案可靠。该方案水流冲击小，消能效果好，即利用表孔大差动坎加分流齿，表、中孔分层出流和上下水舌在空中碰撞消能，使水舌在纵向上尽可能地拉开与分散，削弱射流的集中强度，并在下游设水垫塘来集中消刹下泄水流的机械能。经大量工程实践表明：这是一种既安全又经济的泄洪消能方案，被国内外多项工程采用，已成为高拱坝泄洪消能的一种典范[2]。

但采用以上“水舌碰撞与水垫塘消能形式”的高拱坝坝身泄洪消能结构，由于表、中孔双层水舌在空中碰撞促进消能的同时，会产生大量水雾，造成严重的泄洪雾化现象。泄洪雾化形成的暴雨，影响电厂、开关设备的正常运行，并导致局部地区能见度低，影响两岸交通；同时，雾化形成的降水浸入岩体后降低岩体的抗滑能力，影响大坝和下游岸坡稳定，诱发滑坡，在拱坝两岸地质条件较差的情况下尤为突出。为此，我国学者在“二滩模式”的基础上，积极探索进行非碰撞式坝身泄洪模式的研究。如对表孔采用宽尾墩收缩射流、中孔采用窄缝挑流等[2]。

2007年，中国水电顾问集团成都勘测设计研究院提出了一种新的峡谷地区高混凝土拱坝的泄洪消能结构方案，可有效较低泄洪雾化，且能满足峡谷地区通过坝身宣泄大洪量要求。该拱坝泄洪消能结构在坝身上设置有上层孔口和下层孔口，使下泄水流分层出流，在大坝的下游设置有二道坝形成水垫塘。其特征是：上层孔口采用窄缝下跌式出流，上层孔口和下层孔口的出流水股在空中不碰撞。上层孔口采用窄缝下跌式出流，孔口末端过水断面急剧收缩，使出流水股在纵向拉长，横向变窄。通过合理布置上层孔口和下层孔口的位置、形式和出流角度，使整个坝身出流水股在水垫塘的长度和宽度方向充分扩散，水股在空中大量掺气，射入下游水垫塘单位面积上的能量减少，满足了大坝泄洪消能的要求。同时，上、下层水股在空中不碰撞，大大降低了泄洪雾化强度[2]。

高拱坝除水头高、流量大、能量集中的特点外，有些高拱坝工程消能区工程地质条件极其复杂，基岩软弱而且冲刷坑两侧存在滑坡体。我国西南地区有几座高拱坝工程（如乌东德水电站与松塔水电站等）都面临下游覆盖层复杂泄洪消能布置的技术难题。针对高坝泄洪消能的这些特点，研究要注意以下方面：①要研究多途径泄洪的可能性，合理布置坝身孔口和泄洪洞，在坝身表孔、中孔、底孔和泄洪洞之间合理分配流量，分散泄洪；②研究泄水孔口体型和进出口水流条件，尤其要优化出口消能形式，降低动水冲击力；③研究下游消能区水流的衔接、流速分布和压力分布，确定可靠有效的防冲保护措施；④研究不同泄流条件下，雾雨对坝区下游的影响，通过数值计算和模型试验，探讨泄洪雾化的机理，提出减轻雾雨或防止雾雨不利影响的措施[2]。

# 第2章　栗子园水利工程简介与枢纽布置

## 2.1　工程简介

### 2.1.1　流域概况

栗子园水库位于印江县东南面印江河支流长滩河上，印江河是印江自治县最长的河流，系乌江的一级支流，全长97 km，县境内82.4 km，总流域面积1251.6 $km^2$，县境内流域面积859 $km^2$，占全县总土地面积的43.6%。印江河发源于武陵山主峰梵净山西北麓，源头高程为2109 m，其源头段称蔡家河，又称芙蓉河，沿梵净山背风坡自南向北流至木黄，再折向西流经新场、合水、朗溪、印江县城，于中坝沿印江县、思南县边境向西北流，在郑宾岩进入德江县，经小溪，在德江县潮砥乡进入乌江。印江河的天然落差为1772 m，多年平均流量为25.7 $m^3/s$。

印江河的一级支流主要有冷水河、桶溪河、长滩河等。冷水河发源于沿河县谯家铺镇高帽坡，总长46 km，流域面积333 $km^2$；桶溪河发源于印江县杉树乡鸡冠山，总长16 km，流域面积48.2 $km^2$；长滩河发源于印江县新业乡北梵净山，总长27.4 km，流域面积196 $km^2$。

印江河流域地处云贵高原北东部武陵山脉的西坡山前地带，地势由东向西逐渐降低，山高、坡陡、谷深，地形起伏大，最大高差2100余米；地貌分区属贵州中部丘原山原地区的黔北山原中山区，东部紧邻东部山地丘陵区的梵净、佛顶中山区。流域内发育侵蚀、岩溶地貌及侵蚀地貌组合，地貌受构造控制明显。流域内地貌有溶蚀的溶丘、峰林、峰丛、溶洼、溶斗、溶洞及地下暗河，又有侵蚀沟谷、山脊，地貌类型复杂多样，因地，多为山地、丘陵，山间平坝、缓坡台地不到3%。

印江河流域水力资源理论蕴藏量6.45万千瓦，其中长滩河理论蕴藏量0.65万千瓦，技术可开发量0.54万千瓦。印江河干流（印江境内）建有芙蓉坝、合水、犀水洞、先锋四座电站，其中芙蓉坝和犀水洞已报废，合水和先锋电站装机分别为1000 kW、720 kW。长滩河建有张家坝和鱼泉电站，装机分别为520 kW、300 kW，其中鱼泉电站已报废。

栗子园水库坝址位于印江河支流长滩河中游的永义乡河段，距永义乡上游约1 km处，坝址以上集水面积89.5 $km^2$。坝址以上流域已建有一座水电站——张家坝引水式电站，此外还有一些微型灌溉等水利工程，人类活动对天然径流基本无影响。流域内植被较好，但由于河床陡、落差相对大，区内覆盖层多为残坡积的砂质黏土及崩塌堆积的砂土夹碎块石，人为开垦坡地易导致区域水土流失。

### 2.1.2　工程地理位置

印江自治县位于贵州省东北部，铜仁市西部，地处东经108°17′52″～108°48′18″，北纬27°35′19″～28°20′32″，东邻江口县、松桃苗族自治县，西抵德江县、思南县，南接石阡县，北靠沿河土家族自治县。国土面积为1969 km²，约占贵州省总土地面积的1.10%，占铜仁市土地面积的10.9%。全县总人口43.46万人，其中农业人口39.90万人，非农人口3.56万人。

永义乡位于印江自治县东面、国家级自然保护区西面，南与江口县接壤，东、西、北与新业、木黄、合水、朗溪、罗场5个乡镇交界，东西相距41 km，南北相距8 km，行政区域面积169.6 km²，其中有近2/3的面积属国家级自然保护区梵净山。全乡森林覆盖率达61%，辖17个自然村、112个村民组，现有2987户，乡政府所在地永义村，距县城32 km。

栗子园水库位于印江县永义乡，坝址处地理位置为东经108°35′，北纬27°57′。距印江县城44 km，距张家坝2.5 km，有印江至梵净山旅游热线公路从工程右岸通过，可直达梵净山山门。

栗子园水库位置、印江流域水系及测站分布示意见图1-2-1。

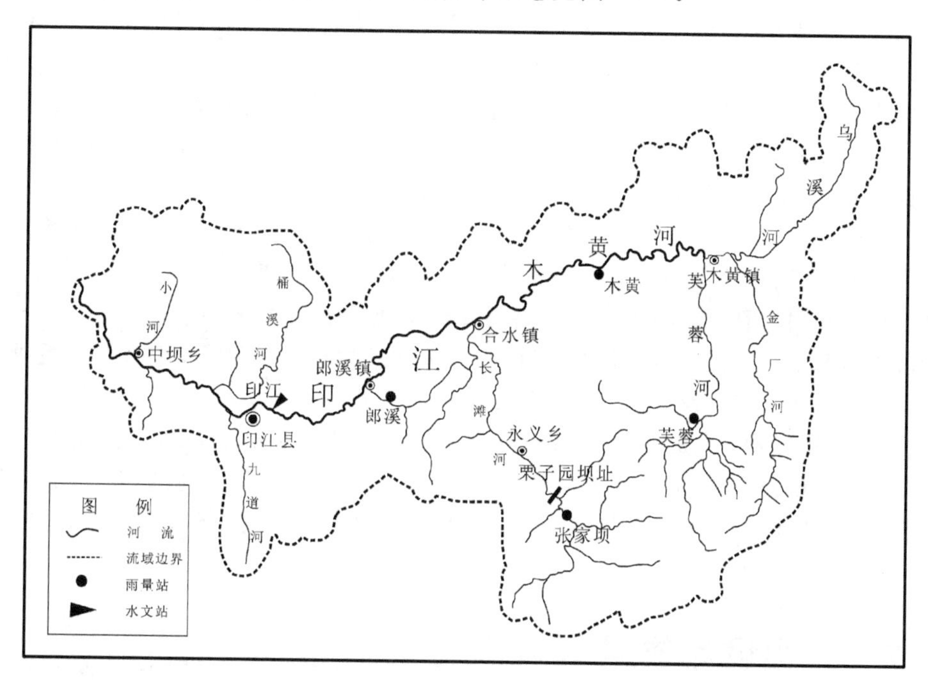


**图1-2-1　栗子园水库位置、印江流域水系及测站分布示意图**

## 2.1.3　工程概况

栗子园水利工程是以供水、灌溉为主，结合防洪、发电等综合利用的工程，是《贵州省印江土家族苗族自治县水利发展规划》和《西南五省（自治区、直辖市）重点水源工程近期建设规划报告》中拟定的重点水源工程。工程水库正常蓄水位764.0 m，校核洪水位764.67 m，总库容1097万m³。主要供水对象为峨岭、合水、永义、朗溪、中坝等5个乡镇城镇用水，供水流量0.61 m³/s。工程灌溉面积3.24万亩耕地（下游永义、合水、郎溪700 m高程以下），灌溉流量1.96 m³/s。堤库结合使永义乡达到10年一遇防洪标准。电站装机容量2.0 MW。

工程主要由水库枢纽工程和灌溉供水工程两大部分组成。水库枢纽工程含拱坝、溢流表孔、发电引水隧洞、电站厂房、二道坝等建筑物，灌溉供水工程含取水拦河坝、输水管（隧）道及管系附属建筑物等，其中水库枢纽工程的二道坝与灌溉供水工程的取水拦河坝为同一建筑物。

常态混凝土双曲拱坝最大坝高78.8 m，厚高比0.212；表孔泄洪，溢流净宽24 m，堰顶高程

757 m,最大下泄流量991 $m^3/s$;引水隧洞长331 m,竖井式进水口,底槛高程721 m,出口接压力明钢管至电站厂房发电;主厂房尺寸27 m×13.7 m×16.82 m(长×宽×高),装两台单机容量1000 kW的机组发电,水轮机安装高程707.45 m,开关站为户内式。

栗子园水库拱坝下游二道坝(灌溉供水取水拦河坝)最大坝高16.5 m,坝顶总长74.77 m,坝顶宽度4.8 m,溢流坝堰顶高程705.5 m,其上架设交通桥连接两岸的电站厂区和县道,桥面宽4.78 m,高程710.90 m;输水干管总长22.41 km、支管总长38.97 km、斗管总长28.89 km。其中干管遇高山采用隧洞穿过,共两处,1#输水隧洞长1.01 km,2#输水隧洞长2.34 km。两输水隧洞均为2.0 m × 2.0 m的城门洞断面,进、出口位置用长20 m,DN1600 m的钢衬钢管接洞外明管道。

永义—梨子坳片由犵罗元、永义-幕龙、梨子坳-观音坡3个分灌片组成。3个分灌片由6条斗管直接从干管分水进行自流灌溉,其中斗管0—1灌溉犵罗元片,斗管0—2～斗管0—5灌溉永义—幕龙片,斗管0—6灌溉梨子坳-观音坡片。

合水片由白元—小彬木片、香树坪—坪楼片、合水—木腊及杨家寨—任家寨4个分灌片组成。4个分灌片从干管引4条支管进行自流灌溉。白元—小彬木片灌溉从干管引3条支管进行自流灌溉,其中支管1下分出斗管1—1～斗管1—4,支管3直接进入田间工程,支管4下分出斗管4—1～斗管4—4。杨家寨-任家寨从支管1上分出支管2进行自流灌溉,支管2下分出斗管2—1、斗管2—2。合水—木腊片由支管1下的斗管1—5、1—6进行自流灌溉。香树坪—坪楼片由支管下的斗管1—7～斗管1—10进行自流灌溉。

朗溪片由昔卜—孟溪片、肖家沟片、甘川、孟关片及大尧—杨柳塘4个分灌片组成。4个分灌片从干管引3条支管及3条斗管进行自流灌溉。昔卜—孟溪片灌溉从干管引支管5进行自流灌溉,其中支管5下的斗管5—2～斗管5—4灌溉该分片。肖家沟片由支管5下的斗管5—4进行灌溉。甘川—孟关片由支管6及斗管0—8、0—10进行灌溉,其中支管6下分出斗管6—1、斗管6—2。大尧—杨柳塘片由支管7及斗管0—9进行自流灌溉,其中支管7下分出斗管7—2～斗管7—7。

## 2.2 工程设计依据

### 2.2.1 工程等别、建筑物级别和洪水标准

栗子园水利工程是以供水、灌溉为主,结合防洪、发电等综合利用的工程,根据《水利水电工程等级划分及洪水标准》(SL252—2000)、《防洪标准》(GB50201—94),结合工程水库总库容和供水对象重要性,确定了本工程规模为中型,工程等别为Ⅲ等。主要建筑物水库拦河大坝、坝身溢流表孔、发电引水隧洞进水口级别为3级,次要建筑物发电引水隧洞及出口压力钢管、电站厂房、升压站、二道坝(灌溉供水取水拦河坝)级别为4级,临时建筑物级别为5级。灌溉供水工程输水管(隧)道、管系附属建筑物按《灌溉与排水工程设计规范》(GB50288—99)中有关规定,确定为5级。

栗子园水利工程永久建筑物洪水设计标准为:主要建筑物水库拦河混凝土拱坝及坝身溢流表孔、发电引水隧洞进水口按50年一遇洪水设计,500年一遇洪水校核;次要建筑物发电引水隧洞、电站厂房、二道坝(灌溉供水取水拦河坝)按30年一遇洪水设计,50年一遇洪水校核;下游消能防冲工程按30年一遇洪水设计;灌溉供水工程输水管(隧)道、管系附属建筑

物具体按跨沟谷河流10年一遇洪水设计。

工程永久建筑物洪水标准见表1-2-1。

**表1-2-1 工程永久建筑物洪水标准**

| 永久建筑物名称 | 级别 | 设计洪水 | | | 校核洪水 | | |
|---|---|---|---|---|---|---|---|
| | | 重现期/年 | 入库流量/($m^3/s$) | 下泄流量/($m^3/s$) | 重现期/年 | 入库流量/($m^3/s$) | 下泄流量/($m^3/s$) |
| 混凝土坝及泄水建筑物、引水隧洞进水口 | 3级 | 50 | 630 | 630 | 500 | 1060 | 991 |
| 引水隧洞、电站厂房、二道坝(灌溉供水取水拦河坝) | 4级 | 30 | 532 | 532 | 50 | 630 | 630 |
| 消能防冲建筑物 | | 30 | 532 | 532 | | | |

### 2.2.2 大坝抗震设防标准

据《中国地震动参数区划图》(GB18306—2001),工程区地震动峰值加速度0.05 g,地震动反应谱特征周期为0.35 s,相应地震基本烈度为Ⅵ度,属中硬场地区,区域构造稳定性较好。栗子园水利工程建筑物不设防抗震。

### 2.2.3 特征水位及库容

参数如下。

正常蓄水位:764.0 m。

死水位:730.0 m。

设计洪水位:764.0 m。

校核洪水位:764.67 m。

汛期限制水位:762.06 m(每年5—8月)。

总库容:1097.0万立方米

正常蓄水位以下库容:1064.2万立方米。

死库容:105.93万立方米。

防洪库容:95.0万立方米。

调节库容:958.2万立方米。

水库调节方式:年调节。

水库水位与水库库容和库水面积关系见表1-2-2。

**表1-2-2 栗子园水库水位-库容-库水面积关系**

| 高程/m | 775 | 770 | 765 | 760 | 755 | 750 | 745 |
|---|---|---|---|---|---|---|---|
| 面积/(万平方米) | 69 | 61 | 53 | 45 | 38 | 29 | 24 |
| 库容/(万立方米) | 1716 | 1392 | 1113 | 869 | 661 | 487 | 354 |
| 高程/m | 740 | 735 | 730 | 725 | 720 | 715 | 710 |
| 面积/(万平方米) | 19 | 14 | 11 | 8 | 5 | 2 | 1 |
| 库容/(万立方米) | 248 | 167 | 106 | 59 | 26 | 10 | 3 |

## 2.2.4 气象资料

参数如下。

多年平均气温:16.8 ℃。

极端最高气温:39.9 ℃。

极端最低气温:−9.0 ℃。

多年平均降水量:1096.27 mm。

多年平均蒸发量:674.1 mm。

多年平均风速:1.0 m/s。

多年平均最大风速:20.0 m/s。

多年平均日照时数:1288.4 h。

多年平均无霜期:290.2 d。

## 2.2.5 水文资料

**1. 水文特征值**

坝址以上集水面积 89.5 $km^2$,多年平均流量 2.09 $m^3/s$,可靠历史大洪水流量 1690 $m^3/s$(1964 年),天然多年平均径流量 6580.0 万 $m^3$。

**2. 坝址径流年内分配**

栗子园水库坝址径流年内分配成果见表 1-2-3。

表 1-2-3 栗子园水库坝址径流年内分配成果

| 月份 | 4月 | 5月 | 6月 | 7月 | 8月 | 9月 | 10月 | 11月 | 12月 | 1月 | 2月 | 3月 |
|---|---|---|---|---|---|---|---|---|---|---|---|---|
| 流量/(万立方米) | 560 | 907 | 1266 | 1199 | 750 | 447 | 473 | 310 | 156 | 129 | 150 | 234 |
| 占全年比例/(%) | 8.51 | 13.78 | 19.24 | 18.23 | 11.40 | 6.79 | 7.19 | 4.71 | 2.36 | 1.95 | 2.28 | 3.55 |
| 汛、枯期占全年比例/(%) | 77.9 | | | | | | 22.1 | | | | | |

**3. 水位与流量关系**

栗子园水库坝址水位与流量关系见表 1-2-4,二道坝(灌溉供水取水拦河坝)坝址水位与流量关系见表 1-2-5。

表 1-2-4 栗子园水库坝址水位与流量关系

| $H$/m | $Q$/($m^3/s$) | $H$/m | $Q$/($m^3/s$) |
|---|---|---|---|
| 699.82 | 0.00 | 707.0 | 294 |
| 700.0 | 0.13 | 707.5 | 339 |
| 700.5 | 2.87 | 708.0 | 388 |
| 701.0 | 8.26 | 708.5 | 441 |

续表

| H/m | Q/(m³/s) | H/m | Q/(m³/s) |
|---|---|---|---|
| 701.5 | 16.1 | 709.0 | 497 |
| 702.0 | 26.6 | 709.5 | 558 |
| 702.5 | 39.9 | 710.0 | 623 |
| 703.0 | 55.9 | 710.5 | 690 |
| 703.5 | 74.9 | 711.0 | 763 |
| 704.0 | 96.7 | 711.5 | 840 |
| 704.5 | 121 | 712.0 | 922 |
| 705.0 | 149 | 712.5 | 1010 |
| 705.5 | 180 | 713.0 | 1100 |
| 706.0 | 215 | 713.5 | 1200 |
| 706.5 | 253 | 714.0 | 1300 |

表1-2-5　二道坝(灌溉供水取水拦河坝)坝址水位与流量关系

| H/m | Q/(m³/s) | H/m | Q/(m³/s) |
|---|---|---|---|
| 696.0 | 0.00 | 702.0 | 474 |
| 696.5 | 5.52 | 702.5 | 545 |
| 697.0 | 21.2 | 703.0 | 621 |
| 697.5 | 43.9 | 703.5 | 702 |
| 698.0 | 72.6 | 704.0 | 788 |
| 698.5 | 107 | 704.5 | 879 |
| 699.0 | 146 | 705.0 | 976 |
| 699.5 | 190 | 705.5 | 1080 |
| 700.0 | 238 | 706.0 | 1190 |
| 700.5 | 291 | 706.5 | 1300 |
| 701.0 | 347 | 707.0 | 1420 |
| 701.5 | 408 | 707.5 | 1540 |

### 2.2.6　泥沙资料

多年平均悬移质年输沙量:2.24万吨。

多年平均推移质年输沙量:0.45万吨。

多年平均总输沙量:2.69万吨。

水库坝前淤沙最高高程(50年):720.0 m。

### 2.2.7 地基岩土特性及物理力学指标

**1. 水库大坝坝基**

($Ptbnbq^{1-5}$)的变余凝灰质细砂岩参数如下。

容许承载力[$R$]=3800~4000 kPa。

泊松比($\mu$)=0.27

弹性模量 $E_s$=18~20 GPa。

变形模量 $E_0$=8~9 GPa。

抗剪断强度:岩/岩、混凝土/岩 $f'$=0.8~0.9;$c'$=0.7~0.8 MPa。

层面、裂隙面 $f'$=0.45~0.5;$c'$=0.08~0.09 MPa。

抗剪强度:岩/岩、混凝土/岩 $f$=0.5~0.6;$c$=0 。

层面、裂隙面 $f$=0.35~0.4;$c$=0。

($Ptbnbq^{1-4}$)的凝灰质板岩及($Ptbnbq^{1-6}$)的粉砂质板岩参数如下。

容许承载力[$R$]=2300~2500 kPa。

泊松比($\mu$)=0.28。

弹性模量 $E_s$=14~16 GPa。

变形模量 $E_0$=6~7 GPa。

抗剪断强度:岩/岩、混凝土/岩 $f'$=0.7~0.8;$c'$=0.5~0.6 MPa。

层面、裂隙面 $f'$=0.35~0.4;$c'$=0.05~0.06 MPa。

抗剪强度:岩/岩、混凝土/岩 $f$=0.45~0.5;$c$=0 。

层面、裂隙面 $f$=0.3~0.35;$c$=0。

栗子园水库大坝坝基分布地层岩性主要为($Ptbnbq^{1-5}$)的变余凝灰质细砂岩、($Ptbnbq^{1-4}$)的凝灰质板岩及($Ptbnbq^{1-6}$)的粉砂质板岩。地下水主要为基岩裂隙水。根据钻孔及地表地质测绘资料,强~弱风化岩体中,透水率在3~20 Lu之间,岩体透水性弱~中等,进入微风化带后,透水率在1~5 Lu之间,为微~弱透水岩体。

**2. 水库大坝下游消能区**

下游消能区基岩出露,分布岩体为($Ptbnbq^{1-5}$)的灰色中至厚层变余凝灰质细砂岩及($Ptbnbq^{1-6}$)的灰色薄层粉砂质板岩。其中($Ptbnbq^{1-5}$)的变余凝灰质细砂岩,为坚硬岩类,岩体抗冲刷系数 $K$=1.1~1.2。($Ptbnbq^{1-6}$)的粉砂质板岩属中硬岩类,岩体抗冲刷系数 $K$=1.3~1.4。

**3. 二道坝(灌溉供水取水拦河坝)**

容许承载力[$R$]=2300~2500 kPa。

弹性模量 $E_s$=14~16 GPa。

变形模量 $E_0$=6~7 GPa。

抗剪断强度:岩/岩、混凝土/岩 $f'$=0.7~0.8;$c'$=0.5~0.6 MPa;层面、裂隙面 $f'$=0.35~0.4;$c'$=0.05~0.06 MPa。

抗剪强度:岩/岩、混凝土/岩 $f$=0.45~0.5;$c$=0 ;层面、裂隙面 $f$=0.3~0.35;$c$=0。

### 2.2.8　水库枢纽工程采用的主要规范和标准

水库枢纽工程采用的主要规范和标准如下：《防洪标准》(GB50201—94)；《水利水电工程等级划分及洪水标准》(SL252—2000)；《混凝土拱坝设计规范》(SL282—2003)；《混凝土重力坝设计规范》(SL319—2005)；《水工建筑物荷载设计规范》(DL5077—1997)；《水工混凝土结构设计规范》(SL191—2008)；《水利水电工程进水口设计规范》(SL285—2003)。

## 2.3　坝址、坝型选择

### 2.3.1　坝址选择

**1. 可行性研究阶段成果**

长滩河为乌江右岸印江河支流的Ⅱ级支流，其上游称大土河，发源于梵净山观音岩西翼的龙门坳，流经团龙、张家坝、永义，于合水镇汇于入印江河，全长 24.8 km，流域面积 196 $km^2$。

豆凑沟与大土河交汇口以上河道平均比降为 2.6%，大土河和豆凑沟集水面积分别为 89.5 $km^2$和 12 $km^2$。受供水规模、库容和淹没等因素的限制，坝址若选择在该交汇口以上，集水面积、来水量和兴利库容均损失较大，不能满足供水和灌溉的要求，且供水和灌溉线路变长。因此，不宜在豆凑沟与大土河交汇处以上选择坝址。

长滩河下游永义乡以下为中低山风化溶蚀岩溶地貌，多为 U 形河谷，两岸地形不对称，河谷变宽，岸坡宽缓；两岸岩层平缓，地层岩性为可溶性碳酸盐岩，岩溶中等发育。从地形地质条件上分析，建坝工程规模较大，防渗处理难度亦较大。该河段两岸缓坡均有农田和房屋，且永义乡集镇是当地的政治经济中心，人口密集，在此处建坝，建设征地、淹没拆迁等投资太大，不宜在永义乡以下选择坝址。

豆凑沟与大土河交汇处至枫香坪河段，两岸地形坡度大多下缓上陡，陡坡段以岩质边坡为主，岩层走向与边坡走向近于垂直或呈大角度斜交，岩质边坡主要为切向坡。边坡岩体中无不利结构面的组合，岩质边坡稳定性较好。该段河流均有相对隔水层作为防渗依托，两岸岩基防渗接地下水位或弱透水层。且该河段内存在两岸岸坡较陡，河床及两岸基岩裸露、地形地质条件较好，利于布置挡水坝，适宜在该段选择坝址。

根据对长滩河的查勘情况，永义以上河段为中低山风化剥蚀地貌，河床均为峡谷，地层岩性以砂页岩、板岩为主，岩溶不发育；下游为中低山风化溶蚀岩溶地貌，多为 U 形河谷，地层岩性为可溶性碳酸盐岩，岩溶中等发育。从地形、地质地貌情况，结合水文、水资源等分析成果，本工程坝址可选河段位于豆凑沟与大土河交汇口至枫香坪之间。

该河段坝址库区断裂构造不发育，岩体中主要结构面是岩层面及裂隙。豆凑沟与大土河交汇处上游库区河床及两岸基岩出露，两岸地形坡度较陡，库岸边坡均为切向岩质边坡，岩层倾下游。库区分布地层岩性为上板溪群清水江组(Ptbnq)及番召组(Ptbnf)的变余砂岩、变余凝灰质粉砂岩，夹砂质板岩及绢云母板岩。边坡岩体中无不利结构面的组合，库岸边坡稳定性较好。局部因裂隙切割产生少量垮塌，其方量小，分布范围局限，不会影响水库及大坝安全。

水库库盆由隔水性能良好的泥岩、变余砂岩及板岩等岩体构成，岩体中无较大断裂构造分布，两岸地表分水岭宽厚，有高于水库正常蓄水位的地下水分水岭存在，水库不存在渗漏问题。库首坝址区沿岩体强风化带，裂隙发育，岩体破碎，存在浅层绕坝渗漏问题，可通过防渗措施综合处理。建库河段两岸基岩裸露，库岸主要由基岩组成，岩体较完整，不存在浸没问题，水库具备蓄水成库条件。库区内无重要工矿企业分布，植被覆盖较好，固体径流物质来源少，淤积较小。建库后主要淹没为林地、耕地及民居。

可行性研究阶段在该坝址河段选择了上、下两个坝址（图 1-2-2），采用同精度、库容效益基本一致等原则进行比选。

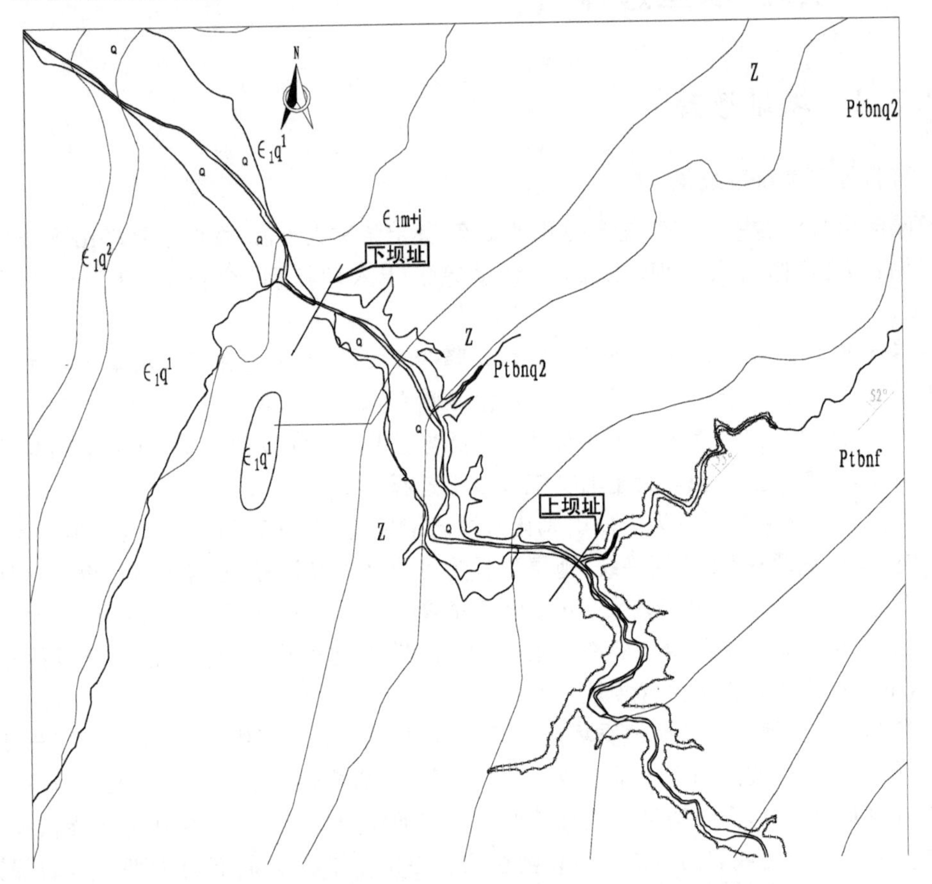


**图 1-2-2　可行性研究阶段栗子园水库上、下坝址位置示意图**

上坝址位于豆凑沟于大土河交汇口下游至栗子园村的上游侧，坝址以上干流河长 15 km，集水面积 89.5 $km^2$，正常蓄水位按照不影响梵净山保护区试验区控制；下坝址位于上坝址下游侧 2.1 km 处、枫香坪上游侧登科桥附近。坝址以上干流河长 17.1 km，集水面积94.6 $km^2$。

可行性研究阶段坝址比选结论：两坝址均具备建坝条件，各有利弊，但在工程地质条件、枢纽布置、投资与效益等方面，上坝址均优于下坝址，推荐坝址为上坝址。

**2. 初步设计阶段（最终）成果**

栗子园水利工程可行性研究报告技术审查形成的有关坝址选择意见为：基本同意建坝河段的选择，基本同意设计推荐上坝址。

根据上述可行性研究阶段的审查意见，初步设计阶段在可研的基础上，项目勘测设计人员多次对上、下坝址现场查勘，并结合可行性研究阶段已取得的勘测设计成果，重点复核可行性研究阶段上、下坝址代表性方案后认为，工程坝址河段位于豆凑沟与大土河交汇口至枫香坪之间，位于豆凑沟与大土河交汇口下游至栗子园村上游侧的上坝址选定作为本工程最终的大坝坝址。

### 2.3.2　坝型选择

**1. 可行性研究阶段成果**

上坝址左岸山体雄厚，地形较完整，右岸坝线上游为豆凑沟冲沟，受地形切割的影响，右岸岩体的风化深度约大于左岸。河谷断面呈 V 形。左岸地形坡度上缓下陡，高程 750 m 以下至河床，自然地形坡度 46°～53°。高程 750 m 以上，自然地形坡度 28°～32°。右岸地形坡度 51°～59°。平水期河水面宽 8.5 m，水深 0.2～0.5 m。河床高程 702.0 m，正常高水位 764.0 m 时，河谷宽约 135 m，宽高比 2.19。

河床及两岸基岩出露，覆盖层零星分布。坝基、肩分布岩体为($Ptbnbq^{1-1}$)的厚层块状变余石英砂岩，($Ptbnbq^{1-2}$)的薄层砂质板岩及($Ptbnbq^{1-3}$)：灰色中至厚层变余细砂岩。岩体均属于中硬至坚硬岩，地质条件好，尤其适应布置刚性坝。因此，可行性研究阶段拟定拱坝和重力坝作为上坝址坝型方案进行比选。

可行性研究阶段上坝址坝型比选结论：拱坝在地形地质条件、工程投资及工程运行方面具有明显的优势，推荐上坝址以混凝土拱坝作为代表坝型。

**2. 初步设计阶段(最终)成果**

栗子园水利工程可行性研究报告技术审查形成的有关坝型选择意见为：基本同意上坝址以常态混凝土双曲拱坝方案为代表性方案，基本同意双曲混凝土拱坝坝体断面设计和结构布置。

根据可行性研究阶段的审查意见，初步设计阶段在可行性研究的基础上，结合可行性研究阶段已取得的勘测设计成果，重点复核可行性研究阶段上坝址坝型方案后认为，在本工程选定坝址的地形地质条件下，拱坝较重力坝能使建坝材料的强度充分发挥，具有投资少、安全性高等显著优点。因此栗子园水库大坝最终推荐坝型为常态混凝土双曲拱坝。

## 2.4　坝轴线确定

### 2.4.1　坝轴线拟定

选定工程坝址河段微弯，河流流向 N49°～73 °W，河床高程 699～706 m，平水期河水面宽 8～10 m，水深 0.2～1.0 m。河谷两岸山体雄厚，地形坡度陡峭，河谷断面为 V 形河谷，两岸地形坡度 45°～60°。坝址河段为一横向河谷，两岸岩质边坡均为切向坡，边坡岩体中无不利结构面的组合，自然边坡稳定。枢纽坝轴线的选择结合地形及地质结构、岩体风化情况等因素综合考虑。

根据岩组分布情况及岩体分类成果，以可行性研究阶段上坝址推荐方案的坝轴线作为上坝线，在上坝线下游约 150 m 处另拟定一条坝线作为下坝线。

## 2.4.2 坝轴线地形地质条件比较

按选定常态混凝土双曲拱坝坝型设计方案进行上、下坝线地形地质条件比较，见表1-2-6。

表 1-2-6 栗子园水库坝址上、下坝线地形地质条件比较表

| | 上坝线 | 下坝线 | 比较结论 |
|---|---|---|---|
| 地形地貌 | 左岸山体雄厚，地形较完整，右岸上游为豆凑沟冲沟，河谷断面呈基本对称的V形。正常高水位764.0 m时，河谷宽约135 m，宽高比2.19 | 左岸山体雄厚，地形较完整，右岸坝线下游为一冲沟，山体略显单薄，河谷断面呈基本对称的V形。正常高水位764.0 m时，河谷宽约165.8 m，宽高比2.59 | 上坝线略优 |
| 地层、岩性 | 坝基、肩分布岩体为($Ptbnbq^{1-1}$)的中至厚层块状变余石英砂岩、($Ptbnbq^{1-3}$)的变余细砂岩及($Ptbnbq^{1-2}$)的薄层砂质板岩。变余砂岩及的变余细砂岩属坚硬岩类。岩体的工程地质分类属$A_{Ⅲ1}$类。砂质板岩属中硬岩类。岩体的工程地质分类属$B_{Ⅲ2}$类 | 坝基、肩主要分布地层岩性为($Ptbnbq^{1-5}$)的中至厚层变余凝灰质细砂岩。坚硬岩类。岩体的工程地质分类$A_{Ⅲ1}$类。河床分布有($Ptbnbq^{1-4}$)的凝灰质板岩夹粉砂质板岩。中硬岩类。岩体的工程地质分类属$B_{Ⅲ2}$类 | 下坝线略优 |
| 地质构造 | 坝基(肩)岩体中无大的断裂构造分布。主要结构面是岩层面及裂隙。坝基岩体中分布有一组缓倾上游的裂隙(第④组)，与①、②两组裂隙的组合，形成对坝基岩体抗滑稳定不利结构面的组合 | 坝基(肩)岩体中无大的断裂构造分布。主要结构面是岩层面及裂隙。坝基(肩)岩体中主要结构面均为陡倾角结构面，无不利结构面的组合 | 下坝线优 |
| 岩体风化及物理地质现象 | 河床及两岸基岩出露，覆盖层零星分布。无危岩体、崩塌等不良地质现象。强风化深度：左岸5.8～8.8 m，右岸9.5～11.4 m，河床4.2～7.4 m；弱风化深度：左岸15.3～19.3 m，右岸20.3～22.1 m，河床11.8～12.5 m | 右岸基岩出露，河床分布有厚0～0.8 m左右的砂卵石层，左岸高程740 m以下至河床，分布有崩塌堆积的碎石土，最大堆积厚度约6.8 m。强风化深度：左岸5.6～13.5 m，右岸11.2～17.8 m，河床3.3～5.3 m；弱风化深度：左岸19.6～38.4 m，右岸27.2～34.7 m，河床12.5～15.7 m | 上坝线略优 |
| 水文地质条件 | 坝址地下水类型主要为基岩裂隙水。强风化带以下，岩体透水性差，可视为相对隔水岩组 | 同上坝线 | 两坝线相当 |

续表

|  | 上坝线 | 下坝线 | 比较结论 |
|---|---|---|---|
| 变形稳定条件 | 坝基、肩分布地层岩性以坚硬岩类为主夹中硬岩，岩体抗压缩变形能力较强。坝址为一横向河谷，两岸岩层走向与河流方向近于垂直，同一高程河床两岸分布的地层岩性差异不大，一般不会因为岩性差异而引起产生不均匀压缩变形 | 坝基、肩分布地层岩性主要为($Ptbnbq^{1-5}$)的中至厚层变余凝灰质细砂岩。坚硬岩类。两岸分布的地层岩性较均一，岩体抗压缩变形能力较强 | 下坝线略优 |
| 抗滑稳定条件 | 两岸顺河向陡顷角裂隙较发育，强风化带裂隙因卸荷作用而局部张开夹泥，对坝肩抗滑稳定存在不利影响 | 同上坝线 | 两坝线相当 |

根据表1-2-6分析，栗子园水库坝址上、下坝线的水文地质条件相似，均具备建拱坝的地形地质条件。但上坝线坝基岩体中分布有一组缓倾上游的裂隙(30°～35°)，对坝基岩体抗滑稳定不利。下坝线两岸分布岩性较均一，无不利结构面的组合，主要为($Ptbnbq^{1-5}$)的中至厚层变余凝灰质细砂岩，属坚硬岩类，对拱座抗滑稳定及岩体变形较为有利。综合而言，下坝线地形地质条件略优于上坝线。

## 2.4.3　枢纽布置方案

上、下两坝线相距约150 m，地形变化不大，总体枢纽布置方案基本相同，拦河修建常态混凝土双曲拱坝，采用表孔泄洪方式，其下游采用鼻坎跌流联合二道坝形成水垫塘进行消能，左岸布置发电引水隧洞及电站厂房，进水口采用竖井式进水口，位于左坝肩上游，引水隧洞上平段为2 m×2 m的城门洞型断面，弯、斜段及下平段为直径2 m的圆形断面，电站厂房为左岸岸边地面厂房，装机容量为2×1 MW。

两坝线方案均由常态混凝土双曲拱坝、坝身溢流表孔及其下游二道坝、左岸发电引水隧洞及岸边地面厂房等组成，枢纽布置示意见图1-2-3。

由于上坝线坝基、肩分布岩体中掺夹($Ptbnbq^{1-2}$)的薄层砂质板岩，对拱座抗滑稳定影响较大，需将拱坝建基面穿过此层嵌入较好的($Ptbnbq^{1-3}$)的变余细砂岩中。虽上坝线所处河谷较下坝线窄，但下坝线两岸分布地层岩性较均一，岩体抗压缩变形能力较强，无需较大的嵌深。因此上坝线方案拱坝坝顶反而比下坝线方案长147 m，相应的大坝工程量也比下坝线的大。

为减小泄洪时雾化影响，初步设计阶段较可行性研究阶段厂房位置做了适当优化调整，布置在坝址下游左岸一浅切冲沟口，距下坝线约210 m。上、下坝线厂房布置基本相同。上坝线由于靠近豆凑沟，施工导流需要多设一条短导流洞和一个围堰，费用较下坝线略大。因此，上坝线从施工导流布置角度来看要略差于下坝线。

图 1-2-3 栗子园水库坝址上、下坝线枢纽布置示意

## 2.4.4 坝轴线选择

综合上述坝轴线地形地质条件、枢纽布置、施工导流布置、水库淹没占地、投资等因素，下坝线较上坝线更优越，工程投资也较省，最终选定下坝线作为栗子园水库大坝的坝轴线。

# 2.5 坝体构造

内容包括坝顶高程、坝顶布置、坝体分缝分块、坝体防渗排水、坝体廊道及交通布置、坝体混凝土设计等。

### 2.5.1　坝顶高程的确定

坝顶高程根据各运行情况的栗子园水库静水位加上相应超高后的最大值确定，且应高于校核洪水位。坝顶超高 $\Delta h$ 按规范《混凝土拱坝设计规范》(SL282—2003)中 9.1.1 条的公式计算：

$$\Delta h = h_b + h_z + h_c$$

式中，$h_c$为安全加高(m)；按《混凝土拱坝设计规范》(SL282—2003)表 9.1.1 的规定，正常蓄水位情况取 0.4 m，校核洪水位情况取 0.3 m。$h_b$为波高(m)；取累积频率为 1%的波高 $h_{1\%}$。$h_z$为波浪中心线至正常蓄水位或校核洪水位的高差(m)。$h_{1\%}$、$h_z$按规范附录 B.6.3 规定的公式计算。计算风速在正常蓄水位时采用多年平均年最大风速的 1.5 倍按 30 m/s 计算，在校核洪水位时，采用多年平均年最大风速 20 m/s 计算。有效吹程按等效风区长度计算取 550 m。

栗子园水库拱坝坝顶高程计算见表 1-2-7。

**表 1-2-7　栗子园水库拱坝坝顶高程计算表**

| 工 况 | $h_b$ /m | $h_z$ /m | $h_c$ /m | $\Delta h$ /m | 水位/m | 计算防浪墙顶高程/m |
|---|---|---|---|---|---|---|
| 正常情况 | 1.821 | 0.734 | 0.4 | 2.955 | 764.0 | 766.955 |
| 非常情况 | 1.097 | 0.40 | 0.3 | 1.797 | 765.08 | 766.877 |

由表 1-2-7 计算结果可知，栗子园水库拱坝坝顶高程是由正常情况控制，取其防浪墙顶高程 767.0 m，防浪墙高 1.2 m，坝顶高程最终定为 765.8 m，高出校核洪水位 0.72 m。

### 2.5.2　坝顶布置

根据确定的坝轴线所在位置的地形地质情况，栗子园水库拱坝中心线方位定为与该位置的河流流向基本一致，为 N79°W。坝顶拱圈中心曲线长(包括溢流坝段)为 219.20 m，最大坝高 78.8 m，坝顶宽度 5 m(其中悬臂 2 m)；坝顶上游侧设 1.2 m 高钢筋混凝土防浪墙，下游侧设不锈钢防护栏杆(图 1-2-4)。

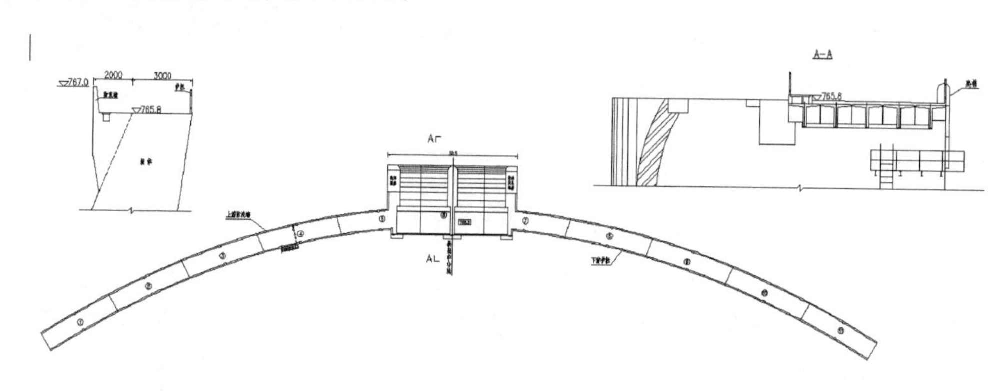

**图 1-2-4　栗子园水库拱坝坝顶布置**

## 2.5.3 坝体分缝分块及止水

栗子园水库拱坝坝体自右至左依次分为 11 个坝段，其中 6＃和与其相接的 5＃、7＃部分段为溢流坝段。为便于施工，横缝均采用铅直的缝面。横缝间距以坝顶拱圈中心线弧长控制为 20 m，缝面方向基本与坝顶拱圈中心正交(图 1-2-5)。由于采用铅直的缝面，因此，缝面与其他各层拱圈的法线方向有一交角，为防止可能造成缝面上出现不利的应力条件，该角控制在 15°以内。横缝间设圆形键槽及接缝灌浆系统。灌浆区高度不大于 15 m，在坝体达到设计稳定温度场后进行封拱灌浆。

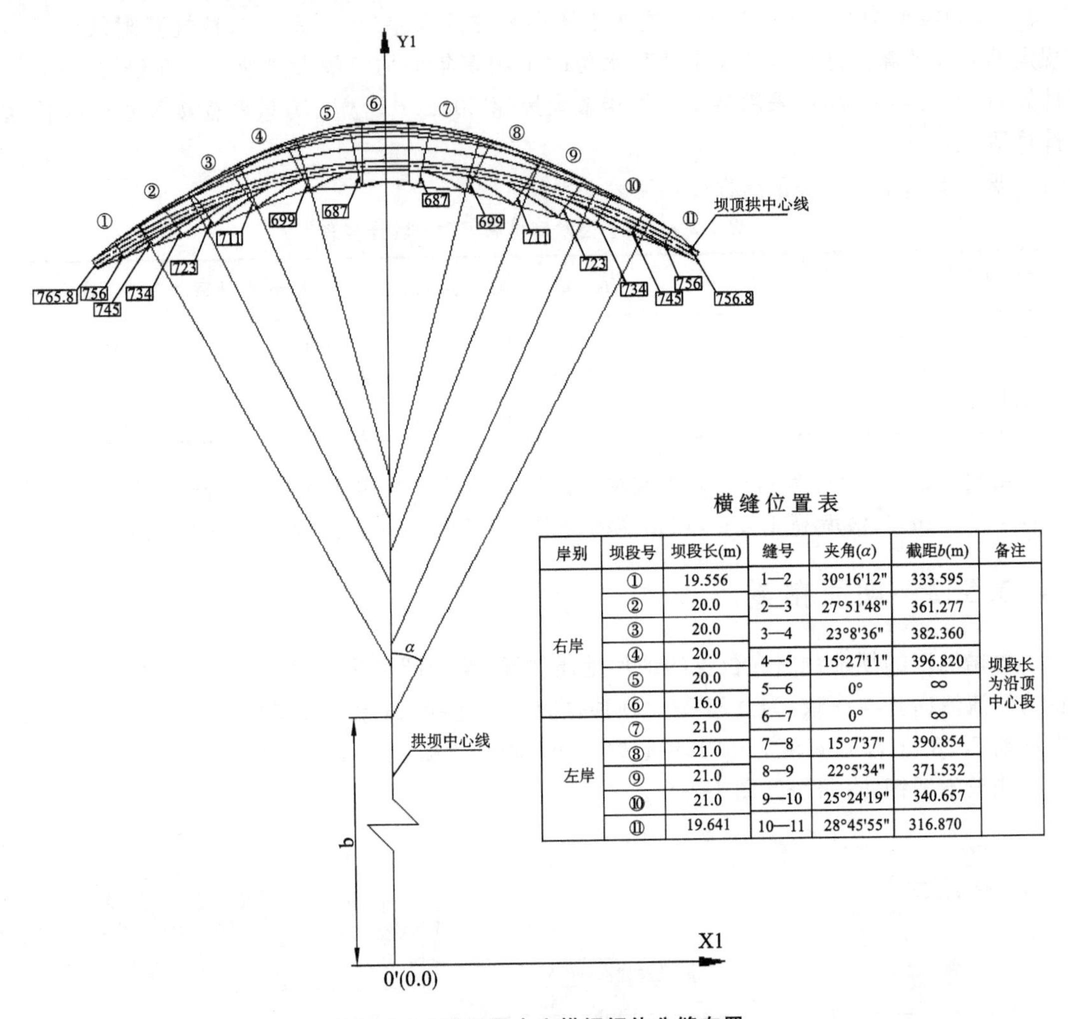


横缝位置表

| 岸别 | 坝段号 | 坝段长(m) | 缝号 | 夹角(α) | 截距b(m) | 备注 |
|---|---|---|---|---|---|---|
| 右岸 | ① | 19.556 | 1—2 | 30°16'12" | 333.595 | 坝段长为沿顶中心段 |
| | ② | 20.0 | 2—3 | 27°51'48" | 361.277 | |
| | ③ | 20.0 | 3—4 | 23°8'36" | 382.360 | |
| | ④ | 20.0 | 4—5 | 15°27'11" | 396.820 | |
| | ⑤ | 20.0 | 5—6 | 0° | ∞ | |
| | ⑥ | 16.0 | 6—7 | 0° | ∞ | |
| 左岸 | ⑦ | 21.0 | 7—8 | 15°7'37" | 390.854 | |
| | ⑧ | 21.0 | | | | |
| | ⑨ | 21.0 | 8—9 | 22°5'34" | 371.532 | |
| | ⑩ | 21.0 | 9—10 | 25°24'19" | 340.657 | |
| | ⑪ | 19.641 | 10—11 | 28°45'55" | 316.870 | |

图 1-2-5 栗子园水库拱坝坝体分缝布置

在拱坝横缝的上游侧距坝面 0.25 m 和 0.5 m 处分别设一道铜止水和橡胶止水，接缝灌浆系统中的止浆片兼作为拱坝横缝的下游面、溢流面以及陡坡段坝体与边坡接触面等部位的止水片。由于拱坝坝体较薄，坝址区域气候也无冰冻，因此坝体不设排水管。

## 2.5.4 坝体廊道与交通

拱坝坝体内部设基础灌浆廊道和交通观测(检查)廊道。在下游坝面设步梯作垂直上下交通，坝内设横向廊道至下游坝面与步梯连接。基础灌浆廊道最低高程 690 m，断面为 2.5 m×3.0 m(宽×高，以下同)的方圆形，其在坝体内两边渐上与高程 730 m 处的廊道和坝两岸山体中的灌浆平洞相接；坝内在高程 730 m 处设置交通观测(检查)廊道为运行时坝内观测、检查和交通而设置，同时兼顾坝内排水，断面尺寸为 1.5 m×2.5 m 的方圆形。见图 1-2-6～图 1-2-8。

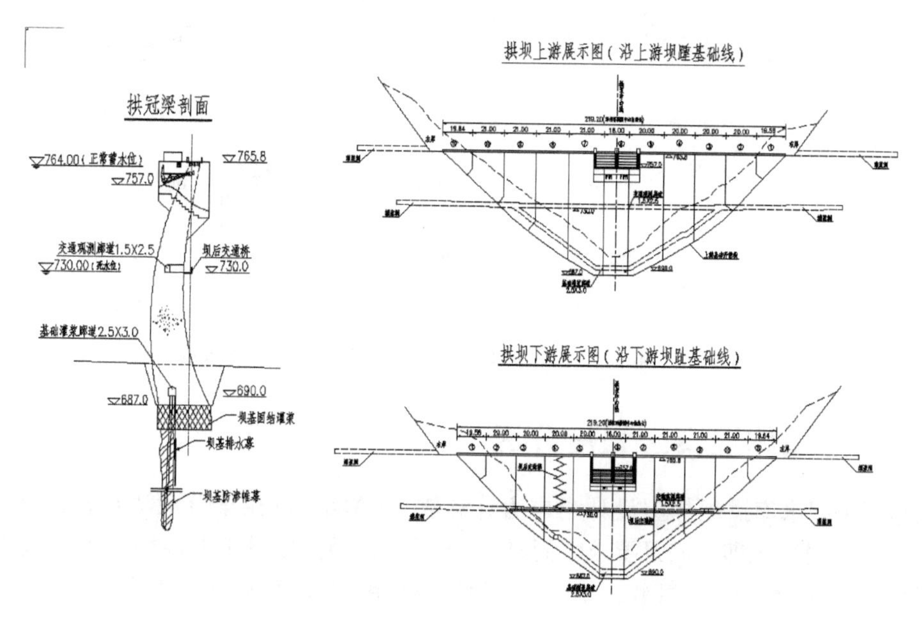


**图 1-2-6　栗子园水库拱坝上、下游展示及拱冠梁剖面**

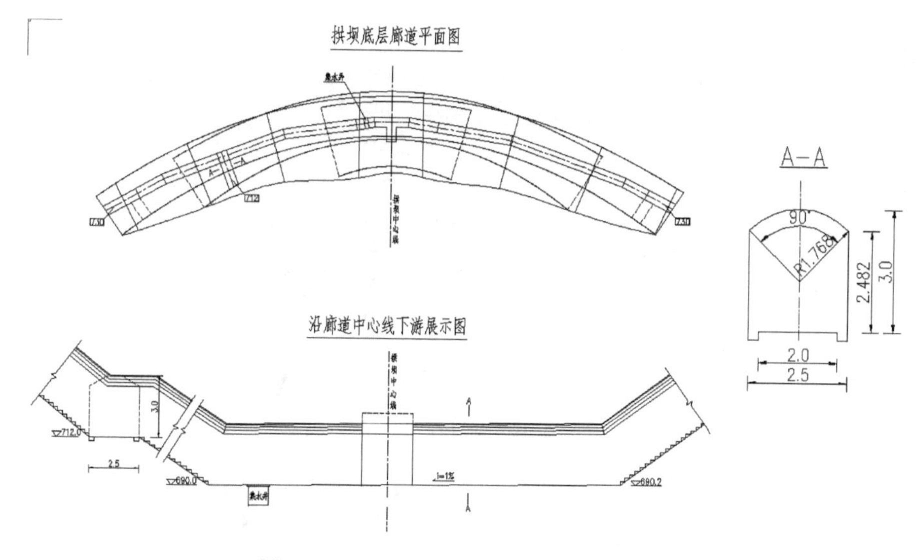


**图 1-2-7　栗子园水库拱坝底层廊道布置**

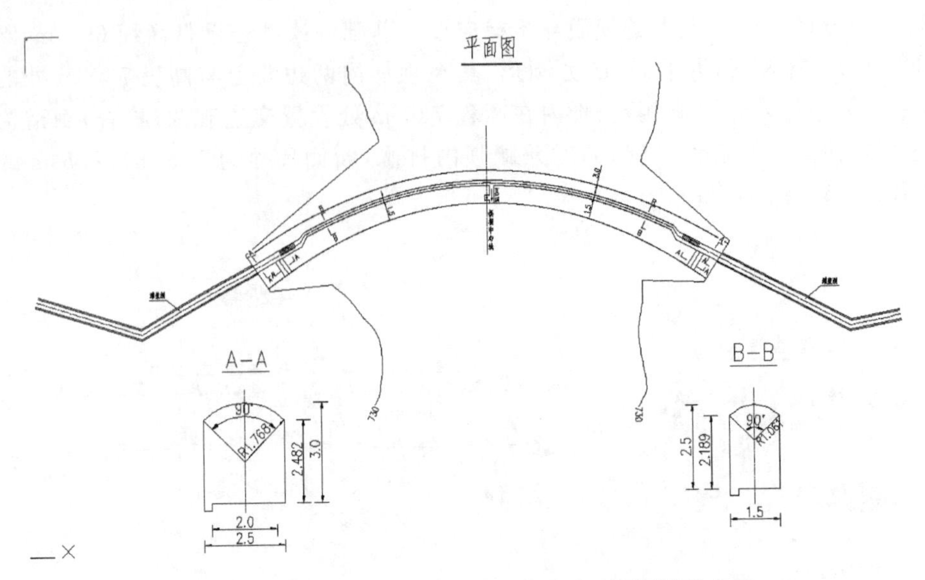


图 1-2-8　栗子园水库拱坝 730 m 高程交通观测廊道布置

## 2.5.5　坝体混凝土强度分区

根据栗子园水库拱坝体型设计与应力计算成果(ADASO 拱梁分载法),各工况下采用 $C_{28}$20W8F100 混凝土即可满足要求。同时,由于拱坝混凝土方量不大,对大坝混凝土基本不作分区处理,仅对溢流表孔闸墩、牛腿、溢流面层等采用 $C_{28}$25W8F100 混凝土。

# 第3章　栗子园水库拱坝体型设计与应力计算

## 3.1　拱坝体型的类型

拱坝体型是通过对拱冠梁(铅直)剖面和各层水平拱圈(水平剖面)的描述来决定拱坝的形状和尺寸的。人类建坝早期,拱坝体型是比较简单的,例如,拱冠梁是梯形剖面,水平拱圈是等厚度圆拱。由于拱坝体型对于坝的经济性和安全性影响很大,随着科学技术的进步,拱坝体型也越来越复杂[2]。

### 3.1.1　单曲拱坝与双曲拱坝

**1. 单曲(等半径)拱坝**

如图 1-3-1 所示为单曲拱坝,在铅直方向没有曲率,梁剖面的上游面是一条铅直线。沿铅直方向,坝体上游面的半径从上到下等于常数,因此这种拱坝也称为等半径拱坝。

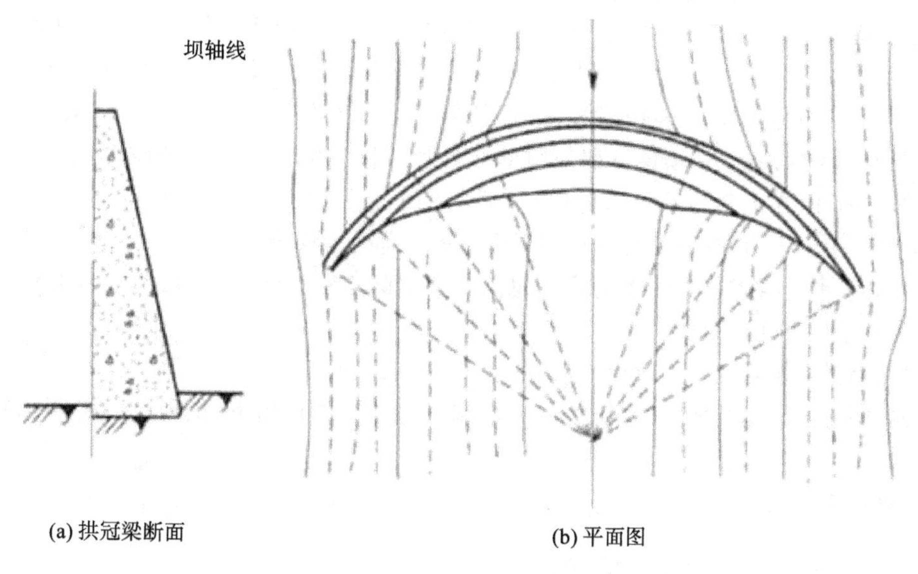


图 1-3-1　单曲拱坝

**2. 等中心角拱坝**

为了降低坝的造价,在抗滑稳定条件所允许的范围内,应尽量采用较大的中心角。因此,在U形河谷,修建单曲拱坝是合适的,因为从上部到下部的中心角都比较大。但在V形河谷,修建单曲拱坝就不经济了,因为坝的下部,河谷很窄,拱的中心角很小,为满足允许应力的要求,坝体必须做得比较厚。从 $r=L/2\sin\phi$($r$ 为拱中心轴半径,$L$ 为拱的跨度,$\phi$ 为半中心角)可知,在V形河谷的下部,由于河谷宽度 $L$ 减小,故拱半径也相应地减小。如果拱冠梁上游面仍为铅直的,边梁上游面必然产生严重倒悬,库空时在自重作用下,坝块将向上游倾倒，所以这种体型实际上不能采用。

为了避免边梁的倒悬，可把拱冠梁做成向下游倾斜的。这种体型由于采用等中心角，坝的体积最小，又避免了边梁的倒悬。20 世纪 50 年代，人们曾一度认为这是最好的拱坝体型，并在欧洲陆续兴建了几座这样的拱坝。图 1-3-2 所示法国 1950 年兴建的安香纳拱坝（坝高 76 m）即其中一例。后来发现，由于拱冠梁过于向下游倾斜，在自重和水压力作用下，坝踵产生很大拉应力，因此这种体型的拱坝完工后在上游面都出现了很多裂缝。不久这种体型即被淘汰[2]。

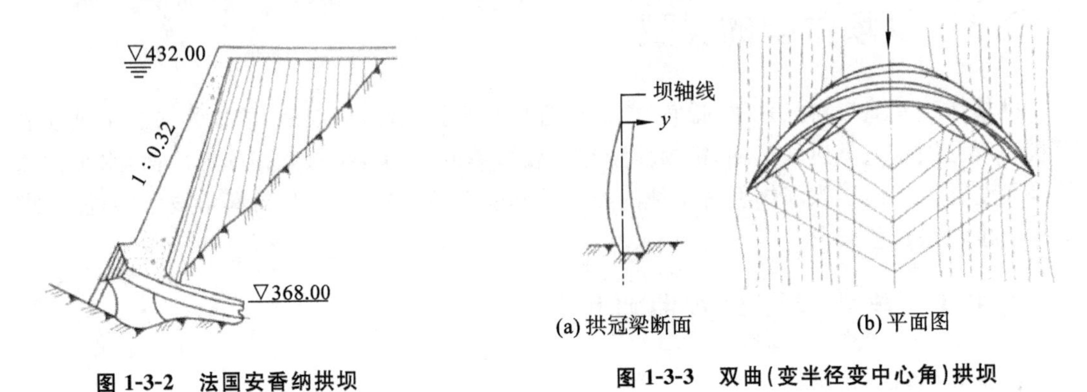


**图 1-3-2　法国安香纳拱坝**

**图 1-3-3　双曲（变半径变中心角）拱坝**

**3. 双曲（变半径变中心角）拱坝**

图 1-3-3 所示为双曲（变半径变中心角）拱坝，即在水平和铅直两个方向，坝都是弯曲的。如前所述，从应力和坝的体积考虑，以等中心角拱坝为有利，但边梁倒悬严重。从避免倒悬考虑，等半径拱坝有利，但坝体下部中心角太小，应力不利，坝体太厚。应适当兼顾两方面的要求，对半径和中心角都做一些调整。下部的中心角小于上部，以尽量减少坝面倒悬；但在不出现严重倒悬的前提下，坝体下部采用尽可能大的中心角，以改善拱的应力，节省混凝土。拱冠梁的上游面，在上部设顺坡，以减小边梁的倒悬；下部设不大的倒坡，以便在自重作用下，坝踵能产生压应力，抵消水荷载在坝踵引起的一部分拉应力。

上述分析的是拱坝铅直曲率的设计思路。在实际工程设计中，V 形河谷双曲拱坝的铅直曲率决定于以下几个条件。

（1）坝面最大倒悬度不超过允许值，一般不超过 0.30：1。

（2）在施工期和运行期，在水压力、自重、温度等的共同作用下，拱坝应力控制不超过规范允许值。

（3）坝体造价最小。

## 3.1.2　水平拱圈的形式

早期修建的拱坝多为单心圆拱。之后为了改善应力状态和稳定条件，逐步采用双心圆拱、三心圆拱、抛物线拱、椭圆拱、对数螺旋线拱等形式。

单心圆拱在水平方向是等曲率的，其他各类拱是变曲率的。为了减小中心角以改善坝肩抗滑稳定条件，一般在拱冠采用较小的曲率半径，在拱座采用较大的曲率半径。其比值大致为 2～5 倍，具体数值应根据当地条件经过分析后决定。

单心圆拱是水平等厚的。其他各类拱可以是等厚的，也可以是变厚的。通常，拱座应力比拱冠处大。为节省混凝土，可做成变厚的，即从拱冠向拱座逐渐加厚。

**1. 单心圆拱**

单心圆拱的上、下游表面是两个同心圆，半径分别为 $R_U$ 和 $R_D$，见图 1-3-4(a)。其差值等于拱冠梁的厚度 $T_c$。在描述拱冠梁剖面时，$T_c$ 已定，所以只需再用一个铅直坐标的多项式表示上游面半径 $R_U$ 沿高度的变化规律，拱坝的体型即被完全确定。

**2. 双心圆拱**

双心圆拱有两种：①等原双心圆拱如图 1-3-4(b)所示。左右两半拱都是等厚的，但半径不同。这种拱是为了适应不对称河谷，在河谷较陡的一边，采用较小的拱半径。左半拱与右半拱在拱冠相切。②变厚双心圆拱如图 1-3-4(c)所示。左右两边半径相同，但上游面半径 $R_U$ 大于下游面半径 $R_D$。拱厚度自拱冠向拱座逐渐增加，可改善拱内应力状态。

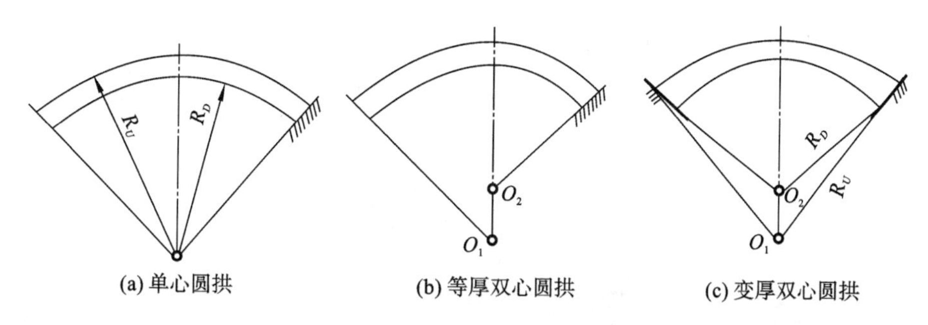


**图 1-3-4　单心与双心圆拱**

**3. 多心圆拱**

多心圆拱坝的水平剖面可有 3～5 个圆心。图 1-3-5 为五心圆拱，分为三段，中拱是等厚的，两边拱是变厚的。我国白山、紧水滩等水电站采用了三心圆拱坝设计[2]。

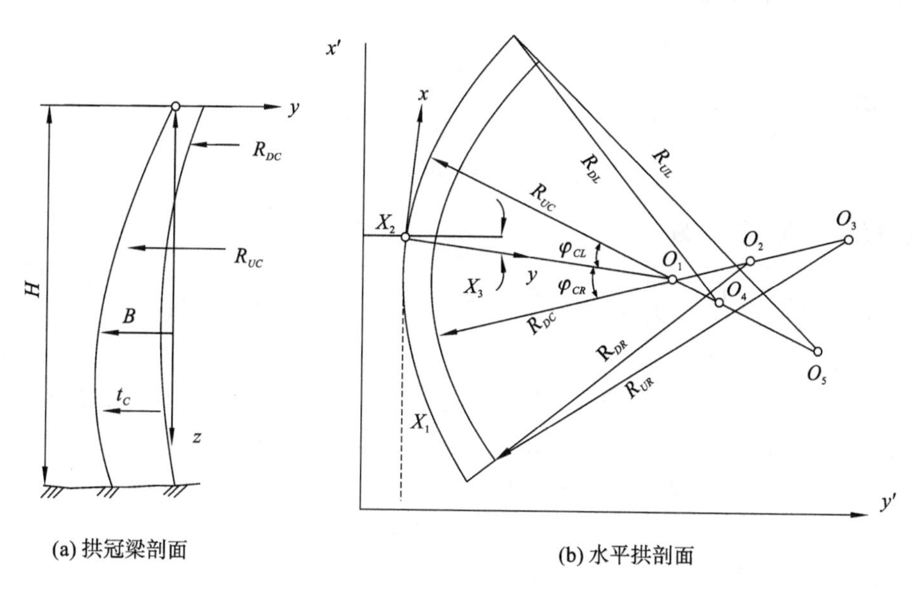


**图 1-3-5　多心圆拱**

**4. 抛物线拱**

抛物线拱有两种表示方法:①用 4 条不同的抛物线分别表示左、右两半拱的上、下游曲线;②用两条抛物线表示左、右两半拱的轴线,再用两个表达式去表示两半拱在水平方向厚度的变化。两种表示方式是等效的。在拱坝优化中多采用第二种表示方式[2]。

图 1-3-6 表示一条抛物线,其方程为:

$$x^2 = by \tag{1-3-1}$$

任一点$(x,y)$的曲率半径为:

$$R = \frac{(4x^2 + b^2)^{\frac{3}{2}}}{2b^2} \tag{1-3-2}$$

当 $x=0$ 时,拱冠曲率半径为 $R_c=b/2$,由此可知 $b=2R_c$。

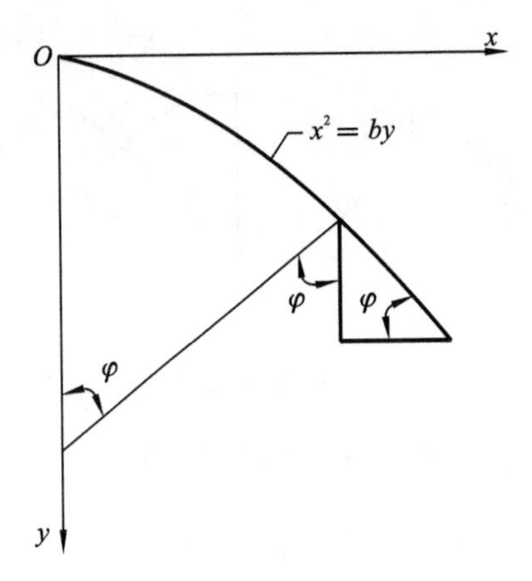


**图 1-3-6 抛物线拱**

由图 1-3-6 可知,在任一点$(x,y)$有:

$$\tan\varphi = \frac{\mathrm{d}y}{\mathrm{d}x} = \frac{2x}{b} \tag{1-3-3}$$

在左拱座$(x=x_L)$处,半中心角为:

$$\varphi_L = \arctan(\frac{2x_L}{b}) \tag{1-3-4}$$

从拱冠至 $x$ 点的弧长为:

$$s = \int_0^x \sqrt{1 + \left(\frac{\mathrm{d}y}{\mathrm{d}x}\right)^2}\mathrm{d}x = \int_0^x \sqrt{1 + \left(\frac{4x^2}{b^2}\right)}\mathrm{d}x = \frac{x\sqrt{4x^2+b^2}}{2b} + \frac{b}{4}\ln\left(\frac{2x+\sqrt{4x^2+b^2}}{b}\right) \tag{1-3-5}$$

由式(1-3-1)可知,当以抛物线作为拱的中心线时,只有一个设计参数,当然这个设计参数是随着高程而变化的,可用以下三种方式之一表达抛物线拱的设计参数。

(1)直接取 $b$ 作为设计参数,并表示如下:

$$b = k_0 + k_1 z + k_2 z^2 + k_3 z^3 + \cdots + k_n z^n \tag{1-3-6}$$

(2)取拱冠半径 $R_c$ 作为设计参数,并表示如下:

$$R_c = k_0 + k_1 z + k_2 z^2 + k_3 z^3 + \cdots + k_n z^n \tag{1-3-7}$$

(3)取左半拱座中心角 $\varphi_c$ 作为设计参数,并表示如下:

$$\varphi_c = k_0 + k_1 z + k_2 z^2 + k_3 z^3 + \cdots + k_n z^n \tag{1-3-8}$$

由式(1-3-3)可知：

$$b=\frac{2x_L}{\tan\varphi_L}$$

式(1-3-6)～式(1-3-8)中：$k_0$～$k_n$为待定系数，在优化过程中即为设计变量。

这三种方式是等效的，只要确定了系数 $k_0$～$k_n$，就决定了抛物线的形状及其沿高度的变化。多年的实践经验表明，半中心角是一个重要参数，在拱坝体型优化中作为设计参数比较好[2]。

由于地形或地质条件的不对称，同一高程上，拱圈左右两半的轴线形状往往不同，即左半拱的 $b_L$或中心曲率半径$R_L$与右半拱的$b_R$或中心曲率半径$R_R$不同。另外，在图 1-3-5 中，局部坐标原点放在拱冠中心，在坝体整体坐标系中，拱冠中心点的 $y$ 坐标是随着高程而变化的，因此，在坝的整体坐标系中拱轴线用抛物线表示如下：

$$\left.\begin{aligned}y&=-B+\frac{x^2}{2R_R}\quad(\text{右半拱})\\y&=-B+\frac{x^2}{2R_L}\quad(\text{左半拱})\end{aligned}\right\}\tag{1-3-9}$$

众多实践经验表明，拱的水平轴向力沿水平方向变化是不大的，但弯矩是变化的，而且由于基岩的约束作用，拱座弯矩一般大于拱冠的弯矩。因此，拱座的应力通常大于拱冠，为了节省混凝土，坝体厚度应由拱冠向拱座逐渐增加，当然，这种厚度的变化应是渐变的，而不应是突变的，以免引起应力集中[2]。

拱坝厚度在水平方向的变化有如下三种表达方式。

(1)厚度 $t$ 随坐标 $x$ 的变化。

$$\left.\begin{aligned}t(x)&=t_i+(t_{AR}-t_c)\left(\frac{x}{x_{AR}}\right)^{\gamma}\quad(\text{右半拱})\\t(x)&=t_i+(t_{AL}-t_c)\left(\frac{x}{x_{AL}}\right)^{\gamma}\quad(\text{左半拱})\end{aligned}\right\}\tag{1-3-10}$$

式中，$t_c$、$t_{AR}$、$t_{AL}$ 分别为拱冠、右拱座、左拱座的厚度；$\gamma$ 为指数。

(2)厚度 $t$ 随角度 $\phi$ 的变化。

$$\left.\begin{aligned}t(\varphi)&=t_i+(t_{AR}-t_c)\left(\frac{\varphi}{\varphi_{AR}}\right)^{\gamma}\quad(\text{右半拱})\\t(\varphi)&=t_i+(t_{AL}-t_c)\left(\frac{\varphi}{\varphi_{AL}}\right)^{\gamma}\quad(\text{左半拱})\end{aligned}\right\}\tag{1-3-11}$$

(3)厚度 $t$ 随弧长 $s$ 的变化。

$$\left.\begin{aligned}t(s)&=t_i+(t_{AR}-t_c)\left(\frac{s}{s_{AR}}\right)^{\gamma}\quad(\text{右半拱})\\t(s)&=t_i+(t_{AL}-t_c)\left(\frac{s}{s_{AL}}\right)^{\gamma}\quad(\text{左半拱})\end{aligned}\right\}\tag{1-3-12}$$

式中，$s$ 为自拱冠算起的弧长；$s_{AR}$和 $s_{AL}$ 分别为右拱座和左拱座的弧长，通常 $\phi_A<60°$，以上三种表达式计算结果相近；$\gamma$ 为指数，一般值为 2～7，可根据经验取为常数，也可作为参数进行优化，但为避免厚度变化过大，对 $\gamma$ 的上限应给以限制[2]。

在坝体顶部，厚度主要取决于通行布置，而不是取决于应力，所以顶部通常在水平方向厚度不变，在坝体中下部，由于水头高、应力大，在水平方向自拱冠向拱座逐渐加厚。

**5. 椭圆拱**

拱的中心线取为椭圆(图 1-3-7)。

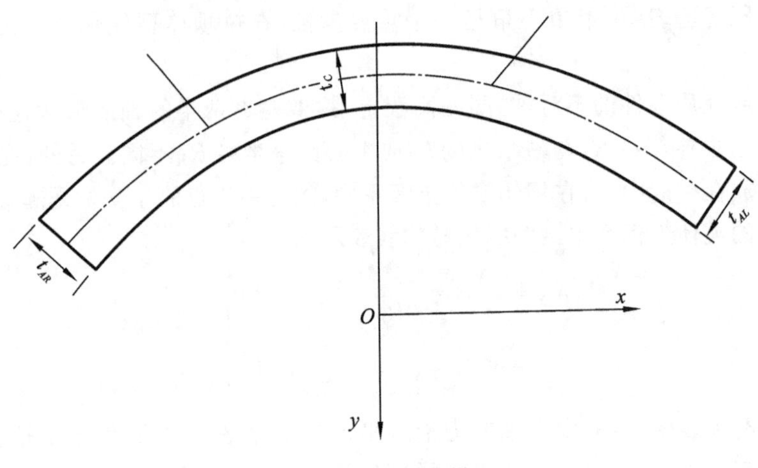


图 1-3-7　椭圆拱

**6. 双曲线拱**

左右两半拱的中心线分别用两条双曲线表示(图 1-3-8),实际工程中双曲线拱较少采用。

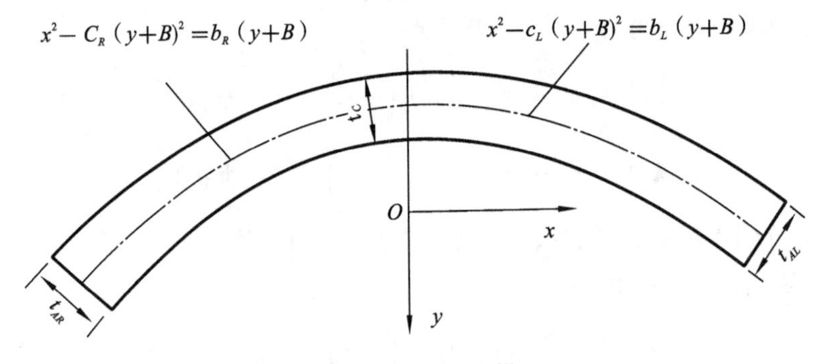


图 1-3-8　双曲线拱

**7. 对数螺旋线拱**

左右半拱的中心线分别用两条对数螺旋线表示(图 1-3-9)。

**8. 统一的二次曲线拱**

二次曲线可以用一个统一的公式表示(图 1-3-10)。为了适应地形和地质条件的变化,拱坝的上部和下部可以采用不同的线型,例如瑞士的赖斯托列斯双曲拱坝[2],高 86 m,坝的下部为抛物线拱,而上部为椭圆拱。

**9. 混合曲线拱**

几种常见线型的曲率半径随半中心角(以拱冠梁处为零点,左岸为负,右岸为正)的变化方程可用极坐标表示,综合后可归纳得出混合型的拱圈(图 1-3-11)。混合型曲线的优点是可以概括常用的各种线型,缺点是曲线过于复杂,拱轴线不能用 $x$、$y$ 显式表示。

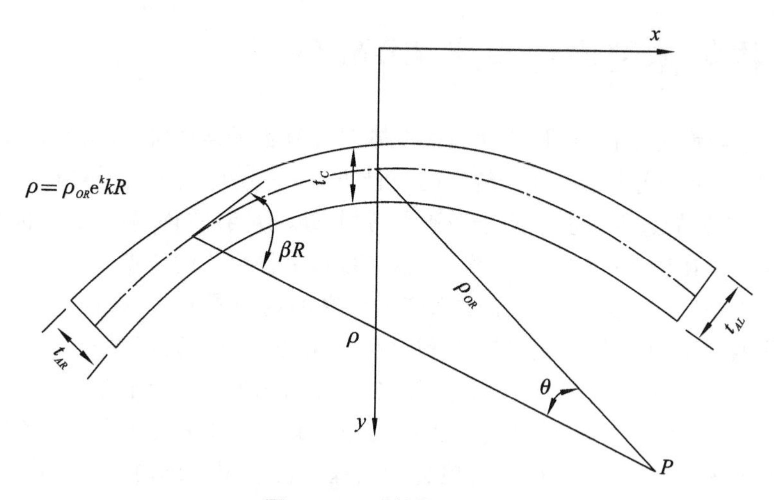


图 1-3-9　对数螺旋线拱

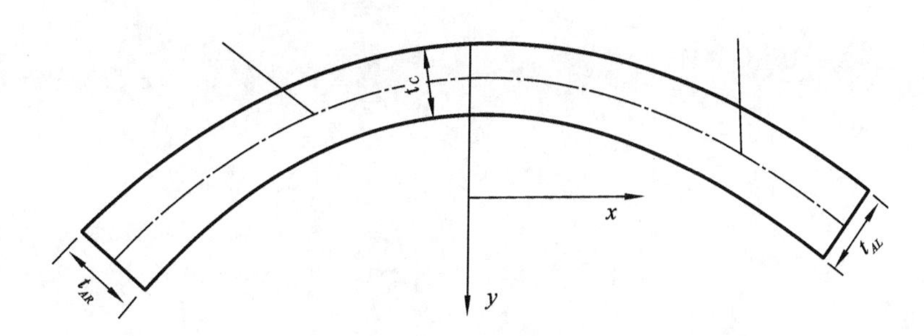


图 1-3-10　统一的二次曲线拱

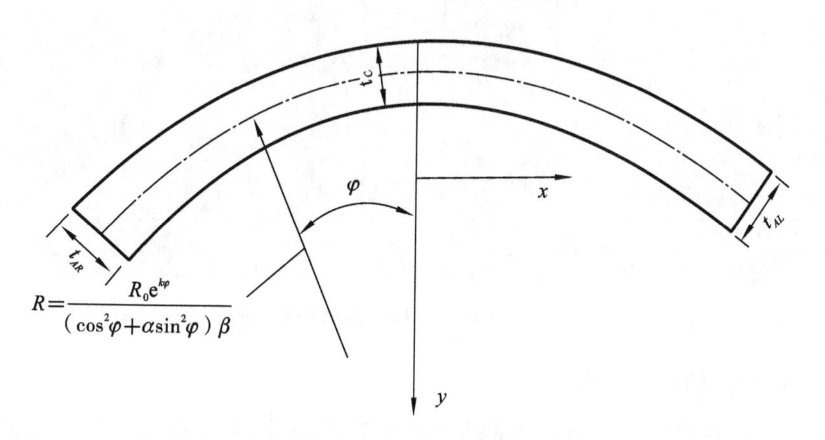


图 1-3-11　混合曲线拱

对于单曲拱坝，拱上游面曲线也可用单心圆拱、双心圆拱、多心圆拱、抛物线拱、椭圆拱、双曲线拱、对数螺旋线拱、统一的二次曲线拱或混合曲线拱表示，但曲线参数在高度方向不变化。坝体厚度在水平方向可取为常数，也可由拱冠向拱座逐渐加厚，例如，可用式(1-3-11)表示。

## 3.2 拱坝体型设计程序 ADASO

拱坝是一个超静定结构,设计合理的拱坝体型可节省工程造价,缩短建设工期。但拱坝受力复杂,体型设计及优化亦复杂。传统的设计方法,一般是先选定一种拱圈线型,再进行体型设计;拱圈线型的选定主要取决于经验和习惯,缺乏足够的科学论证;拱圈线型确定后,还要做大量的方案比较,反复修改,工作量大,又难以求得最优的体型[45]。

朱伯芳院士在国际上最早提出了拱坝应力计算的内力展开法,并提出了拱坝体型优化的多目标优化的理论和方法,以此为基础贾金生博士等开发了我国第一个完整的拱坝体型设计程序 ADASO。中国水利水电科学研究院结构材料所研制的拱坝体型设计程序 ADASO 在优化数学模型、求解方法与工程应用等方面均处于领先地位,获国家科技进步二等奖,被列为"八五"国家重点推广科技项目。该程序已应用于国内外百余座高、中、低拱坝的工程设计中,如小湾(图 1-3-12)、拉瓦西、瑞垟(图 1-3-13)、江口(图 1-3-14)、锦潭、下会坑、天花板、黄花寨等拱坝。使用 ADASO 可以得到受力更合理、更经济、更安全的拱坝体型。

**图 1-3-12　用 ADASO 程序设计的小湾拱坝(坝高 294.5 m)**

### 1. ADASO 程序的原理和方法

ADASO 程序的原理是应用数学非线性规划方法,采用罚函数法和序列二次规划法,由计算机求出给定设计条件及约束条件下拱坝的最优体型[45]。

### 2. ADASO 程序的几何模型、设计参数

ADASO 程序适用于对称或非对称的单曲、双曲拱坝,河谷形状可以是 V 形或 U 形,坝轴线可在一定范围内优选(平移或转动)。拱坝的水平剖面(拱圈中心线)可以计算以下线型:单心圆(双心圆),多心圆 (3～5 个),抛物线,椭圆,双曲线,对数螺旋线,圆锥曲线(二次

图 1-3-13　瑞垟拱坝——世界上第一座应用 ADASO 优化设计的拱坝

图 1-3-14　采用 ADASO 优化设计的重庆江口拱坝(坝高 140 m)

曲线)。程序可将拱坝的剖面中心线及厚度等确定为优化设计参数[45]。

**3. ADASO 程序的目标函数、约束函数**

因为大坝的工程造价主要取决于坝体体积,故 ADASO 程序以大坝的体积作为目标函数。程序采用的约束函数主要包括拱坝的几何约束、应力约束和稳定约束函数,它们首先满足拱坝设计规范的规定,并考虑到施工和结构上布置的要求[45]。

**4. ADASO 程序的应力计算**

ADASO 程序可作拱坝静应力和地震作用下的动应力分析,在保留拱梁分载法的基本假定(即拱坝坝内应力沿上下游方向直线分布)下,采用朱伯芳院士提出按有限元概念[2]改进的五向调整拱梁分载法计算拱坝多拱梁体系。程序可计算 20 拱 39 梁。拱坝体型设计中,通常取 7 拱 12 梁或 7 拱 15 梁计算。每个结点有 10 个未知量,即径向变位、切向变位、竖向变位、水平扭转角变位、铅直扭转角变位、梁径向荷载、梁切向荷载、梁竖向荷载、梁水平扭转荷载、梁竖向扭转荷载。每个结点可建立 10 个平衡方程;其中 5 个拱平衡方程、5 个梁平衡方程,用混合编码法建立整体平衡方程,求逆后即得到结点变位和梁荷载,利用计算程序,则可计算出坝体应力[45]。

拱梁分载法的整体协调方程为[2]:

$$[K]\{X\}=\{P\} \tag{1-3-13}$$

式中,$\{X\}$为整体结点变位列阵;$[K]$、$\{P\}$分别为整体劲度矩阵和结点等效荷载列阵。

采用混合编码法,整体方程如下[2]:

$$[B]\{\xi\}=\{P\} \tag{1-3-14}$$

式中,$[B]$为狭窄的带状矩阵;$\{P\}$为已知的外荷载和温度项。

内部结点:

$$\{\xi_i\}=\begin{pmatrix}\delta_i\\ L_b\end{pmatrix} \tag{1-3-15}$$

基础边界结点:

$$\{\xi_i\}=\{\delta_i\} \tag{1-3-16}$$

## 3.3 栗子园水库拱坝体型设计计算和成果

当前拱坝体型设计一般采用变厚度、非圆形的水平剖面,以改善坝体的应力和稳定。其中,美国、葡萄牙、西班牙等国采用三心圆拱坝较多,日本、意大利等国采用抛物线拱坝较多,法国采用对数螺线拱坝较多,瑞士在 1965 年建成了坝高为 220 m 的椭圆拱坝康特拉拱坝,洪都拉斯在 1986 年建成了坝高为 228 m 的统一二次曲线拱坝埃尔卡洪拱坝,至今运行良好。我国在 20 世纪 80 年代前拱坝一般采用圆形拱,之后开始采用非圆形拱。1990 年,我国建成坝高为 157 m 的东江拱坝(三心圆拱坝);1994 年,建成坝高为 162 m 的东风拱坝(抛物线拱坝);1996 年,建成坝高 165 m 的李家峡拱坝(三心圆拱坝);1998 年,建成坝高为 240 m 的二滩拱坝(抛物线拱坝);2002 年 12 月,建成坝高为 140 m、采用 ADASO 程序设计的江口拱坝(椭圆拱坝),标志着当时我国的拱坝设计和建设已接近国际先进水平[46]。

栗子园水库拱坝体型设计研究工作所用程序 ADASO 应力分析是五向调整的拱梁分载

法,拱坝体型设计方法采用罚函数法,目标函数是坝体体积,设计变量包括拱冠梁曲线、拱冠及拱端的厚度、曲率半径等,约束函数包括坝体应力、倒悬、中心角、施工应力、保凸等,程序运用非线性规划方法,搜索目标函数的极小值点[46]。

### 3.3.1　体型设计采用的材料参数[46]

基岩材料参数见表1-3-1。

表1-3-1　基岩材料参数

| 高程/m | 左岸基岩材料 | | 右岸基岩材料 | |
|---|---|---|---|---|
| | 变形模量/GPa | 泊松比 | 变形模量/GPa | 泊松比 |
| 765.8 | 10.60 | 0.30 | 9.80 | 0.27 |
| 756 | 10.80 | 0.30 | 10.00 | 0.27 |
| 745 | 10.90 | 0.27 | 10.10 | 0.27 |
| 734 | 11.20 | 0.27 | 10.60 | 0.27 |
| 723 | 11.20 | 0.27 | 10.60 | 0.27 |
| 711 | 11.60 | 0.27 | 10.70 | 0.27 |
| 699 | 11.60 | 0.28 | 10.80 | 0.27 |
| 687 | 11.60 | 0.28 | 10.80 | 0.27 |

河谷底部变形模量为11.2 GPa,泊松比为0.27

混凝土材料参数如下。

容重:24.0 kN/m$^3$;

弹性模量:20.0 GPa;

泊松比:0.167;

线胀系数:1.00×10$^{-5}$/℃。

### 3.3.2　体型设计采用的荷载参数[46]

**1. 特征水位**

正常蓄水位:上游764.00 m,下游705.00 m。

死水位:上游730.00 m,下游702.00 m。

设计洪水位:上游764.00 m,下游710.20 m。

校核洪水位:上游764.67 m,下游711.70 m。

**2. 泥沙压力**

坝前淤沙最高高程(50年):720.00 m;浮容重:10.0 kN/m$^3$;内摩擦角:30.0°。

**3. 温度荷载**

多年平均气温:16.8 ℃。

气温年变幅(温降):10.8 ℃。

气温年变幅(温升):9.8 ℃。

日照对年平均气温的影响:2.0 ℃。

日照对气温年变幅的影响：1.0 ℃。

库水表面多年平均温度（考虑日照影响后）：18.0 ℃。

库水表面水温年变幅（考虑日照影响后）：10.3 ℃。

上游恒温层水温（无恒温层时按库底水温）：9.0 ℃。

上游恒温层起点高程（无恒温层时按库底高程）：687 m。

下游尾水槽底部年平均水温（下游无水时填无水）：14.0 ℃。

封拱温度见表 1-3-2。

**表 1-3-2　封拱温度**

| 高程/m | 765.8 | 756 | 745 | 734 | 723 | 711 | 699 | 687 |
|---|---|---|---|---|---|---|---|---|
| 封拱温度/℃ | 16.0 | 15.0 | 14.0 | 13.0 | 12.0 | 12.0 | 12.0 | 12.0 |

### 3.3.3　体型设计的计算工况[46]

基本荷载组合如下。

(1)正常蓄水位＋泥沙压力＋设计温降＋自重（以下简称正常＋温降）。

(2)正常蓄水位＋泥沙压力＋设计温升＋自重（以下简称正常＋温升）。

(3)设计洪水位＋泥沙压力＋设计温升＋自重（以下简称设计＋温升）。

(4)死水位＋泥沙压力＋设计温升＋自重（以下简称死水位＋温升）。

特殊荷载组合如下。

校核洪水位＋泥沙压力＋设计温升＋自重（以下简称校核＋温升）。

### 3.3.4　体型设计约束条件[46]

参数如下。

上游倒悬度≥1∶0.3。

下游倒悬度≥1∶0.3。

坝顶厚度≥3.0 m 且 ≤4.0 m。

拱端厚度≤20.0 m。

半中心角≤45°。

中心角≤90°。

应力约束条件见表 1-3-3。

**表 1-3-3　应力约束条件**

| 荷载组合 | 容许压应力/MPa | 容许拉应力/MPa |
|---|---|---|
| 基本组合 | 5.71 | 1.20 |
| 特殊组合（不考虑地震） | 6.67 | 1.50 |

### 3.3.5　体型设计几何模型[46]

拱坝的几何形状需要决定拱冠梁剖面的形状和各高程水平剖面的形状。为了决定剖面的形状，可采用下列三种方法。①决定上游面边界和下游面边界。②决定上游面边界及拱厚。③决定剖面中心线及拱厚。

栗子园水库拱坝采用上述第三种方法，如图1-3-15所示。图中 $Y_c(z)$ 表示拱冠梁中心线）。

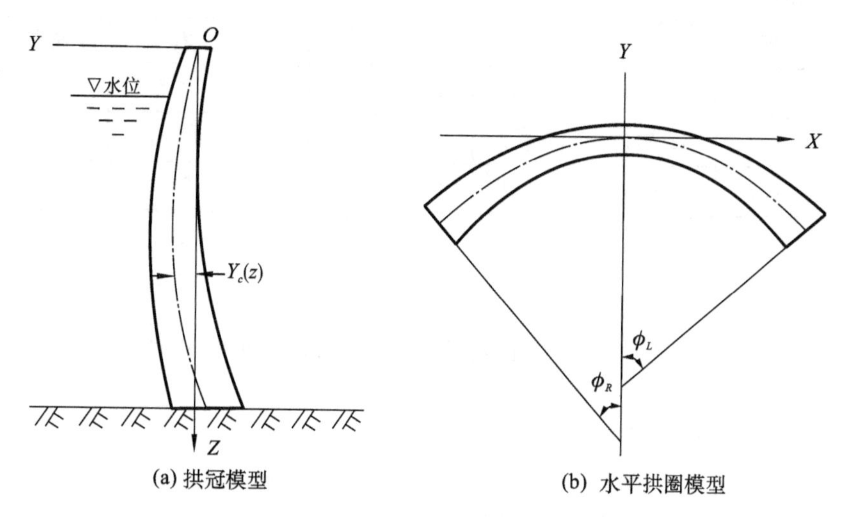


**图1-3-15　栗子园水库拱坝几何模型示意图**

拱坝厚度沿弧长变化如下：

右半拱：　$T(s)=T_C+(T_{AR}-T_C)(S/S_{AR})^{\alpha}$

左半拱：　$T(s)=T_C+(T_{AL}-T_C)(S/S_{AL})^{\alpha}$

式中，$S$ 为弧长（从拱冠起算），$T_C$、$T_{AR}$、$T_{AL}$ 分别为拱冠、右拱端、左拱端的厚度，$\alpha$ 为变厚系数，对栗子园水库拱坝，取 $\alpha=2.0$。

参照国内高拱坝经验，栗子园水库拱坝选用抛物线拱坝是合适的[46]，其抛物线水平拱圈拱轴线方程为 $Y+X^2/(2R)=0$，式中，$R$ 为抛物线在拱冠处的左拱圈或右拱圈的曲率半径，如图1-3-15(b)所示。

## 3.3.6　体型设计计算成果[46]

### 1. 几何参数及特征值

(1)几何参数见表1-3-4。

**表1-3-4　栗子园水库抛物线拱坝体型参数**

| 高程/m | 拱冠梁中心线Y坐标/m | 拱冠处厚度/m | 拱端厚度/m | | 拱冠处曲率半径/m | | 半中心角/(°) | |
|---|---|---|---|---|---|---|---|---|
| | | | 左岸 | 右岸 | 左岸 | 右岸 | 左岸 | 右岸 |
| 765.8 | 0.000 | 3.000 | 3.001 | 3.001 | 178.838 | 162.760 | 30.600 | 31.909 |
| 756.0 | 3.192 | 5.699 | 5.806 | 5.943 | 162.136 | 143.825 | 30.672 | 32.852 |
| 745.0 | 6.050 | 7.783 | 8.735 | 8.617 | 139.415 | 123.616 | 31.588 | 34.026 |
| 734.0 | 8.009 | 9.221 | 11.370 | 10.778 | 115.263 | 104.942 | 32.727 | 35.192 |
| 723.0 | 8.934 | 10.379 | 13.648 | 12.582 | 92.555 | 88.250 | 34.069 | 35.814 |

续表

| 高程/m | 拱冠梁中心线Y坐标/m | 拱冠处厚度/m | 拱端厚度/m | | 拱冠处曲率半径/m | | 半中心角/(°) | |
|---|---|---|---|---|---|---|---|---|
| | | | 左岸 | 右岸 | 左岸 | 右岸 | 左岸 | 右岸 |
| 711.0 | 8.600 | 11.754 | 15.650 | 14.329 | 72.811 | 72.827 | 33.059 | 33.933 |
| 699.0 | 6.694 | 13.711 | 17.068 | 16.043 | 61.944 | 60.874 | 26.923 | 26.368 |
| 687.0 | 3.038 | 16.724 | 17.821 | 17.930 | 63.689 | 52.973 | 11.319 | 10.893 |

(2)特征值。

特征值如下。

坝体:拱冠梁顶厚度 3.000 m;拱冠梁底厚度 16.724 m;拱端最大厚度 17.930 m。

拱坝厚高比 0.212。

上游面最大倒悬度 0.179。

下游面最大倒悬度 0.188。

最大半中心角 35.814°(723.0 m 高程)。

最大中心角 69.883°(723.0 m 高程)。

坝体混凝土体积 9.512 万立方米。

(3)插值系数。

拱坝几何参数 $F(z)$插值方程为:

$$F(z)=\alpha_0+\alpha_1 z+\alpha_2 z^2+\alpha_3 z^3$$

式中,坐标 $z$ 原点在坝顶,方向铅直向下;$\alpha_0$、$\alpha_1$、$\alpha_2$、$\alpha_3$ 为插值系数,见表 1-3-5。

**表 1-3-5 栗子园水库抛物线拱坝几何参数插值方程中的插值系数**

| 几何参数 | $\alpha_0$ | $\alpha_1$ | $\alpha_2$ | $\alpha_3$ |
|---|---|---|---|---|
| 拱冠梁中心线坐标 | 0.0000 | 0.353248662 | −2.64289701E-03 | −1.71417612E-05 |
| 拱冠处厚度 | 3.0004 | 0.325262408 | −5.53838150E-03 | 4.59489087E-05 |
| 左拱端厚度 | 3.0005 | 0.294099080 | −7.18424999E-04 | −7.95799303E-06 |
| 右拱端厚度 | 3.0008 | 0.331207933 | −3.35164604E-03 | 1.97042744E-05 |
| 左拱中心线拱冠处曲率半径 | 178.8379 | −1.460595020 | −2.83919459E-02 | 3.60194428E-04 |
| 右拱中心线拱冠处曲率半径 | 162.7597 | −1.965433900 | 2.85134351E-03 | 5.59656434E-05 |

**2.最大径向位移**

栗子园水库抛物线拱坝最大位移为 4.110 cm,发生在坝顶 765.8 m 高程的正常+温降工况,见表 1-3-6。

**表 1-3-6 栗子园水库抛物线拱坝不同工况下不同高程的最大径向位移**

| 高程/m | 正常+温降位移/cm | 正常+温升位移/cm | 设计+温升位移/cm | 死水位+温升位移/cm | 校核+温升位移/cm |
|---|---|---|---|---|---|
| 765.8 | 4.110 | 1.185 | 1.178 | −2.086 | 1.313 |

续表

| 高程/m | 正常＋温降<br>位移/cm | 正常＋温升<br>位移/cm | 设计＋温升<br>位移/cm | 死水位＋温升<br>位移/cm | 校核＋温升<br>位移/cm |
|---|---|---|---|---|---|
| 756.0 | 3.794 | 1.520 | 1.513 | －1.738 | 1.635 |
| 745.0 | 3.361 | 1.753 | 1.745 | －1.320 | 1.845 |
| 734.0 | 2.831 | 1.773 | 1.763 | －0.867 | 1.838 |
| 723.0 | 2.228 | 1.595 | 1.582 | －0.412 | 1.632 |
| 711.0 | 1.544 | 1.235 | 1.218 | －0.033 | 1.241 |
| 699.0 | 0.899 | 0.779 | 0.760 | 0.126 | 0.768 |
| 687.0 | 0.368 | 0.324 | 0.314 | 0.093 | 0.316 |

注：位移向下游方向为正。

### 3. 最大主应力

从表 1-3-7 中可以看出，ADASO 程序计算得出的栗子园水库抛物线拱坝各种工况下最大主应力都不超过允许应力，全面满足设计要求。在基本组合荷载下，最大拉应力 1.20 MPa，发生在正常＋温降工况的上游面及死水位＋温升的下游面，最大压应力 4.53 MPa，发生在正常＋温降工况的下游面；在特殊组合荷载下，最大拉应力 1.15 MPa，发生在上游面，最大压应力 4.20 MPa，发生在下游面。

**表 1-3-7　栗子园水库抛物线拱坝不同工况下上下游面最大主应力**

| 计算荷载组合 | | | | 上游面 | | 下游面 |
|---|---|---|---|---|---|---|
| | | | | 拉应力 | 压应力 | 拉应力 |
| 基本组合 | 正常＋温降 | 应力值/MPa | －1.20 | 3.75 | －1.01 | 4.53 |
| | | 位置(高程) | 734.0RT | 734.0CR | 699.0CR | 699.0RT |
| | 正常＋温升 | 应力值/MPa | －1.19 | 3.90 | －0.21 | 4.22 |
| | | 位置(高程) | 699.0RT | 765.8RT | 687.0LF | 711.0LF |
| | 设计＋温升 | 应力值/MPa | －1.15 | 3.89 | －0.20 | 4.19 |
| | | 位置(高程) | 711.0LF | 765.8RT | 687.0LF | 711.0LF |
| | 死水位＋温升 | 应力值/MPa | －0.67 | 3.15 | －1.20 | 2.82 |
| | | 位置(高程) | 699.0RT | 765.8RT | 723.0LF | 765.8LF |
| 特殊组合 | 校核＋温升 | 应力值/MPa | －1.15 | 3.92 | －0.20 | 4.20 |
| | | 位置(高程) | 711.0LF | 765.8RT | 687.0LF | 711.0LF |

注：压应力为正，拉应力为负。

### 4. 拱端推力

拱端轴向推力和剪力正负号规定：拱端岩体所受的轴向力指向拱端岩体内为正，指向拱端岩体外为负；所受的剪力指向下游侧为正，指向上游侧为负；所受的竖向力铅直向下为正，铅直向上为负(见表 1-3-8～表 1-3-10)。

表 1-3-8　栗子园水库抛物线拱坝拱端单位高度范围内的轴向力(单位:100 t/m)

| 高程/m | 正常+温降 | | 正常+温升 | | 设计+温升 | | 死水位+温升 | | 校核+温升 | |
|---|---|---|---|---|---|---|---|---|---|---|
| | 左拱端 | 右拱端 | 左拱端 | 右拱端 | 左拱端 | 右拱端 | 左拱端 | 右拱端 | 左拱端 | 右拱端 |
| 765.8 | −1.613 | −0.571 | 9.897 | 10.324 | 9.885 | 10.309 | 8.931 | 8.725 | 9.918 | 10.359 |
| 756 | 2.561 | 3.623 | 13.214 | 13.422 | 13.186 | 13.391 | 11.022 | 10.397 | 13.265 | 13.491 |
| 745 | 8.800 | 9.723 | 14.848 | 15.234 | 14.802 | 15.186 | 10.382 | 9.693 | 15.040 | 15.439 |
| 734 | 15.854 | 15.380 | 18.503 | 18.148 | 18.426 | 18.075 | 9.223 | 8.895 | 18.802 | 18.424 |
| 723 | 20.391 | 19.576 | 21.344 | 20.969 | 21.221 | 20.854 | 6.772 | 6.981 | 21.577 | 21.171 |
| 711 | 25.701 | 23.928 | 25.657 | 24.448 | 25.373 | 24.197 | 5.382 | 5.765 | 25.353 | 24.123 |
| 699 | 21.421 | 22.472 | 21.279 | 22.461 | 20.552 | 21.731 | 4.588 | 5.209 | 20.693 | 21.843 |
| 687 | 4.448 | 4.039 | 4.262 | 3.977 | 4.114 | 3.840 | 0.801 | 1.034 | 4.153 | 3.860 |

表 1-3-9　栗子园水库抛物线拱坝拱端单位高度范围内的剪力(单位:100 t/m)

| 高程/m | 正常+温降 | | 正常+温升 | | 设计+温升 | | 死水位+温升 | | 校核+温升 | |
|---|---|---|---|---|---|---|---|---|---|---|
| | 左拱端 | 右拱端 | 左拱端 | 右拱端 | 左拱端 | 右拱端 | 左拱端 | 右拱端 | 左拱端 | 右拱端 |
| 765.8 | −0.006 | −0.015 | −0.372 | −0.437 | −0.372 | −0.436 | −0.128 | −0.142 | −0.386 | −0.452 |
| 756 | 0.820 | 0.801 | −0.457 | −0.476 | −0.455 | −0.474 | −0.750 | −0.743 | −0.397 | −0.414 |
| 745 | 3.073 | 3.147 | 1.143 | 1.211 | 1.148 | 1.217 | −1.611 | −1.684 | 1.318 | 1.389 |
| 734 | 6.545 | 5.576 | 4.648 | 3.943 | 4.664 | 3.957 | −2.651 | −2.303 | 4.912 | 4.169 |
| 723 | 8.912 | 7.982 | 7.586 | 6.732 | 7.615 | 6.761 | −1.971 | −1.833 | 7.866 | 6.990 |
| 711 | 16.130 | 14.479 | 14.523 | 12.819 | 14.523 | 12.845 | 0.465 | 0.185 | 14.769 | 13.084 |
| 699 | 22.124 | 25.698 | 19.886 | 22.595 | 19.491 | 22.184 | 4.649 | 4.647 | 19.659 | 22.413 |
| 687 | 12.515 | 12.412 | 10.951 | 10.741 | 10.567 | 10.373 | 3.644 | 3.457 | 10.629 | 10.438 |

表 1-3-10　栗子园水库抛物线拱坝拱端单位高度范围内的竖向力(单位:1000 t/m)

| 高程/m | 正常+温降 | | 正常+温升 | | 设计+温升 | | 死水位+温升 | | 校核+温升 | |
|---|---|---|---|---|---|---|---|---|---|---|
| | 左拱端 | 右拱端 | 左拱端 | 右拱端 | 左拱端 | 右拱端 | 左拱端 | 右拱端 | 左拱端 | 右拱端 |
| 765.8 | 0.000 | 0.000 | 0.000 | 0.000 | 0.000 | 0.000 | 0.000 | 0.000 | 0.000 | 0.000 |
| 756 | 0.107 | 0.110 | 0.094 | 0.093 | 0.094 | 0.093 | 0.104 | 0.104 | 0.094 | 0.093 |
| 745 | 0.375 | 0.389 | 0.297 | 0.298 | 0.298 | 0.299 | 0.262 | 0.250 | 0.303 | 0.305 |
| 734 | 0.760 | 0.760 | 0.635 | 0.628 | 0.636 | 0.629 | 0.459 | 0.444 | 0.647 | 0.640 |
| 723 | 1.255 | 1.182 | 1.102 | 1.041 | 1.104 | 1.043 | 0.700 | 0.688 | 1.121 | 1.058 |
| 711 | 1.719 | 1.630 | 1.585 | 1.502 | 1.586 | 1.504 | 1.057 | 1.026 | 1.602 | 1.517 |
| 699 | 2.068 | 2.011 | 1.988 | 1.924 | 1.982 | 1.920 | 1.485 | 1.437 | 1.999 | 1.936 |
| 687 | 2.388 | 2.401 | 2.336 | 2.341 | 2.347 | 2.351 | 1.894 | 1.877 | 2.362 | 2.366 |

栗子园水库抛物线拱坝体型的计算网格图、拱圈悬臂梁图、主应力等值线图及矢量图见图 1-3-16～图 1-3-24。

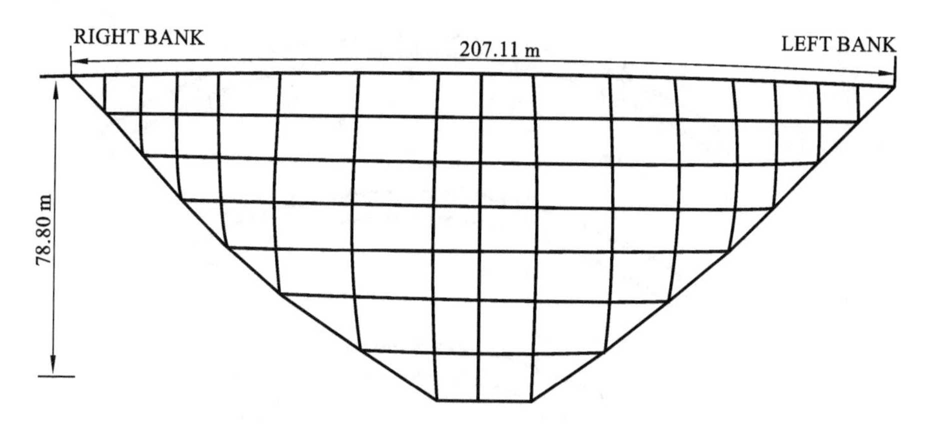


图 1-3-16　栗子园水库抛物线拱坝体型计算网格图

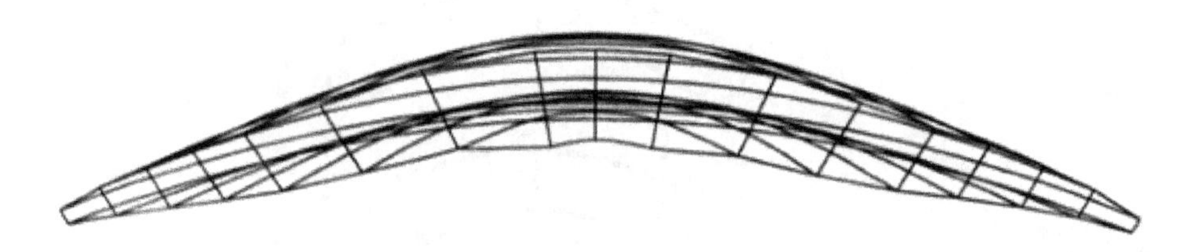

图 1-3-17　栗子园水库抛物线拱坝体型拱圈平面布置图

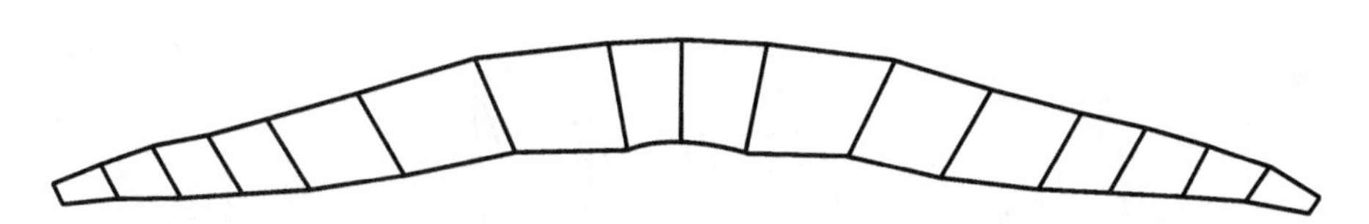

图 1-3-18　栗子园水库抛物线拱坝建基面水平投影图

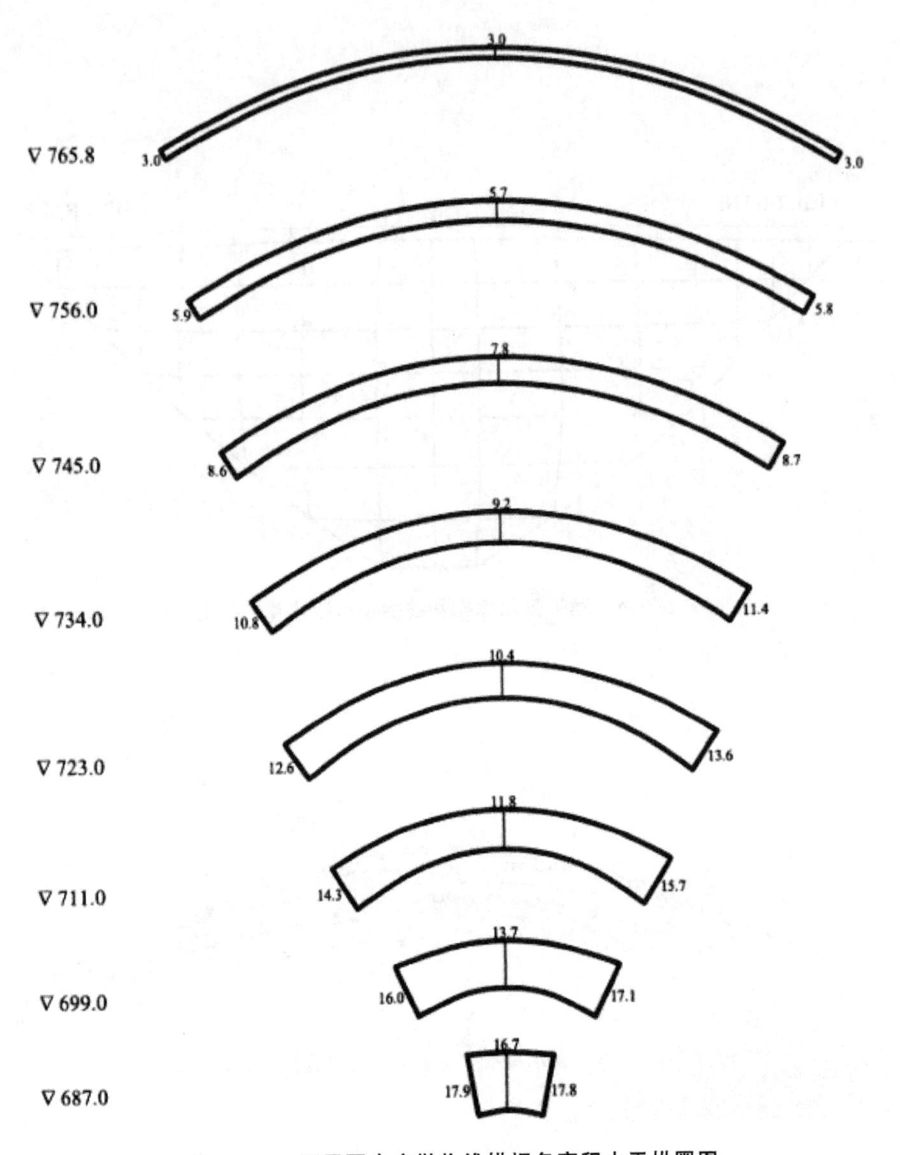


图 1-3-19　栗子园水库抛物线拱坝各高程水平拱圈图

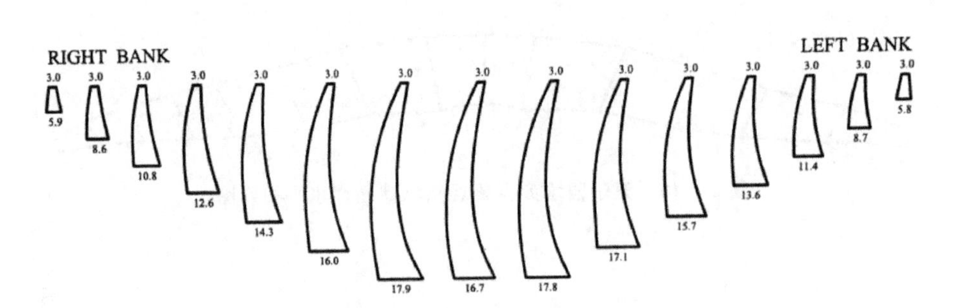


图 1-3-20　栗子园水库抛物线拱坝悬臂梁剖面图

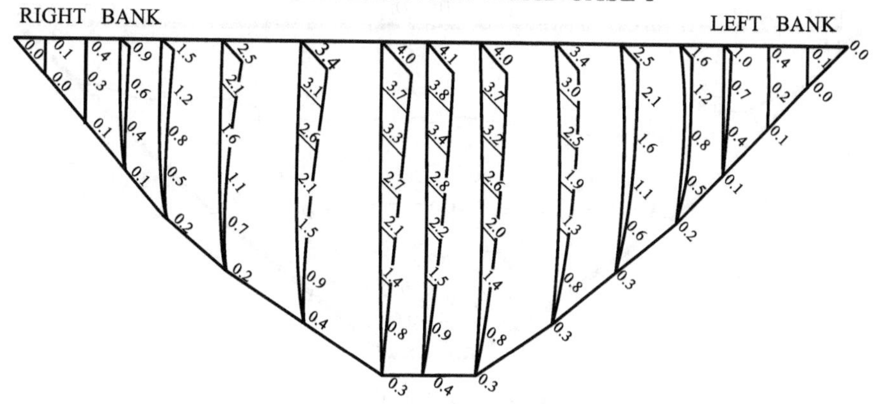


**图 1-3-21　栗子园水库抛物线拱坝的径向位移示意图**

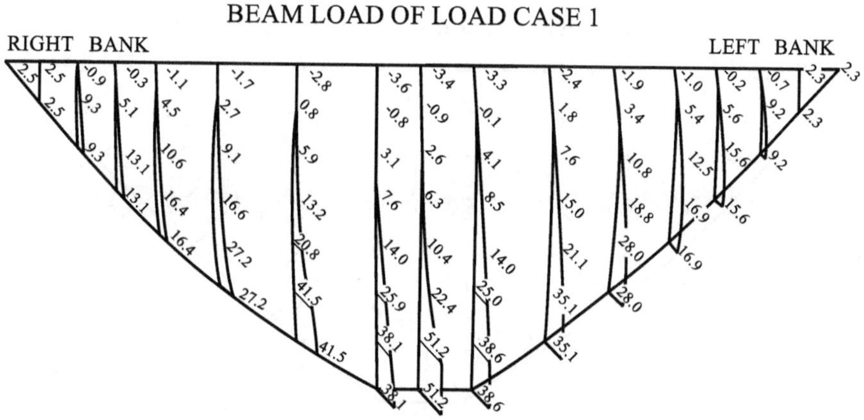

BEAM LOAD OF LOAD CASE 1

RIGHT BANK　　LEFT BANK

**图 1-3-22　栗子园水库抛物线拱坝的梁径向分载示意图**

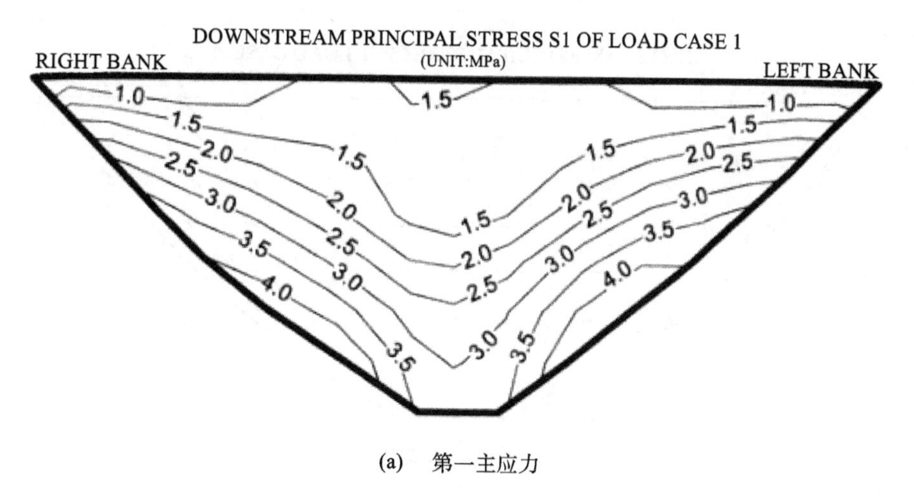


(a)　第一主应力

**图 1-3-23　栗子园水库抛物线拱坝的主应力等值线示意图**

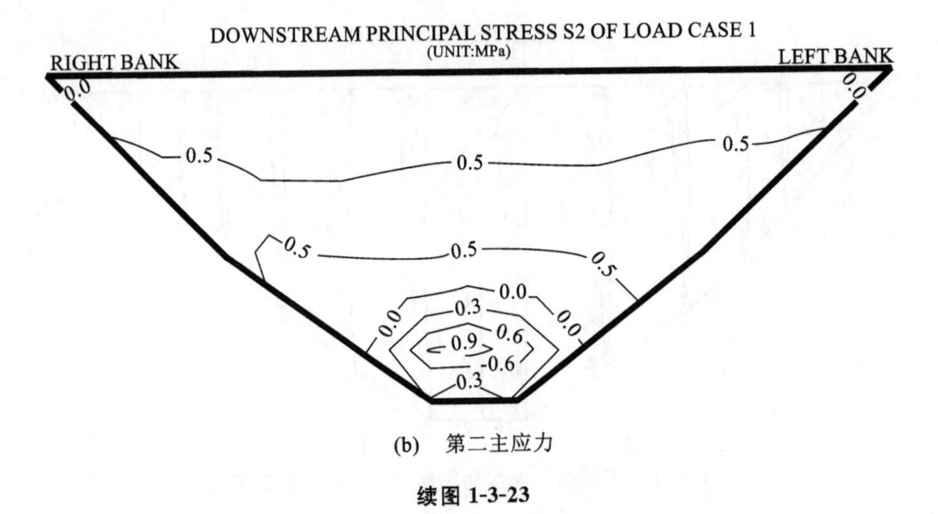


(b) 第二主应力

**续图 1-3-23**

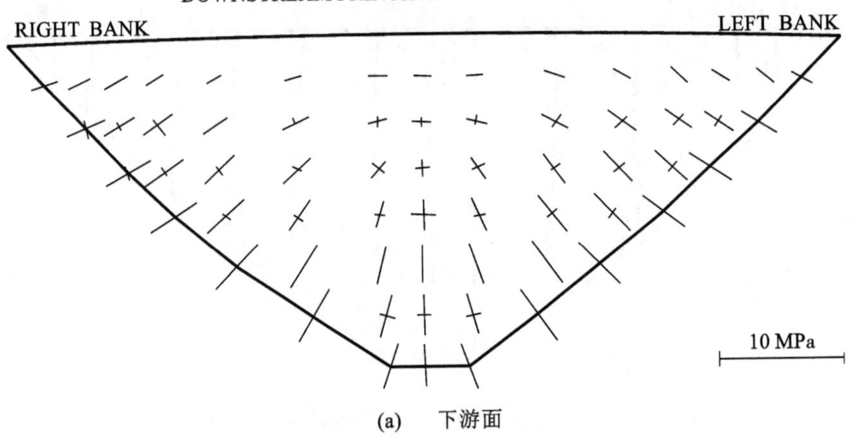


(a) 下游面

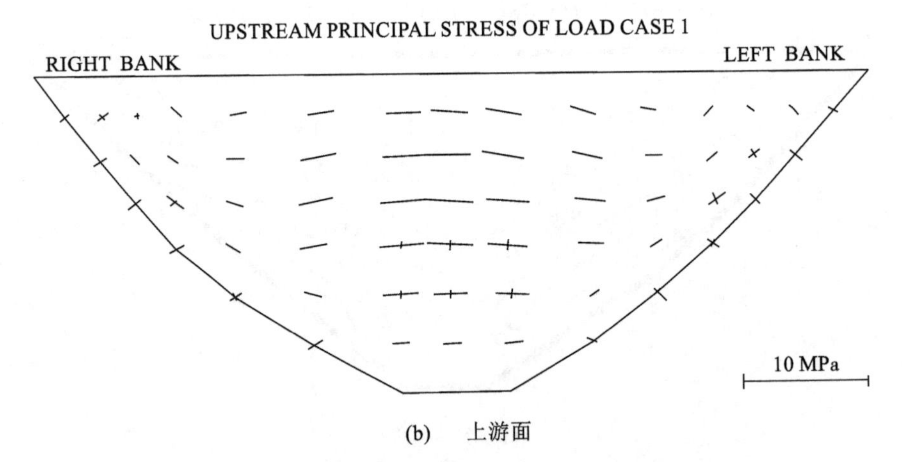


(b) 上游面

**图 1-3-24 栗子园水库抛物线拱坝的主应力矢量示意图**

# 第 4 章　栗子园水库拱坝拱座稳定分析

从广义上讲，构成拱座的抗力岩体实际上是一个承受横向推力的岩石边坡。这一岩体是被众多结构面（包括岩层层面、节理、岩脉、片理、软弱夹泥层等）切割的不连续体。和分析岩质边坡稳定的步骤一样，进行拱座稳定分析时，首先要查清拱座抗力岩体的主要结构面，然后确定在拱端推力、重力和其他外力的作用下，哪几组结构面可能形成不稳定楔块并可能发生滑移。显然，如果拱座抗力岩体内存在一组走向平行于河道，倾向下游的中缓倾角的连续结构面，则抗力岩体在拱端推力作用下，其稳定安全系数将会是比较低的[2]。

在拱座稳定分析中较重要的内容是确定由两组或两组以上结构面切割成的块体滑动的可能性。由于拱坝失稳的主要触发因素是拱端推力，因此，要了解这些结构切割形成的交棱线的产状，找到交棱线与拱端推力一致或基本一致的不利结构面组合（图 1-4-1）。在工程地质领域，通常应用赤平投影的方法来确定交棱线的产状[2]。有关的分析方法可参见有关工程地质和岩石力学的教科书。

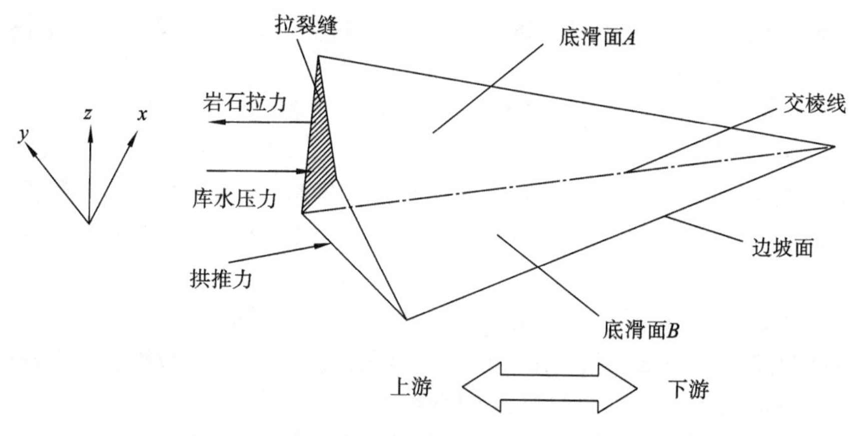


**图 1-4-1　拱座可能的滑移楔块稳定分析示意图**

## 4.1　前期勘察成果概述

### 4.1.1　地形地貌

栗子园水库拱坝左岸山体雄厚，地形较完整，右岸坝线下游为一冲沟，山体略显单薄，河谷断面呈一不对称 V 形。左岸地形坡度：高程 710.0 m 以下，自然地形坡度 51°～59°；高程 710.0～757.0 m，自然地形坡度 29°～44°；高程 757.0～770.0 m，自然地形坡度 47°～56°。右岸高程 716 m，为梵净山进山公路，公路以下至河床为陡崖，地形坡度 80°左右，公路以上自然地形坡度 40°～50°。平水期河水面宽 15 m，水深 0.2～0.5 m。河床高程 700.0 m，正常高水位 764.0 m 时，河谷宽 165.8 m，宽高比 2.59。

### 4.1.2 地层岩性

栗子园水库拱坝坝址河段河床及两岸基岩出露。覆盖层零星分布。第四系覆盖层主要为河床冲洪积的砂卵砾石及两岸残坡积及崩积堆积的碎石土,厚度达6.8 m。

分布地层岩性,为上板溪群清水江组第一段($Ptbnq^1$)的中至厚层块状变余凝灰质细砂岩、凝灰质板岩夹粉砂质板岩、薄层粉砂质板岩及变余层凝灰岩夹少量中厚层变余粉砂岩。

($Ptbnbq^{1-4}$):深灰、灰黑色凝灰质板岩夹粉砂质板岩。厚7～11 m。主要分布于坝址河床。

($Ptbnbq^{1-5}$):灰色中至厚层变余凝灰质细砂岩。厚62.3 m。主要分布于坝址河床及两岸。为坝址坝基、肩主要持力层。

($Ptbnbq^{1-6}$):灰色薄层粉砂质板岩、变余层凝灰岩,夹少量中厚层变余粉砂岩。厚88.4 m。分布于坝址区下游。

### 4.1.3 地质构造、不良物理地质现象及坝基固结灌浆概况

**1. 地质构造**

栗子园水库拱坝坝址未发现有断裂构造分布,主要结构面是岩层面及裂隙。坝址区岩层产状较稳定,岩层倾向下游,产状:281°～303°,倾角45°～59°。坝基岩体中主要发育以下四组裂隙。

①组走向N69°～80°W/倾SW∠70°～86°,坝址区主要发育的一组构造裂隙,地表可见延伸长度3～13 m,线密度2～3条/m。强风化带裂隙因卸荷作用而局部张开夹泥。

②组走向N56°～61°W/倾NE∠73°～80°,性质同①组,与①组裂隙组成剖面"X"节理。地表可见延伸长度3～10 m,线密度1～3条/m。强风化带裂隙因卸荷作用而局部张开夹泥。

③组走向N15°～28°E/倾NW∠33°～80°,裂隙面弯曲不平,平洞内统计其最大延伸长度约19 m,裂隙间距1～2 m。裂面上局部有擦痕发育,强～弱风化带沿裂隙夹岩屑及泥,夹泥厚度0.5～1 cm,微风化岩体中裂隙逐渐闭合。

④组走向N5°～30°E/倾SE∠30°～69°,该组裂隙裂面弯曲不平,一般闭合无充填。裂隙倾角及间距变化较大,上坝线河床,裂隙倾角30°左右,可见延伸长3～5 m。裂隙间距1～3 m。下坝线两岸裂隙倾角变陡,为58°～69°。

据前期勘察资料统计,坝址区强风化岩体中,沿裂隙及岩层面局部夹泥厚度0.5～6 cm,微风化岩体中,裂隙一般呈闭合状,无夹泥充填。沿层面间夹泥延伸较长,局部延伸至微风化岩体。

**2. 不良物理地质现象**

栗子园水库拱坝坝址处河床及两岸基岩出露,坝址河段为一横向河谷,两岸岩质边坡均为切向坡,边坡岩体中无不利结构面的组合,自然边坡稳定。坝址区主要不良物理地质现象为两岸岩体受顺河走向的第①组及第②组裂隙切割,强风化带由于卸荷作用的影响局部形成危岩。

**3. 坝基固结灌浆**

栗子园水库拱坝建基面为弱～微风化基岩。为消除开挖卸荷松弛和爆破松弛影响,增

加坝基岩体的均一性，提高坝基承载能力，对整个坝基面进行固结灌浆。固结灌浆孔距3 m，固结灌浆深度为8 m、12 m两种，深度超过8 m的灌浆孔需分段进行灌浆，第一段5 m，采用常规灌浆法施工，总有效进深9702 m。灌浆钻孔坝基河床内采用铅直孔，岸坡采用倾斜孔，内倾角为60°，见图1-4-2。

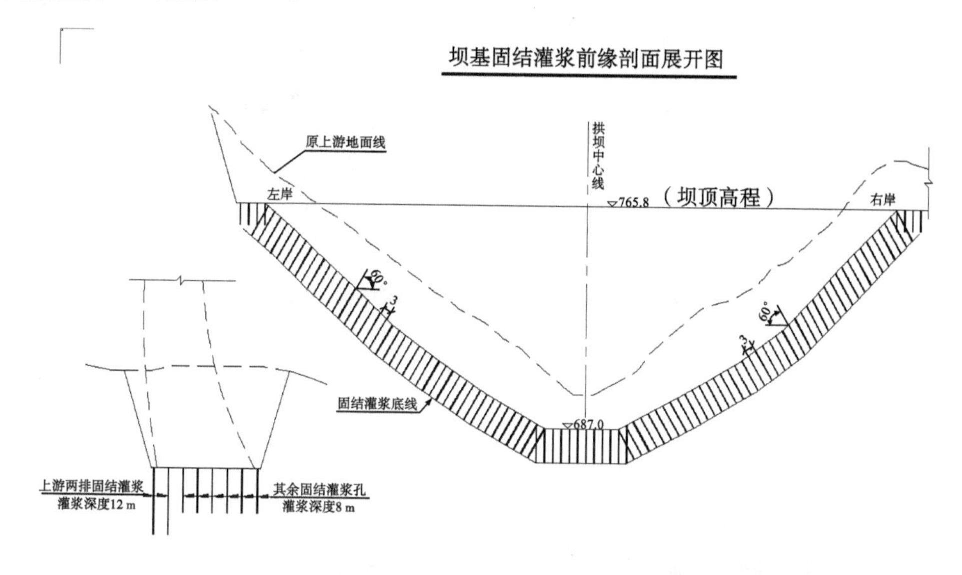


**图1-4-2　栗子园水库拱坝坝基固结灌浆前缘剖面展开图**

栗子园水库拱坝坝基固结灌浆施工浆液水灰比采用2∶1、1∶1、0.5∶1三个等级，固结灌浆压力0.5～1.0 MPa。坝基固结灌浆共布设了45个检查孔，压水试验共检查了78段，最小透水率0.80 Lu，最大透水率2.964 Lu，平均透水率1.78 Lu，坝基固结灌浆效果良好。

## 4.1.4　水文地质及坝基防渗处理概况

### 1. 水文地质

栗子园水库拱坝坝址强风化带以下，岩体透水性差，可视为相对隔水岩组。坝区地下水类型主要为基岩裂隙水。根据钻孔及地表地质测绘资料，强至弱风化岩体中，裂隙发育，岩体较破碎，裂隙面、层面均有不同程度的张开，岩体透水率在3～20 Lu之间(属弱～中等透水岩体)，存在浅层裂隙性渗漏的可能性。进入微风化层后，岩体透水性逐渐减弱，透水率一般小于5 Lu。

### 2. 坝基防渗处理

栗子园水库拱坝坝基防渗帷幕形式采用封闭式帷幕。

防渗标准：左、右岸防渗帷幕边界考虑岩体风化情况、地下水位、坝肩开挖情况，接正常蓄水位(764.0 m)与地下水位交点或深入微风化岩体10～15 m。防渗帷幕下限按≤3 Lu值控制。帷幕灌浆孔为1排，孔距为2 m，灌浆先导孔孔距16 m，分三序施灌。帷幕沿坝基上游部位布置，自左岸向右岸伸入至地基相对不透水层($q$≤3 Lu)，最大帷幕深度56 m。两岸山体内设2层灌浆平硐，以便于上下层帷幕连接和减少帷幕孔深度，方便施工。灌浆平硐净断面为2.5 m×3.0 m的矩形，高程730 m的灌浆平硐采用全断面混凝土衬砌。设计防渗帷幕轴线总长334 m，帷幕灌浆布孔168个，总有效进尺8140 m。见图1-4-3和图1-4-4。

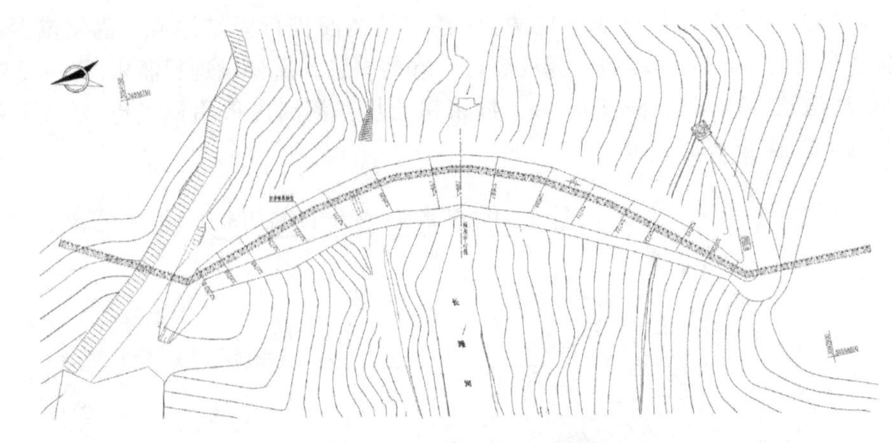

图 1-4-3　栗子园水库拱坝坝基防渗帷幕平面图

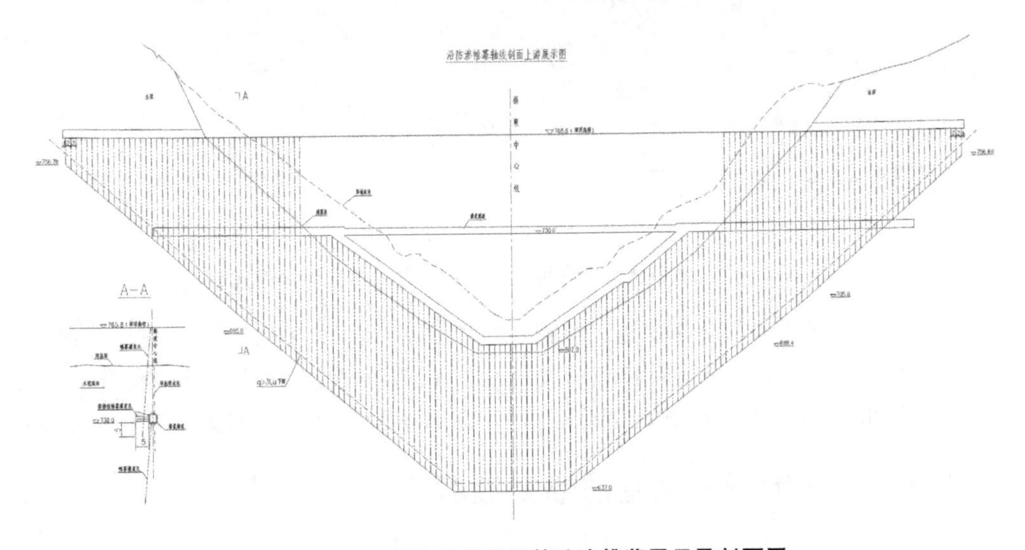

图 1-4-4　栗子园水库拱坝坝基防渗帷幕展示及剖面图

防渗帷幕灌浆施工采用水泥标号为 P. O42.5，灌浆浆液浓度由稀到浓，逐级别变换。浆液水灰比采用 5∶1、3∶1、2∶1、1∶1、0.8∶1、0.5∶1 等六个比级(重量比)，开灌水灰比采用 5∶1；帷幕灌浆起始段压力为 0.8 MPa，第二段为 1.2 MPa，以下各段为 $P=1.2+0.1h$ ($h$ 为灌浆深度)，最大为 3 MPa，连接短幕灌浆压力为 0.7 MPa。730 m 高程以下采用自上而下分段灌浆，730 m 高程以上采用自下而上分段灌浆，先导孔及检查孔采用五点法压水，其余各次序灌浆孔的各灌浆段采用的是简易压水，简易压水结合裂隙冲洗进行，压力为灌浆压力的 80%，不大于 1 MPa。

栗子园水库拱坝坝基防渗帷幕灌浆共布设了 20 个检查孔，压水试验共检查了 188 段。检查孔各段压水检查透水率均小于 3 Lu，坝基防渗处理效果良好。

## 4.1.5　坝基岩体风化特征及岩体分类

### 1. 坝基岩体风化特征

栗子园水库拱坝坝基岩体风化以沿裂隙面的裂隙性风化及沿岩层面的层状风化为主要特征。参数见表 1-4-1、表 1-4-2 所示。

表 1-4-1　栗子园水库拱坝钻孔风化分带深度统计表

| 位置 | | 孔号 | 孔口高程 | 覆盖层深/m | 强风化深/m | 弱风化深/m | 备注 |
|---|---|---|---|---|---|---|---|
| 坝轴线 | 左岸 | CZK6 | 744.9 | 0 | 7.7 | 19.6 | |
| | | CZK7 | 775.2 | 0 | 10.7 | 24.7 | |
| | | CZK8 | 789.9 | 0 | 8.3 | 29.2 | |
| | | CZK9 | 744.6 | 2.2 | 5.6 | 29.1 | |
| | | CZK10 | 749.3 | 0 | 7.9 | 38.4 | |
| | | CZK11 | 720.3 | 4.7 | 13.5 | 20.6 | |
| | 右岸 | CZK1 | 790.1 | 0 | 17.8 | 34.7 | |
| | | CZK2 | 795.0 | 3.5 | 14.6 | 35.2 | |
| | | CZK3 | 746.9 | 0 | 11.2 | 27.2 | |
| | 河床 | CZK4 | 700.7 | 0 | 3.3 | 12.5 | |
| | | CZK5 | 702.5 | 0.9 | 5.3 | 13.7 | |

注：表中岩体的风化深度为垂直深度。

表 1-4-2　栗子园水库拱坝勘探平硐风化分带深度统计

| 位置 | | 编号 | 强风化深度/m | 弱风化深度/m | 微风化深度/m |
|---|---|---|---|---|---|
| | | | 地震波波速/(m/s) | 地震波波速/(m/s) | 地震波波速/(m/s) |
| 坝轴线 | 左岸 | PD3 | 16.1 | 29.2 | >37 |
| | | | 2900 | 4100 | 5000 |
| | 右岸 | PD4 | 8.5 | 19.8 | >32 |
| | | | 3000 | 4200 | 4800 |

注：表中岩体的风化深度为水平深度。

据以上钻探、平硐结合有关物探资料综合分析，栗子园水库拱坝位置覆盖层分布厚度及岩体的风化分带见表 1-4-3。

表 1-4-3　栗子园水库拱坝覆盖层分布厚度及岩体的风化分带

| 位置 | | 覆盖层深度/m | 强风化深度/m | 弱风化深度/m | 地质描述 |
|---|---|---|---|---|---|
| 下坝线 | 左岸 | 0～6.8 | 5.6～13.5 | 19.6～38.4 | 覆盖层呈零星状态分布，左岸高程 740 m 以下至河床，分布一崩塌堆积体，最大厚度约 6.8 m。基岩强、弱风化深度河床较浅，两岸往上逐渐增大。 |
| | 右岸 | 0～3.5 | 11.2～17.8 | 27.2～34.7 | |
| | 河床 | 0～0.8 | 3.3～5.3 | 12.5～15.7 | |

注：岩体的风化深度统一用垂直深度。

**2. 坝基岩体分类**

栗子园水库拱坝坝基、肩主要持力层为($Ptbnbq^{1-5}$)的变余凝灰质细砂岩，岩石的饱和单轴抗压强度平均值 93.88 MPa，软化系数 0.77，饱和弹性模量平均值 65.3 GPa，属坚硬岩类。岩体呈中至厚层状结构，主要结构面为层面及裂隙，纵波波速 4100～5000 m/s，弱风化带岩体完整性系数 0.62，RQD 值 53%～68%，微风化带岩体完整性系数 0.85～0.92。RQD

值 69%～78%，岩体的工程地质分类属 $A_{Ⅲ2}$类。

($Ptbnbq^{1-4}$)的凝灰质板岩及($Ptbnbq^{1-6}$)的粉砂质板岩，岩石的饱和单轴抗压强度平均值 48.05 MPa，软化系数 0.76，饱和弹性模量平均值 47.1 GPa。属中硬岩类。岩体呈薄至中厚层状结构，主要结构面为层面及裂隙，弱～微风化岩体中，裂隙均呈闭合状。坝基岩体的工程地质分类属 $B_{Ⅲ2}$类。

## 4.2 初步设计阶段拱座稳定分析

本工程初步设计阶段，栗子园水库拱坝拱座抗滑稳定因分析无特定的滑裂面且地质条件也不复杂，故简化为平面问题分不同控制高程用刚体极限平衡法按抗剪断公式进行计算，在不同控制高程分别切取 1 m 高度的拱圈进行计算，最终求出各控制高程水平拱圈的平面稳定安全系数。

侧滑面：拱座抗力岩体中的②组裂隙走向 N56°～61°W/倾 NE∠73°～80°。

底滑面：初步设计阶段拱座抗滑岩体中未发现发育有倾下游的缓倾结构面，分析坝肩仅可能剪断抗滑岩体滑出，故底滑面取抗滑岩体水平面。

水平拱圈平面稳定安全系数为：

$$K_c = \frac{f_1 R_1 + f_2 R_2 + c_1 l + c_2 \Delta A}{S} \tag{1-4-1}$$

式中，$f_1$ 为侧滑面抗剪断摩擦系数，取侧滑面所含弱风化的值：弱风化层面、裂隙面 $f_1 = 0.584$；$f_2$ 为底滑面抗剪断摩擦系数，取抗滑岩体所含弱风化的值：弱风化岩/岩 $f_2 = 0.85$；$c_1$ 为侧滑面凝聚力，取侧滑面所含弱风化的值：弱风化层面、裂隙面 $c_1 = 0.285$ MPa；$c_2$ 为底滑面凝聚力，取抗滑岩体所含弱风化的值：弱风化岩/岩 $c_2 = 0.75$ MPa。

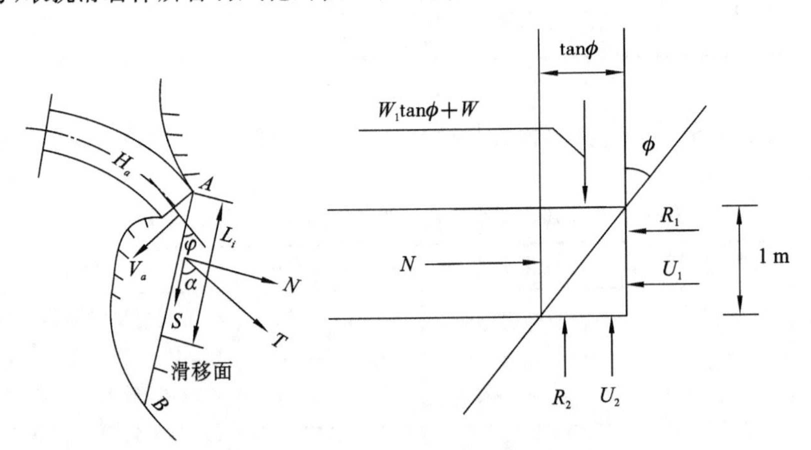


图 1-4-5 拱座抗滑稳定计算示意图

拱端轴向力 $H_a$ 及剪力 $V_a$ 在侧滑面上的法向压力：

$$N = H_a \sin\varphi - V_a \cos\varphi$$

拱端轴向力 $H_a$ 及剪力 $V_a$ 在侧滑面上的滑移力：

$$S = H_a \cos\varphi + V_a \sin\varphi$$

式中，$\varphi$ 为滑移面与 $H_a$ 的夹角。平面抗滑岩体顶角为 $\xi = 90° - \varphi$。

由平衡条件得：

$$R_1 = N - U_1 \tag{1-4-2}$$

$$R_2 = W_1 \tan\psi + W - U_2 \tag{1-4-3}$$

式中，$U_1$ 为侧滑面渗透压力，$U_1 = \frac{1}{2} H \cdot \gamma_0 \cdot l \cdot \alpha$；$H$ 为计算高程处水头；$\gamma_0$ 为水容重；$l$ 为侧滑面长度；$\alpha$ 为渗压系数取 0.5；$U_2$ 为底滑面渗透压力，$U_2 = \frac{1}{2} \cdot \gamma_0 \cdot A \cdot \alpha$，$A$ 为抗滑体水平面积；$W_1 \tan\psi$ 为大坝垂直向总力，$\psi$ 为铅直线与基岩表面夹角；$W$ 为 1 m 高度抗滑岩体重量，$W = A \cdot \gamma$，$\gamma$ 为抗滑岩体容重；$\Delta A$ 为单高滑体沿高度方向面积增量，$\Delta A = l(\tan\psi - \cot\zeta)$。

栗子园水库拱坝为 3 级建筑物，拱座抗滑稳定允许安全系数见表 1-4-4。

**表 1-4-4　拱座抗滑稳定允许安全系数**

| 荷载组合 | 基本组合 | 特殊组合 |
|---|---|---|
| 抗剪断公式 $K_c$ | ≥3.0 | ≥2.5 |

基本荷载组合如下。

(1)ADASO 拱端推力＋滑移面渗透压力＋抗滑岩体自重＋大坝垂直向总力(正常蓄水位＋温降工况)。

(2)ADASO 拱端推力＋滑移面渗透压力＋抗滑岩体自重＋大坝垂直向总力(设计洪水位＋温升工况)。

特殊荷载组合为：ADASO 拱端推力＋滑移面渗透压力＋抗滑岩体自重＋大坝垂直向总力(校核洪水位＋温升工况)。

拱端推力采用 ADASO 拱坝体型设计程序计算出的轴向力(表 1-3-8)和剪力(表 1-3-9)合成所得(图 1-4-6)。拱端轴向推力和剪力正负号规定：拱端岩体所受的轴向力指向拱端岩体内为正，指向拱端岩体外为负；所受的剪力指向下游侧为正，指向上游侧为负；所受的竖向力竖直向下为正，竖直向上为负。

栗子园水库拱坝拱座平面稳定安全系数计算成果见表 1-4-5～表 1-4-7。

**表 1-4-5　平面稳定安全系数计算成果(基本荷载组合 1：正常蓄水位＋温降)**

| 高程/m | 699 | 711 | 723 | 734 | 745 | 756 | 765.8 |
|---|---|---|---|---|---|---|---|
| 左岸 | 4.28 | 3.47 | 7.39 | 8.31 | 12.12 | 18.53 | 21.19 |
| 右岸 | 侧滑面与拱端推力均朝向山体深处，安全 | | | 9.24 | 9.82 | 21.75 | 拱端推力指向岩体外，安全 |

**表 1-4-6　平面稳定安全系数计算成果表(基本荷载组合 2：设计洪水位＋温升)**

| 高程/m | 699 | 711 | 723 | 734 | 745 | 756 | 765.8 |
|---|---|---|---|---|---|---|---|
| 左岸 | 4.58 | 3.67 | 7.69 | 8.57 | 11.24 | 9.81 | 11.85 |
| 右岸 | 侧滑面与拱端推力均朝向山体内深处，安全 | | | 8.94 | 8.25 | 8.49 | 7.30 |

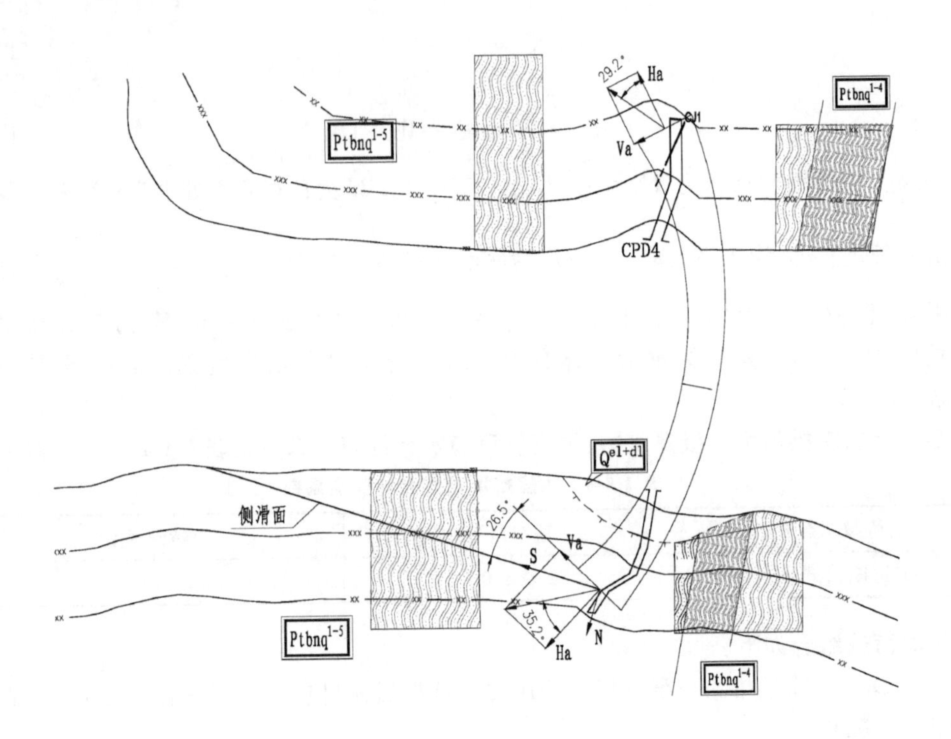


图 1-4-6　拱坝水平拱圈平面稳定计算示意

表 1-4-7　平面稳定安全系数计算成果表(特殊荷载组合 1:校核洪水位十温升工况)

| 高程(m) | 699 | 711 | 723 | 734 | 745 | 756 | 765.8 |
|---|---|---|---|---|---|---|---|
| 左岸 | 3.80 | 3.37 | 7.38 | 9.1 | 10.86 | 9.26 | 11.03 |
| 右岸 | 侧滑面与拱端推力均朝向山体内深处,安全 | | | 8.74 | 8.06 | 8.47 | 7.50 |

经表 1-4-5～表 1-4-7 计算成果分析,在基本和特殊(非地震)工况下栗子园水库拱坝各水平拱圈抗滑稳定安全系数均分别大于 3.0 和 2.5,完全满足规范对拱坝拱座抗滑稳定的有关要求。

## 4.3　施工图设计阶段拱坝左岸拱座整体稳定复核

### 4.3.1　施工现场坝基开挖简况

**1. 左岸(自上而下)**

自 2013 年 12 月 14 日至 2014 年 1 月 20 日开挖至坝顶高程 EL765.80 m,揭露岩石为($Ptbnbq^{1\text{-}5}$)的变余凝灰质细砂岩。

自 2014 年 2 月 13 日至 2014 年 2 月 27 日开挖至高程 EL765.80～EL756.00 m,揭露岩石为弱风化($Ptbnbq^{1\text{-}5}$)的变余凝灰质细砂岩。

自 2014 年 2 月 28 日至 2014 年 3 月 19 日开挖至高程 EL756.00～EL745.00 m,揭露岩石为弱风化($Ptbnbq^{1\text{-}5}$)的变余凝灰质细砂岩。

自2014年3月20日至2014年4月10日开挖至高程EL745.00～EL734.00 m，揭露岩石为弱风化（$Ptbnbq^{1-5}$）的变余凝灰质细砂岩。

自2014年4月17日至2014年5月1日开挖至高程EL734.00～EL723.00 m，揭露岩石为弱风化（$Ptbnbq^{1-5}$）的变余凝灰质细砂岩。

自2014年5月5日至2014年5月29日开挖至高程EL723.00～EL711.00 m，揭露岩石为弱风化（$Ptbnbq^{1-5}$）的变余凝灰质细砂岩。

自2014年6月4日至2014年6月27日开挖至高程EL711.00～EL699.00 m，揭露岩石为弱风化（$Ptbnbq^{1-5}$）的变余凝灰质细砂岩。

自2014年9月5日至2014年10月7日开挖至高程EL699.00～EL687.00 m，揭露岩石为弱风化（$Ptbnbq^{1-5}$）的变余凝灰质细砂岩及（$Ptbnbq^{1-4}$）凝灰质板岩。

左岸基坑中段见图1-4-7。

**图1-4-7　左岸基坑中段**

**2. 右岸(自上而下)**

自2013年11月20日至2014年2月17日开挖至坝顶高程EL765.80 m，开挖上部为第四系黏土覆盖层，下伏基岩为（$Ptbnbq^{1-5}$）的变余凝灰质细砂岩。

自2014年2月18日至2014年2月28日开挖至高程EL765.80～EL756.00 m，揭露岩石为弱风化（$Ptbnbq^{1-5}$）的变余凝灰质细砂岩。

自2014年3月1日至2014年3月21日开挖至高程EL756.00～EL745.00 m，揭露岩石为弱风化（$Ptbnbq^{1-5}$）的变余凝灰质细砂岩。

自2014年3月22日至2014年4月15日开挖至高程EL745.00～EL734.00 m，揭露岩石为弱风化（$Ptbnbq^{1-5}$）的变余凝灰质细砂岩。

自2014年4月17日至2014年5月8日开挖至高程EL734.00～EL723.00 m，揭露岩石为弱风化（$Ptbnbq^{1-5}$）的变余凝灰质细砂岩。

自2014年7月30日至2014年8月10日开挖至高程EL723.00～EL711.00 m，揭露岩

石为弱风化(Ptbnbq$^{1\text{-}5}$)的变余凝灰质细砂岩。

自2014年8月18日至2014年8月27日开挖至高程EL711.00～EL699.00 m,揭露岩石为弱风化(Ptbnbq$^{1\text{-}5}$)的变余凝灰质细砂岩。

自2014年9月5日至2014年10月7日开挖至高程EL699.00～EL687.00 m,揭露岩石为弱风化(Ptbnbq$^{1\text{-}5}$)的变余凝灰质细砂岩及(Ptbnbq$^{1\text{-}4}$)凝灰质板岩。

右岸基坑全段(自河床向上)见图1-4-8。

**图1-4-8　右岸基坑全段(自河床向上)**

**3.河床**

自2014年9月5日至2014年10月7日开挖至高程EL699.00～EL687.00 m,开挖上部覆盖层为砂卵石,下伏基岩为(Ptbnbq$^{1\text{-}5}$)的变余凝灰质细砂岩及(Ptbnbq$^{1\text{-}4}$)凝灰质板岩。(Ptbnbq$^{1\text{-}4}$)凝灰质板岩自上游开挖边线往下游约三分之一位置处。在河床基坑中段偏左岸近似垂直坝轴线发育一较大裂隙;走向N68°W,裂隙面张开,有灰色石英结晶物质充填。距上游开挖边线6 m处发育有两条石英脉,两条石英脉分别长3 m,平行发育,分布于裂隙两侧。

河床段坝基开挖完成后随即对其基坑揭示出的(Ptbnbq$^{1\text{-}4}$)凝灰质板岩及较大裂隙两侧区域进行了加强固结灌浆处理,孔距2.5 m,排距不大于2.5 m。并且对(Ptbnbq$^{1\text{-}4}$)凝灰质板岩与(Ptbnbq$^{1\text{-}5}$)变余凝灰质细砂岩交界处和坝基各裂隙位置在坝体内设置了直径250 mm的单层跨骑钢筋网,宽度3 m,以整个岩区分界线和各裂隙地表延伸长度方向两侧对称布置。河床基坑见图1-4-9。

**4.坝基岩体声波测试**

贵州省水利水电工程建设质量与安全监测中心于2014年10月29日对坝基岩体共9个钻孔进行的跨孔声波测试成果资料显示,栗子园水库拱坝坝基岩体完整性总体较好,局部裂隙发育。表1-4-8统计显示,部分测点在遇到裂隙后,测试数值总体表现较低,为3100 m/s左右。部分试段在深部遇到裂隙后,测试数值开始集中表现较低;孔深4.4 m以上均为3600

图 1-4-9 河床基坑

m/s 以上，之下逐渐变小至 3000 m/s 左右。

表 1-4-8 施工期栗子园水库拱坝坝基岩体声波测试统计

| 类别 | 最小值 | | 最大值 | | 平均值/(m/s) |
|---|---|---|---|---|---|
| | 数值/(m/s) | 孔深/m | 数值/(m/s) | 孔深/m | |
| 左岸 | 2620 | 6.2 | 5730 | 8.8 | 3789 |
| 河床 | 2890 | 7.4 | 4180 | 0.4 | 3605 |
| 右岸 | 3490 | 0.4 | 4740 | 6.2 | 4079 |

## 4.3.2 坝基裂隙复核统计

根据施工现场坝基开挖情况，结合施工现场地质测绘复核，栗子园水库拱坝坝基主要发育有六组裂隙，见表 1-4-9。

表 1-4-9 栗子园水库拱坝坝基裂隙复核统计

| 组号 | 产状 | 特性 |
|---|---|---|
| 1 | N77°～81°W/SW/∠60°～63° | 地表可见延伸长度 1～8 m，线密度 2～3 条/m。强风化带裂隙因卸荷作用而局部张开夹泥 |
| 2 | N83°～87°W/NE/∠48°～66° | 性质同①，与第①组裂隙组成剖面“×”节理。地表可见延伸长度 1～3 m，线密度 1～2 条/m。强风化带裂隙因卸荷作用而局部张开夹泥 |
| 3 | N22°～33°E/NW/∠68°～87° | 地表可见延伸长度 1～3 m。线密度 1～2 条/m。裂面上局部有擦痕发育，强～弱风化带沿裂隙夹岩屑及泥，夹泥厚度 0.5～1 cm，微风化岩体中裂隙逐渐闭合 |

续表

| 组号 | 产状 | 特性 |
| --- | --- | --- |
| 4 | N75°～84°E/NW/∠55°～78° | 地表可见延伸长度1～3 m，线密度1～2条/m。强～弱风化带沿裂隙夹岩屑及泥，微风化岩体中裂隙逐渐闭合 |
| 5 | N17°～46°W/NE/∠51°～65° | 地表可见延伸长度1～5 m，线密度1～3条/m。裂隙面平直，微有起伏，强～弱风化带沿裂隙夹岩屑及泥，微风化岩体中裂隙逐渐闭合 |
| 6 | S--N/E/∠70° | 地表可见延伸长度1～2 m，线密度1～2条/m。强～弱风化带沿裂隙夹岩屑及泥，微风化岩体中裂隙逐渐闭合 |

注：强风化岩体中裂隙连通率为70%～85%，弱风化岩体中裂隙连通率为40%～60%。

### 4.3.3 左岸拱座抗滑稳定性地质复核

栗子园水库拱坝左岸抗滑山体下部覆盖层厚度较大，为残坡积黏土夹碎石，厚度可达7.3 m，分布地层岩性为($Ptbnbq^{1-5}$)的变余凝灰质细砂岩，($Ptbnbq^{1-6}$)的灰色薄层粉砂质板岩，岩体中主要发育的结构面有岩层面与①、②、③、④、⑤、⑥共六组裂隙。强风化岩体裂隙发育，多张开，裂隙连通率较大，岩体呈碎裂～镶嵌状结构，岩体质量类别属$B_{Ⅳ}$类，岩体质量较差，抗力相对较弱。弱风化至其下的新鲜岩体，裂隙闭合，岩体呈层状结构，岩体质量类别属$A_{Ⅲ2}$类，岩体质量较好，抗力能力较好。左岸抗滑山体未见较大的构造通过，岩体中主要结构面为岩层层面及可能连通的裂隙面。经地质复核认为，栗子园水库拱坝左岸拱座抗滑稳定存在的最不利的组合情况为：②组与⑤组裂隙结合构成侧滑面，以岩层层面为底滑面滑出(图1-4-10)。

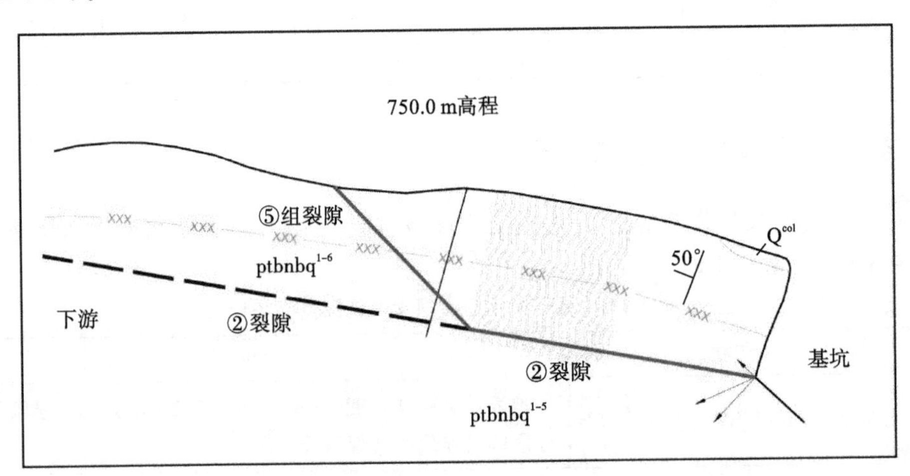


图1-4-10　坝基左岸拱座抗滑稳定存在的最不利组合情况示意

### 4.3.4 左岸拱座整体稳定复核计算

**1. 计算模型**

假定选取左岸拱座下游可能的滑动块体来进行整体稳定复核计算(图1-4-11)。

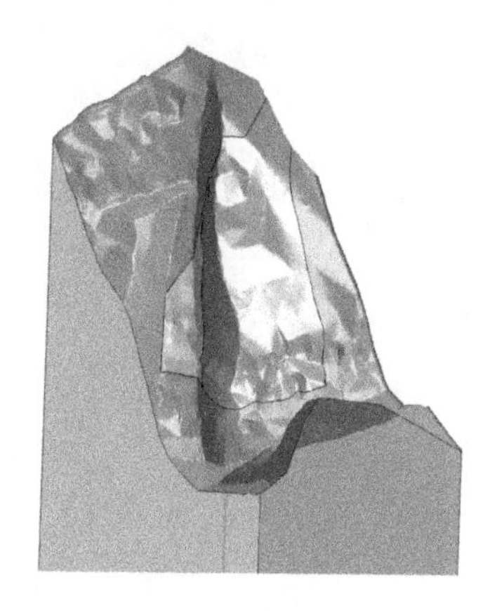

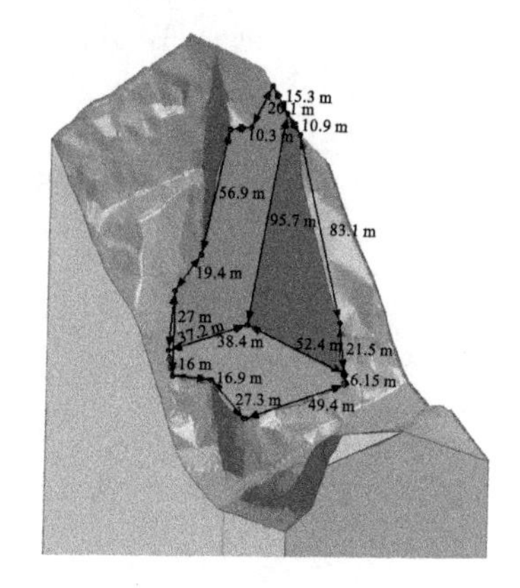


**图 1-4-11　左岸拱座下游可能的滑动块体的三维模型**

侧滑面：②组裂隙(N83°～87°W/NE/∠48°～66°)与⑤组裂隙(N17°～46°W/NE/∠51°～65°)结合构成侧滑面。

底滑面：岩体中未发现发育有倾下游的缓倾结构面，按最不利情况假定该可能的滑动块体底面为 10°从山体内缓倾向河床的岩体面，底滑面高程 710～720 m。

**2. 计算方法**

在坝基岩体中有倾斜的侧向结构面和缓倾角的底部结构面的受力分析[47]。

某一层拱圈拱端轴向力 $H_a$、剪力 $V_a$。

正交于滑移面的分力和：$N = H_a\sin\varphi - V_a\cos\varphi$

平行于滑移面的分力和：$S = H_a\cos\varphi + V_a\sin\varphi$

铅直方向分力和：$W_1\tan\psi$

式中，$\varphi$ 为滑移面与 $H_a$ 的夹角；$\psi$ 为铅直线与基岩表面的夹角。

$$\sum N = \sum_{1}^{n}(H_a\sin\varphi - V_a\cos\varphi) \tag{1-4-4}$$

$$\sum S = \sum_{1}^{n}(H_a\cos\varphi + V_a\sin\varphi) \tag{1-4-5}$$

$$\sum W_1\tan\psi = \sum_{1}^{n} W_1\tan\psi \tag{1-4-6}$$

作用滑移体上的各力表示如下。

坝体自重 $\sum W_1\tan\psi$，滑移体重量 $\sum W_2$，各拱圈分力的总和 $\sum N$、$\sum S$，还有作用于侧滑面上的渗透压力 $U_1$，底滑面上的渗透压力 $U_2$。$R_1$、$R_2$ 分别为侧滑面和底滑面上的法向反力。

由平衡条件

$$\sum N = (R_1 + U_1)\sin\alpha_0 \tag{1-4-7}$$

$$(R_2 + U_2) + (R_1 + U_1)\cos\alpha_0 \cdot \cos\gamma$$

$$= (\sum W_1 \tan\psi + \sum W_2)\cos\gamma - U_3 \sin\gamma \tag{1-4-8}$$

$$\sum S' = \sum S + (\sum W_1 \tan\psi + \sum W_2)\sin\gamma + U_3 \cos\gamma = S_1 + S_2 \tag{1-4-9}$$

$$S_1 = \frac{f_1 R_1}{K} + \frac{c_1 A_1}{K} \tag{1-4-10}$$

$$S_2 = \frac{f_2 R_2}{K_c} + \frac{c_2 A_2}{K_c} \tag{1-4-11}$$

$$K = \frac{f_1 R_1 + c_1 A_1 + f_2 R_2 + c_2 A_2}{\sum S'} \tag{1-4-12}$$

式中，$f_1$ 、$f_2$ 分别为侧滑面及底滑面的摩擦系数；$c_1$ 、$c_2$ 分别为侧滑面及底滑面单位面积上的黏着力；$A_1$ 、$A_2$ 分别为侧滑面及底滑面的面积；$\gamma$ 为底滑面在侧滑面上的视倾角(图 1-4-12)。

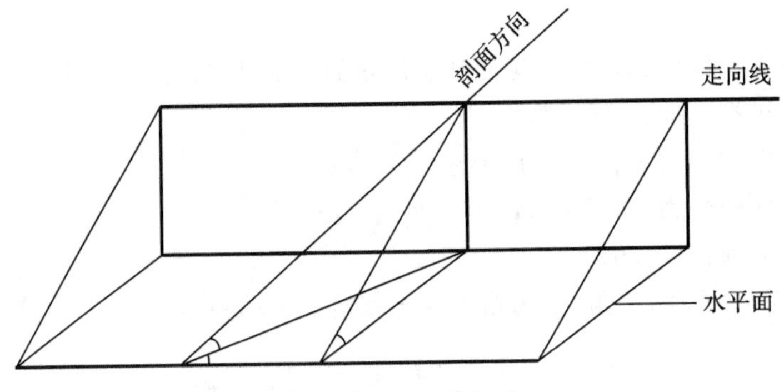


**图 1-4-12 视倾角示意**

视倾角计算公式：

底滑面在侧滑面上的视倾角：

$$\gamma = \arctan(\sin\theta \cdot \tan\beta) \tag{1-4-13}$$

式中，$\gamma$ 为视倾角；$\theta$ 为剖面线和岩层走向线夹角；$\beta$ 为岩层真倾角。

**3. 计算结果分析**

经复核计算，栗子园水库拱坝左岸拱座整体抗滑稳定最小安全系数 $K=3.24$，各工况下左岸拱座均满足规范对拱坝拱座整体抗滑稳定的有关要求。

栗子园水利工程建设后期，有关单位也对栗子园水库拱坝坝肩稳定进行了复核分析，认为栗子园水库拱坝坝肩抗滑稳定计算的安全系数高于基于平面稳定分析成果[48]。

# 第5章　栗子园水库泄洪消能设计

在考虑窄河谷高拱坝的泄洪消能问题时,其基本思想是分散消能,多数采用挑流或跌流方式。挑流或跌流有两种形式:水流直接射入河床形成冲刷坑消能;对消能区进行适当的混凝土衬护、设二道坝组成水垫塘消能。由于高拱坝下游河谷狭窄,水流无法沿河道拱向分散,但沿河道纵向都有一定的空间可加以利用。一般考虑以下布置原则。

(1)水头高、河谷狭窄,宜采取分散泄洪措施。

(2)确保拱坝坝肩和两岸的岩体稳定,并尽可能减少消能建筑物的土建工程量。

(3)高混凝土坝直接由坝身泄洪是常见而又经济的泄洪布置,宜优先采用。

(4)泄洪建筑物正常运行时,必须确保大坝及主要建筑物运行安全,泄洪动力不致对建筑物构成危害性影响,并尽量将雾化减轻到最低程度。

(5)高坝泄洪水流雾化是必然的,布置枢纽建筑物时应力求避开雾化区,无法避开的建筑物应做好保护。

## 5.1　泄洪建筑物设计

### 5.1.1　泄洪建筑物布置

**1. 泄洪中心线**

栗子园水库拱坝采用抛物线双曲拱坝,河道流向在大坝所处河段向左岸微弯,拱坝中心线在坝下游一定范围内与主河道中心线呈小角度斜交。从水流下泄条件分析,泄洪中心线的布置一般采用与拱坝中心线略微错开。从消能区布置上看,左右岸基本对称,右岸边坡较陡,左岸土建工程量会偏大些,但进行适当的混凝土衬护后也不影响拱坝坝肩的稳定。经综合分析比较,选定泄洪中心线与拱坝中心线重合。

**2. 泄洪孔口布置**

泄洪孔口布置主要考虑:①安全下泄各频率洪水,并有一定的超泄能力;②孔口布置应满足金属结构设计要求;③孔口布置应尽量使水舌不直面击打岸坡,减少消能区两岸的土建工程量,保证拱坝坝肩的稳定;④节省工程投资。上述四条因素结合栗子园水库拱坝下游泄洪消能区的地形地质情况,确定表孔泄洪孔数为两孔,溢流净宽 24 m,堰顶高程 757.0 m,闸墩顶高程同坝顶高程为 765.8 m,中墩和边墩分别厚 2.5 m 和 2.0 m,墩上按金属结构设计要求设置了弧形工作闸门支铰牛腿和安装检修平台用钢桥。

**3. 泄洪建筑物体形设计**

两个表孔布置在 5～7 号坝段,为俯冲跌流式,每孔净宽为 12 m。表孔堰面采用开敞式 WES 实用堰,堰顶高程 757.0 m,堰面曲线方程 $Y=0.0956X^{1.85}$,上游侧采用 1/4 椭圆曲线连接,椭圆曲线方程为:$X^2/2.03^2+(Y-1.19)^2/1.19^2=1$;下游侧与堰面曲线采用半径16 m

的圆弧连接，至跌流鼻坎高程 748.736 m，跌流俯冲角 15°。见图 1-5-1。

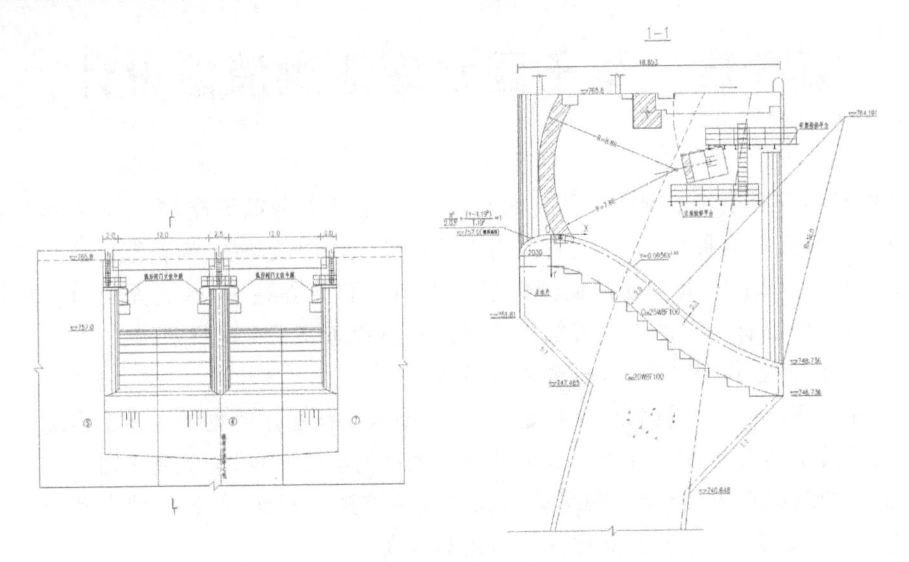

图 1-5-1　栗子园水库拱坝溢流表孔结构图

## 5.1.2　表孔泄流能力计算

计算公式为：

$$Q = m_z \varepsilon \sigma_m B \sqrt{2g} H_z^{3/2} \quad (1\text{-}5\text{-}1)$$

式中，$Q$ 为流量($m^3/s$)；$B$ 为溢流孔净宽(m)；$H_z$ 为溢流堰顶作用水头(m)；$g$ 为重力加速度($m/s^2$)；$m_z$ 为流量系数；$\varepsilon$ 为侧收缩系数；$\sigma_m$ 为淹没系数，下游为自由出流时取值1.0。计算结果见表 1-5-1。

表 1-5-1　栗子园水库拱坝溢流表孔泄流能力计算结果

| 库水位 $h$/m | 下泄流量 $Q$/($m^3/s$) | 流量系数/$m_z$ |
|---|---|---|
| 757 | 0 | — |
| 758 | 43.38 | 0.412 |
| 759 | 124.46 | 0.422 |
| 760 | 231.77 | 0.432 |
| 761 | 359.04 | 0.439 |
| 762 | 505.82 | 0.447 |
| 763 | 674.43 | 0.458 |
| 764 | 861.44 | 0.469 |
| 765 | 1063.87 | 0.479 |
| 766 | 1266.77 | 0.483 |
| 767 | 1480.26 | 0.487 |

### 5.1.3　弧门支座结构计算

栗子园水库拱坝溢流表孔弧形工作闸门支座形式为支铰牛腿，设计内容包括支座截面尺寸验算、闸墩局部受拉区的扇形钢筋计算、牛腿的配筋计算、支座面局部受压验算等。采用《水工混凝土结构设计规范》(SL191—2008)中第10.10节“弧形闸门支座”中的计算公式。

支铰牛腿受力参数如下。

液压启闭机上挂点单缸拉力：600 kN。

单侧弧门支铰径向力：$P_j=2400$ kN。

单侧弧门支铰平行铰座剪力：$P_z=100$ kN。

单侧弧门支铰侧推力：$H_j=550$ kN。

与水平面夹角12.2°。

(1)弧门支座附近闸墩的局部受拉区的裂缝控制应满足下列公式要求。

闸墩受两侧弧门支座推力作用时：

$$F_k \leqslant 07 f_{tk} bB \tag{1-5-2}$$

闸墩受一侧弧门支座推力作用时：

$$F_k \leqslant \frac{1.55 f_{tk} bB}{\frac{e_0}{B}+1.20} \tag{1-5-3}$$

式中，$F_k$为按荷载标准值计算的闸墩一侧弧门支座推力值；$b$为支座宽度；$B$为闸墩厚度；$f_{tk}$为闸墩混凝土轴心抗拉强度标准值；$e_0$为弧门支座推力对闸墩厚度中心线的偏心距。

计算得：中墩 $F_k=2400000$ N $<$ 5451250 N，满足规范要求。

边墩 $F_k=2400000$ N$<$3426500 N，满足规范要求。

(2)闸墩局部受拉区的扇形局部受拉钢筋截面面积应满足下列公式要求。

闸墩受两侧弧门支座推力作用时：

$$KF \leqslant f_y \sum_{i=1}^{n} A_{si}\cos\theta_i \tag{1-5-4}$$

闸墩受一侧弧门支座推力作用时：

$$KF \leqslant \frac{B'_0 - a_s}{e_0 + 0.5B - a_s} f_y \sum_{i=1}^{n} A_{si}\cos\theta_i \tag{1-5-5}$$

式中，$K$为承载力安全系数；$F$为闸墩一侧弧门支座推力的设计值；$A_{si}$为闸墩一侧局部受拉范围内的第$i$根局部受拉钢筋的截面面积；$f_y$为局部受拉钢筋的强度设计值；$a_s$为局部受拉钢筋合力点至截面近边缘的距离；$\theta_i$为第$i$根局部受拉钢筋与弧门推力方向的夹角；计算得：中墩 $A_{si}\geqslant 372\ \text{mm}^2$，要求钢筋直径 $d\geqslant 22$ mm，选用Φ28钢筋满足要求。

边墩 $A_{si}\geqslant 536\ \text{mm}^2$，要求钢筋直径 $d\geqslant 26$ mm，选用Φ28钢筋满足要求。

(3)弧门支座的纵向受力钢筋截面面积应按下式计算：

$$A_s \geqslant \frac{KFa}{0.8 f_y h_0} \tag{1-5-6}$$

式中，$A_s$为纵向受力钢筋的总截面面积；$f_y$为纵向受力钢筋的强度设计值。计算得：$A_s=A_{smin}=3307\ \text{mm}^2$，选用两排Φ28@200、Φ25@200钢筋满足要求。

配筋计算结果见表1-5-2。

表 1-5-2　栗子园水库拱坝溢流表孔弧门支座配筋计算结果

| 部　位 | 支座扇形钢筋 | 支座牛腿(大梁)钢筋 |
|---|---|---|
| 溢流表孔弧形工作闸门 | 29 根 Φ28(扇形受力筋)<br>Φ18@200(分布筋) | Φ28@200(第一层受力筋)<br>Φ25@200(第二层受力筋) |

### 5.1.4　闸墩结构计算

栗子园水库拱坝溢流表孔闸墩为实体混凝土墩，工作闸门为弧形钢闸门，闸墩截面强度计算时，分别截取中墩、边墩单位宽度来计算，中墩厚 2.5 m，边墩厚 2 m。作用在闸墩上荷载为水压力，计算截面沿闸墩上、下游不同部位分别计算，当闸墩一侧闸门挡水，另一侧开闸泄水时，此时闸墩承受最大水位差，为最不利工况。

计算公式采用《水工混凝土结构设计规范》(SL191—2008)中正截面受弯承载力公式：

$$KM \leqslant f_c bx\left(h_0 - \frac{x}{2}\right) + f_y{}'A_s{}'h_0 - a_s{}') \tag{1-5-7}$$

此时，受压区计算高度 $x$ 按下列公式确定：

$$f_c bx = f_y A_s - f_y{}'A_s{}' \tag{1-5-8}$$

受压区计算高度尚应符合下列要求：

$$x \leqslant 0.85\xi_b h_0 \tag{1-5-9}$$

$$x \geqslant 2as' \tag{1-5-10}$$

式中，$K$ 为承载力安全系数；$M$ 为弯矩设计值(N・mm)；$f_c$ 为混凝土轴心抗压强度设计值；$A_s$、$A_s$ 分别为纵向受拉受压钢筋的截面面积；$f_y$ 为钢筋抗拉强度设计值；$f'_y$ 为钢筋抗压强度设计值；$h_0$ 为截面的有效高度；$b$ 为矩形截面的宽度；$a'_s$ 为受压区钢筋合力点至受压区边缘的距离；$\xi_b$ 为相对界限受压区计算高度。

计算得：中墩 $A_s \geqslant 702\ \mathrm{mm}^2$，选用 Φ20@200 钢筋，$A_s = 1570\ \mathrm{mm}^2$ 满足要求。

边墩 $A_s \geqslant 771\ \mathrm{mm}^2$，选用 Φ18@200 钢筋，$A_s = 1272\ \mathrm{mm}^2$ 满足要求。

溢流表孔闸墩配筋计算结果见表 1-5-3。

表 1-5-3　栗子园水库拱坝溢流表孔闸墩配筋计算结果

| 闸墩 | 临水侧 | | 背水侧 | |
|---|---|---|---|---|
| | 竖向筋 | 水平筋 | 竖向筋 | 水平筋 |
| 边墩 | Φ20@200 | Φ14@200 | Φ22@200 | Φ14@200 |
| 中墩 | Φ18@200 | Φ16@200 | | |

## 5.2　消能区建筑物设计

### 5.2.1　消能区建筑物总布置

栗子园水库拱坝溢流表孔下游采用鼻坎跌流联合二道坝形成水垫塘进行消能，见图1-5-2。

图 1-5-2　栗子园水库拱坝下游消能防冲实景图

## 5.2.2　拱坝下游两岸山体边坡防护

根据有关栗子园水库拱坝施工图设计技术审查意见、初步设计技术审查单位对拱坝坝肩稳定复核的建议，以及本工程建设现场有关会议精神，为确保栗子园水库拱坝安全稳定，对其下游 706.0 m 高程以下近坝河床及两岸山体边坡进行适当防护处理。采用 C25 钢筋混凝土护底护坡，护底部位在现状河床地面上清理浮渣至河床基岩面，C25 钢筋混凝土按现场实际浇筑能力分块浇筑并相应设置施工浇筑缝，缝内安设膨胀止水条，钢筋混凝土护底护坡在靠近左、右两侧岸坡的位置分别布置两排（共 4 排）Φ25@2000 mm 等边三角形布置的砂浆锚杆，每根锚杆长 4.5 m。

## 5.2.3　二道坝

二道坝位于拱坝下游河道约 280 m 处，由左岸输水孔坝段、河床溢流坝段、右岸排砂孔坝段等组成（图 1-5-3），坝顶总长 74.77 m，最大坝高 16.5 m，坝顶高程 710.50～710.90 m，坝顶宽度 4.8 m。

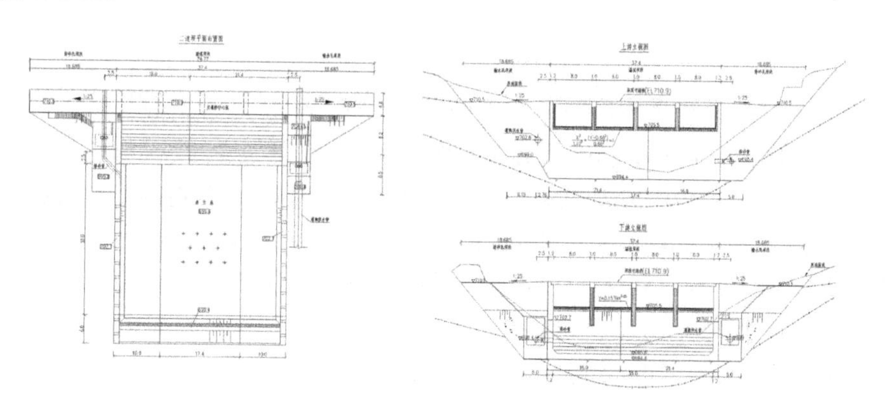

图 1-5-3　栗子园水库拱坝下游二道结构布置图

### 1. 工程地质条件

坝址河谷断面呈一不对称 V 形，左岸地形坡度 72°，右岸地形坡度 39°～48°。河床覆盖层分布厚度 0～2 m，成分为冲、洪积的砂卵石层，下伏基岩为（Ptbnbq$^{2}$）的变余凝灰岩及玻屑凝灰岩，间夹变余粉砂质板岩，岩体强风化厚度 3～5 m。岩体中主要结构面是岩层面及裂隙，岩层倾下游偏右岸，产状为 290°～295°和∠45°～58°。

二道坝建基岩体为强～弱风化岩体。

**2. 结构布置**

二道坝溢流堰面为 WES 实用堰，堰顶高程 705.5 m。堰顶上游侧采用椭圆曲线，其方程为 $X^2/1.12^2+(Y-0.66)^2/0.66^2=1$，堰面采用 WES 曲线，其方程为 $Y=0.1539X^{1.85}$，堰面曲线下游与 1∶0.8 斜直线相切连接，后接半径为 10 m 的反弧段，溢流坝建基面高程 694.4 m；溢流孔共 4 孔，每孔净宽 8 m，溢流总净宽为 32 m。闸墩采用 C25 钢筋混凝土结构，中墩厚度 1 m，边墩厚度 1.2 m，闸墩顺水长度 4.8 m；墩顶布置坝顶交通桥，宽 4.8 m，桥面高程 710.9 m。两边墩下游接导流墙，采用 C25 钢筋混凝土结构，墙身厚 1.2 m。溢流坝下游采用底流消能方式，消能工采用消力槛，消力池长 33 m，消力槛高度 3.8 m，消力池底面高程 695.6 m，底板厚度 1.2 m，消力池两侧导流墙顶高程 702.7 m。见图 1-5-4。

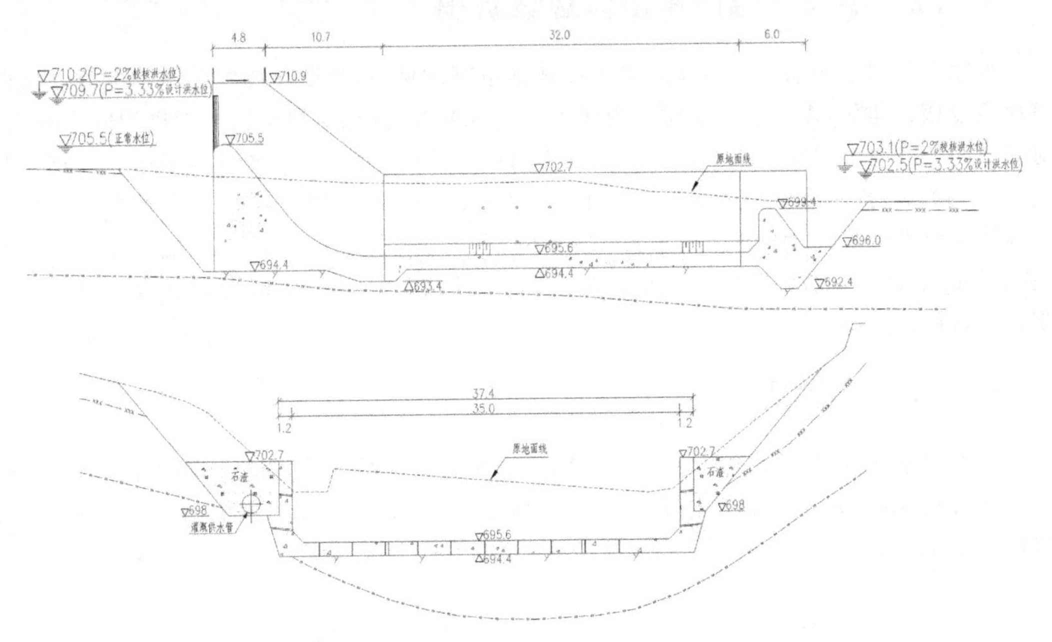


图 1-5-4　栗子园水库拱坝下游二道坝溢流段及其消力池剖面图

左岸输水孔坝段坝顶宽度 4.8 m，坝顶高程 710.72 m，建基面高程 694.4 m。下游面折坡点高程 704.65 m。坝段内埋设 DN1200 mm 的灌溉供水钢管，并在坝后装设控制阀和检修阀控制水流；右岸排砂孔坝段坝顶宽度 4.8 m，坝顶高程 710.73 m，建基面高程 694.4 m。下游面折坡点高程 704.65 m。坝段内埋设 DN800 mm 的排砂兼放空钢管，同样在坝后装设控制阀和检修阀控制水流。见图 1-5-5。

**3. 坝体构造**

(1)坝顶高程。

二道坝坝顶高程根据各种运行情况的水库静水位加上相应超高后的最大值确定，且应高于校核洪水位。坝顶超高 $\Delta h$ 按《混凝土重力坝设计规范》(SL319—2005)中 8.1.1 条计算：

$$\Delta h=h_{1\%}+h_z+h_c$$

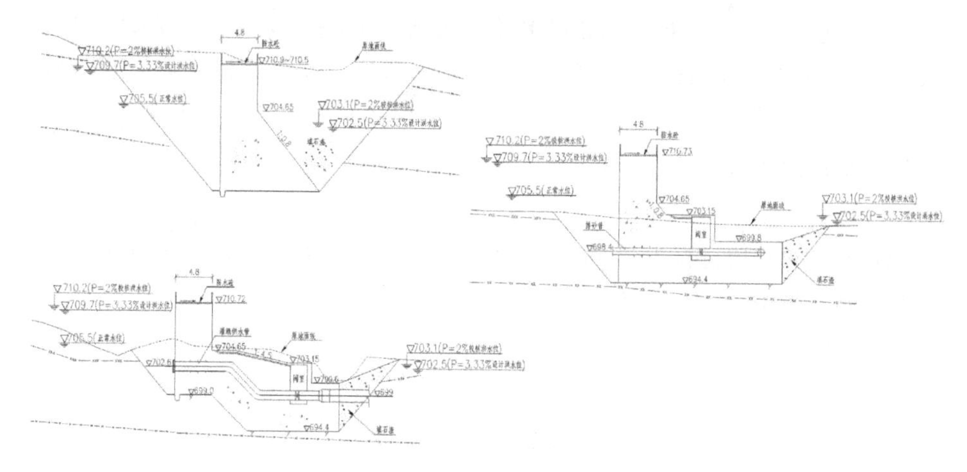

**图 1-5-5　栗子园水库拱坝下游二道坝两岸坝段横剖面图**

式中，$h_c$为安全加高(m)；正常蓄水位情况取 0.2 m，校核洪水位情况取 0.1 m；$h_{1\%}$为波高(m)；$h_z$为波浪中心线至正常或校核洪水位的高差(m)。

$h_{1\%}$、$h_z$按规范附录 B.6.3 规定的公式计算。计算风速在正常蓄水位时采用多年平均年最大风速的 1.5 倍按 30 m/s 计算，在校核洪水位时，采用多年平均年最大风速 20 m/s 计算。有效吹程按等效风区长度计算取 200 m。

二道坝坝顶高程计算结果见表 1-5-4。

**表 1-5-4　栗子园水库拱坝下游二道坝坝顶高程计算结果**

| 工况 | $h_{1\%}$/m | $h_z$ /m | $h_c$ /m | $\Delta h$ /m | 水位/m | 计算坝顶高程/m |
|---|---|---|---|---|---|---|
| 正常情况 | 0.218 | 0.124 | 0.2 | 0.542 | 705.5 | 706.042 |
| 非常情况 | 0.121 | 0.072 | 0.1 | 0.293 | 710.2 | 710.493 |

根据以上坝顶高程计算结果，坝顶高程由校核洪水位工况控制，计算坝顶高程为 710.493 m，取最低坝顶高程为 710.5 m。为协调美观，二道坝坝顶上游不再设防浪墙。

(2)坝顶布置。

坝顶宽度 4.8 m，上、下游侧设防护栏杆。坝顶全长范围(含交通桥面)铺筑厚 50～120 mm 的防水混凝土。

(3)坝体分缝和止水。

二道坝坝体自左至右依次分为 4 个坝段，其中 2＃、3＃为溢流坝段，1 ＃为输水孔坝段，4＃为排砂孔坝段。为便于施工，横缝均采用铅直的缝面，横缝间距为 21.4 m 和 16 m。在横缝的上游侧距坝面 0.5 m 处设一道厚 1.2 mm 的紫铜止水片。

(4)坝内廊道及坝体排水。

由于属低坝，坝址又无冰冻，因此二道坝坝体内不设廊道和排水。

(5)坝体混凝土。

根据二道坝应力计算成果，坝体采用 C20 混凝土即可满足要求，同时，由于属低坝，混凝土方量不大，溢流面泄流流速小，对大坝混凝土不作分区处理，以便于现场施工。对于溢流闸墩采用现浇 C25 混凝土，坝顶交通桥则采用预制 C30 混凝土。

**4. 坝基处理**

二道坝最大坝高 16.5 m，坝建基面置于弱风化上部～强风化中下部，坝基开挖边坡坡度为 1∶0.85。为消除坝基开挖卸荷松弛和爆破松弛影响，增加坝基岩体的均一性，提高坝基承载能力，对二道坝全坝基范围(不含消力池基础)进行了基础固结灌浆，灌浆深度 5 m，孔距 3.5 m，正方形布置。

**5. 坝的稳定应力计算**

(1)计算方法。

二道坝坝基应力采用材料力学法计算，坝基面抗滑稳定采用刚体极限平衡法。按基本荷载组合和特殊荷载组合进行验算。

(2)计算公式。

坝基截面的垂直应力应按下式计算：

$$\sigma_y = \frac{\sum W}{A} \pm \frac{\sum M \cdot x}{J} \tag{1-5-11}$$

式中，$\sigma_y$ 为坝踵、坝址垂直应力，kPa；$\sum W$ 为作用于坝段上或 1 m 坝长上全部荷载(包括扬压力，下同)在坝基截面上法向力的总和，kN；$\sum M$ 为作用于坝段上或 1 m 坝长上全部荷载对坝基截面形心轴的力矩总和，kN；$A$ 为坝段或 1 m 坝长的坝基截面积，$m^2$；$x$ 为坝基截面上计算点到形心轴的距离，m；$J$ 为坝段或者 1 m 坝长的坝基截面对形心轴的惯性矩，$m^4$。

坝基接触面抗滑稳定按抗剪强度公式进行计算：

$$K = \frac{f\sum W}{\sum P} \tag{1-5-12}$$

式中，$K$ 为按抗剪强度计算的抗滑稳定安全系数；$f$ 为坝体混凝土与坝基接触面的抗剪摩擦系数；$\sum W$ 为作用于坝体上全部荷载(包括扬压力，下同)对滑动平面的法向分值，kN；$\sum P$ 为作用于坝体上全部荷载对滑动平面的切向分值，kN。

(3)计算结果见表 1-5-5、表 1-5-6。

**表 1-5-5　二道坝溢流坝稳定应力计算结果**

| 工况 | 稳定安全系数 $K$ | 计算基面应力值/MPa | |
|---|---|---|---|
| | | 上游侧 | 下游侧 |
| 正常水位 | 2.17 | 0.187 | 0.101 |
| 设计洪水位($P$=3.33%) | 1.25 | 0.053 | 0.179 |
| 校核洪水位($P$=2%) | 1.18 | 0.058 | 0.224 |

**表 1-5-6　二道坝非溢流坝稳定应力计算结果**

| 工况 | 稳定安全系数 $K$ | 计算基面应力值/MPa | |
|---|---|---|---|
| | | 上游侧 | 下游侧 |
| 正常水位 | 2.93 | 0.262 | 0.213 |
| 设计洪水位($P$=3.33%) | 1.65 | 0.112 | 0.251 |
| 校核洪水位($P$=2%) | 1.42 | 0.096 | 0.309 |

由表 1-5-5 和表 1-5-6 的计算结果表明，二道坝坝踵、坝趾垂直应力在各种工况下均不

出现拉应力，且在各种工况下均小于坝基允许承载力，坝基底应力满足混凝土重力坝设计规范要求；坝体沿建基面抗滑稳定安全系数在基本组合荷载下均大于1.05，在特殊组合荷载下均大于1.00，坝基抗滑稳定也满足重力坝设计规范要求。

**6. 溢流坝泄流能力计算**

溢流坝采用无闸自由泄洪，堰型为WES实用堰，其泄流能力计算公式同式(1-5-1)。计算结果见表1-5-7。

**表1-5-7　二道坝溢流坝泄流能力计算结果**

| 水位 $h$/m | 下泄流量 $Q$/($m^3$/s) | 流量系数 $m$ |
|---|---|---|
| 705.5 | 0 | |
| 706 | 18.33 | 0.367 |
| 707 | 95.98 | 0.394 |
| 708 | 167.03 | 0.419 |
| 709 | 244.43 | 0.441 |
| 710 | 325.74 | 0.459 |
| 711 | 417.66 | 0.472 |
| 712 | 527.03 | 0.487 |
| 713 | 657.26 | 0.494 |
| 714 | 778.04 | 0.502 |
| 715 | 912.88 | 0.505 |
| 716 | 1082.14 | 0.506 |

**7. 消能防冲计算**

二道坝溢流坝下游采用底流消能方式，消能防冲计算采用《水闸设计规范》(SL265-2001)的附录B和《水力计算手册》(第2版)第四篇第二章中的方法和公式[49]，此处不再详述。

计算结果如下：

临界水深 $h_k=3.41$ m。

收缩水深 $h_c=1.28$ m。

跃后水深 $h_c''=7.04$ m。

消力槛高度 $P_0=3.73$ m。

消力池长度 $L_k=32.88$ m。

最终采用消力槛高3.8 m，消力池长33 m，满足二道坝溢流坝下游消能防冲的要求。

**8. 消力池底板抗浮稳定计算**

(1)作用荷载及抗浮稳定安全系数。

作用在二道坝溢流坝下消力池底板上的荷载如下。

①$G$ 为消力池底板自重。

②$P$ 为动水压力，采用静水压力近似计算。

③$P_{fr}$为脉动压力，$P_{fr}=\beta_m p_{fr} A$，其中脉动压强代表值 $P_{fr}=3K_p \frac{\rho_w v^2}{2}$；$\beta_m$ 为面积均化系数，取 0.45；$A$ 为作用面积；$K_p$ 为脉动压强系数，取 0.02。$v$ 为平均流速。

④$U$ 为扬压力，$U=\alpha(Z_{下游水位}-Z_{底板基础})$，$\alpha$ 为扬压力折减系数。当考虑抽排作用时 $\alpha=0.5\sim0.7$；止水破坏、排水设施出故障时，$\alpha=1.0$。

根据溢洪道设计规范规定，底板抗浮稳定安全系数 $K_f$不小于 1.0～1.2。

(2)计算公式。

$$K_f=(P+G)/(U+P_{fr}) \tag{1-5-13}$$

(3)计算工况。

①消能防冲设计工况：下泄 $P=3.33\%$洪水，$Z_下=702.5$ m。

②校核工况：下泄 $P=2\%$洪水，$Z_下=703.1$ m。

(4)计算结果。

二道坝溢流坝下消力池底板抗浮稳定计算结果见表 1-5-8，结果满足规范有关抗浮稳定安全系数的要求。

**表 1-5-8　二道坝溢流坝下消力池底板抗浮稳定计算结果**

| 工况 | 下泄流量 $Q$ /($m^3$/s) | 下游水位 $Z_下$ /m | 抗浮稳定安全系数 |
|---|---|---|---|
| 消能防冲设计工况 | 532 | 702.5 | 1.230 |
| 校核工况 | 630 | 703.1 | 1.228 |

**9. 闸墩结构计算**

二道坝溢流坝闸墩顺水长度为 4.8 m，中墩厚 1.0 m，边墩厚 1.2 m。闸墩结构计算方法和公式同本篇第 5.1.4 节，不再详述。

计算得：

中墩 $A_s\geqslant502$ mm²，选用 Φ18@200 钢筋，$A_s=1272$ mm²满足要求。

边墩 $A_s\geqslant409$ mm²，选用 Φ18@200 钢筋，$A_s=1272$ mm²满足要求。

二道坝溢流坝闸墩配筋计算结果见表 1-5-9。

**表 1-5-9　二道坝溢流坝闸墩配筋计算结果**

| 闸墩 | 临水侧 | | 背水侧 | |
|---|---|---|---|---|
| | 竖向筋 | 水平筋 | 竖向筋 | 水平筋 |
| 边墩 | Φ18@200 | Φ12@200 | Φ18@200 | Φ12@200 |
| 中墩 | Φ18@200 | Φ12@200 | | |

## 5.2.4　拱坝跌流射距及最大冲坑深度计算

**1. 跌流射距计算公式**

$$L=2.3q^{0.54}z^{0.19}+t_k/\tan\beta \tag{1-5-14}$$

式中，$L$ 为总射距(m)；$q$ 为泄水建筑物出口断面的单宽流量($m^3$/(s·m))；$\beta$ 为水舌入射角；$z$ 为鼻坎至河床高差(m)。

**2. 冲坑深度估算公式**

$$t_k = \alpha q^{0.5} H^{0.25} \tag{1-5-15}$$

式中，$t_k$ 为最大冲坑深处水垫厚度(m)；$H$ 为上下游水位差(m)；$\alpha$ 为冲坑系数。

**3. 计算结果及分析**

由表1-5-10的跌流射距和最大冲坑深计算出冲坑最大后坡为1∶3.04(0.329)，缓于坝下河床及两岸岩石的稳定边坡，冲坑不会对拱坝坝脚产生危害。

**表1-5-10　跌流射距及最大冲坑深度计算结果**

| 上游水位/m | 下游水位/m | $q/(m^3/(s\cdot m))$ | $L$/m | 最大冲坑深/m | 冲坑后坡 |
|---|---|---|---|---|---|
| 764.67 | 711.7 | 41.29 | 42.85 | 14.10 | 0.329 |
| 764.0 | 710.2 | 26.25 | 33.67 | 10.41 | 0.309 |

## 5.3　拱坝自由跌流消能泄洪雾化影响分析

栗子园水库拱坝采用溢流表孔单独泄洪，表孔出口采用自由跌流消能，泄洪消能结构形式简单，无高拱坝空中对冲消能，且泄洪量不大，拱坝下游河床基岩良好且有水垫塘保护，坝下两岸山体除局部地质条件略差采取适当的防护措施外(详见本篇第5.2.2节)，其余下游山体地质条件良好。因此我们仅根据国内已有的有关泄洪雾化研究成果[50-52]对栗子园水库拱坝自由跌流消能泄洪雾化影响做了简略分析。

### 5.3.1　雾化范围

浓雾暴雨区：纵向范围(拱坝坝脚往下游)约116 m；横向范围(拱坝泄洪中线两侧各一半对称分布)约99 m；高度(自该区河床地面算起)约53 m。

薄雾淡雾区：纵向范围(浓雾暴雨区纵向下游边界往下游)约92 m；横向范围(拱坝泄洪中线两侧各一半对称分布)约165 m；高度(自该区河床地面算起)约99 m。

### 5.3.2　雾化降雨强度

下泄栗子园水库500年一遇校核洪水时，栗子园水利工程泄洪雾化最强降雨区主要集中在拱坝坝脚往下游约87 m范围的水垫塘内，最大雾化降雨强度约390 mm/h，出现位置在拱坝坝脚往下游约58 m且拱坝泄洪中线两岸约712 m高程处，雨强随拱坝下游两岸山坡高程升高而逐渐递减，至拱坝下游两岸山坡约753 m高程处无雨强。自上述最大雾化降雨强度出现位置再往下游雨强逐渐递减，至薄雾淡雾区末端边界无雨强。

下泄栗子园水库30年一遇消能防冲设计洪水时，栗子园水利工程泄洪雾化最强降雨区主要集中在拱坝坝脚往下游约52 m范围的水垫塘内，最大雾化降雨强度约226 mm/h，出现位置在拱坝坝脚往下游约35 m且拱坝泄洪中线两岸约710 m高程处，雨强随拱坝下游两岸山坡高程升高而逐渐递减，至拱坝下游两岸山坡约732 m高程处无雨强。自上述最大雾化降雨强度出现位置再往下游雨强逐渐递减，至薄雾淡雾区末端边界无雨强。

# 第6章　灌溉供水工程设计

## 6.1　设计依据

### 6.1.1　地基岩土特性及物理力学指标

**1. 灌溉供水取水拦河坝**

详见本书“2.2.7 地基岩土特性及物理力学指标”中的“3. 二道坝(灌溉供水取水拦河坝)”。

**2. 灌区供水输水管(隧)道**

容许承载力：强风化岩[$R$]=400～1000 kPa；黏土层[$R$]=140～160 kPa。

管道开挖边坡：覆盖层1∶1；岩质边坡1∶0.5～1∶0.75。

隧洞：Ⅴ类：$f$=1.5～2，$K$=1 MPa/cm；Ⅳ类：$f$=2～3，$K$=2～4 MPa/cm；Ⅲ类：$f$=4～5，$K$=8～12 MPa/cm。

洞口强风化开挖边坡：1∶1～1∶1.25。

### 6.1.2　灌溉供水工程采用的主要规范和标准

(1)《水利水电工程等级划分及洪水标准》(SL252—2000)；

(2)《灌溉与排水工程设计规范》(GB50288—99)；

(3)《城镇供水长距离输水管(渠)道工程技术规程》(CECS 193∶2005)；

(4)《水工隧洞设计规范》(SL279—2002)；

(5)《给水排水工程管道结构设计规范》(GB50332—2002)；

(6)《埋地给水排水玻璃纤维增强热固性树脂夹砂管管道工程施工及验收规程》(CECS 129∶2001)；

(7)《室外给水设计规范》(GB50013—2006)。

## 6.2　输水方案选择

### 6.2.1　输水方式

《城镇供水长距离输水管(渠)道工程技术规程》(CECS 193∶2005)规定：“一般情况下，有足够的可利用的输水地形高差时，宜优先选择有压重力输水方式。”根据印江县栗子园水利工程灌区规划，工程源水输送服务对象：城镇乡集人口和灌溉农田全部在700 m高程以下，管道接入灌溉供水取水拦河坝取水完全有足够的可利用的输水地形高差，且管道还具有输水蒸发和渗漏损失少、输水快而及时、省时、省力、占地少、节能、便于运行管理等优点，也是国家、地方大力推广的输水方式。故栗子园水利工程最终采用管(隧)道有压重力输水方式。

### 6.2.2　输水干管根数

可行性研究阶段栗子园水利工程的灌溉供水输水管道采用左干管和右干管两条较大的干管进行输水。初步设计阶段我们综合考虑了当地现状人饮和灌溉用水水源情况，以节省工程投资费用为前提进行了优化、调整，最终采用单根干管并沿河两岸分岔支管、斗管等来输水。

## 6.3　输水线路比选

### 6.3.1　输水线路选择的原则

印江县栗子园水利工程输水线路长、费用高，且纵横交织、分散繁杂。在选择输水线路时，我们进行了多线路方案经济技术比较，并按照以下原则来进行。

(1)线路布置满足技术可行、经济合理的原则。

(2)线路力求顺直，以减小水头损失和工程量。

(3)线路尽可能避开村镇和人口密集区，少占农田和不占良田。

(4)线路尽量避免经过地形起伏过大地区。

(5)线路应尽量避开滑坡、河谷等工程地质不良地段，以及洪水淹没和冲刷地区。当受条件限制必须通过时，采取可靠防护措施。

(6)线路尽可能利用现状已有道路布置，利于材料的运输、后期检修维护。

(7)灌溉出口应布置在灌区最高地带，以便控制整个灌区。

### 6.3.2　可行性研究阶段选择的输水线路概述

栗子园水利工程灌溉供水主要采用了重力自流管道输水，同时在输水线路布置时考虑了在梨子坳、屋基坪两处管道重力自流困难时(主要受山区地形地质因素影响)采用隧洞输水。输水左、右干管起点位于取水建筑物两侧压力前池末端，进水口底高程为703.2 m，以1∶10坡度至700.0 m高程后向下游埋管。右干管总长22.42 km，控制河右岸10533亩的农业灌溉面积及永义和合水供水点，起始输水流量为0.695 $m^3/s$，灌片包括：犵罗元灌片、永义—幕龙灌片、杨家寨—任家寨灌片、合水—兴旺—木腊灌片，至香树坪—坪楼灌片。左干管总长34.247 km，控制河左岸22549亩的农业灌溉面积及郎溪和印江县供水点，起始输水流量为2.05 $m^3/s$，灌片包括：犵罗元灌片、永义—幕龙灌片、梨子坳—木猫城—观音坡灌片、栗子坳灌区、白元—小杉木—莲花穴—高寨灌片、杨家寨—任家寨灌片，昔蒲—孟溪灌片、甘川—朗溪—孟关灌片、肖家沟灌片，至大尧—塘池—杨柳塘灌片。

输水左、右干管沿途不同桩号位置设置了取(分)水口并引出输水支管，用于控制不同的灌片。左干管桩号9＋293～ 9＋765段为梨子坳隧洞，隧洞总长472m；左干管桩号20＋383～22＋953段为屋基坪隧洞，该隧洞全长2570 m。

## 6.3.3 初步设计阶段优化、调整输水线路简述

初步设计阶段栗子园水利工程勘测设计人员会同建设单位有关人员多次对灌溉供水输水线路进行查勘，本着尽量缩短线路长度、便于施工、利于安全运行和管护、节省工程投资费用的原则，在可行性研究阶段所选的线路方案上，结合实测的管线地形和地质资料，重点研究并适当优化、调整了输水线路布置，将可行性研究阶段干管线路沿河两岸的线路布置优化、调整为沿河一岸进行线路布置(图 1-6-1)。

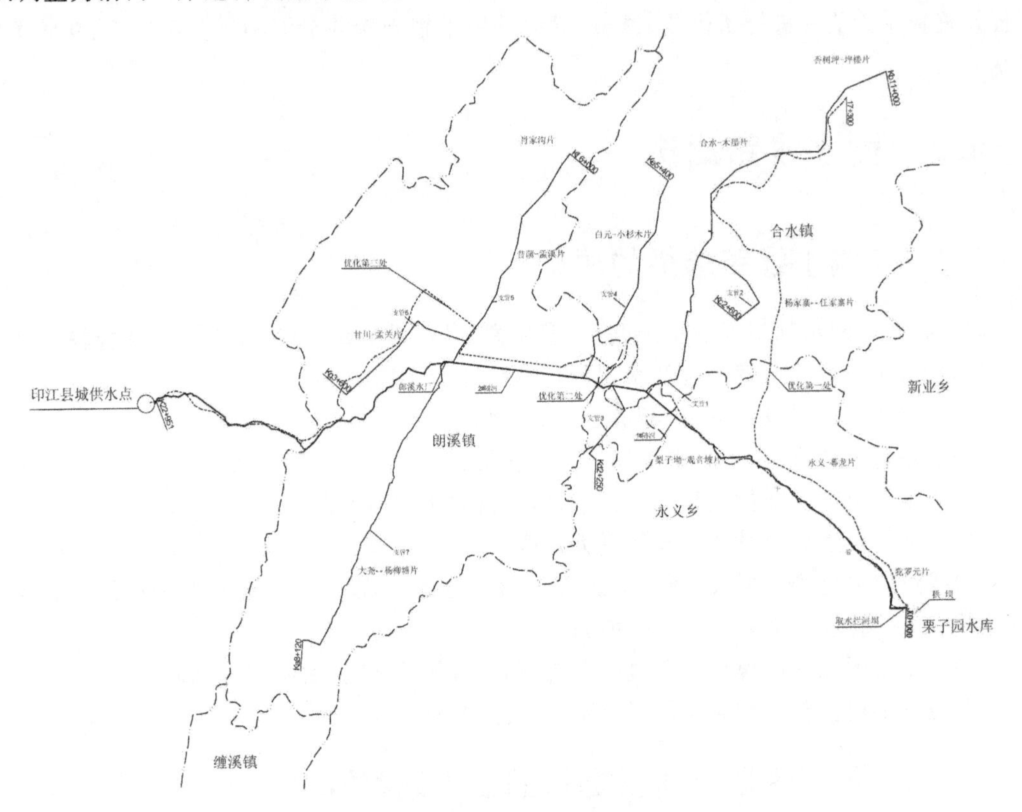


图 1-6-1 栗子园水利工程优化、调整输水线路示意

初步设计阶段相比可行性研究阶段输水线路布置主要的优化、调整简述如下。

**1. 取消可行性研究阶段的右干管**

可行性研究阶段输水管道布置在取水建筑物两侧分设左、右干管，其中右干管沿长滩河右岸顺河布置，控制长滩河右岸灌片及永义和合水供水点。初步设计阶段管线布置认为可以取消右干管(管径 DN900 mm 的玻璃钢夹砂管)，其中原由右干管线供水的犵罗元灌片及永义—幕龙右岸灌片(坝下游 0～6 km 范围长滩河右岸)改由在左干管直接分水进行自流灌溉；永义供水点(可行性研究阶段设在右岸，初步设计阶段根据现场查勘并征求了业主的意见改设在左岸)也改由左干管设分水管供水。原由右干管供水的杨家寨—任家寨灌片(坝下游 10～13 km 范围长滩河两岸灌片)改由初步设计阶段输水 1＃ 支管(可行性研究阶段的杨家寨支管)上分出 2＃ 支管进行自流灌溉。原由右干管线供水的合水—木腊灌片、香树坪—坪楼灌片(印江河位于长滩河汇入口上游两岸灌片)及合水供水点改由 1＃ 支管自流灌溉及供水。故初步设计阶段输水管道布置最终取消了可行性研究阶段的右干管。

**2. 左干管作为初步设计阶段的总干管，主要管段布置与可行性研究阶段相比较**

(1)取水口至1#隧洞进水口管段。

输水总干管从取水口(桩号0+000)至1#隧洞进水口(桩号7+878)，总长、线路基本与可行性研究阶段左干管一致，即顺长滩河左岸布置，至幕龙村后转向左岸的支沟往梨子坳灌片延伸至1#隧洞进口。初步设计阶段取消右干管后，该段干管采用DN1600 mm管径输送最大流量2.57 $m^3/s$时，对应管道流速为1.28 m/s，流速仍较适中，故本段输水总干管管径维持了原可行性研究阶段左干管所采用的DN1600 mm玻璃钢夹砂管。

(2)1#隧洞进口至2#隧洞出口段。

1#隧洞进口(桩号7+878)至朗溪减压水池(2#隧洞出口，桩号13+886)管线，该段对应可行性研究阶段梨子坳隧洞(1#隧洞)进口至屋基坪隧洞(2#隧洞)出口管段。管段前后均为隧洞，两隧洞之间均为跨沟和过岗。可行性研究阶段较多顺等高线布线，管道绕线较长。初步设计阶段通过现场查勘和实测的地形图，把1#隧洞出口往西移约500 m，2#隧洞整条洞线往南平移200 m。输水隧洞洞口调整后，1#隧洞长1029 m(可行性研究阶段长472 m)，2#隧洞长2590 m(可行性研究阶段长2570 m)，两条隧洞均为低压隧洞。为方便施工，洞身段均采用2.0 m×2.0 m的城门洞(方圆)型断面(可行性研究阶段设计为管道以明管形式穿过城门洞型隧洞)，两条隧洞间管线有条件接近顺直连接(管线压力线不低于地面线)。对于两处沟谷，分别设倒虹管跨越，倒虹管采用DN1200 mm钢管铺设(1#支管分流后，总干管输水流量减为1.762 $m^3/s$)。优化、调整后，该段管道线路有较大幅度缩短。

(3)减压水池至龙塘坪管段。

朗溪减压水池进水口(桩号13+905)～龙塘坪(桩号17+397)：本段管线要穿越朗溪镇居民区、印江河和河左岸的石坪村。可行性研究阶段为了避开朗溪镇居民区和石坪村，管线出2#隧洞后，往印江河上游绕线约800 m，跨过印江河后管线再折向下游。初步设计阶段通过现场查勘，寻求输水管道不往上游绕线的布置方案，即从朗溪减压水池后沿公路往印江河下游铺管，延伸一段后再跨过印江河，同时也可避开两岸的居民点，并可大幅缩短总干管的长度。本段管道输水流量0.446～0.556 $m^3/s$，采用了DN600 mm的钢管和DN800 mm的玻璃钢夹砂管。

(4)龙塘坪至印江县城供水点段。

龙塘坪(桩号17+397)至印江县城供水点(桩号22+951)：本管段线路基本与可行性研究阶段左干管一致，输水总干管沿印江河右岸顺河布置。本段管道输水流量为0.446 $m^3/s$，也采用了DN600 mm的钢管和DN800 mm的玻璃钢夹砂管。

## 6.4　输水管材比选

### 6.4.1　输水管材选择的原则

栗子园水利工程灌溉供水可供比选的输水管材较多，根据本工程的特点我们按以下原则来选择管材。

(1)管材应有良好的封闭性，以防止污水渗入污染原水，或原水渗出而使漏损量增大；

(2)管材性能可靠，能承受要求的内压和外荷载，适应地基的变形能力强，抗震性能好；

(3)管材来源有保证,管件配套方便,施工安装容易、速度快;

(4)满足设计使用年限要求,维修工作量少,运行费用少;

(5)满足输水能力和水质保证要求,工程造价相对较低。

### 6.4.2 可选输水管材及其优缺点

根据国内类似输水工程经验,栗子园水利工程灌溉供水一般可选用钢管(SP)、预应力钢筒混凝土管(PCCP)、玻璃钢夹砂管(FRPM)和球墨铸铁管(DIP)等输水管材。现将各管材的性能及优缺点分述如下。

(1)钢管(SP)。

钢管是一种在输水工程中得到广泛应用的传统管材,历史悠久,具有丰富的使用经验。城市供水用钢管通常选用Q235钢板制作,管材强度高,具有良好的韧性,管材及管件易加工。其优点:耐内压高,管材接口灵活,配件齐全,抗渗性能强,管材重量轻,抗震性能好,适用于地形复杂地段和穿越各种障碍,钢管的运行费用低;缺点是造价相对较高,管材易腐蚀,管道内、外壁需做除锈和防腐处理,除锈和防腐层的质量好坏,对使用年限有较大影响,因此,必须按国家规范要求对管道的内外壁进行防腐处理,维护费用高。

(2)球墨铸铁管(DIP)。

球墨铸铁是一种铁、碳、硅的合金,其中碳以球状游离石墨存在。灰铁中,片状石墨对铁基质产生“割裂”作用,使之脆裂。球墨铸铁中,球状石墨消除了这种作用。其主要特点有:与钢管相似具有较高的承压能力;具有良好的防腐性能;一般内防腐采用水泥砂浆,外防腐采用喷锌和煤沥青防腐漆;密封性好;接口为柔性,抗震性能高;中、小口径DIP(DN100～DN2200),在我国已具备大批量生产能力,因而使用广泛,但大口径国内生产厂很少,价格偏高,市场缺乏竞争力。

(3)预应力钢筒混凝土管(PCCP)。

预应力钢筒混凝土管(PCCP)是最近几年从国外引进的新型管材,在国外特别是美国已有较长的使用历史。

PCCP内部嵌置一层1.5 mm厚钢筒,在管芯上缠绕环向预应力,采用机械张拉缠绕高强钢丝,并在其外部喷水泥砂浆保护层。该管的特点是由于钢套筒的作用,抗渗能力好和糙率小,管径范围:DN1400～4000,具有SP和PCP双重优点。

其主要优点有:承受内外压较高。由于PCCP有内衬钢板,抗渗能力强,其结构能承受较高的内压,工作压力0.4～2.0 MPa;其预应力钢丝可根据管顶覆土厚度进行设计,其抗外荷能力也较强,一般可达8 m以上,由于管材本身独特的复合结构,不易出现管身漏水、接头漏水及爆管现象;耐腐蚀性能好,除接口处外不需作内外壁防腐处理,寿命长;大口径PCCP采用承插口连接,大口径采用双O形橡胶圈止水,密封性能高,接口带有试压孔,安装后可用每个接头逐一试压;同时接口灵活,一般为柔性接口,PCCP管有1°～2°的借转角,能在一定程度上抵抗地基不均匀沉降,抗震能力强,同时各种零配件,厂家均能生产。工程造价和维护费用低。

缺点有:管道重量大,为几种管材中最重,需做管道基础和修筑较高等级的施工运输临时便道,运输成本较高;配件(弯头、排水三通、排气三通)采用通常的钢制配件再在内外壁喷涂水泥砂浆,起到防腐作用;对软土地基,需做管道基础,运输和施工不是很方便,造价相对较高。

(4)玻璃钢夹砂管(FRPM)。

玻璃钢夹砂管全称为玻璃纤维增强塑料夹砂管(简称 FRPM),为薄壁弹性管,主要有玻璃长纤维缠绕夹砂和玻璃短纤维离心浇铸加砂两种制造工艺和管型。FRPM 在欧美等国家受到广泛使用,制定了完善的管道产品标准和工程设计、施工安装规范。我国的制造厂从1980 年开始从意大利、美国等引进生产技术和流水线,国内也自行开发了生产工艺和设备。

FRPM 的优点为:强度高,工作压力达到 2.0 MPa,缠绕式管型最大可承受水压达 6 MPa;且管道密闭性好;管道内壁光滑,糙率小;防腐性能好,无电腐蚀之虑,可直接埋设于酸性或碱性土壤中,无须保护;管材重量轻;管道采用承插式连接,并设置胶圈止水,抗震性能较好;接头试验简单快捷,施工安装方便。

FRAM 的缺点为:由于管材为柔性管,管道本身承受外压能力较差,容易受外压失稳和因管道受外压变形造成接头渗漏;对靠近管道外壁的回填土要求很高,通常需做砂垫层管道基础,需保证管道两侧管槽回填料的密实度,一般控制在 95%左右,即对基础处理和施工技术要求较高。

综合以上论述,栗子园水利工程可选的几种管材综合性能比较见表 1-6-1。

**表 1-6-1 栗子园水利工程可选输水管材综合性能比较**

| 项目 | 钢管(SP) | 球墨铸铁管(DIP) | 预应力钢筒混凝土管(PCCP) | 玻璃钢夹砂管(FRPM) |
|---|---|---|---|---|
| 糙率系数/$n$ | 0.012 | 0.012 | 0.012 | 0.010 |
| 耐久性/年 | 20~50 | 20~50 | 50~100 | 50 |
| 抗渗性 | 好 | 好 | 好 | 好 |
| 防腐性 | 自身易腐蚀,需采取工程措施 | 自身易腐蚀,需采取工程措施 | 防腐性能较好 | 无须防腐 |
| 耐压性 | 最大内压可达 2 MPa,抗外压能力差 | 承受外压的能力比钢管差 | 最大内压 3 MPa,可深埋 | 能承受高内压,但易外压失稳 |
| 管材重量 | 较轻 | 较轻 | 重 | 轻 |
| 接头方式 | 焊接刚性接口 | 柔性接口 | 柔性承插式双橡胶圈密封止水 | 柔性承插式双"O"橡胶圈密封止水 |
| 施工方法、安装及维护 | 现场焊接较困难,检测、维护费高 | 运输重量一般,有零配件,施工维护费用低 | 运输重量较大,有零配件,施工维护费用低 | 施工安装方便,但对基础与两侧的回填土要求高 |
| 对基础要求 | 适应不均匀沉陷能力强,一般不需基础处理 | 适应不均匀沉陷能力强,应做镇墩和基础处理 | 适应不均匀沉陷能力强,应做镇墩和基础处理 | 不适合软土层 |
| 抗震性能 | 强 | 强 | 强 | 较弱 |
| 管材价格 | 高 | 最高 | 高 | 较高 |

### 6.4.3 可选输水管材的施工进度

栗子园水利工程输水管道的施工进度是影响整个工程进度的重要环节。

钢管(SP)的连接采用焊接方式,根据以往工程经验,管径在DN2200以上的管道每道焊口焊接时间一般不少于24小时,即使多道焊口同时焊接,施工时间也较长。

玻璃钢夹砂管(FRPM)一般采用两道O形密封圈或反力弹性密封环两种连接方式。安装方便、密封性、耐腐性好,接头可在小角度的范围内任意调整管线的方向。

球墨铸铁管(DIP)一般采用橡胶圈密封的形式,密封性好,可以确保不会发生渗漏。

虽然球墨铸铁管具有很好的抗腐蚀能力,为确保球墨铸铁管寿命,通常仍需要进行适当的防腐处理,一般内防腐采用水泥砂浆衬里,外防腐采用喷锌和煤沥青防腐漆。球墨铸铁管由于防腐层不受接口的影响,因此施工速度较快。

预应力钢筒混凝土管(PCCP)接头采用滑动O形胶圈密封,安装时沿承插滑动O形胶圈密封,其钢质承口圈和插口圈,加工尺寸精度高(承口和插口工作面直径配合间隙最小0.5 mm,最大2 mm),承口呈钟形,具有安装自定位的作用;插口是带有单凹槽或双凹槽的特制型钢,密封橡胶圈按照与胶槽等断面设计,填充在凹槽内,安装好以后的橡胶圈受双向挤压,形成很好的密封力,预应力钢筒混凝土管接头安装后,一般都能一次打压成功,滴水不漏。这种形式的接头可以承受高达3.0 Mpa以上的水压力。

根据以往类似工程经验,用这种连接方式,每个施工作业面每天可按照预应力钢筒混凝土管约12根,根据不同的管径和管节长度每日安装进度50～80 m,施工速度较快。

通过上述输水管道连接安装方式的比较可以看出,预应力钢筒混凝土管(PCCP)、球墨铸铁管(DIP)和玻璃钢夹砂管(FRPM)的安装施工较为方便,连接方式也有保证。钢管(SP)的焊接方式耗时长,而且焊接质量易受现场气候因素及施工条件的影响。

### 6.4.4 输水管材比选结论

栗子园水利工程总输水规模为2.57 $m^3/s$,从输水管材性能、造价、施工安装及维护和实际使用状况等综合分析,适合的输水管材有钢管(SP)、预应力钢筒混凝土管(PCCP)和玻璃钢夹砂管(FRPM)。考虑到输水管线沿线交通运输条件较差(山区),地质条件较好,采用玻璃钢夹砂管可以方便施工同时节省工期和投资,故栗子园水利工程输水管道埋地管材主要采用了玻璃钢夹砂管(FRPM),同时穿越沟谷河流的部分高压埋地管的管材采用安全可靠的钢管(SP)。

## 6.5 输水管道管径及水力坡降

### 6.5.1 输水管道管径选择

由于实际管网的复杂性和用水情况的不断变化,许多经济指标如管道价格、电费等不断变化,要从理论上准确计算管道经济流速从而求得经济管径相当复杂且有一定的难度。栗子园水利工程采用众多管道工程得出的一些经验性平均经济流速来确定输水管径,得出的是近似经济管径。平均经济流速见表1-6-2。

**表 1-6-2　输水管道平均经济流速**

| 输水管径/mm | 平均经济流速/(m/s) |
|---|---|
| $D$=100～400 | 0.6～0.9 |
| $D$≥400 | 0.9～1.4 |

注:大管径可取较大的平均经济流速,小管径可取较小的平均经济流速。

经过计算,当输水总干管最大采用DN1600 mm管径输送最大2.57 $m^3/s$流量时,对应管道输水流速为1.28 m/s,在上表平均经济流速范围内,可以认为是比较经济的。类似地,随着干管分支后流量的逐渐减小,干管的管径也根据计算结果相应往下调整为DN1400 mm、DN1200 mm、DN800 mm、DN600 mm等。输水支管等的管径确定原理和方法与干管的相同(表1-6-3)。

**表 1-6-3　栗子园水利工程输水管道管径计算结果**

| 序号 | 管道名称 | 管段进口桩号(m) | 管段出口桩号(m) | 平面长度(m) | 设计流量($m^3/s$) | 最大压力水头(m) | 管材 | 规格(DN:mm,PN:MPa) | 备注 |
|---|---|---|---|---|---|---|---|---|---|
| 1 | 干管 | | | | | | | | |
| 2 | | K0+000 | K0+850 | 850 | 2.568 | 20 | 玻璃夹砂管 | DN1600,PN1.0 | |
| 3 | | K0+850 | K2+065 | 1215 | 2.541 | 40 | | DN1600,PN1.0 | |
| 4 | | K2+065 | K2+850 | 785 | 2.505 | 15 | | DN1600,PN1.0 | |
| 5 | | K2+850 | K4+100 | 1250 | 2.49 | 25 | | DN1600,PN1.0 | |
| 6 | | K4+100 | K5+130 | 1030 | 2.468 | 50 | | DN1600,PN1.0 | |
| 7 | | K5+130 | K6+930 | 1800 | 2.442 | 60 | | DN1600,PN1.0 | |
| 8 | | K6+930 | K7+878 | 948 | 2.442 | 30 | | DN1600,PN1.0 | |
| 9 | | K7+878 | K8+907 | 1029 | 2.422 | 10 | 有压隧洞 | 2×2 | 城门洞型 |
| 10 | | K8+907 | K8+960 | 53 | 2.422 | 100 | 钢管 | DN1200,PN1.6 | 倒虹管 |
| 11 | | K8+960 | K9+050 | 90 | 1.762 | 100 | | DN1200,PN1.6 | |
| 12 | | K9+050 | K9+711 | 661 | 1.738 | 105 | | DN1200,PN1.6 | |
| 13 | | K9+711 | K9+800 | 89 | 1.738 | 20 | 玻璃夹砂管 | DN1400,PN1.0 | |
| 14 | | K9+800 | K10+128 | 328 | 1.678 | 20 | | DN1400,PN1.0 | |
| 15 | | K10+128 | K10+500 | 372 | 1.678 | 80 | 钢管 | DN1200,PN1.6 | 倒虹管 |
| 16 | | K10+500 | K11+115 | 615 | 1.365 | 70 | | DN1200,PN1.6 | |
| 17 | | K11+115 | K13+705 | 2590 | 1.365 | 10 | 有压隧洞 | 2×2 | 城门洞型 |
| 18 | | K13+705 | K13+750 | 45 | 1.365 | 100 | 钢管 | DN1200,PN1.6 | 倒虹管 |
| 16 | | K13+750 | K13+800 | 50 | 1.306 | 100 | | DN1200,PN1.6 | 倒虹管,跨一次印江河支流,一次印江河 |
| 20 | | K13+800 | K13+900 | 100 | 1.033 | 100 | | DN1200,PN1.6 | |
| 21 | | K13+900 | K13+905 | 5 | 0.556 | 100 | | DN600,PN1.6 | |
| 22 | | K13+905 | K13+950 | 45 | 0.556 | 100 | | DN600,PN1.6 | |
| 23 | | K13+950 | K14+580 | 630 | 0.511 | 100 | | DN600,PN1.6 | |
| 24 | | K14+580 | K14+995 | 415 | 0.467 | 100 | | DN600,PN1.6 | |
| 25 | | K14+995 | K15+036 | 41 | 0.446 | 100 | | DN600,PN1.6 | |
| 26 | | K15+036 | K22+040 | 5004 | 0.446 | 40 | 玻璃夹砂管 | DN800,PN1.0 | |
| 27 | | K22+040 | K22+951 | 911 | 0.446 | 100 | 钢管 | DN600,PN1.6 | 倒虹管 |
| 28 | 支管1 | | | | | | | | |
| 29 | | Kb0+000 | Kb0+200 | 200 | 0.6595 | 20 | 玻璃夹砂管 | DN900,PN1.0 | |
| 30 | | Kb0+200 | Kb1+930 | 1730 | 0.5994 | 90 | | DN800,PN1.6 | |
| 31 | | Kb1+930 | Kb2+030 | 100 | 0.5247 | 100 | | DN800,PN1.6 | |
| 32 | | Kb2+030 | Kb4+000 | 1970 | 0.4380 | 100 | | DN700,PN1.6 | |
| 33 | | Kb4+000 | Kb4+300 | 300 | 0.3515 | 150 | 钢管 | DN700,PN2.5 | 跨江滩河 |

续表

| 序号 | 管道名称 | 管段进口桩号(m) | 管段出口桩号(m) | 平面长度(m) | 设计流量($m^3/s$) | 最大压力水头(m) | 管材 | 规格(DN:mm,PN:MPa) | 备注 |
|---|---|---|---|---|---|---|---|---|---|
| 34 | | Kb4+300 | Kb4+530 | 230 | 0.2776 | 30 | 玻璃夹砂管 | DN600,PN1.0 | |
| 35 | | Kb4+530 | Kb6+300 | 1770 | 0.2217 | 80 | | DN500,PN1.0 | |
| 36 | | Kb6+300 | Kb6+800 | 500 | 0.1608 | 30 | | DN450,PN1.0 | |
| 37 | | Kb6+800 | Kb8+200 | 1400 | 0.0853 | 50 | | DN400,PN1.0 | |
| 38 | | Kb8+200 | Kb9+100 | 900 | 0.0647 | 30 | | DN350,PN1.0 | |
| 39 | | Kb9+100 | Kb9+800 | 700 | 0.0454 | 30 | | DN300,PN1.0 | |
| 40 | | Kb9+800 | Kb11+000 | 1200 | 0.0261 | 30 | PVC 管 | DN250,PN1.0 | |
| 41 | 支管 2 | | | | | | | | |
| 42 | | Kc0+000 | Kc1+300 | 1300 | 0.0863 | 60 | 玻璃夹砂管 | DN400,PN1.0 | |
| 43 | | Kc1+300 | Kc2+600 | 1300 | 0.0464 | 90 | | DN300,PN1.0 | |
| 44 | 支管 3 | | | | | | | | |
| 45 | | Kd0+000 | Kd2+250 | 2250 | 0.0581 | 90 | 玻璃夹砂管 | DN350,PN1.0 | |
| 46 | 支管 4 | | | | | | | | |
| 47 | | Kd0+000 | Kd1+100 | 1100 | 0.3047 | 80 | 玻璃夹砂管 | DN600,PN1.0 | |
| 48 | | Kd1+100 | Kd2+600 | 1500 | 0.2470 | 80 | | DN600,PN1.0 | |
| 49 | | Kd2+600 | Kd4+000 | 1400 | 0.1770 | 50 | | DN500,PN1.0 | |
| 50 | | Kd4+000 | Kd4+700 | 700 | 0.0982 | 50 | | DN400,PN1.0 | |
| 51 | | Kd4+700 | Kd4+800 | 100 | 0.0223 | 30 | | DN350,PN1.0 | |
| 52 | | Kd4+800 | Kd5+200 | 400 | 0.0223 | 180 | 钢管 | DN350,PN1.0 | 跨印江河 |
| 53 | | Kd5+200 | Kd5+400 | 200 | 0.0223 | 30 | PVC 管 | DN200,PN1.0 | |
| 54 | 支管 5 | | | | | | | | |
| 55 | | Ke0+000 | Ke0+450 | 450 | 0.2728 | 30 | 玻璃夹砂管 | DN700,PN1.0 | |
| 56 | | Ke0+450 | Ke2+400 | 1950 | 0.1819 | | | DN600,PN1.0 | |
| 57 | | Ke2+400 | Ke3+500 | 1100 | 0.1426 | | | DN500,PN1.0 | |
| 58 | | Ke3+500 | Ke4+000 | 500 | 0.0964 | 200 | 钢管 | DN350,PN2.5 | 跨印江河 |
| 59 | | Ke4+000 | Ke4+400 | 400 | 0.0964 | 30 | 玻璃夹砂管 | DN350,PN1.0 | |
| 60 | | Ke4+400 | Ke6+000 | 1600 | 0.0700 | | | DN300,PN1.0 | |
| 61 | 支管 6 | | | | | | | | |
| 62 | | Kf0+000 | Kf1+000 | 1000 | 0.0901 | 204 | 钢管 | DN350,PN2.5 | 跨印江河 |
| 63 | | Kf1+000 | Kf1+250 | 250 | 0.0901 | 50 | 玻璃夹砂管 | DN350,PN1.0 | |
| 64 | | Kf1+250 | Kf2+050 | 800 | 0.0431 | | | DN300,PN1.0 | |
| 65 | | Kf2+050 | Kf3+600 | 1550 | 0.0018 | | PVC 管 | DN90,PN1.0 | |
| 66 | 支管 7 | | | | | | | | |
| 67 | | Ka0+000 | Ka0+500 | 500 | 0.4767 | 213 | 钢管 | DN800,PN2.5 | 跨印江河支流 |
| 68 | | Ka0+500 | Ka2+190 | 1690 | 0.4767 | 50 | 玻璃夹砂管 | DN800,PN1.0 | |
| 69 | | Ka2+190 | Ka3+040 | 850 | 0.4245 | 20 | | DN700,PN1.0 | |
| 70 | | Ka3+040 | Ka4+200 | 1160 | 0.3558 | | | DN700,PN1.0 | |
| 71 | | Ka4+200 | Ka5+800 | 160 | 0.262 | | | DN600,PN1.0 | |
| 72 | | Ka5+800 | Ka6+950 | 1150 | 0.1812 | | | DN500,PN1.0 | |
| 73 | | Ka6+950 | Ka8+120 | 1170 | 0.0956 | | | DN450,PN1.0 | |

## 6.5.2 输水管道的水力坡降

栗子园水利工程灌溉供水输水管道为山区较复杂线路输水管网工程，管网为树枝状管网(图 1-6-2)，有压重力流的输水方式，直接按《室外给水设计规范》(GB50013—2006)中的式(7.2.2-5)分段按从上(取水起始端)往下(受水直至末端)的顺序进行输水管道的水力坡降的计算即可。

$$i = \frac{h_y}{l} = \frac{10.67q^{1.852}}{C_h^{1.852}d_j^{4.87}} \tag{1-6-1}$$

式中，$q$ 为管网各管段设计流量($m^3/s$)；$d_j$为管段管径(m)；$h_y$为管段水头损失(m)；$l$ 为管段长度(m)；$C_h$为海曾－威廉系数，见表 1-6-4。

**表 1-6-4　海曾－威廉系数**

| 输水管道种类 | $C_h$值 |
| --- | --- |
| 塑料管(包含玻璃钢夹砂管等) | 150 |
| 焊接钢管 | 120 |

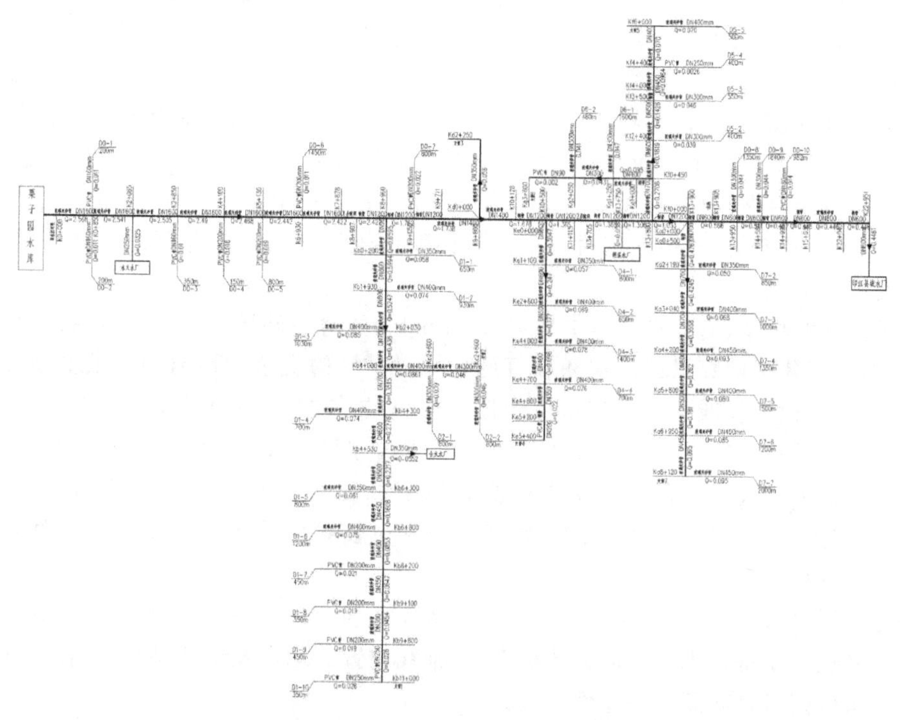

**图 1-6-2　栗子园水利工程输水管(隧)道布置树枝状成果示意图**

## 6.6　塑料管道止推墩

塑料管道一般在弯头(平弯、上弯、下弯)、三通、管道端头处设置止推墩，以防塑料管道接口拔脱。塑料管道止推墩的设计计算可参考许其昌的《给水排水塑料管道设计施工手册》，此处不再详述。

## 6.7　取水拦河坝

详见本篇“5.2.3 二道坝”，此处不再详述。

# 第7章　栗子园水利工程设计经验

## 7.1　坝轴线选择

栗子园水库大坝坝轴线的选择是结合了轴线位置的地形及地质结构、岩体风化情况等因素综合考虑的。根据岩组分布情况及岩体分类成果，以可行性研究阶段上坝址推荐方案的坝轴线作为上坝线，在上坝线下游约 150 m 处另拟定一条坝轴线作为下坝线。根据两坝线地形地质条件比较分析，两坝线的工程、水文地质条件相似，均具备建拱坝的地形地质条件。但上坝线坝基岩体中分布有一组缓倾上游的裂隙(30°～35°)对坝基岩体抗滑稳定不利。下坝线两岸分布岩性较均一，无不利结构面的组合，主要为($Ptbnbq^{1-5}$)的中至厚层变余凝灰质细砂岩，属坚硬岩类，对拱座抗滑稳定及岩体变形较为有利。综合而言，下坝线的地形地质条件略优于上坝线。

由于上坝线坝基、肩分布岩体中掺夹($Ptbnbq^{1-2}$)的薄层砂质板岩，对拱座抗滑稳定影响较大，需将拱坝建基面穿过此层嵌入较好的($Ptbnbq^{1-3}$)的变余细砂岩中。虽上坝线所处河谷较下坝线窄，但下坝线两岸分布地层岩性较均一，岩体抗压缩变形能力较强，无须较大的嵌深。因此上坝线方案拱坝坝顶长度反而比下坝线方案增加了 147 m，相应的大坝工程量也比下坝线的大。最后综合两坝线的地形地质条件、枢纽布置、施工导流布置、水库淹没占地、投资等因素，下坝线较上坝线更优越，工程投资也较省，我们最终选定了下坝线作为栗子园水库大坝的坝轴线。

由此，我们可以总结得出选定山区峡谷型水库大坝坝轴线的主要设计经验，即在坝址一定、坝型一致、水库特征水位相同的情况下，坝轴线位置的地形及地质结构、岩体风化情况等地形地质条件因素是起到了决定性作用。

## 7.2　坝型选择

栗子园水库大坝坝址所在河段微弯，为一横向河谷，两岸山体雄厚，地形坡度陡峭，河谷断面为一较对称的 V 形河谷，两岸地形坡度 45°～60°，自然边坡稳定。水库正常蓄水位 764.0 m 时，河谷宽 135 ～165.8 m，宽高比 2.19～2.59。河床及两岸基岩出露，覆盖层少量分布，地质条件也较好。通过比较分析，栗子园水库大坝最终选定了拱坝坝型。

根据国内众多坝工选型经验和相关论著[3]，对于拱坝坝型：①河谷形状影响很大，U 形河谷的总水压力比 V 形河谷大很多，所以 U 形河谷建拱坝坝体会较厚，应力调整也相对困难一些。②当河谷宽高比小于 1 时非常适合建拱坝，大部分荷载由拱圈承受，梁的作用很小，坝体可以做得很薄。③当河谷宽高比小于 3 时则具备建拱坝的条件，拱坝往往具有明显的优势，尤其是地质条件较好时，拱坝是必须首先考虑的坝型。④当河谷宽高比大于 5 时，拱的分载很小，主要依靠梁承受荷载，坝体断面也变得很厚重，此时拱坝已不具备什么优势，尤其是两岸地质条件较差时所付出的代价可能更大。

由此，我们可以总结得出选定山区峡谷型水库大坝坝型的主要设计经验，即在工程选定坝址河谷断面为一对称或较对称的V形河谷，且宽高比小于3，两岸地质情况较好（基岩出露等）时，拱坝坝型具有投资省、安全度高等显著优点，可以直接选定拱坝作为山区峡谷型水库大坝的最终坝型。

## 7.3　枢纽布置与消能防冲

对于设有水电站的山区峡谷型水库枢纽布置，我们总结出设计时须考虑汛期水库泄洪雾化对水电站运行发电的影响，可以将水电站的站址及建筑物摆放到受水库泄洪雾化影响尽可能小甚至不受影响的位置。栗子园水利工程为减小汛期水库泄洪雾化对下游水电站运行发电的影响，在初步设计阶段对电站站址位置做了优化调整，将其延至选定坝址大坝坝轴线位置下游河床左岸一浅切冲沟口内侧，距大坝坝轴线约210 m处，最终解决了这个问题。

对于水库大坝采用拱坝特别是高拱坝的下游消能防冲，我们总结出的设计经验是有条件的情况下尽可能地在拱坝下游适当位置设置二道坝。栗子园水利工程巧妙地利用向下游灌溉供水任务需要减小水头压力来建取水建筑物的条件（如果从栗子园水库直接取水的话则水头压力大为增加，对下游输水管道及其附属建筑物的投资费用控制和运行管理不利），设置了灌溉供水取水拦河坝兼作了拱坝下游消能防冲的二道坝，达到了增加拱坝下游水垫塘深度，减小拱坝泄洪跌流冲坑深度的作用，拱坝下游的消能防冲取得了较好的效果。同时我们也须注意拱坝下游两岸山体的地质情况，采取适当的措施对近坝两岸抗力山体的边坡特别是土质边坡进行防护，以确保大坝和整个水库枢纽的安全。

## 7.4　拱坝体型设计

拱坝体型是通过对拱冠梁（铅直）剖面和各层水平拱圈（水平剖面）的描述来决定拱坝的形状和尺寸的。早期拱坝体型是比较简单的，例如，拱冠梁是梯形剖面，水平拱圈是等厚度圆拱。由于拱坝体型对于坝的经济性和安全性影响很大，随着科学技术的进步，拱坝体型也越来越复杂。

拱坝是一个超静定结构，设计合理的拱坝体型可节省工程造价，缩短建设工期。但拱坝受力复杂，体型设计及优化亦复杂。传统的设计方法，一般是先选定一种拱圈线型，再进行体型设计。而拱圈线型的选定，主要取决于经验和习惯，缺乏足够的科学论证；拱圈线型确定后，还要做大量的方案比较，反复修改，工作量大，又难以求得最优的体型。

栗子园水库拱坝体型设计研究使用的程序ADASO应力分析是五向调整的拱梁分载法，拱坝体型设计方法采用罚函数法，目标函数是坝体体积，设计变量包括拱冠梁曲线、拱冠及拱端的厚度、曲率半径等，约束函数包括坝体应力、倒悬、中心角、施工应力、保凸等，程序运用非线性规划方法，搜索目标函数的极小值点。

由此，我们总结了对于拱坝体型设计，特别是复杂的变厚度、非圆形剖面，使用拱坝体型设计程序ADASO是得到受力合理、经济、安全的拱坝体型的一种较好选择。

## 7.5 拱坝拱座稳定分析

初步设计阶段，栗子园水库拱坝拱座抗滑稳定分析条件为无特定的滑裂面，且地质条件也不复杂，故简化为平面问题分不同控制高程用刚体极限平衡法按抗剪断公式进行计算，在不同控制高程分别切取 1 m 高度的拱圈进行计算，最终求出各控制高程水平拱圈的平面稳定安全系数均分别大于 3.0 和 2.5，完全满足规范对拱坝拱座抗滑稳定的有关要求。

施工图设计阶段经地质复核认为，栗子园水库拱坝左岸地质情况稍有出入，但抗滑山体也未见较大的构造通过，岩体中主要结构面为岩层层面及可能连通的裂隙面。栗子园水库拱坝左岸拱座抗滑稳定可能存在着最不利的组合情况为：②组与⑤组裂隙结合构成侧滑面，以岩层层面为底滑面滑出。最终假定选取左岸拱座下游可能的滑动块体来进行整体稳定复核计算，计算结果也满足规范对拱坝拱座整体抗滑稳定的有关要求。

由此，我们总结了对于拱坝拱座稳定分析，在初步设计阶段如分析无特定的滑裂面且地质条件也不复杂，可简化为平面问题分不同控制高程用刚体极限平衡法按规范公式来进行计算，计算结果如表明各控制高程水平拱圈的平面稳定安全系数均满足规范有关要求，则可认为拱坝是安全稳定的。如有个别高程水平拱圈的平面稳定安全系数不满足规范有关要求，则需要进行拱坝整体稳定分析。因为拱坝是一个超静定结构，影响拱坝稳定的坝体应力等因素不是恒定不变的，而是可以整体动态调整的。个别高程的平面稳定安全系数不满足规范有关要求并不代表拱坝整体稳定也不满足规范有关要求。如在施工图设计阶段复核地质情况与初步设计阶段有出入的时候也应分析选取可能的滑动块体来进行拱坝整体稳定分析。

## 7.6 灌溉供水输水工程

一般情况下，对于山区灌溉供水长距离输水管道工程，只要有足够的可利用的输水地形高差时，是需要优先考虑选用有压重力输水方式的。如栗子园水利工程，工程源水输送服务对象(城镇乡集人口和灌溉农田)全部在 700 m 高程以下，管道接入灌溉供水取水拦河坝取水完全有足够的可利用的输水地形高差，管道还具有输水蒸发和渗漏损失少、输水快而省时、省力、占地少、节能、便于运行管理等优点，也是国家大力推广的输水方式。栗子园水利工程最终采用了管(隧)道有压重力输水方式。

对于山区灌溉供水长距离输水管道工程，为节约管道及其附属建筑物的土建、生产、运输、安装、占地等的工程投资费用，应尽可能地采用单根大或较大的输水干管往下分岔出支管、斗管等来进行输水的设计方案。如可行性研究阶段，栗子园水利工程的灌溉供水输水管道采用左干管和右干管两条较大的干管进行输水，初步设计阶段我们综合考虑了当地人饮水和灌溉用水水源情况，以节省工程投资费用为前提进行了优化、调整，最终采用了单根较大的输水干管并沿河两岸分岔出支管、斗管等来进行输水。还要注意到输水干管一旦分岔出支管、斗管后其管径也要相应地减小，因为此时输水干管往下继续输水的灌溉供水流量已经减小了。

对于山区灌溉供水长距离输水工程管材选用方面，我们总结了可从输水管材的性能、造价、施工安装及维护和实际使用状况等综合分析比较，适合的输水管材主要有钢管(SP)、预应力钢筒混凝土管(PCCP)、玻璃钢夹砂管(FRPM)和球墨铸铁管(DIP)等。如栗子园水利工程考虑到输水管线沿线交通运输条件较差(山区),而地质条件较好,采用玻璃钢夹砂管可以方便施工同时节省工期和投资,故而栗子园水利工程输水管材主要采用了玻璃钢夹砂管(FRPM),同时穿越沟谷河流的部分高压埋地管的管材采用了安全可靠的钢管(SP),部分输水支管末段小口径(DN250 mm 及以下)管道管材则采用了聚乙烯管(PE)。

由于实际管网的复杂性和用水情况的不断变化,许多经济指标如管道价格、电费等不断变化,要从理论上准确计算管道经济流速从而求得经济管径相当复杂且有一定的难度。对于山区灌溉供水长距离输水管道工程,我们在具体设计时可以似栗子园水利工程一样,采用众多管道工程得出的一些经验性平均经济流速来确定输水管径,得出近似的经济管径即可。在保障输水流量和压力水头的前提下,注意还要尽可能地用不同管段管径范围的经济流速上限值来确定经济管径。

山区灌溉供水长距离输水管道工程的最主要水头损失(沿程水头损失)是完全可以用海曾-威廉公式来计算的。《室外给水设计规范》(GB50013—2006)中第 7.2.2 条的第 1 点,对塑料管可用达西公式来计算沿程水头损失,而该规范中第 7.2.2 条的第 3 点,对输配水管道、配水管网水力平差计算则可用海曾-威廉公式。海曾-威廉公式(Hazen-Williams)在欧美国家被广泛地运用于输配水管道水力计算,但在国内却饱受争议。专家学者们认为海曾-威廉公式不适用于大口径有压管道水头损失的计算。但在小洼槽、三个泉倒虹吸水头损失计算中,研究者分析和论证了海曾-威廉公式也能够很好地满足大口径有压输水管道的水力计算[53]。还有研究表明,海曾-威廉公式计算过程简单,影响参数少,在大口径(大于 DN355 mm)中高流速输水管道情况下得到的计算结果安全性高[54]。综上所述并通过栗子园水利工程灌溉供水输水管道水力坡降的计算和实践,我们完全有理由推荐和建议在山区灌溉供水长距离输水管道工程的沿程水头损失(或水力坡降)计算时可用海曾-威廉公式。

# 参考文献


[1] 李瓒，等. 混凝土拱坝设计[M]. 北京：中国电力出版社，2000.

[2] 陈坤孝. 拱坝技术的研究与应用—盖下坝水电站工程[M]. 北京：中国水利水电出版社，2012.

[3] 朱伯芳，高季章，陈祖煜，厉易生. 拱坝设计研究[M]. 北京：中国水利水电出版社，2002.

[4] 潘家铮. 中国大坝50年[M]. 北京：中国水利水电出版社，2000.

[5] 朱伯芳. 中国拱坝建设的成就[J]. 水力发电，1999 (10)：38-41.

[6] 许百立. 中国的坝工建设[J]. 大坝与安全，1999(1)：1-8.

[7] 樊启祥，张超然，等. 特高拱坝智能化建设技术创新和实践—300 m级溪洛渡拱坝智能化建设[M]. 北京：清华大学出版社，2018.

[8] G D Cheng, Z Jiang. Study on Topology Optimization with Stress Constrains [J]. Eng Opt, 1992, 20：129-148.

[9] Y M Xie, G P Steven. Evolutionary Structural Optimization [M]. Springer - Verlag London Limited 1997.

[10] H Kim, Q M Querin, G P Steven, etal. Development of an intelligent cavity creation (ICC) algorithm for evolutionary structural optimization [M]. Proceedings of the Australian Conferenceon Structural Optimization, Sydney, 1998：241-249.

[11] V Young, O M Querin , Steven G P, etal. 3D bidirectional evolutionary structural optimization (BESO) [M]. Proceedings of the Australian Conferenceon Structural Optimization, Sydney, 1998：275-282.

[12] 王跃方，孙焕纯. 多工况多约束下离散变量桁架结构的拓扑优化设计[J]. 力学学报，1995, 27(3)：365-369.

[13] 柴山，石连栓，孙焕纯. 包含两类变量的离散变量桁架结构拓扑优化设计[J]. 力学报，1999, 31(5)：574-584.

[14] Diza, Kikuchin. Solutions to shape and topology eigenvalue optimization problems using a homoge - nization method [J]. Int J Num Meths Engrg, 1992, 35：1487-1502.

[15] M P Bendsoe, N Kikuchi. Generating Optimal Topologies in Structural Design Using a Homogenization Method [J]. Comp Meth Appl Mech Engrg, 1988, 71(1)：197-224.

[16] Y C Fleru, G Sander. Dualmethods for optimizing finite element flexural systems [J]. Computer Methods in Applied Mechanics and Engineering, 1983, 37 (3)：249-275.

[17] 朱伯芳，贾金生，饶斌. 拱坝体型优化的数学模型[J]. 水利学报，1992(3).

[18] 王德信，许庆春，苏超. 高拱坝体型优化设计程序[M]. 见姜弘道等编水工结构与岩土工程的现代计算方法及程序. 南京：河海大学出版社，1992：174-191.

[19] 厉易生. 双目标优化的有效点集及拱坝双目标优化[J]. 水力发电，1998(11)：10-14.

[20]　刘国华，汪树玉，包志仁．拱坝非线性全调整分载法研究[J]．浙江大学学报，1999(1)：40-46．
[21]　张海南，刘国华．混合线型拱坝的优化设计[J]．水利水电技术，1999(1)：8-12．
[22]　汪树玉，刘国华，杜王盖，马以超．拱坝多目标优化研究与应用[J]．浙江水利水电专科学校学报，2000(1)：17-21．
[23]　汪树玉，刘国华，杜王盖，马以超．拱坝多目标优化研究与应用(续)[J]．浙江水利水电专科学校学报，2000(2)：2-7．
[24]　汪树玉，刘国华，杜王盖，马以超．拱坝多目标优化的研究与应用[J]．水利学报，2001(10)：48-53．
[25]　孙林松，王德信，孙文俊．考虑开裂深度约束的拱坝体形优化设计[J]．水利学报，1998(10)：18-22．
[26]　孙林松，王德信，裴开国．以应力为目标的拱坝体型优化设计[J]．河海大学学报(自然科学版)，2000(1)：57-60．
[27]　谢能刚，孙林松，王德信．静力与动力荷载下高拱坝体型多目标优化设计[J]．水利学报，2001(10)：8-11．
[28]　谢能刚，孙林松，王德信．拱坝体型的多目标模糊优化设计[J]．计算力学学报，2002(2)：192-194．
[29]　谢能刚，王德信，孙林松．能量函数在高拱坝动力优化设计中的应用[J]．应用力学学报，2002(2)：107-110．
[30]　谢能刚，王德信．最优控制理论在拱坝动力优化中的应用[J]．水利学报，1999(6)：16-20．
[31]　谢能刚，王启平．基于结构自控制的抗震设计方法[J]．计算力学学报，2002(3)：340-343．
[32]　谢能刚，孙林松，王德信．拱坝体型的动力自控制设计[J]．水利学报，2003(1)：109-113．
[33]　封伯昊，张俊芝，张立翔．基于模糊可靠度概念的拱坝优化[J]．水利学报，2000(4)：52-56．
[34]　程心恕，封伯昊．基于可靠度理论的拱梁法的拱坝优化设计[J]．水力发电学报，1998(2)：26-37．
[35]　黎展眉．中国拱坝设计容许应力与美国的比较[J]．贵州水力发电，2002，16(1)：85-87．
[36]　刁明军．高坝大流量泄洪消能数值模拟及实验研究[D]．成都：四川大学，2004，11．
[37]　杨丽萍，孙建，陈刚．反拱水垫塘的应用与研究[J]．中国科技信息，2006(2)：95-96．
[38]　陈为博．三维泄洪紊流流场的数值模拟[D]．天津：天津大学，2004，12．
[39]　刘鹏．反拱形水垫塘衬砌结构的稳定性研究[D]．天津：天津大学，2005，12．
[40]　刘沛清．高拱坝泄洪布置形式与消能防冲设计中的若干问题探讨[J]．长江科学院院报，1999，16(5)：17-21．
[41]　小湾水电站泄洪消能方案优化研究[R]．能源部昆明水电勘测设计研究院，1995．
[42]　黄种为，等．构皮滩水利枢纽双曲拱坝消能水工整体模型试验报告[R]．中国水利水电科学研究院水力学所，1995(9)．

[43] 赵毓芝,等. 溪洛渡水电站坝身泄洪方案试验研究报告[R]. 中国水利水电科学研究院水力学所,1997(6).
[44] 齐元田. 高拱坝的泄洪消能问题研究[D]. 南京:河海大学,2006(4).
[45] 蔡益民. 拱坝优化技术在我省坝工建设中的应用[J]. 江西水利科技,2000,26(2):79-82.
[46] 杨波,等. 贵州栗子园水利工程混凝土拱坝体形优化设计[R]. 中国水利水电科学研究院结构材料研究所,2013(12).
[47] 王毓泰,周维垣,等. 拱坝坝肩岩体稳定分析[M]. 贵阳:贵州人民出版社,1982.
[48] 项目组. 贵州省印江县栗子园水库拱坝坝肩抗力体稳定复核分析[R]. 中国电建集团贵阳勘测设计研究院有限公司,2018(7).
[49] 武汉大学水利水电学院水力学流体力学教研室 李炜. 水力计算手册(第二版)[M]. 北京:中国水利水电出版社,2006.
[50] 杜兰,卢金龙,李利,许学问. 大型水利枢纽泄洪雾化原型观测研究[J]. 长江科学院院报,2017,34(8):59-63.
[51] 陈端,金峰,向光红. 构皮滩工程泄洪雾化降雨强度及雾流范围研究[J]. 长江科学院院报,2008,25(1):1-4.
[52] 刘宣烈,安刚,姚仲达. 泄洪雾化机理和影响范围的探讨[J]. 天津大学学报,1991(特刊):30-36.
[53] 常胜. 大口径长距离输水管道沿程水头损失计算研究[D]. 乌鲁木齐:新疆农业大学,2015(6).
[54] 王宝宗,张刚,王春阳,等. 输水管道沿程水头损失计算公式的比较[C]. 全国给水排水技术信息网年会暨技术交流会,2011.

# 第 2 篇

# 盘州市朱昌河水库工程

# 第1章 朱昌河水库工程简介与枢纽布置

## 1.1 工程简介

朱昌河水库工程是《盘县“十二五”水利发展规划》和《贵州省“十二五”水利发展专项规划》列出的中型水库工程，并列入《贵州省水利建设生态建设石漠化治理综合规划》和《西南五省(自治区、直辖市)重点水源工程近期建设规划报告》，是贵州省“十二五”计划开工的中型蓄水工程项目之一。

朱昌河水库工程位于英武乡和刘官镇交界的乌都河左岸支流朱昌河上，朱昌河发源于盘州市滑石乡箐口村，流经新桥、瞿家庄、朱昌河、雷家河，在英武乡岔河处汇入乌都河上游。坝址以上集水面积186 km²、主河道长27.4 km，河道比降0.0115。工程枢纽地处东经104°48′，北纬25°47′，距盘州市约40 km，距英武乡上游约4 km，位于朱昌河下游河段。河段位于亚热带云贵高原山地季风湿润气候区，属岩溶化中山地貌单元，地势北西高南东低，最高点为石老虎，山顶高程1878 m，相对高差在200～500 m之间。区内碳酸盐岩类广泛出露，河谷深切，比降大，覆盖层厚薄差异较大，大片区域植被稀疏、局部较茂盛。

朱昌河水库工程任务是以供水为主，兼顾发电。工程水库正常蓄水位为1460.0 m，校核洪水位1461.29 m，死水位1420.0 m，总库容4420万立方米。年平均供水量5256 m³，供水对象为城关镇、刘官镇、西冲镇、英武乡、两河乡的城镇和乡村居民的生活用水以及工业用水，其中供往英武乡方向253万立方米，往刘官方向5003万立方米。

朱昌河水库工程由水源工程和供水工程两大部分组成。

水源工程包括挡水坝、溢洪道、发电引水系统及右岸坝后式地面厂房。大坝轴线为朱家桥上游约320 m处，拦河修建碾压混凝土重力坝，共分10个坝段，自左至右依次编号为1#～10#坝段。枢纽坝顶总长264.9 m，坝顶高程1461.4 m，最大坝高100.9 m。泄洪方式采用表孔溢流，消能方式为挑流消能。右侧河床坝段布置发电引水系统，进水口采用坝式进水口，位于右岸5#坝段，引水钢管经贴边岔管进入电站厂房。电站厂房为右岸坝后式地面厂房，装有生态机组及汛期发电机组各一台，总装机容量为4750 kW。左岸2#坝段后布置提水至英武方向的坝后泵站。上坝公路位于左岸，起点与G320国道相接，终点通过两跨2×10 m的公路桥与5#坝段坝顶相接。

供水工程包括上游刘官方向供水工程和下游英武方向供水工程，分别由取水泵站、高位水池和供水管线三个部分组成。

## 1.2 工程设计依据

### 1.2.1 工程开发任务和综合利用要求

朱昌河水库工程任务以供水为主，兼顾发电等综合利用。

朱昌河水库的供水对象为城关镇、刘官镇、西冲镇、英武乡、两河乡的城镇和乡村居民的生活用水以及工业用水。

据统计，盘州市农村总人口110.7万人，其中饮水不安全的人口达63.66万人。现状村镇供水系统蓄水能力差，保证率低，一旦遇到枯水年份往往会大面积缺水，农民的生产生活遭到很大破坏。

根据盘州市发改委的初步设想，2020年以前以下项目安排在乌都河流域：大寨煤矿新建项目、沙菇煤矿新建项目、煤焦油精深加工新建项目、盘州市电石化工新建项目、白云石提炼金属镁新建项目、烧碱生产项目、多晶硅新建项目、粉煤灰轻质高强板项目、两河工业园区、两河高铁火车站；2020—2030年考虑红果开发区扩建项目，扩建地点为干沟桥至两河，位于乌都河流域。因现有水源点供水不足，这些项目的实施急需重点水源工程来支撑。

朱昌河水库建成后95%枯水年仍可保证年供水量5256万$m^3$，将使刘官镇、西冲镇、城关镇、两河乡和英武乡达到“每个乡镇有1个以上稳定的供水水源工程”的要求，是盘州市水利发展改革的必然要求。

近几年由于受到电网结构及供电容量的限制，盘县电力负荷的发展也受到了极大的影响，具体体现就是农村的很多电器不能正常使用、企业生产设备不能正常投运，电力供需矛盾比较突出。朱昌河电站建成后，不仅可以增加4.75 MW的电力供应，每年还可以提供$807\times10^4$ kW·h的清洁能源，在一定程度上缓解附近城镇的用电紧张局面。

### 1.2.2　特征水位及库容

正常蓄水位：1460.0 m。

死水位：1420.0 m。

设计洪水位：1460.03 m($P=2\%$)。

校核洪水位：1461.29 m($P=0.2\%$)。

总库容：4420万立方米。

正常蓄水位以下库容：4222万立方米。

死库容：691万立方米。

调节库容：3531万立方米。

水库调节方式：多年调节。

水库水位与水库库容关系见表2-1-1。

表2-1-1　水库水位与库容关系

| 高程/m | 1470 | 1465 | 1460 | 1455 | 1450 | 1445 | 1440 | 1435 | 1430 | 1425 | 1420 | 1415 | 1410 | 1405 |
|---|---|---|---|---|---|---|---|---|---|---|---|---|---|---|
| 库容/(万立方米) | 5863 | 4987 | 4222 | 3552 | 2958 | 2431 | 1965 | 1558 | 1212 | 926 | 691 | 495 | 334 | 209 |

### 1.2.3　水文资料

(1)水文特征值。

坝址以上集水面积186 $km^2$，多年平均流量3.49 $m^3/s$，天然多年平均径流量为1.10亿立方米。

(2)坝址径流年内分配。

坝址径流年内分配成果见表 2-1-2。

**表 2-1-2 坝址径流量年内分配比较表**

| 月份 | 6 | 7 | 8 | 9 | 10 | 11 | 12 | 1 | 2 | 3 | 4 | 5 | 全年 |
|---|---|---|---|---|---|---|---|---|---|---|---|---|---|
| 径流 /($m^3$/s) | 47.1 | 55.6 | 45.9 | 34.9 | 26.3 | 13.4 | 7.79 | 6.01 | 5.48 | 4.89 | 4.33 | 11.0 | 22.0 |
| 径流量 /(万立方米) | 12205 | 14879 | 12302 | 9053 | 7057 | 3480 | 2087 | 1610 | 1337 | 1310 | 1122 | 2938 | 69381 |
| 百分比 /(%) | 17.59 | 21.45 | 17.73 | 13.05 | 10.17 | 5.02 | 3.01 | 2.32 | 1.93 | 1.89 | 1.62 | 4.23 | 100 |
| 汛枯占比 /(%) | 85.00 | | | | | | 15.00 | | | | | | 100 |

(3)水位与流量关系。

上坝线水位与流量关系见表 2-1-3,下坝线水位与流量关系见表 2-1-4。

**表 2-1-3 上坝线水位与流量关系**

| $h$/m | $q$/($m^3$/s) | $h$/m | $q$/($m^3$/s) |
|---|---|---|---|
| 1370.8 | 0.00 | 1375.6 | 405.37 |
| 1371 | 0.47 | 1375.8 | 442.05 |
| 1371.2 | 2.93 | 1376 | 480.17 |
| 1371.4 | 6.90 | 1376.2 | 519.73 |
| 1371.6 | 12.23 | 1376.4 | 560.74 |
| 1371.8 | 18.83 | 1376.6 | 603.19 |
| 1372 | 26.68 | 1376.8 | 647.09 |
| 1372.2 | 35.76 | 1377 | 692.45 |
| 1372.4 | 46.10 | 1377.2 | 739.27 |
| 1372.6 | 57.69 | 1377.4 | 787.55 |
| 1372.8 | 70.57 | 1377.6 | 837.30 |
| 1373 | 84.74 | 1377.8 | 888.53 |
| 1373.2 | 100.24 | 1378 | 941.24 |
| 1373.4 | 117.10 | 1378.2 | 995.45 |
| 1373.6 | 135.33 | 1378.4 | 1051.15 |
| 1373.8 | 154.97 | 1378.6 | 1108.36 |
| 1374 | 176.04 | 1378.8 | 1167.08 |
| 1374.2 | 198.58 | 1379 | 1227.33 |

续表

| $h$/m | $q$/($m^3$/s) | $h$/m | $q$/($m^3$/s) |
|---|---|---|---|
| 1374.4 | 222.62 | 1379.2 | 1289.10 |
| 1374.6 | 248.18 | 1379.4 | 1352.41 |
| 1374.8 | 275.29 | 1379.6 | 1417.27 |
| 1375 | 303.99 | 1379.8 | 1483.68 |
| 1375.2 | 336.34 | 1380 | 1551.66 |
| 1375.4 | 370.13 | | |

**表 2-1-4　下坝线水位与流量关系**

| $h$/m | $q$/($m^3$/s) | $h$/m | $q$/($m^3$/s) |
|---|---|---|---|
| 1370.4 | 0 | 1375.2 | 466 |
| 1370.6 | 0.36 | 1375.4 | 504 |
| 1370.8 | 2.26 | 1375.6 | 544 |
| 1371 | 7.17 | 1375.8 | 586 |
| 1371.2 | 14.7 | 1376 | 629 |
| 1371.4 | 25 | 1376.2 | 674 |
| 1371.6 | 35.3 | 1376.4 | 720 |
| 1371.8 | 49 | 1376.6 | 768 |
| 1372 | 60.9 | 1376.8 | 818 |
| 1372.2 | 77.2 | 1377 | 871 |
| 1372.4 | 90.2 | 1377.2 | 925 |
| 1372.6 | 109 | 1377.4 | 981 |
| 1372.8 | 122 | 1377.6 | 1039 |
| 1373 | 143 | 1377.8 | 1097 |
| 1373.2 | 165 | 1378 | 1157 |
| 1373.4 | 185 | 1378.2 | 1219 |
| 1373.6 | 213 | 1378.4 | 1282 |
| 1373.8 | 240 | 1378.6 | 1347 |
| 1374 | 268 | 1378.8 | 1414 |
| 1374.2 | 297 | 1379 | 1482 |
| 1374.4 | 328 | 1379.2 | 1552 |
| 1374.6 | 360 | 1379.4 | 1624 |
| 1374.8 | 394 | 1379.6 | 1697 |
| 1375 | 429 | 1379.8 | 1772 |

(4)泥沙。

多年平均悬移质年输沙量:18.60 万吨。

多年平均推移质年输沙量:3.72 万吨。

多年平均总输沙量:22.32 万吨。

坝前淤沙最高高程(50 年):1416.22 m。

### 1.2.4 气象

多年平均气温:15.1℃。

极端最高气温:34.6℃。

极端最低气温:−7.9℃。

多年平均降水量:1393 mm。

多年平均蒸发量:1526.7 mm。

多年平均风速:1.7 m/s。

多年平均最大风速:9.7 m/s。

实测最大风速:21.0 m/s。

多年平均日照时数:1615 h。

多年平均无霜期:276.8 d。

### 1.2.5 水能指标

生态机组指标如下。

装机容量:250 kW。

水轮机型号:HL-WJ-50。

水轮机额定水头:65 m。

单机额定流量:0.502 $m^3/s$。

保证出力:183 kW。

年利用小时:7384 h。

多年平均发电量:185 万千瓦时。

汛期发电机组指标如下。

装机容量:4500 kW。

水轮机型号:HL-WJ-90。

水轮机额定水头:85 m。

单机额定流量:6.108 $m^3/s$。

年利用小时:1381 h。

多年平均发电量:622 万千瓦时。

### 1.2.6 地基特性及设计参数

(1)岩体物理力学参数。

根据试验数据,参照《水利水电工程地质勘察规范》(GB50487—2008)的取值原则,同时考虑工程类比,坝区岩体的物理力学参数见表 2-1-5。

表 2-1-5 坝址岩土体主要地质参数

| 岩石名称 | 风化状态 | 岩体容重 | 饱和抗压强度 $R_b$/MPa | 软化系数 | 岩体变形模量 $E_0$/ GPa | 岩体弹性模量 $E_s$/GPa | 泊松比 $\mu$/GPa | 抗剪强度 | | | | 抗剪断强度 | | | | 允许承载力 MPa | 允许抗冲流速 m/s |
|---|---|---|---|---|---|---|---|---|---|---|---|---|---|---|---|---|---|
| | | | | | | | | 岩/岩 | | 混凝土/岩 | | 岩/岩 | | 混凝土/岩 | | | |
| | | | | | | | | $f$ /MPa | $C$ /MPa | $f$ /MPa | $C$ /MPa | $f'$ /MPa | $c'$ /MPa | $f'$ /MPa | $c'$ /MPa | | |
| 残坡积土 | — | — | — | — | — | — | — | — | — | — | — | — | — | — | — | 0.20 | 0.7 |
| 卵石层 | — | — | — | — | — | — | — | — | — | — | — | — | — | — | — | 0.30 | 1.5 |
| 泥质粉砂岩 | 弱风化 | 2.72 | 10～12 | 0.55～0.7 | 0.9～3.2 | 1.5～4.5 | 0.4 | 0.45 | 0 | 0.40 | 0 | 0.55 | 0.40 | 0.70 | 0.40 | 1.5～2.0 | 1.0～2.0 |
| 泥岩 | 弱风化 | 2.71 | 8～10 | 0.35～0.65 | 0.25～0.6 | 0.5～1.0 | 0.45 | 0.45 | 0 | 0.4 | 0 | 0.55 | 0.3 | 0.7 | 0.3 | 1.5 | |
| 泥灰岩 | 弱风化 | 2.74 | 18 | 0.46～0.8 | 2.5 | 2～9 | 0.35 | 0.55 | 0 | 0.5 | 0 | 0.65 | 0.55 | 0.8 | 0.6 | 1.5～2.0 | 2.0～3.0 |
| 灰岩 | 弱风化 | 2.72 | 75 | 0.80～0.85 | 5～10 | 9～16.7 | 0.15 | 0.70 | 0 | 0.60 | 0 | 1.10 | 1.20 | 1.00 | 0.90 | 3.0～4.0 | 5.0～6.0 |
| 泥灰岩、灰岩、粉砂质泥岩、粉砂岩不等厚互层 | 弱风化（8＃坝段） | 2.73 | — | — | — | — | — | 0.53 | 0 | 0.47 | 0 | 0.66 | 0.57 | 0.78 | 0.56 | — | — |
| | 弱风化（9＃坝段） | 2.73 | — | — | — | — | — | 0.58 | 0 | 0.52 | 0 | 0.81 | 0.78 | 0.86 | 0.67 | — | 1.5～2.5 |

续表

| 岩石名称 | | 风化状态 | 岩体容重 | 饱和抗压强度 $R_b$/MPa | 软化系数 | 岩体变形模量 $E_0$/ GPa | 岩体弹性模量 $E_s$/GPa | 泊松比 $\mu$/GPa | 抗剪强度 | | | | 抗剪断强度 | | | | 允许承载力 MPa | 允许抗冲流速 m/s |
|---|---|---|---|---|---|---|---|---|---|---|---|---|---|---|---|---|---|---|
| | | | | | | | | | 岩/岩 | | 混凝土/岩 | | 岩/岩 | | 混凝土/岩 | | | |
| | | | | | | | | | $f$ /MPa | $C$ /MPa | $f$ /MPa | $C$ /MPa | $f$ /MPa | $c'$ /MPa | $f$ /MPa | $c'$ /MPa | | |
| 结构面 | 层面 | 泥质粉砂岩、泥岩/泥灰岩 | — | — | — | — | — | — | 0.35 | 0 | — | — | 0.5～0.6 | 0.1 | — | — | — | — |
| | | 灰岩 | — | — | — | — | — | — | 0.55 | 0 | — | — | 0.7 | 0.25 | — | — | — | — |
| | L1裂隙面 | 灰岩 | — | — | — | — | — | — | 0.50 | 0 | — | — | 0.6 | 0.15 | — | — | — | — |
| | L2裂隙面 | | — | — | — | — | — | — | 0.50 | 0 | — | — | 0.6 | 0.10 | — | — | — | — |
| | 裂隙面 | 泥质粉砂岩、泥岩、泥灰岩 | — | — | — | — | — | — | 0.35 | 0 | — | — | 0.4 | 0.08 | — | — | — | — |

备注：$T_2g^1$地层中泥灰岩、灰岩占79%以上，其余部分为粉砂岩和泥岩。

(2)岩土体开挖边坡。

岩土体建议开挖边坡值见表 2-1-6。

**表 2-1-6　岩土体建议开挖边坡值**

| 岩土类型 | 10 m 以下坡度 | | | | 15 m 以下坡度 | | | |
|---|---|---|---|---|---|---|---|---|
| | 临时 | | 永久 | | 临时 | | 永久 | |
| | 水上 | 水下 | 水上 | 水下 | 水上 | 水下 | 水上 | 水下 |
| 残坡积土 | 1∶1.20 | 1∶1.50 | 1∶1.50 | 1∶1.60 | 1∶1.60 | 1∶1.80 | 1∶1.80 | 1∶2.00 |
| 卵石 | 1∶1.20 | 1∶1.40 | — | — | — | — | — | — |
| 强风化粉砂岩夹泥质粉砂岩 | 1∶0.75 | 1∶0.85 | 1∶0.85 | 1∶0.90 | 1∶0.90 | 1∶0.95 | 1∶0.95 | 1∶1.00 |
| 弱风化粉砂岩夹泥质粉砂岩 | 1∶0.50 | 1∶0.55 | 1∶0.55 | 1∶0.60 | 1∶0.60 | 1∶0.65 | 1∶0.65 | 1∶0.70 |
| 泥灰岩 | 1∶0.40 | 1∶0.45 | 1∶0.45 | 1∶0.50 | 1∶0.50 | 1∶0.55 | 1∶0.55 | 1∶0.60 |
| 弱风化灰岩 | 1∶0.30 | 1∶0.35 | 1∶0.35 | 1∶0.40 | 1∶0.40 | 1∶0.45 | 1∶0.45 | 1∶0.50 |

注：表中取值用于横向及逆向坡。顺向坡以不大于岩层倾角为开挖坡角，弱风化基岩开挖边坡小于 50°，如开挖需切脚(开挖边坡角大于岩层倾角)，则应有相应的处理措施。

(3)消能区岩体抗冲流速。

下游消能区基岩出露，分布岩体为($T_1yn^3$)的灰岩，为坚硬岩类，岩体允许抗冲流速为 5.0～6.0 m/s。

(4)岩体透水性。

坝基岩体为三叠系永宁镇组第三岩组($T_1yn^3$)灰岩、关岭组第一段($T_2g^1$)泥灰岩夹泥质粉砂岩、灰岩、泥岩等，灰岩、泥灰岩岩溶发育，坝基渗漏及绕坝渗漏问题突出，须加强防渗处理。

左坝肩 $T_1yn^3$ 地层存在坝基渗漏问题，但因永宁镇组第二段相对隔水层可作依托，故可通过坝基防渗帷幕予以解决，水平防渗长度约为 81.86 m。

河床上部 $T_1yn^3$ 的灰岩存在河谷深岩溶发育，建议防渗帷幕深度按 $q<3$ Lu，同时深度不小于 0.6 倍坝高考虑。

右坝肩 1424.80 m 高程以下为 $T_1yn^3$ 的灰岩，上部岩溶相对发育，建议防渗帷幕垂直方向至相对隔水顶板，水平方向与地下水位 1460 m 高程相接，水平防渗长度为 126.10 m。

### 1.2.7　地震设防烈度

根据《中国地震动参数区划图(1∶400 万)》(GB18306—2015)，工程区地震动峰值加速度为 0.05 g，相应地震基本烈度为Ⅵ度，属中硬场地区，区域构造稳定性较好。

工程建筑物抗震设计烈度采用 6 度，可不进行抗震计算。

### 1.2.8　主要规范

(1)《工程建设标准强制性条文》(水利工程部分)；

(2)《防洪标准》(GB 50201—2014)；

(3)《水利水电工程等级划分及洪水标准》(SL 252—2017)；

(4)《溢洪道设计规范》(SL 253—2018)；

(5)《水工建筑物荷载设计规范》(SL 744—2016)；

(6)《碾压混凝土坝设计规范》(SL314—2018)；

(7)《水工建筑物抗震设计规范》(GB 51247—2018);
(8)《混凝土重力坝设计规范》(SL 319—2018);
(9)《水电站厂房设计规范》(SL 266—2014);
(10)《混凝土面板堆石坝设计规范》(SL 228—2013);
(11)《水工混凝土结构设计规范》(SL 191—2008);
(12)《水利水电工程进水口设计规范》(SL 285—2020);
(13)《泵站设计规范》(GB 50265—2010);
(14)《公路工程技术标准》(JTGB 01—2014);
(15)《水利水电工程边坡设计规范》(SL 386—2007);
(16)《室外给水设计规范》(GB 50013—2018);
(17)《村镇供水工程技术规范》(SL 310—2019);
(18)《城镇供水长距离输水管(渠)道工程技术规程》(CECS 193:2005);
(19)《给水排水工程管道结构设计规范》(GB50332—2002)。

## 1.3 坝址比较

### 1.3.1 坝址拟定

朱昌河水库工程区位于英武乡和刘官镇交界的乌都河左岸支流朱昌河上,英武水库库尾,距盘县县城约 40 km,镇胜高速公路和 320 国道可通达坝址及库区。根据 2009 年《盘县水资源配置方案》,所选坝址位于刘官镇与旧营乡交界处,在英武乡西面,坝址以上集水面积 186 $km^2$,大坝设计为混凝土重力坝。

通过现场踏勘和万分之一地形图,对可选坝址进行了初步分析。沪昆高铁在镇胜高速朱昌河大桥下游由软桥哨嘟嘟河桥从左岸跨至右岸后以隧洞方案延伸至刘官镇方向,在朱家桥下游 600 m 处布置有出渣洞,且运行期可能改建为检修洞,洞口高程 1396.5 m,朱家桥为其施工占地最上游边界,如果修建高铁和朱昌河水库不产生施工干扰,故可能的最下游坝址位于朱家桥附近,考虑到朱家桥为保护文物,不应受到工程泄洪运行等影响,下坝址拟定在朱家桥上游 260 m 处。朱家桥上游 4.3 km 即大坪地上游河道明显束窄,若要形成一定的库容,坝高也会较高,且这一段汇水区域冲沟较多,对平均流量不到 3.5 $m^3/s$ 的河道来说,汇水冲沟包含在库区是必要的,因此上坝址的位置选择就被压缩在下坝址与大坪地之间 4.3 km 的河道。根据工程任务与规模的研究,朱昌河水库的主要任务以供水为主,兼顾发电。供水对象为城关镇、刘官镇、西冲镇、英武乡、两河乡的城镇和乡村居民的生活用水以及工业用水,合计年供水量 5256 万立方米,供水量较大,且保证率为 95%,这样要求较大的库容才能满足工程任务要求。在这样的背景下尽量将坝址下移以获取较大的库容,因此上坝址拟定在下坝址上游约 520 m 的顺直河段处(图 2-1-1)。

坝址河段为纵向谷,河床高程为 1365 ~1380 m,两岸地形分水岭高程在 1635 m 以上,地形封闭条件好。据区域资料及现场踏勘,该河段断裂构造不发育。两个坝址地形地质条件相差不太大,上坝址河宽和坝高较小、水库库容小,下坝址河宽较大、坝高稍高,水库库容大。经对两坝址进行地质勘探和枢纽初步布置,同时也考虑输水工程线路布置、施工布置和电站装机容量及运行等因素,从地形、地质、枢纽布置、水库库容大小、库区淹没损失、供水线路长短、工程量、施工条件、工程投资等方面进行综合比较。

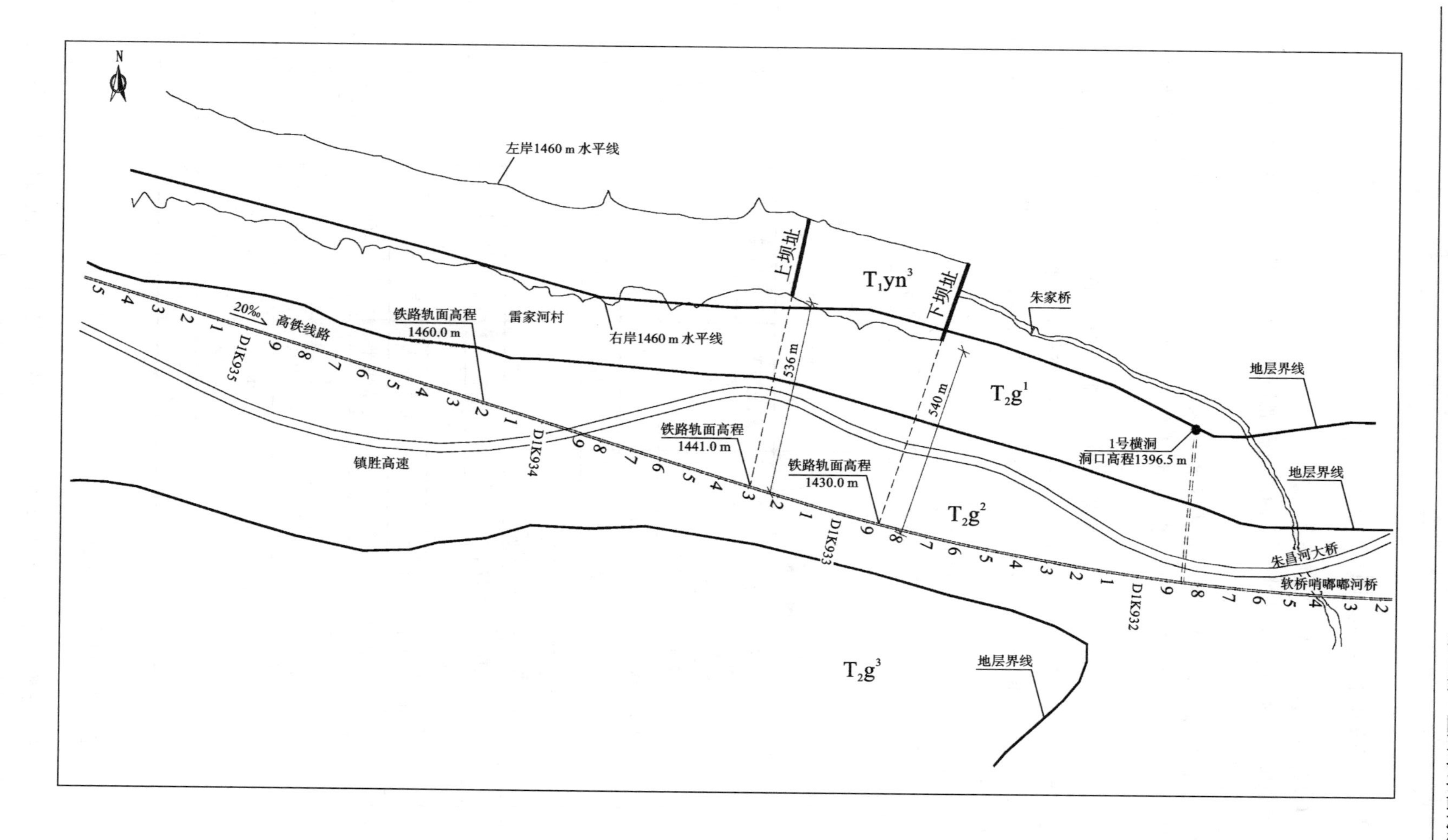

N
左岸1460 m水平线
上坝址
$T_1yn^3$
下坝址
朱家桥
20‰
高铁线路
铁路轨面高程
1460.0 m
雷家河村
右岸1460 m水平线
536 m
540 m
$T_2g^1$
地层界线
DIK935
铁路轨面高程
1441.0 m
1号横洞
洞口高程1396.5 m
镇胜高速
DIK934
铁路轨面高程
1430.0 m
地层界线
$T_2g^2$
DIK933
朱昌河大桥
软桥哨嘟嘟河桥
DIK932
$T_2g^3$
地层界线


图 2-1-1　坝址位置示意

### 1.3.2 坝址比选原则

本项目坝址比选时遵循以下原则。

(1)同精度比选原则。同时对上、下两坝址开展地形测绘、地质勘察和设计工作,要求按同精度进行设计。

(2)效益相同的原则。本工程为水源工程,主要效益是供水,为便于坝址进行技术经济比较,采取效益相同原则,即兴利库容相等,由于上、下坝址位置不同,相应其正常蓄水位高程也有所差异。

(3)代表性坝型方案综合比较,择优推荐原则。通过对上下坝址的勘察和测量,根据各自的地形和地质条件,提出适宜的具有代表性的方案,然后综合枢纽布置、兴利能力、施工条件等对该方案进行评价,并测算其投资,进行技术经济评价,最终以经济效益最优的坝址为推荐坝址。

各方案的水文特征水位和库容参数见表 2-1-7。

**表 2-1-7 坝址比较采用的水文、特征水位和库容参数**

| 序号 | 项目名称 | 单位 | 数值 | |
|---|---|---|---|---|
| | | | 下坝址 | 上坝址 |
| 1 | 多年平均输沙量 | 万吨 | 22.32 | 22.2 |
| 2 | 多年平均径流量 | 亿立方米 | 1.10 | 1.10 |
| 3 | 多年平均流量 | $m^3/s$ | 3.49 | 3.48 |
| 4 | 设计洪水位(P=2%) | m | 1463.79 | 1466.76 |
| 5 | 设计洪水位时最大下泄流量 | $m^3/s$ | 458 | 453 |
| 6 | 相应下游水位 | m | 1375.16 | 1382.14 |
| 7 | 校核洪水位(P=0.2%) | m | 1465.18 | 1468.13 |
| 8 | 校核洪水位时最大下泄流量 | $m^3/s$ | 731 | 721 |
| 9 | 相应下游水位 | m | 1376.45 | 1383.46 |
| 10 | 正常蓄水位 | m | 1460 | 1463 |
| 11 | 正常蓄水位以下库容 | 万立方米 | 4296 | 4307 |
| 12 | 总库容 | 万立方米 | 5095 | 5116 |
| 13 | 死水位 | m | 1420 | 1423 |
| 14 | 死水位以下库容 | 万立方米 | 718 | 720 |
| 15 | 淤沙高程 | m | 1415.75 | 1418.50 |
| 16 | 调节库容 | 万立方米 | 3578 | 3587 |
| 17 | 水库调节性能 | | 多年调节 | |

### 1.3.3 坝址地形地质条件

上坝址与下坝址相距约 500 m,所处地质背景一致,根据上、下坝址的地形地貌、覆盖层结构、基岩特性、地质构造、风化特征,水文地质条件及存在主要工程地质问题等综合因素,将上、下坝址比较于表 2-1-8。

**表 2-1-8　上、下坝址工程地质条件比较表**

<table>
<tr><th colspan="2">工程地质条件</th><th>上坝址</th><th>下坝址</th><th>主要差异</th></tr>
<tr><td colspan="2">地形地貌特征</td><td>河谷为不对称 V 形纵向河谷，属岩溶化中山区，左岸山体高程 1746 m，坡角 35°～60°，右岸山体高程 1802 m，坡角 30°～50°。枯水期河床宽 3～5 m，水深 1.0～2.0 m，河床高程 1373.0～1379.0 m，正常蓄水位 1460.0 m 时河谷宽 219.80 m</td><td>河谷为 V 形纵向谷，属岩溶化中山区，左岸山体高程大于 1746 m，坡角 30°～60°，右岸山体高程大于 1802 m，坡角 20°～41°。枯水期河床宽 3～5 m，水深 1～2m，河床高程 1370～1372 m，正常蓄水位 1460 m 时河谷宽 231.50 m</td><td>上、下坝址在地形地貌上基本相同</td></tr>
<tr><td rowspan="2">地层岩性</td><td>覆盖层</td><td>第四系残坡积层（$Q_4^{edl}$）主要分布于两岸山坡上，左岸大部分地段基岩裸露，局部覆盖层厚 1.30 m；河床河流冲积层（$Q_4^{al}$）厚 1.00 ～ 5.00 m，河床及河漫滩断续分布，右岸覆盖层厚 0.50～5.00 m</td><td>第四系残坡积层（$Q_4^{edl}$）主要分布于两岸山坡上，左岸基岩裸露，局部残坡积层厚 1.00 ～2.20 m，右岸残坡积层厚 1.00 ～4.50 m，部分地段基岩裸露；河流冲积层（$Q_4^{al}$）厚 0.40～4.20 m，河床及河漫滩断续分布</td><td>基本相同</td></tr>
<tr><td>基岩</td><td>坝址区基岩主要为中厚层状灰岩，右岸 1472 m 高程以上为薄层泥岩、砂质泥岩及粉砂岩与灰、灰黄色中厚层白云岩、泥质白云岩、泥灰岩不等厚互层，建基岩体均为 $A_{III2}$ 类岩体</td><td>坝址区基岩主要为中厚层状灰岩，右岸 1446 m 高程以上为薄层泥岩、砂质泥岩及粉砂岩与灰、灰黄色中厚层白云岩、泥质白云岩、泥灰岩不等厚互层，右岸上部有 $C_{IV}$ 类岩体</td><td>上坝址略好于下坝址</td></tr>
<tr><td colspan="2">地质构造</td><td>坝址区位于英武背斜的南翼及旧普安向斜的北翼，未见大的断裂发育。坝址区地层属单斜状地层，岩层产状 270°/ SW∠50°</td><td>坝址区位于英武背斜的南翼及旧普安向斜的北翼，未见大的断裂发育。坝址区地层属单斜状地层，岩层产状 284°/ SW∠55°</td><td>基本相同</td></tr>
<tr><td colspan="2">风化特征</td><td>坝址两岸地形较陡，灰岩区基岩风化较浅，左岸弱风化基岩裸露，河床部位覆盖层下部为弱风化基岩，右岸 T2g1 泥岩、粉砂岩等风化较深，强风化厚度 6.0 m。弱风化下限埋深左岸为 93.70 m，河床为 42.40 m，右岸大于 155.0 m</td><td>坝址两岸地形较陡，灰岩区基岩风化较浅，左岸弱风化基岩裸露，河床部位覆盖层下部为弱风化基岩，右岸泥岩、粉砂岩等风化较深，强风化厚度 6.0 m。弱风化下限左岸为 55.20～87.60 m，河床为 31.90 m，右岸 50.6～78.4 m</td><td>下坝址略好于上坝址</td></tr>
</table>

续表

| 工程地质条件 | 上坝址 | 下坝址 | 主要差异 |
| --- | --- | --- | --- |
| 岩溶及其水文地质特征 | 喀斯特较为发育，钻孔岩溶遇洞率为100%，线岩溶率为2.8%，坝址左岸见有多处泉水出露，流量0.1～3 L/s。坝址左岸埋深69.0 m，右岸埋深88.60 m。按透水率$q$≤1 Lu作为相对隔水层标准，左岸埋深60.60 m，河床埋深72.21 m，右岸埋深148.11 m。左岸防渗建议以$T_1yn^2$的相对隔水层为依托，水平防渗长度62.0 m，河床向下部以$q$≤1 Lu为依托，垂直防渗深度72.21 m，右岸与地下水位相接，水平防渗长度155.0 m。河水及地下水均具碳酸型中等腐蚀性及重碳酸型弱腐蚀性 | 坝址左岸埋深为49.10～71.0 m，右岸埋深51.50～71.20 m。按透水率$q$≤1 Lu作为相对隔水层标准，左岸埋深48.60～144.81 m，河床埋深为3.60～139.60 m，右岸埋深145.60 m。左岸防渗建议以$T_1yn^2$的相对隔水层为依托，水平防渗长度86.60 m，河床向下部以$q$≤1 Lu为依托，垂直防渗深度139.60 m，右岸与地下水位相接，水平防渗长度126.10 m。河水具碳酸型强腐蚀性及重碳酸型弱腐蚀性，地下水具碳酸型中等腐蚀性及重碳酸型弱腐蚀性 | 上坝址略好于下坝址 |
| 主要工程地质问题 | 坝基岩体强度满足设计要求，坝基基岩左岸至右岸1430 m高程以下为灰岩，岩溶较为发育，相对隔水层埋深60.60～148.11 m，坝基存在绕坝渗漏问题，坝基岩体完整，不存在软弱夹层或岩体较破碎岩体，局部可能存在溶洞充填泥质，存在渗透稳定问题。右岸1430 m高程为泥岩、泥质粉砂岩夹泥灰岩、灰岩，为相对隔水层，不存在坝基渗漏问题 | 坝基岩体强度满足设计要求，坝基基岩左岸至右岸1430 m高程以下为灰岩，相对隔水层埋深3.60～145.60 m，坝基存在绕坝渗漏问题，不存在软弱夹层或岩体较破碎岩体，局部可能存在溶洞充填泥质，存在渗透稳定问题。右岸1430 m高程为泥岩、泥质粉砂岩夹泥灰岩、灰岩，为相对隔水层，不存在坝基渗漏问题 | 基本相同 |

比较结果，两坝址相距较近，所处地貌单元一致，上下坝址地形地貌、地层岩性、岩溶发育等工程地质条件基本相同，基岩弱风化下限下坝址埋深较浅、下坝址相对隔水层埋深稍深。上下坝址均具备建坝的地质条件。

### 1.3.4 交通和施工条件

朱昌河水库工程坝址左岸有G320国道通过，右岸有镇胜高速公路经过，可连通全国公路交通网。根据对外交通现状和本工程主要外来材料的运输量与流向，选定以左岸G320国道公路运输方案为主要运输方案。

朱昌河水库场内施工交通运输量、运输强度均较大，特别是两岸坝肩、坝基开挖、坝体混凝土浇筑施工对道路布置的要求较高，因此，施工道路的合理布置是工程顺利施工的重要保障。初拟道路的布置思路为：在已有左岸G320国道、左岸上坝公路布置的基础上，以坝肩、坝基、坝体混凝土浇筑为主线进行线路布置，沟通两岸有道路为坝址下游1.1 km处的施工桥，其余建筑物施工分别自主线上接线进行道路布置。

坝址区两岸山势较陡峻，出渣道路不好布置；下坝址下游朱昌河大桥附近有河滩地及缓坡地可作为施工场地及弃渣场，因此上坝址相对下坝址运距较远。

### 1.3.5　各坝址方案代表坝型

朱昌河水库工程区域构造稳定，库区两岸地形封闭条件好。坝址区出露地层岩性为三叠系下统永宁镇组灰岩、白云质灰岩、泥质灰岩及中统关岭组第一段($T_2g^1$)泥质灰岩、泥质白云岩、泥页岩，地形地质条件较好，两坝址均具备成库建坝条件。

从地形条件上看，两坝址地形较为狭窄，河床宽30～45 m，为较对称的V形谷，并且两岸山体均较为雄厚，河床、两岸覆盖层较薄，较少开挖就能形成建基面，可修建拱坝或重力坝。但坝基(肩)岩体为关岭组第一段($T_2g^1$)白云岩、泥页岩，岩层陡倾，并且岩体软硬相间，若建拱坝则存在坝体抗滑稳定和坝基变形等问题，因此本工程不宜修建拱坝。两岸地形陡峭，岩层倾向右岸，左岸地形倾角大于45°，为顺向坡，1500～1520 m高程为320国道，存在轻微的浅层滑动，右岸稍缓，倾角约40°，覆盖层稍厚，1600～1625 m高程处有镇胜高速公路通过，两岸没有合适高程的垭口，也没有较平缓的位置布置岸边溢洪道，地形条件对建造当地材料坝不利。且坝高在100 m左右，有碾压混凝土施工的条件，因此本阶段以碾压混凝土重力坝作为代表坝型来进行坝址比较。

### 1.3.6　坝址比选结论

坝址方案综合比较见表2-1-9。

**表2-1-9　坝址方案综合比较**

| 项目 | 上坝址方案 | 下坝址方案 |
|---|---|---|
| 地形条件 | 河谷为不对称V形纵向河谷，属岩溶化中山区，左岸山体高程1746 m左右，坡角35°～60°，右岸山体高程1802 m，坡角30°～50°。枯水期河床宽3～5 m，水深1.0～2.0 m，河床高程1373.0～1379.0 m，正常蓄水位1460.0 m时河谷宽219.80 m。河谷宽度略窄于下坝址 | 河谷为V形纵向谷，属岩溶化中山区，左岸山体高程大于1746 m，坡角30°～60°，右岸山体高程大于1802 m，坡角20°～41°。枯水期河床宽3～5 m，水深1～2 m，河床高程1370～1372 m，正常蓄水位1460 m时河谷宽231.50 m |
| 地质条件 | 弱风化下限埋深较深，建基面较低 | 弱风化下限埋深较浅，建基面较高 |
| 工程布置 | 采用碾压混凝土重力坝，泄水建筑物、取水放空建筑物均布置在大坝上，输水泵房、发电厂房布置在坝后。最大坝高稍高，坝线长度稍长 | 采用碾压混凝土重力坝，泄水建筑物、取水放空建筑物均布置在大坝上，输水泵房、发电厂房布置在坝后 |
| 上坝公路 | 1120 m | 600 m |

续表

| 项目 | 上坝址方案 | 下坝址方案 |
| --- | --- | --- |
| 运行条件 | 运行管理方便，维护费用较少 | 运行管理方便，维护费用较少 |
| 天然建材 | 石料储量丰富，质量较好，运距较远；土料相对较少，且含有较多碎石，质量较差；沙砾料缺乏，需利用灰岩加工人工砂石骨料 | 石料储量丰富，质量较好，运距稍近；土料相对较少，且含有较多碎石，质量较差；沙砾料缺乏，需利用灰岩加工人工砂石骨料 |
| 工期 | 38个月 | 38个月 |
| 施工条件 | 对外交通有320国道；两岸山势较陡峻，出渣道路不好布置；坝址附近有河滩地及缓坡地可作为施工场地及弃渣场，运距较远；采用隧洞导流，导流费用低 | 对外交通有320国道；两岸山势较陡峻，出渣道路不好布置；坝址附近有河滩地及缓坡地可作为施工场地及弃渣场，运距稍近；采用隧洞导流，导流费用低 |
| 工程投资/(万元) | 84029.93 | 79402.88 |
| 征地移民投资/(万元) | 25415.86 | 24765.92 |
| 结论 | 经综合比较，推荐采用下坝址方案 | |

综合比较地形地质条件、工程布置、上坝交通、施工条件、征地移民、工程投资等方面，下坝址方案比上坝址方案具有一定的优势，因此推荐下坝址为选定坝址。

## 1.4 坝型比选

### 1.4.1 坝型方案拟定

根据坝址附近料场条件，由于当地土料匮乏，不适合修建均质土坝和心墙坝。但坝址左岸距下坝址约1 km，为一正在开采的石料场，岩性为三叠系上统永宁镇组第一岩组($T_1yn$)中厚层状灰岩，料场面积广，有用层厚而稳定，属Ⅰ类料场，是混凝土骨料和面板坝堆石料的合适料场，且储量丰富，因此选择混凝土面板堆石坝参与坝型比较。而混凝土坝型中，选择了混凝土重力坝方案而没有选择混凝土拱坝方案参与坝型比较，主要是由于以下因素。

从地形上看，下坝址河谷狭窄，岸坡陡峻，应该首先考虑做混凝土拱坝坝型，但拱坝坝型对地质条件要求较高；从地质上看，正常蓄水位以下坝基(肩)岩体为关岭组第一段($T_2g^1$)白云岩、泥页岩，岩层陡倾，并且岩体软硬相间，不适宜修建高拱坝。

重力坝坝型比较时，常态混凝土重力坝与碾压混凝土重力坝相比，具有造价高，施工进度较慢和温控措施较复杂等不利之处，因此混凝土坝选择碾压混凝土重力坝枢纽布置方案。

本阶段对钢筋混凝土面板堆石坝和碾压混凝土重力坝两种方案进行比选。

## 1.4.2　坝型方案工程布置

**1.碾压混凝土重力坝方案**

枢纽由挡水坝(非溢流坝段)、溢洪道、冲沙放空底孔、引水发电工程、输水工程等几部分组成。

(1)挡水坝(非溢流坝段)。

非溢流坝段位于左、右两岸,共长278.875 m,坝顶宽6.0 m,建基面高程最低1352.5 m,坝顶高程1468.0 m,最大坝高115.5 m,最大底宽95.3 m。基础置于弱风化基岩中下部。大坝上游面在高程1400.0 m以上为铅直面,高程1400.0 m以下坝坡1∶0.2;下游坝坡1∶0.75,起坡点高程1458.54 m。两岸非溢流坝共分8个坝段,除1#坝段长31.75 m、9#坝段长31.125 m外,其余坝段均长30 m,坝段之间设置横缝,每条缝上游设两道铜片止水。

(2)溢洪道。

表孔溢流坝段布置于河床中部,桩号坝0+091.125～坝0+127.75,设两孔泄洪闸,单孔净宽15.0 m,敞开式自由溢流,坝顶高程与非溢流坝齐平。堰顶高程1460.0 m,堰顶上游堰面曲线为两圆弧,下游采用WES幂曲线$y=0.109x^{1.85}$,堰面曲线下游与1∶0.75斜直线相切连接,后接半径为10 m的反弧段,挑角27.1°。闸墩厚度为2 m,顺水长度为11.7 m。两边墩下游接导墙,墙身厚2 m,1457.3 m高程以1∶0.75斜坡至1385.0高程,再以1385.0 m高程伸至挑坎末端。为防止泄洪时高速水流对溢流坝面的冲刷,堰面采用C40二级配抗冲磨常态混凝土,厚1.0 m。

(3)引水发电工程。

为保证电站进水口"门前清",坝式进水口布置在底孔右侧,且位于同一坝段,距离11.5 m。为满足死水位时最小淹没深度要求并结合放空冲砂底孔高程,进口底板高程选择为1415.5 m,进口以牛腿挑出坝面,沿水流方向布置清污耙斗、拦污栅及事故检修门,拦污栅采用直栅布置,事故检修门孔口尺寸1.5 m×1.5 m(宽×高),有快速启闭要求。闸门后以方变圆渐变段连接压力钢管,压力钢管内径1.5 m,采用坝后背管形式。压力钢管经上弯段、斜直段、下弯段加入发电厂房。

发电厂房布置在右岸5#、6#坝段坝后,安装两台卧式混流机组。一台为生态基流机组,装机容量250 kW,机组安装高程1373.1 m;一台为汛期发电机组,装机容量4500 kW,机组安装高程1374.2 m。主厂房尺寸29.4 m×39.88 m(宽×长),副厂房布置在主机间上游侧,安装间位于主机间右侧,尺寸18 m×13.82 m(宽×长)。厂区地面高程1379.0 m,由右岸道路进场。主变及GIS布置于上游副厂房内,分上下层布置。

(4)输水工程。

根据水库水源和供水点的位置关系,朱昌河水库死水位1420.0 m,正常蓄水位1460.0 m,供水点一上游方向刘官镇供水点的高程1700 m,最大高差280 m,需修建取水泵站提水。供水点二下游方向英武乡供水点的高程1580.0 m,最大高差160 m,需修建取水泵站。

取水泵房布置在大坝5#、6#和7#坝段坝后,泵房平台高程1415.25 m,机组安装高程1416.25 m。推荐输水线路为:朱昌河水库向上游刘官镇供水,从取水点途经雷家河、三角田、郑家湾、新店子、六官塘至刘官镇供水点,全长13.18 km;朱昌河水库向下游英武乡供水点，从取水点沿320国道途径软桥哨至小树林供水点，全长4.47 km。

**2. 混凝土面板堆石坝方案**

枢纽由混凝土面板堆石坝、右岸开敞式溢洪道、左岸发电引水系统及地面厂房、左岸放空洞、左岸输水工程等建筑物组成。

(1)混凝土面板堆石坝。

钢筋混凝土面板堆石坝坝顶防浪墙顶高程1469.7 m，坝顶路面高程1468.5 m，坝顶长291 m，坝顶宽10.0 m，坝体趾板最低建基高程1365.0 m，最大坝高103.5 m，上游坝坡(面板下游侧)坡度1∶1.4，下游平均坝坡坡度1∶1.57。上游面用钢筋混凝土面板防渗，面板采用厚度随深度增加的不等厚面板($t=0.3+0.0035H$)。趾板置于弱风化层中上部，厚度和宽度分别为0.8 m和8 m。堆石坝体材料分区如下：面板上游在高程1382.0 m以下设上游铺盖区和盖重区，面板后为垫层区、过渡区、主堆石区、次堆石区、下游护坡等，垫层区水平宽3 m，过渡区水平宽5 m。根据坝址地形条件，坝后布置坡度为1∶10～1∶8、宽8.0 m的上坝公路。

(2)溢洪道。

岸坡式溢洪道布置于大坝右侧，紧靠大坝，按两孔布置，不设闸控制，自由溢流。由引渠段、控制段、泄槽段和末端挑流段组成。引渠段采用平底坡，高程1457.0 m，控制流速1.5 m/s。溢流表孔单孔净宽15 m，堰顶高程1460.0 m，堰面净宽30 m。控制段长度10.0 m，溢流堰形式采用WES实用堰，与斜坡泄槽段相连，泄槽采用矩形断面，泄槽长398.0 m。末端设挑流段，反弧半径50 m，鼻坎挑射角25°。

(3)发电引水工程。

引水系统位于左岸山体，进水口采用隧洞式。进口高程1415.0 m，进口竖井沿水流方向布置置清污耙斗槽、拦污栅、事故检修闸门槽及渐变段，闸门孔口尺寸2.5 m×2.5 m(宽×高)。渐变段后接引水隧洞，隧洞采用圆形断面，内径2.5 m，钢筋混凝土衬砌，厚度0.4 m。引水隧洞由上平段、斜直段及下平段组成。下平段接分岔管进发电厂房，并接支管经分岔管进入供水泵房。出口设2.5 m×2.5 m工作闸门用于放空，出口高程1468.75 m。发电厂房布置在大坝下游左岸岸边，安装两台机组。

(4)放空洞。

紧接引水隧洞末端布置放空洞，放空洞内径2.0 m，出口在圆变方渐变段后布置工作闸门，闸门孔口尺寸2.0 m×2.0 m，工作闸门大部分工况处于关闭状态，仅于水库需要放空时才开启。出口高程1468.75 m。

(5)输水工程。

根据水库水源和供水点的位置关系，朱昌河水库死水位1420.0 m，正常蓄水位为1460 m，校核洪水位1467.5 m，供水点一上游方向刘官镇供水点的高程为1700 m，最大高差280 m，需修建取水泵站提水。供水点二下游方向英武乡供水点的高程为1580.0 m，最大高差160 m，需修建取水泵站。

取水泵房布置在大坝5#、6#和7#坝段坝后，泵房平台高程为1415.25 m，机组安装高程1416.25 m。推荐输水线路为：朱昌河水库向上游刘官镇供水，从取水点途经雷家河、三角田、郑家湾、新店子、六官塘至刘官镇供水点，全长12.93 km；朱昌河水库向下游英武乡供水点，从取水点沿320国道途径软桥哨至小树林供水点，全长4.69 km。

### 1.4.3　施工组织设计比较

**1. 施工导流**

本工程为Ⅲ等工程，永久性主要建筑物为 2 级建筑物，根据《水利水电工程施工组织设计规范》(SL303—2004)规定，相应导流建筑物为 4 级建筑物，本工程重力坝和面板堆石坝方案均采用土石结构围堰，其相应的导流设计标准为 $P=5\%\sim10\%$，考虑到工程水文资料系列较长，本工程施工导流标准采用下限值，即 $P=10\%$。

方案一为碾压混凝土重力坝方案。采用一次拦断河床、隧洞导流、全年围堰挡水方案，全年施工导流标准为 $P=10\%$，相应设计流量 396 $m^3/s$，施工导流程序如下：

一枯前(第 2 年 10 月底前的施工准备期)利用原河床过流，完成左岸导流隧洞具备过水条件施工，并完成上、下游全年围堰填筑形成基坑干地施工条件，同时完成左岸及右岸常水位以上岸坡土石方开挖。

一枯、一汛、二枯期间(第 2 年 11 月初至第 4 年 4 月底)利用左岸导流隧洞导流，上、下游全年围堰挡水，其间继续完成基坑内大坝、发电厂房、引水系统、消力池部位工程以及大坝固结灌浆、接触灌浆等施工。

三汛期间(第 4 年 5 月初至竣工)，此阶段分两部分，第 4 年 5 月初至 8 月底导流隧洞封堵前主要完成大坝防渗帷幕及溢流坝段的金属结构，此时利用导流隧洞泄流，坝体挡水。9 月初导流隧洞下闸开始封堵蓄水，此时利用坝体挡水，已具备流流条件的溢流坝泄流，其间上游来水扣除生态流量后均蓄于库内。第 4 年 10 月底大坝库内水位达到上游最低发电水位，电站厂房内两台机组同时发电，此后至 12 月底工程竣工。

方案二为面板堆石坝方案，采用一次拦断河床、隧洞导流方案、全年围堰挡水，全年施工导流标准为 $P=10\%$，相应设计流量为 396 $m^3/s$，施工导流程序为：

(1)一枯前(第 2 年 10 月底前的施工准备期)利用原河床过流，完成左岸导流隧洞的施工，同时完成左岸及右岸常水位以上岸坡土石方开挖。

(2)全年利左岸导流隧洞过流，上、下游全年围堰挡水，直至第 4 年 4 月底完成大坝施工，第 4 年汛期利用已完建的右岸溢洪道泄流。

施工导流比较见表 2-1-10。

**表 2-1-10　施工导流工程比较**

| 序号 | 项目 | 单位 | 工程量 | |
|---|---|---|---|---|
| | | | 重力坝 | 面板坝 |
| 1 | 土石方开挖 | $m^3$ | 112672 | 100557 |
| 2 | 混凝土 | $m^3$ | 10830 | 13645 |
| 3 | 固结灌浆 | m | 2209 | 2886 |
| 4 | 接触灌浆 | $m^2$ | 9226 | 12055 |
| 5 | 回填灌浆 | $m^2$ | 3899 | 5093 |
| 6 | 钢筋 | t | 584 | 733 |
| 7 | 土石方填筑 | $m^3$ | 44650 | 44650 |
| 8 | 帷幕灌浆 | m | 414 | 414 |

续表

| 序号 | 项目 | 单位 | 工程量 | |
|---|---|---|---|---|
| | | | 重力坝 | 面板坝 |
| 9 | 土石方拆除 | $m^3$ | 44655 | 44655 |
| 10 | 施工导流投资费用 | 万元 | 3658.42 | 3947.19 |
| 11 | 导流方式 | | 一次拦断、隧洞导流 | 一次拦断、隧洞导流 |
| 12 | 总工期 | 个月 | 38 | 40 |

**2. 施工布置**

根据枢纽布置特点、施工程序以及地形等条件，方案一和方案二施工布置场地相同。

**3. 施工总进度**

根据施工导流程序，方案一施工总工期为38个月；方案二施工总工期为40个月。

**4. 方案比选**

从施工导流工程费比较来看，方案一施工导流费用较方案二节省288.77万元，原因是方案二采用隧洞洞线较长，其隧洞导流工程投资较大；施工布置条件方案一和方案二相同；方案二施工总工期比方案二长2个月；因此综合比较方案一较方案二优。

## 1.4.4 坝型方案综合比较结论

坝型方案综合比较见表2-1-11。

**表2-1-11 坝型方案综合比较**

| 项目 | 碾压混凝土重力坝方案 | 面板堆石坝方案 |
|---|---|---|
| 地形地质 | 纵向谷，河床及两岸覆盖层厚度较薄。坝基主要为中厚层状灰岩 | 坝址无天然垭口，溢洪道开挖量较大 |
| 工程布置 | 大坝布置在河床，泄洪建筑物和取水建筑物布置在大坝上，布置紧凑，管理方便，日后维护费用较低。泄洪对下游河岸影响较小 | 大坝布置在河床，溢洪道布置在右岸，取水建筑物布置在右岸，建筑物较多且分散，管理不便，日后维护费用较高。泄洪对下游河岸影响较大 |
| 天然建材 | 石料储量丰富，质量较好，运距较远；土料相对较少，且含有较多碎石，质量较差；沙砾料缺乏，需利用灰岩加工人工砂石骨料 | 石料储量丰富，质量较好，运距较远；土料相对较少，且含有较多碎石，质量较差；沙砾料缺乏，需利用灰岩加工人工砂石骨料。可采用溢洪道开挖料作为筑坝料，但需要二次倒运 |
| 导流方式 | 一次拦断，隧洞导流 | 一次拦断，隧洞导流 |
| 导流费用(万元) | 3658.42 | 3947.19 |
| 施工条件 | 对外交通方便，场内交通不好布置，坝址附近有河滩地及缓坡地，可用于施工场地布置及弃渣 | 对外交通方便，场内交通不好布置，坝址附近有河滩地及缓坡地，可用于施工场地布置及弃渣 |

续表

| 项目 | 碾压混凝土重力坝方案 | 面板堆石坝方案 |
|---|---|---|
| 工期 | 38个月 | 40个月 |
| 枢纽工程投资(万元) | 79402.88 | 90237.02 |
| 结论 | 推荐碾压混凝土重力坝方案 | |

## 1.5　坝轴线确定

### 1.5.1　坝线拟定

坝址区位于朱昌河大桥上游约1.5 km处的河段上，河谷为不对称V形纵向谷，属岩溶化中山区地貌单元，左岸山体高程大于1746 m，坡角30°～60°，右岸山体高程大于1802 m，坡角20°～41°。

朱昌河由北西向南东流入下坝址，河段微弯，枯水期河床宽3～5 m，水深1～2 m，河床高程1368～1372 m，正常蓄水位1460 m时河谷宽231.50 m。主河道分布在河床右侧，漫滩主要分布在左、右河床，沿河零星分布。

两岸冲沟较发育，多呈北西至南北向展布。右岸坝前岸坡较为平缓，左岸为顺层边坡，下部边坡较陡，坡度50°～60°，两岸岩质边坡岩体中无不利结构面的组合，自然边坡基本稳定。

枢纽坝线的选择结合地形、地质结构、岩体风化情况及区域内其他建筑物的关系等因素综合考虑。

本阶段根据岩组分布情况及岩体分类成果，以可研阶段下坝址推荐方案的坝线作为下坝线，在下坝线上游约60 m处另拟定一条坝线作为上坝线。

### 1.5.2　坝线地形地质条件比较

从地形地貌、岩性、地质构造、水文地质条件等方面看，两条比较线没有本质的区别，仅在某些条件上的量值大小有所差异，两坝线主要工程地质条件比较如下。

(1)两坝线地形地貌基本相同，按正常蓄水位高程计，上坝线长235.84 m，下坝线长225.97 m，下坝线比上坝线短约20.13 m，下坝线略优。

(2)上、下两线坝基所处地质构造背景相同，岩性基本一致，均为三叠系永宁镇组第二、三段($T_1yn^2$和$T_1yn^3$)灰岩和泥质粉砂岩夹泥灰岩和关岭组第一段($T_2g^1$)粉砂质泥岩与泥灰岩互层，其第四系覆盖层岩性，厚度亦基本相同。

(3)上坝线弱风化岩体中下部界限在左岸岸坡部位顶板埋深54.42～108.50 m，在河床部位顶板埋深5.00 m，在右岸岸坡部位顶板埋深为40～127.00 m；下坝线弱风化岩体中下部界限，在左岸岸坡部位顶板埋深30.00 ～54.98 m，在河床部位顶板埋深5.10～5.80 m，在右岸岸坡部位顶板埋深33.00 ～115.09 m。上、下两线左、右岸岸坡部位弱风化岩体中下部界限顶板埋深相近，上坝线弱风化顶板埋深略深，下坝线略浅。

(4)若以$q \leqslant 3$ Lu为相对隔水层，上、下两条坝线基岩透水率分布差别不大，因此上、下两坝线的防渗工作量相当，上坝线略少，下坝线稍高。

(5)下坝线基岩岩芯9孔平均获得率为57.67%，RQD为41.37%，上坝线线8孔平均获得率为61.15%，RQD为45.43%，上坝线稍高。

(6)上、下坝线均不存在断层等不利地质构造，裂隙发育规律基本相同。

比较结果，两坝址相距较近，所处地貌单元一致，上下坝址地形地貌、地层岩性、岩溶发育等工程地质条件基本相同，基岩弱风化中下部顶板上坝线略深、下坝线相对隔水层埋深稍深；正常蓄水位条件下上坝线比下坝线长20.13 m，上、下坝线工程地质条件无明显差异，均具备建坝的地质条件。

### 1.5.3 枢纽布置方案

上、下比较坝线相距约60 m，地形变化不大，总体枢纽布置方案大体相同，拦河修建碾压混凝土重力坝，采用表孔泄洪方式。右岸布置发电引水系统及坝后电站厂房，进水口采用坝式进水口，位于右岸5#坝段，引水钢管直径1.5 m，经岔管进入电站厂房。电站厂房为右岸坝后式地面厂房，装有生态机组及汛期发电机组各一台，总装机容量为4750 kW。左岸坝后布置提水至英武方向的坝后泵站。

大坝右岸为镇胜高速公路，从此开口连接坝区交通比较困难；左岸有顺河走向的320国道，在坝址位置比坝顶高60 m，且沿朱昌河往库尾愈行愈高，因此从大坝下游侧连接坝区交通较为可行。这样上坝线方案的上坝公路、进电站厂房公路及进坝后泵站公路都要比下坝线方案长60 m。

上坝线方案往英武方向输水管道较下坝线方案也要长60 m，不过此段管线管径较小，为DN400管道，影响不大。

在坝址下游河道上有一座朱家桥，是茶马古道在盘县境内的一处文物古迹，是一座文物桥，大坝泄洪对桥的安全不可有影响。朱家桥距下坝线直线距离320 m，大坝泄流坝段坝宽72.8 m，经计算遭遇校核洪水时挑流消能水舌外缘挑距约160 m，这样挑流水舌距朱家桥只有87 m左右，考虑冲坑深度，距离更近，可能对朱家桥有较大影响。

### 1.5.4 坝线选择

通过对地形地质条件、枢纽布置等方面进行对比可以看出，上、下坝线方案枢纽大致相同，差别不大，甚至下坝线方案的交通条件要略优于上坝线，输水管线也要稍短，但由于下坝线泄洪时对文物古迹朱家桥有影响，而当地对文物古迹的保护是有明文规定的，要突破比较困难，因此下坝线方案在工程建设上存在一定难度，且下坝线方案投资略大于上坝线方案，故最终推荐上坝线。

## 1.6 坝体构造

### 1.6.1 设计原则

碾压混凝土(RCC)重力坝设计，根据《混凝土重力坝设计规范》(SL319—2005)和《碾压混凝土坝设计规范》(SL314—2004)进行设计。具体原则：断面满足坝体及坝基的稳定和应力条件，满足结构布置要求；坝的体形力求简单，不设纵缝，最小尺寸应满足碾压机械施工的要求；断面对应的坝块长度（横缝间距）满足温度应力控制条件。

## 1.6.2　防浪墙顶及坝顶高程确定

根据调洪计算成果，朱昌河水库校核洪水位1461.29 m，正常蓄水位1460.0 m。经量算水库计算吹程$D$=4.0 km。根据气象统计，多年平均最大风速为9.7 m/s，计算风速分别取：正常情况19.4 m/s，校核情况9.7 m/s。

防浪墙顶高程根据各种运行情况的水库静水位加上相应超高后的最大值确定。按下列两种运行情况计算，并取其较大值：①正常蓄水位＋正常运用情况的超高；②校核洪水位＋非常运用情况的超高。

防浪墙顶超高按按规范《混凝土重力坝设计规范》（SL319—2005）（以下简称《规范》）中8.1.1条的公式计算：

$$\Delta h = h_{1\%} + h_z + h_c$$

式中，$h_c$为安全加高（m）；按《规范》表8.1.1的规定，正常蓄水位情况取0.5 m，校核洪水位情况取0.4 m。$h_{1\%}$为波高（m）；$h_z$为波浪中心线至正常或校核洪水位的高差（m）；$h_{1\%}$、$h_z$按《规范》附录B.6的官厅水库公式计算。

$$h_p = \frac{0.0076 v_0^{-\frac{1}{12}} A^{\frac{1}{3}} v_0^2}{g}$$

当$\dfrac{h_m}{H_m} \approx 0, A = \dfrac{gD}{v_0^2} = 20 \sim 250$时，

$$h_{1\%} = \frac{2.42}{1.95} h_p$$

当$A = \dfrac{gD}{v_0^2} = 250 \sim 1000$时，

$$h_{1\%} = \frac{2.42}{1.71} h_p$$

$$L_m = \frac{0.331 v_0^{-\frac{1}{2.15}} A^{\frac{1}{3.75}} v_0^2}{g}$$

$$h_z = \frac{\pi h_{1\%}^2}{L_m} \coth\left(\frac{2\pi H_m}{L_m}\right)$$

根据以上各式，计算得坝顶高程结果见表2-1-12。

**表2-1-12　坝顶高程计算结果**

| 计算工况 | 水库水位/m | 平均水深$H_m$/m | $A$ | $h_p$/m | $h_{1\%}$/m | $L_m$/m | $h_z$/m | $h_c$/m | 坝顶超高$\Delta h$/m | 波浪顶高程/m |
|---|---|---|---|---|---|---|---|---|---|---|
| 正常蓄水位 | 1460.00 | 88.00 | 104.262 | 1.702 | 1.330 | 11.040 | 0.504 | 0.5 | 2.334 | 1462.33 |
| 校核洪水位 | 1461.29 | 89.29 | 417.048 | 0.451 | 0.638 | 5.514 | 0.232 | 0.4 | 1.270 | 1462.56 |

防浪墙顶高程应高于波浪顶高程，取为 1462.6 m；坝顶高程应高于校核洪水位，取为 1461.4 m。防浪墙墙高 1.2 m。

### 1.6.3 坝顶布置及交通

考虑到坝顶交通及运行要求，挡水坝坝顶宽度 6 m，溢流坝坝顶宽度 12.5 m，坝顶上游侧为防浪墙，墙高 1.2 m，墙顶高程 1462.6 m，下游侧设置人行道及栏杆。在大坝下游侧布置贯穿整个坝顶的公路及交通桥，大坝的对外交通主要为坝顶公路与右岸的上坝公路相通，连接 G320 国道与外界联系。

### 1.6.4 坝体分缝分块及止水设计

坝体自左至右依次分为 10 个坝段，其中 4 号为溢流坝段。结合枢纽布置、结构、施工浇筑条件及混凝土温度控制等因素，坝段横缝作如下布置：左、右岸①、⑩非溢流坝段长度分别为 33.5 m、24 m，③⑤非溢流坝段长度分别为 20 m、22 m，其余非溢流坝段长度均为 30 m，④溢流坝段长度均为 27 m。各横缝均为诱导缝，整个坝体不设纵缝。大坝碾压混凝土施工采用通仓碾压，整体上升，横缝成缝采用先碾后切方式，每层碾压混凝土成缝面积应不小于设计面积的 60%，确保大坝岸坡坝段坝体侧向稳定。

坝体分缝止水：上游侧所有坝块横缝均设二道止水铜片，止水片间距 50 cm。下游侧低于下游校核洪水位 1377.58 m 高程的部位设置一道止水铜片及一道橡胶止水片，溢流坝面横缝内设一道止水铜片，穿过主坝横缝的廊道周边设一道橡胶止水片。

根据国内同类工程经验，为加强主坝防渗效果，拟在上游坝面正常蓄水位(1460 m 高程)以下设一层防渗材料，防渗材料为 LJP 型合成高分子防水涂料。

### 1.6.5 坝内廊道及排水设计

大坝按照不同部位要求，布置有基础灌浆排水廊道、观测排水廊道、检查交通廊道。

大坝上游坝踵处设置一道基础灌浆兼排水廊道，基础灌浆排水廊道的断面为 3.0 m×3.5 m(城门洞型)，廊道底部设置 0.25 m×0.3 m 排水沟。廊道中心线桩号为坝下 0+005.50 m，基础灌浆廊道最低高程为 1365.0 m，随后廊道高程向两岸逐渐抬高。

观测排水廊道设在坝上游侧 1400 m 和 1430 m 高程，断面为 2 m×2.5 m(城门洞型)，两端与基础灌浆排水廊道相通。

坝体排水：在坝体上游面基础灌浆排水廊道及 1400 m 及 1430 m 高程的观测排水廊道组成的立面上，设置排水孔，在坝体内形成一道排水幕。排水孔孔径 15 cm，孔距 2 m，采用钻孔法造孔。排水系统积水在高程 1400 m 以上通过坝体横向廊道自流排至坝下，高程 1400 m 以下通过廊道排水沟集中于坝底集水井，再由水泵抽排至下游。

### 1.6.6 坝体混凝土分区设计

混凝土分区布置根据坝体部位的不同及其对混凝土强度、抗渗、耐久、抗冲刷、低热等性能的要求，坝体混凝土分成下列几区：

RⅠ区：主坝内部三级配碾压混凝土(碾压 C15)，$R^{b}=15$ MPa(180d 龄期，保证率 80%)，W4，F50；

RⅡ区：主坝上游面二级配防渗层碾压混凝土（碾压 C20），$R^b=20$ MPa（180d 龄期，保证率 80%），W8，F50；

RbⅠ区：坝体上游面防渗体变态混凝土（EVRC20），$R^b=20$ MPa（180d 龄期，保证率 80%），W8，F50；

RbⅡ区：廊道、止水片、电梯井等周边变态混凝土（EVRC15），$R^b=15$ MPa（180d 龄期，保证率 80%），W6，F50。

CⅠ区：基础垫层及槽挖回填常态混凝土（常态 C20），$R^b=20$ MPa（180d 龄期，保证率 80%），W8，F50。

CⅡ区：溢流坝孔周边常态混凝土、闸墩导墙等（常态 C20），$R^b=20$ MPa（180d 龄期，保证率 80%），W6，F50。

CⅢ区：溢流坝堰面常态混凝土，边墙、闸墩过水表面 HF 高强耐磨粉煤灰混凝土（常态 C40），$R^b=40$ MPa（28d 龄期，保证率 80%），W8，F50。

CⅣ区：坝顶桥梁及门槽二期混凝土（常态 C30），$R^b=30$ MPa（180d 龄期，保证率 80%），W6，F50。

变态混凝土是在碾压混凝土拌合物铺料过程中洒铺水泥粉煤灰浆，用插入式振捣器振捣而成。

大坝典型剖面图见图 2-1-2。

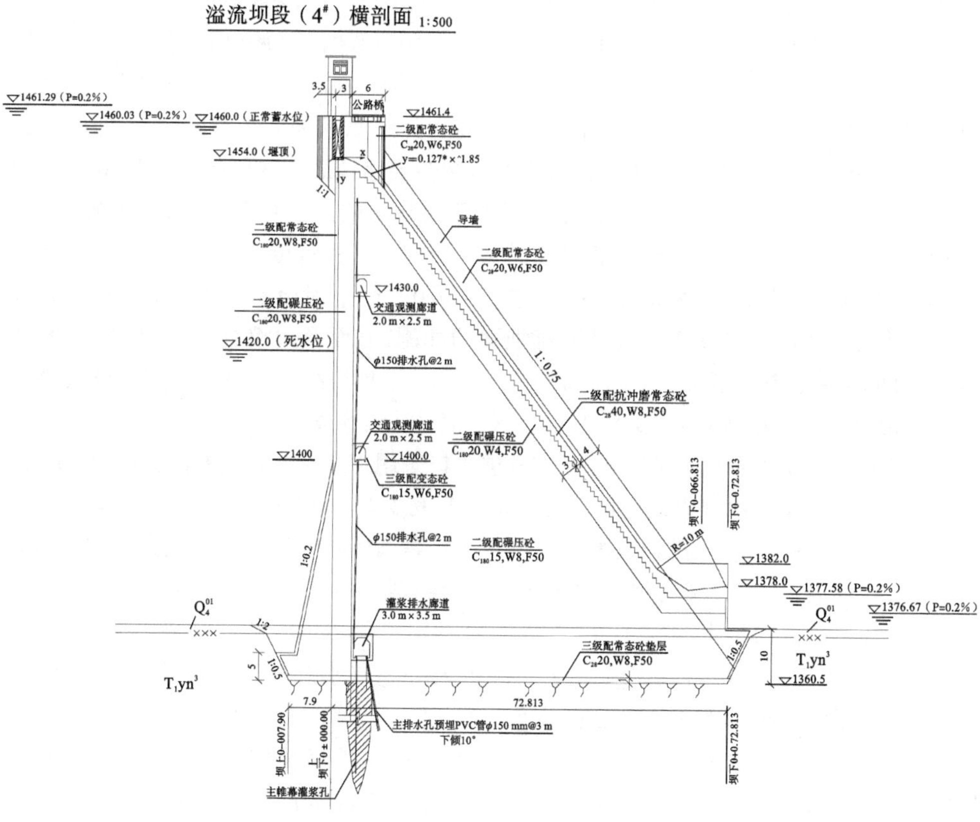

溢流坝段（4#）横剖面 1:500

图 2-1-2　大坝典型剖面图

## 1.7 枢纽总布置

水源工程包括大坝、溢洪道、坝身发电引水系统及右岸坝后式地面厂房。

大坝轴线位于朱家桥上游约 320 m 处，拦河修建碾压混凝土重力坝，共分 10 个坝段，自左至右依次编号为 1 号～10 号坝段。枢纽坝顶总长 264.9 m，坝顶高程 1461.4 m，河床坝基开挖至微风化上部基岩，坝基高程 1360.5 m，最大坝高 100.9 m，坝顶宽 8.2 m。大坝左右两岸为非溢流坝，河床段为溢流坝。挡水坝基本断面呈三角形，顶点高程即校核洪水位，接近于坝顶，下游坝坡坡比为 1∶0.75，上游坝面采用折坡，坡比为 1∶0.2。

溢流坝段位于坝体中部，为有闸控制溢流表孔溢洪道。堰顶高程 1454.0 m，溢流前沿净宽 20 m，设两孔 10×6 m 平板工作钢闸门，由坝顶固定卷扬机控制。坝顶设交通桥，桥宽 6.3 m。水库最高洪水位 1461.29 m，溢洪道堰顶最大水头 7.29 m，堰面定型设计水头取 7.0 m。溢流堰采用 WES 型实用堰，由定型设计水头确定堰顶下游的堰面曲线方程为：$y=0.0956x^{1.85}$。曲线接 1∶0.8 的斜坡段，之后接半径为 10 m 的圆弧段。由于大坝下游覆盖层厚度较小，且为尽量减少大流量泄洪时对厂房的影响，采用挑流消能方式，挑流鼻坎高程 1378.0 m，略高于下游校核洪水位。溢流面采用 C40 钢筋混凝土，两侧设钢筋混凝土导墙。闸墩采用 C25 钢筋混凝土，边墩厚 2.0 m，中墩厚 3.0 m，闸墩上游墩头，采用三圆弧曲线，闸墩头部悬出上游坝面 3.0 m，闸墩长度 11.2 m。

根据《贵州省朱昌河水库工程水工模型试验研究报告》中的试验结论，溢流面中下部属于易发生空化的区域，堰面存在空蚀破坏的可能，因此在堰面 1427.5 m 高程设置了一道掺气坎。掺气坎以 1∶10 的坡度从堰面起坎，坎长 4.0 m、高 0.8 m，坎后为低于溢流面 1.0 m 的通气槽，槽底宽 1.5 m，槽两侧以 DN1200 通气管道连通至两侧导墙顶面。两侧导墙墙身厚 2 m，1454.5 m 高程以 1∶0.75 斜坡至 1381.5 m 高程，再延伸至挑坎末端。500 年一遇校核洪峰流量为 997 $m^3/s$，相应上游水位为 1461.29 m，下泄流量为 833 $m^3/s$，下游水位为 1377.58 m；50 年一遇设计洪水洪峰流量为 641 $m^3/s$，相应上游水位为 1460.03 m，下泄流量为 618 $m^3/s$，下游水位为 1376.67 m。为防止泄洪时高速水流对溢流坝面的冲刷，堰面及边墙在 1425.0 m 高程以下采用 C40 二级配抗冲磨常态混凝土，溢流面处厚 1.0 m。大坝溢流坝段下游采用连续式挑流鼻坎挑流消能，挑流鼻坎末端高程为 1378.0 m，反弧半径 10 m，挑角 27.1°。

右岸布置发电引水系统及坝后电站厂房，进水口采用坝式进水口，位于右岸 6# 坝段，引水钢管直径 1.5 m，经贴边岔管进入电站厂房。电站厂房为右岸坝后式地面厂房，装有生态机组及汛期发电机组各一台，总装机容量为 4750 kW。左岸坝后布置提水至英武方向的坝后泵站。

供水工程由供水管线、泵站和高位水池工程等组成。

向上游刘官镇方向供水方案布置为：在库内右岸三角田村 3 组下游约 100 m 的位置修建取水泵站，位于三角田村与花甲山村之间的山坡处。取水加压后送至上游高位水池。高位水池通过有压管道重力输水至刘官镇水厂。

向下游英武方向供水方案布置为：在左岸 2# 坝段坝后修建取水泵站，泵站共布置 3 台卧式离心泵，2 用 1 备，单泵设计流量 0.066$m^3/s$，配套电机单机功率 280 kW。坝后泵站加压提水至朱昌河左岸下游方向约 600 m 处的下游高位水池，高位水池通过有压管道重力输水至英武乡小树林水厂。

# 第2章　朱昌河水库碾压混凝土重力坝应力分析

## 2.1　大坝基底应力计算

### 2.1.1　计算方法

坝体稳定采用刚体极限平衡法。坝基截面的垂直应力按下式计算：

$$\sigma_y = \frac{\sum W}{A} \pm \frac{\sum Mx}{J}$$

式中，$\sigma_y$为坝踵、坝址垂直应力，kPa；$\sum W$ 为作用于坝段上或 1 m 坝长上全部荷载(包括扬压力，下同)在坝基截面上法向力的总和，kN；$\sum W$ 为作用于坝段上或 1 m 坝长上全部荷载对坝基截面形心轴的力矩总和，kN；$A$ 为坝段或 1 m 坝长的坝基截面积，$m^2$；$x$ 为坝基截面上计算点到形心轴的距离，m；$J$ 为坝段或者 1 m 坝长的坝基截面对形心轴的惯性矩，$m^4$。

坝底情况见表 2-2-1、表 2-2-2。

表 2-2-1　计算坝段位置及坝基特性

| 典型坝段 | 位置 | 坝基岩性 |
|---|---|---|
| 挡水坝段(2＃、3＃) | 左岸坡段 | 弱风化灰岩 |
| 溢流坝段(4＃) | 河床(溢流坝段) | 微风化灰岩 |
| 挡水坝段(5＃) | 河床 | 微风化灰岩 |
| 挡水坝段(8＃) | 右岸岸坡 | 弱风化泥质粉砂岩夹泥灰岩 |
| 挡水坝段(9＃) | 右岸岸坡 | 弱风化泥质粉砂岩夹泥灰岩 |

表 2-2-2　坝基强度指标参数

| 坝基岩性 | 允许承载力/MPa |
|---|---|
| 弱风化灰岩 | 3.0～4.0 |
| $T_2g^1$(⑧坝段) | 1.5 |
| $T_2g^1$(⑨坝段) | 1.5 |

### 2.1.2　计算成果

重力坝基底应力计算成果见表 2-2-3。

**表 2-2-3　坝体沿坝基面抗滑稳定及基底应力计算成果**

| 建基面高程/m | 计算工况 | 坝趾应力/kPa | 坝踵应力/kPa |
|---|---|---|---|
| 1360.50(非溢流段) | 正常蓄水位情况 | 1647 | 303 |
| | 设计洪水情况 | 1610 | 269 |
| | 校核洪水情况 | 1656 | 208 |
| | 完建情况 | 300 | 2033 |
| 1360.50(溢流段) | 正常蓄水位情况 | 1479 | 464 |
| | 设计洪水情况 | 1443 | 428 |
| | 校核洪水情况 | 1483 | 373 |
| | 完建情况 | 283 | 2045 |
| 1364.50 | 正常蓄水位情况 | 1610 | 310 |
| | 设计洪水情况 | 1569 | 275 |
| | 校核洪水情况 | 1615 | 215 |
| | 完建情况 | 278 | 1963 |
| 1376.50 | 正常蓄水位情况 | 1455 | 227 |
| | 设计洪水情况 | 1455 | 225 |
| | 校核洪水情况 | 1500 | 162 |
| | 完建情况 | 202 | 1767 |
| 1388.50 | 正常蓄水位情况 | 1248 | 195 |
| | 设计洪水情况 | 1250 | 194 |
| | 校核洪水情况 | 1307 | 131 |
| | 完建情况 | 107 | 1608 |
| 1403.50 | 正常蓄水位情况 | 980 | 179 |
| | 设计洪水情况 | 981 | 177 |
| | 校核洪水情况 | 1044 | 109 |
| | 完建情况 | −19 | 1435 |
| 1413.50(8#坝段) | 正常蓄水位情况 | 796 | 164 |
| | 设计洪水情况 | 797 | 162 |
| | 校核洪水情况 | 859 | 94 |
| | 完建情况 | −21 | 1203 |

续表

| 建基面高程/m | 计算工况 | 坝趾应力/kPa | 坝踵应力/kPa |
|---|---|---|---|
| 1418.50 | 正常蓄水位情况 | 706 | 155 |
| | 设计洪水情况 | 707 | 154 |
| | 校核洪水情况 | 768 | 86 |
| | 完建情况 | −22 | 1088 |
| 1423.50 | 正常蓄水位情况 | 616 | 148 |
| | 设计洪水情况 | 617 | 146 |
| | 校核洪水情况 | 678 | 79 |
| | 完建情况 | −23 | 974 |
| 1433.50(9#坝段) | 正常蓄水位情况 | 438 | 136 |
| | 设计洪水情况 | 440 | 134 |
| | 校核洪水情况 | 497 | 69 |
| | 完建情况 | −23 | 748 |
| 1443.50 | 正常蓄水位情况 | 275 | 127 |
| | 设计洪水情况 | 276 | 125 |
| | 校核洪水情况 | 329 | 63 |
| | 完建情况 | −9 | 525 |

计算结果表明，运用期各种荷载组合下，坝踵垂直应力不出现拉应力，坝趾垂直应力小于坝基承载力；在施工期，坝趾出现的垂直拉应力小于规范限值 0.1 MPa，故基底应力满足规范要求。

## 2.2　坝体应力计算

### 2.2.1　计算说明

取非溢流段最大断面进行平面应变计算，采用有限元法对开挖、坝体填筑过程和校核洪水工况进行计算。第 1～13 步为坝基开挖和坝体填筑过程，第 14 步为挡水工况（校核洪水位）。

坝体和地基均采用弹性本构，单元采用平面应变单元，尺寸 0.5～4 m。计算断面采用最大非溢流段设计断面。地基上、下界限分别距坝踵、坝趾 50 m，地基下界取 1290 m 高程。

坝体综合弹模取 30 GPa，容重 24 kN/m$^3$，大坝建基于微风化灰岩，坝基弹模 5 GPa，容重 27.2 kN/m$^3$。

计算模型和成果见图 2-2-1。

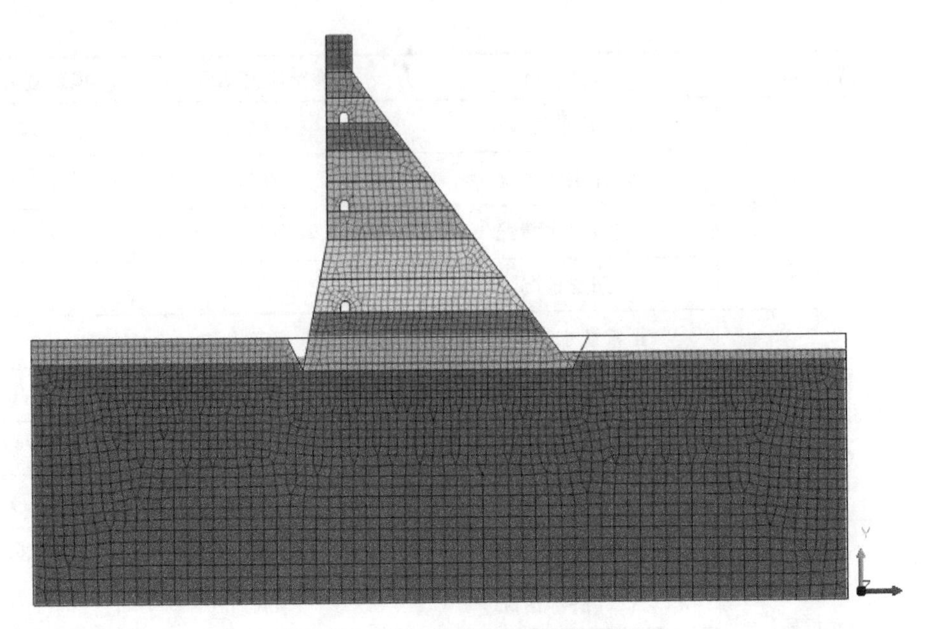

图 2-2-1　有限元计算模型示意图

## 2.2.2　计算成果

混凝土的允许应力应按混凝土的极限强度除以相应的安全系数确定。坝体混凝土抗压安全系数对基本组合取 4.0，校核洪水取 3.5。《贵州盘县朱昌河水库工程大坝混凝土配合比及混凝土热学与力学特性试验研究》数据见表 2-2-4。

表 2-2-4　碾压混凝土力学性能

| 混凝土类型 | 编号 | 抗压强度/MPa | | | | |
|---|---|---|---|---|---|---|
| | | 7d | 14d | 28d | 90d | 180d |
| $C_{180}$20W8F50 碾压 | Z3-2 | 4.1 | 9.7 | 18.3 | 23.2 | 27.4 |
| $C_{180}$15W4F50 碾压 | Z4-2 | 6.0 | 8.1 | 12.7 | 17.2 | 20.1 |
| $C_{180}$20W6F50 变态 | Z5-2 | 5.4 | 9.0 | 15.3 | 21.0 | 24.6 |

取 $C_{180}$15W4F50 在 90d 时，抗压强度为 17.2 MPa，基本组合和特殊组合下许应力分别为 4.3 MPa 和 4.9 MPa。

(1)完建工况下，坝体下游面和廊道局部出现拉应力。廊道最大主拉应力为 679 kPa。坝踵最大压应力 3178 kPa，下游面最大拉应力为 56 kPa。廊道周边需要配筋(另计算)。

(2)校核工况下，坝体向下游变位 1.6 cm。

坝体最大主压力 3757 MPa(坝趾)，小于混凝土允许压力；坝踵出现拉应力，坝踵三角体最大拉应力 834 kPa；坝踵底面拉应力 34 kPa，受拉应力底面宽度 1.5 m。坝底宽 83.6 m；坝踵到帷幕中心线的距离为 12.5 m。故上游面拉应力区宽度小于 0.07 倍坝宽(5.85 m)，也小于坝踵到帷幕中心线的距离，满足规范要求。

计算数据示意图见图 2-2-2～图 2-2-4。

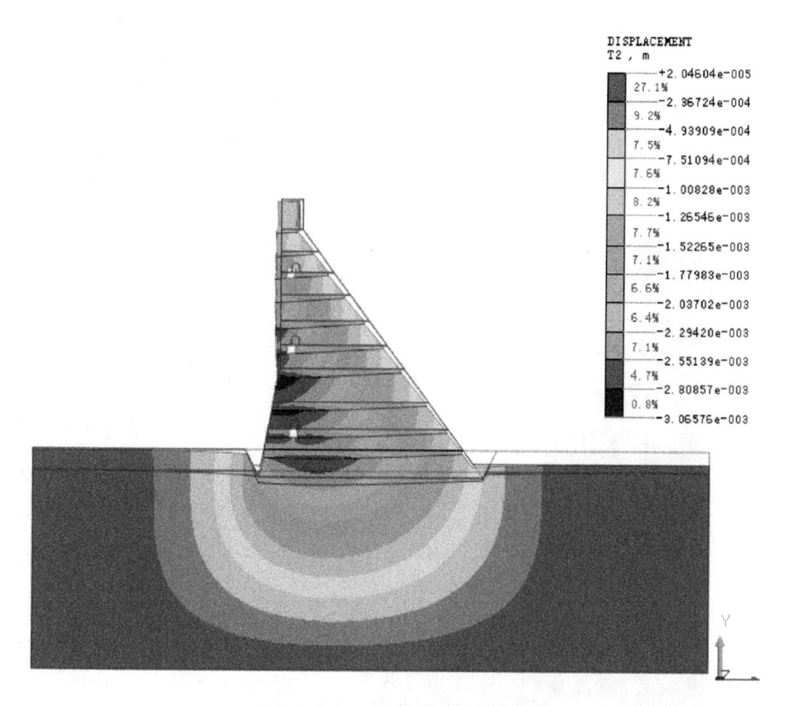


**图 2-2-2　计算位移示意图**

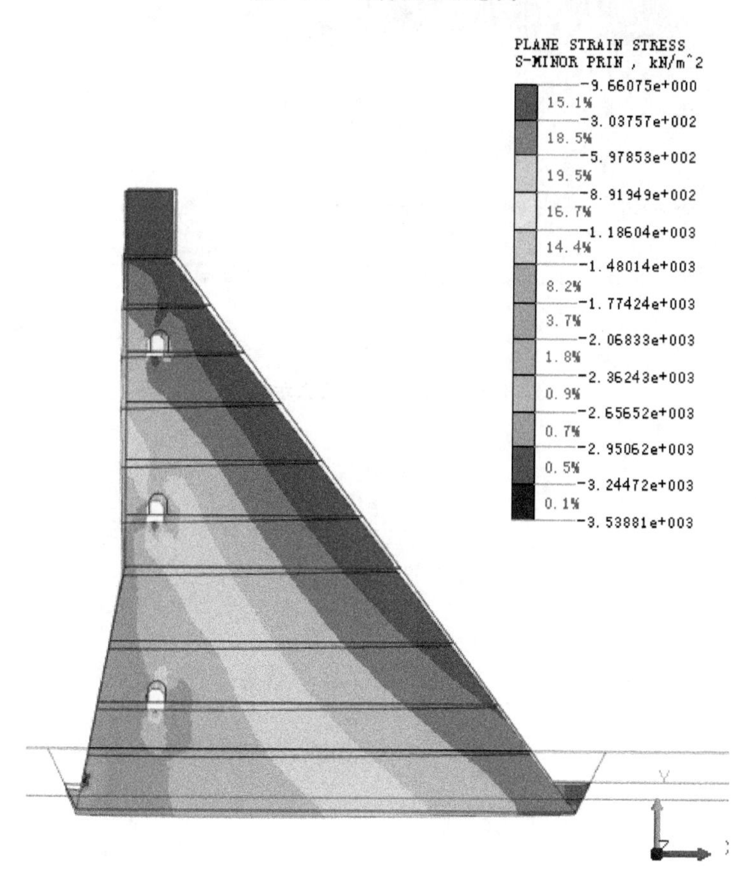


**图 2-2-3　计算主压力示意图**

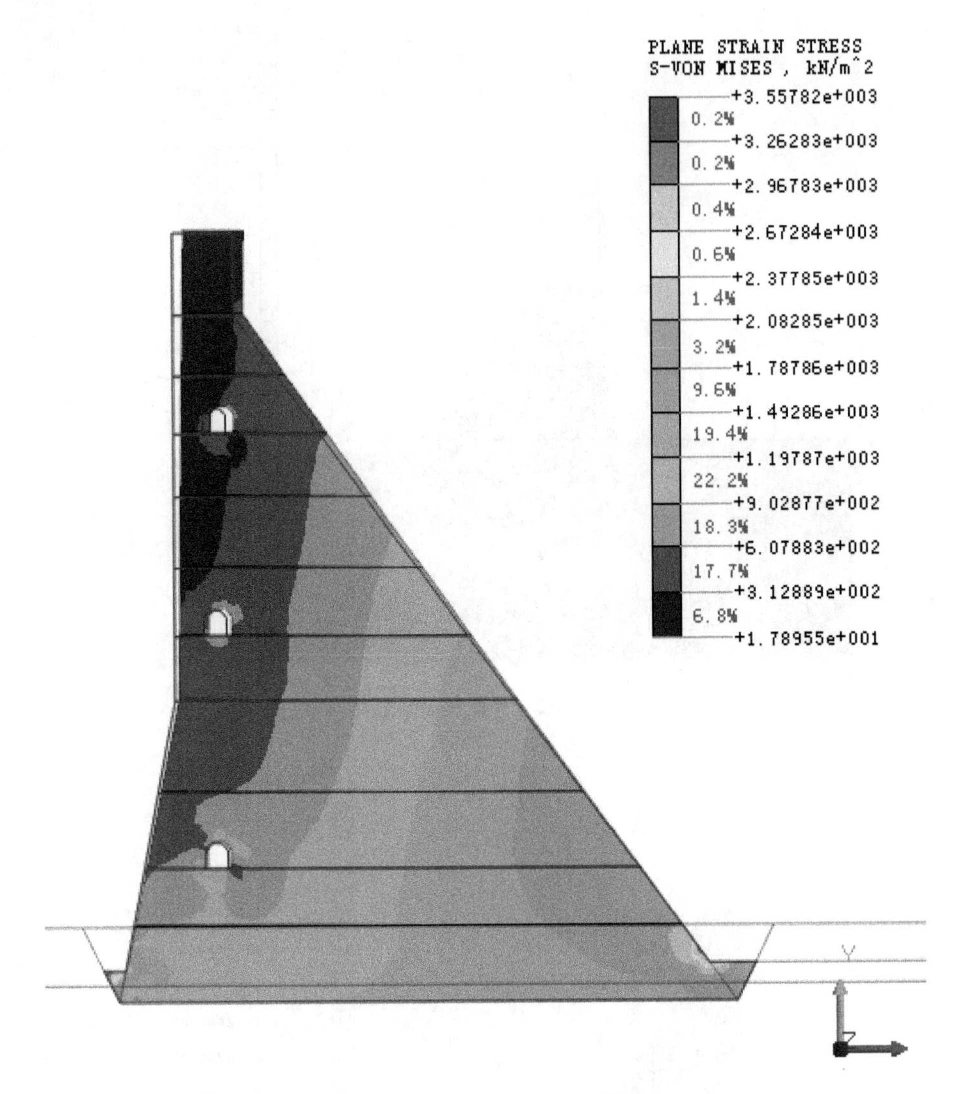


图 2-2-4　计算等效应力示意图

# 第3章　朱昌河水库碾压混凝土重力坝稳定分析

## 3.1　表层抗滑稳定

表层抗滑稳定计算采用抗剪断强度公式。岩/岩抗剪断强度 $c'_i$ 取1.2 MPa，$f'_i$ 取1.1。由于第8、9号坝段坝基为灰岩、泥灰岩和泥质粉砂岩互层，其岩/岩抗剪断强度按厚度进行加权平均取值（见表2-3-1～表2-3-3）。

**表2-3-1　第8号坝段抗剪(断)强度加权计算**

| 岩层 | 岩层厚度/m | 岩层所占比例/(%) | 岩/岩 | 岩/岩 |
|---|---|---|---|---|
| | | | $f'$ | $c'$/MPa |
| 泥质粉砂岩 | 6.9 | 19 | 0.6 | 0.4 |
| 泥灰岩 | 7.35 | 21 | 0.7 | 0.55 |
| 灰岩 | 21.3 | 60 | 1.1 | 1.2 |
| 加权平均值 | | | 0.92 | 0.91 |

**表2-3-2　第9号坝段抗剪(断)强度加权计算**

| 岩层 | 岩层厚度/m | 岩层所占比例/(%) | 岩/岩 | 岩/岩 |
|---|---|---|---|---|
| | | | $f'$ | $c'$/MPa |
| 泥质粉砂岩 | 15.4 | 43 | 0.6 | 0.4 |
| 泥灰岩 | 18.04 | 51 | 0.7 | 0.55 |
| 灰岩 | 2.2 | 6 | 1.1 | 1.2 |
| 加权平均值 | | | 0.68 | 0.53 |

**表2-3-3　表层抗滑稳定计算成果**

| 坝段位置(建基高程) | 计算工况 | 抗滑力/kN | 滑动力/kN | 抗滑安全系数 $K$ | 允许安全系数[$K$] | 是否满足规范要求 |
|---|---|---|---|---|---|---|
| 河床非溢流段(1360.5 m) | 正常蓄水情况 | 191820 | 55155 | 3.5 | 3.0 | 是 |
| | 设计洪水情况 | 188532 | 54466 | 3.5 | 3.0 | 是 |
| | 校核洪水情况 | 187871 | 55555 | 3.4 | 2.5 | 是 |
| 河床溢流段(1360.5 m) | 正常蓄水情况 | 197544 | 55155 | 3.6 | 3.0 | 是 |
| | 设计洪水情况 | 194107 | 54466 | 3.6 | 3.0 | 是 |
| | 校核洪水情况 | 193415 | 55555 | 3.5 | 2.5 | 是 |

续表

| 坝段位置（建基高程） | 计算工况 | 抗滑力/kN | 滑动力/kN | 抗滑安全系数 $K$ | 允许安全系数$[K]$ | 是否满足规范要求 |
|---|---|---|---|---|---|---|
| 河床段（1364.5 m） | 正常蓄水情况 | 177965 | 50750 | 3.5 | 3.0 | 是 |
| | 设计洪水情况 | 174887 | 50275 | 3.5 | 3.0 | 是 |
| | 校核洪水情况 | 174205 | 51352 | 3.4 | 2.5 | 是 |
| 左、右岸（1376.5 m） | 正常蓄水情况 | 147201 | 38050 | 3.9 | 3.0 | 是 |
| | 设计洪水情况 | 147101 | 38075 | 3.9 | 3.0 | 是 |
| | 校核洪水情况 | 146422 | 39110 | 3.7 | 2.5 | 是 |
| 左、右岸（1403.5 m） | 正常蓄水情况 | 81660 | 16315 | 5.0 | 3.0 | 是 |
| | 设计洪水情况 | 81656 | 16333 | 5.0 | 3.0 | 是 |
| | 校核洪水情况 | 81519 | 17033 | 4.8 | 2.5 | 是 |
| 左、右岸（1418.5 m） | 正常蓄水情况 | 55723 | 8642 | 6.5 | 3.0 | 是 |
| | 设计洪水情况 | 55720 | 8655 | 6.4 | 3.0 | 是 |
| | 校核洪水情况 | 55610 | 9167 | 6.1 | 2.5 | 是 |
| 右岸（8 号坝段）（1403.5 m） | 正常蓄水情况 | 64539 | 16315 | 4.0 | 3.0 | 是 |
| | 设计洪水情况 | 64536 | 16333 | 4.0 | 3.0 | 是 |
| | 校核洪水情况 | 64421 | 17033 | 3.8 | 2.5 | 是 |
| 右岸（8 号坝段）（1423.5 m） | 正常蓄水情况 | 24322 | 6692 | 3.6 | 3.0 | 是 |
| | 设计洪水情况 | 24320 | 6704 | 3.6 | 3.0 | 是 |
| | 校核洪水情况 | 24258 | 7152 | 3.4 | 2.5 | 是 |
| 右岸（9 号坝段）（1443.5 m） | 正常蓄水情况 | 10826 | 1392 | 7.8 | 3.0 | 是 |
| | 设计洪水情况 | 10825 | 1398 | 7.7 | 3.0 | 是 |
| | 校核洪水情况 | 10785 | 1594 | 6.8 | 2.5 | 是 |

计算表明，坝基浅层抗滑稳定满足规范要求。

## 3.2 深层抗滑稳定

深层按抗剪断强度公式进行计算。

### 3.2.1 沿缓倾上游裂隙面的单滑动面抗滑稳定

验算河床坝段 4、5 号坝段沿缓倾上游裂隙面的单滑动面抗滑稳定性。

假定坝基沿缓倾上游裂隙面的单滑动面滑动，计算简图见图 2-3-1。

抗滑稳定计算采用抗剪公式，根据地质提供的坝区赤平投影图选取 L7、L8 为可能滑动面（表 2-3-4）。

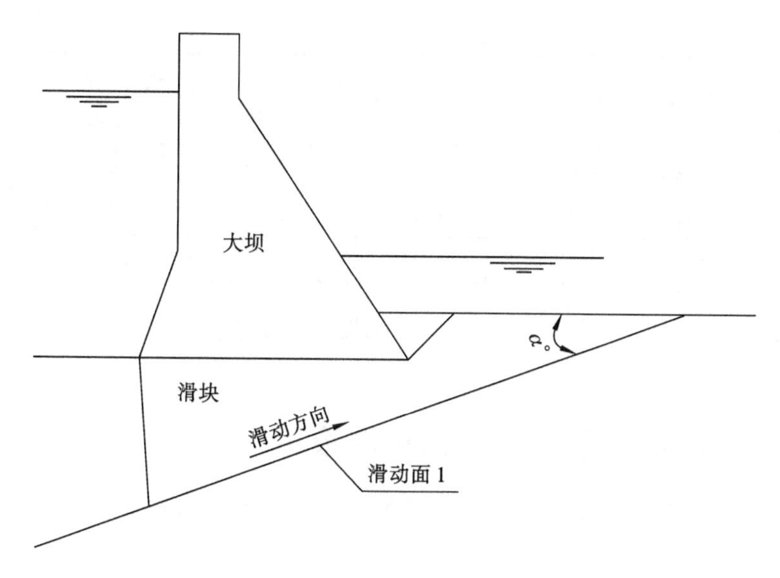


**图 2-3-1　滑动模式示意图一**

**表 2-3-4　结构面抗剪(断)强度值**

| 结构面 | 抗剪断强度 | | 抗剪强度 |
|---|---|---|---|
| | $f'$ | $c'$/MPa | $f$ |
| L7:70°～80°/NW∠25°～30° | 0.45 | 0.08 | 0.35 |
| L8:40°～45°/NW∠20°～30° | 0.6 | 0.15 | 0.50 |
| 灰岩(弱风化) | 1.1 | 1.2 | 0.7 |

根据实际情况,并从安全角度考虑,岩体裂隙连通率取50%,即滑动面抗剪(断)强度取结构面与岩体抗剪(断)强度的平均值(表2-3-5)。河床段扬压力折减系数取0.25,$\alpha$取20°。

**表 2-3-5　滑动面抗剪(断)强度值**

| 滑动面 | 抗剪断强度 | | 抗剪强度 |
|---|---|---|---|
| | $f'$ | $c'$/MPa | $f$ |
| 滑动面1 | 0.775 | 0.64 | 0.525 |

计算的工况及主要取值见表2-3-6。

**表 2-3-6　沿缓倾上游裂隙面的单滑动面抗滑稳定计算成果(按抗剪断强度计算公式)**

| 建基高程 | 计算工况 | 滑动力/kN | 抗力/kN | 抗滑安全系数 | 规范允许最小值 | 是否满足规范要求 |
|---|---|---|---|---|---|---|
| 非溢流段(1360.5 m) | 正常情况 | 71210 | 220924 | 3.10 | 3.00 | 是 |
| | 设计情况 | 69104 | 220744 | 3.19 | 3.00 | 是 |
| | 校核情况 | 70197 | 221142 | 3.15 | 2.50 | 是 |
| 溢流段(1360.5 m) | 正常情况 | 72899 | 234494 | 3.22 | 3.00 | 是 |
| | 设计情况 | 70710 | 234315 | 3.31 | 3.00 | 是 |
| | 校核情况 | 71805 | 234718 | 3.27 | 2.50 | 是 |

续表

| 建基高程 | 计算工况 | 滑动力/kN | 抗力/kN | 抗滑安全系数 | 规范允许最小值 | 是否满足规范要求 |
| --- | --- | --- | --- | --- | --- | --- |
| 溢流段(1364.5 m) | 正常情况 | 66665 | 204888 | 3.07 | 3.00 | 是 |
| | 设计情况 | 64824 | 204765 | 3.16 | 3.00 | 是 |
| | 校核情况 | 65901 | 205154 | 3.11 | 2.50 | 是 |

计算表明，沿缓倾上游裂隙面的单滑动面抗滑稳满足规范要求。设计考虑采用抗滑齿槽方案来解决。

### 3.2.2 沿岩层面的双滑动面抗滑稳定

左岸为顺向坡，假设左岸坝基沿岩层面(滑动面 1)＋结构面(滑动面 2)滑动，示意图见图 2-3-2。

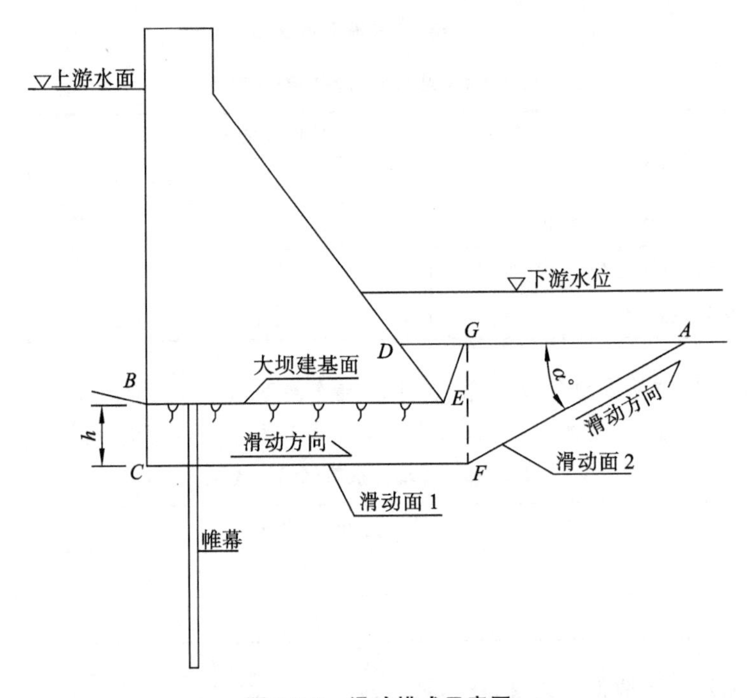


图 2-3-2 滑动模式示意图

抗滑稳定计算分别采用抗剪断公式和抗剪公式，其中滑动面 1 的抗剪(断)强度取岩层面的抗剪(断)强度；滑动面 2 根据左岸赤平投影图选取结构面 L2-2(29°/NW∠25°)和 L4-2(65°/NW∠35°)，在裂隙面倾角取 25°～35°，考虑岩体裂隙连通率为 50%，抗剪强度取岩体与结构面抗剪强度的平均值(表 2-3-7、表 2-3-8)。扬压力折减系数取 0.35。按等安全系数法，求解不同 $h$ 下的安全系数，并搜索最小安全系数。

表 2-3-7 结构面抗剪(断)强度值

| 结构面 | 抗剪断强度 | | 抗剪强度 |
| --- | --- | --- | --- |
| | $f'$ | $c'$/MPa | $f$ |
| 岩层面 | 0.6 | 0.15 | 0.55 |

续表

| 结构面 | 抗剪断强度 | | 抗剪强度 |
|---|---|---|---|
| | $f'$ | $c'$/MPa | $f$ |
| L2-2(29°/NW∠25°) | 0.6 | 0.15 | 0.5 |
| L4-2(65°/NW∠35°) | 0.6 | 0.15 | 0.5 |
| 灰岩(弱风化) | 1.1 | 1.2 | 0.7 |

**表 2-3-8　滑动面抗剪(断)强度值**

| 滑动面 | 抗剪断强度 | | 抗剪强度 | 备注 |
|---|---|---|---|---|
| | $f'$ | $c'$/MPa | $f$ | |
| 滑动面 1 | 0.6 | 0.15 | 0.55 | 岩层面 |
| 滑动面 2 | 0.85 | 0.675 | 0.6 | 岩体+裂隙 |

计算的工况及主要结果见表 2-3-9。

**表 2-3-9　沿岩层面的双滑动面抗滑稳定计算结果**

| 计算位置 | 计算工况 | 按抗剪断公式计算 | | |
|---|---|---|---|---|
| | | 抗滑安全系数 $K'$ | 规范允许最小值[$K'$] | 是否满足规范要求 |
| 左岸(1364.5 m) | 正常蓄水情况 | 1.4 | 3.0 | 否 |
| | 设计洪水情况 | 1.4 | 3.0 | 否 |
| | 校核洪水情况 | 1.4 | 2.5 | 否 |
| 左岸(1376.5 m) | 正常蓄水情况 | 1.6 | 3.0 | 否 |
| | 设计洪水情况 | 1.6 | 3.0 | 否 |
| | 校核洪水情况 | 1.5 | 2.5 | 否 |
| 左岸(1388.5 m) | 正常蓄水情况 | 1.7 | 3.0 | 否 |
| | 设计洪水情况 | 1.7 | 3.0 | 否 |
| | 校核洪水情况 | 1.7 | 2.5 | 否 |
| 左岸(1413.5 m) | 正常蓄水情况 | 2.5 | 3.0 | 否 |
| | 设计洪水情况 | 2.5 | 3.0 | 否 |
| | 校核洪水情况 | 2.3 | 2.5 | 否 |
| 左岸(1418.5 m) | 正常蓄水情况 | 2.6 | 3.0 | 否 |
| | 设计洪水情况 | 2.6 | 3.0 | 否 |
| | 校核洪水情况 | 2.5 | 2.5 | 否 |
| 左岸(1423.5 m) | 正常蓄水情况 | 3.0 | 3.0 | 是 |
| | 设计洪水情况 | 3.0 | 3.0 | 是 |
| | 校核洪水情况 | 2.8 | 2.5 | 是 |

续表

| 计算位置 | 计算工况 | 按抗剪断公式计算 | | |
|---|---|---|---|---|
| | | 抗滑安全系数 $K'$ | 规范允许最小值[$K'$] | 是否满足规范要求 |
| 左岸(1433.5 m) | 正常蓄水情况 | 4.2 | 3.0 | 是 |
| | 设计洪水情况 | 4.2 | 3.0 | 是 |
| | 校核洪水情况 | 3.8 | 2.5 | 是 |

经计算坝基及左岸 1418.5 m 高程及以下坝体沿岩层面的双滑面抗滑稳定不能满足规范要求。设计考虑采用抗滑齿槽方案来解决。

## 3.2.3 沿缓倾结构面的双滑动面抗滑稳定

假设大坝坝基沿岩体剪出面(滑动面 1)+缓倾结构面(滑动面 2)滑动,计算简图见图2-3-3。

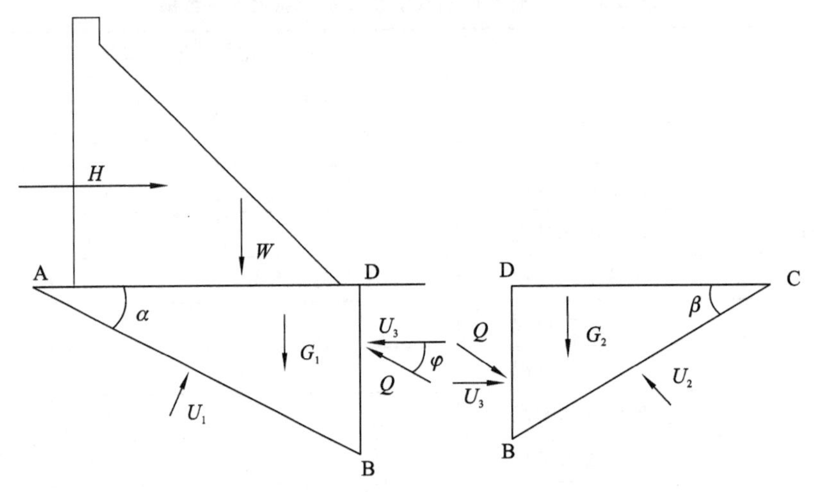


图 2-3-3 滑动模式示意图

抗滑稳定计算采用抗剪断公式和等稳定法,其中滑动面 1 的抗剪(断)强度取岩体抗剪(断)强度,滑动面 2 按赤平投影图选取,取岩层抗剪(断)强度与结构面抗剪(断)强度的平均值(考虑岩体裂隙连通率为 50%)。滑动面组合、计算工况及主要取值见表 2-3-10、表 2-3-11。

表 2-3-10 结构面抗剪(断)强度值

| 滑动面 | | 结构面 | 倾角 | 抗剪断强度 | | 抗剪强度 |
|---|---|---|---|---|---|---|
| | | | | $f'$ | $c'$/MPa | $f$ |
| 滑动面 1 | | | | 1.1 | 1.2 | 0.7 |
| 滑动面 2 | 坝基 | L8 | 20°～30° | 0.6 | 0.15 | 0.5 |
| | 左岸 | L2-2 | 25°～35° | 0.6 | 0.15 | 0.5 |
| | | L4-2 | 25°～35° | 0.6 | 0.15 | 0.5 |
| | 右岸 | L3-2 | 65° | 0.6 | 0.15 | 0.5 |
| 灰岩(弱风化) | | | | 1.1 | 1.2 | 0.7 |

**表 2-3-11　滑动面抗剪(断)强度值**

| 滑动面 | 抗剪断强度 | | 抗剪强度 | |
|---|---|---|---|---|
| | $f'$ | $c'$/MPa | $f$ | |
| 滑动面1 | 1.1 | 1.2 | 0.7 | |
| 滑动面2 | 坝基 | 0.85 | 0.675 | 0.6 |
| | 左岸 | 0.85 | 0.675 | 0.6 |
| | 右岸 | 0.85 | 0.675 | 0.6 |

扬压力折减系数河床段取0.25,岸坡段取0.35。计算的工况及主要结果见表2-3-12。

**表 2-3-12　沿缓倾结构面的双滑动面抗滑稳定计算结果表**

| 计算工况 | 计算工况 | 按抗剪断公式计算 | | |
|---|---|---|---|---|
| | | 抗滑安全系数 $K'$ | 规范允许最小值[$K'$] | 是否满足规范要求 |
| 河床非溢流段(1360.5 m) | 正常蓄水情况 | 3.91 | 3.00 | 是 |
| | 设计洪水情况 | 4.06 | 3.00 | 是 |
| | 校核洪水情况 | 4.03 | 2.50 | 是 |
| 河床溢流段(1360.5 m) | 正常蓄水情况 | 3.90 | 3.00 | 是 |
| | 设计洪水情况 | 4.05 | 3.00 | 是 |
| | 校核洪水情况 | 4.02 | 2.50 | 是 |
| 左岸(1364.5 m) | 正常蓄水情况 | 3.75 | 3.00 | 是 |
| | 设计洪水情况 | 3.88 | 3.00 | 是 |
| | 校核洪水情况 | 3.85 | 2.50 | 是 |
| 左岸(1388.5 m) | 正常蓄水情况 | 4.49 | 3.00 | 是 |
| | 设计洪水情况 | 4.48 | 3.00 | 是 |
| | 校核洪水情况 | 4.39 | 2.50 | 是 |
| 右岸(1413.5 m) | 正常蓄水情况 | 6.87 | 3.00 | 是 |
| | 设计洪水情况 | 6.86 | 3.00 | 是 |
| | 校核洪水情况 | 6.67 | 2.50 | 是 |
| 右岸(1418.5 m) | 正常蓄水情况 | 7.50 | 3.00 | 是 |
| | 设计洪水情况 | 7.50 | 3.00 | 是 |
| | 校核洪水情况 | 7.26 | 2.50 | 是 |
| 右岸(1423.5 m) | 正常蓄水情况 | 5.83 | 3.00 | 是 |
| | 设计洪水情况 | 5.83 | 3.00 | 是 |
| | 校核洪水情况 | 5.67 | 2.50 | 是 |
| 右岸(1433.5 m) | 正常蓄水情况 | 11.68 | 3.00 | 是 |
| | 设计洪水情况 | 11.68 | 3.00 | 是 |
| | 校核洪水情况 | 10.52 | 2.50 | 是 |

经计算，各坝基沿缓倾结构面的双滑动面抗滑稳定均能满足规范要求。

### 3.2.4 沿三滑动面滑动的抗滑稳定

假设大坝坝基沿层面(滑动面 1)+岩体裂隙(滑动面 2)+岩体剪出面(后滑动面)滑动，滑动模式见图 2-3-4。

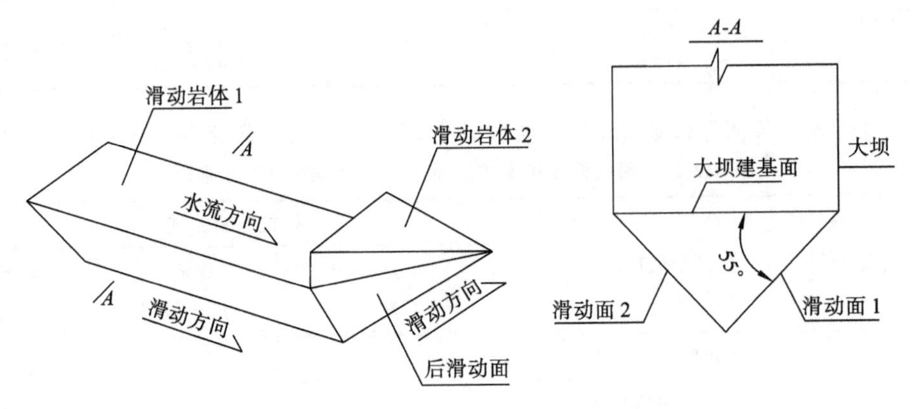


图 2-3-4 滑动模式示意图

抗滑稳定计算采用抗剪断公式。滑动面 2 和后滑面按赤平投影图选取(见表 2-3-13)，滑动面 2 和后滑动面的抗剪(断)强度取岩体抗剪(断)强度与裂隙面抗剪(断)强度的平均值(考虑岩体裂隙连通率为 50%)。

表 2-3-13 结构面抗剪(断)强度值

| 滑动面 | | 结构面 | 倾角/(°) | 抗剪断强度 | | 抗剪强度 |
|---|---|---|---|---|---|---|
| | | | | $f'$ | $c'$/MPa | $f$ |
| 滑动面 1 | | | 55 | 0.6 | 0.15 | 0.55 |
| 滑动面 2 | 坝基 | L7 | 25～30 | 0.6 | 0.15 | 0.5 |
| | 左岸 | L4-2 | 35 | 0.6 | 0.15 | 0.5 |
| | 右岸 | L4-1 | 35～45 | 0.55 | 0.10 | 0.45 |
| 后滑动面 | 坝基 | L8 | 20～30 | 0.6 | 0.15 | 0.5 |
| | 左岸 | L2-2、L4-2 | 25～35 | 0.6 | 0.15 | 0.5 |
| | 右岸 | L3-2 | 65 | 0.6 | 0.15 | 0.5 |
| 灰岩(弱风化) | | | | 1.1 | 1.2 | 0.7 |

计算采用等稳定法，对滑动面 2 与后滑面采用不同倾角进行试算，搜寻最危险滑动面组合，求最小抗滑稳定安全系数(表 2-3-14、表 2-3-15)。

**表 2-3-14　滑动面抗剪(断)强度值**

| 滑动面 | | 抗剪断强度 | | 抗剪强度 |
|---|---|---|---|---|
| | | $f'$ | $c'$/MPa | $f$ |
| 滑动面 1 | | 0.6 | 0.15 | 0.55 |
| 滑动面 2 | 坝基 | 0.85 | 0.675 | 0.6 |
| | 左岸 | 0.85 | 0.675 | 0.6 |
| | 右岸 | 0.825 | 0.65 | 0.575 |
| 后滑动面 | 坝基 | 0.85 | 0.675 | 0.6 |
| | 左岸 | 0.85 | 0.675 | 0.6 |
| | 右岸 | 0.85 | 0.675 | 0.6 |

**表 2-3-15　三滑动面组合浅层抗滑稳定计算结果表**

| 计算工况 | 计算工况 | 按抗剪断公式计算 | | |
|---|---|---|---|---|
| | | 抗滑安全系数 $K'$ | 规范允许最小值[$K'$] | 是否满足规范要求 |
| 河床非溢流段(1360.5 m) | 正常蓄水情况 | 3.09 | 3.00 | 是 |
| | 设计洪水情况 | 3.08 | 3.00 | 是 |
| | 校核洪水情况 | 3.02 | 2.50 | 是 |
| 河床溢流段(1360.5 m) | 正常蓄水情况 | 3.11 | 3.00 | 是 |
| | 设计洪水情况 | 3.10 | 3.00 | 是 |
| | 校核洪水情况 | 3.03 | 2.50 | 是 |
| 左岸(1364.5 m) | 正常蓄水情况 | 3.31 | 3.00 | 是 |
| | 设计洪水情况 | 3.28 | 3.00 | 是 |
| | 校核洪水情况 | 3.20 | 2.50 | 是 |
| 左岸(1388.5 m) | 正常蓄水情况 | 3.43 | 3.00 | 是 |
| | 设计洪水情况 | 3.42 | 3.00 | 是 |
| | 校核洪水情况 | 3.31 | 2.50 | 是 |
| 右岸(1413.5 m) | 正常蓄水情况 | 4.55 | 3.00 | 是 |
| | 设计洪水情况 | 4.55 | 3.00 | 是 |
| | 校核洪水情况 | 4.40 | 2.50 | 是 |
| 右岸(1418.5 m) | 正常蓄水情况 | 4.76 | 3.00 | 是 |
| | 设计洪水情况 | 4.76 | 3.00 | 是 |
| | 校核洪水情况 | 4.59 | 2.50 | 是 |
| 右岸(1423.5 m) | 正常蓄水情况 | 4.64 | 3.00 | 是 |
| | 设计洪水情况 | 4.64 | 3.00 | 是 |
| | 校核洪水情况 | 4.49 | 2.50 | 是 |

续表

| 计算工况 | 计算工况 | 按抗剪断公式计算 | | |
| --- | --- | --- | --- | --- |
| | | 抗滑安全系数 $K'$ | 规范允许最小值[$K'$] | 是否满足规范要求 |
| 右岸(1433.5 m) | 正常蓄水情况 | 5.89 | 3.00 | 是 |
| | 设计洪水情况 | 5.89 | 3.00 | 是 |
| | 校核洪水情况 | 5.56 | 2.50 | 是 |

经计算，各高程坝基三滑面组合的抗滑稳定均能满足规范要求。

## 3.3 侧向稳定

由于岸坡坝段较陡，受坝基岩层面、结构面或坝基面的影响，在自重和扬压力的作用下，坝体有向河床滑动的可能。

侧向稳定采用抗剪断强度公式计算：

$$K=\frac{\sum f'_i(\sum W_i\cos\alpha_i-U_i)+\sum c'_iA_i}{\sum W_i\sin\alpha_i}$$

式中，$W_i$ 为作用于第 $i$ 段滑动面上的全部荷载(包括扬压力，下同)对滑动平面的法向分值，kN；$U_i$ 为作用于第 $i$ 段滑动面的扬压力；$\alpha_i$ 为第 $i$ 段坝基倾斜面与水平面的夹角；$c'_i$ 为第 $i$ 段滑动面抗剪断黏聚力；$A_i$ 为第 $i$ 段接触面积；$f'_i$ 为第 $i$ 段滑动面抗剪断摩擦系数。

坝体侧向稳定取岸坡整体坝段进行计算。坝基或结构面斜坡坡度不同时，分段分别计算滑动面抗滑力和滑动力。其中，斜坡面参数按层面取值，水平段按混凝土/岩取值。由于第 8、9 号坝段坝基为灰岩、泥灰岩和泥质粉砂岩互层，水平面或斜坡面的混凝土/岩抗剪强度分别按厚度进行加权平均取值。计算的工况及主要取值见表 2-3-16。

**表 2-3-16 计算的工况及主要取值**

| | | | | | | | |
| --- | --- | --- | --- | --- | --- | --- | --- |
| 1 号坝段(左岸) | 渗透压力强度系数 | 0.35 | | | | | |
| | 基面高程/m | 1418.5 | 1461.4 | | | | |
| | 水平投影长度/m | | 30.45 | | | | |
| | $c'$/kPa | | 150 | | | | |
| | $f'$ | | 0.6 | | | | |
| 2 号坝段(左岸) | 渗透压力强度系数 | 0.35 | | | | | |
| | 基面高程/m | 1388.5 | 1418.5 | | | | |
| | 水平投影长度/m | | 27 | | | | |
| | $c'$/kPa | | 150 | | | | |
| | $f'$ | | 0.6 | | | | |

续表

| | | | | | | | |
|---|---|---|---|---|---|---|---|
| 3 号坝段（左岸） | 渗透压力强度系数 | 0.35 | | | | | |
| | 基面高程/m | 1364.5 | 1388.5 | | | | |
| | 水平投影长度/m | | 20 | | | | |
| | $c'$/kPa | | 150 | | | | |
| | $f'$ | | 0.6 | | | | |
| 6 号坝段 | 渗透压力强度系数 | 0.35 | | | | | |
| | 基面高程/m | 1364.5 | 1364.5 | 1376.5 | 1376.5 | 1400 | 1400 |
| | 水平投影长度/m | | 2 | 6 | 12 | 6 | 4 |
| | $c'$/kPa | | 900 | 900 | 900 | 900 | 900 |
| | $f'$ | | 1 | 1 | 1 | 1 | 1 |
| 8 号坝段 | 渗透压力强度系数 | 0.35 | | | | | |
| | 基面高程/m | 1403.5 | 1403.5 | 1413.5 | 1413.5 | 1423.5 | 1423.5 |
| | 水平投影长度/m | | 6.5 | 5 | 9 | 5 | 4.5 |
| | $c'$/kPa | | 900 | 900 | 650 | 500 | 750 |
| | $f'$ | | 1 | 1 | 0.85 | 0.75 | 0.9 |
| 9 号坝段 | 渗透压力强度系数 | 0.35 | | | | | |
| | 基面高程/m | 1423.5 | 1423.5 | 1433.5 | 1433.5 | 1443.5 | 1443.5 |
| | 水平投影长度/m | | 5 | 5 | 9 | 5 | 6 |
| | $c'$/kPa | | 750 | 400 | 600 | 600 | 400 |
| | $f'$ | | 0.9 | 0.7 | 0.8 | 0.8 | 0.7 |

## 3.3.1 岸坡独立坝段的侧向稳定

根据坝体结构分缝，取岸坡独立坝段作为计算单元进行自稳侧滑稳定计算。计算中计及自重、水重和扬压力等，但不考虑相邻坝段间的相互作用。滑动模式见图 2-3-5。

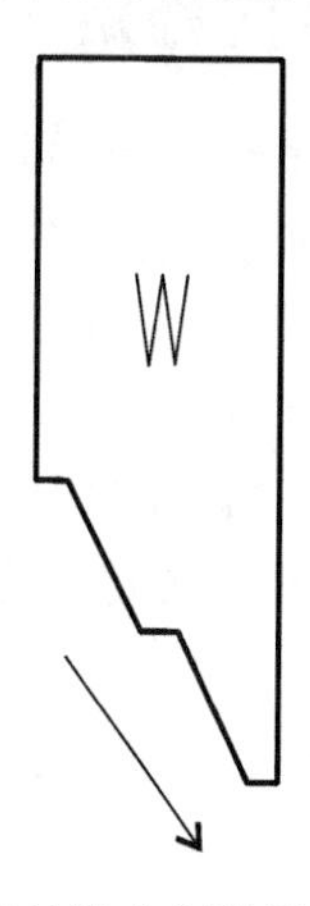


图 2-3-5　岸坡独立坝段侧向滑动模式

岸坡独立坝段的侧向稳定计算结果见表 2-3-17。

**表 2-3-17　坝段侧向稳定计算结果**

| 坝段 | 计算工况 | 平行滑动面滑动力/kN | 滑动面总滑抗力/kN | 侧向抗滑安全系数 $K'$ | 允许的安全系数$[K']$ | 是否满足规范要求 |
|---|---|---|---|---|---|---|
| 1 号坝段 | 正常蓄水情况 | 154812 | 203807 | 1.3 | 3.0 | 否 |
| | 设计洪水情况 | 154812 | 203806 | 1.3 | 3.0 | 否 |
| | 校核洪水情况 | 154812 | 202620 | 1.3 | 2.5 | 否 |
| 2 号坝段 | 正常蓄水情况 | 647242 | 552541 | 0.9 | 3.0 | 否 |
| | 设计洪水情况 | 647246 | 552509 | 0.9 | 3.0 | 否 |
| | 校核洪水情况 | 647440 | 551156 | 0.9 | 2.5 | 否 |
| 3 号坝段 | 正常蓄水情况 | 1107508 | 757909 | 0.7 | 3.0 | 否 |
| | 设计洪水情况 | 1109561 | 751268 | 0.7 | 3.0 | 否 |
| | 校核洪水情况 | 1110871 | 749103 | 0.7 | 2.5 | 否 |
| 6 号坝段 | 正常蓄水情况 | 773423 | 4126632 | 5.3 | 3.0 | 是 |
| | 设计洪水情况 | 774162 | 4128947 | 5.3 | 3.0 | 是 |
| | 校核洪水情况 | 775041 | 4138383 | 5.3 | 2.5 | 是 |
| 8 号坝段 | 正常蓄水情况 | 192570 | 1563179 | 8.1 | 3.0 | 是 |
| | 设计洪水情况 | 192570 | 1563131 | 8.1 | 3.0 | 是 |
| | 校核洪水情况 | 192570 | 1561101 | 8.1 | 2.5 | 是 |
| 9 号坝段 | 正常蓄水情况 | 70610 | 608474 | 8.6 | 3.0 | 是 |
| | 设计洪水情况 | 70610 | 608449 | 8.6 | 3.0 | 是 |
| | 校核洪水情况 | 70610 | 607386 | 8.6 | 2.5 | 是 |

经计算，1、2、3 号独立坝段的侧向自稳不满足规范要求，6、8、9 号独立坝段的侧向自稳满足规范要求。

### 3.3.2　整体岸坡坝段的侧向稳定

1、2、3 号坝段位于左岸，各独立坝体结构段的侧向自稳不满足规范要求。现在根据筑坝实际情况，大坝碾压混凝土施工采用通仓碾压，各坝段填筑过程中均匀上升，且坝段间分缝为诱导缝，横缝成缝采用先碾后切方式，每层碾压混凝土成缝面积应不小于设计面积的 60%，因此，各坝段坝轴线方向存在约束作用。

取 1、2、3 号坝段为整体单元来计算整体岸坡坝段的侧向稳定，并考虑相邻坝段的水平约束。根据《贵州盘县朱昌河水库工程大坝混凝土配合比及混凝土热学与力学特性试验研究》，$C_{180}$15W4F50 碾压混凝土 90 天抗压力强度为 17.2 MPa，考虑安全系数 4，则其允许抗压应力为 17.2/4=4.3 (MPa)。坝段间约束的水平抗力按 $F_b=4.3\times A$（$A$ 为坝段横断面未切缝面积）计算。

侧向稳定计算模式见图 2-3-6。

坝段沿坝基侧向整体抗滑稳定成果见表 2-3-18。

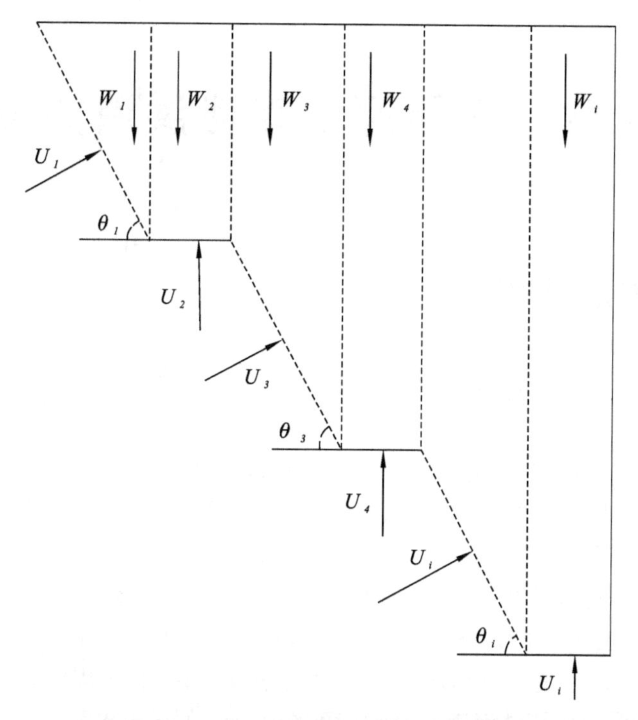


**图 2-3-6　整体岸坡坝段的侧向稳定计算模式**

**表 2-3-18　坝段沿坝基侧向整体抗滑稳定成果**

| 坝段 | 计算工况 | 平行滑动面滑动力/kN | 滑动面总滑抗力/kN | 侧向抗滑安全系数 $K'$ | 允许的安全系数$[K']$ | 是否满足规范要求 |
|---|---|---|---|---|---|---|
| 1、2、3 号坝段整体 | 正常蓄水情况 | 1909561 | 11943501 | 6.25 | 3.0 | 是 |
| | 设计洪水情况 | 1911620 | 11936827 | 6.24 | 3.0 | 是 |
| | 校核洪水情况 | 1913123 | 11932122 | 6.24 | 2.5 | 是 |

经计算，1、2、3 号坝段整体侧向抗滑满足规范要求。

# 第4章 朱昌河水库泄洪消能设计

## 4.1 泄洪建筑物设计

### 4.1.1 溢流表孔控制方式选择

泄水建筑物的布置原则为:泄流能力满足泄洪调度要求,尽量减小对下游河床及岸坡的冲刷,同时保证泄水建筑物的运行安全可靠,方便调度管理。

本工程对溢流表孔采用设闸和自由溢流两种方案进行比较。

设闸方案采用3孔泄洪孔口,每孔净宽10 m,总溢流宽度30 m;堰顶高程1455.0 m,经调洪演算,校核洪水位为1460.78m($P$=0.2%),设计洪水位与正常蓄水位为1460.0 m,相应坝顶高程1462.5 m,坝高110 m;表孔设一道平板工作闸门,由固定式卷扬机启闭。

自由溢流方案采用两孔溢流表孔,每孔净宽15 m,总溢流宽度30 m;堰顶高程1460.0 m,与正常蓄水位相同,经调洪演算,校核洪水位为1466.54m($P$=0.2%),设计洪水位为1464.68 m,相应坝顶高程1468.0 m,坝高115.5 m。

本工程泄量不大,泄洪规模较小,在相同正常蓄水位条件下,经计算两种方案都能满足当量洪水下泄的要求。自由溢流方案校核洪水位比正常蓄水位壅高6.54 m,而设闸方案增加三套工作闸门及其配套启闭设备,通过闸门控泄使校核洪水位略高于正常蓄水位,这样坝高会减少5.5 m,从而减少土建投资及移民占地投资。这两种方案的投资差别估算见表2-4-1。

**表2-4-1 设闸和自由溢流方案投资估算差别**

| 项目 | 单位 | 设闸方案 | 自由溢流方案 |
| --- | --- | --- | --- |
| 土石方开挖 | $m^3$ | — | 3273 |
| 坝体混凝土 | $m^3$ | — | 51359 |
| 闸门及启闭设备 | t | 180 | — |
| 移民占地投资 | 万元 | — | 596 |
| 总投资 | 万元 | — | 1879 |

从表中可知设闸方案工程总投资较自由溢流方案节省1879万元,为较优方案,故择优推荐。

### 4.1.2 溢流表孔孔数及堰顶高程选择

坝址处河谷狭窄,左岸地形坡度50°~60°,右岸地形坡度30°~40°,枯水期河床宽3~5 m,水深1~2 m。河床上覆第四系松散沉积物为漂卵砾石层,厚0.40~4.20 m,左岸大部分基岩裸露,局部残坡积层厚1.0~2.20 m,右岸残坡积层厚1.0~4.50 m,河床基岩为弱风化

～微风化状灰岩。根据坝址地形地质条件，泄水建筑物的布置应尽量利用河床，少开挖两岸岸坡。确保泄水主流归顺于原河床，减少对两岸岸坡的冲刷。

溢流表孔的孔数及堰顶高程组合方案的前提是各方案的泄流能力接近，大坝高度不改变。根据泄洪规模及参照其他类似工程经验考虑选取 2 孔、3 孔两个方案进行比较，各方案孔口特性见表 2-4-2。

**表 2-4-2　孔口比较特性**

| 孔数 | 孔口尺寸 /(m×m) | 溢流宽度/m | 堰顶高程/m | 边墩/中墩厚度/m | 最大单宽流量 /($m^3$/s) | 溢流坝段总宽/m |
|---|---|---|---|---|---|---|
| 2 | 10×6 | 20 | 1454 | 2/3 | 41.7 | 27 |
| 3 | 8×5 | 24 | 1455 | 2/3 | 34.7 | 34 |

从表中可以看出，3 孔方案溢流坝段前缘较长，岸坡开挖范围较大，对大坝下游两岸岸坡（尤其左岸顺向坡）冲刷影响较大，岸坡扩挖防护工程量加大，挤占坝后厂房布置位置，形成较高边坡。2 孔方案最大单宽流量 41.7 $m^3$/s，单宽流量稍大，坝址河床为弱风化灰岩，为硬岩，对消能防冲难度影响不大，且下游消能水流能完全归槽，岸坡扩挖防护工程量适当，投资较省，综合分析比较，推荐 2 孔方案，即泄流净宽为 20 m，堰顶高程为 1454 m。

### 4.1.3　溢流坝结构布置

表孔溢流坝段布置于河床中部，桩号坝 0+083.50～坝 0+110.50，设 2 孔泄洪闸，单孔净宽 10.0 m，坝顶高程与非溢流坝段齐平，为 1461.4 m。堰顶高程 1454.0 m，堰顶上游堰面曲线为两圆弧，下游采用 WES 幂曲线 $y=0.127x^{1.85}$，进口设工作闸门一道，堰面曲线下游与 1∶0.75 斜坡相切连接，后接半径为 10 m 的反弧段，挑角 27.1°。闸墩边墩厚度 2 m，中墩厚度 3.0 m，顺水长度 12.5 m，墩顶依次布置启闭排架及坝顶公路桥，公路桥宽 5 m。两边墩下游接导墙，墙身厚 2 m，1454.5 m 高程以 1∶0.75 斜坡至 1381.5 m 高程，再延伸至挑坎末端。500 年一遇校核洪峰流量为 997 $m^3$/s，相应上游水位 1461.29 m，下泄流量 833 $m^3$/s，下游水位 1377.58 m；50 年一遇设计洪水洪峰流量 641 $m^3$/s，相应上游水位 1460.03 m，下泄流量 618 $m^3$/s，下游水位 1376.67 m。为防止泄洪时高速水流对溢流坝面的冲刷，堰面及边墙在 1425.0 m 高程以下采用 C40 二级配抗冲磨常态混凝土，溢流面处厚 1.0 m。

大坝溢流坝段下游采用连续式挑流鼻坎挑流消能，挑流鼻坎末端高程为 1378.0 m，反弧半径 10 m，挑角 27.1°。经水力学计算，在各工况下均能满足消能要求。

## 4.2　消能建筑物设计

溢流坝单宽流量不大，但下泄水头高，下游河床宽度较窄，为了确保岸坡不因泄水冲刷而失稳，消能区需设置必要的防护措施。由于左岸为顺向坡，因此列为重点防护区，右岸在冲刷范围内进行防护。参照国内一些工程在消能防冲设计方面的经验，选择混凝土护坡+锚喷措施对两岸进行防护。根据挑流计算结果来看，下游河床中央冲坑最深 10.6 m，位于坝下约 162 m，冲坑对大坝的稳定安全不构成威胁。经综合分析，防护措施如下。

左岸护坡防护范围为坝下 0+130～坝下 0+280，总长 150 m；右岸护坡防护范围为坝下

0+210～坝下 0+280，总长 70 m。混凝土护坡坡顶高程按消能防冲洪水位加超高来确定，为 1378 m。护坡坡比 1∶0.6，设锚杆和排水孔，锚杆直径 25 mm，长 5 m，间排距 3 m，排水孔直径 80 mm，长 4 m，间排距 4 m。护坡以上边坡按 12～15 m 一级进行开挖，坡比 1∶0.6，喷 C20 混凝土 100 mm 衬护，坡面打锚杆并设排水孔。

## 4.3 泄洪消能设计成果

### 4.3.1 泄洪能力计算

溢洪道泄流能力按规范《混凝土重力坝设计规范》SL319-2005 附录 A.3.1 中公式进行计算，计算公式如下：

$$Q = Cm\varepsilon\sigma_s B\sqrt{2g}H_w^{3/2}$$

式中，$Q$ 为流量，$m^3/s$；$B$ 为溢流堰总净宽，m；$H_w$ 为计入行进流速水头的堰上总水头，m；$m$ 为流量系数；$C$ 为上游面坡度影响修正系数；$\sigma_s$ 为淹没系数；$\varepsilon$ 为闸墩侧收缩系数。

经计算，这两种水位下的泄流能力与调洪计算结果相应的下泄流量相当，溢洪道泄流能力满足要求（表 2-4-3）。

**表 2-4-3　泄流能力计算结果**

| 计算工况 | $C$ | $m$ | $\varepsilon$ | $\sigma_s$ | $B$/m | $H_w$/m | $Q$/($m^3$/s) |
|---|---|---|---|---|---|---|---|
| 设计洪水 | 1.0 | 0.510 | 0.93 | 1.0 | 20 | 6.03 | 622.3 |
| 校核洪水 | 1.0 | 0.513 | 0.93 | 1.0 | 20 | 7.29 | 831.9 |

### 4.3.2 泄槽水面线推求

泄槽水面线按《溢洪道设计规范》（SL253—2018）进行计算。起始计算断面定在堰下收缩断面即泄槽首部，起始断面水深 $h_1$ 由下式计算：

$$h_1 = \frac{q}{\varphi\sqrt{2g(h_0 - h_1\cos\theta)}}$$

式中，$q$ 为起始计算断面单宽流量；$H_0$ 为起始计算断面渠底以上总水头；$\varphi$ 为起始计算断面流速系数，取 0.95。经计算，起始断面水深结果见表 2-4-4。

**表 2-4-4　起始断面水深计算结果表**

| 计算工况 | 单宽流量/($m^3$/(s·m)) | 总水头/m | 起始断面水深/m |
|---|---|---|---|
| 校核洪水位（$P$=0.2%） | 41.7 | 13.945 | 2.83 |
| 设计洪水位（$P$=2%） | 30.9 | 12.685 | 2.18 |

泄槽水面线根据能量方程，用分段求和法计算，计算公式如下：

$$\Delta l_{1-2} = \frac{\left(h_2\cos\theta + \frac{\alpha_2 v_2^2}{2g}\right) - \left(h_1\cos\theta + \frac{\alpha_1 v_1^2}{2g}\right)}{i - \overline{J}}$$

$$\overline{J}=\frac{n^2\overline{v}^2}{\overline{R}^{4/3}}$$

式中，$\Delta l_{1-2}$为分段长度；$h_1$ 、$h_2$ 分别为分段始、末断面水深；$v_1$ 、$v_2$ 分别为分段始、末断面平均流速；$\alpha_1$ 、$\alpha_2$ 分别为流速分布不均匀系数，取 1.05；$\theta$ 为泄槽底坡角度；$i$ 为泄槽底坡，$i=\tan\theta$ ；$\overline{J}$ 为分段内平均摩阻坡降；$n$ 为泄槽槽身糙率系数，取 0.014；$\overline{v}$ 为分段平均流速，$\overline{v}=(v_1+v_2)/2$ ；$\overline{R}$ 为分段平均水力半径，$\overline{R}=(R_1+R_2)/2$ 。

泄槽段水流掺气水深按下式计算：

$$h_b=\left(1+\frac{\zeta v}{100}\right)h$$

式中，$h$ 为泄槽计算断面的水深；$v$ 为不掺气情况下泄槽计算断面的流速；$\zeta$ 为修正系数，本工程取 1.4 s/m。泄槽掺气水深计算结果见表 2-4-5。

**表 2-4-5　泄槽掺气水深计算结果**

| 位置 | 设计洪水位情况（$P=2\%$） | | | 校核洪水位情况（$P=0.2\%$） | | |
|---|---|---|---|---|---|---|
| | 水深/m | 流速/(m/s) | 掺气水深/m | 水深/m | 流速/(m/s) | 掺气水深/m |
| 溢 0+011.74 | 2.18 | 14.19 | 2.61 | 2.83 | 14.73 | 3.41 |
| 溢 0+021.74 | 1.65 | 18.75 | 2.08 | 2.17 | 19.22 | 2.75 |
| 溢 0+031.74 | 1.39 | 22.21 | 1.82 | 1.84 | 22.69 | 2.42 |
| 溢 0+041.74 | 1.23 | 25.06 | 1.67 | 1.63 | 25.57 | 2.21 |
| 溢 0+051.74 | 1.12 | 27.48 | 1.56 | 1.48 | 28.06 | 2.07 |
| 溢 0+061.74 | 1.04 | 29.57 | 1.48 | 1.38 | 30.24 | 1.96 |
| 溢 0+071.74 | 0.98 | 31.41 | 1.42 | 1.29 | 32.19 | 1.88 |
| 溢 0+081.74 | 0.94 | 33.04 | 1.37 | 1.23 | 33.94 | 1.81 |
| 溢 0+091.74 | 0.90 | 34.48 | 1.33 | 1.17 | 35.53 | 1.76 |

泄槽边墙高度的确定应根据计入掺气后的水面线，再加上 0.5～1.5 m 的超高，从表 2-4-5 计算结果可知，校核工况为控制工况，泄槽掺气水深最大值为 3.41 m，最小值为 1.33 m，所以取泄槽边墙高度为 4.0 m。

### 4.3.3　挑流消能计算

根据《溢洪道设计规范》(SL253—2018)，本工程溢洪道消能防冲建筑物按 30 年一遇洪水设计，相应库水位 1460.0 m，下游水位 1376.4 m，溢洪道泄流量 561 $m^3/s$，挑流鼻坎末端单宽流量 24.4 $m^2/s$。

挑流消能按《溢洪道设计规范》(SL253-2018)附录 A.4 计算。挑流水舌外缘挑距按下式计算：

$$L=\frac{1}{g}\left[v_1^2\sin\theta\cos\theta+v_1\cos\theta\ \sqrt{v_1^2\sin^2\theta+2g(h_1\cos\theta+h_2)}\right]$$

式中，$L$ 为自挑流鼻坎末端算起至下游河床床面的挑流水舌外缘挑距；$\theta$ 为挑流水舌水面出射角，取为鼻坎挑角(°)；$h_1$ 为挑流鼻坎末端法向水深；$h_2$ 为鼻坎坎顶至下游河床高程差，计算冲坑最深点距鼻坎距离时取为坎顶至冲坑最深点高程差；$v_1$ 为鼻坎坎顶水面流速，$v_1=1.1v$；$v$ 为鼻坎处平均流速。

冲坑最大深度按下式计算：

$$T = kq^{1/2}Z^{1/4}$$

式中，$T$ 为自下游水面至坑底最大水垫深度；$q$ 为鼻坎末端断面单宽流量；$Z$ 为上、下游水位差；$k$ 为综合冲刷系数，本工程取为1.1。

冲坑后坡按下式计算：

$$i = \frac{t}{L_1}$$

式中，$t$ 为自下游河床床面至坑底的深度；$L_1$ 为冲坑最深点距鼻坎距离。

经计算，在30年一遇洪水情况下，坎顶流速约35.9 m/s，水舌外缘挑距约144.2 m，最大水垫深度16.4 m，冲坑深度10.0 m，冲坑后坡坡度1∶14，满足规范要求，不致危及建筑物的安全。计算结果详见表2-4-6。

**表2-4-6　挑流消能计算结果表**

| 库水位/m | 溢洪道总泄量/($m^3$/s) | 鼻坎末端单宽流量/($m^3$/(s·m)) | 鼻坎末端断面平均流速/(m/s) | 水舌外缘挑距/m | 最大水垫深度/m | 冲坑深度/m | 冲坑后坡 | 说明 |
|---|---|---|---|---|---|---|---|---|
| 1460.0 | 561 | 24.4 | 35.9 | 144.2 | 16.4 | 10.0 | 1∶14 | $P=3.33\%$ |
| 1460.03 | 618 | 26.9 | 36.3 | 147.3 | 17.2 | 10.6 | 1∶13 | $P=2\%$ |
| 1461.29 | 833 | 36.2 | 37.6 | 157.3 | 20.0 | 13.4 | 1∶11 | $P=0.2\%$ |

冲坑位置临近两岸山坡坡脚，可能对左岸顺向坡有一定影响。河床基岩为坚硬灰岩，形成计算深度的冲坑时间较长，且冲坑只是位于坡脚局部位置，考虑空间效应，不至于影响左岸顺向坡的整体稳定；为安全起见，采取系统锚杆与钢筋混凝土贴坡防护相结合的工程措施来保证冲坑段岸坡稳定。

# 第5章 朱昌河水库供水工程设计

## 5.1 输水方式选择

供水工程输水方式有压力管道输水、明渠输水、箱涵输水、隧洞输水等。其中，明渠输水和箱涵输水都属无压输水，完全利用自然地形由高向低布置输水工程，适用于流量较大、对水质要求较低、季节性供水的农业灌溉用水。地埋管道输水具有供水保证程度高、损失水量少、运行管理方便、维护工作量小、防污染性强等优点，尤其适于对供水保证率和水质要求较高、输水流量相对较小的工业供水工程。隧洞输水既可以采用明流也可以采用有压流，也可以将有压管道与隧洞结合使用，但缺点是隧洞施工较困难，造价较高。因此，尽管采用地埋管道输水造价高，但国内大量的城镇生活及工业供水工程大多采用这种方式输水。另外，采用压力输水可以克服因无压输水造成的沿线建筑物过多、工程可靠性差的缺点。

压力管道输水根据产生压力方式的不同，可分为重力水流和泵压水流两种方式。重力水流是指利用压力管线进出口的地形落差，完全利用重力形成管道内的压力水流，其特点是管道内压力波动小、适用于各种管材。但要形成重力水流，需要有合适的地形条件，以保证地形水头大于管道沿程和局部水头损失。由于管线较长，当运行时的管线实际水头损失因输水流量、糙率、水温、悬浮物含量的变化而产生波动时，就会影响管道进出口水位。因此，重力水流管线进口一般都需要设置调压池，以调压池内一定范围的水位变化来适应管道水头损失的变化。

泵压水流是利用水泵进行加压形成的管道内压力水流，其特点是对地形的适应性好，可以利用调整水泵机组的运行参数来适应管线实际水头损失的波动，目前普遍采用在加压泵站设置变频装置来实现。由于水泵机组存在启动、突然停机、电压不稳等特殊运行条件，管道内压力波动较大，对管道的水锤防护要求较高，因此，适宜采用刚性管材输水。

本工程输水线路具有如下特点。

(1)输水线路长。坝址距离上游刘官镇供水点 13 km，距离下游英武乡小树林供水点 5 km。线路布置及水力学设计要求能保证工程长期安全可靠地供水，并满足工业供水所具有的快速取水、运行灵活等特殊要求。

(2)不具备自流供水的水头差。朱昌河水库工程正常蓄水位 1460.0 m，死水位 1420 m。根据要求，在死水位工况和正常蓄水工况下都应满足供水要求，运行水位高差变化大。刘官镇供水点高程 1700 m，英武乡小树林供水点高程 1580 m，供水点与库区死水位之间高差大，无法自流供水。

(3)地形、地质条件复杂。输水线路沿线山地沟谷相间，地形起伏很大，冲沟发育，河谷深切，相对高差为 100～500 m。由于沿线地形、地质条件复杂，使得输水工程成为引水供水工程中任务最为艰巨的部分，也是工程成败的关键。

考虑以上工程特点，本工程主要采用压力管道输水方式。

## 5.2 提水分级选择

初设阶段基本选定了提水方案及取水位置，随着工程施工前期准备工作的开展，根据业主单位盘县水投公司相关工作进展，实施过程中存在征地、施工安全隐患及弃渣等问题，而且初设阶段采用的取水(一级)泵站泵组形式为立式长轴深井泵，符合本工程泵站设计参数的泵机，国内仅部分厂家具有制造能力，采购可能受限，因此本次需调整初设推荐方案的向上游刘官镇方向供水提水方案，以更好推进工程进展，向下游英武乡供水泵站为坝后泵站，不存在上述问题，不做变更。

向上游刘官镇方向供水总净扬程为 300 m，可采用两级提水方案或单级提水方案，本次变更设计对两种方案进行综合技术比较。根据现场地形地质条件，为避免征地困难，两个方案比较时，拟定取水位置调整至三角田村和东边花甲山村之间山坡，位于库内。

**1. 两级提水方案**

两级提水方案总体布置与初设类似，即布置一个库内取水(一级)泵站和一个加压(二级)泵站，加压泵站后接高位水池。

两级提水方案两个泵站可采用集中式泵房布置和分散式泵房布置。

集中式泵房布置即取水(一级)泵站和加压(二级)泵站布置在一起，优点是可集中管理，根据地形地质条件，适宜的站址高程 1455 m，取水(一级)泵站扬程 9.26～53.50 m，加压(二级)泵站扬程 255.00～260.50 m，该种布置取水(一级)泵站水泵变幅范围较大，采用一套水泵难以满足扬程变化要求，若采用两套水泵，其设备投资和土建投资将成倍增加，且运行工况复杂，后期运行维护工作量大。

分散式泵房布置即取水泵站和加压泵站按高程分开布置，加压泵站布置在较远较高的山坡上，根据地形地质条件，取水(一级)泵站适宜布置在 1455.0 m 高程山坡，扬程 167.31～214.50 m，加压(二级)泵站站址宜选择在 1620 m 高程山坡，扬程 94.00～100.50 m。水泵基本能满足要求，取水(一级)泵站由于水泵扬程变幅大，须配置变频器，以保证水泵能高效平衡运行。分散式泵房设置 2 个泵房，管理维护工作量较大。

初设推荐方案为分散式泵房布置，鉴于集中式泵房布置泵性选择难度太大，综合考虑，本次两级提水方案仍采用分散式泵房布置。

取水(一级)泵站位置调整至三角田村和东边花甲山村之间，该处地面高程 1449.0～1458.0 m，布置在库内。泵站由地面泵房、取水竖井、引水隧洞及库内进水口组成。因场地限制，安装间与主泵房布置在一起，副厂房分开单独布置。

初设阶段取水(一级)泵站布置 7 台长轴深井泵，5 用 2 备，7 台泵组接 2 根主管，会产生泵组分配不均现象，或其中 1 台水泵需与 2 根供水总管连接，要增加切换阀门，运行不便，维护工作量大。因此本阶段拟采用 4 用 2 备方案，每根供水管道连接 3 台泵组，2 根供水管不需联通，3 台泵同时运行时能满足 70%供水的要求，运行非常灵活。且从生产制造来看，5 用 2 备方案对应泵机和 4 用 2 备方案对应泵机国内均有生产厂家能够制造，同等规模水泵均已有投产运行。经济上 4 用 2 备方案也稍优，因此本次比选采用 4 用 2 备方案。

主泵房共布置 6 台长轴深井泵，4 用 2 备，单泵设计流量 0.555 $m^3/s$，配套电机单机功率 1800 kW，泵机沿圆形竖井环形布置。由库内取水口通过引水隧洞将水引至取水竖井内，再通过长轴深井泵提水至加压(二级)泵站。

加压(二级)泵站位于取水(一级)泵站上游方向约700 m,由进水池及地面泵房组成。泵站地面高程1620.66 m,主泵房内共布置4台卧式离心泵,安装高程(计至泵轴中心高程)1621.6 m,3用1备,单泵设计流量0.74 $m^3/s$,配套电机单机功率1000 kW。

**2. 单级提水方案**

单级提水方案布置为,库内取水泵站取水后,直接加压至高位水池,相比两级提水方案少了加压(二级)泵站。

取水泵站布置于三角田村和东边花甲山村之间山坡,该处地面高程1415.0～1428.0 m,布置在库内。泵站形式为整体式干室泵房。泵房拟采用圆形布置,四周为钢筋混凝土圆筒,基础坐落在弱风化灰岩上,基底高程1410.0 m,圆筒内径42.0 m,壁厚2.5 m。泵房内共布置6台卧式多级中开离心泵,4用2备,单泵设计流量0.555 $m^3/s$,安装高程1417.0 m(计至泵轴中心高程),配套电机单机功率2500 kW,为充分利用空间,泵机在泵房内前后交错布置。主泵房、副厂房等均布置在圆筒泵房内。

**3. 方案选择**

两级提水方案和单级提水方案投资对比见表2-5-1。

**表2-5-1　两级提水方案和单级提水方案投资对比**

| 方案 | 两级提水方案 | | 单级提水方案 |
|---|---|---|---|
| | 取水(一级)泵站 | 加压(二级)泵站 | |
| 泵型 | 长轴深井泵 | 卧式中开离心泵 | 卧式多级中开离心泵 |
| 单泵设计流量/($m^3/s$) | 0.555 | 0.74 | 0.555 |
| 水泵台数 | 6 | 4 | 6 |
| 建筑工程投资差额/(万元) | −3272.50 | | — |
| 机电设备及安装工程/(万元) | 3023.57 | | — |
| 金属结构设备安装工程/(万元) | −104.60 | | — |
| 其他/(万元) | −291.06 | | — |
| 征地移民投资/(万元) | 138.18 | | — |
| 工程总投资差/(万元) | −476.41 | | — |
| 运行电量/($10^4$kW·h) | 5595.43 | | 5213.20 |
| 电度电费差(按0.55元/(kW·h)计算) | 210.23 | | — |
| 基本电费/(万元/年) | 586.56 | | 499.20 |
| 基本电费差/(万元/年) | 87.36 | | — |
| 年运行电费差/(万元/年) | 297.59 | | — |
| 费用现值差额/(万元,计算周期30年,拆现率$i=8\%$) | 3350.00 | | — |

从设备制造来看,卧式双吸中开离心泵较为成熟,应用较多。长轴深井泵多用于低扬程、大流量的供水泵站或高扬程、小流量的供水泵站,符合本工程的长轴深井泵对应参数的

产品不多，仅部分厂家具有此制造能力，采购时可能受限。本工程长轴深井泵轴长约 50 m，泵轴过长、泵的振动及泵轴的摆动为制造难点。

从运行维护来看，立式长轴泵如需检修时，需将电机先拆出，造成检修工作量加大，不利于后期运行维护。单级提水方案的卧式多级中开离心泵与电动机水平布置，机组检修时，只需将水泵泵盖打开，就可以将转轮吊出检修，检修方便。

两种方案均能满足提水要求，效果一致，工程总投资来说，单级提水方案稍多 476.41 万元，但单级提水方案运行费用低，采用费用现值法综合比较的话，单级提水方案费用现值较两级提水方案节省 3350.00 万元，经济上较优。且单级提水方案泵房位于库内，无须新征用地，避免了征地困难。

综上所述，本次变更推荐采用单级提水方案。

## 5.3 线路比选

### 5.3.1 线路布置原则

(1)符合当地市政规划布局和国土局土地开发利用的要求，尽可能减小管线对土地开发的影响，确保土地资源的合理开发。

(2)输水距离应尽可能短，并尽可能顺直，以节约能耗和工程投资。

(3)管线应尽量沿现有或规划道路边敷设，便于施工、运输及检修。

(4)尽量减少拆迁建筑物和占用永久性农田，尽量减小对生产生活的影响，以降低工程难度和投资；减少穿越障碍，地质条件相对较好。

(5)确保工程建设期间周边建筑物及设施的安全，尽可能减小对周围环境的不利影响，必要时应采取相应的工程保护措施。

### 5.3.2 线路方案拟定

向下游英武方向供水工程全段管线线路布置维持原初设方案不变，设计变更只调整向上游刘官镇方向供水工程管线布置，且上游高位水池与刘官镇水厂位置不变。

**1. 取水泵站至高位水池之间管线**

设计变更推荐单级提水方案，取水泵站位置调整，不设加压泵站，因此自取水泵站至高位水池之间管线相应调整。

总体布置为，管线自取水泵站引出后，先结合进站道路交通桥沿桥布置，穿过三角田村村边道路，基本沿山坡布置通向高位水池，同时避开山脊处，位于山脊南面稍平缓处，避免施工及运行影响三角田村。

三角田村南面冲沟现状为沪昆高铁弃渣场，目前渣场排水和渣坡修整基本完成。本次选择管线线路避开弃渣场范围布置，离弃渣场边线最近处约 10 m。变更后线路实际长度约 1229 m。

**2. 高位水池至刘官镇水厂之间管线**

对于高位水池至刘官镇水厂重力流输水段管线，初设阶段选定的输水线路布置，主要存在两个问题：①与镇胜高速公路存在两处交叉穿越，即郑家湾处和末端刘家湾村。②刘家湾村段村庄建筑物密布，从村中穿过，施工干扰大，征地难度较大。因此设计变更主要为郑家湾处至刘官镇水厂段，即桩号 Lc2＋487.013 至末端刘官镇水厂。

上游 Lc0＋00～Lc2＋487.013 段管线布置基本维持原初设方案不变，即桩号 Lc0＋000～Lc0＋985.683 段从高位水池引出沿山坡至镇胜高速公路附近；桩号 Lc0＋985.683～Lc2＋487.013 段沿地形与镇胜高速公路右侧平行约 150 m 的走向布置。

自桩号 Lc2＋487.013 开始，沿镇胜高速公路北侧布置，不穿越高速公路，在郑家湾处沿国道 320 布置，在桩号 Lc4＋194.077～Lc4＋292.741 段穿过国道后沿国道北边布置，桩号 Lc4＋292.741～Lc5＋109.830 段沿水洞村北边荒地穿过，桩号 Lc5＋109.830～Lc5＋864.069段沿镇胜高速公路北 30～60 m 布置，桩号 Lc5＋864.069～刘官镇水厂段沿高速公路北部 50～100 m 的走向布置，此段位于刘家湾村北部，不经过村镇中心，多为荒地，且靠近国道，施工便利。全线仅桩号 Lc4＋194.077～Lc4＋292.741 段穿越国道，国道交通量不大，可采用破道埋设管道方式，另外铺设临时交通道路，待管道铺设完成后，再恢复原有道路。变更后桩号 Lc2＋487.013 至末端刘官镇水厂段管线实际长度约 4503 m。

### 5.3.3　线路比选

输水线路变更前后方案对比见表 2-5-2。

表 2-5-2　输水线路变更前后方案对比

| 项目 | 初设方案 | 变更方案 |
|---|---|---|
| 地形地质 | 地形起伏相对较小，边坡较缓。地形高程相对较高，管道内压相对较小 | 部分管段国道沿线地形稍陡，基岩裸露，大部分管段沿线多为荒地，覆盖层较厚。地形高程相对较低，管道内压较大 |
| 工程布置 | 沿线居民区分布密集，管线布置难度大，部分管线附属建筑物布置不易 | 沿线大部分为荒地等，管线附属物布置处管线局部调整容易，布置方便 |
| 穿越障碍物 | 两次穿越高速公路，一处从高速公路高架桥下埋设，一处从高速公路涵洞下方埋设 | 不穿越高速公路，仅一处穿越国道，从国道下方埋设 |
| 管线长度 | 7063 m | 7010 m |
| 施工 | 沿线居民区密布，布置困难，征地移民难度大；穿越高速公路段施工协调难度大 | 地形地质条件较好，多为荒地，施工布置便利 |
| 管道影响 | 管道内压相对较小，管道壁厚相对较薄，管道投资相对较小 | 管道内压相对较大，需加大管道壁厚，管道投资相对较大 |

经对比分析，初设方案主要考虑选择较为平缓的地形，管道内压较小，可节省管道投资，但需两处跨越高速公路，邻近居民区，具体实施时业主反馈征地难度大，尤其高速公路管理方不予行政许可，而变更方案选择的输水线路，沿线大部分为荒地等，管线附属物布置处管线局部调整容易，布置方便，施工检修便利，因此选择变更后线路作为推荐线路。

## 5.4　输水管材比选

**1. 选择原则**

长距离的输水管线，可供比选的管材较多，根据本工程的特点按以下原则选择管材。

(1)管材必须有良好的封闭性,以防止污水或地下咸水(河口地带)渗入而污染原水,或原水渗出而使漏损量增大。

(2)管材性能可靠,能承受要求的内压和外荷载,适应地基的变形能力强,抗震性能好。

(3)管材来源有保证,管件配套方便,施工安装容易、速度快。

(4)满足设计使用年限要求,维修工作量少,运行费用少。

(5)满足输水能力和水质保证要求,工程造价相对较低。

(6)满足国家现行规程规范及行业标准的要求。

**2. 初设批复**

根据《初设报告》批复,向上游刘官镇方向输水为2根DN1200管道,向下游英武乡小树林方向输水为1根DN400管道。

向上游刘官镇方向输水管道采用管材如下。

(1)取水(一级)泵站至加压(二级)泵站和加压(二级)泵站至上游高位水池之间,选用钢管作为这两段的管材。

(2)高位水池至刘官镇水厂为重力流输水,根据地形地地质条件分段选用球墨铸铁管与玻璃钢夹砂管。Lc2+990.117～Lc3+544.380段及Lc4+318.388～Lc4+748.68段两段倒虹吸管段内压较大,采用球墨铸铁管作为推荐管材;其余段基本设计内压在1.6 MPa以下,采用玻璃钢夹砂管。

向下游英武乡供水管线输水管道采用管材如下。

(1)从坝后取水泵站到下游高位水池,选用钢管作为这段的推荐管材。

(2)从下游高位水池到英武乡小树林水厂,管材选取为:Yb0+000～Yb0+868.326段管线最大设计内压约1.44 MPa,内压较大,采用球墨铸铁管;Yb0+868.326～Yb3+754.060段管线最大设计内压1 MPa,采用钢丝网骨架复合PE管。

设计变更仅上游供水管线线路调整,需重新复核比选管材,向下游供水管线线路不变,管道管径为DN400,管材应用基本条件与初步设计阶段一致,因此不做变更。结合初步设计阶段管材选取成果,变更设计选取钢管、球墨铸铁管、玻璃钢夹砂管三种管材进行经济技术比较,从而选择出运行安全可靠、施工方便、造价经济的管材。

**3. 管材特性**

(1)钢管(SP)。

钢管是目前大口径埋地管道中运用最为广泛的一种管材,历史悠久,具有丰富的使用经验。根据承受的内水压力和管顶外荷载条件,对钢管的刚度、强度和稳定性进行计算,以确定管径、管型和管壁厚度,在选用时一般在规范计算壁厚的基础上增加2 mm的腐蚀余量。从焊接形式分为直缝焊接钢管和螺旋缝焊接钢管两种。钢管生产厂众多,国内各大城市均有成规模的生产厂,技术成熟可靠,市场成熟,市场供应充足,价格可以形成有效竞争。

钢管的优点如下。

①环向强度、弹性模量较高。

②能适应各种地质条件,适用性强。

③接口采用焊接,焊接质量达到规范要求情况下,不会发生渗漏。

④钢管施工技术成熟,重量相对较轻,管材及管件易加工,管道配件可按实际需要进行设计和制作。

⑤螺旋钢管造价相对较低，一般单根长度6～8 m，用在直管段可减少现场焊缝的数量，加快施工进度；并可根据施工道路和吊装能力灵活划分管节长度。

⑥内壁一般采用涂料，其水力计算粗糙系数 $n$ 值一般取0.012(曼宁公式)。

钢管的缺点如下。

①钢管敷设时，管材会受到土壤、地下水和管道内水的腐蚀，还会受到地下杂散电流的影响，因此必须采取适当的钢管内外壁防腐措施以确保使用年限。

②存在现场焊缝及现场接口防腐，需严格控制钢管现场焊接质量及防腐质量；安装进度较慢。

③直缝焊接钢管造价相对较高。

(2)球墨铸铁管(DIP)。

球墨铸铁是一种铁、碳、硅的合金，其中碳以球状游离石墨存在。灰铁中，片状石墨对铁基质产生"割裂"作用，使之脆裂。球墨铸铁中，球状石墨消除了这种作用。球墨铸铁管也是一种在供水行业广泛应用的管材，中、小口径在我国已具备大批量生产能力，因而使用广泛，具有丰富的使用经验，但大口径国内生产厂很少，竞争力低。我国球墨铸铁管生产企业众多，主要集中在辽宁、山东、河北、华东等地区，而华南、西南、西北地区的球墨铸铁管生产企业相对较少。

球墨铸铁管的优点如下：

①具有较高的承压能力；

②管材自身具有良好的防腐性能；

③管道接口为承插口，安装便捷，施工进度较快；

④接口为柔性，抗震性能高；

⑤对地质条件适应性较强，针对不同土质，一般需要做简单的管道基础；

⑥中、小口径价格适中；

⑦当内壁采用水泥砂浆时，其水力计算粗糙系数 $n$ 值一般取0.012(曼宁公式)。

球墨铸铁管的缺点如下：

①管道接口处密封橡胶圈容易老化存在渗漏风险，影响使用寿命；

②对基础有一定要求，主要是防止管道发生不均匀沉降或侧向位移导致接口拉开，造成漏损或故障；

③球墨铸铁管标准管节长度6～12 m，重量大，需配备较大型的施工安装机械及相应的施工临时道路，在野外交通条件不便的条件下，需人工搬运，费用较高；

④球墨铸铁管管件一般按标准管件制作，通过管件组合和承插口调整才能满足长距离供水管线各种转弯角度及分岔角度管件需求；

⑤市场上生产厂家良莠不齐，只有采用大型企业的产品才能保证承插口的圆度及密封圈的质量不影响接口的密封性。

(3)玻璃钢管(RPMP)。

玻璃钢管全称为玻璃纤维增强热固树脂夹砂管(简称RPMP)，为薄壁弹性管，主要有玻璃长纤维缠绕夹砂和玻璃短纤维离心浇铸加砂两种制造工艺和管型，我国的制造厂从1980年开始从意大利、美国等引进生产技术和流水线，国内也自行开发了生产工艺和设备。RPMP为薄壁弹性管，其环刚度为主要控制指标，一般埋地管环刚度采用5000～10000 $N/m^2$，特殊地段(埋深大于3 m或穿越公路等)需采用12000 N/m。环刚度指标是控制管道变形,保证安全的重要指标。实际工程应用以中、小口径为主,国内制造厂已具备大口径的生产能力,但缺乏大口径管道的使用经验。

玻璃钢管的优点如下。

①内壁光滑,设计粗糙系数 $n$ 值一般取 0.010(曼宁公式),同等管径比其他管材可输送更多的水量;

②承受内压相对较高;

③防腐性能好,无电腐蚀之虑,可直接埋设于酸性或碱性土壤中,不需做防腐层;

④重量轻,吊装方便;

⑤接口一般为承插口,安装方便接头打压试验简单。

玻璃钢管的缺点如下:

①玻璃钢夹砂管在阳光照射下易老化,管道承受外界压力的能力较小,尤其是外加冲击负荷,很小的冲击负荷(如块石、砖头的击打)就有可能造成管道的破裂或损伤;

②管材为柔性管,管道本身承受外压能力较差,容易受外压失稳和因管道受外压变形造成接头渗漏;

③对靠近管道外壁的回填土要求很高,通常采用砂垫层做管道基础,需保证管道两侧管槽回填料的密实度,一般控制在95%左右,对基础处理和施工技术要求较高,需用砂回填,提高了工程费用;

④管道配件目前国内制造厂还没有流水线机械化生产能力,一般为手工制作,不太适应长距离供水管线各种转弯角度及分岔角度管件需求,或者效率较低;

⑤市场上生产厂家良莠不齐,只有采用大型企业的产品才能保证承插口的圆度及密封圈的质量不影响接口的密封性。

(4)管材设计使用年限。

根据《水利水电工程合理使用年限及耐久性设计规范》(SL654—2014)条文 3.0.2,"水利水电工程合理使用年限,应根据工程等别按表 3.0.2 确定"等,上游输水管线为 4 级,对应供水工程的合理使用年限为 30 年。而《城镇给水排水技术规范》(GB50788—2012)6.1.2 条要求"城镇给水排水设施中主要构筑物的主体结构和地下干管,其结构设计使用年限不应低于 50 年"。

本工程供水干管基本为埋地管,管材选取需满足设计使用年限不低于 50 年要求。由于现行国家规范均未提及各种管材的使用寿命,根据参与比选的钢管、球墨铸铁管和玻璃钢夹砂管性能,说明如下。

①钢管的使用年限。

钢管管材自身的防腐性能较差,钢管设计时,一般在计算壁厚的基础上增加 2 mm 的锈蚀余量,另外合理的选择钢管的内、外壁防腐涂层可使其使用寿命大大延长,一般能达 50 年或更长时间。

采用钢管必须考虑防腐蚀,传统的防腐蚀手段包括涂刷环氧煤沥青及外加电流的阴极保护。随着防腐技术的发展,目前在强腐蚀地层的石油、天然气行业输送埋地钢质管道上多应用 3PE 防腐,3PE 即底层环氧粉末涂层,中间层为胶粘剂层,外层为聚乙烯层。3PE 防腐技术首先在欧洲广泛应用,已有 30 年,是使用最多的管线涂层体系。1995 年我国开始引进 3PE 涂敷作业线。1996 年初投入正常生产,3PE 防腐在中国得到关注和应用。从涩宁兰管道建设开始,3PE 防腐材料全部国产化,3PE 防腐的预制价格大幅下降,从此开始了国内

3PE 防腐广泛应用的时代，迄今已有 20000 km 以上埋地钢管外防腐采用 3PE 防腐涂层，应用效果评价很好。

本工程上游管线沿线地质条件较好，部分基岩出露，土壤及地下水对钢结构为弱腐蚀性，故钢管设计时考虑 2 mm 锈蚀厚度，内防腐采用超厚浆型环氧耐磨漆，外防腐采用加强级 3PE 防腐，价格适中，防腐效果优良，可使其使用寿命大大延长，一般能达 50 年或更长时间。

②球墨铸铁管的使用年限。

球墨铸铁管管材自身的防腐性能较钢管好，也需要选择内、外壁防腐涂层延长其使用寿命，对一般性腐蚀环境，内防腐采用水泥砂浆，外防腐采用锌＋高氯化聚乙烯即可满足设计使用年限 50 年。橡胶圈需经防老化处理，以延长其使用寿命。但需采用大中型生产厂家产品，方能保证承插接口圆度偏差和橡胶圈的密封性能良好。

③玻璃钢管的使用年限。

玻璃钢管防腐性能好，不需内外防腐，但需采用大中型生产厂家产品，方能保证承插接口圆度偏差和橡胶圈的密封性能良好。正常情况下也能满足设计使用年限要求。但玻璃钢夹砂管在外加冲击负荷作用下，如块石、砖头的击打就有可能造成管道的破裂或损伤。故安全性比钢管和球墨铸铁管差。

根据以上论述，本工程可选的几种管材综合性能比较见表 2-5-3。

**表 2-5-3　管材综合性能比较表**

| 项目 | 钢管(SP) | 球墨铸铁管(DIP) | 玻璃钢管(RPMP) |
|---|---|---|---|
| 耐压能力 | 承受内压高，抗外压能力强 | 承受内压较高，抗外压的能力强 | 承受内压相对较小，但易外压失稳 |
| 抗冲击荷载能力 | 适应水锤压力波动荷载能力强 | 适应水锤压力波动荷载能力较强 | 适应水锤压力波动荷载能力较差 |
| 糙率系数 $n$ | 0.012 | 0.012 | 0.009～0.010 |
| 接头方式、抗渗效果 | 焊接刚性接口，不漏水 | 柔性承插接口，有漏水风险 | 柔性承插接口，有漏水风险 |
| 防腐方案 | 内防腐超厚浆型无溶剂耐磨环氧漆，外防腐 3PE | 内防腐水泥砂浆，外防腐锌＋高氯化聚乙烯 | 无须防腐 |
| 使用年限 | 50 | 50 | 50 |
| 管材重量 | 适中 | 标准件较重 | 轻 |
| 安装施工方法 | 管材重量适中，施工技术成熟，现场焊接及防腐施工复杂 | 管材较重，需为施工机械铺设施工道路，接口安装方便快捷 | 管材较轻，接口安装方便 |
| 对基础要求 | 适应不均匀沉陷能力强，需镇墩和基础处理 | 适应不均匀沉陷能力强，管底需铺砂垫层 | 不适合软土层，管沟回填质量要求高，一般需要中粗砂垫层，当地缺乏 |
| 抗震性能 | 强 | 较强 | 较弱 |

(5)管材造价比较。

本工程主要是向城镇供水,向上游刘官镇供水设计管道流量 2.22 $m^3/s$,采用管道管径为 DN1200。因管道距离长,内压变化较大,根据管道内压及结构计算,选取 0~1.0 MPa、1.0~1.6 MPa、1.6~2.0 MPa、2.0~2.5 MPa 和 2.5~3.5 MPa 及 3.5 MPa 以上几种内水压力管段选择钢管(SP)、球墨铸铁管(DIP)、玻璃钢管(RPMP)三种管材进行对比。由于螺旋钢管制作工艺相对简单,单位造价较焊接钢管低,在国内多应用在低压管道,本次比较内压在 2.0 MPa 以下的采用螺旋钢管参与比选,2.0 MPa 以上的采用直缝焊接钢管参与比选。

根据最近的管材价格、埋管设计和施工方案,钢管(SP)、球墨铸铁管(DIP)、玻璃钢管(RPMP)三种管材的单位长度埋管的综合工程单价见表 2-5-4。

**表 2-5-4 不同内压下 DN1200 管径单位长度管材综合单价对比表**

| 管材 | | 钢管(Q345C)(含管件及防腐、施工费) | 球墨铸铁管(含管件及防腐、施工费) | 玻璃钢管(含管件、施工费) | 备注 |
|---|---|---|---|---|---|
| 管道单位长度价格(元/m) | 0~1.0 MPa | 3577(螺旋钢管,壁厚 12 mm) | 3545(K8,壁厚 13.6 mm) | 2172 | |
| | 1.0~1.6 MPa | 4181(螺旋钢管,壁厚 14 mm) | 4004(K9,壁厚 15.3 mm) | 2487 | |
| | 1.6~2.0 MPa | 4786(螺旋钢管,壁厚 16 mm) | 4797(K10,壁厚 17 mm) | 2862 | |
| | 2.0~2.5 MPa | 5424(直缝焊接钢管,壁厚 16 mm) | 4797(K10,壁厚 17 mm) | 3355 | |
| | 2.5~3.5 MPa | 6920(直缝焊接钢管,壁厚 20 mm) | 5205(K12,壁厚 20.4 mm) | 6902 | 经咨询,玻璃夹砂管、球墨铸铁管厂家建议此压力条件下使用钢管 |
| | 3.5 MPa 以上 | 6920(直缝焊接钢管,壁厚 22 mm) | 6080(K13,壁厚 22.1 mm) | | |

由以上对比可知,DN1200 管径,内压 2.0 MPa 及以内玻璃钢管价格具有绝对优势,螺旋钢管与球墨铸铁管价格相当;内压 2.0~2.5 MPa 采用直缝焊接钢管参与对比,钢管价格最高,球墨铸铁管次之,玻璃钢管最低;内压 2.5~3.5 MPa 采用直缝焊接钢管参与对比,钢管与玻璃夹砂管价格相当,球墨铸铁管较低,球墨铸铁管和玻璃夹砂管厂家建议此压力条件下使用钢管。

(6)管材经济技术比选结论。

根据以上论述,综合三种管材的性能及单位造价,管材选择建议如下。

①设计压力 2.5 MPa 及以内管道,玻璃钢夹砂管综合单位造价具有绝对优势,但鉴于目前国内的工程案例,管材质量离异性大,爆管事故率较高,基础及管沟施工回填要求最高,本工程供水管线多为山地石灰岩地形,管沟精确开挖较困难,且当地缺乏中粗砂材料,回填质量更是难以保障;设计压力 3.5 MPa 及以上管道,玻璃夹砂管的综合单位造价最高,且厂家不建议使用,故本工程不再选用玻璃钢夹砂管。

②设计压力1.6 MPa及以内管道，球墨铸铁管综合单位造价较螺旋钢管稍低，且低压条件下一般地形坡度较缓，施工条件较好，球墨铸铁管承插口安装方便快捷，可加快施工进度，且较缓段可避免承插口变形过大导致的密封不严问题，故设计压力1.6 MPa及以内管道采用球墨铸铁管。

③设计压力1.6～2.0 MPa管道，螺旋钢管综合单位造价较球墨铸铁管稍低，且考虑压力高的一般地形坡度较大，球墨铸铁管承插口容易变形过大导致的密封不严，故选用螺旋钢管。

④设计压力2.0～2.5 MPa管道，直缝焊接钢管综合单位造价较球墨铸铁管高，但考虑压力高的一般坡度较大，球墨铸铁管承插口容易变形过大导致的密封不严，经综合比较选用直缝焊接钢管。

⑤设计压力2.5～3.5 MPa管道，直缝焊接钢管综合单位造价较球墨铸铁管高，但考虑压力高的一般坡度较大，承插口容易变形过大导致密封不严，出于安全考虑选用直缝焊接钢管。

⑥设计压力3.5 MPa以上管道，此段高压管道主要位于泵站至高位水池之间，运行过程中承受频繁的水锤动水压力，球墨铸铁管厂家不建议使用球墨铸铁管，故选用直缝焊接钢管。

因此，根据上述建议，本输水工程各段压力管道采用管材如下。

Ⅰ.向上游刘官镇供水管线

①取水泵站至上游高位水池之间，高差大(总高差约300 m)，距离稍短(单根管道总长约1229 m)，管道设计内水压力2.5～4.5 MPa，山体陡峻，管道承受内压大，且需经常承受水锤压力波动，对管材强度及韧性都有较高要求。根据已往工程经验，以及咨询目前国内管材生产厂家反馈，从管材性能、管道造价、管道制造能力和实际使用状况等综合分析，选用直缝焊接钢管作为这段的管材。

②高位水池至刘官镇水厂为重力流输水，地形起伏比较大，起点终点高差不足20 m，中部最大高差约177 m，管道设计内水压力1.0～2.5 MPa，距离长(全长约7010 km)，部分地段需要埋深较大或者需要穿越公路，根据上述原则，桩号Lc0＋000～Lc2＋456.847段以及Lc5＋569.764～Lc6＋890.859段，设计压力1.6 MPa及以下，采用球墨铸铁管，单根管线长度约3800 m；桩号Lc2＋456.847～Lc3＋092.277和Lc3＋405.375～Lc5＋569.764段，设计压力1.6～2.0 MPa，采用螺旋钢管，单根管线长度2853 m；桩号Lc3＋092.277～Lc3＋405.375段，设计压力2.5 MPa，采用直缝焊接钢管，单根管线长度351 m。

Ⅱ.向下游英武乡供水管线

本阶段向下游英武乡供水管线仍采用初设成果，即向下游英武乡供水管线输水管道采用管材如下。

①从坝后取水泵站到下游高位水池，选用钢管作为这段的推荐管材。

②从下游高位水池到英武乡小树林水厂，管材选取为：

Yb0＋000～Yb0＋868.326段管线最大设计内压1.44 MPa，内压较大，采用球墨铸铁管；

Yb0＋868.326～ Yb3＋754.060段管线最大设计内压1 MPa，采用钢丝网骨架复合PE管。

## 5.5 管道敷设方式

**1. 管道敷设**

水库向上游刘官镇方向供水管线管径 DN1200，双管布置，本阶段经现场查勘，沿管线地形地质条件较好，根据地质报告，该地段工程地质条件可分为两类。

A 类：线路地表沿线弱风化灰岩裸露，出露地层为 $T_1yn^3$ 的灰岩，地表溶沟溶槽为发育，表层局部被第四系残坡积土覆盖，厚 0～1.0 m，天然边坡稳定，管道可置于弱风化灰岩上，工程地质条件好。

B 类：线路地表分布有 2～5.0 m 的残坡积粉质黏土，下伏碎屑岩或泥质粉砂岩，出露地层为 $T_1yn^3$ 的灰岩，地表溶沟溶槽较为发育，表层局部被第四系残坡积土覆盖，厚 0～1.0 m，天然边坡稳定，管道可置于弱风化灰岩上工程地质条件好。

明管布置虽然维修方便，但须加设伸缩节和大量支墩，不经济，且明管布置对整个区域的生态景观影响较大，也不利于明管两侧的交通沟通。本工程管线长，地形地质条件也适合开挖浅埋，安全性好。本阶段线路经过优化调整，其中仅取水泵站出口段约 100 m，因推荐的取水泵站位置限制，沿线地形高程在正常蓄水位以下，因此该段考虑采用管桥形式，管道布置为明管。其他段管道可开挖浅埋。

水库向下游英武乡小树林水厂管线管径 DN400，单管布置，经查勘，沿线地形为山体斜坡，均在穿过 $T_1yn^3$ 地层中，岩性主要为灰岩。基岩岸坡多为顺向坡，岩层倾角 50°～70°，灰岩区基岩大面积裸露，可以利用弱风化基岩作为压力管道的持力层，工程地质条件好，碎屑岩区覆盖层稍厚，厚度为 3.0～5.0 m，可以利用碎石土作为压力管道的持力层，工程地质条件较好。因此本段全部采用浅埋布置。

管道浅埋敷设时，管道覆土深度按取 0.5$D$($D$ 为管径)控制。根据《给水排水设计手册》及《给水排水管道工程施工及验收规范》，金属管道的覆土深度一般不小于 0.7 m 并在冰冻线以下，当地基本不存在冰冻期，因此本工程钢管及球墨铸铁管段，管道埋深按不小于 0.7 m 控制。非金属管道管顶覆土深度不小于 1.0～1.2 m。管道铺设时，在基础上铺设 100～200 mm 石渣垫层，再将管道置于其上。管槽回填压实逐层进行，且不得损伤管道。管道两侧和管顶以上 500 mm 范围内分层夯实，两侧压实面的高差不应超过 300 mm。且沟槽回填从管底基础部位开始到管顶以上 500 mm 范围内，必须采用人工回填。

**2. 镇墩、支墩**

镇墩一般布置在管道的转弯处，以承受因管道改变方向而产生的轴向不平衡力，固定管道不允许管道在镇墩处有任何位移。明管段长度超过 150 m 的直线管道应设置中间镇墩，此时伸缩节布置在中间镇墩两侧的等距离处，以减小镇墩所受的不平衡力。镇墩靠自身重量保持稳定，一般用混凝土浇制，按管道在镇墩位置的固定方式分为封闭式和开敞式两种，封闭式镇墩结构简单，对管道的固定好，应用较多，而开敞式镇墩处管壁受力不够均匀，用于作用力不太大的情况。

本工程埋地球墨铸铁连接采用柔性承插接口，埋地钢管采用刚性焊接接口的形式，球墨铸铁和钢管其接口承受轴向不平衡力的能力有限。在管道转角处，尤其是转角较大时，管道的轴向拉力会很大。当平面或立面转角大于 11.25°时，在转角处根据推力大小设混凝土镇墩。

对于明管布置，转角大于3°时设置钢筋混凝土镇墩，直线段每隔100 m设置一个镇墩。每两个镇墩之间设置明钢管伸缩节。

支墩的功用是支承管道，主要承受垂直荷载，允许管道在轴向自由移动，管道伸缩时作用于其顶部的摩擦力为其水平荷载。支墩的型式主要分为三大类：滑动式支墩（鞍式支墩、支承环式）、滚动式支墩和摆动式支墩。根据本工程输水管的管径的特点，明管段选用滑动式支墩，采用高强度低摩阻材料作为滑动支承。

**3. 管道附属建筑物**

为保护管道，不占用地表耕地，管道采用埋设且尽量沿现有道路沿线布置。在穿越道路的地方增加外包混凝土。阀井均采用钢筋混凝土结构形式，管道隆起点设置排气阀井，低洼处设置排水阀井和排泥井。根据地形条件、调度运行、检修要求等进行合理布置。

长距离敷设管道，对于埋管段，为便于管道观察检修，需沿管线布置检查井。

向上游刘官镇供水采用双管布置，为提高供水保障率，一般在双管之间设置连通管，连通管直径采用与输水管直径相同，为DN1200。根据管线布置及沿线地形，本输水管线共设置两处连通管，分别位于管线经过郑家湾附近和水洞村附近。连通管段阀门采用5阀布置，连通管及阀门布置见图2-5-1。

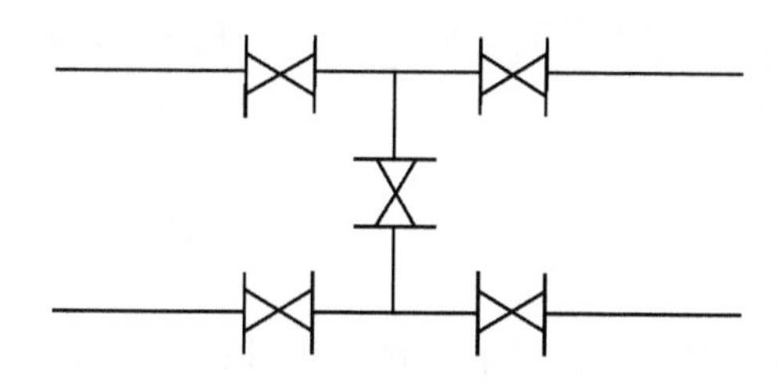

**图2-5-1　连通管及阀门布置**

# 第6章　朱昌河水库库内取水泵站设计

## 6.1　泵站形式选择

本工程为库内取水，推荐提水方案为单级提水方案，可采用的泵房形式有库内干室泵房、库内排架式泵房、岸边竖井式泵房等。

结合水机泵型选择，分别选用卧式多级双吸中开离心泵、立式长轴泵和井用潜水泵，经综合经济技术比较，最终推荐卧式多级双吸中开离心泵。相应泵房形式可排除库内排架式这类湿室泵房，而采用库内干室泵房、岸边竖井式泵房。

根据台数比选，需布置6台泵机，岸边开挖竖井的话，竖井开挖直径和深度都将近50 m，竖井开挖和支护难度较大，还需开挖一条引水隧洞或明渠，难以解决对周边影响及弃渣问题，经济技术上均不合适。

因此泵房形式推荐采用库内干室泵房形式。对于库内干室泵房，拟定了两个取水泵房形式方案。

(1)圆筒形泵房方案。

单级取水方案布置，库内取水泵站取水后，直接加压至高位水池，相比两级取水方案少了二级(加压)泵站。

取水泵站布置于三角田村和东边花甲山村之间，该处地面高程1415.0～1428.0 m，布置在库内。泵站形式为整体式干室泵房。泵房圆筒形布置，四周为钢筋混凝土圆筒，基础坐落在弱风化灰岩上，基底高程1410.0 m，圆筒内径42.0 m，壁厚2.5 m。泵房内共布置6台离心泵，4用2备，单泵设计流量0.555 $m^3/s$，安装高程1417.6 m(计至泵轴中心高程)，配套电机单机功率2500 kW，为充分利用空间，泵机在泵房内前后交错布置。圆筒泵房顶高程1462.6 m，该高程以上为排架式结构，布置启闭机一台起重量为16 t的桥式起重机。

泵房内布置两道隔墙，将泵房分割成3个空间，分别为进水间、主机间、副厂房。进水间外墙共设置2个进水口，进口中心高程1717.0 m。主机间布置水泵机组以及楼梯间、电梯井等。副厂房首层6台机组出水管在此汇总成2根主管道，叉管较多，因此采用大块体混凝土外包。管道沿竖直方向布置至1461.3 m高程后弯折成水平走向，利用交通桥桥墩支撑布置管道。从1462.6 m高程以下共布置3层副厂房，用于布置电气设备等功能房间。

(2)矩形泵房方案。

矩形泵房方案与圆筒形泵房方案总体布置基本一致，泵房形式采用矩形。

泵房分为上下两部分，下部泵房整体尺寸55.0 m×29.0 m×24 m(长×宽×高)，建基面高程1410.0 m，顶板高程1434.0 m，布置一台桥式起重机，用于水机设备检修。上部泵房尺寸44.5 m×18.5 m×28.6 m(长×宽×高)，顶高程1462.6 m，1462.6 m高程以上为排架式结构，布置一台双向桥式起重机，用于将设备吊运至下部泵房，同时兼做检修闸门启闭设备。

下部泵房四周墙体厚3.0 m，顶板厚2.0 m；上部泵房四周墙体厚2.5 m。下部泵房为主泵房，布置 6 台离心泵，4 用 2 备，单泵设计流量 0.555 $m^3/s$，安装高程 1419.0 m(计至泵轴中心高程)。上部泵房共布置 3 层副厂房，布置电气设备等。

(3)方案比选。

同等条件下，即均不采用分层取水，圆筒形泵房方案与矩形泵房方案工程投资对比见表 2-6-1。

**表 2-6-1　圆筒形泵房方案与矩形泵房方案工程投资对比**

| 序号 | 工程或费用名称 | 圆筒形泵房方案 | 矩形泵房方案 |
|---|---|---|---|
| I | 工程部分投资 | 17977.56 | 18000.69 |
| | 第一部分：建筑工程 | 7336.33 | 7532.65 |
| 一 | 供水工程 | 1634.87 | 1634.87 |
| 二 | 建筑物工程 | 4967.66 | 5160.80 |
| 三 | 房屋建筑工程 | 257.44 | 260.63 |
| 四 | 其他建筑工程 | 476.35 | 476.35 |
| | 第二部分：机电设备及安装工程 | 5789.36 | 5747.65 |
| 一 | 泵站设备及安装工程 | 5272.47 | 5374.77 |
| 二 | 供变电工程 | 142.91 | 142.91 |
| 三 | 公用设备及安装工程 | 233.26 | 229.98 |
| | 第三部分：金属结构设备安装工程 | 407.23 | 269.64 |
| 一 | 闸门设备及安装工程 | 407.23 | 269.64 |
| | 第四部分：施工临时工程 | 992.10 | 1000.44 |
| 一 | 施工交通工程 | 363.40 | 363.40 |
| 二 | 施工供电工程 | 225.00 | 225.00 |
| 三 | 施工房屋建筑工程 | 139.31 | 141.81 |
| 四 | 其他施工临时工程 | 264.39 | 270.23 |
| 合 计 | | 15436.81 | 15612.02 |

圆筒形泵房方案和矩形泵房方案相比，机电设备相同，泵房形式不同。矩形泵房方案投资稍大，同时考虑库内取水，正常水位时泵房基本都在水下，泵房需承受较大的外水压力，圆筒形泵房形式的结构受力条件较好，能较好发挥混凝土抗压强度高的特点，且圆筒形泵房方案仅需在进水间外墙上布置几个高低不同的进口，即具有可以实现分层取水的优点，只需增加相应的启闭设备即可，矩形泵房做到分层取水的话可采用叠梁门的方案，增加的投资较多，因此圆筒形泵房方案较优，作为推荐泵房形式。

## 6.2　泵站结构布置

### 6.2.1　泵站

提水方案最终布置为，库内取水泵站取水后，直接加压至高位水池。

取水泵站布置于库内右岸三角田村3组下游约100 m,处于三角田村与花甲山村之间的山坡处,该处地面高程1415.0～1428.0 m。泵站形式为整体式干室泵房。泵房圆形布置,四周为钢筋混凝土圆筒,基础坐落在弱风化灰岩上,基底高程1410.0 m,圆筒内径42.0 m,1439.0 m高程以下壁厚为3.5 m,1441.0 m高程以上壁厚为1.5 m,中间2 m高度内为渐变段。泵房内共布置6台卧式多级中开离心泵,4用2备,单泵设计流量0.555 $m^3/s$,安装高程1417.6 m(计至泵轴中心高程),配套电机单机功率2500 kW,总装机容量15000 kW。为充分利用空间,泵机在泵房内前后交错布置。圆筒泵房顶高程1462.6 m,该高程以上为排架式结构,布置启闭机一台起重量为16 t的桥式起重机,跨度21 m。

泵房内布置两道隔墙,将泵房总体上分割成3个空间,分别为进水间、主机间、副厂房。

为了实现分层取水的功能,使取水质量更有保障,进水口布置优化调整为从泵房圆筒突出的高低层进水口段,根据闸门布置需要,突出段长5 m,宽6 m,从进水方向依次为拦污栅、下层进水口、上层进水口。下层取水口尺寸2 m×2 m,底高程1416.4 m,上层取水口尺寸同样为2 m×2 m,底高程1439.0 m。拦污栅孔底高程1416.4 m,孔顶高程与上层取水口顶高程一致,为1441.0 m。进水口上部布置启闭机房,检修闸门及拦污栅共用一套移动式启闭机,用于检修操作。为提高结构强度,进水间布置四道支撑隔墙,隔墙底部开孔连通,隔墙厚均为1.2 m。

主机间布置6台水泵机组以及2个楼梯间等。主机间地面高程1416.6 m,泵机中心线间距分别为7.5 m、3.5 m、9.0 m、3.5 m、7.5 m。主机间四周1419.1 m高程设一巡视平台,平台布置钢梯至地面1416.6 m高程,下游侧1419.1 m高程平台宽度扩大至4.1 m,作为副厂房布置补偿柜等电气设备。

副厂房分为主机间下游副厂房和进水间上部副厂房。首层6台机组出水管在主机间下游首层副厂房汇合成2根主管道,因叉管较多,采用大块体混凝土外包。管道沿竖直方向布置至1461.3 m高程后弯折成水平走向,利用交通桥桥墩支撑布置管道。主机间下游从1462.6 m高程及以下共布置4层副厂房,用于布置电气设备等功能房间:1462.6 m高程布置中控室、主变压器室及柴油发电机室等,电梯间布置于中控室旁边;1456.6 m高程布置35kV开关柜室、电工实验室、蓄电池室等;1450.6 m高程布置10 kV及0.4 kV开关柜室等;1444.6 m高程作为备用电气房间。进水间上部1462.6 m高程副厂房布置水机消防泵房及风机室等。

### 6.2.2 上游高位水池

向上游方向供水,取水泵站取水后采用两根DN1200压力钢管将水加压输送至高位水池,高位水池位于泵站向上游方向约1100 m,向上游方向供水设计流量2.22 $m^3/s$,5 min设计水量为666 $m^3$,高位水池容积考虑一定的调节能力,设计有效容积取为1080 $m^3$,采用圆形钢筋混凝土结构。根据地形地质条件、选定的泵站厂址、输水管线的布置情况及输水管道水力损失计算,确定高位水池池底高程1717 m,池顶高程1722 m,直径22.2 m,总高6.3 m,壁厚300 mm,底板厚400 mm,水池外壁、内壁和顶板顶面采用防水水泥砂浆抹面,对于管道进水部位应力较大,局部壁厚加到1.0 m,管道穿墙部位安装防水套管。上游高位水池的最高运行水位1720.8 m,设计运行水位1720.0 m,最低运行水位1718.0 m,为了检修要求,高位水池外侧面设置两道钢爬梯,在水池顶部设置厚度0.2m混凝土盖板,盖板上设置2个1 m×1.5 m的检修进人孔,水池上部布置两根DN500溢流管溢出高位水池内多余水量,底部布置一根DN300泄水管，用于放空检修，进水管末端设置拍门防止水倒流。

高位水池在高程1718 m处边坡开挖形成水池井，该处地形自然边坡小于30°，根据地勘报告，水池位置弱风化基岩裸露，岩层产状为280°/SW∠55°，为斜顺向坡，局部被第四系残坡积土覆盖，厚0～1.0 m，天然边坡稳定，出露地层为$T_1yn^1$的灰岩，工程地质条件较好，浅挖后可达到基岩作为水池持力基础。

### 6.2.3　基础处理

向上游刘官镇方向供水取水泵站布置在水库库内右岸三角田村与花甲山村之间山坡上，此处地形较缓，且死水位时水深适合取水，大部分为残坡积覆盖层，修建泵站地质条件较好。基岩为$T_1yn^3$的弱风化灰岩，基岩裸露，岩溶较为发育，主要为地表的溶沟、溶槽等。可利用弱风化岩体作为泵站基础，工程地质条件好，泵站后边坡坡角25°～40°，自然边坡稳定，基岩岸坡为逆向坡，泵站开挖后的边坡为加强永久稳定性，对边坡进行喷锚支护。

取水泵站开挖后边坡用D25砂浆锚杆支护，入岩4.5 m，间排距2 m，坡面Φ8@200的钢筋网喷C15混凝土支护。泵房基础承载力足够，为弥补裂隙的影响，增强基岩的整体性，提高基岩的弹性模量，对泵房基础进行固结灌浆处理，灌浆孔深4 m，间排距3 m，呈梅花形布置。

取水泵站为库内泵站，建基面高程1410.0 m，水库正常蓄水位1460.0 m，为进一步增强泵房整体抗浮能力，在基础底面布置抗拔锚杆，采用D25砂浆锚杆，锚入基岩6 m，间排距3 m布置。

## 6.3　泵站稳定应力分析

(1)设计依据及基本参数。

根据《泵站设计规范》(GB/T 50265—2010)，采用抗剪断强度公式分别进行泵房的抗滑稳定、抗浮稳定和地基应力计算。

本工程泵房为2级建筑物，本地区地震设计烈度为Ⅵ度，可不进行抗震计算。

泵房地基为弱风化灰岩，其力学指标为：$f'=1.0$，$c'=0.9$ MPa；承载力标准值$f_k=3.0\sim4.0$ MPa。

(2)计算工况及荷载组合。

根据本工程取水泵房结构特点，计算工况及荷载组合见表2-6-2。

表2-6-2　设计工况及荷载组合

| 荷载组合 | 计算工况 | 水位 | 荷载类别 | | | | | |
|---|---|---|---|---|---|---|---|---|
| | | | 结构自重 | 水重 | 淤沙压力 | 静水压力 | 扬压力 | 浪压力 |
| 基本组合 | 完建 | — | √ | — | — | — | — | — |
| | 设计运用 | 1460.03 m | √ | √ | √ | √ | √ | √ |
| 特殊组合 | 检修 | 1420.0 m | √ | √ | √ | √ | √ | √ |
| | 校核 | 1460.71 m | √ | √ | √ | √ | √ | √ |

(3)计算公式。

抗剪断强度计算公式：

$$K' = \frac{f' \sum G + c'A}{\sum H}$$

式中，$K'$为按抗剪断强度计算的抗滑稳定安全系数；$f'$为滑动面的抗剪断摩擦系数；$\sum G$ 为作用于泵房基础底面上的全部竖向荷载，包括扬压力，kN；$c'$为滑动面的抗剪断黏结力，kPa；$A$ 为基底面的面积，$m^2$；$\sum H$ 为作用于泵房基础底面以上的全部水平向荷载，kN。

抗浮稳定计算公式：

$$K_f = \frac{\sum V}{\sum U}$$

式中，$K_f$为抗浮稳定安全系数，任何情况下不得小于 1.1；$\sum V$ 为作用于泵房基础底面以上的全部重力，kN；$\sum U$ 为作用于泵房基础底面以上的扬压力，kN。

地基应力计算公式：

$$p_{\min}^{\max} = \frac{\sum G}{A} \pm \frac{\sum M_x}{W_x} \pm \frac{\sum M_y}{W_y}$$

式中，$p_{\min}^{\max}$ 为泵房基础底面应力的最大值或最小值，kPa；$\sum M_x$ 、$\sum M_y$ 分别为泵房基础底面上的全部水平和竖向荷载对于基础底面形心轴 $x$、$y$ 的力矩，kN·m；$x$、$y$ 分别为计算断面上计算点至形心轴 $y$、$x$ 的距离，m；$W_x$、$W_y$分别为泵房基础底面对于该底面形心轴 $x$、$y$ 的截面矩，$m^3$。

(4)计算结果。

泵房稳定和地基应力计算结果见表 2-6-3。

**表 2-6-3　泵房整体稳定应力计算结果**

| 计算情况 | | 抗滑稳定系数 | | 抗浮稳定系数 | | P/kPa | |
|---|---|---|---|---|---|---|---|
| | | $K'$ | 允许值 | $K_f$ | 允许值 | $P_{max}$ | $P_{min}$ |
| 基本组合 | 完建 | 满足 | 3.0 | 满足 | 1.1 | 891.6 | 64.3 |
| | 设计运用 | 满足 | | 1.23 | | 163.4 | 62.2 |
| 特殊组合 | 检修 | 满足 | 2.5 | 4.92 | 1.05 | 727.7 | 55.8 |
| | 校核 | 满足 | | 1.22 | | 167.6 | 52.3 |

泵房基岩承载力特征值为 3.0～4.0 MPa，计算结果表明，泵房整体稳定及基底应力均满足规范要求。

## 6.4 泵站结构分析计算

### 6.4.1 基本参数

(1)环境类别：二类。

(2)材料：

大体积混凝土强度等级C25,抗渗W6,抗冻F50,$f_c$=11.9 N/mm$^2$,$f_t$=1.27 N/mm$^2$,$f_{tk}$=1.78 N/mm$^2$

受力钢筋采用HRB400,钢筋强度设计值$f_y$=360 MPa。

(3)最外侧钢筋保护层厚度:大体积混凝土$C$=50 mm。

(4)计算取值。

承载力安全系数$K$=1.2(基本组合),$K$=1.0(偶然组合)。

设计值:恒载分项系数$\gamma_G = 1.05(0.95)$,活载分项系数$\gamma_Q = 1.2(1.1)$。

标准值:恒载分项系数$\gamma_G = 1.0$,活载分项系数$\gamma_Q = 1.0$。

(5)结构构件的最大裂缝宽度限值。

结构最大裂缝宽度$\omega_{max} \leqslant 0.25$ mm,局部采用抗裂验算。

(6)参考规范。

①《水工混凝土结构设计规范》(SL191—2008)。

②《水工建筑物荷载设计规范》(SL744—2016)。

③《水工设计手册》(第二版)“第九卷 灌溉、供水”。

## 6.4.2　计算工况与荷载

库水温度可根据工程所在地气温资料进行估算,朱昌河水库为季调节水库,根据《水工建筑物荷载设计规范》附录H计算,不同深度的库水温度可近似用余弦函数表示。

$$T_w(y,\tau) = T_{um}(y) + A_w(y)\cos\omega(\tau - \tau_0 - \varepsilon(y))$$

式中,$y$为水深(m);$\tau$为时间(月);$T_w(y,\tau)$为在水深$y$处时间为$\tau$时的温度(℃);$T_{um}(y)$为水深$y$处的年平均温度(℃);$A_w(y)$为水深$y$处的温度年变幅(℃);$\varepsilon(y)$为水温与气温变化的相位差(月);$\omega = 2\pi/P$为温度变化的圆频率,$P$为温度变化的周期(12个月);$\tau_0$为初始相位,纬度高于30°的地区取6.5,纬度低于或等于30°的地区取6.7。

贵州盘县纬度25.7°,泵站正常运行时库水温度估算结果见表2-6-4。

**表2-6-4　泵站正常运行时库水温度**　(单位:℃)

| 水深/m | 1月 | 2月 | 3月 | 4月 | 5月 | 6月 | 7月 | 8月 | 9月 | 10月 | 11月 | 12月 |
|---|---|---|---|---|---|---|---|---|---|---|---|---|
| 0 | 10.57 | 11.20 | 13.89 | 17.95 | 22.27 | 25.70 | 27.33 | 26.72 | 24.02 | 19.97 | 15.65 | 12.21 |
| 5 | 10.73 | 10.97 | 13.11 | 16.56 | 20.41 | 23.62 | 25.33 | 25.09 | 22.96 | 19.51 | 15.66 | 12.45 |
| 10 | 10.83 | 10.78 | 12.44 | 15.36 | 18.76 | 21.73 | 23.47 | 23.53 | 21.87 | 18.96 | 15.56 | 12.58 |
| 15 | 10.87 | 10.60 | 11.85 | 14.30 | 17.29 | 20.01 | 21.75 | 22.03 | 20.78 | 18.34 | 15.35 | 12.62 |
| 20 | 10.87 | 10.42 | 11.33 | 13.37 | 15.98 | 18.46 | 20.16 | 20.62 | 19.71 | 17.68 | 15.07 | 12.58 |
| 25 | 10.82 | 10.24 | 10.88 | 12.55 | 14.81 | 17.06 | 18.70 | 19.28 | 18.65 | 16.98 | 14.72 | 12.47 |
| 30 | 10.73 | 10.06 | 10.46 | 11.82 | 13.77 | 15.80 | 17.35 | 18.02 | 17.62 | 16.27 | 14.32 | 12.29 |
| 35 | 10.60 | 9.88 | 10.09 | 11.17 | 12.85 | 14.65 | 16.12 | 16.84 | 16.63 | 15.54 | 13.87 | 12.07 |
| 40 | 10.43 | 9.68 | 9.74 | 10.59 | 12.02 | 13.62 | 14.98 | 15.73 | 15.67 | 14.82 | 13.40 | 11.80 |
| 45 | 10.23 | 9.47 | 9.41 | 10.07 | 11.27 | 12.69 | 13.94 | 14.70 | 14.76 | 14.10 | 12.91 | 11.49 |
| 50 | 10.00 | 9.25 | 9.10 | 9.60 | 10.60 | 11.84 | 12.99 | 13.74 | 13.89 | 13.40 | 12.40 | 11.16 |

地基温度在年内一般不随时间变化，取全年平均气温 14.91°作为初始温度。不同高程的混凝土因浇筑时间不同，所处的日照、气温等边界条件不同，精确模拟混凝土的初始温度场是个复杂的过程。本次计算进行简化处理，拟定以下三种工况进行计算。

温升工况：模拟泵站从冬季温度场温升至夏季温度场。

温降工况：模拟泵站从夏季温度场温降至冬季温度场。

正常工况：正常运行水位 1460.0 m＋夏季温度场温降至 2 月库水温度作用下的温度场。

夏季温度场：泵房外侧温度高于内部温度，外部温度取 34 ℃，内侧温度 28 ℃，中间 7 月平均气温 20.74 ℃。

冬季温度场：泵房外侧温度低于内部温度，外部温度取－3 ℃，内侧温度 3 ℃，中间 2 月平均气温 6.44 ℃。

正常运行温度场：泵房外侧取 2 月库水温度，内侧取 2 月平均最低气温 4.5 ℃，中间 2 月平均气温 6.44 ℃。

### 6.4.3 计算分析方法

计算分析采用理正结构设计工具箱软件 7.0PB3 及有限元计算软件。

圆筒泵站井筒最大外径 49.0 m，内径 42.0 m，筒体厚度 1.5～3.5 m，筒高 52.60 m，底板厚度 4.0 m。泵站的整体三维有限元网格如图 2-6-1 所示，共划分有限元单元 2756606 个，节点 1375793 个，井筒沿径向下部划分六层单元，上部划分 3 层单元。有限元计算模型范围向四周及建基面以下各取一倍泵站高度，并对地基形状进行了相应模拟，以底板中心为基准，X 轴正向指向厂左侧，Y 轴正向指向上游侧，Z 轴正向竖直向上。

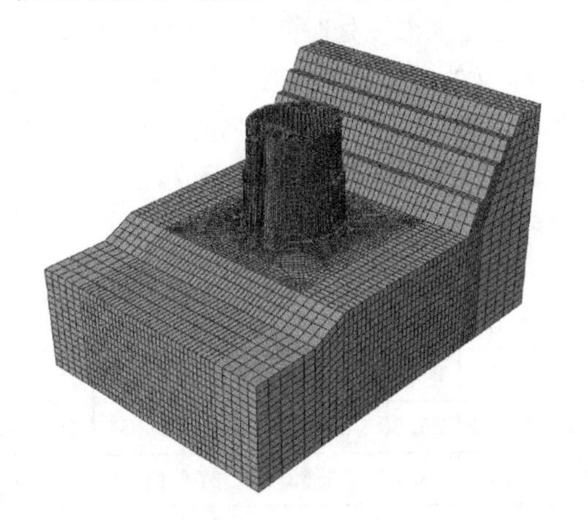

图 2-6-1 三维有限元模型

假定泵站为均一混凝土，采用弹性模型，材料参数见表 2-6-5。

表 2-6-5 材料参数

| 项目 | 密度 /(kg/m³) | 弹性模量 | 泊松比 | 导热系数 | 线热膨胀系数/(1/℃) | 比热容 /J |
|---|---|---|---|---|---|---|
| 泵站 | 2500 | 28 | 0.167 | 2.944 | $7\times10^{-6}$ | 960 |
| 地基 | 2720 | 35 | 0.25 | 2.930 | $5\times10^{-6}$ | 870 |

### 6.4.4　计算分析结果

符号规定:应力受拉为正,受压为负;环向弯矩内侧受拉为正,外侧受拉为负;轴力受拉为负,受压为正。蓝色表示弯矩,红色表轴力及剪力。

水工混凝土结构设计规范中的裂缝计算不包含温度作用变化产生的裂缝,本计算按规范 7.2.2 计算作为参考。

**1. 温升工况**

由图 2-6-2、图 2-6-3 可以看出,温升工况下井筒表面环向应力外侧呈现受压状态,井筒中间呈现受拉状态;筒壁与上下游隔墙交接部位出现应力集中。取不同高程的井筒截面进行内力分析,计算示意见图 2-6-4。

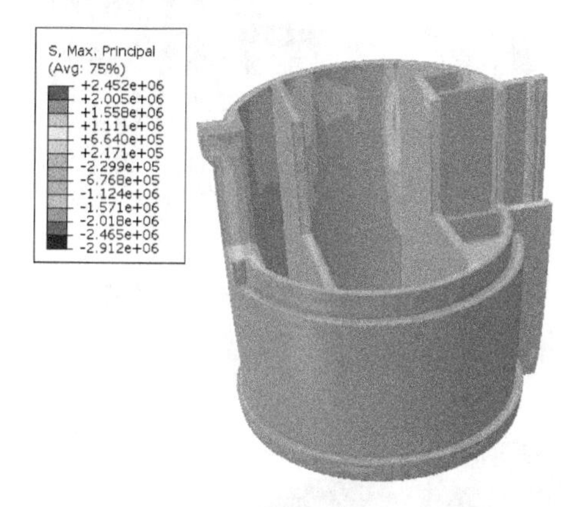


**图 2-6-2　温升最大主应力应力图**

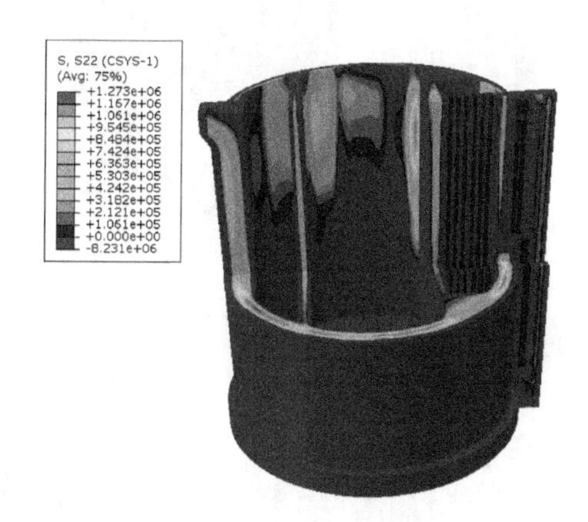


**图 2-6-3　温升环向(S22)应力图**

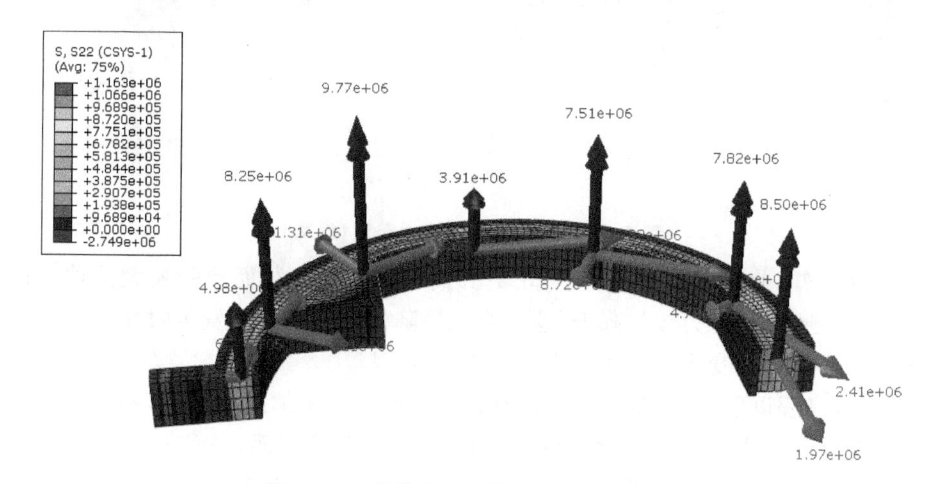


**图 2-6-4　计算应力和内力示意图(温升)**

根据计算结果分析可知,井筒在 1419.1～1426.1 m 高程范围内各截面承受较大的轴向压力,再往上高程的混凝土轴向压力较快降低,这是由于温升作用下混凝土发生膨胀,低高程井筒因受到基础约束不能自由变形而产生较大压应力。

经分析,7—7 截面的混凝土厚度为 5.5 m,比其他截面要厚,不作为控制截面。各高程的 3—3 截面处的内力相对其他截面较大,1426.1 m 高程下混凝土承受压力,基本处于小偏心受压状态,可不作为控制截面;高程 1426.1～1439.0 m 之间轴力和剪力均相对较小,可按纯弯计算，弯矩最大为 2560 kN·m；高程 1439.0 m 以上弯矩值变化不大，弯矩最大为 556 kN·m，可按纯弯计算。

**2. 温降工况**

由图 2-6-5、图 2-6-6 可以看出，温降工况下受基础约束井筒下部因不能自由变形承受较大的拉应力，筒壁环向拉应力外侧相比内侧要大。取不同高程的井筒截面进行内力分析，内力示意见图 2-6-7。

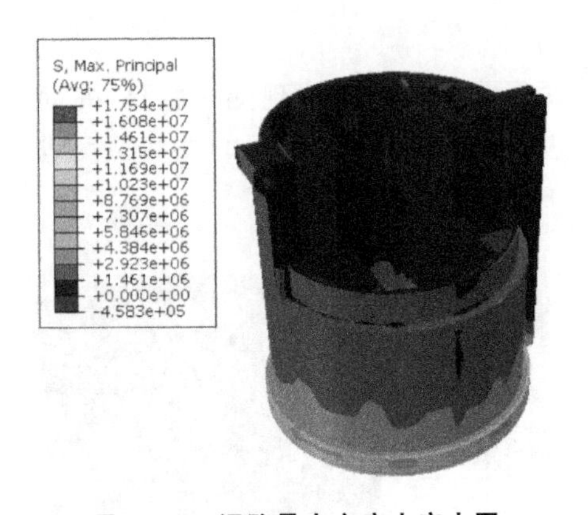


图 2-6-5　温降最大主应力应力图

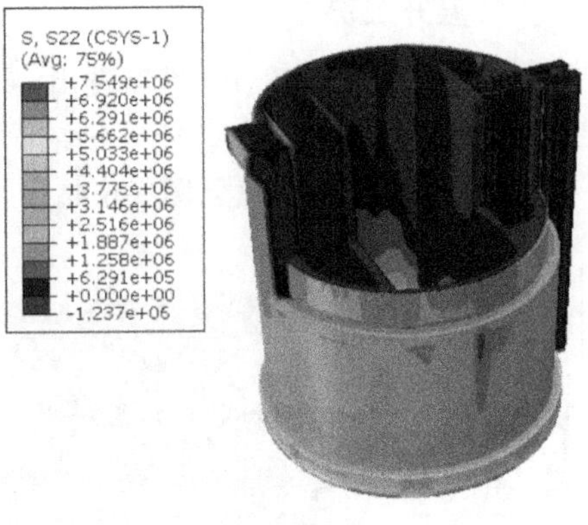

图 2-6-6　温降环向(S22)应力图

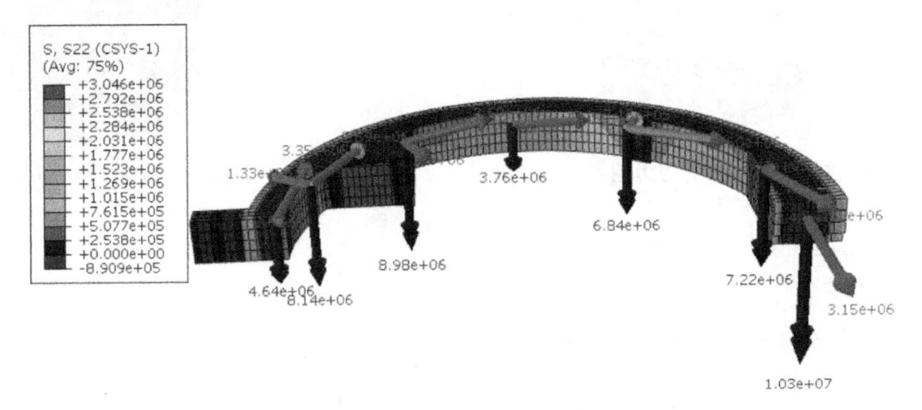


图 2-6-7　计算应力和内力示意(温降)

根据分析可知，井筒在 1419.1～1426.1 m 高程范围内各截面承受较大的轴向拉力，再往上高程的混凝土轴向拉力较快降低，这是由于温降作用下混凝土发生收缩，低高程井筒因受到基础约束不能自由变形而产生较大拉应力。

1427.0 m 高程以下 7—7 截面井筒外侧做了 6 m 宽范围加厚混凝土，不作为控制截面。经分析，1426.1 m 高程下混凝土承受较大轴向拉力，最危险截面弯矩 1570 kN·m，轴向拉力 3143 kN，可按小偏心受拉计算；高程 1426.1～1439.0 m 之间轴力和剪力均相对较小，可按受弯计算，弯矩最大为 2940 kN·m；高程 1439.0～1459.4 m 高程的弯矩值变化不大，弯矩最大为 593 kN·m，可按受弯计算，但 1459.4～1462.6 m 高程出现突变，截面承受较大拉力，最危险截面弯矩 413 kN·m，拉力 753 kN，可按小偏心受拉计算。

**3. 正常运行工况**

(1)井筒墙体。

①环向应力分析(见图 2-6-8、图 2-6-9)。

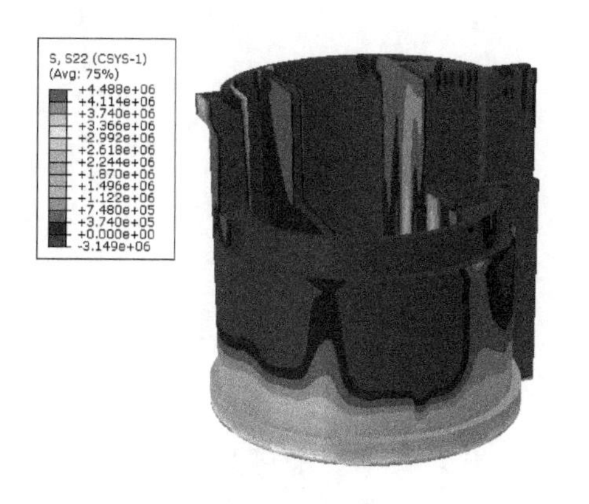


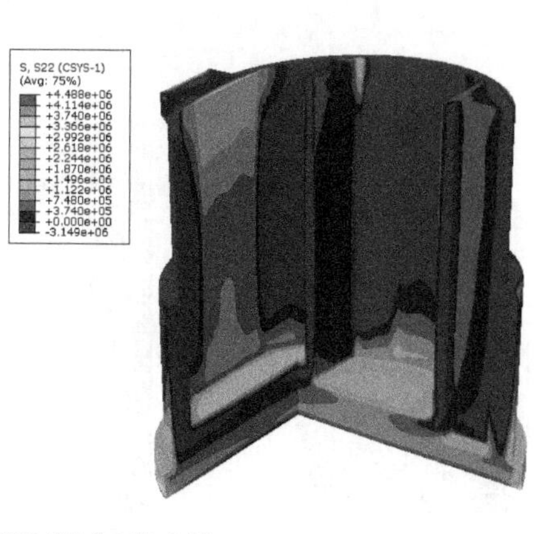


**图 2-6-8　正常工况井筒 S22(环向)应力图**

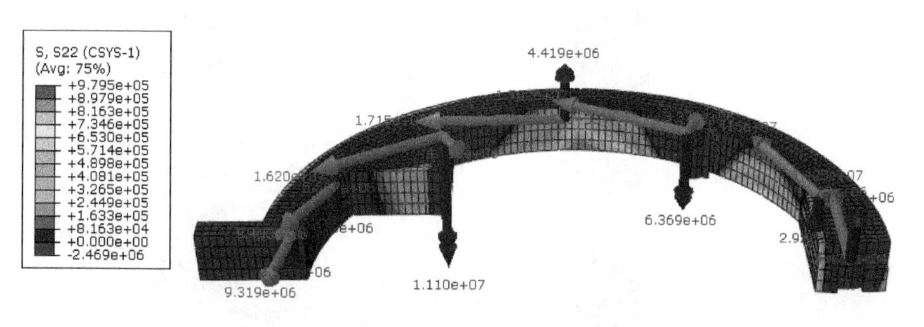


**图 2-6-9　计算应力和内力示意图(井筒墙体)**

根据结果分析可知，在正常工况下井筒各高程承受较大的轴向压力，各截面多处于小偏心受压状态，相对温升和温降工况处于较安全状态。

②竖向应力分析(见图 2-6-10、图 2-6-11)。

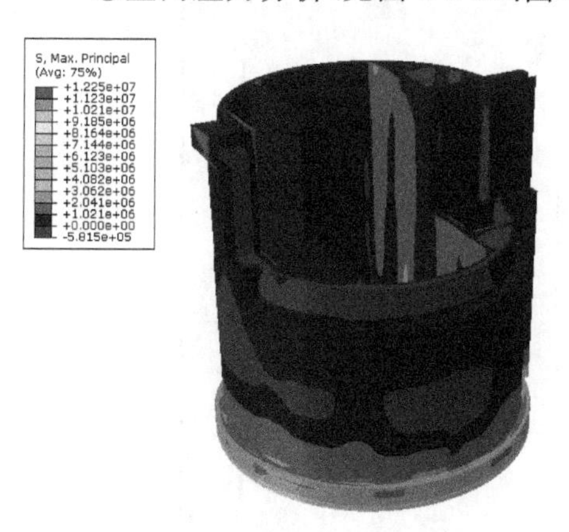


**图 2-6-10　正常运行最大主应力图**

**图 2-6-11　正常运行竖向(S33)应力图**

选取左侧和下游的井筒竖向应力进行分析，结果见图 2-6-12。

由计算结果可知：井筒外侧根部出现负弯矩，内侧出现正弯矩，取筒壁内、外侧分别进行分析。各截面的剪力均小于 $0.25f_cbh_0$。

抗剪承载力复核：

剪力在根部位置较大，但在往上高程剪力下降较快，故对井筒根部剪力进行复核验算。

$0.7\beta_hf_tbh_0+0.07N=0.7\times0.8\times1.27\times1000\times3400+0.07\times4913\times1.2=2418$ (kN)，

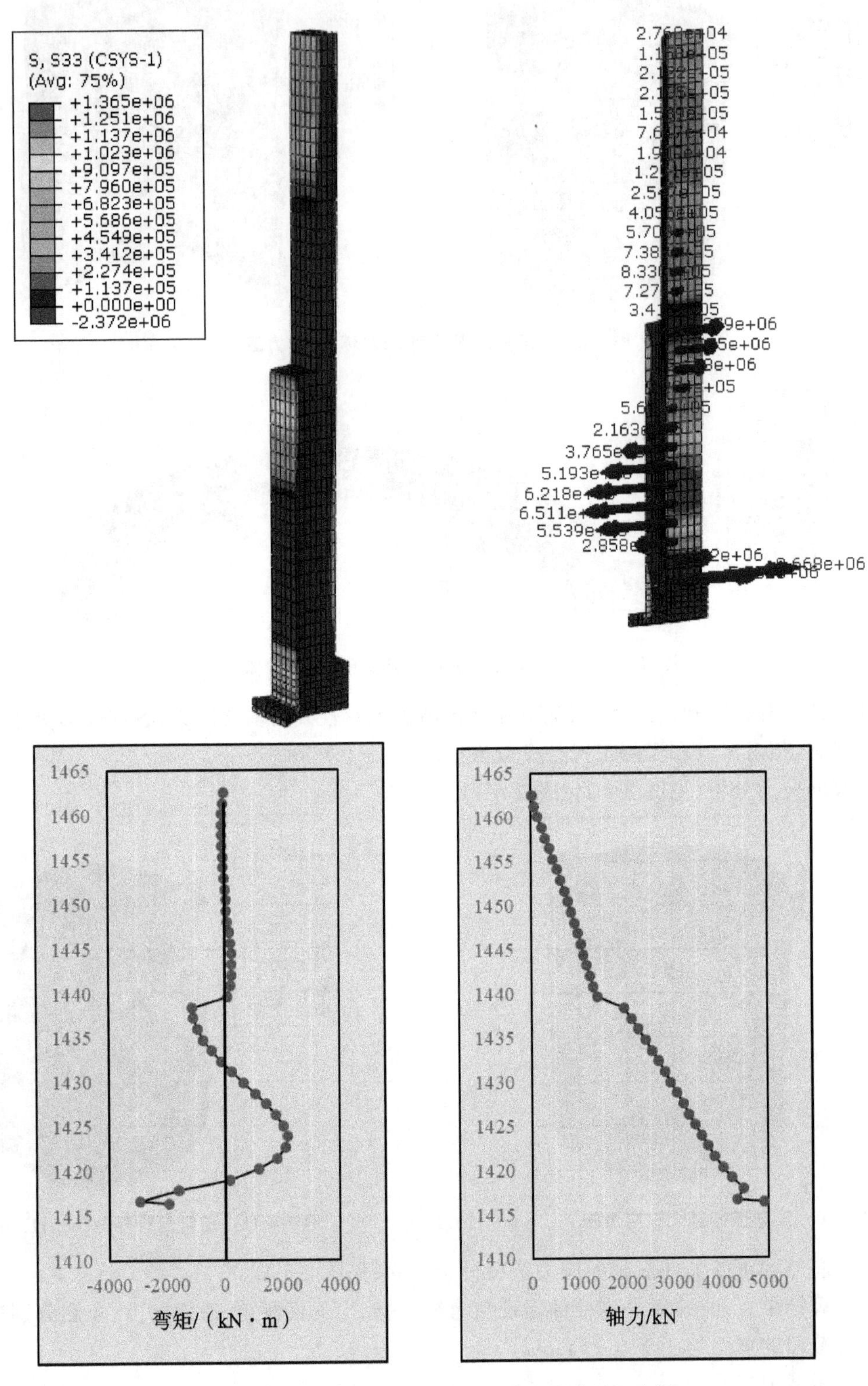


**图 2-6-12　计算井筒 S33(竖向)应力及弯矩示意图**

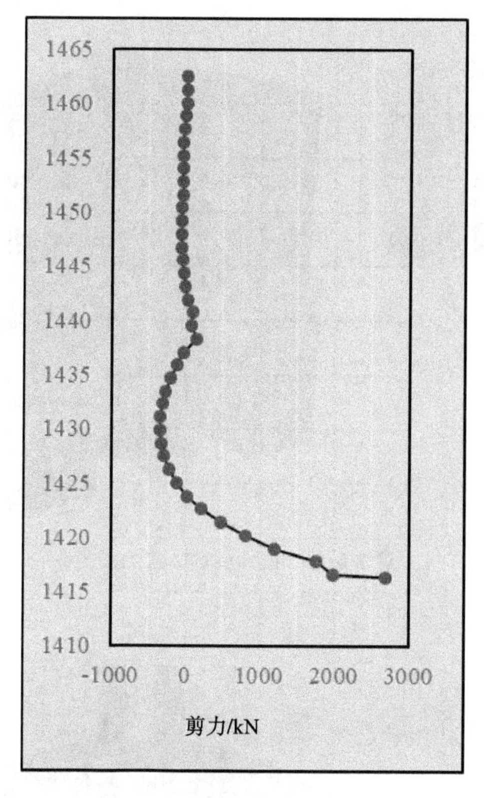


续图 2-6-12

小于最大剪力 $K_V=1.2\times1.2\times2684=3865$ (kN)，需要斜截面抗剪验算。

(2)进水间墙体。

进水间墙体因上游隔墙承受向下水压力，带动进水间墙体向下游侧变形，进水间墙体承受上下游方向拉应力，最大拉应力在 1425.0 m 高程附近。

取 1425.00 m 和 1441.0 m 两个高程截面进行计算分析。

①1425.0 m 高程截面。

(a)进水隔墙分析。

厂右 0+001.70 面最大拉应力 S22 值为 1.10 MPa，厂右 0+003.00 面最大拉应力 S22 值为 1.77 MPa，全截面受拉，经内力分析，弯矩较小，截面按轴心受拉构件计算(表 2-6-6)。

表 2-6-6　换算一

| 换算前 | | 换算为单位高度 | |
|---|---|---|---|
| 弯矩/(kN·m) | 轴力/kN | 弯矩/(kN·m) | 轴力/kN |
| 148.5 | 3416 | 74.25 | 1708 |

(b)厂左(右)0+(—)011.00 面分析。

由于该部位为大体积混凝土，按应力图形配筋，取最大拉应力截面计算(图 2-6-13～图 2-6-17)。

侧面最大拉应力 2.13 MPa，根据应力图形配筋。经分析，按 $0.45f_t=570$ kPa 扣除后计算后的面积 $T=1378$ kN，按 30%计算扣除后的面积为 1054 kN，取 $T=1378$ kN 进行计算。

②1441.0 m 高程截面。

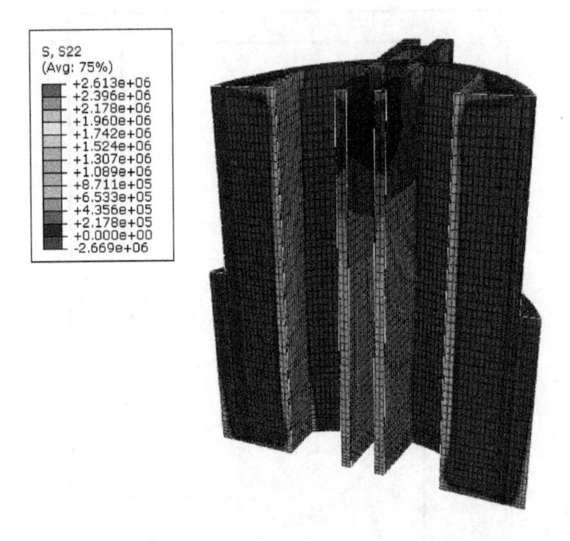


**图 2-6-13　进水间 S22 应力图**

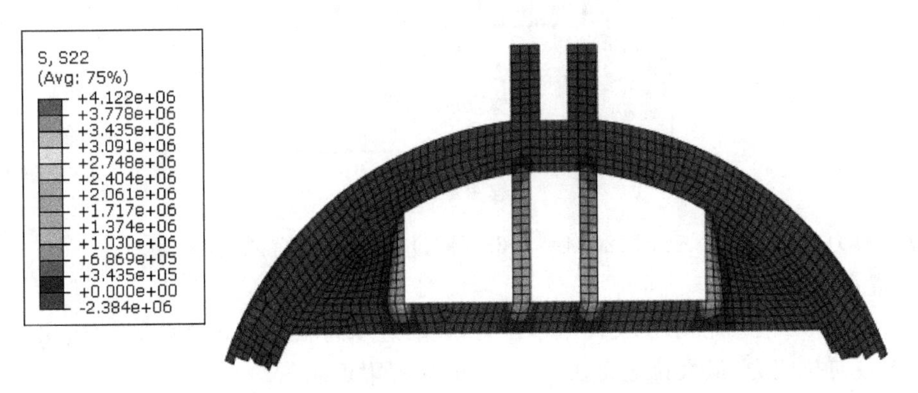


**图 2-6-14　进水间 1425.0 m 高程 S22 应力图**

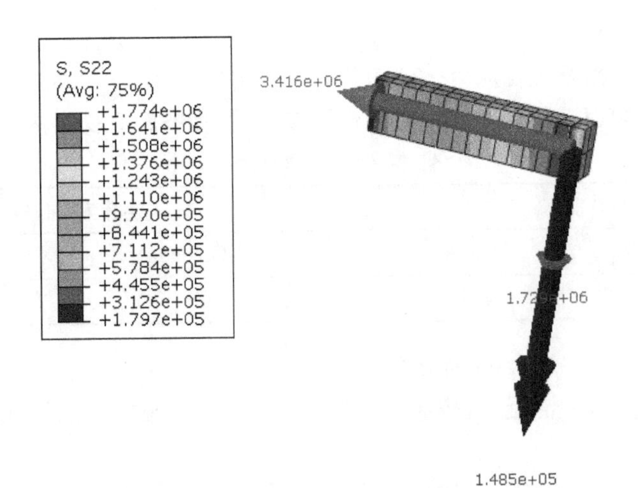


**图 2-6-15　进水隔墙 1425.0 m 高程应力和内力图**

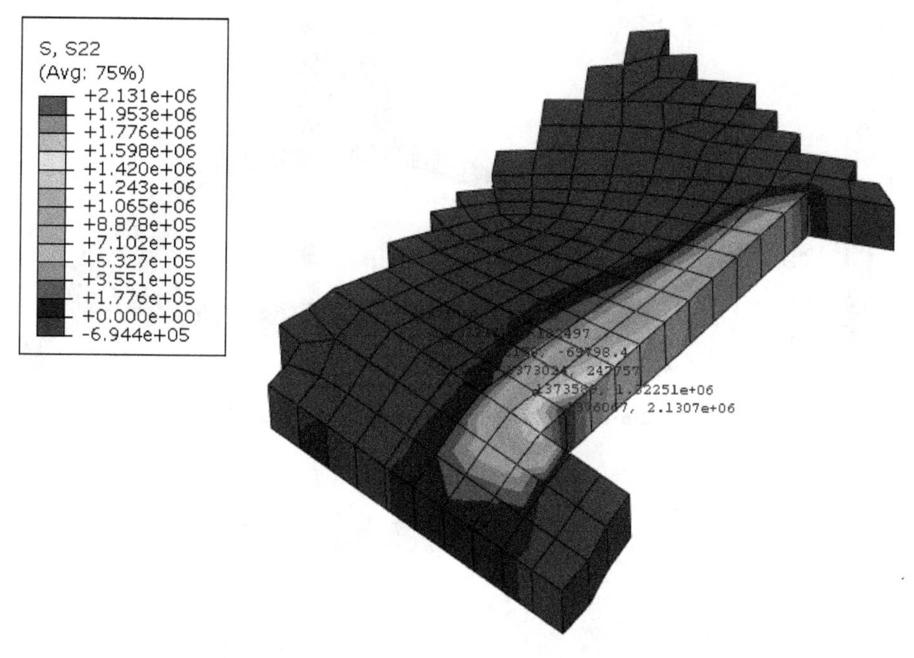


**图 2-6-16　进水间侧墙 1425.0 m 高程应力图**

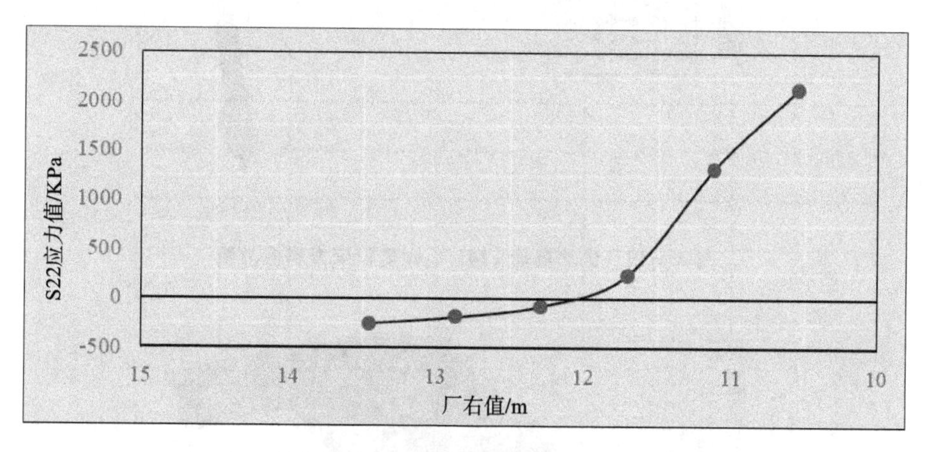


**图 2-6-17　进水间厂右 0+011.00 面的 1425.0 m 高程应力图**

(a)进水隔墙分析。

厂右 0+001.70 面最大拉应力 S22 值为 0.72 MPa，厂右 0+003.00 面最大拉应力 S22 值为 1.05 MPa，全截面受拉，经内力分析，弯矩较小，截面按轴心受拉构件计算(表 2-6-7、图 2-6-18、图 2-6-19)。

**表 2-6-7　换算二**

| 换算前 | | 换算为单位高度 | |
|---|---|---|---|
| 弯矩/(kN·m) | 轴力/kN | 弯矩/(kN·m) | 轴力/kN |
| 69.4 | 2023 | 35 | 1012 |

(b)厂左(右)0+(-)011.00 面分析。

由于该部位为大体积混凝土，按应力图形配筋，取最大拉应力截面计算(图 2-6-20)。

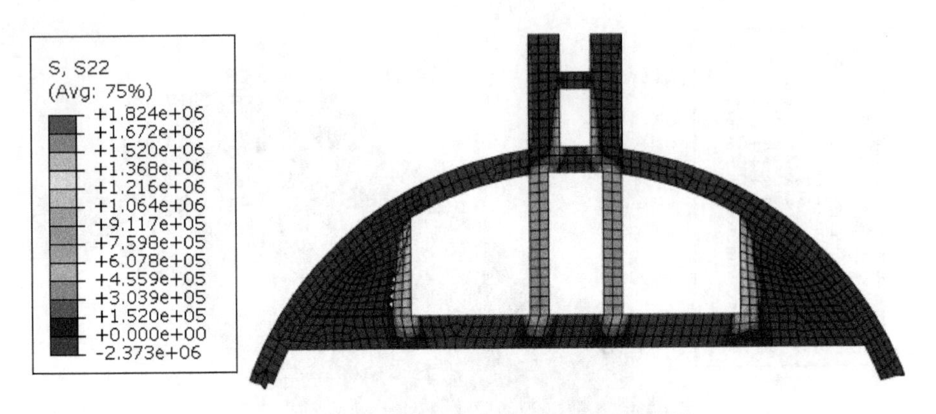


**图 2-6-18 进水间 1441.0 m 高程 S22 应力图**

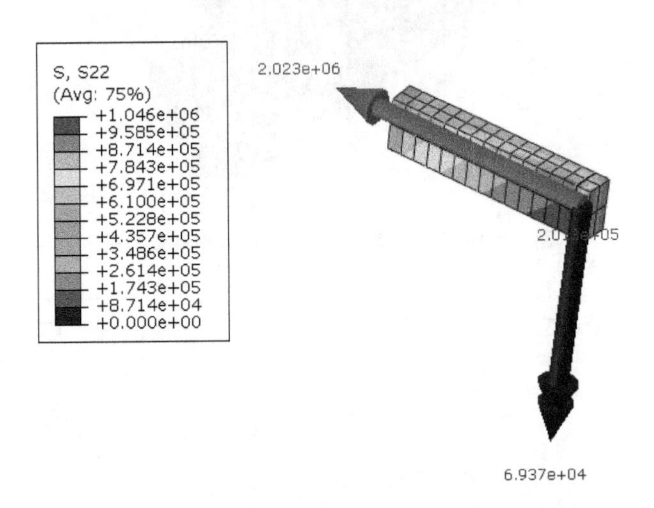


**图 2-6-19 进水隔墙 1441.0 m 高程应力和内力图**

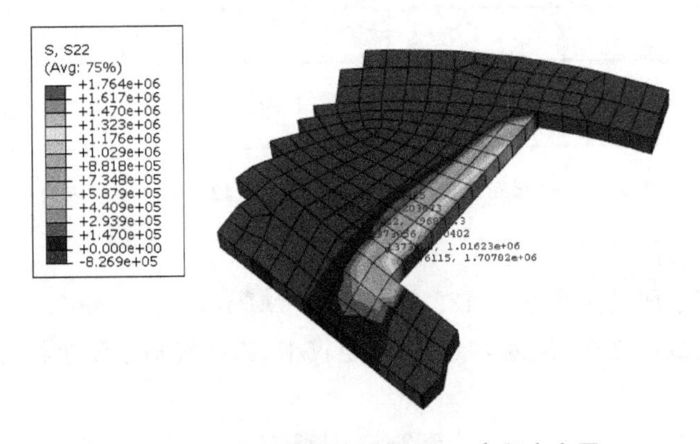


**图 2-6-20 进水间侧墙 1441.0 m 高程应力图**

侧面最大拉应力 1.71 MPa，根据应力图形配筋。经分析，按 $0.45f_t$=570 kPa 扣除后计算后的面积 $T$=1018 kN，按 30%计算扣除后的面积为 800 kN，取 $T$=1018 kN 进行计算。

(3)上游隔墙。

①水平内力分析。

上游隔墙承受向下水压力，下游侧承受拉应力，上游侧承受压应力。水平最大拉压应力

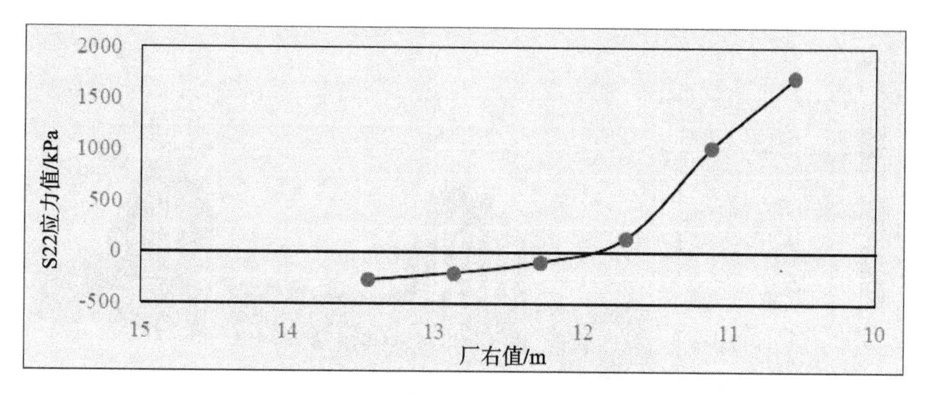


**图 2-6-21　进水间厂右 0＋011.00 面 1441.0 m 高程应力图**

在 1424.0 m 高程附近，最大拉应力 S11 值 2.48 MPa(图 2-6-22、图 2-6-23)。

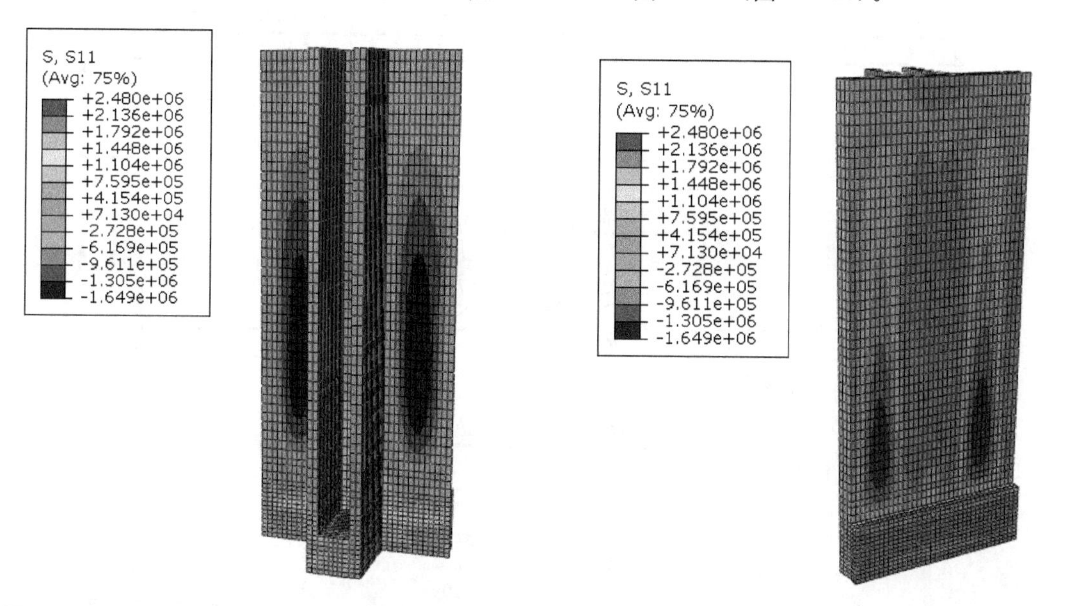


**图 2-6-22　上游侧(厂上 0－012.50)S11 应力图**　　**图 2-6-23　下游侧(厂上 0－010.00)S11 应力图**

取 1426.00 m 和 1441.0 m 两个高程截面计算分析。

(a)取 1426.0 m 高程单位高度计算。

经计算，1426.0 m 高程处跨中弯矩最大，梁高 2.0 m，换算后正弯矩值最大值 $M_{kmax}=2870/2.0=1430$ (kN・m)，考虑恒荷载分项系数 $M_{+max}=1.2\times1430=1716$ (kN・m)；负弯矩值较小(图 2-6-24)。

采用理正工具箱计算，取 1426.0 m 高程截面计算(考虑塑性铰作用，固端负弯矩按 0.85 进行调幅计算，见图 2-6-25)。

结果对比表明：有限元正弯矩值 $M_{+max}$ 与理正结果基本一致，而负弯矩值两者相差较大。安全起见，取两者的较大值进行配筋计算，即正弯矩 1716 kN・m，负弯矩 2262 kN・m 和 1187 kN・m。

(b)1441.0 m 高程截面。

经计算，1441.0 m 高程处跨中弯矩最大，梁高 2.0 m，换算后正弯矩值最大值 $M_{kmax}=2196/2.0=1098$ (kN・m)，考虑恒荷载分项系数 $M_{+max}=1.2\times1098=1318$ (kN・m)；负弯

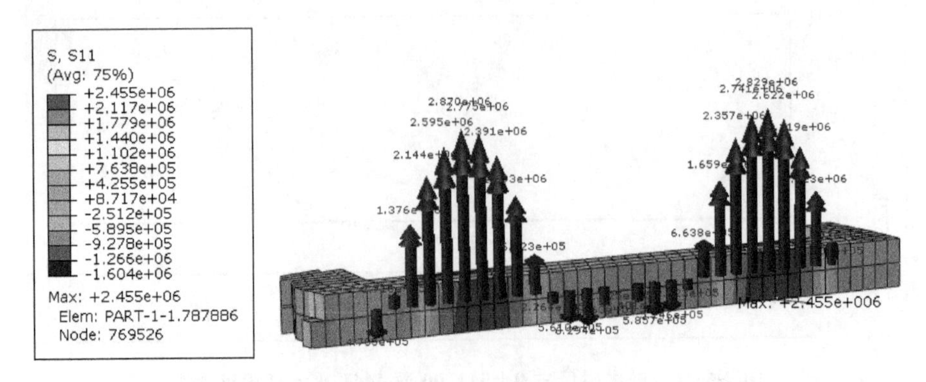


图 2-6-24　上游隔墙 1426.0 m 高程 S11 应力和内力图

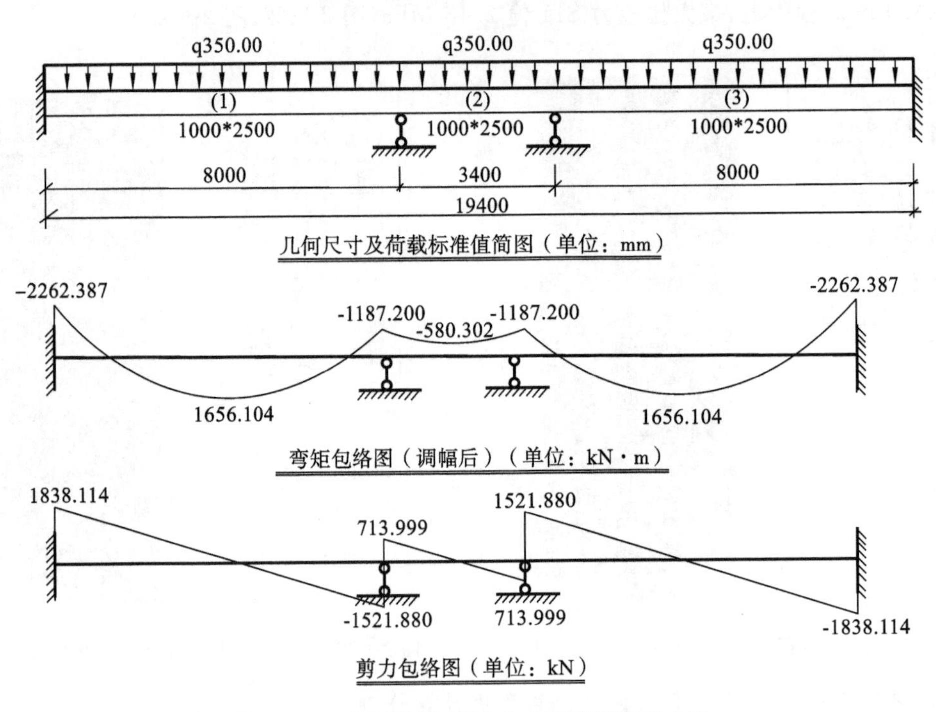


图 2-6-25　理正计算 1426.0 m 高程弯矩剪力图

矩值较小。

采用理正工具箱计算，取 1441.0 m 高程截面计算分析（考虑塑性铰作用，固端负弯矩按 0.85 进行调幅计算，见图 2-6-26、图 2-6-27）。

结果对比表明：有限元正弯矩值 M 正 max 比理正结果要大，而负弯矩值较小，与理正结果相差较大。安全起见，取两者的大值进行配筋计算，即正弯矩 1318 kN·m，负弯矩 1228 kN·m，以 1318 kN·m 进行验算。

②竖向内力分析。

选取上游隔墙跨中部位竖向应力进行分析，最大拉应力 S33 值 1.14 MPa，结果见图 2-6-28、图 2-6-29。

$0.7\beta_h f_t b h_0 = 0.7\times0.8\times1.27\times1000\times2400 = 1707$ (N)，大于最大剪力 $K_V = 1.2\times1042 = 1250$ (kN)，不进行斜截面抗剪验算。

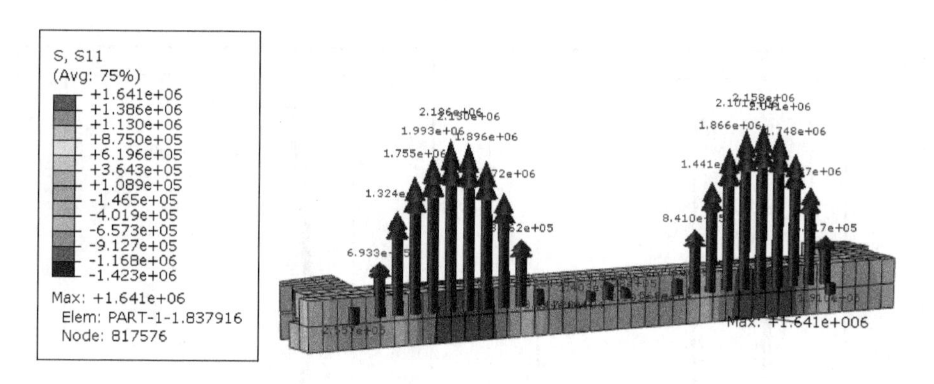


图 2-6-26　上游隔墙 1441.0 m 高程 S11 应力云图

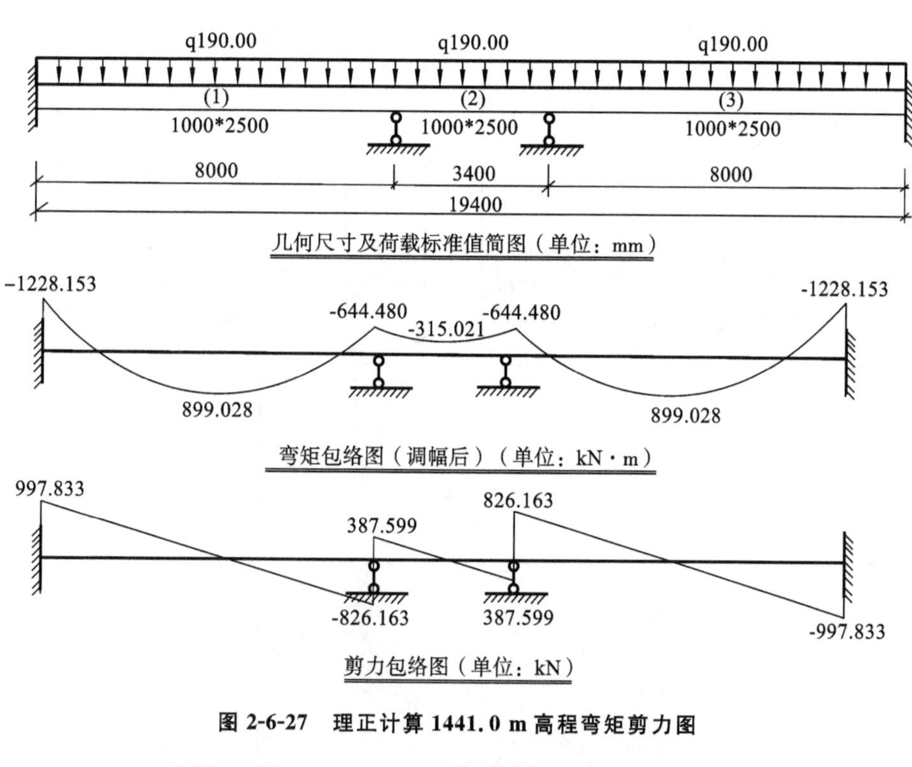


图 2-6-27　理正计算 1441.0 m 高程弯矩剪力图

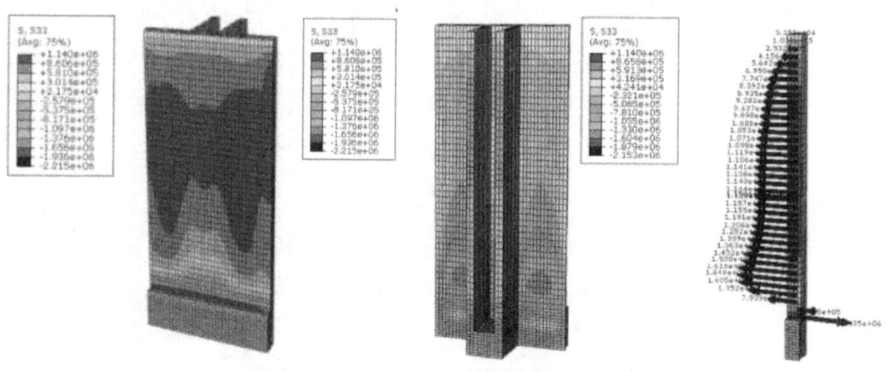

图 2-6-28　S33 应力图

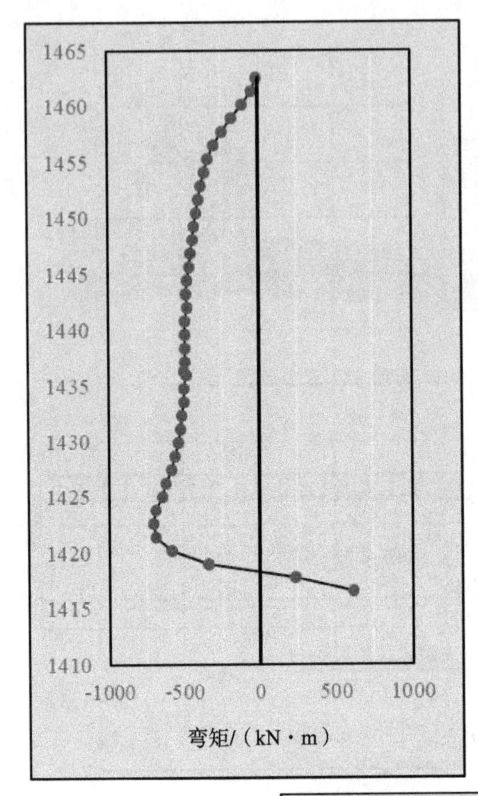
1465
1460
1455
1450
1445
1440
1435
1430
1425
1420
1415
1410
-1000
-500
0
500
1000
弯矩/（kN·m）

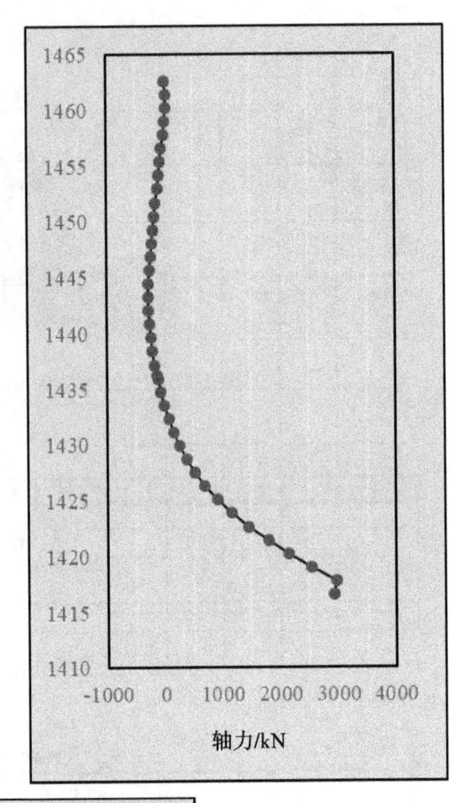
1465
1460
1455
1450
1445
1440
1435
1430
1425
1420
1415
1410
-1000
0
1000
2000
3000
4000
轴力/kN

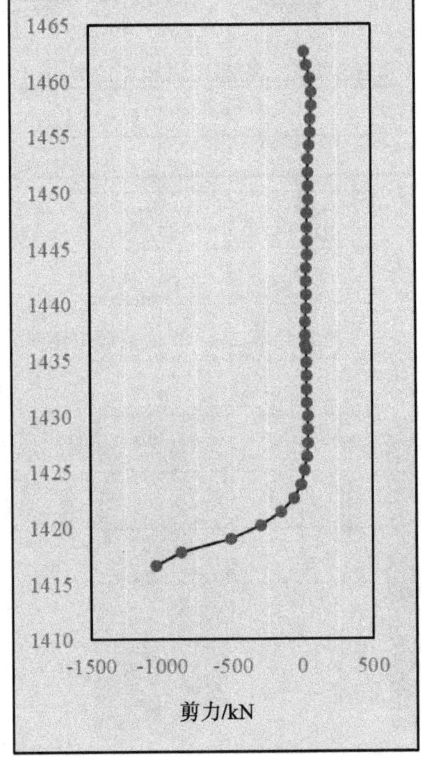
1465
1460
1455
1450
1445
1440
1435
1430
1425
1420
1415
1410
-1500
-1000
-500
0
500
剪力/kN

**图 2-6-29　内力图**

(a)上游侧。

上游隔墙跨中在根部高程 1416.60 m 处竖向弯矩最大，$M_{kmax}$=613 kN·m(墙厚 2.5 m)，对应轴力 $N_k$=2931 kN(图 2-6-30)。

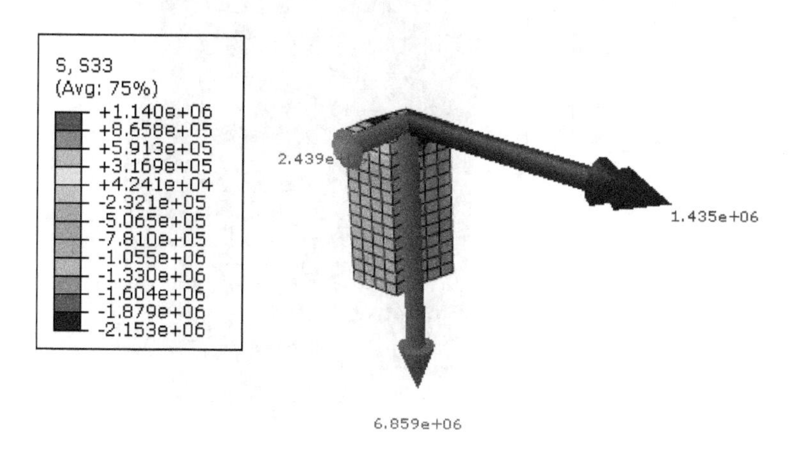


**图 2-6-30　1416.60 m 高程内力图**

(b)下游侧。

上游隔墙跨中在高程 1423.0 m 处竖向弯矩最大(图 2-6-31)，$M_{kmax}$=704 kN·m(墙厚 2.5 m)，对应轴力 $N_k$=1456 kN；但是在往上高程轴力降低较快。安全起见以 704 kN·m 按弯矩计算。在 1441.0 m 高程处弯矩 $M_k$=488 kN·m。

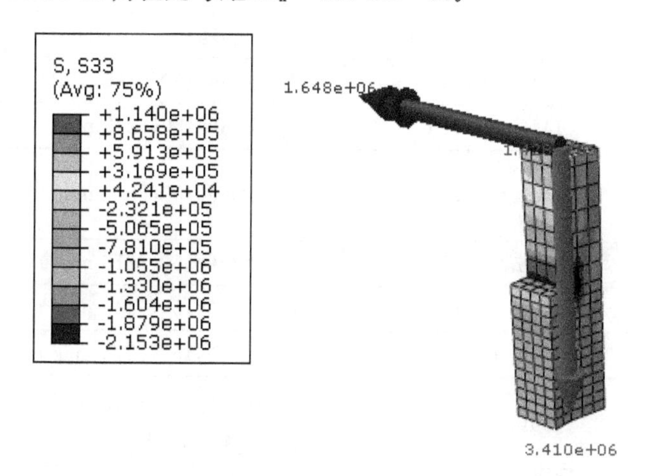


**图 2-6-31　1423.0 m 高程内力图**

(4)其余墙体。

上、下游隔墙与泵站左、右侧井筒相交部位易出现应力集中，在四个角部增设斜筋Φ25@150。

副厂房内的楼层板未进行建模，实际运行时楼层板对有效改善外部水压力对筒壁的作用。泵房结构应力大部分处于受压状态，应力分布符合对称结构应力分布规律。(见图 2-6-32)

#### 4. 计算配筋结果

结构计算结果汇总见表 2-6-8。

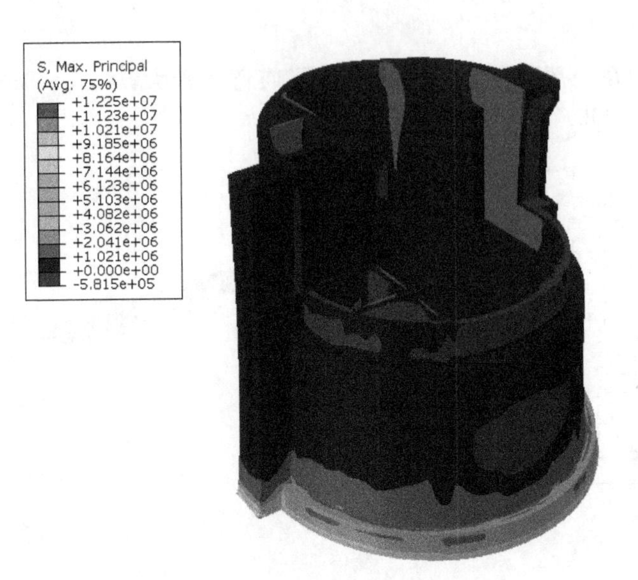


**图 2-6-32 正常运行工况井筒主应力图**

**表 2-6-8 结构计算结果汇总**

| 部位 | | 区域 | 配筋结果 | 对应控制工况 |
|---|---|---|---|---|
| 井筒外侧 | 环向 | 1414.0～1427.0 m | 双层Φ28@150(8213 mm²) | 温降工况 |
| | | 1427.0～1446.0 m | 双层Φ25@150(6546 mm²) | 温降工况 |
| | | 1446.0～1462.6 m | 单层Φ25@150(4107 mm²) | 温降工况 |
| | 竖向 | 1446.0 m 以下 | 双层Φ28@150(6546 mm²) | 正常工况 |
| | | 1446.0 m 以上 | 单层Φ28@150(3273 mm²) | 正常工况 |
| 井筒内侧 | 环向 | 1446.0 m 以下 | 双层Φ25@150(6546 mm²) | 温升工况<br>温降工况 |
| | | 1446.0 m 以上 | 单层Φ25@150(3273 mm²) | 温升工况 |
| | 竖向 | 1446.0 m 以下 | 双层Φ25@150(6546 mm²) | 正常工况 |
| | | 1446.0 m 以上 | 单层Φ25@150(3273 mm²) | 正常工况 |
| 进水隔墙 | | 1446.0 m 以下 | 双层Φ28@150(8213 mm²)<br>吊筋：双层Φ25@150(6546 mm²) | 正常工况 |
| | | 1446.0 m 以上 | 单层Φ28@150(4107 mm²)<br>吊筋：单层Φ25@150(3273 mm²) | 正常工况 |
| 进水间侧墙面 | | — | 双层Φ25@150(6546 mm²) | 正常工况 |
| 上游隔墙上游面 | | 固定支座处 1446.0 m 以下 | 双层Φ25@150(6546 mm²) | 正常工况 |
| | | 固定支座处 1446.0 m 以上 | 单层Φ25@150(3273 mm²) | 正常工况 |
| | | 其余部位 | 单层Φ25@150(3273 mm²) | 正常工况 |
| 上游隔墙下游面 | | 1446.0 m 以下 | 双层Φ25@150(6546 mm²) | 正常工况 |
| | | 1446.0 m 以上 | 单层Φ25@150(3273 mm²) | 正常工况 |

续表

<table>
<tr><th>部位</th><th>区域</th><th>配筋结果</th><th>对应控制工况</th></tr>
<tr><td>井筒与上下游隔墙交接处</td><td colspan="3">角部增设斜筋Φ25@150<br>角部 3.5 m 厚的筒体 1419 m 高程以下布置拉筋Φ20@500×500</td></tr>
<tr><td></td><td colspan="3">进水间隔墙、侧墙和主机间上游隔墙部位混凝土添加聚丙烯纤维</td></tr>
</table>

## 6.5　泵站深层抗滑稳定分析

根据地勘成果，泵房基础岩体主要为弱风化 $T_1yn^3$ 灰岩，岩层产状 265.9°/SW∠48°，钻孔资料揭示岩体属较完整岩体，自稳能力较好。基坑边坡开挖均为逆向坡或斜向坡，边坡稳定性良好。取水泵站所处边坡自然坡角为 20°～30°，泵房基础岩体存在可能的外倾裂隙面。本次验算泵房基础岩体沿岩体裂隙剪断面向库内单滑动面的抗滑稳定及沿岩体裂隙剪断面（滑动面 1）＋缓倾结构面（滑动面 2）双滑动面的抗滑稳定。

泵房基础深层抗滑稳定分析按《混凝土重力坝设计规范》（SL319—2005）附录 E 进行，选取可能存在的单滑动面和双滑动面计算，采用抗剪断强度公式计算，验算泵房最大断面的深层抗滑稳定。

（1）单滑动面抗滑稳定计算。

假设泵站基础沿岩体剪断面滑动，计算简图见图 2-6-33。

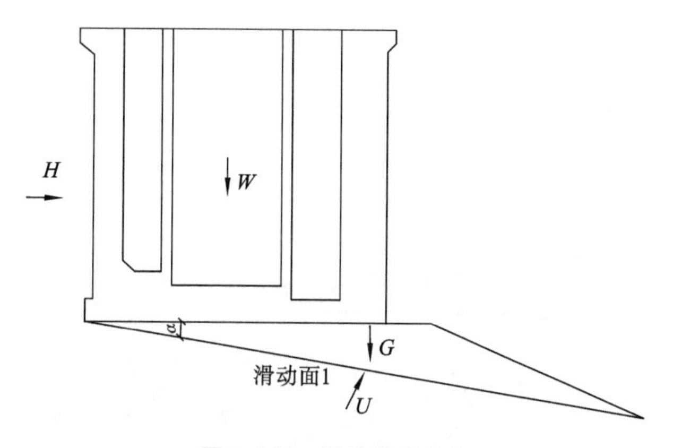


**图 2-6-33　滑动模式示意**

按抗剪断强度公式进行计算。计算公式如下：

$$K' = \frac{f'[(W+G)\cos\alpha - H\sin\alpha - U] + c'A}{(W+G)\sin\alpha + H\cos\alpha}$$

式中，$K'$为按抗剪断强度计算的抗滑稳定安全系数；$W$ 为作用于泵房上全部荷载（不包括扬压力，下同）的垂直分量，kN；$H$ 为作用于泵房上全部荷载的水平分值，kN；$U$ 为作用在滑动面上的扬压力，kN；$\alpha$ 为滑动面倾角；$f'$为滑动面的抗剪断摩擦系数；$c'$为滑动面的抗剪断凝聚力，kPa；$A$ 为滑动面计算截面面积，$m^2$。

滑动面 1 的抗剪断强度取岩体抗剪断强度（表 2-6-9）。

表 2-6-9　滑动面抗剪断强度值

| 10 | 抗剪断强度 | |
|---|---|---|
| | $f$ | $c$/kPa |
| 滑动面 1 | 0.775 | 640 |

根据泵房平面布置图，结构可能存在的最大滑动面为连接泵房基础与边坡坡脚的斜面，滑动角度为 6°。各计算工况下的抗滑稳定安全计算结果见表 2-6-10。

表 2-6-10　单滑动面抗滑稳定计算结果

| 计算工况 | 滑动力/kN | 抗力/kN | 抗剪断公式计算 | | |
|---|---|---|---|---|---|
| | | | 抗滑安全系数 $K$ | 规范允许最小值 | 是否满足规范要求 |
| 完建工况 | 4643 | 90956 | 19.59 | 3.0 | 是 |
| 正常工况 | 4643 | 50758 | 10.93 | 3.0 | 是 |
| 校核工况 | 4643 | 49814 | 10.73 | 2.5 | 是 |

经计算，各工况下的泵站深层单滑动面抗滑稳定均能满足规范要求。

(2)双滑动面抗滑稳定计算。

假设泵房基础岩体沿岩体剪出面(滑动面 1)+缓倾结构面(滑动面 2)滑动，计算简图见图 2-6-34。

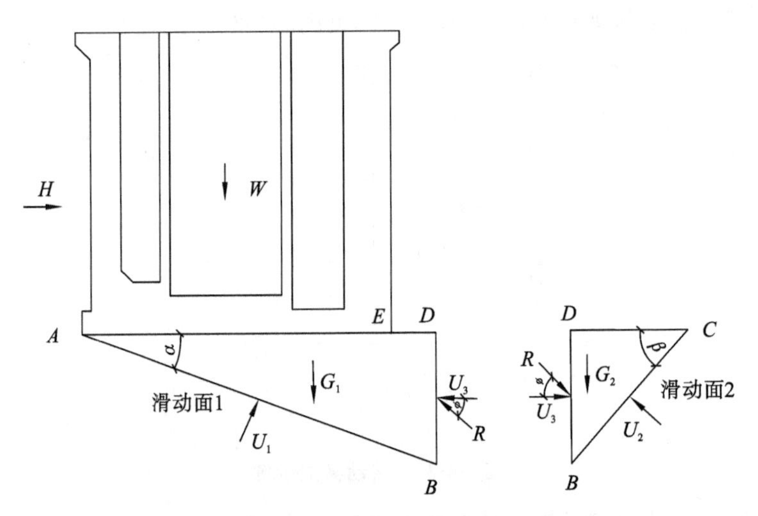


图 2-6-34　双滑面示意图

抗滑稳定计算采用抗剪断公式和等稳定法，计算公式为：

$$K_1 = \frac{f_1[(W+G_1)\cos\alpha - H\sin\alpha - R\sin(\phi-\alpha) - U_1 + U_3\sin\alpha] + c_1'A_1}{(W+G_1)\sin\alpha + H\cos\alpha - R\cos(\phi-\alpha) - U_3\cos\alpha}$$

$$K_2 = \frac{f_2[G_2\cos\beta + R\sin(\phi+\beta) - U_2 + U_3\sin\beta] + c_2'A_2}{R\cos(\phi+\beta) - G_2\sin\beta + U_3\cos\beta}$$

$$K_1 = K_2$$

式中，$W$ 为作用于泵房上全部荷载(不包括扬压力，下同)的垂直分值，kN；$H$ 为作用于泵房上全部荷载的水平分值，kN；$G_1$、$G_2$分别为岩体 $ABD$、$BCD$ 重量的垂直作用力，kN；$f_1$、$f_2$；$c_1$、$c_2$分别为 $AB$、$BC$ 滑动面的抗剪断摩擦系数、抗剪断凝聚力；$c_1$、$c_2$分别为 $AB$、$BC$ 滑动面的抗剪断凝聚力，kPa；$\alpha$、$\beta$ 分别为 $AB$、$BC$ 面与水平面的夹角；$U_1$、$U_2$、$U_3$分别为 $AB$、$BC$、$BD$ 面上的扬压力，kN；$R$ 为 $BD$ 面上的作用力；$\phi$ 为 $BD$ 面上的作用力 $Q$ 与水平面的夹角。偏安全考虑取为 0。

其中滑动面 1 的抗剪(断)强度取岩体抗剪(断)强度，根据实际情况，并从安全角度考虑，岩体裂隙连通率取 50%，即滑动面 2 抗剪(断)强度取结构面与岩体抗剪(断)强度的平均值(表 2-6-11)。

**表 2-6-11　滑动面抗剪(断)强度值**

| 滑动面 | 抗剪断强度 | | 备注 |
|---|---|---|---|
| | $f'$ | $c'$/MPa | |
| 滑动面 1 | 0.775 | 0.64 | 岩体+裂隙 |
| 滑动面 2 | 0.6 | 0.15 | 岩层面 |

剪切破裂面起始点 $B$ 的水平投影点 $D$ 由泵站正下方向上游侧移动变化，剪切破裂面滑出点 $C$ 根据滑动面 1 的剪切破裂角度 $\alpha$ 值变化可移动变化。以 $AD$，$\alpha$ 为变量，$AD$ 从 $AE$～$AE$+50 m 之间变化($AE$ 为泵站基础宽度)，计算步长为 1 m；$\alpha$ 在 1°～89°之间变化，计算步长为 2°；$\beta$ 取值 40°。各计算工况下最危险滑动面参数及最小抗滑稳定安全系数见表 2-6-12。

**表 2-6-12　双滑动面抗滑稳定计算成果**

| 计算工况 | 变量 | | 滑动力/kN | 抗力/kN | 抗剪断公式计算 | | |
|---|---|---|---|---|---|---|---|
| | $AD$/m | $\alpha$/(°) | | | 抗滑安全系数 $K$ | 规范允许最小值 | 是否满足规范要求 |
| 完建工况 | 55.65 | 33 | 12669 | 89254 | 7.04 | 3.0 | 是 |
| 正常工况 | 55.65 | 33 | 16045 | 52549 | 3.28 | 3.0 | 是 |
| 校核工况 | 55.65 | 33 | 16199 | 51809 | 3.20 | 2.5 | 是 |

经计算，各工况下的泵站深层双滑动面抗滑稳定均能满足规范要求。

# 第7章 朱昌河水库工程设计经验

## 7.1 成库条件论证

### 7.1.1 左岸

水库库尾约4.5 km河段地层主要由飞仙关组隔水层构成，且水位抬高不大，不存在水库渗漏问题。

三角田以下至坝址段存在库水沿岩层走向向下游渗漏的可能性，但因永宁镇组第二段相对隔水层可作依托，故可通过坝基防渗帷幕予以解决。

根据地形地质条件，左岸可能发生渗漏的部位位于水库中段三角田上游永宁镇组第一段($T_1yn^1$)灰岩出露的库段，该段库水可通过顺河向的永宁镇组第一段可溶地层沿地层走向下游的两岔河口(朱昌河与索桥河汇口)以下的河谷。该河段天然河水位1420～1410 m，水库蓄水后抬高水头40～50 m，永宁镇组第一段属强可溶岩地层，库岸存在可疑渗漏通道。

通过现场水文地质测绘及区域资料综合分析，$T_1yn^1$灰岩出露地带为陡峻的库岸斜坡带，降水主要以地表水的形式排入朱昌河，空间上无大量水流渗入地下形成集中径流的外部条件。在$T_1yn^1$灰岩与$T_1yn^2$砂页岩接触带的冲沟地带均可见泉水点出露，三角田上游左岸$T_1yn^1$地层内河边出露岩溶泉，枯水期流量<0.01 L/s，下游革纳铺低洼地带有泉水出露，泉水出露高程1462.80 m，流量为25～30 L/s，高于水库正常蓄水位，说明$T_1yn^1$灰岩地层中的地下水位较高；从地质结构上，$T_1yn^1$灰岩的南、北两侧为$T_1yn^2$和$T_1f$砂页岩地层，隔水性能良好，东部出露二叠系上统龙潭组($P_2l$)煤系地层及峨眉山玄武岩组($P_2\beta$)玄武岩，将可疑渗漏通道完全封闭，而且$T_1yn^1$地层出露于斜坡带，地形较陡，地下水活动微弱，岩溶化程度低。综合分析认为，库水通过$T_1yn^1$灰岩向下游渗漏的可能性不存在。

### 7.1.2 右岸

朱昌河水库右岸三角田上游河段河间地块宽5～6 km，隔水层$T_1yn^2$穿过朱昌河后与相对隔水层$T_2g^1$地层近EW向相间分布与朱昌河右岸，构成良好的阻水屏障，水库渗漏的可能性基本上不存在。

右岸可能发生库水渗漏的河段集中在三角田至坝址区河段，该区域河间地块河床之间最宽处3.9 km，最窄处仅2.8 km；朱昌河三角田至坝址河段河床高程1405～1370 m，右岸低邻谷索桥河，尾巴田高程1360，朱昌河与索桥河交汇口1340 m，河谷高差45～30 m，正常蓄水位1460 m时，高差达120 m，水库蓄水后索桥河河谷构成典型的低邻谷。

根据河间地块的地质结构及岩溶水文地质条件，可划分为三个可疑渗漏带(渗漏方式)。

(1)水库坝址至库区三角田一带，库水沿$T_1yn^1$地层向尾巴田～岔河口一带索桥河邻谷的可疑渗漏区。

$T_2g^1$地层连续分布于朱昌河右岸三角田至坝址区河段斜坡地带，分布高程 1424.8～1525 m 之间，构造上处于旧普安向斜北翼，为单斜地层，岩层陡倾山里，倾角 40°～60°，该河段为走向河谷，河流流向与岩层走向基本一致。通过现场详细的地质测绘及地层界线追踪调查，$T_2g^1$地层未被断层切割，地层连续性及岩体完整性均较好。

水库工程区 $T_2g^1$地层实测厚度 285～429 m，下部厚约 160 m 为杂色泥灰岩夹粉砂质泥岩、粉砂岩、局部夹薄层砾岩，上部 269 m 为薄至中厚层状泥灰岩、泥质白云岩夹泥岩及泥晶灰岩与泥岩、粉砂质泥岩互层。

根据地质测绘及钻孔资料，$T_2g^1$中灰岩、泥灰岩夹层溶蚀现象比较发育，局部发育溶洞，但河间地块两侧的 $T_2g^1$地层上部及与 $T_2g^2$地层接触带附近，有一系列的泉水点出露，$T_2g^1$地层控制了河间地块两侧地下水的排泄，说明 $T_2g^1$地层整体上具有比较可靠的隔水性能。库首段 $T_2g^1$底板分布高程 1428～1460 m 段可能存在沿可溶夹层渗漏的问题。

河间地块区域未见规模较大的断层发育，两侧 $T_2g^1$地层连续分布，岩体完整性好。

朱昌河右岸一侧岩层陡倾山里，$T_2g^1$隔水最低分布高程 700～900 m 之间（向斜核部转折端），低于河床约 470 m，对库水及地下水有较好的阻隔作用。

$T_1yn^3$地层上部为中厚层灰岩、岩溶角砾岩，下部为薄至中厚层状灰岩，属强岩溶含水透水地层。连续分布于朱昌河三角田至坝址区河段右岸岸坡下部的 $T_1yn^3$地层，未被断层破坏，地层完整，上部 $T_2g^1$相对隔水层的阻隔，与上部的 $T_2g^2$强岩溶含水透水层之间基本上无水力联系，为独立的含水透水层。由于 $T_1yn^3$含水层所处位置为斜坡带，降水主要以地表形式直接排泄至河流，渗入地下补给地下水的量非常有限，而且渗流途径短，汇聚成地下径流的可能性非常小，所以在朱昌河沿岸未见泉水出露，也未见溶洞发育。综合分析 $T_1yn^3$地层岩溶化程度低，水库区三角田至坝址区沿岸无岩溶管道发育。

综合分析认为，$T_2g^1$地层整体隔水性能可靠，$T_1yn^3$地层与上部的 $T_2g^2$强岩溶化含水透水层之间无水力联系，库水穿过 $T_2g^1$地层的邻谷渗漏可能不存在。

$T_1yn^3$地层岩性以中厚层灰岩为主，上部为中厚层状白云岩、盐溶角砾岩夹泥岩，下部为中厚层状灰岩，属强岩溶含水透水地层。但由于特殊的地质结构，$T_1yn^3$地层分布于旧普安向斜两翼，位于河间地块两侧斜坡带下部，由于 $T_2g^1$相对隔水层的阻隔，$T_1yn^3$强岩溶含水透水层与上部的 $T_2g^{2+3}$强岩溶含水透水层之间无水力联系，为独立的含水透水层。由于河间地块 $T_1yn^3$地层出露位置为斜坡带下部，降水主要以地表形式直接排泄至河流，渗入地下补给地下水的量非常有限，而且渗流途径短，汇聚成地下径流的可能性非常小，所以在朱昌河沿岸未见泉水出露，也无溶洞发育。在索桥河一侧，$T_1yn^3$地层出露面积较大，出露高程从下游向上游逐渐降低，地下水有一定的径流空间，所以在绿竹湾岸边有一小泉水出露，流量约 0.1 L/s，往下游至河口长约 4.8 km 河段，未见泉水出露、无溶洞发育，岸边陡崖上基本上无溶蚀痕迹，地表岩溶化程度低。

根据坝址区 ZK1、ZK2、ZK3、ZK8、ZK10、ZK16 钻孔资料，$T_1yn^3$地层中上部岩体岩溶较发育，中下部微新岩内溶不发育，岩芯仅有轻微溶蚀现象。

ZK1 钻孔位于可研阶段上坝址左岸，孔口高程 1376.25 m，终孔孔深 141.00 m；孔深 19.00～19.80 m 和 46.00～50.00 m 为溶洞，分布高程 1499.55～1500.35 m 和 1469.35～1473.35 m，孔深 15.20～19.00 m、0～50.5 m、52.85～53.5 m 溶蚀现象明显，92.40～93.50 m 有轻微溶蚀；岩体透水率 $q$=0.33～2.16 Lu，除 19.00～24.90 m、46～55.5 m 和溶洞位置不起压外，其余位置透水率均小于 3 Lu。

ZK2 钻孔位于可研阶段上坝址河床，孔口高程 1376.25 m，终孔孔深 150.60 m；孔深 37.90～41.20 m 为溶洞，分布高程 1335.05～1338.35 m，孔深 2.8～3.0 m、37.5～37.9 m、41.2～41.8 m 有溶蚀现象明显；岩体透水率 $q$=0.15～1.66 Lu，除溶洞位置外其余位置透水率均小于 3 Lu。

ZK3 钻孔布置于上坝之右岸，孔口高程 1510 m，终孔孔深 150 m；孔深 6.8～11.2 m 为溶洞，孔深 105.3 m、105.8 m、106.3 m、106.6 m 溶蚀现象较明显；岩体透水率 $q$ 为 0.89～12 Lu，其中 47.31～124.8 m 孔段透水率 $q$ 为 4.6～12 Lu，其余孔段透水率一般小于 3 Lu；终孔稳定水位高程 1421.4 m。

ZK8 钻孔位于下坝址右岸，孔口高程 1490 m，孔深 151.50 m；在钻孔东北约 8 m 处孔深 68.30～75.30 m 处发育有溶洞，139.7～142.4 m 孔段裂隙有轻微溶蚀现象；终孔稳定水位高程 1418.8 m。

ZK10 钻孔布置于下坝址右岸斜坡带上部，孔口高程 1537.6 m，孔深 295.14 m，为可研阶段水文地质钻孔；孔深 235.07 m(1302.53 m 高程)以上为 $T_2g^1$ 地层，以下为 $T_1yn^3$ 地层；$T_1yn^3$ 地层内未见溶洞发育，偶见轻微溶蚀现象；终孔稳定水位高程 1476.2 m(综合水位)。本阶段对 ZK10 钻孔先进行重新扩孔处理，通过孔内止水，在内、外管进行分层水位观测。为了使观测成果更加真实，通过对下层岩层进行高压压水，然后对地下水先进行抽水等手段，使地下水位下降，然后再进行分层稳定水位观测，结果显示 $T_2g^1$ 地层地下水稳定水位高程 1477.70 m(分层水位)，$T_1yn^3$ 地层分层地下水稳定水位高程 1474.77 m(分层水位)，前者高于后者 3.0 m，均高于正常蓄水位(1460 m)；通过这两层的水位观测结果显示，地下水位往两岸坝肩上升趋势明显，上层 $T_2g^1$ 地下水位总体上高于下部地层 $T_1yn^3$ 的地下水位，随着高程的上升水位差有缩小趋势。

ZK16 钻孔位于选定坝址上坝线左岸，孔口高程 1480.01 m，终孔孔深 150.70 m；孔深 29.4～32.60 m 和孔深 43.80～44.30 m 为溶洞，分布高程 1447.41～1450.61 m 和 1435.71～1436.21 m；岩体透水率 $q$ 为 0.74～2.10 Lu，除溶洞位置外其余位置透水率均小于 3 Lu。终孔稳定水位高程 1394.21 m。

ZK20 孔位于选定坝址下坝线右案坝肩位置，本次对分层水位观测结果显示 $T_2g^1$ 地下水位高程 1405.70 m(分层水位)，$T_1yn^3$ 地下水位高程 1386.73 m(分层水位)，前者高于后者 19 m，均高于河床正常水位。

根据以上六个钻孔揭露的地质资料和水文资料，$T_1yn^3$ 地层上部，如河床左岸 1435～1500 m 高程范围内和河床地表至 1335 m 高程岩溶较发育；深部微新岩体岩溶不发育，透水率低，两岸钻孔地下水位均高于河水位。朱昌河水库三角田至坝址河段地质结构相同、水文地质环境基本一致，坝址区以上钻孔所揭示的地质信息可以代表三角田至坝址区河段。

$T_1yn^3$ 地层连续分布，完整性好，深部岩溶化程度较低，水库区三角田至坝址区沿岸无岩溶管道发育。水库建成蓄水后，库水通过 $T_1yn^3$ 地层后穿越向斜核部向索桥河低邻谷渗漏的可能性基本上不存在。

(2)库首～右坝肩一带库水沿 $T_1yn^3$ 强岩溶地层越过向斜核部向朱昌河下游的可疑渗漏带。

位于库首右岸地带至朱昌河与索桥河交汇口区域，可能的渗漏河道长约 3.6 km，渗漏带宽约 600 m。根据该区地层结构，库区与库盆接触的地层为 $T_2g^1$ 相对隔水层及 $T_1yn^3$ 可溶岩地层，其水文地质结构与第一渗漏带无本质上的差别。渗漏分析如下：

①库首区 $T_2g^1$ 地层连续分布，岩体完整性好，其岩性以泥灰岩、泥岩为主，夹少量杂色泥岩、砂质泥岩，其中下部厚度达 160 m，隔水性能可靠。

②库首区右岸岩层陡倾山里，$T_2g^1$ 隔水最低分布高程 900～1000 m 之间（向斜核部转折端），低于河床约 320 m，对库水及地下水有较好的阻隔作用。

$T_1yn^3$ 地层岩溶发育程度及水文地质特性与第一渗漏带基本一致。

③朱昌河下坝址下游拐弯处至下游与索桥河交汇点河床比降 $i \approx 12‰$，上游至三角田一带河床比降 $i \approx 8.85‰$，从朱昌河水库区往索桥河任一对应河段的水力比降 $i \approx 10‰ \sim 11‰$，小于朱昌河下游河段天然水力比降。根据现场观测，朱昌河库首区至岔河河段，天然情况下河水流量无明显变化。综合分析，朱昌河河水补给地下水进行深部循环形成岩溶管道的可能性基本上可以排除，$T_1yn^3$ 地层不具备发育深部岩溶管道的条件。水库建成蓄水至 1460 m 高程后，该渗漏带的水头差由天然状态下的 30 m 增加至 120～130 m。建库后虽然该渗漏带的水头差增加 90～100 m，水利比降由天然状态下的约 12‰增加至约 28‰，尚未根本改变该渗漏带的水文地质条件。

综合分析，水库建成蓄水至 1460 m 高程后，朱昌河水库库首区的水文地质条件没有本质的改变，库水通过 $T_1yn^3$ 地层经向斜核部深循环后向三岔河渗漏的可能性可性不存在。

(3)坝基及坝肩 $T_1yn^3$ 强岩溶地层和 $T_2g^1$ 向坝址下游朱昌河的顺层绕坝渗漏带。

根据现场地质测绘和坝址区钻孔资料，坝基 $T_1yn^3$ 地层的中厚层状灰岩、岩溶角砾岩，上部岩溶相对较发育。溶蚀主要沿层面及裂隙面顺河向发育，岩溶在表层主要以溶沟、溶槽为主；深部主要为以溶隙的形式存在，局部有溶洞。根据坝址钻孔资料，坝址岩体在高程 1335.05 m 高程以上岩溶相对较为发育，1335.05 m 高程以下岩体基本不存在岩溶、溶蚀现象。ZK10 孔受向斜向心影响在 1242.25 m 仍有溶蚀现象存在，但发育甚微。另外，在 ZK1 和 ZK8 钻孔附近揭露有溶洞，可见 $T_2g^1$ 地层中的泥灰岩、灰岩岩溶发育，水库蓄水建成蓄水至 1460 m 高程后，库水进入夹层会通过溶蚀通道产生局部渗漏，建议结合坝区防渗帷幕对 $T_1yn^3$ 上层和 $T_2g^1$ 溶蚀夹层进行处理。

## 7.2　消能防冲设计优化

**1. 优化方案**

针对设计方案坝面存在较大范围的负压区以及坝面空化数较小，存在空化空蚀的可能性等问题，对坝面曲线进行调整（以下称为优化方案）。

优化方案是在坝顶、挑坎顶高程不变的情况下，调整 WES 曲线及坝面直线段坡比（由 1∶0.75调整至 1∶0.8），调整后纵向坝面加长 3.26 m（见图 2-7-1）。

坝面曲线调整后同样在溢流坝坝面布置了 18 个水位、流速、压力测点，验证优化方案坝面体型的合理性，优化方案坝面测点布置见图 2-7-2。

**2. 过流能力**

(1)敞泄过流能力。

优化方案典型洪水坝址上游 100 m 处溢流坝敞泄泄流能力试验成果见表 2-7-1，水位流量关系曲线见图 2-7-3。

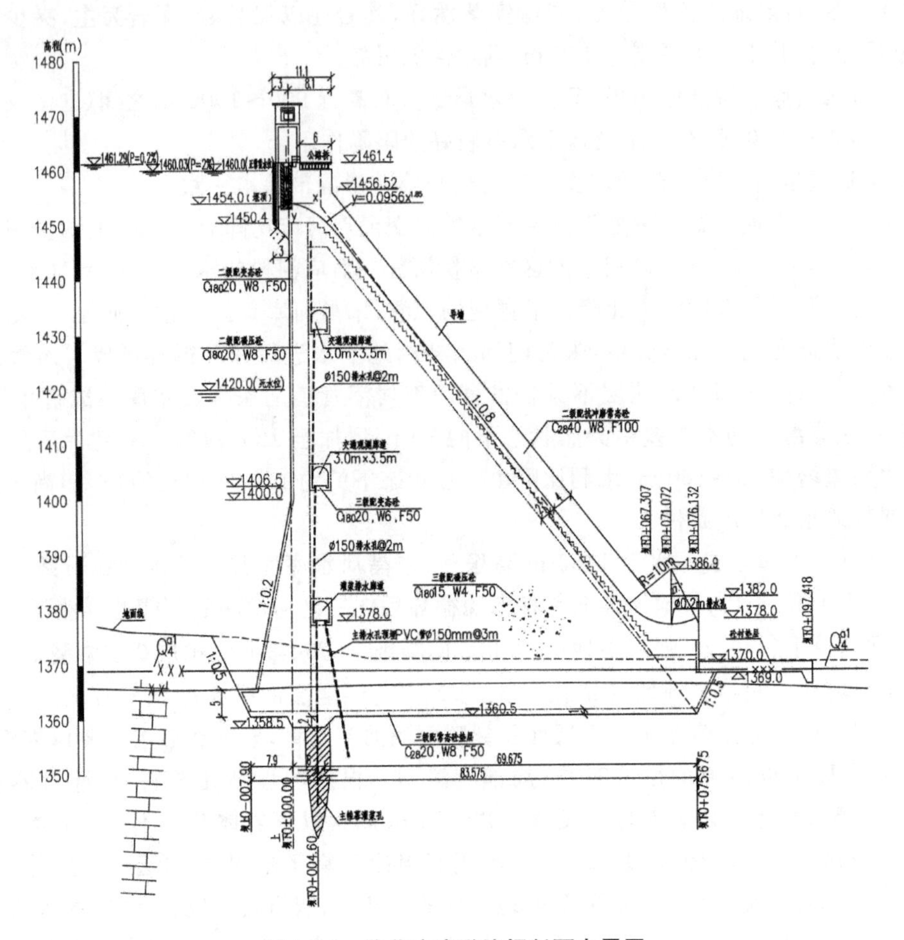


图 2-7-1　优化方案溢流坝剖面布置图

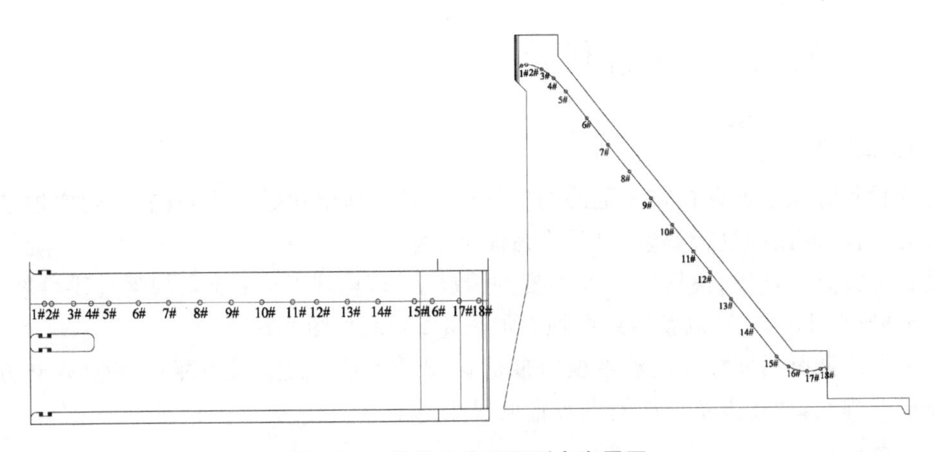


图 2-7-2　优化方案坝面测点布置图

表 2-7-1　优化方案典型洪水溢流坝上游水位流量

| 序号 | 流量/(m³/s) | 试验上游水位/m | 设计上游水位/m | 差值/m | 综合流量系数 | 频率/(%) |
|---|---|---|---|---|---|---|
| 1 | 561 | 1459.70 | 1460.00 | −0.30 | 0.47 | 3.33 |
| 2 | 622 | 1460.02 | 1460.03 | −0.01 | 0.48 | 2 |
| 3 | 832 | 1461.07 | 1461.29 | −0.22 | 0.50 | 0.2 |

注：综合流量系数由试验结果按公式 $Q = m_{综} B(2g)^{0.5} H^{1.5}$ 计算；差值＝试验值－设计值。

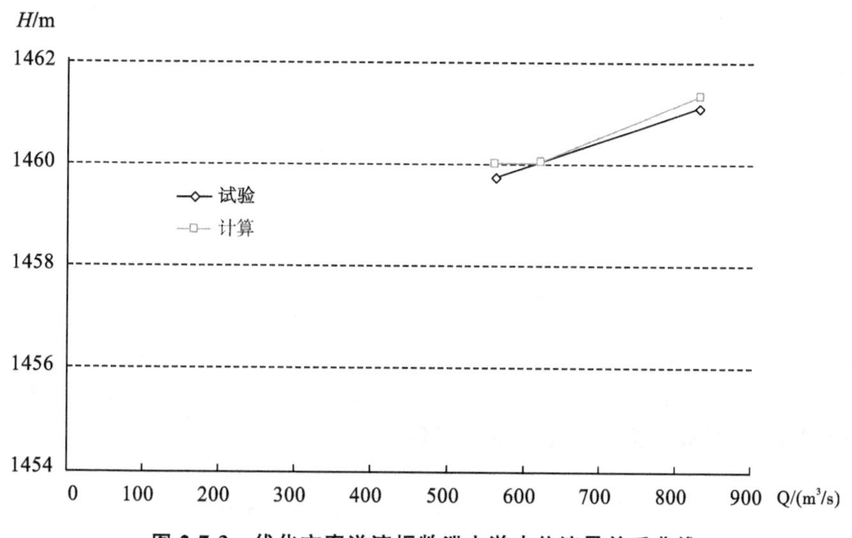


图 2-7-3　优化方案溢流坝敞泄上游水位流量关系曲线

消能防冲洪水、设计洪水以及校核洪水上游试验水位分别为 1459.70 m、1460.02 m 和 1461.07 m，其中，校核洪水上游水位低于设计计算值 0.22 m，优化方案闸孔过流能力满足设计要求。

经计算，各试验工况下，溢流坝敞泄时综合流量系数在 0.47～0.50 之间。

(2)闸控过流能力。

正常蓄水位下的闸孔开度为 1.0 m、2.0 m、3.0 m、4.0 m，优化方案泄流能力试验成果见表 2-7-2 和图 2-7-4。

表 2-7-2　优化方案闸门控泄开度与泄流量关系

| 闸孔开度/m | 库水位/m | 流量/(m³/s) |
|---|---|---|
| 1.0 | 1460 | 182 |
| 2.0 | 1460 | 333 |
| 3.0 | 1460 | 442 |
| 4.0 | 1460 | 512 |

相同闸孔开度优化方案闸孔控泄泄流量与设计方案相差不大。

**3. 水流流态**

试验对优化方案消能防冲洪水 $Q_{3.33\%}$＝561 m³/s、设计洪水 $Q_{2\%}$＝622 m³/s 和校核洪水 $Q_{0.2\%}$＝832 m³/s 流量下的溢流坝面挑流及下游河道水流流态进行记录。

优化方案溢流坝面及挑射流态相差不大。进闸来流平顺；溢流坝控制段水流汇聚，闸孔

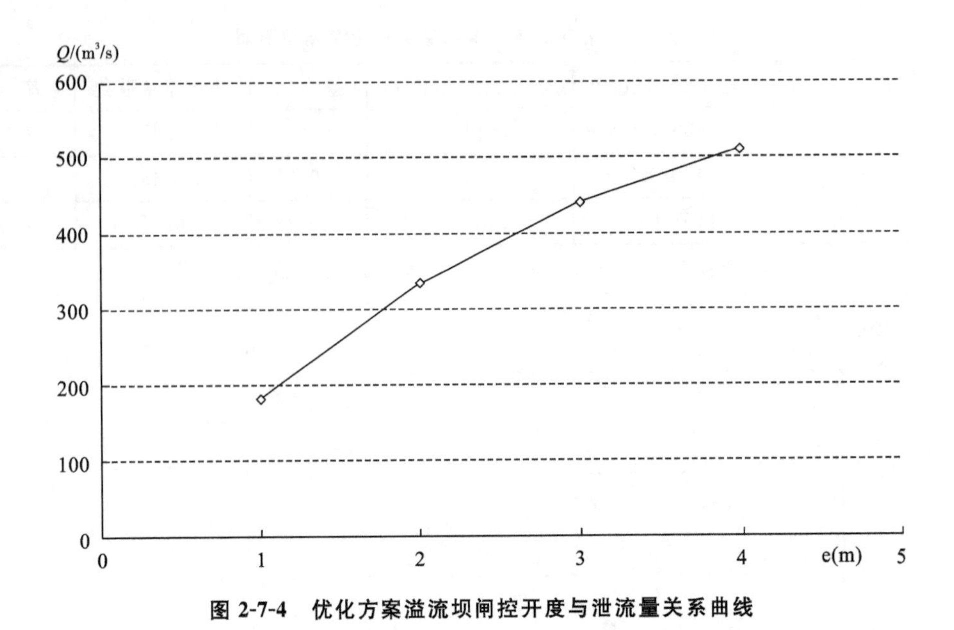


**图 2-7-4　优化方案溢流坝闸控开度与泄流量关系曲线**

两侧水位高于闸孔中央；出孔水流在中墩后形成水翅；挑流尾坎能够形成稳定的挑射流，挑射流空中与厂房及边墙无碰撞；挑流落水点远离坝址与厂房及挡墙，落水点两侧形成回流，回流淘刷两岸岸坡；河道水位处于无控制状态(图 2-7-5)。

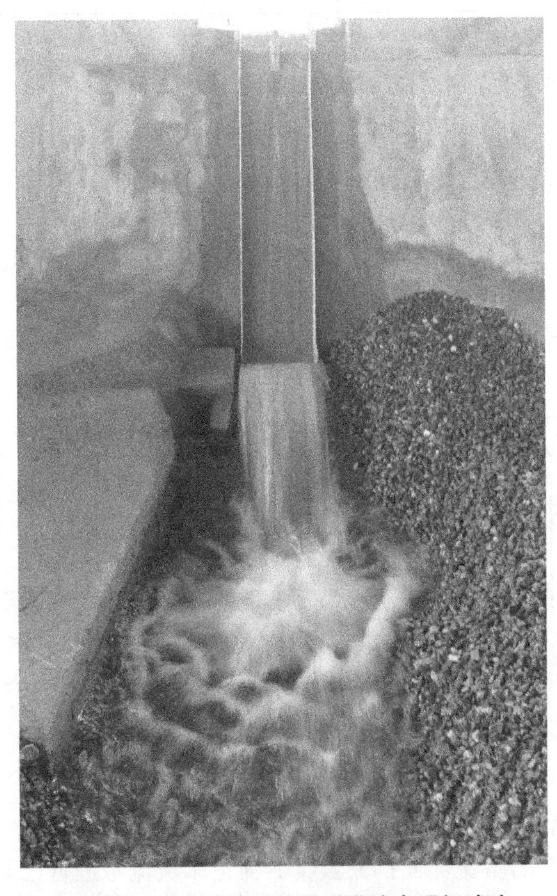

**图 2-7-5　优化方案溢流坝泄洪流态现场试验**

#### 4. 坝面流速、压力、水面线

试验对优化方案消能防冲洪水 $Q_{3.33\%}=561\ m^3/s$、设计洪水 $Q_{2\%}=622\ m^3/s$ 和校核洪水 $Q_{0.2\%}=832\ m^3/s$ 流量下溢流坝面压力、水深和流速进行施测。

坝面沿程流速试验观测成果见表 2-7-3。

**表 2-7-3　优化方案溢流坝沿程流速分布**　　(单位:m/s)

| 测点编号 | $Q_{3.33\%}=561\ m^3/s$ | $Q_{2\%}=622\ m^3/s$ | $Q_{0.2\%}=832\ m^3/s$ | 备注 |
|---|---|---|---|---|
| 1 | 8.86 | 9.70 | 11.21 | WES 段 |
| 2 | 10.10 | 10.48 | 11.89 | |
| 3 | 11.89 | 12.53 | 13.14 | |
| 4 | 13.72 | 14.28 | 14.82 | |
| 5 | 16.33 | 16.62 | 16.81 | 直线段 |
| 6 | 19.41 | 19.61 | 19.81 | |
| 7 | 22.24 | 22.41 | 23.10 | |
| 8 | 24.42 | 24.74 | 26.28 | |
| 9 | 26.43 | 26.87 | 28.84 | |
| 10 | 28.57 | 28.84 | 30.94 | |
| 11 | 29.78 | 30.43 | 32.91 | |
| 12 | 31.45 | 32.43 | 33.85 | |
| 13 | 32.43 | 33.38 | 34.99 | |
| 14 | 33.15 | 34.31 | 35.66 | |
| 15 | 33.62 | 34.76 | 36.31 | |
| 16 | 34.08 | 35.21 | 36.53 | 反弧段 |
| 17 | 34.42 | 35.44 | 36.74 | |
| 18 | 33.85 | 34.76 | 36.09 | |

优化方案溢流坝面沿程流速逐渐增大,最大流速值出现在反弧最低点处,闸孔泄流量越大流速越大,消能防冲洪水、设计洪水、校核洪水反弧段最低点流速值分别为 34.42 m/s、35.44 m/s和 36.74 m/s,根据《溢洪道设计规范》(SL253—2000)要求,坝面流速超过 30 m/s后,坝面产生冲刷破坏的可能性较大,建议坝面采用抗磨材料并严格控制坝面施工质量。

坝面沿程压力试验观测成果见表 2-7-4 和图 2-7-6。

由试验测量成果来看,各试验工况测得的坝面压力水头在−1.60～11.84 m 之间,坝面直线段的 7～11 号测点存在负压区,其中,最大负压值出现在 9 号测点处,最大负压值为−1.60 m水柱($Q_{3.33\%}=561\ m^3/s$),坝面负压值大于《溢洪道设计规范》要求的最小值。

表 2-7-4 溢流坝沿程压力分布(米水柱) (单位:m)

| 测点编号 | $Q_{3.33\%}$=561 m³/s | $Q_{2\%}$=622 m³/s | $Q_{0.2\%}$=832 m³/s | 备注 |
|---|---|---|---|---|
| 1 | 1.12 | 0.80 | 0.32 | WES段 |
| 2 | 1.04 | 0.64 | 0.24 | |
| 3 | 0.56 | 0.48 | 0.08 | |
| 4 | 0.16 | 0.32 | 0.40 | |
| 5 | 0.64 | 0.88 | 1.12 | 直线段 |
| 6 | 0.56 | 0.72 | 1.04 | |
| 7 | −0.24 | −0.08 | 0.08 | |
| 8 | −0.40 | −0.24 | −0.08 | |
| 9 | −1.60 | −1.44 | −1.20 | |
| 10 | −1.04 | −0.96 | −0.80 | |
| 11 | −0.80 | −0.64 | −0.48 | |
| 12 | 1.84 | 1.92 | 2.08 | |
| 13 | 3.52 | 3.60 | 3.68 | |
| 14 | 1.36 | 1.52 | 1.68 | |
| 15 | 1.20 | 1.44 | 2.88 | |
| 16 | 5.28 | 7.28 | 11.84 | 反弧段 |
| 17 | 4.24 | 6.08 | 9.28 | |
| 18 | 3.28 | 4.32 | 7.60 | |

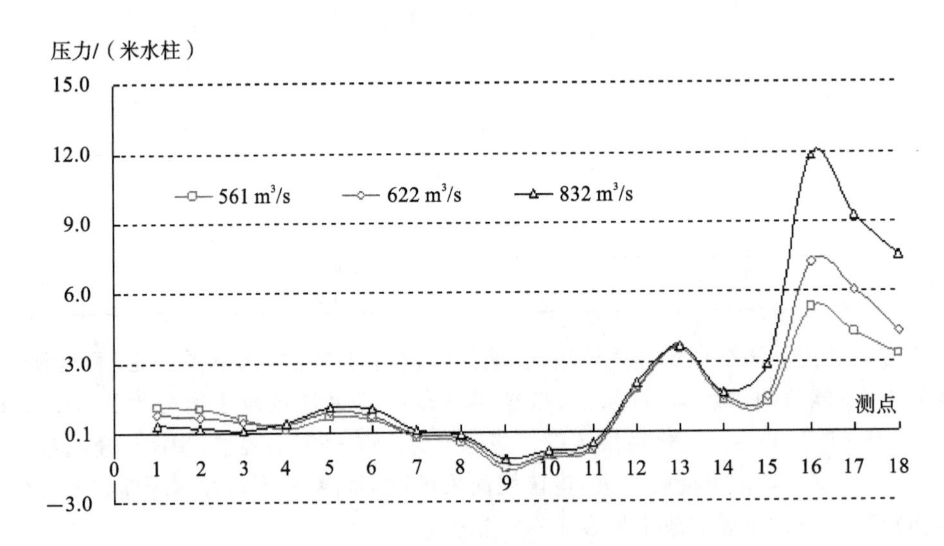


图 2-7-6 溢流坝坝面沿程压力分布(优化方案)

坝面沿程水深观测成果见表 2-7-5 和表 2-7-6 以及图 2-7-7。

由表可见,闸孔以下段边墙附近最大水深为 3.44 m,小于边墙 4.0 m 的设计高度,边墙高度设计基本满足溢流堰侧面挡水的要求。

表 2-7-5　优化方案挑坎挑距及最大挑高

| 流量/($m^3$/s) | 内挑距/m | 外挑距/m | 最大挑高/m |
| --- | --- | --- | --- |
| $Q_{3.33\%}=561$ | 61 | 84 | 10.8 |
| $Q_{2\%}=622$ | 63 | 89 | 11.5 |
| $Q_{0.2\%}=832$ | 69 | 95 | 13.6 |

表 2-7-6　优化方案溢流坝沿程水面线分布　(单位:m)

| 测点编号 | $Q_{3.33\%}=561\ m^3/s$ | | $Q_{2\%}=622\ m^3/s$ | | $Q_{0.2\%}=832\ m^3/s$ | | 备注 |
| --- | --- | --- | --- | --- | --- | --- | --- |
| | 左孔中 | 左边墙 | 左孔中 | 左边墙 | 左孔中 | 左边墙 | |
| 1 | 4.71 | 4.61 | 5.38 | 5.32 | 6.04 | 6.00 | 闸孔段 |
| 2 | 4.40 | 3.60 | 5.04 | 3.76 | 5.76 | 4.40 | |
| 3 | 3.32 | 3.12 | 3.60 | 3.28 | 3.84 | 3.76 | |
| 4 | 2.80 | 2.80 | 2.96 | 2.96 | 3.04 | 3.60 | |
| 5 | 2.72 | 2.64 | 2.88 | 2.72 | 2.96 | 3.44 | 直线段 |
| 6 | 2.40 | 2.32 | 2.44 | 2.40 | 2.64 | 3.20 | |
| 7 | 1.76 | 1.92 | 2.04 | 2.00 | 2.24 | 2.40 | |
| 8 | 1.28 | 1.60 | 1.36 | 1.76 | 1.60 | 2.24 | |
| 9 | 1.20 | 1.44 | 1.28 | 1.52 | 1.44 | 2.08 | |
| 10 | 1.20 | 1.36 | 1.28 | 1.52 | 1.36 | 2.00 | |
| 11 | 1.04 | 1.28 | 1.12 | 1.52 | 1.28 | 2.00 | |
| 12 | 0.88 | 1.28 | 0.96 | 1.52 | 1.28 | 1.84 | |
| 13 | 0.80 | 1.28 | 0.88 | 1.40 | 1.20 | 1.52 | |
| 14 | 0.80 | 1.20 | 0.88 | 1.28 | 1.12 | 1.44 | |
| 15 | 0.72 | 1.12 | 0.80 | 1.20 | 1.12 | 1.36 | |
| 16 | 0.72 | 1.04 | 0.80 | 1.12 | 1.12 | 1.36 | 反弧段 |
| 17 | 0.80 | 0.96 | 0.90 | 1.04 | 1.04 | 1.28 | |
| 18 | 0.88 | 0.96 | 0.96 | 1.12 | 1.12 | 1.36 | |

各试验工况,挑流落点范围为挑坎下游 61~95 m,坝下混凝土衬垫层长 25 m,厂房及挡水墙长 43 m,水流落点位置远离坝址与厂房;挑流最大挑高为 10.8~13.6 m(挑流最高点至水面),水流在空中与厂房及挡水墙无碰撞。

**5. 坝面空化分析**

根据模型试验实测资料,计算出溢流坝不同部位水流空化数 $\sigma$ 与初生空化数 $\sigma_c$ 及其比值列于表 2-7-7 和表 2-7-8,分别给出 $Q_{3.33\%}=561\ m^3/s$、$Q_{2\%}=622\ m^3/s$、$Q_{0.2\%}=832\ m^3/s$ 三组流量的计算结果。计算中采用的常用物理量数值如下:$\rho=998.2\ kg/m^3$,$\gamma=9.79\ kN/m^3$,$g=9.81\ m/s^2$,$n=0.016$,$p_a=10\ mH_2O=98.1\ kPa$,$pv=0.573\ mH_2O=5.62\ kPa$(30 ℃)。

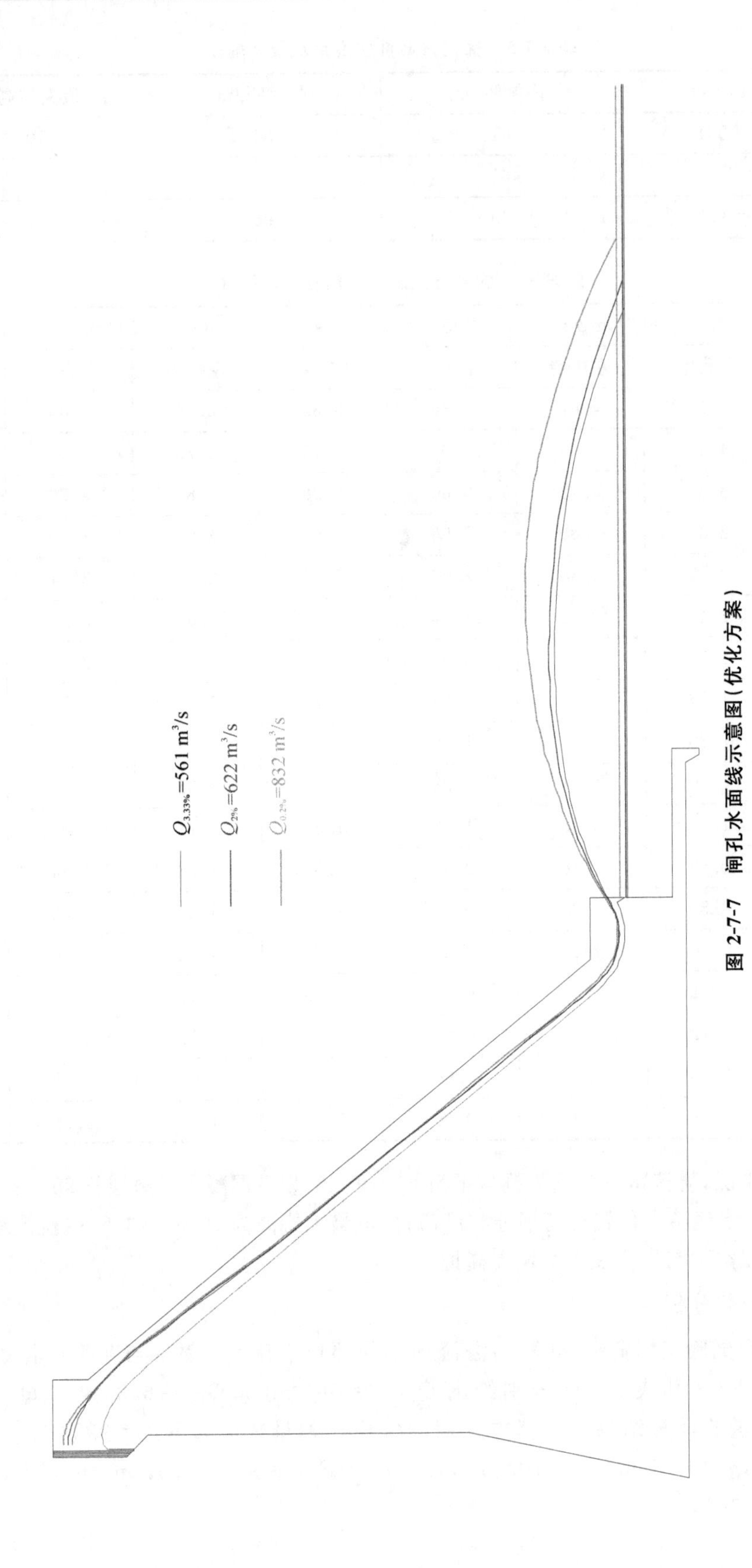


图 2-7-7 闸孔水面线示意图(优化方案)

表 2-7-7　优化方案溢流坝不同部位水流空化数

| 测点编号 | $Q_{3.33\%}=561\ m^3/s$ | $Q_{2\%}=622\ m^3/s$ | $Q_{0.2\%}=832\ m^3/s$ | 备注 |
|---|---|---|---|---|
| 1 | 2.39 | 1.93 | 1.37 | WES 段 |
| 2 | 1.83 | 1.62 | 1.21 | |
| 3 | 1.25 | 1.12 | 0.97 | |
| 4 | 0.90 | 0.84 | 0.79 | |
| 5 | 0.67 | 0.66 | 0.66 | 直线段 |
| 6 | 0.47 | 0.47 | 0.47 | |
| 7 | 0.33 | 0.33 | 0.31 | |
| 8 | 0.26 | 0.26 | 0.24 | |
| 9 | 0.19 | 0.19 | 0.17 | |
| 10 | 0.18 | 0.18 | 0.16 | |
| 11 | 0.17 | 0.17 | 0.14 | |
| 12 | 0.20 | 0.19 | 0.18 | |
| 13 | 0.22 | 0.21 | 0.19 | |
| 14 | 0.18 | 0.17 | 0.16 | |
| 15 | 0.17 | 0.16 | 0.17 | |
| 16 | 0.23 | 0.25 | 0.30 | 反弧段 |
| 17 | 0.21 | 0.23 | 0.26 | |
| 18 | 0.20 | 0.21 | 0.24 | |

表 2-7-8　优化方案溢流坝不同部位水流空化数与初生空化数比值

| 测点编号 | $Q_{3.33\%}=561\ m^3/s$ | $Q_{2\%}=622\ m^3/s$ | $Q_{0.2\%}=832\ m^3/s$ | 备注 |
|---|---|---|---|---|
| 1 | 49.61 | 41.96 | 31.05 | WES 段 |
| 2 | 37.23 | 34.65 | 26.94 | |
| 3 | 23.24 | 21.30 | 18.90 | |
| 4 | 15.74 | 15.07 | 14.25 | |
| 5 | 11.62 | 11.74 | 11.88 | 直线段 |
| 6 | 7.82 | 7.84 | 8.16 | |
| 7 | 4.90 | 5.16 | 5.11 | |
| 8 | 3.58 | 3.63 | 3.46 | |
| 9 | 2.55 | 2.58 | 2.40 | |
| 10 | 2.36 | 2.39 | 2.16 | |
| 11 | 2.13 | 2.14 | 1.95 | |
| 12 | 2.44 | 2.38 | 2.44 | |
| 13 | 2.58 | 2.53 | 2.57 | |
| 14 | 2.02 | 1.98 | 2.02 | |
| 15 | 1.87 | 1.86 | 2.18 | |

续表

| 测点编号 | $Q_{3.33\%}$=561 m³/s | $Q_{2\%}$=622 m³/s | $Q_{0.2\%}$=832 m³/s | 备注 |
|---|---|---|---|---|
| 16 | 2.59 | 2.88 | 3.86 | 反弧段 |
| 17 | 2.43 | 2.72 | 3.25 | |
| 18 | 2.40 | 2.55 | 3.12 | |

根据SL253溢洪道设计规范要求，在水流空化数$\sigma<0.30$的部位属于已发生空蚀破坏区域，本工程溢流坝面沿程计算水流空化数在0.14～2.39之间，其中直线段8号测点至反弧挑坎段水流空化数均小于规范要求，属于易发生空化的区域，建议设计人员借鉴类似工程的相关经验，确定掺气坎位置、尺寸，必要时开展掺气坎专题试验研究，避免坝面出现空化空蚀，引起坝面破坏。

**6. 局部动床冲刷**

优化方案下游河床冲坑范围及尺寸见表2-7-9。

**表2-7-9　优化方案下游河道冲坑尺寸**

| 流量/(m³/s) | 冲坑长/m | 冲坑宽/m | 最深点高程/m | 上游坡比 | 下游坡比 |
|---|---|---|---|---|---|
| $Q_{3.33\%}$=561 | 92 | 48 | 1361.0 | 1∶7.5 | 1∶2.7 |
| $Q_{2\%}$=622 | 99 | 55 | 1360.4 | 1∶7.4 | 1∶2.9 |
| $Q_{0.2\%}$=832 | 112 | 76 | 1359.6 | 1∶7.8 | 1∶2.9 |

下泄消能防冲洪水时，下游河床产生局部淘刷，冲刷坑主要集中于挑坎下游45～92 m之间(桩号0+121～0+168)，冲坑宽48 m，最大冲深9.0 m，最深点高程1361.0 m，冲坑上游坡比1∶7.5、下游坡比1∶2.7、两侧坡比1∶2.6，下游河床冲坑远离坝脚、厂房以及右岸公路坡脚，左岸坡脚处会产生冲刷，考虑岸坡岩石性能较好，淘刷范围不大，溢流坝消能设计满足消能防冲要求。

下泄设计洪水时，下游冲刷坑主要集中于挑坎下游43～99 m之间(桩号0+119～0+175)，冲坑宽55 m，最大冲深9.6 m，最深点高程1360.4 m，冲坑上游坡比1∶7.4、下游坡比1∶2.9、两侧坡比1∶2.8，下游河床冲坑远离坝脚、厂房以及右岸公路坡脚，左岸坡脚冲刷范围加大。

下泄校核洪水时，下游冲刷坑主要集中于挑坎下游39～112 m之间(桩号0+115～0+188)，冲坑宽76 m，最大冲深10.4 m，最深点高程1359.6 m，冲坑上游坡比为1∶7.8、下游坡比为1∶2.9、两侧坡比为1∶3.6，下游河床冲坑不影响坝脚、厂房稳定，右岸公路坡脚将产生淘刷，左岸坡脚冲刷范围进一步加大。

**7. 试验结论**

通过水工模型试验对贵州省朱昌河水库工程溢流坝的设计方案进行了水力学验证，在此基础上对存在的问题进行了结构优化，为设计提供了技术支撑，本研究的主要结论如下。

(1)设计方案：闸门敞泄泄流能力满足设计要求；坝面最大流速36.22 m/s，《溢洪道设计规范》要求在坝面流速大于30 m/s，应注意坝面的冲刷破坏问题；坝面存在两个大范围的负压区，最大负压值－2.56 m水柱；校核洪水侧墙处最大水深为3.68 m，侧墙高4.0 m，侧墙高度小于规范要求的0.5 m安全超高；经计算，坝面空化数在0.12～3.93之间，直线段8号测点至反弧挑坎段末端水流空化数小于规范空化数 0.3 的要求，属于易发生空化的区域，堰面存在空蚀破坏的可能；挑流消能设计满足消能防冲要求。

(2)优化方案：在坝顶、挑坎顶高程不变的情况下，调整 WES 曲线及坝面直线段坡比(由 1∶0.75 调整至 1∶0.8)，调整后纵向坝面加长 3.26 m。

(3)优化方案闸门敞泄下泄校核洪水上游水位低于计算值 0.22 m，泄流能力满足要求，溢流坝敞泄综合流量系数在 0.47～0.50 之间；闸孔开度为 1.0 m、2.0 m、3.0 m、4 m 泄流量分别为 182 $m^3/s$、333 $m^3/s$、442 $m^3/s$、512 $m^3/s$。

(4)优化方案进闸来流平顺；出孔水流在中墩后形成水翅；挑流尾坎能够形成稳定的挑射流，挑射流在空中与厂房及边墙无碰撞；挑流落水点远离坝址与厂房及挡墙，落水点两侧形成回流，回流淘刷两岸岸坡。

(5)优化方案消能防冲洪水、设计洪水、校核洪水反弧段最低点流速值在 34.42～36.74 m/s 之间，坝面流速超过 30 m/s 后，坝面产生冲刷破坏的可能性较大，建议坝面采用抗磨材料并严格控制坝面施工质量。

(6)优化方案各试验工况坝面压力在－1.60～11.84 m 水柱之间，直线段 7～11 号测点存在负压区，最大负压值为－1.60 m 水柱，负压区范围和负压值均较设计方案减小，坝面负压值满足规范要求。

(7)优化方案校核洪水闸孔边墙沿程水深小于边墙设计高度，边墙高度满足挡水要求；挑流落点范围为挑坎下游 61～95 m 之间，落点位置远离坝址与厂房；挑流最大挑高在 10.8～13.6 m 之间，水流在空中与厂房无碰撞。

(8)优化方案溢流坝面沿程计算水流空化数在 0.14～2.39 之间，试验直线段 8 号测点至反弧挑坎段水流空化数均小于规范要求，属于易发生空化区域，建议设计人员根据《溢洪道设计规范》及类似工程设计经验，确定掺气坎位置、尺寸，必要时开展掺气坎专题试验研究，避免坝面出现空化空蚀，引起坝面破坏。

(9)优化方案下游河道中央产生冲刷坑，冲坑深度与范围随泄流量增加而增大。消能防冲洪水下游河床局部冲坑集中于挑坎下游 45～92 m 之间(桩号 0＋121～0＋168)，冲坑宽 48 m，最大冲深 9.0 m，最深点高程 1361.0 m，冲坑上游坡比为 1∶7.5，下游坡比为 1∶2.7，两侧坡比为 1∶2.6，下游河床冲坑远离坝脚、厂房以及右岸公路坡脚，左岸坡脚处会产生冲刷，考虑岸坡岩石性能较好，淘刷范围不大，溢流坝消能设计满足消能防冲要求。

## 7.3　坝基地基处理优化

### 1. 坝基工程地质特性

大坝下伏基岩为永宁镇组第三段($T_1yn^3$)灰岩、关岭组第一段($T_2g^1$)的泥质粉砂岩夹灰岩、泥灰岩、泥岩等，基岩岩层产状 285°/SW∠55°～60°，裂隙发育，河谷近纵向谷，左岸为顺向坡，右岸为逆向坡坝址左岸大部分基岩裸露，岩体呈弱风化，中薄层结构，裂隙发育，坝坡中部平行发育两条斜长裂隙，张开，泥质或岩屑充填，裂隙产状 18°/NW∠40°。右岸强风化层厚度为 0.20～9.70 m，主要分布在右岸 1424.80 m 高程以上的关岭组第一段岩体内，强风化带下部为弱风化泥灰岩夹粉砂质泥岩、泥质粉砂岩；右岸 1424.80 m 高程以下均为弱风化灰岩岩体。河床部位基岩埋深在 0.40～1.20 m，据钻孔揭露河床基岩均为弱风化～微风化状。

**2. 基础开挖**

本工程最大坝高超过 100 m，根据坝址基岩风化卸荷程度等实际情况，结合岩层物理力学指标及混凝土与基岩接触面抗剪断强度指标，河床溢流坝段建基面基本置于微风化带，两岸挡水坝段置于弱风化中下部至中上部，最低建基高程 1360.5 m。对坝基存在的地质缺陷，如断层破碎带、夹泥裂隙等采用挖除回填混凝土的措施处理。

考虑到左岸顺向坡以及公路 G320 的影响，左岸坝体边坡开挖坡度 1∶0.7，基本接近岩层层面角度，保证不切脚，共分 4 级马道，马道宽度 3.7～6 m。右岸为逆向坡，基岩边坡稳定性好，边坡开挖坡度 1∶0.5，上部覆盖层开挖坡度 1∶1，共分 11 级马道，马道 3～18 m。

根据大坝深层抗滑稳定复核，增加了左岸坝体沿岩层层面滑动模式，计算结果表明需要在左岸坝体坝轴线附近增加齿槽的抗滑措施，齿槽高程范围 1358.5～1418.5 m，深度 3.2～6.2 m，底宽 3 m；为增加河床④⑤两个最高坝段的安全储备，在坝轴线位置也增设了深 2 m、底宽 6 m 的齿槽。

右岸坝坡开挖揭示的地层情况与地质勘察成果基本一致，在坝坡 1413.5 m 高程以上为弱风化泥灰岩与强化粉砂质泥岩、泥质粉砂岩互层，处理措施是将 1413.5～1423.5 m、1433.5 m、1443.5～1453.5 m 三处高程范围内的强风化岩开挖成坡口槽，槽深 5.8～10.9 m，清基后用 C20 混凝土回填浇筑成塞。

**3. 坝基防渗帷幕**

根据坝址基岩渗透地质剖面及地质钻孔资料，借鉴国内外已建工程经验，坝基渗流及扬压力控制采用防渗帷幕与排水系统相结合的方式。《混凝土重力坝设计规范》(SL319—2018)中规定，坝高在 100 m 以上，帷幕的防渗标准和相对隔水层的透水率 $q$ 为 1～3 Lu。根据本工程的工程地质、水文地质条件，采用下列标准来形成坝基防渗系统：左岸坝基帷幕灌浆进入相对隔水层($q \leqslant 3$ Lu)线以下 5 m；河床及右岸坝基防渗帷幕深度取 0.7 倍的水头及相对不透水层($q \leqslant 3$ Lu)以下 5 m 中的较大值。两岸帷幕延伸至水库正常蓄水位与地下水位相交处。

帷幕灌浆在有基础灌浆廊道的坝段由基础灌浆廊道钻孔灌入，没有灌浆廊道的坝段由坝顶钻孔灌入。左岸帷幕灌浆廊道长 60 m，右岸帷幕灌浆廊道深 78 m。帷幕排数初步设计确定为一排，孔距 2.0 m；实施后检查孔压水试验大于 3 Lu 段进行加密帷幕灌浆，加密孔布置在原始孔之间、下游 1 m 处。

**4. 坝基排水**

为降低坝基扬压力，在基础灌浆排水廊道内下游侧布置一排排水孔，坝体内预埋 PVC 管，孔距 3.0 m，孔深为帷幕灌浆孔深的 0.5 倍，不小于 10 m，孔向下游倾斜 10°。

**5. 坝基岩溶空腔带处理**

根据坝址有溶洞或者溶蚀现象发育各钻孔，根据其发育的高程，分地层进行统计发现：坝址岩溶主要发育在 $T_1yn^3$ 地层中，$T_2g^1$ 地层中的灰岩、泥灰岩仅有少量发育。$T_1yn^3$ 地层中岩溶主要发育在 1350～1525 m 高程之间；$T_2g^1$ 地层中的泥灰岩灰岩溶蚀现象主要发育在高程在 1375～1500 m。

对帷幕灌浆范围的岩溶空腔带采取帷幕灌浆结合溶洞回填来进行防渗处理。

对建基面表层空腔带采取挖填，即挖出岩溶充填物，回填抗渗等级为 W6 的 C20 混凝土；对深层大空腔带采取钻孔充填细石混凝土的措施：在建基面上以 3m 的孔距布置三排直径为 218 mm 的大口径钻孔，孔底伸至洞内，自上、下游两排钻孔用导管法回填抗渗等级为 W6 的 C20 细石混凝土后，再通过中排钻孔灌注水泥浆。

**6. 坝基固结灌浆、接触灌浆**

大坝基础开挖至弱风化基岩中下部，考虑到坝基基础开挖爆破的影响，为了提高基础的完整性和均匀性，提高基础整体承载力，减少变形，降低坝基的渗透性，对大坝建基面全范围进行固结灌浆处理。固结灌浆孔排距 3 m，梅花形布置，每个坝段分为帷幕上游区、坝基上游区、坝基中区、坝基下游区、坝基外下游区，灌浆深度 5～12 m，对软弱破碎带和岩溶岩腔区采取加密、加深固结灌浆。固结灌浆在有混凝土覆盖的情况下进行，按两序施工，先Ⅰ序后Ⅱ序分序加密，在断层、破碎带、溶洞回填区或者铅直孔变换到斜孔过渡带，采用Ⅲ序孔加密。灌浆压力为 0.4～0.7 MPa。

为防止蓄水后沿陡坡面产生渗流，加强混凝土与坝基岩体的结合，坝基岸坡坡度陡于 50°的岸坡，且坡面高差大于 3 m 时，均进行接触灌浆。左岸共设 10 个灌区、右岸共设 11 个灌区，每个灌区布置纵、横止浆片，采用在浇筑的混凝土面钻孔埋管的方式设置灌浆孔，待坝体达到准稳定温度场后按自下而上的原则进行接触灌浆。岸坡接触灌浆采用强度等级为 42.5 普通硅酸盐水泥，浆液水灰比选用 1∶1、1∶0.6 两个比级，当排气管排出 1∶1 浆液后改用 0.6∶1 浓浆液灌注，直至结束。灌浆压力设计暂定为 0.3 MPa，灌浆压力最终由现场灌浆试验确定。

## 7.4　左岸坝基顺向坡开挖优化

**1. 优化缘由**

大坝左岸为灰岩陡倾顺向坡，倾角约 55°，对应坡度为 1∶0.7，坡顶为 320 国道，开口位置被限定在国道外侧以内。初步设计时，为保证坝段内的平台宽度，每 12～15 m 高差设置一条 3 m 宽马道，马道之间开挖边坡 1∶0.5，存在马道间局部切角开挖问题，综合边坡不切角。

**2. 优化主要内容**

施工图阶段考虑到坝段内平台宽度要求是为了满足坝段侧向稳定的，本工程为碾压混凝土重力坝，坝段之间设诱导缝，非永久通缝，且左右岸及河床坝体是均匀上升的，所以不存在侧向稳定问题。因此将左岸边坡坡度调整为 1∶0.7 开挖，同时加大马道高差至 30 m，这样避免了局部切角开挖，保证了边坡开挖安全。

**3. 实施效果**

目前，左岸边坡开挖支护已完成，从监测数据来判断，整个边坡处于稳定状态。

## 7.5　大水位变幅库内取水泵站形式优化

**1. 泵站参数**

(1)泵站流量。

上游刘官方向取水泵站的本次变更不涉及工程规模变化，根据初步设计阶段要求，向刘官方向供水规模为 2.22 m³/s。

(2)特征水位。

①水库。

校核洪水位($P$=0.2%)：1460.17 m

设计洪水位($P$=2%)：1460.00 m

水库平均水位：1448.59 m

水库最高水位($P$=2%)：1460.00 m

水库最低水位(设计水位)：1420.00 m

②高位水池。

出水池最低水位：1718.00 m

出水池最高水位：1720.80 m

出水池设计水位：1720.00 m

③净扬程。

最小净扬程：259.50 m

设计净扬程：301.50 m

最高净扬程：303.55 m

**2. 水泵形式**

上游刘官方向取水泵站净扬程约 300 m，适合此扬程的泵型为多级泵，可采用卧式多级双吸中开离心泵、立式长轴泵和井用潜水泵。

(1)卧式多级双吸中开离心泵。

卧式多级双吸中开离心泵运行维护简单，水泵效率高，水泵采用双吸结构，轴向力由双吸叶轮基本平衡，残余轴向力由轴承平衡，在大型高扬程泵站多采用此泵型。满足本工程参数水平要求的生产厂商较多且应用较广。近年来，卧式多级双吸中开离心泵已在沙特阿拉伯胡富夫市供水项目、云南石屏县小路南提水工程、阿尔及利亚 AEP TAMANRASSSET-STATIONS DE P 等大型供水项目使用。

①水泵参数。

本方案选定 6 台卧式多级双吸中开离心泵，4 用 2 备，单泵设计流量 0.555 m³/s，配套电机单泵功率 2500 kW。

②泵房布置。

泵房布置详见《取水泵站结构布置图(1/4～4/4)(推荐方案)》(ZZ-3G-13(B)～16(B))。

③泵组主要参数。

方案一选定泵组主要参数列于表 2-7-10。

**表 2-7-10　上游刘官方向取水泵站中开离心泵组主要参数**

| 项　　目 | 参　　数 |
| --- | --- |
| 泵站规模/(m³/s) | 2.22 |
| 工作泵台数 | 4 |
| 备用泵台数 | 2 |
| 水泵形式 | 卧式多级双吸中开离心泵 |

续表

| 项　　目 | 参　　数 |
|---|---|
| 单泵设计流量/($m^3$/s) | 0.555 |
| 设计扬程/m | 303.60 |
| 水泵转速/(r/min) | 1480.00(暂) |
| 设计工况效率/(%) | 不小于 83.0 |
| 水泵必需汽蚀余量 NPSHr/m | 不大于 7.90 |
| 水泵安装高程(水泵出口中心)/m | 1417.60 |
| 单台电动机配用功率/kW | 2500 |
| 电动机形式 | 卧式交流异步电机 |
| 电动机电压/kV | 10 |
| 电动机转速/(r/min) | 1480.00 |

(2)立式长轴泵方案。

立式长轴泵其制造难度较大,对本工程参数水平的仅有较少家生产厂商能提出相应方案,具有该规模生产能力的生产厂商不多。

①水泵台数。

初拟水泵台数为 4 用 2 备,单泵流量为 0.555 $m^3$/s。

②水泵参数。

表 2-7-11 列出了部分水泵制造厂为本泵站提供的水泵参数。

**表 2-7-11　部分水泵制造厂为上游刘官方向取水泵站提供的立式长轴泵参数**

| 制造厂家 | 设计流量/($m^3$/s) | 设计扬程/m | 效率/(%) | 转速/(r/min) | 比转速 | 进口淹深要求(至吸水口)/m |
|---|---|---|---|---|---|---|
| 厂家一 | 0.555 | 303.60 | 83.50 | 998 | 105.55 | 7.68 |
| 厂家二 | 0.555 | 303.60 | 86.00 | 980 | 143.06 | 4.00 |
| 厂家三 | 0.555 | 303.60 | 81.00 | 1490 | 157.58 | 5.0 |

该参数水平的立式长轴泵国内外具有生产制造能力的厂家不多,考虑方案可行性,暂选取厂家三的方案参数水平进行比较,即水泵转速为 1490.00 r/min,取水泵效率为 81.0%,满足《离心泵 效率》(GB/T13007—2011)。

③泵房布置。

泵房布置见图 2-7-8、图 2-7-9。

泵房采用井筒式结构,井筒直径 36.0 m,井筒结构分为上游进水池、主泵房及下游副厂房三部分,对称布置。

主泵房宽度 14 m,泵房地面高程 1423.80 m,自右侧安装 1#～6#立式长轴泵,水泵采用单列布置,除 3#、4#泵组间距为 9.0 m,其余泵组间距为 4.0 m。

沿水流方向,水泵出水管布置 1 台 DN600 缓闭式止回阀和 1 台检 DN600 检修阀门,检修阀门前设置 1 台波纹管接头;出水管顶合适位置压力测量装置,包含 1 个压力变送器和 1 个压力表;检修阀门前出水管道底部设置 1 个 DN100 球阀。

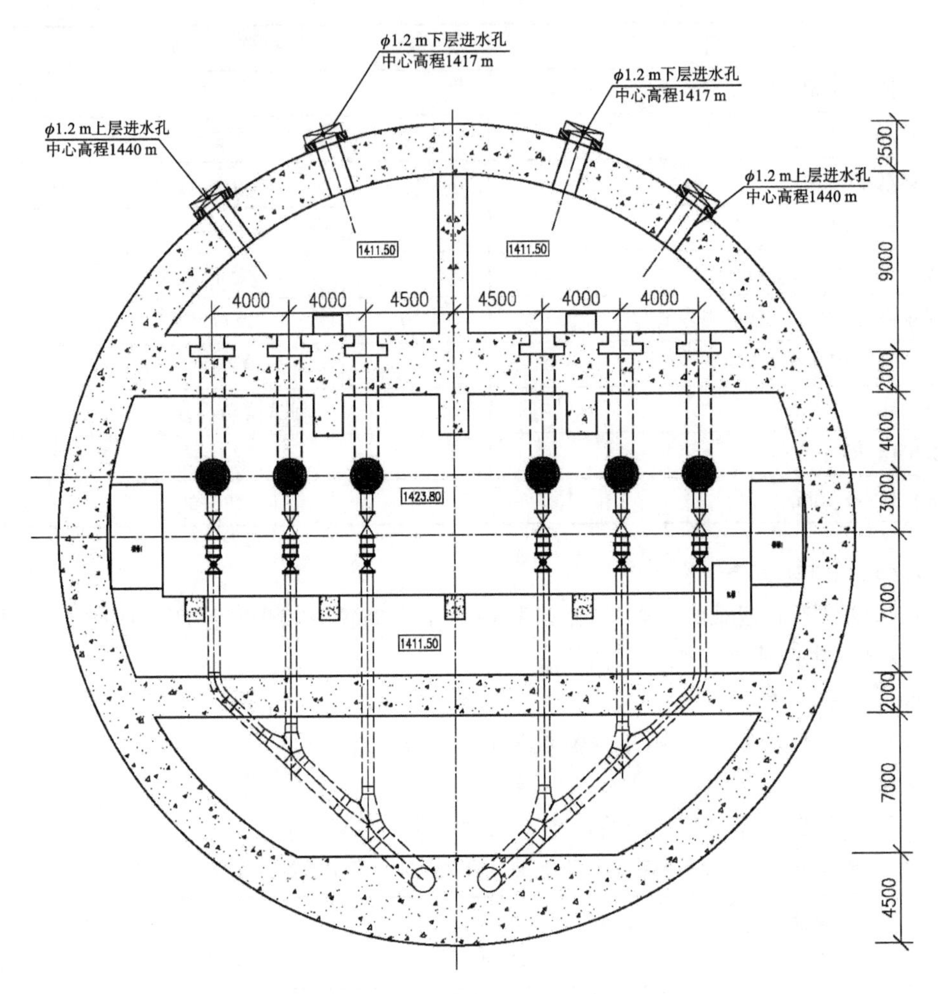


图 2-7-8　长轴多级泵房平面布置图

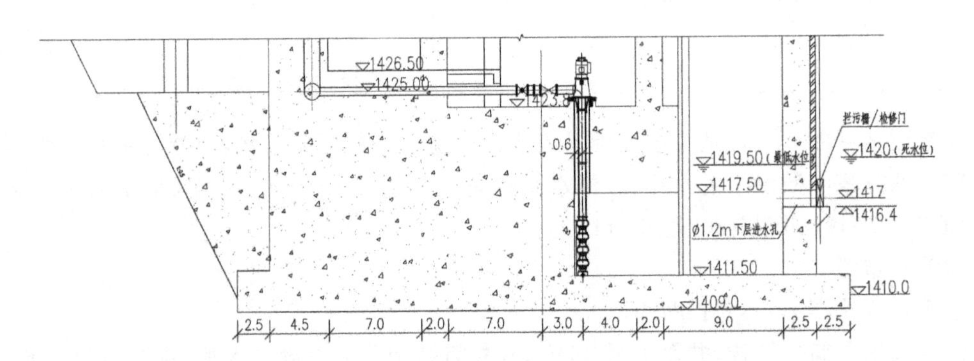


图 2-7-9　长轴多级泵房剖面图

考虑泵组检修，进水池进口设置检修闸门。

④泵组主要参数。

立式长轴泵的主要参数列于表 2-7-12。

**表 2-7-12　上游刘官方向取水泵站立式长轴泵组主要参数**

| 项　　目 | 参　　数 |
|---|---|
| 泵站规模/($m^3/s$) | 2.22 |
| 工作泵台数 | 4 |
| 备用泵台数 | 2 |
| 水泵型式 | 立式长轴泵 |
| 单泵设计流量/($m^3/s$) | 0.555 |
| 设计扬程/m | 303.60 |
| 水泵转速/(r/min) | 1490.00 |
| 设计工况效率/(%) | 不小于81.0 |
| 叶轮的最小淹没深度/m | 5.0 m |
| 水泵安装高程(水泵进水口高程)/m | 1418.40 |
| 单台电动机配用功率/kW | 2500 |
| 电动机形式 | 立式交流异步电机 |
| 电动机电压/kV | 10 |
| 电动机转速/(r/min) | 1490 |

(3)井用潜水泵。

对Wilo水泵、富兰克林电气(上海)有限公司、KSB泵业、上海深井泵厂等井用潜水泵生产厂家进行咨询，在300 m扬程段，目前KSB能够生产较大流量的井用潜水泵，Wilo水泵等厂商在该扬程段的流量约为130 $m^3/h$，流量较小，需采用台数约为60台，数量庞大。

根据地质专业报告，初步设计阶段分别取钻孔水、河水作室内水质分析试验。河水属于$HCO_3^- + SO_4^{2-} - Mg^{2+} + Ca^{2+}$、$HCO_3^- + Cl^- - Ca^{2+}$型水，pH值为7.20，地下水属于$HCO_3^- - Ca^{2+} + Mg^{2+}$、$HCO_3^- - Ca^{2+} + Na^+ + K^+$型水，pH值为7.20～7.30。根据水质分析试验成果，成果见表2-7-13。水库内水中阳离子$Ca^{2+}$、$Mg^{2+}$含量较大，总硬度较大。

锦屏一级水电站工程水文地质的水型多为$SO_4$-$HCO_3$-Mg；左右岸大理岩岩溶裂隙水及右岸泉水以$HCO_3$-Ca水型为主，少地表水的$Ca^{2+}$的含量33.16～53.42 mg/L，$Mg^{2+}$的含量4.47～17.87 mg/L，总硬度114.99～174.79 mg/L。锦屏一级水电站大坝集水井采用井用潜水泵进行排除大坝渗漏水，水泵安装运行数月后，电机外壳覆盖了约3 mm厚的钙化物及一层薄薄质地较坚硬的水垢，致使潜水电机温度较高；水泵叶轮、水泵轴、水泵腔内均附着有一层水垢，疑似水垢结晶体填充了水泵轴承部位，导致水泵轴承间隙变小，电机阻力增大，造成运行电流会突然增加大。井用潜水泵运行存在安全隐患。

本工程的河水内阳离子含量和总硬度略低于锦屏一级水电站，但本工程属于重要的供水工程，利用小时数较高，采用井用潜水泵，其水泵故障率会较其他结构形式水泵高，故本工程不推荐使用井用潜水泵。

表 2-7-13 水质分析试验成果汇总

| 取样地点 | 阳离子含量 | | | | | | | | | 阴离子含量 | | | | | | | | |
|---|---|---|---|---|---|---|---|---|---|---|---|---|---|---|---|---|---|---|
| | $Na^{+}+K^{+}$ | | | $Ca^{2+}$ | | | $Mg^{2+}$ | | | $Cl^{-}$ | | | $SO_4^{2-}$ | | | $HCO_3^{-}$ | | |
| | mg/L | mmol/L | 毫克当量(%) | mg/L | mmol/L | 毫克当量(%) | mg/L | mmol/L | 毫克当量(%) | mg/L | mmol/L | 毫克当量(%) | mg/L | mmol/L | 毫克当量(%) | mg/L | mmol/L | 毫克当量(%) |
| 河水 1 | 4.43 | 0.1773 | 15.0 | 13.08 | 0.3264 | 27.6 | 16.52 | 0.6800 | 57.4 | 3.87 | 0.1091 | 9.2 | 33.97 | 0.3536 | 29.9 | 44.00 | 0.721 | 60.9 |
| 河水 2 | 4.20 | 0.1681 | 11.6 | 37.07 | 0.9248 | 63.9 | 8.59 | 0. 3536 | 24.4 | 2.58 | 0.0727 | 5.0 | 62.71 | 0.6528 | 45.1 | 44.00 | 0.721 | 49.8 |
| ZK4 | 1.93 | 0.0774 | 10.2 | 17.44 | 0.4352 | 57.5 | 5.95 | 0.2448 | 32.3 | 1.29 | 0.0364 | 4.8 | 0 | 0 | 0 | 44.00 | 0.721 | 95.2 |
| ZK5 | 14.07 | 0.5627 | 37.2 | 32.71 | 0.816 | 53.9 | 3.30 | 0.136 | 9.0 | 2.58 | 0.0727 | 4.8 | 0 | 0 | 0 | 87.99 | 1.442 | 95.2 |

| 取样地点 | 气体含量 $CO_2$ | | 硬度 | | | | | | | | 总碱度 | 矿化度 | pH 值 | 水的化学类型 | 备注 |
|---|---|---|---|---|---|---|---|---|---|---|---|---|---|---|---|
| | 游离 | 侵蚀性 | 总硬 | | 暂硬 | | 永硬 | | 负硬 | | | | | | |
| | mg/L | mg/L | mg/L | mmol/L | mg/L | mmol/L | mg/L | mmol/L | mg/L | mmol/L | mg/L | g/L | | | |
| 河水 1 | 16.68 | 46.45 | 100.73 | 1.0064 | | 0.721 | | 0.2854 | / | / | 44.00 | 0.09 | 7.20 | $HCO_3^{-}+SO_4^{2-}-Mg^{2+}+Ca^{2+}$ | 碳酸型中等腐蚀性及重碳酸型弱腐蚀性 |
| 河水 2 | 11.12 | 62.32 | 127.96 | 1.2784 | | 0.721 | | 0.5574 | / | / | 44.00 | 0.14 | 7.20 | $HCO_3^{-}+Cl^{-}-Ca^{2+}$ | 碳酸型强腐蚀性及重碳酸型弱腐蚀性 |
| ZK4 | 19.47 | 53.25 | 68.06 | 0.6800 | | 0.6800 | | | | 0.0410 | 44.00 | 0.05 | 7.20 | $HCO_3^{-}-Ca^{2+}+Mg^{2+}$ | 碳酸型中等腐蚀性及重碳酸型弱腐蚀性 |
| ZK3 | 22.25 | 45.32 | 95.29 | 0.9520 | | 0.9520 | | | | 0.4900 | 87.99 | 0.10 | 7.30 | $HCO_3^{-}-Ca^{2+}+Na^{+}+K^{+}$ | 碳酸型中等腐蚀性 |

**3. 泵型选择**

结合泵站布置，对卧式多级双吸中开离心泵和立式长轴泵两个方案进行比选，各形式泵组主要参数和投资估算差值列于表 2-7-14。

**表 2-7-14　泵型比选泵组主要参数和投资估算方案**

| 方案编号 | 方案一 | 方案二 |
|---|---|---|
| 泵型 | 卧式多级双吸中开离心泵 | 立式长轴泵 |
| 单泵设计流量/($m^3$/s) | 0.555 | 0.555 |
| 水泵台数 | 6 | 6 |
| 设计扬程/m | 303.60 | 303.60 |
| 额定转速/(r/min) | 1480 | 980 |
| 额定效率 | 83% | 81% |
| 电机功率/kW | 2500 | 2500 |
| 建筑工程投资差/(万元) | — | −546.10 |
| 机电设备及安装工程投资差/(万元) | — | 266.10 |
| 金属结构设备安装工程投资差/(万元) | — | 224.63 |
| 其他投资差/(万元) | — | −10 |
| 征地移民投资差/(万元) | — | 0 |
| 总投资差/(万元) | — | −65.37 |
| 运行电量/(万千瓦时) | 5213.20 | 5341.92 |
| 电度电费差(按 0.55 元/ kW·h 计算) | — | 70.80 |
| 基本电费/(万元/年) | 499.20 | 499.20 |
| 基本电费差/(万元/年) | — | 0 |
| 年运行电费差/(万元/年) | — | 70.08 |
| 费用现值差/(万元，计算周期 30 年，拆现率 $i=8\%$) | — | 732.00 |
| 结论 | 推荐方案 | |

(1)设备制造。

方案一：对应水泵参数的应用较多，是较为成熟的产品。

方案二：立式长轴泵运行较为广泛，多用于低扬程、大流量的供水泵站或高扬程、小流量的供水泵站，然而方案二的立式长轴泵对应参数的产品不多，仅为部分厂家具有此制造能力。

(2)投资方面。

方案一机电设备投资较省，比方案二节约 266.10 万元，但土建投资比方案二多 546.10 万元，总投资方案一比方案二多 65.37 万元。

(3)泵房布置及运行维护。

方案一水泵与电动机水平布置，机组检修时，只需将水泵泵盖打开，就可以将转轮吊出检修，节约了检修安装时间。

方案二为水泵与电动机立式布置，如需检修水泵时，需将电机先拆出，检修工作量加大，不利于后期运行维护。受水泵安全及稳定要求，方案二泵轴长度宜控制在 20 m 以下，致使泵房尺寸变化不大，立式长轴泵节省厂房的尺寸的优势已不明显。

(4)年运行费用。

两种方案的电度电费主要来自泵组、变压器、站用变，根据贵州省大工业水电价格水平，按 0.55 元/ kW·h 计算，方案一比方案二每年节约 70.80 万元。两方案均设置一台容量为 16000 kV·A 主变压器，无基本电费差别，方案一年运行费用比方案二节约 70.80 万元。

两种方案均能满足提水要求，效果一致，采用费用比选法进行比选。经计算，采用计算周期 30 年，拆现率 $i=8\%$，方案一费用现值较方案三少 732.00 万元。从经济比选来看，方案一略优。

(5)结论。

综上所述，泵型推荐采用方案一，即本工程采用卧式多级双吸中开离心泵。

# 第3篇

# 兴义市纳达水库工程

# 第1章　综　　述

## 1.1　碾压式沥青混凝土心墙土石坝发展

沥青混凝土因其防渗效果优、与坝壳变形协调性好、施工快捷高效等优点，作为非土质防渗材料，在土石坝中得到了广泛应用。

相对于其他土石坝，沥青混凝土心墙防渗以其较佳的防渗性能及适应变形能力，甚至在裂缝产生后的自愈能力，正逐步发展成为土石坝防渗主体结构类型。

沥青混凝土心墙土石坝具有以下技术特点。

(1)运行环境条件好。

心墙位于坝体内部，不受外界气温变化、日照辐射和冰冻等作用和影响，耐久性好。相较于沥青混凝土面板坝，国内外已建的沥青混凝土心墙坝总体运行情况良好。

(2)防渗性能好。

碾压或浇筑密实的沥青混凝土心墙，渗透系数远小于一般的黏土或碎石土料，在缺乏合适防渗土料或出于保护耕地需要时，是一种很好的选择。

(3)适应变形能力更强，对坝基条件要求相对较低。

心墙位于坝体内部，工作温度基本恒定，一般在0 ℃以上，在该温度条件下，沥青混凝土具有优越的变形性能和应力松弛能力，故对河床深厚覆盖层地基变形具有更好的适应性。

(4)一般不存在水力劈裂问题。

沥青混凝土心墙变形模量一般低于两侧的过渡区堆石料，设计时尽量使二者变形模量接近，以减小发生拱效应的可能性。同时，由于沥青混凝土心墙变形能力强，具有流变性，且基本不透水，目前已建工程中尚未出现水力劈裂破坏的实例。

(5)抗震性能好，且沥青混凝土心墙对裂缝有一定的自愈能力。

(6)心墙与坝体同步施工升高，可提前蓄水或挡水度汛，施工导流围堰也可作为坝体一部分。

(7)施工速度快，对多雨、高温或寒冷等有效施工时间短的地区，具有更好的适应性，尤其是浇筑式沥青混凝土心墙，还可在寒冷地区的冬季低温季节进行浇筑施工。

(8)水位骤降对心墙本身影响很小，且可以两侧挡水。

(9)心墙与坝体填筑同时施工，相互有干扰和制约。

基于以上技术特点，沥青混凝土心墙土石坝在水利工程中得到了较为广泛的应用。

沥青混凝土心墙坝按照沥青混凝土施工方法的不同,可划分为碾压式和浇筑式。浇筑式心墙适用于中、低坝,坝高一般不超过 50 m。浇筑式心墙主要采用人工施工,由于可以在冬季施工,因而主要应用于东北寒冷地区,其他地区应用较少。高坝的沥青混凝土心墙均采用碾压式,碾压式心墙便于机械化施工,沥青混凝土心墙施工质量容易得到保证,相比浇筑式沥青混凝土心墙,碾压式沥青混凝土心墙中沥青含量低,造价相对较低,因而碾压式沥青混凝土心墙发展较快,也是目前的发展趋势。

国外最早的碾压式沥青混凝土心墙土石坝是于 1949 年葡萄牙建成的 Vale de Caio 坝,最大坝高 45 m。此后,沥青混凝土心墙土石坝在国外迅速发展,20 世纪 70 年代后,建成了许多沥青混凝土心墙土石坝。1980 年在奥地利建成 150 m 高的 Finstertal 沥青混凝土斜心墙坝,1997 年在挪威建成 128 m 的 Stroglomvatn 沥青混凝土心墙坝,2017 年在埃塞俄比亚建成 153 m 的 Zarema 沥青混凝土心墙坝。

碾压式沥青混凝土心墙作为防渗体在土石坝中的应用,我国起步较晚。

我国第一座碾压式沥青混凝土心墙土石坝——党河一期土石坝完建于 1974 年,最大坝高 58 m。随后在浙江省、辽宁省、河北省、香港等地相继建成一批碾压式沥青混凝土心墙土石坝工程(坝高主要集中在 70 m 以下)。21 世纪初,茅坪溪和冶勒等 100 m 级高坝相继建成,并运行良好。其后碾压式沥青混凝土心墙坝得到快速发展。2017 年建成当时国内最高的碾压式沥青混凝土心墙土石坝——去学大坝,最大坝高 164.2 m,其中心墙高 132 m。

这些工程的建设有效地推动碾压式沥青混凝土土石坝技术的发展。

1988 年在第 16 届国际大坝会议上,各国专家对未来高坝的发展趋势达成了共识,普遍认为沥青面板堆石坝、沥青心墙堆石坝是未来特高坝的适宜坝型之一。

1992 年在新的工程应用和研究基础上,国际大坝委员会(ICOLD)更新了关于沥青混凝土防渗心墙的第 84 号公报。公报指出,沥青混凝土心墙堆石坝是“未来最高坝适宜的坝型”,推动了沥青混凝土心墙土石坝在世界范围内的发展。

2018 年,国际大坝委员会发布第三个关于沥青混凝土心墙土石坝的公告,用以指导沥青混凝土心墙坝的设计、施工和质量控制。

总体而言,碾压式沥青混凝土土石坝还处于发展阶段,如何结合生产实际,发展和完善碾压式沥青混凝土土石坝应用理论,是摆在当代工程界,特别是中国水电建设工程界面前的一个亟待解决的课题。

截至 2021 年年底,国内外水电工程采用碾压式沥青混凝土心墙防渗的土石坝工程不完全统计见表 3-1-1。

表 3-1-1 国内外碾压式沥青混凝土心墙土石坝工程不完全统计

| 坝名 | 所在地区 | 坝高/m | 心墙高度/m | 坝顶长/m | 完成年份/年 | 坡度 | | 坝体方量/万立方米 | 沥青混凝土方量/$m^3$ | 心墙厚度/m |
|---|---|---|---|---|---|---|---|---|---|---|
| | | | | | | 上游 | 下游 | | | |
| Vale de Caio | 奥地利 | 45 | | | 1949 | | | | | |
| Henne | 德国 | 58 | | 376 | 1955 | | | | | 1.0 |
| Wahnach | 德国 | 13 | | | 1957 | | | 3 | | 0.6～1.0 |
| Kleine Dhunn | 德国 | | 35 | 265 | 1962 | 1∶1.7/1∶2.25 | 1∶1.65/1∶1.75 | 35 | 4500 | 0.7/0.6/0.5 |
| Bigge | 德国 | | 55 | | 1962 | 1∶1.7/1∶2.25 | 1∶1.65/1∶1.75 | | | 0.85 |
| Bremge | 德国 | 20 | 22 | 125 | 1962 | 1∶2.0 | 1∶2.0 | 5 | 1050 | 0.6 |
| Eichhagen | 德国 | 21 | | | 1964 | 1∶2.0 | 1∶2.0 | 12 | | 0.7～0.9 |
| Eberlaste | 澳地利 | | 28 | 475 | 1968 | 1∶1.75/1∶2.5 | 1∶2.0 | 85 | 8750 | 0.6/0.4 |
| Lagadadi | 埃塞俄比亚 | | 26 | 35 | 1969 | 1∶1.4 | 1∶2.0 | | 550 | 0.6 |
| Mauthaus | 德国 | | 16 | | 1969 | | | | | 0.4 |
| Loedel | 德国 | 17 | | 90 | 1969 | 1∶1.75 | 1∶1.75 | 6 | 850 | 0.4 |
| Sepouse | 法国 | | 11.5 | | 1969 | | | | | 0.85 |
| Poza Honda | 厄瓜多尔 | | 60 | 330 | 1971 | | | 95 | | 0.6 |
| Wiehl | 德国 | | 54 | 360 | 1971 | 1∶1.6 | 1∶1.6/1∶2.2 | 90 | 6250 | 0.6/0.4 |
| Meiswinkel | 德国 | | 22 | 190 | 1971 | 1∶2.0 | 1∶2.0 | 9 | 1420 | 0.5/0.4 |
| Findenrath | 德国 | | 14 | 130 | 1972 | 1∶2.0 | 1∶2.0 | 8 | 710 | 0.4 |
| Wiehl. Main Outer Dam | 德国 | | 18 | 255 | 1972 | 1∶2.0 | 1∶2.0 | 11 | 1800 | 0.5/0.4 |
| 党河一期 | 中国 | 58 | | 250 | 1974 | 1∶3.0 | 1∶2.5 | 145 | 11010 | 0.5～1.5 |
| Eixendorf | 德国 | | 26 | 150 | 1975 | 1∶1.75/1∶2.0 | 1∶2.0/1∶4.0 | 15 | 1850 | 0.6/0.4 |

续表

| 坝名 | 所在地区 | 坝高/m | 心墙高度/m | 坝顶长/m | 完成年份/年 | 坡度 | | 坝体方量/万立方米 | 沥青混凝土方量/m³ | 心墙厚度/m |
|---|---|---|---|---|---|---|---|---|---|---|
| | | | | | | 上游 | 下游 | | | |
| Eicherscheid | 德国 | | 18 | 175 | 1975 | 1∶2.5 | 1∶2.5/1∶3.5 | 11 | 1450 | 0.4 |
| 二斗湾 | 中国 | 30 | | 320 | 1981 | 1∶1.5 | 1∶1.5 | 30 | 1500 | 0.2 |
| 库尔滨 | 中国 | 23 | | 153 | 1981 | 1∶1.5 | 1∶1.4 | 6.7 | 390 | 0.2 |
| Dhuenn Outer Dim | 德国 | 12 | | 115 | 1981 | 1∶3 | 1∶2 | 20 | 600 | 0.5 |
| Kleine Kinzig | 德国 | 70 | | 345 | 1982 | 1∶1.6/1∶1.7 | 1∶1.8/1∶2.0 | 140 | 10000 | 0.7/0.5 |
| Sulby | 英国 | 36 | | 143 | 1982 | | | | | 0.75 |
| 碧流河(左坝) | 中国 | | 49 | 288 | 1983 | 1∶3.5 | 1∶2.75 | 156 | 7730 | 0.5～0.8 |
| 碧流河(右坝) | 中国 | | 33 | 113 | 1983 | 1∶2.0 | 1∶1.75 | 41 | 2050 | 0.4～0.5 |
| Feldbach | 德国 | | 14 | 110 | 1984 | 1∶2.0 | 1∶3.0 | 7.4 | 450 | 0.4 |
| Wiebach | 德国 | 12 | | 98 | 1985 | | | 12.6 | 200 | 0.5 |
| Shichigashuko | 日本 | | 37 | 300 | 1985 | 1∶2.6 | 1∶1.5 | 45 | 4900 | 0.5 |
| Doerpe | 德国 | 16 | | 118 | 1986 | 1∶2.0 | 1∶3.0 | 22.2 | 710 | 0.6 |
| Lenneper Bach | 德国 | 11 | | 93 | 1986 | | | 13.2 | 350 | 0.5 |
| Wupper | 德国 | 40 | | 280 | 1986 | 1∶2.0 | 1∶1.75 | 50 | 6200 | 0.6 |
| Riskallvatn | 挪威 | 45 | | 600 | 1986 | 1∶1.5 | 1∶1.45 | 110 | 8000 | 0.5 |
| Storvatn | 挪威 | 100 | | 1472 | 1987 | 1∶1.5 | 1∶1.45 | 950 | 49000 | 0.5～0.8 |
| Berdalsvatn | 挪威 | 65 | | 465 | 1988 | 1∶1.5 | 1∶1.45 | 100 | 6800 | 0.5 |
| Borovitza | 比利时 | 76 | | 218 | 1988 | 1∶2.2 | 1∶1.9 | 100 | 7660 | 0.7～0.8 |
| Rottach | 德国 | 38 | | 190 | 1989 | 1∶1.75 | 1∶2.0 | 25 | 2500 | 0.6 |
| Styggevatn | 挪威 | 52 | | 880 | 1990 | 1∶1.5 | 1∶1.5 | 250 | 15275 | 0.5 |

续表

| 坝名 | 所在地区 | 坝高/m | 心墙高度/m | 坝顶长/m | 完成年份/年 | 坡度 | | 坝体方量/万立方米 | 沥青混凝土方量/m³ | 心墙厚度/m |
|---|---|---|---|---|---|---|---|---|---|---|
| | | | | | | 上游 | 下游 | | | |
| Feistritzbach | 澳大利亚 | 88 | | 380 | 1990 | 1∶1.5 | 1∶1.4 | 160 | 8750 | 0.7/0.6/0.5 |
| Hintemuhr | 澳大利亚 | 40 | | 270 | 1990 | 1∶1.17 | 1∶1.14 | 32 | 3750 | 0.7/0.5 |
| Schmalwasser | 德国 | 80.7 | | 325 | 1992 | 1∶1.65 | 1∶1.55 | 140 | 13350 | 0.8 |
| Muscat | 阿曼 | 26 | | 110 | 1993 | 1∶2.0 | 1∶1.5 | 10 | 800 | 0.4 |
| 党河二期 | 中国 | 74 | | 304 | 1994 | 1∶2.5 | 1∶2 | 36 | 2140 | 0.5 |
| Urar | 挪威 | 40 | | 151 | 1997 | 1∶1.5 | 1∶1.5 | 14 | 1500 | 0.5 |
| Storglomvatn | 挪威 | 128 | | 830 | 1997 | 1∶1.5 | 1∶1.45 | 520 | 22500 | 0.5～0.95 |
| Holmvatn | 挪威 | 60 | | 396 | 1997 | 1∶1.5 | 1∶1.5 | 120 | 7000 | 0.5 |
| Greater Ceres | 南非 | 60 | | 280 | 1998 | 1∶1.55 | 1∶1.5 | 550 | 4500 | 0.5 |
| Algar | 西班牙 | 30 | | 485 | 1999 | 1∶2 | 1∶2 | | 2300 | 0.6 |
| Goldisthal Outer Dam | 德国 | 26 | | 142 | 1999 | 1∶2 | 1∶3.5 | 20 | 1150 | 0.4 |
| 坎儿其 | 中国（新疆吐鲁番） | 54 | | 318 | 2000 | 1∶2.5 | 1∶2 | 165 | 6360 | 0.4～0.6 |
| 马家沟 | 中国（重庆九龙坡） | 38 | | 268 | 2001 | | | | | 0.5 |
| 洞塘 | 中国（重庆黔江） | 48 | | 142 | 2003 | 1∶2.5 | 1∶2 | 51.4 | 4430 | 0.5 |
| 恰甫其海 | 中国（新疆伊犁） | 50 | | 110 | 2003 | | | | | |
| Mora de Rubielos | 西班牙 | 34 | | 215 | 2003 | 1∶1.5 | 1∶1.5 | 16 | 1600 | 0.5 |

续表

| 坝名 | 所在地区 | 坝高/m | 心墙高度/m | 坝顶长/m | 完成年份/年 | 坡度 | | 坝体方量/万立方米 | 沥青混凝土方量/$m^3$ | 心墙厚度/m |
|---|---|---|---|---|---|---|---|---|---|---|
| | | | | | | 上游 | 下游 | | | |
| 茅坪溪 | 中国（湖北宜昌） | 104 | | 1840 | 2003 | 1∶2.5 | 1∶2.25 | 1213 | 48500 | 0.6～1.2 |
| 牙塘 | 中国（甘肃） | 57 | | 407 | 2004 | 1∶2.5 | 1∶2 | 190 | 10400 | 0.5～1.0 |
| 冶勒 | 中国（四川雅安） | 125 | | 411 | 2005 | 1∶2 | 1∶1.8 | 660 | 38700 | 0.6～1.2 |
| 尼尔基 | 中国（黑龙江呼伦贝尔） | 40 | | 1829 | 2005 | 1∶2.2 | 1∶1.9 | 91 | 40000 | 0.5～0.7 |
| 照壁山 | 中国（新疆乌鲁木齐） | 71 | | 121 | 2007 | | | | | 0.5～0.7 |
| 平堤 | 中国（广东阳江） | 43.4 | | 395 | 2007 | 1∶2.0～1∶2.75 | 1∶2.0～1∶2.5 | | | 0.5～0.8 |
| 龙头石 | 中国（四川雅安） | 172.5 | | 371 | 2008 | 1∶1.8 | 1∶1.8 | | | 0.5～1.0 |
| 城北 | 中国（重庆黔江） | 47 | | 197 | 2008 | | | | | 0.5 |
| 大竹河 | 中国（四川攀枝花） | 61 | | 206 | 2011 | 1∶2.25～1∶2.75 | 1∶2.0～1∶2.75 | | | 0.4～0.7 |
| 观音洞 | 中国（重庆渝北） | 60 | | 241 | 2010 | 1∶2.5～1∶2.75 | 1∶2.0～1∶2.2 | 83 | | 0.5～1.0 |
| 峡沟 | 中国（新疆哈密） | 36 | | 216 | 2010 | | | | | 0.5 |

续表

| 坝名 | 所在地区 | 坝高/m | 心墙高度/m | 坝顶长/m | 完成年份/年 | 坡度 | | 坝体方量/万立方米 | 沥青混凝土方量/$m^3$ | 心墙厚度/m |
|---|---|---|---|---|---|---|---|---|---|---|
| | | | | | | 上游 | 下游 | | | |
| 下坂地 | 中国（新疆喀什） | 78 | | 406 | 2010 | 1∶2.2 | 1∶2.0 | | | 0.6～1.2 |
| 开普太希 | 中国（新疆克孜动苏柯尔克孜） | 48 | | 195 | 2011 | | | | | 0.5～0.7 |
| 玉滩 | 中国（重庆） | 42.7 | 40.2 | | 2011 | 1∶2.5～1∶2.75 | 1∶1.9～1∶2.0 | 170 | 11200 | |
| 库什塔依 | 中国（新疆伊犁哈萨克） | 91.1 | | | 2012 | 1∶2.25 | 1∶1.8 | | | 0.4～0.8 |
| 克孜加尔 | 中国（新疆阿克苏） | 63 | | 356 | 2012 | 1∶2.5 | 1∶2.0 | | | 0.5～0.8 |
| 金王寺 | 中国（四川乐山） | 56.5 | | | 2012 | | | | | |
| 公墓志 | 中国（四川德阳） | 138.5 | | | 2012 | | | | | |
| 石门 | 中国（新疆昌吉） | 106 | 95 | | 2013 | | | | | |
| 旁多 | 中国（西藏拉萨） | 72.3 | | 1052 | 2013 | 1∶2.5 | 1∶2.1 | 1005 | 58200 | 0.7～1.2 |
| 溢口 | 中国（重庆秀山） | 183.2 | | 217 | 2014 | | | | | 0.6～1.2 |

续表

| 坝名 | 所在地区 | 坝高/m | 心墙高度/m | 坝顶长/m | 完成年份/年 | 坡度 | | 坝体方量/万立方米 | 沥青混凝土方量/$m^3$ | 心墙厚度/m |
|---|---|---|---|---|---|---|---|---|---|---|
| | | | | | | 上游 | 下游 | | | |
| 阿拉沟 | 中国（新疆吐鲁番） | 105.3 | | 366 | 2014 | 1∶2.2 | 1∶2.0 | | | 0.6～1.1 |
| 特吾勒 | 中国（新疆乌苏） | 65 | | | 2014 | | | | | 0.5～0.7 |
| 大竹河 | 中国（四川万源） | 61 | | 206 | 2014 | 1∶2.25～1∶2.75 | 1∶2.0～1∶2.75 | | | 0.4～0.7 |
| 象鼻咀 | 中国（四川内江） | 55.3 | | 1114.6 | 2015 | 1∶1.7 | 1∶1.7 | | | |
| 双桥 | 中国（四川巴中） | 73 | | | 2015 | | | | | |
| 官帽舟 | 中国（四川乐山） | 108 | 105 | 238 | 2015 | 1∶2.0～1∶2.5 | 1∶2.0～1∶2.5 | 274 | 13700 | 0.6～1.2 |
| 山口 | 中国（新疆巴音郭楞） | 83 | | | 2015 | | | | | |
| 黄金坪 | 中国（四川甘孜） | 81 | | 402 | 2015 | | | | | 0.6～1.0 |
| 金平 | 中国（四川甘孜） | 90.5 | | 268 | 2015 | 1∶2.0 | 1∶2.0 | | | 0.6～1.8 |
| 领口 | 中国（四川泸州） | 31 | | 413 | 2016 | | | | | |

续表

| 坝名 | 所在地区 | 坝高/m | 心墙高度/m | 坝顶长/m | 完成年份/年 | 坡度 | | 坝体方量/万立方米 | 沥青混凝土方量/$m^3$ | 心墙厚度/m |
|---|---|---|---|---|---|---|---|---|---|---|
| | | | | | | 上游 | 下游 | | | |
| 天星桥 | 中国（四川巴州） | 48 | | | 2016 | | | | | |
| 二郎广 | 中国（四川巴中） | 68.5 | | 254 | 2016 | | | | | 0.5～1.1 |
| 后购 | 中国（四川宜宾） | 61.1 | | | 2016 | | | | | |
| 宁家河 | 中国（新疆伊犁） | 62.7 | | | 2016 | | | | | 0.5～0.7 |
| Zarema | 埃塞俄比亚 | 153 | | | 2017 | | | | | |
| 去学 | 中国（四川甘孜） | 164.2 | 132 | 220 | 2017 | 1∶1.9 | 1∶1.841 | | | 0.6～1.5 |
| 雅砻 | 中国（西藏山南） | 73.5 | | 384 | 2017 | 1∶2.25～1∶2.5 | 1∶2.5 | 360 | 18200 | 0.6～1.0 |
| 马鞍山 | 中国（四川攀枝）花 | 68 | | | 2017 | | | | | |
| 纳坪 | 中国（四川成）都 | 54 | | | 2017 | | | | | |
| 寨子河 | 中国（四川达州） | 93 | | 227 | 2017 | 1∶1.7 | 1∶1.6 | | | 0.5～0.7 |
| 三仙湖 | 中国（四川遂宁） | 41 | | | 2017 | | | | | |

续表

| 坝名 | 所在地区 | 坝高/m | 心墙高度/m | 坝顶长/m | 完成年份/年 | 坡度 | | 坝体方量/万立方米 | 沥青混凝土方量/m³ | 心墙厚度/m |
|---|---|---|---|---|---|---|---|---|---|---|
| | | | | | | 上游 | 下游 | | | |
| 王家沟 | 中国（四川宜宾） | 51.5 | | | 2017 | | | | | |
| 双峡湖 | 中国（四川广元） | 75 | | | 2018 | | | | | |
| 东山 | 中国（四川宜宾） | 37.3 | | | 2018 | | | | | |
| 乐园 | 中国（四川广元） | 61 | | | 2018 | | | | | |
| 八角 | 中国（四川德阳） | 63.5 | | | 2018 | | | | | |
| 新坝 | 中国（四川宜宾） | 52 | | | 2018 | | | | | |
| 蟠龙湖 | 中国（四川宜宾） | 55 | | | 2018 | | | | | |
| 二郎庙 | 中国（四川巴中） | 69 | | | 2018 | | | | | |
| 五一 | 中国（新疆巴音郭楞） | 102.5 | 95 | 464 | 2018 | 1∶2.5 | 1∶2.0 | | | 0.6～1.2 |
| 奴尔 | 中国（新疆和田） | 80 | | 746 | 2018 | 1∶2.25 | 1∶2.05 | | | 0.5～0.8 |

续表

| 坝名 | 所在地区 | 坝高/m | 心墙高度/m | 坝顶长/m | 完成年份/年 | 坡度 | | 坝体方量/万立方米 | 沥青混凝土方量/$m^3$ | 心墙厚度/m |
|---|---|---|---|---|---|---|---|---|---|---|
| | | | | | | 上游 | 下游 | | | |
| 中叶 | 中国（云南普洱） | 71.5 | | 220 | 在建 | | | | | |
| 湾潭河 | 中国（四川巴中） | 89 | | | 2019 | | | | | |
| 拉洛 | 中国(新疆) | 61.5 | | 425.6 | 2019 | 1∶2.0 | 1∶2.0～1∶2.25 | 185.8 | 16700 | 0.6～1.0 |
| 卡洛特 | 巴基斯坦 | 95.5 | | | | 1∶2.25～1∶2.85 | 1∶2.25 | | | 0.6～1.3 |
| Plovdivtzi | 比利时 | 48 | | 225 | 在建 | 1∶1.8 | 1∶1.85 | 52.5 | 3350 | 0.5～0.6 |
| Neikovtzi | 比利时 | 43 | | 205 | 在建 | 1∶1.65 | 1∶1.8 | 32 | 2270 | 0.4～0.6 |
| Eyjabakkar | 冰岛 | 26 | | 4100 | 在建 | 1∶1.5 | 1∶1.4 | 1360 | 15500 | 0.4～0.5 |
| Kopru | 土耳其 | 139 | | 565 | 在建 | 1∶1.6 | 1∶1.6 | 1000 | 30000 | 0.9 |
| Yaderutza | 比利时 | 110 | | 312 | 在建 | 1∶1.2 | 1∶1.7 | 239.2 | 15500 | 0.6～1.0 |
| Bujagali | 乌干达 | 25 | | 900 | 在建 | 1∶1.75～1∶3 | 1∶1.65～1∶3 | 75 | 7200 | 0.5 |
| Guiaigui | 多米尼加 | 74 | | 200 | 在建 | 1∶1.65 | 1∶1.55 | 80 | 4300 | 0.5 |
| 江家口 | 中国（四川巴中） | 98 | | | 在建 | | | | | |
| 金峰 | 中国（四川绵阳） | 88 | | 1454.91 | 在建 | 1∶2.2 | 1∶2.25 | 342.5 | 18500 | 0.6～1.0 |
| 红鱼洞 | 中国（四川巴中） | 104.8 | | 290 | 在建 | 1∶1.7 | 1∶1.7 | 331.4 | 21000 | 0.8～1.2 |
| 苏洼龙 | 中国（四川甘孜） | 112 | | | 在建 | | | | | |

续表

| 坝名 | 所在地区 | 坝高/m | 心墙高度/m | 坝顶长/m | 完成年份/年 | 坡度 | | 坝体方量/万立方米 | 沥青混凝土方量/$m^3$ | 心墙厚度/m |
|---|---|---|---|---|---|---|---|---|---|---|
| | | | | | | 上游 | 下游 | | | |
| 吉尔格勒德 | 中国（新疆乌苏） | 101.5 | | | 在建 | | | | | |
| 大河沿 | 中国（新疆吐鲁番） | 75 | | | 在建 | | | | | |
| 大石门 | 中国（新疆巴音郭楞） | 128.8 | 126.8 | 205 | 在建 | 1∶2.25～1∶2.75 | 1∶1.8～1∶1.6 | 362 | 14900 | 0.6～1.4 |
| 湘河 | 中国（西藏日喀则） | 51 | | 571 | 在建 | 1∶2.5 | 1∶2.25 | 179 | 18600 | 0.7 |
| 扎仓模 | 中国（西藏昌都） | 46 | | 313 | 在建 | 1∶2.0～1∶2.75 | 1∶2.0～1∶2.25 | 97 | 7300 | 0.6 |
| 教洛 | 中国（西藏日喀则） | 67.5 | | 426 | 在建 | 1∶1.75～1∶2.0 | 1∶2.0～1∶2.25 | | 14600 | 0.6～1.0 |
| 小米田 | 中国（云南丽江） | 81.4 | | 300 | 在建 | 1∶1.8 | 1∶1.8 | | | 0.6～1.0 |
| 桥子山 | 中国（云南昆明） | 99 | | 320 | 在建 | 1∶2.2～1∶2.4 | 1∶2.0～1∶2.2 | | | |
| 丙果河 | 中国（云南普洱） | 66.5 | | 176 | 在建 | | | | | |
| 纳达 | 中国（贵州兴义） | 81.2 | 78.2 | 250 | 下闸蓄水 | 1∶2.75～1∶3.0 | 1∶2.5～1∶2.75 | 190 | 9892 | 0.6/0.9/1.2 |
| 卓于 | 中国（西藏山南） | 58.8 | | 445 | 在建 | 1∶2.5 | 1∶2.25 | 260 | 16700 | 0.6～1.0 |

续表

| 坝名 | 所在地区 | 坝高/m | 心墙高度/m | 坝顶长/m | 完成年份/年 | 坡度 | | 坝体方量/万立方米 | 沥青混凝土方量/$m^3$ | 心墙厚度/m |
|---|---|---|---|---|---|---|---|---|---|---|
| | | | | | | 上游 | 下游 | | | |
| 新疆某混合坝 | 中国（新疆西北部） | 60.3 | | | 在建 | | | | | |
| 扎仓嘎 | 中国（西藏昌都） | 46 | | 313 | 在建 | 1∶2.0～1∶2.25 | 1∶2.0～1∶2.25 | 98 | 7300 | |
| 尼雅 | 中国（新疆和田） | 131 | | | 在建 | 1∶2.0 | 1∶1.8 | | | |
| 中叶 | 中国（云南普洱） | 71.5 | | 220 | 在建 | 1∶2.0～1∶2.25 | 1∶1.8～1∶2.0 | | | |
| 石庙子 | 中国（四川德阳） | 43.8 | | 323.3 | 在建 | 1∶2.25～1∶3.0 | 1∶2.0～1∶2.5 | | | 0.5～0.7 |
| 驮英 | 中国（广西崇左） | 72.2 | | 225 | 在建 | 1∶2.25～1∶2.5 | 1∶2.0～1∶2.25 | | | 0.5～1.0 |
| 弄利措 | 中国（西藏昌都） | 39.3 | | 403.83 | 在建 | 1∶2.25 | 1∶2.0 | 100 | 8600 | 0.6～0.8 |
| 帕古 | 中国（西藏拉萨） | 58.5 | | 547 | 在建 | 1∶2.0 | 1∶1.8 | 141 | 13000 | 1 |
| 宗通卡 | 中国（西藏昌都） | 78 | | 310 | 在建 | 1∶2.0 | 1∶2.0 | 177 | 16500 | 0.7～0.9 |
| 罗家沟 | 中国（贵州六盘水） | 58.0 | | 265.5 | 在建 | 1∶2.75～1∶3.0 | 1∶2.2 | | | 0.6～1.0 |

## 1.2　碾压式沥青混凝土心墙土石坝全断面软岩筑坝技术进展

土石坝是由土、石料等当地材料建成的坝，也是历史最为悠久的一种坝型。土石坝得以迅速发展的原因主要是可以就地取材，对地形地质条件要求不高，投资省，随着大型碾压机械的发展，土石坝的发展空间将更加广阔。采用土料筑坝，历史悠久，筑坝技术和理论都比较成熟；采用石料筑坝，坝工界长期以来认为硬岩更适合，由于料源问题而使工程实施过程不经济，也有悖于就地取材的筑坝原则。

按照岩石单轴饱和抗压强度等级划分，小于 30 MPa 的岩石统称软质岩石（简称软岩）。代表性岩石有泥岩、页岩、泥质砂岩、千枚岩及抗压强度低于 30 MPa 的风化岩石。软岩作为介于土、石之间的一种材料，其性状有别于土、石，理论基础相对较为薄弱，但对于缺少理想筑坝料源的地区来讲，其利用和推广有着广阔的空间。国内外许多成功的经验证明，过去因抗压强度低、软化系数小而不被采用的软岩堆石料，经过专门断面设计，仍可作为堆石料填筑在沥青混凝土心墙堆石坝上，国内外采用软岩筑坝的沥青混凝土心墙土石坝实例见表 3-1-2。如茅坪溪、玉滩、官帽周、金峰等沥青心墙堆石坝，部分大坝坝高已超百米，经过坝体优化设计，在其相应的部位都填筑了大量的软岩料和风化料，取得了丰富的工程经验。随着土工试验技术、大型土工试验仪器的发展以及大功率振动平碾的使用，对筑坝材料的限制也在逐步地突破和放宽，纳达水库通过对坝体分区的设计对坝壳料采用任意料筑坝进行了尝试，接下来的章节将会对该座碾压式沥青混凝土心墙混合土石坝进行具体介绍。

**表 3-1-2　国内外碾压式沥青混凝土心墙土石坝软岩筑坝不完全统计**

| 坝名 | 所在地区 | 坝高/m | 坝顶长/m | 完成年份/年 | 上游坡度 | 下游坡度 | 坝体软岩坝料 | 心墙厚度/m |
|---|---|---|---|---|---|---|---|---|
| 茅坪溪 | 中国(湖北宜昌) | 104 | 1840 | 2003 | 1∶2.0～1∶2.5 | 1∶2.25～1∶3.0 | 风化砂、石渣混合料，含有部分全风化料 | 0.6～1.2 |
| 观音洞 | 中国(重庆渝北) | 60 | 241 | 2010 | 1∶2.5～1∶2.75 | 1∶2.0～1∶2.2 | 长石砂岩和砂质泥岩 | 0.5～1.0 |
| 玉滩 | 中国(重庆) | 42.7 | | 2011 | 1∶2.5～1∶2.75 | 1∶1.9～1∶2.0 | 砂岩和泥岩石渣料 | |
| 官帽舟 | 中国(四川乐山) | 108 | 238 | 2015 | 1∶2.0～1∶2.5 | 1∶2.0～1∶2.5 | 软岩-极软岩的石渣料 | 0.6～1.2 |
| 中叶 | 中国(云南普洱) | 71.5 | 220 | 在建 | 1∶2.0～1∶2.25 | 1∶1.8～1∶2 | 石料场凝灰岩和砂岩的混合料 | |
| 纳达 | 中国(贵州兴义) | 81.2 | 250 | 下闸蓄水 | 1∶2.75～1∶3.0 | 1∶2.5～1∶2.75 | 残破积土料、全风化土料和强、弱风化细砂岩与灰质泥岩互层 | 0.6～1.2 |
| 金峰 | 中国(四川绵阳) | 88 | 1454.91 | 在建 | 1∶2.2 | 1∶2.0～1∶2.25 | 砂泥岩混合料 | 0.6～1.0 |
| 石庙子 | 中国(四川德阳) | 43.8 | 323.3 | 在建 | 1∶2.25～1∶3.0 | 1∶2.0～1∶2.5 | 泥岩和粉砂质泥岩夹砂岩 | 0.5～0.7 |
| 驮英 | 中国(广西崇左) | 72.2 | 225 | 在建 | 1∶2.25～1∶2.5 | 1∶2～1∶2.25 | 强～微化泥岩和砂岩 | 0.5～1.0 |
| 卡洛特 | 巴基斯坦 | 95.5 | | | 1∶2.25～1∶2.85 | 1∶2.25 | 微新砂岩和微新泥质粉砂岩料 | 0.6～1.3 |
| 罗家沟 | 中国(贵州六盘水) | 58.0 | 265.5 | 在建 | 1∶2.75～1∶3.0 | 1∶2.2 | 土石混合料 | 0.6～1.0 |

# 第2章 纳达水库工程枢纽布置及坝型选择

## 2.1 工程概况

### 2.1.1 流域概况

兴义市位于贵州省高原西南部，是黔西南州府所在地。地处东经104°32′～105°11′，北纬24°38′～25°23′之间，东邻安龙县，南隔南盘江与广西壮族自治区西林、隆林县相望，西与云南省罗平、富源两县毗邻，北与盘县[①]、普安、兴仁县相连。地势北高南低，处于云贵高原向广西丘陵的斜坡过渡地带，形成由西北向东南逐渐降低的多级台面，县内最高点为九龙山，海拔2207.7 m，最低点为马别河下游与南盘江交汇的两河口水面，海拔仅630.0 m，山脉为贵州省西部之乌蒙山脉南延而成。

流域内土壤为黄壤、黄棕壤、石灰土、紫色土。自然植被属南/北盘江、红水河河谷山地雨林，常绿阔叶林及稀树灌丛草地区，含有热带区系的植物成分，有细叶云南松纯林和云南松栎类混交林以及亚热带沟谷雨季林，在海拔1200 m以上的地方形成亚热带常绿阔叶与落叶混交林，森林覆盖率为23.7%。

工程所在的仓更河流域地处云贵高原向广西丘陵过渡的斜坡地带，区内地貌类型属侵蚀深切山地地貌，侵蚀方向以下切为主。水流比降一般都很大，谷地横剖面呈V形，山脊高峻，山坡中等或陡。地表具有厚度不大的新近堆积的坡积物层。地势北高南低，西高东低，总体趋势由西北向东南倾斜。区内地层以三迭系地层分布为主，构造呈北东向展布，岩性多为细砂岩夹页岩或细砂岩与泥质灰岩互层，岩溶发育一般，无明显伏流、暗河、漏斗及落水洞等岩溶形状。

工程位置及仓更河流域水系见图3-2-1。

### 2.1.2 地理位置

贵州省兴义市地处滇、桂、黔三省(区)结合部，是黔西南布依族苗族自治州州府所在地。兴义市东与本省安龙县接壤，南与广西壮族自治区的西林、隆林两县隔江相望，西与云南省罗平、富源两县毗邻，北与兴仁县、普安县和盘县连接，南盘江横贯市境。兴义市距离六盘水市约272 km、六枝特区256 km、贵阳320 km。纳达水库位于兴义市以南的仓更镇境内，南盘江支流仓更河支流岔河下游河段，距离兴义市市区约55 km。

仓更河流域属亚热带温暖湿润气候区，受东南季风、西南季风和冬季大陆气团的控制。据兴义气象站资料分析，年平均气温16.1 ℃，最热月(七月)均温22.4 ℃，最冷月(一月)均温7.3 ℃，极端最高温度35.2 ℃(1987年5月12日)，极端最低温度−4.7 ℃(1983年12月

---

① 今盘州市，旧称盘县，本书沿用旧称。

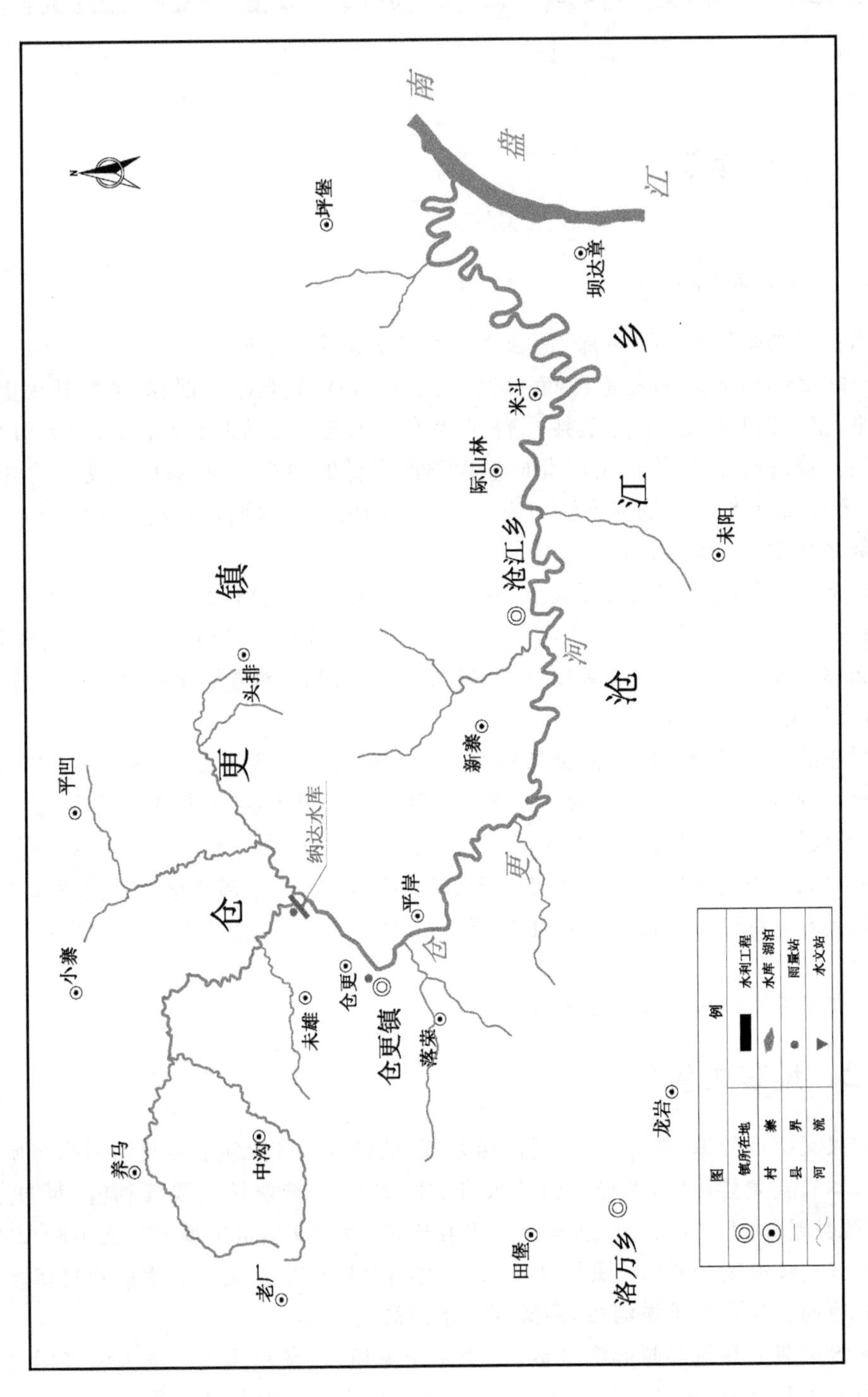


图 3-2-1　工程位置及仓更河流域水系

29日),年平均积温4756 ℃,年平均无霜期340.2天。年平均日照时数1645.8 h,占可照时数的37%。多年平均风速2.7 m/s,最大风速20 m/s(1969年5月26日),风向全年以S风为多,全面静风频率为21%。年平均相对湿度81%,最大湿度为84%(夏季),最小湿度为72%(春季)。全年雾日数54.3天,雷暴日数75.4天。设计采用的水文、气象参数如表3-2-1所示。

**表3-2-1　设计采用的水文、气象参数**

| 项　　目 | 数　量 |
|---|---|
| 坝址以上流域面积/$km^2$ | 39.40 |
| 多年平均径流总量/(万立方米) | 2179 |
| 多年平均流量/($m^3$/s) | 0.69 |
| 50年淤积量/(万立方米) | 75.8 |
| 多年平均气温/℃ | 16.1 |
| 多年平均降水量/mm | 1420.0 |
| 多年平均最大风速/(m/s) | 14 |

## 2.1.3　自然概况

纳达水库位于兴义市以南的仓更镇境内,地处仓更河上游的仓更村附近。水库坝址以上集水面积39.4 $km^2$。

工程区属南盘江水系,地处云贵高原亚热带季风气候区。工程区地处云南高原,为强烈侵蚀切割具有溶蚀盆地的山原,总体地势西北高东南低,两侧高中部低,地形高差大,最高峰位于测区西部五宝山,高程1639.0 m,最低点位于测区东南部,高程770 m,测区相对高差最大869 m,一般高差300～600 m。工程区范围内岔河河宽5～20 m,河床高程970 m左右,该段总体呈自西北向东南流向。

区内出露地层有古生界二迭系、中生界三叠系地层及第四系松散堆积层。

区域构造单元属扬子准地台—黔北台隆—六盘水断陷—普安旋扭变形区。

工程区位于云南山字形构造东翼及南岭东西复杂构造带的西延部位,测区以东西向构造为主。

工程区水文地质条件比较复杂,各类含水层均有分布,根据含水层的岩性、运动与水动力特性,将地下水划分为三种类型:松散堆积层孔隙水、基岩裂隙水、碳酸盐岩喀斯特水。

## 2.1.4　区域地质及地震动参数

### 1. 区域地质概况

工程区属南盘江水系,地处云贵高原亚热带季风气候区。工程区地处云南高原,为强烈侵蚀切割具有溶蚀盆地的山原,总体地势西北高东南低,两侧高中部低,地形高差大,最高峰位于测区西部五宝山,高程1639.0 m,最低点位于工程区东南部,高程770 m,工程区相对高差最大869 m,一般高差300～600 m。工程区范围内岔河河宽5～20 m,河床高程970 m左右,该段总体呈自西北向东南流向。

根据成因及形态的不同,以及水文地质条件和工程地质条件的影响,可将工程区地貌分为侵蚀深切山地和峰林洼地两种成因类型。

区内出露地层有：古生界二迭系、中生界三叠系地层及第四系松散堆积层。

区域构造单元属扬子准地台—黔北台隆—六盘水断陷—普安旋扭变形区。工程区位于云南山字形构造东翼及南岭东西复杂构造带的西延部位，测区以东西向构造为主，该构造体系在区内主要由坝达章-恫惘复向斜和规模较大的东西向压性断裂组成，与之伴随出现的还有小规模的北东向及北西向扭断裂和近南北向的张断裂。

**2. 区域地质构造稳定性**

从区域资料看，纳达水库坝址及库区，均位于新构造运动活动相对微弱区，上述各区域断层晚更新世以来均无活动性。据历史记载测区发生地震为曲靖 3～5.5 级地震，八大河以南 3.4 级地震，测区西部 1962 年的 4.1 级地震(距工程区 160 km)。据《中国地震动参数区划图(1∶400 万)》(GB18306—2015)，工程区地震动峰值加速度为 0.05 g，相应地震基本烈度为Ⅵ度，场区地震动反应谱特征周期 0.45 s，总体属区域构造稳定性好的地区。

**3. 地震活动性复核**

根据区域资料，区域内断层晚更新世以来均无活动性，区域构造稳定性好。

**4. 坝址区工程地质条件**

河谷为高山峡谷，地形呈 V 形发育，属侵蚀～剥蚀低中山区，河谷为高山峡谷地形，左岸 1031 m 高程以下坡角 35°～50°，1031 m 高程以上岸坡较缓，坡度为 25°～30°，右岸山体高程大于 1200 m，坡角 30°～40°。坝址左岸为斜逆向坡，坝址右岸为斜顺向坡。

第四系残坡积层($Q_4^{edl}$)含碎石粉质黏土，厚 1.60～6.20 m。第四系河流冲积层($Q_4^{al}$)上部为粉质黏土，下部为含泥砂砾卵石层，厚 5.0～8.0 m。

坝区基岩三叠系中统河口组上段($T_2h^b$)细砂岩与灰质泥岩互层，河床未揭露全风化层，强风化层厚 0.80 m 左右，左岸全风化层厚 0～22.30 m，强风化层厚 13.80～36.0 m，右岸未揭露全风化层，强风化层厚 2.80～11.20 m。坝区构造节理较发育，主要为背斜褶曲纵、横张裂隙。细砂岩饱和单轴抗压强度达 $R_b$=64.8 MPa，属坚硬岩。灰质泥岩饱和单轴抗压强度达 $R_b$=14.4 MPa，属软岩；坝址弱风化细砂岩属 $A_{Ⅲ2}$类岩体，弱风化灰质泥岩属 $C_{Ⅳ}$类岩体。坝址区细砂岩夹灰质泥岩或互层，构成了坝址区软硬相间的岩体结构，灰质泥岩成为相对软岩夹层，岩体强度受软岩夹层控制。

左右岸第四系残坡积层属于中等透水～弱透水层，河床覆盖层砂卵砾石为强透水层。按透水率 $q \leqslant 3$ Lu 作为相对隔水层标准，相对隔水层左岸埋深 21.30～59.85 m，相应高程 974.37～1023.09 m，河床埋深 24.45～60.0 m，相应高程 912.62～946.09 m，右岸埋深 30.90～56.30 m，相应高程 972.11～1010.13 m。

### 2.1.5 天然建筑材料

**1. T1 混合料场**

开采前：T1 混合料场位于库区右岸未雄沟北侧，距坝址直线距离约 500 m，有简易公路相通，稍加改善后即可满足土料运输要求。土料主要用于混合土石坝，对材料要求较低，残坡积、全强弱风化岩层均能满足建坝需要。

T1混合料场面积约$11.0\times10^4$ $m^2$，分布高程1030～1155 m，自然边坡10°～30°；根据地质测绘，及料场钻孔揭露，混合料场残坡积含碎石粉质黏土平均厚度1.40 m，全风化层平均厚度3.60 m，强风化层平均厚度14.7 m，下部为弱风化岩体。初设阶段勘察对土料上部残积土取扰动样6组，含水量试验4组，根据试验结果，残积土黏粒含量36.9%～53.4%，变化较小，土质均匀。击实后渗透系数$5.6\times10^{-6}$cm/s，最大干密度1.52 g/$cm^3$，最优含水量24.38%，接近天然含水量(26.5%)，除黏粒含量偏高外，其余各项指标均满足围堰用料技术要求，亦可满足混合土石坝材料要求。

开采后：T1混合料场开采后现状见图3-2-2。土料主要用于混合土石坝，对材料要求较低，残坡积、全强弱风化岩层均能满足建坝需要。根据现场检测各参数达到规范要求，均满足围堰用料技术要求和混合土石坝材料要求，且储量也远满足设计要求，有简易公路相通，满足土料运输要求。

**图3-2-2　T1混合料场现状图**

边坡开挖坡比1∶1.5，边坡开挖时采用自上而下分级开挖，采取阶梯式削坡，施工时随开挖高程下降，逐步形成顶部截水沟＋平台、坡脚排水沟＋出口消力池型截排水体系；边坡采用植草护坡，边坡基本位于正常蓄水位高程以上，仅局部水位变化区范围存在残坡积层的坍塌，边坡稳定问题总体不突出，边坡现状稳定。

**2. Ⅲ2石料场**

(1)开采前：该料场位于鸡场西北侧仁家湾，距坝址约14 km，该料场灌木稍发育，地形陡峭，地形坡度45°～60°。料场弱风化基岩裸露，岩性为三叠系中统个旧组第四段($T_2g^d$)灰岩，呈厚层状～块状，岩层产状55°/NW∠42°，分布高程1350～1430 m。料场面积广，有用层厚而稳定，属Ⅰ类料场。根据邻区工程经验，灰岩属中硬岩，饱和单轴抗压强度大于40 MPa，且为非活性建材，其质量可满足工程需要，亦可作为混凝土骨料使用。

(2)开采后：石料场开采后现状见图3-2-3，现场检测各参数达到规范要求(见表3-2-2和表3-2-3)，且储量也远满足设计要求，属典型的石类料场，有简易公路相通，满足石料运输要求。

边坡开挖坡比1∶0.5，开挖揭露为弱风化灰岩，呈厚层状～块状，岩质坚硬，节理裂隙少发育，属于层状逆向岩质边坡。岩体完整性较好，局部完整性差，未见明显不利结构面影响边坡稳定的不良地质现象，边坡基本稳定。后期取料完成后对场地进行平整，植树种草。

图 3-2-3　Ⅲ2 石料场开挖现状图

表 3-2-2　人工粗骨料试验成果

| 项目 | 标准要求 | 检验结果 | 项目 | 标准要求 | 检验结果 |
|---|---|---|---|---|---|
| 表观密度/(kg/$m^3$) | ≥2550 | 2690 | 吸水率/(%) | ≤2.5 | 0.18 |
| 堆积密度/(kg/$m^3$) | ≥1350 | 1480 | 针片状颗粒含量/(%) | ≤15 | 8 |
| 坚固性/(%) | ≤12 | — | 泥块含量/(%) | 不允许 | 未检出 |
| 含泥量/(%) | ≤1 | 0.7 | 压碎指标/(%) | ≥C30　≤10<br><C30　≤16 | 4.7 |
| 硫化物及硫酸盐含量/(%) | ≤0.5 | — | | | |
| 有机质含量 | 浅于标准色 | — | 中径筛余率/(%) | 40～70 | — |
| 超径/(%) | 超逊径筛检验为 0 | 0 | 逊径/(%) | 超逊径筛检验≤2 | 0.3 |
| 检验结论 | 经检测，该粗骨料样品所检项目均符合《水工混凝土施工规范》(SL677—2014)中的技术要求 | | | | |

表 3-2-3　人工细骨料试验成果

| 检测项目 | 标准值 | 实测值 | 检测项目 | 标准值 | 实测值 | 检测项目 | 标准值 | 实测值 |
|---|---|---|---|---|---|---|---|---|
| 表观密度/(kg/$m^3$) | ≥2500 | 2670 | 吸水率/(%) | ≤1.5 | 1.4 | 细度模数(F·M) | 2.4～2.8 | 2.88 |
| 堆积密度/(kg/$m^3$) | — | 1560 | 有机质含量/(%) | 不允许 | | 泥块含量/(%) | 不允许 | 0 |
| 石粉含量/(%) | 6～18 | 1.0 | 云母含量/(%) | ≤2 | | 表面含水率/(%) | ≤6 | 1.6 |

续表

| 检测项目 | 标准值 | 实测值 | 检测项目 | 标准值 | 实测值 | 检测项目 | 标准值 | 实测值 |
|---|---|---|---|---|---|---|---|---|
| 颗粒级配 | | | | | | | | |
| 筛孔尺寸/mm | | 5.0 | 2.5 | 1.25 | 0.63 | 0.315 | 0.16 | 筛底 |
| 累计筛余/(%) | | 4 | 17 | 37 | 61 | 84 | 99 | 100 |
| 检验结论 | 经检验，该批细骨料样品所检项目均符合《水工混凝土施工规范》(SL677—2014)中的品质要求 | | | | | | | |

## 2.1.6　工程等级及设计标准

### 1. 工程等级及建筑物级别

本工程由水源工程和供水灌溉工程两部分组成。水源工程主要建筑物包括沥青心墙混合土石坝、左岸溢洪道、右岸输水隧洞等。

根据《防洪标准》(GB50201—2014)、《水利水电工程等级划分及洪水标准》(SL252—2017)，以水库总库容确定水源工程等级为Ⅲ等工程，工程规模为中型，挡水坝及相应泄洪建筑物、输水隧洞等主要建筑物为3级建筑物，溢洪道进水渠导墙和泄槽边墙等次要建筑物为4级建筑物，临时建筑物为5级建筑物。纳达水库挡水坝基本坝型为土石坝，最大坝高超过70 m，按《水利水电工程等级划分及洪水标准》(SL252—2017)中4.2.2条规定，挡水坝级别提高一级，为2级建筑物，洪水标准不予提高。另据《水利水电工程边坡设计规范》(SL386—2007)中3.2.3条规定，大坝坝肩边坡、溢洪道开挖边坡及输水隧洞进出口开挖边坡级别均为4级。

### 2. 洪水标准

根据《防洪标准》(GB50201—2014)和《水利水电工程等级划分及洪水标准》(SL252—2017)的规定，本水源工程挡水坝为高坝，其主要建筑物洪水标准取3级建筑物上限值。水源工程主要建筑物洪水标准为：挡水坝及相应泄洪建筑物按100年一遇洪水设计，2000年一遇洪水校核；消能防冲建筑物洪水标准为30年一遇。

### 3. 抗震设防标准

根据《中国地震动参数区划图(1∶400万)》(GB18306—2015)，工程区地震动峰值加速度为0.05 $g$，相应地震基本烈度为Ⅵ度，总体属区域构造稳定性好的地区。根据《水工建筑物抗震设计标准》(GB51247—2018)，确定本工程各建筑物抗震设防烈度为Ⅵ度，可不进行抗震计算。

## 2.1.7　枢纽布置简述

纳达水库由水源工程和供水灌溉工程两部分组成。水源工程主要建筑物包括沥青心墙混合土石坝、左岸溢洪道、右岸输水隧洞等。供水灌溉工程主要建筑物包括总干管、左干管和右干管及建筑物，六条支管及附属建筑物等。大坝右坝肩下游侧设工程管理区。

挡水坝采用沥青心墙混合土石坝坝型，坝顶高程1041.2 m，防浪墙顶高程1042.2 m，坝顶宽10 m，坝顶长250 m，最大坝高81.2 m。沥青心墙顶宽为0.6 m，底部宽度为1.2 m。心墙下部设混凝土底座和垫座。

溢洪道紧靠大坝左坝肩布置。溢洪道由进水渠段、控制段、泄槽段、挑流鼻坎段和出水渠段组成，总长约 324.95 m。进水渠底板高程为 1030.0 m。溢流堰为驼峰堰，堰顶高程 1032.0 m，设平板闸门，2 孔，每孔净宽 8 m。泄槽段采用矩形泄槽，槽宽 18.5 m，泄槽坡度为 1∶5。泄槽段接扭曲挑坎消能，坎顶高程 997.69～993.69 m。

在大坝右岸布置输水隧洞，连通水库和输水管道，隧洞进口距离大坝坝坡脚约 200 m。隧洞包括进口段、闸门井段、洞身段、出口段，全长 711 m。进口底高程 1005.0 m，进口后洞身段采用城门洞形，尺寸为 2 m×2 m，其中宽度为 2 m，直墙高度为 1 m，顶拱直径为 2 m。闸门井采用受力条件好的圆形竖井，内设检修闸门 1 道，孔口尺寸为 2.0 m×2.0 m(宽×高)，竖井直径为 5.2 m。隧洞出口底板高程为 1004.5 m，出口接 DN1200 压力钢管，输水隧洞末端设锥形阀室，下游设消力池，消力池右侧分别设 DN1200 供水灌溉总干管、DN600 生态放空管和溢流池。溢流池上接 DN600 生态放空管，下接 DN1000 溢流管，将消力池的水泄至河床。该段管材均为球墨铸铁管。

## 2.1.8 开发任务及规模

**1. 开发任务**

本工程主要是解决兴义的水资源供需矛盾，有效改善生态环境，促进本地区经济快速、健康地发展。

通过兴建纳达水库，可解决兴义市仓更镇、沧江乡和洛万乡共 3 个镇(乡)乡镇供水、农村饮水和农业灌溉问题。到 2030 年，乡镇和农村供水人口达 4.25 万人，新增灌溉面积 2.15 万亩，极大地改善当地的生活生产条件。

通过兴建纳达水库，可减少过度和过量地开采地下水而造成的水环境恶化，改善区域水汽条件，增强土壤涵养和保水能力，逐步改善水生态环境和农业生产条件。

综上所述，按照综合开发利用水资源的治水思路，结合工程自身的条件，工程的开发任务是乡镇供水、农村饮水和农业灌溉等综合利用。

**2. 工程规模**

(1)死水位选择。

根据泥沙淤积分析计算成果，50 年的水库淤积体积为 $75.8\times10^4$ $m^3$，水平淤积高程为 995.6 m。根据灌区总体布置，纳达水库灌溉面积主要分成 3 个大片区：仓更片区、沧江片区、洛万片区，其中水田主要位于沿河两岸滩地，控制点高程 900.0～995.0 m，旱地主要位于两岸山坡较平缓地块，高程位于 925.0～1100.0 m 之间，按照满足纳达水库灌区全部水田及大部分旱地自流灌溉要求，水库取水口底板高程为 1005.0 m，进水口洞径高 2.0 m，进口最小淹没水深 0.59 m，死水位选择必须满足进水口最小淹没水深要求。经分析计算比较，选择水库死水位为 1010.0 m，相应死库容为 $239.3\times10^4$ $m^3$。

(2)正常蓄水位选择。

正常蓄水位的选择主要考虑受益区供水、灌溉对兴利库容的要求，以及水库淹没、地质条件等方面。水库库区不存在制约性的水库淹没和地质条件，因此正常蓄水位的选定主要考虑供水灌溉要求。根据“以需定供”的原则，选择正常蓄水位为 1037.0 m。

(3)设计、校核水位。

纳达水库拦河坝为沥青混凝土心墙混合土石坝，泄洪建筑物采用开敞式设闸控制溢洪道，共 2 孔，用平板闸门控制，采用挑流消能。每孔净宽 8 m，高 5 m，堰顶高程 1032.0 m，溢洪道泄水槽宽度 18.5 m。

纳达水库设计洪水标准为 100 年一遇，校核洪水标准为 2000 年一遇，经调洪计算，坝址设计洪水位为 1037.9 m，校核洪水位为 1040.0 m。水库调洪计算成果见表 3-2-4。

**表 3-2-4　纳达水库调洪计算成果**

| 项目 | | 单位 | 数值 |
|---|---|---|---|
| 校核 | 校核洪水标准 | % | 0.05 |
| | 校核洪水位 | m | 1040.0 |
| | 校核洪水位以下库容 | 万立方米 | 1076.8 |
| | 相应下泄流量 | $m^3/s$ | 565.8 |
| 设计 | 设计洪水标准 | % | 1 |
| | 设计洪水位 | m | 1037.9 |
| | 设计洪水位以下库容 | 万立方米 | 997.6 |
| | 相应下泄流量 | $m^3/s$ | 369.3 |
| 消能 | 设计洪水标准 | % | 3.33 |
| | 最高水位 | m | 1037.2 |
| | 最大库容 | 万立方米 | 967.4 |
| | 最大下泄流量 | $m^3/s$ | 301.8 |
| $P=5\%$ | 设计洪水标准 | % | 5.00 |
| | 最高水位 | m | 1037.0 |
| | 最大库容 | 万立方米 | 961.4 |
| | 最大下泄流量 | $m^3/s$ | 288.5 |
| $P=20\%$ | 设计洪水标准 | % | 20.0 |
| | 最高水位 | m | 1037.0 |
| | 最大库容 | 万立方米 | 961.4 |
| | 最大下泄流量 | $m^3/s$ | 163.8 |

(4)水库兴利计算成果。

经兴利计算和方案比较，确定纳达水库正常蓄水位 1037.0 m，相应库容 $961.5\times10^4$ $m^3$，死水位 1010.0 m，相应库容 $239.3\times10^4$ $m^3$，水库兴利库容 $722.2\times10^4$ $m^3$，供水范围为仓更镇、沧江乡、洛万乡人畜及灌溉用水，供水人口为 4.25 万人，$P=95\%$人畜供水量为 $378.1\times10^4$ $m^3$，灌溉面积 2.15 万亩，多年平均灌溉供水量为 $666.5\times10^4$ $m^3$，$P=80\%$的灌溉供水量 $794.2\times10^4$ $m^3$。纳达水库调节计算成果见表 3-2-5。

**表 3-2-5　纳达水库调节计算成果**

| 序号 | 项目 | 单位 | 数据 |
|---|---|---|---|
| 1 | 正常蓄水位 | m | 1037.0 |
| 2 | 死水位 | m | 1010 |

续表

| 序号 | 项目 | 单位 | 数据 |
| --- | --- | --- | --- |
| 3 | 兴利库容 | 万立方米 | 722.2 |
| 4 | 库容系数 | % | 33.5 |
| 5 | 多年平均流量 | $m^3/s$ | 0.691 |
| 7 | 供水人口 | 万人 | 4.25 |
| 8 | 供水牲畜头数 | 万头 | 3.40 |
| 9 | 灌溉面积 | 万亩 | 2.15 |
|  | 其中:水田 | 万亩 | 1.53 |
|  | 其中:耕地 | 万亩 | 0.62 |
| 10 | 人畜供水量($P=95\%$) | 万立方米 | 378.1 |
| 11 | 灌溉水量(多年平均) | 万立方米 | 666.5 |
| 12 | 灌溉水量($P=80\%$) | 万立方米 | 794.2 |
| 13 | 水量利用系数 | % | 58.9 |

## 2.1.9 工程特性表

水库工程特性详见表 3-2-6。

**表 3-2-6 水库工程特性**

| 序号 | 名称 | | 项目 | | |
| --- | --- | --- | --- | --- | --- |
| 一 | 水文 | | 单位 | 数量 | 备注 |
| 1 | 流域面积 | 全流域面积 | $km^2$ | | |
| | | 坝址以上流域面积 | $km^2$ | 39.4 | |
| 2 | 采用的水文资料系列 | | 年 | 42 | |
| 3 | 多年平均径流量 | | 万立方米 | 2179 | |
| 4 | 代表性流量 | 多年平均流量 | $m^3/s$ | 0.691 | |
| | | 设计洪水标准及洪峰流量 | $m^3/s$ | 433 | $P=1\%$ |
| | | 校核洪水标准及洪峰流量 | $m^3/s$ | 698 | $P=0.05\%$ |
| | | 施工导流标准及流量($P=10\%$) | $m^3/s$ | 228 | 全年 |
| 5 | 泥沙 | 年悬移质输沙模数 | $t/km^2$ | 500 | |
| | | 50年淤积量 | 万立方米 | 75.8 | |
| 二 | 工程规模 | | | | |
| 1 | 水库 | | 单位 | 数量 | 备注 |
| | 校核洪水位 | | m | 1040.0 | $P=0.05\%$ |
| | 设计洪水位 | | m | 1037.9 | $P=1\%$ |

续表

| 序号 | 名称 | 项目 | | |
|---|---|---|---|---|
| 1 | 正常蓄水位 | m | 1037.0 | |
| | 水平淤积高程 | m | 995.6 | |
| | 死水位 | m | 1010.0 | |
| | 总库容 | 万立方米 | 1076.8 | |
| | 正常蓄水位以下库容 | 万立方米 | 961.5 | |
| | 兴利库容 | 万立方米 | 722.2 | |
| | 死库容 | 万立方米 | 239.3 | |
| | 回水长度 | km | 3.23 | |
| | 库容系数 | % | 33.5 | |
| | 调节特性 | | 多年调节 | |
| | 设计洪水时最大泄量 | $m^3/s$ | 369.3 | |
| | 相应下游水位 | m | 974.4 | |
| | 校核洪水时最大泄量 | $m^3/s$ | 565.8 | |
| | 相应下游水位 | m | 975.3 | |
| | 最小下泄流量 | $m^3/s$ | 0.069 | 生态基流 |
| | 相应下游水位 | m | 968.6 | |
| 2 | 灌溉工程 | 单位 | 数量 | 备注 |
| | 设计灌溉面积 | 万亩 | 2.15 | |
| | 灌溉保证率 | % | 80 | |
| | 年引水总量($P$=80%) | 万立方米 | 794.2 | |
| | 设计引水流量 | $m^3/s$ | 1.81 | |
| 3 | 乡镇供水工程 | 单位 | 数量 | 备注 |
| | 年引水量 | 万立方米 | 378.1 | |
| | 设计引水流量 | $m^3/s$ | 0.17 | |
| | 供水保证率 $P$ | % | 95 | |
| 三 | 主要建筑物及设备 | | | |
| 1 | 挡水建筑物 | 单位 | 内容 | |
| | 形式 | | 沥青心墙混合土石坝 | |
| | 地基特性 | | 细砂岩与泥质灰岩互层 | |
| | 地震动参数设计值 | | 0.05 $g$ | |
| | 地震基本烈度 | | Ⅵ | |
| | 地震设计烈度 | | Ⅵ | |
| | 坝顶高程 | m | 1041.2 | |
| | 最大坝高/坝顶长度 | m | 81.2/250 | |

续表

| 序号 | 名称 | 项目 | | |
|---|---|---|---|---|
| 2 | 泄水建筑物 | 单位 | 内容 | |
| | 形式 | | 设闸溢洪道 | |
| | 地基特性 | | 细砂岩夹泥质灰岩或互层 | |
| | 堰顶高程 | m | 1032.0 | |
| | 溢流段净宽 | m | 16 | 2孔,单孔净宽8 m |
| | 最大单宽流量 | $m^3/s$ | 30.58 | $P=0.05\%$ |
| | 孔口尺寸 | m×m | 8×5(宽×高) | 2孔 |
| | 泄槽宽度 | m | 18.5 | |
| | 消能方式 | | 挑流消能 | |
| 3 | 输水隧洞 | 单位 | | |
| | 形式 | | | 城门洞型 |
| | 隧洞尺寸 | m×m | 2×2(宽×高) | 1孔 |
| | 进口底高程 | m | 1005.0 | |
| | 隧洞长度 | m | 711 | |
| 四 | 施工 | | | |
| 1 | 主体工程量 | 单位 | 数量 | 备注 |
| | 土石方开挖 | 万立方米 | 95.33 | |
| | 土石方填筑 | 万立方米 | 199.32 | |
| | 沥青混凝土 | 万立方米 | 0.98 | |
| | 混凝土 | 万立方米 | 6.64 | |
| | 喷混凝土 | 万立方米 | 0.76 | |
| | 钢筋制安 | t | 2072 | |
| | 金属结构安装 | t | 234 | |
| | 帷幕灌浆 | 万立方米 | 1.31 | |
| | 固结灌浆 | 万立方米 | 2.07 | |
| | 回填灌浆 | 万立方米 | 0.68 | |
| 2 | 施工导流方式 | 一次断流,全年隧洞导流、汛期坝体挡水 | | |

## 2.1.10 前期工作及建设过程简述

### 1.设计与审批过程

纳达水库是《兴义市水资源开发利用配置规划》提出的重点水源工程之一,此规划已于2009年通过了贵州省水利厅组织的有关部门和专家的审查,兴义市人民政府以“兴府发〔2009〕24号”文对该规划进行了批复,批复意见基本同意兴义市水资源开发利用配置规划工程方案，并要求兴义市水务局按照规划提出的开发方案逐步组织实施。同时本项目已列入《西南五省(自治区、直辖市)重点水源工程近期建设规划》和《贵州省水利建设生态建设石漠化治理综合规划》水利建设重点工程。

为了保障仓更河流域居民正常的生活生产用水和经济社会发展对水资源的需要，合理配置水资源，保障经济社会发展，兴义市水务局委托中水珠江规划勘测设计有限公司编制了《贵州省兴义市纳达水库工程规划专题论证报告》。2014 年 8 月 28 日，贵州省水利厅以“黔水计函〔2014〕100 号”文对该报告进行了批复，同意该报告成果。

受兴义市水务局委托，2012 年 11 月，中水珠江规划勘测设计有限公司编制完成了《兴义市纳达水库工程项目建议书》。2013 年 6 月 6 日，贵州省发展和改革委员会以“黔发改农经〔2013〕1489 号”文对该项目建议书进行批复。

受兴义市水务局委托，中水珠江规划勘测设计有限公司承担了兴义市纳达水库工程可行性研究阶段的勘测设计工作，于 2012 年 3 月完成了《兴义市纳达水库工程可行性研究报告》及相关图件。2012 年 5 月 12 日，受贵州省发展和改革委员会以及贵州省水利厅委托，中国水电顾问集团贵阳勘测设计研究院组织在贵阳召开了《贵州省兴义市纳达水库工程可行性研究报告》技术审查会。

2015 年 4 月 24 日，水利部珠江水利委员会对《兴义市纳达水库工程可行性研究报告》进行审核，基本同意该报告，并以珠水规计函〔2015〕146 号文报送贵州省水利厅。

2015 年 7 月，中国水利水电建设工程咨询贵阳有限公司将可研报告技术审查意见以“咨审字〔2015〕041 号”文上报贵州省发展和改革委员会以及贵州省水利厅。2016 年 6 月贵州省发改委以“黔发改农经〔2016〕886 号”文对该可研报告进行批复。

2016 年 7 月，受兴义市水务局委托，中水珠江规划勘测设计有限公司承担了兴义市纳达水库工程初步设计阶段的勘测设计工作，完成了《兴义市纳达水库工程初步设计报告(送审稿)》及相关图件。

2016 年 11 月 29 日，受贵州省发展和改革委员会以及贵州省水利厅委托，中国水电顾问集团贵阳勘测设计研究院组织在贵阳召开了《兴义市纳达水库工程初步设计报告》技术审查会。

2017 年 4 月，贵州省发展和改革委员会以“黔发改建设[2017]600 号”文对该初设报告进行了批复。随即完成了兴义市纳达水库工程的招标图设计。2017 年 5 月，兴义市纳达水库工程的施工图设计开始开展。

**2. 工程建设过程**

(1)大坝。

导流洞从 2016 年 3 月 10 日开工，至 2017 年 11 月 20 日完成导流洞衬砌、进口闸门井浇筑及洞门抛石护岸。施工便道从 2017 年 9 月 8 日开始，2017 年 12 月 22 日基本完成。2017 年 11 月 18 日开始土石围堰施工，至 2018 年 2 月 11 日完成截流验收。2018 年 3 月 20 日开始坝基开挖与处理，2019 年 12 月 18 日大坝封顶。2021 年 12 月 3 日大坝下闸蓄水验收。2022 年 6 月 1 日大坝正式下闸蓄水。

(2)溢洪道。

2017 年 9 月 8 日开始左、右岸坡开挖与支护，2020 年 5 月 23 日完成。下游消能区开挖支护于 2018 年 5 月 10 日开始，2019 年 3 月 25 日完成。出水渠段于 2019 年 6 月 4 日开始，2020 年 9 月 10 日完成。挑流段于 2019 年 6 月 4 日开始，2020 年 8 月 20 日完成。泄槽段于

2019 年 6 月 3 日开始，2021 年 1 月 3 日完成。进水渠段于 2019 年 10 月 8 日开始，2020 年 11 月 25 日完成。控制段于 2019 年 10 月 8 日开始，2021 年 9 月 30 日完成。

(3)引水隧洞。

2018 年 4 月 5 日开始施工，2019 年 1 月 21 日贯通，2020 年 8 月 30 日完成衬砌和灌浆。2019 年 3 月 18 日开始竖井边坡开挖支护，2019 年 10 月 20 日开始竖井开挖，2020 年 6 月 24 日完成衬砌。

## 2.2 坝型选择

### 2.2.1 基本坝型的确定

坝区基岩三迭系中统河口组上段($T_2h_b$)细砂岩与泥质灰岩互层，弱风化细砂岩属 $AⅢ_2$ 类岩体，弱风化灰质泥岩属 CⅣ 类岩体，坝基岩体结构软硬相间，泥质灰岩成为相对软岩夹层，岩体强度受软岩夹层控制，左岸全强风化厚度较大，建高刚性坝地基处理难度大，推荐坝线仅适合修建当地材料坝。因此，基本坝型确定为土石坝。理想的土石坝坝壳料应具有质地坚硬、抗风化能力强、排水性好、抗剪强度高、压缩沉降小等物理力学性质。坝址区岩石具有“软硬相间”和强风化层较厚的地质条件特点，采用传统的堆石料进行设计，石料场仅弱风化砂岩料能采用，料场开采需要对石料进行“精挑细选”，料场施工难度大，剥采比大，工程投资大。为利用当地建筑材料，节省工程投资，需要充分利用溢洪道、输水隧洞开挖渣料及混合料场的残坡积层、全/强/弱风化料。

推荐坝线具备修建土石坝的条件，初设阶段坝型比较拟定了沥青心墙混合土石坝和面板堆石坝两种方案，从水源工程的工程量、施工条件、建筑材料、工期、水库移民及占地、水土保持和环境保护、投资等方面进行综合论证比较。

### 2.2.2 沥青心墙混合土石坝方案

沥青心墙混合土石坝方案中的主要建筑物包括沥青心墙混合土石坝、左岸溢洪道、右岸输水隧洞(图 3-2-4)。

(1)沥青心墙混合土石坝。

沥青心墙混合土石坝的坝顶高程 1041.2 m，防浪墙顶高程 1042.2 m，防浪墙高 1.0 m。C25 混凝土底座河床建基高程 960.0 m，大坝最大坝高 81.2 m，坝顶宽度 10 m，坝顶长 250 m。上游坝坡分 5 级，在 1030.0 m 高程、1010.0 m 高程设 3 m 宽马道并变坡，在围堰顶高程 1003.0 m 设 15 m 宽马道并变坡，在枯水围堰顶高程 986.9 m 设 7 m 宽马道并变坡，自坝顶向下坡比分别为 1∶2.75、1∶3、1∶3、1∶3 和 1∶3，下游坝坡分 4 级，在 1030.0 m 高程、1010.0 m 高程和 990.0 m 高程处设 3 m 宽马道并变坡，自上而下坡比分别为 1∶2.5、1∶2.75、1∶2.75 和 1∶2.75。在坝趾处设堆石棱体，棱体顶高程为 980.0 m，顶宽为 3 m，上游面坡度为 1∶1，下游面坡度为 1∶1.5，在棱体上游面及棱体底层设反滤层。上游坝坡表面设置厚 20 cm 的 C20 混凝土护坡，下部分别设 15 cm 厚的碎石垫层和中粗砂垫层；下游坝坡采用草皮护坡。

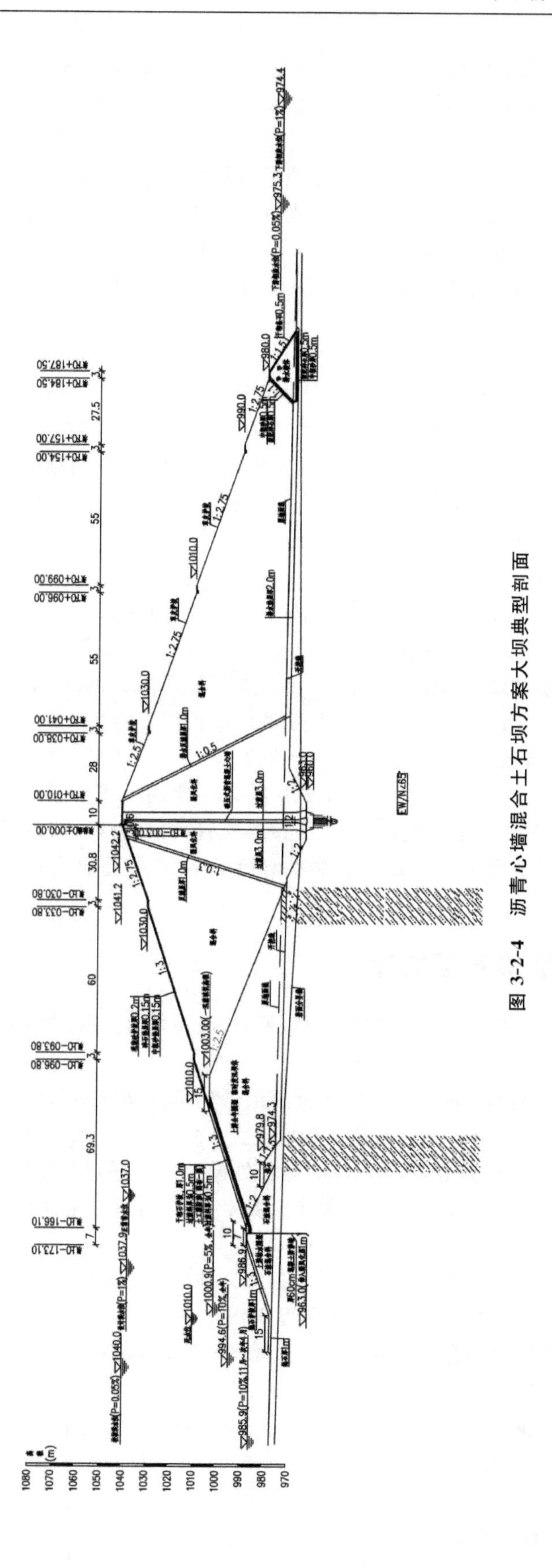

图 3-2-4　沥青心墙混合土石坝方案大坝典型剖面

坝体结构分区为沥青混凝土防渗心墙、混凝土底座或垫座、上下游过渡层、排水反滤带、坝体混合料、弱风化料和堆石排水棱体等。沥青心墙为梯形结构，顶宽 0.6 m，向下游逐渐加厚，最大底部厚度为 1.2 m。心墙底部为钢筋混凝土底座。心墙建基基岩，对底座下基岩进行帷幕灌浆。在沥青心墙上、下游两侧与坝堆石料之间各设两道碎石过渡层，上下游过渡层厚度均为 3 m。在上、下游过渡层两侧分别设弱风化料区和混合料区，上游弱风化料区顶宽 3 m，坡度 1∶0.3，下游弱风化料区顶宽 4.7 m，坡度 1∶0.5。上游弱风化料区和混合料区间设反滤层，厚 1.0 m。下游过渡料和弱风化料 1A 区设 2.0 m 厚排水反滤层，接下游 2.0 m 厚水平排水层。

(2)左岸溢洪道。

溢洪道紧靠大坝左坝肩布置，溢洪道轴线平面走向为 NE82.42°转 SE129.39°，转弯半径 90 m，转弯角度 46.97°。溢洪道由进水渠段、控制段、泄槽段、挑流鼻坎段和出水渠段组成，总长 325.52 m。进水渠底板高程 1030.0 m。溢流堰为驼峰堰，堰顶高程 1032.0 m，设平板闸门，2 孔，每孔净宽 8 m。泄槽段采用矩形泄槽，槽宽 18.5 m，泄槽坡度为 1∶5。泄槽段接扭曲挑坎消能，坎顶高程为 993.69～997.69 m。

(3)右岸输水隧洞。

在大坝右岸布置输水隧洞，连通水库和输水管道，隧洞进口距离大坝坝坡脚约 200 m，轴线平面走向为 SE150.40°转 SE113.63°，转弯半径 50 m，转弯角度 36.78°。隧洞包括进口段、闸门井段、洞身段、出口段，全长 691.75 m。进口底高程 1005.0 m，进口后洞身段采用城门洞形(尺寸为 2 m×2 m)，宽度 2 m，直墙高度 1 m，顶拱直径 2 m。闸门井采用受力条件好的圆形竖井，内设检修闸门 1 道，孔口尺寸为 2.0 m×2.0 m(宽×高)，竖井直径为 5.2 m。隧洞出口底板高程 1004.5 m，出口接 DN1200 压力钢管，输水隧洞末端设锥形阀室，下游设消力池，消力池下游左侧设溢流池，溢流池下接溢流管，管材为球墨铸铁管，管径 DN1000，可将消力池溢出的水泄至河床。消力池下游右侧接 DN600 生态放空钢管及 DN1200 供水灌溉总干管。

### 2.2.3 面板堆石坝方案

面板堆石坝方案中的主要建筑物包括面板堆石坝、左岸溢洪道、右岸输水隧洞(图 3-2-5)。

(1)面板堆石坝。

面板堆石坝坝顶高程 1041.2 m，河床趾板最低建基面高程 965.0 m，最大坝高 76.2 m，坝顶宽度 10 m，坝顶总长 250 m。大坝上游坡比为 1∶1.406，不设马道；下游坝坡分 4 级，在 1030.0 m 高程、1010.0 m 高程和 990.0 m 高程处设 3 m 宽马道并变坡，自上而下坡比分别为 1∶1.5、1∶1.6、1∶1.6 和 1∶1.6。为减少坝体工程量，坝顶上游侧设 L 形防浪墙，墙高 4.5 m，顶部高程为 1042.2 m，高出坝顶 1.0 m。

坝体分区从上游到下游依次为上游盖重区 1B(顶部水平宽度 3 m，顶部高程 990.0 m)，上游铺盖区 1A(顶部水平宽度 3 m，顶部高程 990.0 m)，C25 混凝土面板，垫层区 2A(水平宽度 4 m)，过渡区 3A(水平宽度 5 m)，主堆石区 3B(上游坡 1∶1.4，下游坡 1∶0.4)，次堆石区 3C(顶部高程 1030.0 m，底部高程 980.0 m)，下游干砌石护坡(厚 1 m)。

面板采用 C25 混凝土，厚度为 $t=0.3+0.0035H$，面板的截面中部设置单层双向钢筋，以承受混凝土温度应力和干缩应力。为适应坝体变形，在两坝肩附近的面板设 12 条张性垂直缝，垂直缝间距 12 m，河床部分的面板设 8 条压性垂直缝，垂直缝间距 12 m。面板、趾板结合处设周边缝，不设水平施工缝。

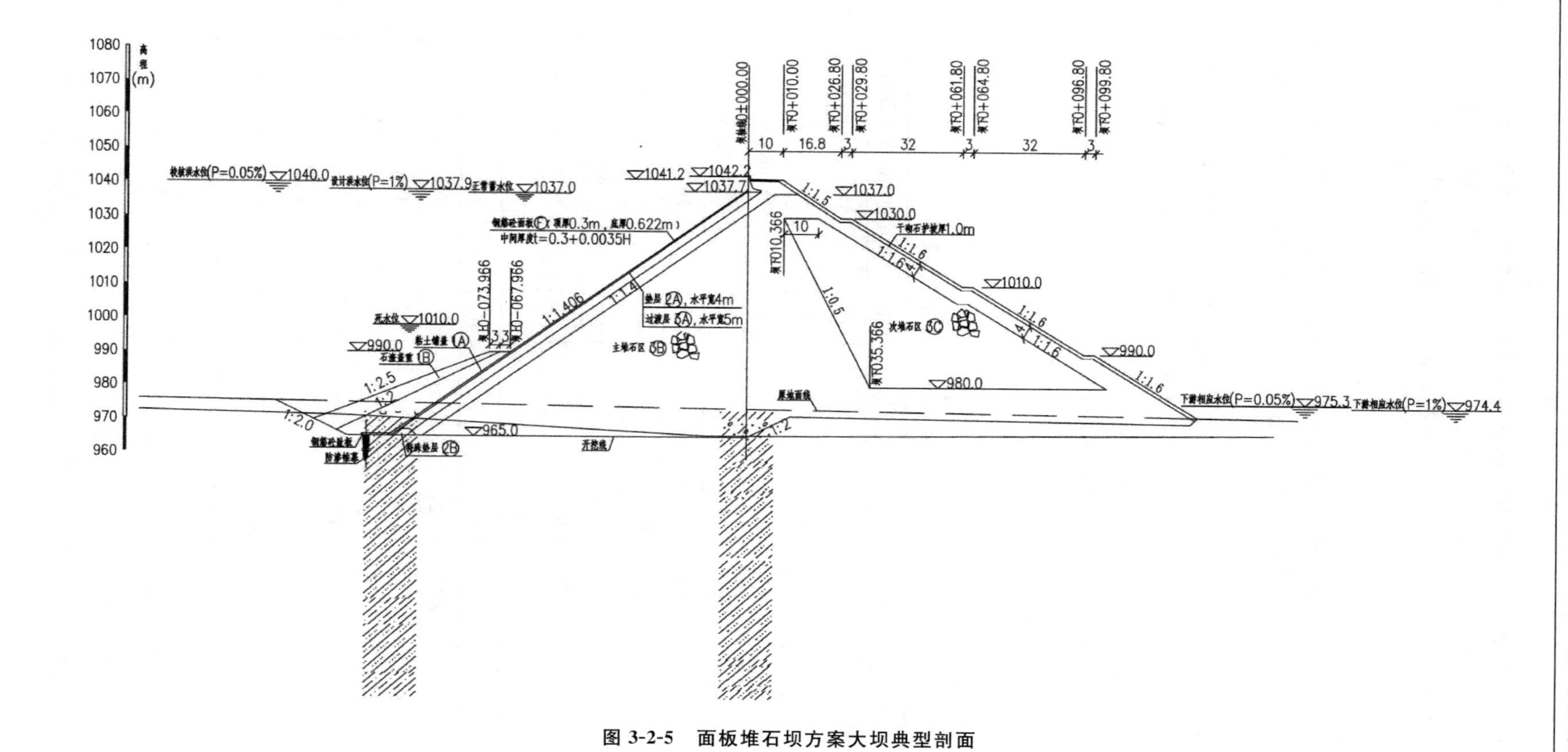


图 3-2-5　面板堆石坝方案大坝典型剖面

趾板采用 C25 混凝土，与面板共同形成坝基以上的防渗体。本工程趾板采用平趾板，趾板厚 0.4～0.8 m，趾板宽度 5～10 m。趾板每隔 12 m 设一条伸缩缝。趾板表面设一层双向钢筋。为加强趾板与基础的连接，防止灌浆抬动趾板，在趾板上布置 Φ25 锚筋，锚筋长 4.5 m，间排距 3 m。

(2)溢洪道。

溢洪道紧靠大坝左坝肩布置，溢洪道轴线平面走向为 SE99.43°转 SE153.69°，转弯半径 120 m，转弯角度 54.26°。溢洪道由进水渠段、控制段、泄槽段、挑流鼻坎段和出水渠段组成，总长 240.4 m。

进水渠底板高程 1030.0 m。溢流堰为驼峰堰，堰顶高程 1032.0 m，设平板闸门，2 孔，每孔净宽 8 m。泄槽段采用矩形泄槽，槽宽 18.5 m，泄槽坡度为 1∶3。泄槽段接扭曲挑坎消能，挑坎反弧半径为 20 m，鼻坎末端高程为 980.0，挑角 20°。

输水隧洞布置同沥青心墙混合土石坝方案。

### 2.2.4 坝型选择

坝型比较枢纽主要工程量见表 3-2-7。

**表 3-2-7　坝型比较枢纽主要工程量**

| 项目 | | 单位 | 沥青心墙混合土石坝 | 面板堆石坝 |
|---|---|---|---|---|
| 挡水坝 | 土方开挖 | $m^3$ | 192108.33 | 176938.94 |
| | 石方开挖 | $m^3$ | 57313.93 | 70331.80 |
| | 混合料填筑 | $m^3$ | 1426661.41 | |
| | 弱风化料填筑 | $m^3$ | 324584.32 | |
| | 沥青混凝土心墙 | $m^3$ | 10678.84 | |
| | 过渡层填筑 | $m^3$ | 73834.18 | |
| | 坝内排水体 | $m^3$ | 53889.38 | |
| | 排水棱体 | $m^3$ | 18084.07 | |
| | 黏土铺盖 | $m^3$ | | 28264.98 |
| | 石渣盖重 | $m^3$ | | 20881.76 |
| | 护坡反滤、垫层 | $m^3$ | 10644.27 | 116008.97 |
| | 混凝土 | $m^3$ | 14505.01 | 11305.01 |
| | 草皮护坡 | $m^3$ | 45113.81 | |
| | 浆砌石 | $m^3$ | 2605.75 | 2028.89 |
| | 主堆石料 | $m^3$ | | 601779.05 |
| | 次堆石料 | $m^3$ | | 261139.48 |
| | 块石护坡 | $m^3$ | | 23715.99 |
| | 喷 C25 混凝土(厚 0.10 m) | $m^2$ | 3010.00 | 5184.00 |
| | 坝顶沥青混凝土路面 C30(厚 0.08 m) | $m^2$ | 3780.00 | 3780.00 |
| | 路基碎石垫层(厚 0.35 m) | $m^2$ | 3780.00 | 3780.00 |

续表

| 项目 | | 单位 | 沥青心墙混合土石坝 | 面板堆石坝 |
| --- | --- | --- | --- | --- |
| 挡水坝 | Φ25 锚杆(长 4.5 m) | 根 | 653.00 | 1493.00 |
| | Φ25 锚杆(长 5 m) | 根 | 735.00 | 735.00 |
| | Φ80 排水管(长 5 m) | 根 | 335.00 | 335.00 |
| | Φ50PVC 排水管 | m | 11817.58 | |
| | 周边缝、垂直缝 | m | | 3732.19 |
| | 帷幕灌浆 | m | 7485.12 | 8689.27 |
| | 固结灌浆 | m | 2821.87 | 5999.17 |
| | 钢筋 | t | 373.94 | 798.99 |
| | 聚丙烯纤维 | t | 5.92 | |
| | 止水铜片 | m | 2015.58 | |
| | 沥青油脂砂浆 | $m^2$ | 4200.00 | |
| 灌浆平洞 | 洞挖石方 | $m^3$ | 1712.31 | 1712.31 |
| | 洞身衬砌 C25 混凝土 | $m^3$ | 557.60 | 557.60 |
| | 洞身挂网喷 C25 混凝土(厚 0.15 m) | $m^2$ | 1677.32 | 1677.32 |
| | 回填灌浆 | $m^2$ | 622.77 | 622.77 |
| | 固结灌浆 | m | 721.35 | 721.35 |
| | 铜片止水 | m | 129.16 | 129.16 |
| | Φ20 锚杆(长 2.0 m) | 根 | 713.21 | 713.21 |
| | 钢拱架制安 | t | 6.56 | 6.56 |
| | 挂网钢筋 | t | 6.47 | 6.47 |
| | 钢筋 | t | 32.68 | 32.68 |
| 溢洪道 | 土方开挖 | $m^3$ | 202281.58 | 119444.82 |
| | 石方开挖 | $m^3$ | 370370.66 | 188260.51 |
| | C25 混凝土 | $m^3$ | 33283.26 | 26753.38 |
| | C40 抗冲耐磨混凝土底板 | $m^3$ | 3000.56 | 2839.66 |
| | 回填 C15 | $m^3$ | 1277.98 | 1736.64 |
| | 石渣回填 | $m^3$ | 13541.91 | 10856.27 |
| | 喷 C25 混凝土(厚 100 mm) | $m^3$ | 2659.72 | 2136.87 |
| | Φ25 锚杆(长 5 m) | 根 | 8690.00 | 7116.00 |
| | Φ80 排水管(长 5 m) | 根 | 3174.00 | 2575.00 |
| | 挂网钢筋 | t | 98.19 | 77.92 |
| | 橡胶止水 | m | 1056.09 | 1002.56 |
| | M7.5 浆砌石 | $m^3$ | 1216.96 | 1068.13 |
| | 水泥砂浆抹面(厚 20 mm) | $m^2$ | 1202.78 | 1053.54 |
| | 钢筋 | t | 1079.14 | 674.33 |

续表

| 项目 | | 单位 | 沥青心墙混合土石坝 | 面板堆石坝 |
|---|---|---|---|---|
| 溢洪道 | 公路桥 C30 混凝土 | $m^3$ | 59.91 | 61.62 |
| | 公路桥现浇 C40 混凝土 | $m^3$ | 16.51 | 16.98 |
| | 公路桥沥青混凝土路面 | $m^3$ | 16.51 | 16.98 |
| | 铜片止水 | m | 202.55 | 208.33 |
| | 塑料盲沟 | m | 2437.52 | 1990.44 |
| | 聚丙烯纤维 | t | 22.69 | 18.90 |
| | Φ108 钢管 | m | 16.48 | 16.96 |
| | Φ200 排水管 | m | 78.75 | 81.00 |
| 输水隧洞 | 土方开挖 | $m^3$ | 33034.61 | 33034.61 |
| | 石方开挖 | $m^3$ | 25070.27 | 25070.27 |
| | M7.5 浆砌石 | $m^3$ | 941.38 | 941.38 |
| | C20 混凝土 | $m^3$ | 598.57 | 598.57 |
| | C25 混凝土 | $m^3$ | 1072.86 | 1072.86 |
| | 洞脸挂网喷 C25 混凝土(厚 0.15 m) | $m^2$ | 16801.80 | 16801.80 |
| | Φ25 锚杆(长 4.5 m) | 根 | 2084.00 | 2084.00 |
| | Φ80 排水管(长 5 m) | 根 | 953.00 | 953.00 |
| | 挂网钢筋 | t | 64.51 | 64.51 |
| | 钢筋 | t | 300.70 | 300.70 |
| | 洞挖石方 | $m^3$ | 6426.82 | 6426.82 |
| | 洞身衬砌 C25 混凝土 | $m^3$ | 2577.80 | 2577.80 |
| | 洞身喷 C25 混凝土(厚 0.10 m) | $m^2$ | 1113.70 | 1113.70 |
| | 回填灌浆 | $m^2$ | 3539.14 | 3539.14 |
| | 固结灌浆 | m | 3572.40 | 3572.40 |
| | 铜片止水 | m | 643.46 | 643.46 |
| | Φ20 锚杆(长 2.0 m) | 根 | 3198.00 | 3198.00 |
| | 钢拱架制安 | t | 19.67 | 19.67 |
| | 井挖石方 | $m^3$ | 1519.74 | 1519.74 |
| | 井身衬砌 C25 混凝土 | $m^3$ | 740.54 | 740.54 |
| | Φ20 锚杆(长 2.5 m) | 根 | 836.00 | 836.00 |
| | 启闭机房及阀室 | $m^2$ | 315.00 | 315.00 |

坝型比较水源工程分项投资概算对比见表 3-2-8。

**表 3-2-8 坝型比较水源工程分项投资概算对比** (单位:万元)

| 序号 | 工程或费用名称 | 沥青心墙混合土石坝 | 面板堆石坝 | 沥青心墙混合土石坝-面板堆石坝 |
|---|---|---|---|---|
| I | 工程部分投资 | 31642.55 | 31712.46 | −69.91 |

续表

| 序号 | 工程或费用名称 | 沥青心墙混合土石坝 | 面板堆石坝 | 沥青心墙混合土石坝-面板堆石坝 |
|---|---|---|---|---|
| | 第一部分:建筑工程 | 19338.11 | 18991.40 | 346.71 |
| 一 | 挡水工程 | 10658.62 | 11021.01 | −362.39 |
| 二 | 泄洪工程 | 5319.28 | 4634.95 | 684.33 |
| 三 | 引水隧洞工程 | 1535.63 | 1517.83 | 17.80 |
| 四 | 交通工程 | 1225.00 | 1225.00 | 0.00 |
| 五 | 房屋建筑工程 | 372.49 | 361.37 | 11.12 |
| 六 | 供电设施工程 | 33.67 | 30.00 | 3.67 |
| 七 | 其他建筑工程 | 193.42 | 201.24 | −7.82 |
| | 第二部分:机电设备及安装工程 | 925.81 | 710.19 | 215.62 |
| | 第三部分:金属结构设备安装工程 | 395.05 | 394.60 | 0.45 |
| | 第四部分:施工临时工程 | 4731.79 | 5352.99 | −621.20 |
| | 第五部分:独立费用 | 4745.00 | 4753.16 | −8.16 |
| | 一至五部分投资合计 | 30135.76 | 30202.34 | −66.58 |
| | 基本预备费 | 1506.79 | 1510.12 | −3.33 |
| | 静态总投资 | 31642.55 | 31712.46 | −69.91 |
| | 总投资 | 31642.55 | 31712.46 | −69.91 |
| Ⅱ | 移民征地及环境保护工程 | 14020.90 | 14594.75 | −573.85 |
| | 工程总投资 | 45663.45 | 46307.21 | −643.76 |

坝型方案综合比较见表3-2-9。

**表3-2-9　坝型方案综合比较**

| 坝型项目 | 沥青心墙混合土石坝 | 面板堆石坝 | 比较结果 |
|---|---|---|---|
| 天然建材 | 库区就近开采混合料,储量丰富;工程区内砂、砾石料缺乏,坝址上下游均未见有沙滩出露,坝区岩体为细砂岩夹泥岩,泥岩含量达38.7%,不宜用于加工人工砂石骨料,砂石骨料考虑采用仁家湾石料场的石料加工 | 石料储量丰富,运距较远,道路距离约14 km | 沥青心墙混合土石坝方案较优 |
| 施工导流及施工条件 | 施工对外交通方便,两岸地势较陡场内交通不好布置,坝址附近有河滩地及缓坡地,可用于施工场地布置及弃渣。<br>一次拦断河床,上游围堰与坝体结合,隧洞导流。利用上游围堰可减少围堰拆除量和弃渣量 | 施工对外交通方便,两岸地势较陡场内交通不好布置,坝址附近有河滩地及缓坡地,可用于施工场地布置及弃渣。该方案弃渣量较大,弃渣场布置复杂。一次拦断河床,隧洞导流 | 沥青心墙混合土石坝方案较优 |

续表

| 坝型项目 | 沥青心墙混合土石坝 | 面板堆石坝 | 比较结果 |
| --- | --- | --- | --- |
| 工期 | 51个月 | 47个月 | 面板堆石坝方案较优 |
| 水库移民及建设征地 | 枢纽工程永久占地491.48亩，枢纽工程临时占地370.68亩 | 枢纽工程永久占地489.59亩，枢纽工程临时占地380.51亩 | 沥青心墙混合土石坝方案较优 |
| 工程布置 | 河床布置沥青心墙混合土石坝挡水，溢洪道布置在左岸，输水隧洞布置在右岸，枢纽布置紧凑，调度运行管理方便。<br>挡水坝坝顶总长250 m，最大坝高81.2 m，混合料填筑量142.67万立方米，弱风化料填筑量32.23万立方米；溢洪道孔口尺寸为8 m×5 m(宽×高)，2孔，溢洪道总长325.52 m，土石方开挖总量57.26万立方米，混凝土量3.89万立方米；输水隧洞长691.75 m | 河床布置沥青心墙混合土石坝挡水，溢洪道布置在左岸，输水隧洞布置在右岸，枢纽布置紧凑，调度运行管理方便。<br>挡水坝坝顶总长250 m，最大坝高76.2 m，主堆石料60.18万立方米，次堆石26.11万立方米；溢洪道孔口尺寸为8 m×5 m(宽×高)，2孔，溢洪道总长240.4 m，土石方开挖总量30.77万立方米，混凝土量3.15万立方米；输水隧洞长691.75 m，布置同沥青心墙混合土石坝方案 | |
| 主要填筑料 | 土石混合料填筑总量为142.67万立方米，优先充分利用大坝、溢洪道和泄洪洞开挖的土石料填筑坝体，开挖利用料80.56万立方米，其中直接上坝12.59万立方米，其单价7.07元，二次转运67.97万立方米，其单价27.20元；不足部分就近开挖库内料场的土料和强风化料，库内料场料62.11万立方米，单价24.71元，直接上坝。土石混合料主要由残坡积土料、全风化土料和强风化岩料组成。土石混合料中残坡积土料、全风化土料与强风化岩料按1∶2的比例混合。弱风化填筑料约为32.23万立方米，为就近开采库内料场的弱风化料直接上坝。工程块石需3.62万立方米(实方，下同)，碎石12.75万立方米，砂19.53万立方米，换算为自然方共33.04万立方米需从仁家湾石料场开采 | 面板堆石坝方案约110万立方米石料需从距坝址道路距离约14 km的仁家湾石料场开采。其中主堆石料60.18万立方米，为石料场的弱风化料，单价63.15元；次堆石区料料26.11万立方米，其中16.63万立方米为大坝、溢洪道及隧洞强风化中下部以下开挖料，需二次转运，单价28.53元，9.48万立方米，为石料场的弱风化料，单价63.15元 | 沥青心墙混合土石坝方案较优 |

续表

| 坝型项目 | 沥青心墙混合土石坝 | 面板堆石坝 | 比较结果 |
|---|---|---|---|
| 综合比较 | 坝体填筑混合土料主要为大坝、溢洪道及隧洞开挖料和库内料，单价低；大坝、溢洪道及隧洞开挖料利用上坝，弃渣量约16.77万立方米，量较少，水土保持费用低；混合土料在库内就近开采，可扩大库容，增加可供水量；水源部分投资较面板堆石坝方案节省643.76万元 | 主、次堆石填筑料运距远，单价高；弃渣量约42.05万立方米，较沥青心墙混合土石坝方案增加约23.35万立方米，水土保持费用高；库区无天然砂砾料，需采用人工骨料加工；库区至石料场的公路修复成本高；库外石料场水土保持费用高；石料场临时征地影响范围大，征地困难。面板坝溢洪道投资虽较少，但目前泄槽段采用弯道布置方案，若将泄槽段调直，溢洪道投资与沥青心墙混合土石坝方案相当，而弃渣量将增加约25万立方米，水土保持费用将增加 | 沥青心墙混合土石坝方案较优 |
| 结论 | 推荐沥青心墙混合土石坝方案 | | |

综合以上分析，初设阶段推荐坝型选择沥青心墙混合土石坝方案。

# 第3章　坝体设计

## 3.1　大坝剖面设计

沥青混凝土心墙混合土石坝的坝顶高程 1041.2 m，坝顶铺设沥青混凝土路面，上游侧设 L 形混凝土防浪墙，防浪墙顶高程 1042.2 m，防浪墙高 1.0 m，下游侧设排水沟。C25 混凝土底座河床建基高程 960.0 m，大坝最大坝高 81.2 m，坝顶宽度 10 m，坝顶长 250 m。坝体上游坝坡分 5 级，在 1030.0 m 高程、1010.0 m 高程设 3 m 宽马道并变坡，在全年围堰顶高程 1003.0 m 设 15 m 宽马道并变坡，在枯水围堰顶高程 986.9 m 设 7 m 宽马道并变坡，自坝顶向下坡比分别为 1∶2.75、1∶3、1∶3、1∶3 和 1∶3。下游坝坡分 4 级，在 1030.0 m 高程、1010.0 m 高程和 990.0 m 高程处设 3 m 宽马道并变坡，自上而下坡比分别为 1∶2.5、1∶2.75、1∶2.75 和 1∶2.75。在高程 980.0 m 以下设堆石排水棱体，棱体顶宽 3 m，上游面坡度 1∶1，下游面坡度 1∶1.5，在棱体上游面及棱体底层设反滤层。排水棱体与坝内水平排水形成完整的坝内排水系统。石坝横剖面见图 3-3-1。

上游坝坡：表面设置厚 20 cm 的 C25 混凝土护坡，下部分别设 15 cm 厚的碎石垫层和中粗砂垫层，坝体与两岸岸坡连接处设置踏步，在坝坡中间设一条上坝阶梯。

下游坝坡：采用草皮护坡，马道内侧设纵向排水沟，下游坝体与两岸岸坡连接处设置踏步和竖向排水，并在坝坡中间设一条竖向排水，竖向排水沟将坝顶排水沟及马道上排水沟连通，在坝坡中间紧挨竖向排水沟设一条上坝阶梯。

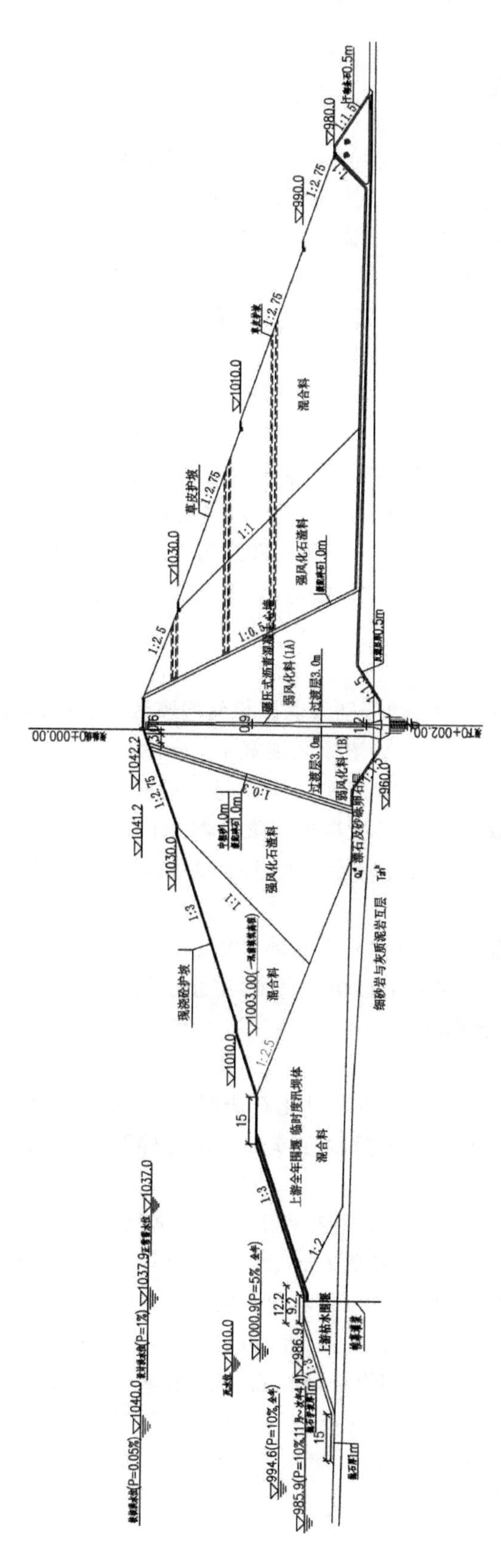

图 3-3-1　纳达大坝沥青混凝土心墙混合土石坝典型横剖面

## 3.2 坝体分区

坝体结构分区分为碾压式沥青混凝土防渗心墙、底座或垫座、上下游过渡层、排水带、反滤层、强风化石渣料区、坝体混合料、坝体弱风化料(1A)(1B)区等。

(1)碾压式沥青混凝土心墙结构设计。

沥青混凝土心墙采用垂直心墙,其厚度 0.6～1.2 m,呈阶梯形布置,混凝土基座顶以上 3 m 高度内为沥青混凝土加厚段,基座顶部心墙宽度为 3 m。

(2)基座结构设计。

沥青混凝土心墙的基座采用梯形断面,基座厚度 3 m,底部宽度 6 m。

(3)上下游过渡层。

在心墙上、下游两侧与坝体混合料之间各设一道碎石过渡层,净宽度均为 3 m。由于沥青混凝土是黏弹塑性材料,墙体薄,自身抗力很小,主要是由过渡层把沥青混凝土心墙的水平推力协调传递到弱风化料(1A)区、(1B)区。因此沥青混凝土心墙与过渡层应该同时铺筑和碾压,使二者紧密贴合。过渡料颗粒级配适中,沥青混凝土与过渡料的相互渗入形成的黏结体宽度应控制在 3～6 cm。

(4)上、下游弱风化料增模区。

在上、下游过渡层与坝壳料之间分别设弱风化料增模区,上游弱风化料(1B)增模区顶宽 3 m,坡度 1∶0.3,下游弱风化料(1A)增模区顶宽 4.7 m,坡度 1∶0.5。

弱风化料(1A)区布置在沥青混凝土心墙下游过渡层的下游,起着承受蓄水后静水压力的水平推力作用。弱风化料 1A 区筑坝料采用混合料场的弱风化岩,岩石变形模量相对较大,防止沥青混凝土心墙向河床下游变形过大,使沥青混凝土水平变形能在自愈范围,保证沥青混凝土心墙防渗封闭。

弱风化料(1B)增模区位于沥青混凝土心墙上游过渡层的上游,主要保证沥青混凝土心墙施工过程中、蓄水之前沥青混凝土心墙垂直度,防止上游坝壳料变形模量过小,施工期沥青混凝土心墙向上游水平变形过大。

(5)坝内竖直和水平排水带。

为了降低浸润线,在坝基下游坝体强风化石渣料、混合料与坝基覆盖层之间,填筑 2 m 厚的水平排水带,分别为 0.5 m 厚中粗砂、1.0 m 厚级配碎石、0.5 m 厚中粗砂,与下游堆石棱体相接。

为加强大坝下游坝肩的排水能力,更有利于坝体安全稳定,在大坝两岸 998 m、1018 m、1030 m 高程各设三条排水带,排水带宽 2 m,厚 2 m,沿着两岸山体布设。排水带首端与竖向排水相接,末端坡面采用干砌条石护面,渗水排向马道排水沟。

(6)坝体混合料区、强风化石渣料区及反滤料。

在上、下游弱风化料区两侧分别设强风化石渣料区和混合料区。上游强风化石渣料区顶宽 24.74 m,坡度 1∶1。下游强风化石渣料区顶宽 27.92 m,坡度 1∶1。上游弱风化料(1B)区与强风化石渣料之间设 2 层各 1.0 m 的反滤层,下游弱风化料(1A)区与强风化石渣料之间设 1 层 1.0 m 的反滤层。

(7)坝面护坡区。

上游坝坡表面采用 20 cm 现浇混凝土板护坡,下部分别设 15 cm 厚的碎石垫层和中粗砂垫层;下游坝坡采用草皮护坡。上游混凝土护坡板在高程986.9～1008.0 m采用C20混凝土(W6,F50);高程1008.0～1041.2 m采用C25混凝土(W6,F50)。护坡尺寸:5 m×5 m(长×宽)。护坡厚度为0.2 m。现浇混凝土护坡布筋:在护坡表面纵横向均布ϕ8@200钢筋,保护层为5 cm,在结构缝处钢筋穿过结构缝。混凝土面板设ϕ50PVC排水管,间排距1.75 m,排水管端部须进入中粗砂反滤层5 cm,并确保排水管排水通畅。混凝土板缝宽10 mm,缝间填沥青杉木板。

(8)坝顶公路。

坝顶宽度10 m,坝顶长度250 m,坝顶铺设沥青混凝土路面。上坝公路上游经右坝肩后通往输水隧洞闸门井平台后与右岸乡村路相接,下游与兴仓公路会合。坝顶防浪墙与沥青心墙防渗体紧密结合,坝顶下游设排水沟,坝顶排水沟与下游坡面排水系统相连。

(9)上游围堰结合体。

挡水坝与上游全年围堰结合成一体。而上游全年围堰是在枯期围堰的基础上加高加厚的,上游枯期围堰和全年围堰的结构基本相同,均为混合料填筑,顶部高程分别为986.9 m、1003.0 m,顶部宽度分别为10 m、15 m,迎水侧坡坡度均为1∶3,背水侧坡坡度分别为1∶2.0、1∶2.5。上游枯期围堰迎水侧外抛石护坡,厚1 m。上游枯期围堰后戗堤顶部高程979.8 m,顶宽10 m,背水侧坡坡度1∶1.5。围堰堰体和堰基采用帷幕灌浆防渗墙防渗。上游全年围堰防渗采用斜坡式土工膜防渗,防渗结合上游枯水围堰防渗墙沿着上游边坡铺设复合土工膜,主膜厚0.8 mm,土工膜两边铺筑0.5 cm的砂砾石垫层作为保护层,坝坡坡面采用现浇混凝土护坡。

(10)坝后排水棱体区。

在坝趾处设堆石棱体,棱体顶高程980.0 m,顶宽3 m,上游面坡度为1∶1,下游面坡度为1∶1.5,在棱体上游面及棱体底层设两层反滤层,分别为0.5 m厚碎石垫层和0.5 m厚中粗砂垫层。

## 3.3　基础处理设计

在坝基填筑前,对基座开挖槽至上下游坡脚线(包括围堰坡脚线)外5 m范围内的树木、草皮、树根等全部清除,清除深度1.0 m。局部树根较深的地方以清除树根深度为准。天然砂卵石河床内表层青苔及河床树根杂物需清理干净,整平后,采用20 t以上碾压设备振动碾压10遍以上,方可填筑上层筑坝料。

混凝土底座槽开挖至弱风化层上部,开挖宽度6 m,上下游侧弱风化层以1∶0.5开挖。在河床段,为了防止覆盖层中的砂卵砾石不慎掉入底座开挖槽,在岩石表面高程处,底座开挖槽顶面上下游3 m宽度内的砂卵砾石覆盖层清除,其上以1∶1.5的坡度开挖。对于桩号坝0+133～坝0+135段揭露薄层状泥质灰岩,岩质较软,遇水软化,已对该段刻槽开挖换填混凝土处理。

左岸岸坡段的垫座基础大部分坐落在强风化层上部,右岸岸坡段的垫座基础大部分坐落在弱风化层上部,沿坝轴线的纵向开挖坡度分别为1∶1.75、1∶1.2、1∶1.6、1∶1.1,横向开挖坡度1∶0.5,开挖宽度6 m。

全残坡积土允许承载力为180 kPa,卵砾石层允许承载力为300 kPa,全风化岩体多呈坚硬状,允许承载力为220 kPa,强风化岩体允许承载力为500 kPa,土坝对坝基承载力的要求较低，坝基残坡积层，全～强风化层全～强风化层均可满足建坝强度与变形要求，可作为土坝持力层(心墙除外)。

(1)坝肩开挖深度。

左岸坝肩布置溢洪道控制段，控制段闸墩和底板均布置于强风化岩石，左坝肩开挖约 20 m 的回车平台兼坝顶管理平台，平台高程 1041.2 m，与坝顶高程相同。右坝肩处垫座置于强风化岩石。右坝肩连接上坝公路入口，平台高程 1041.2 m，与坝顶高程相同。

右坝肩分三级开挖，分别在 1060.2 m、1048.2 m 设马道，马道宽度分别为 6 m、2 m，坡度从上到下分别为 1∶1、1∶1、1∶0.6。上两级均采用钢筋混凝土格构护坡，格构间排距 3 m，格内植草，格构梁交点布置 4Φ25 锚筋桩，桩长 9 m。第三级采用混凝土挡墙支护，打 Φ25 mm 系统锚杆，长 4 m 和 6 m，入混凝土挡墙 1 m，间排距 2 m，梅花形布置。坡顶设截排水沟，马道内侧设浆砌砖排水沟，边坡设 ϕ100 排水孔，长 6 m，间排距 3 m，梅花形布置。

(2)固结和帷幕灌浆。

坝线两岸存在高于正常蓄水位的地下分水岭，近坝库岸地下水位低于水库正常蓄水位，坝基岩体在一定风化带深度内完整性较差，透水性较强，水库蓄水后库首存在绕坝渗漏问题，为了保证水库的正常运行，需对坝基作帷幕防渗处理。

固结灌浆起辅助防渗和加固基础作用。大坝混凝土基座范围内(桩号坝 0－015.281～坝 0＋257.857)的帷幕灌浆上、下游侧各布置一排，排距 4 m，孔间距 3.0 m，灌浆长度为 6 m 或 10 m。

大坝及溢洪道沿坝轴线布置 1 排帷幕灌浆孔，帷幕深入相对隔水层($q\leqslant 3$ Lu)5 m，左、右坝肩帷幕伸入正常蓄水位与相对不透水层($q\leqslant 3$ Lu)相交处，坝肩帷幕采用灌浆平洞灌浆。

坝 0－134.192～坝 0－015.281 范围内帷幕中心线为坝下 0＋002.75，桩号坝 0－015.281～坝 0＋325.628 范围内帷幕中心线为坝下 0＋002.00。帷幕中心线总长约 460 m，设计灌浆孔为单排，孔距 2 m。

坝肩帷幕采用灌浆平洞灌浆，灌浆平洞尺寸为 2.5 m×3.5 m 的城门洞形。帷幕轴线水平总长约 460 m，防渗面积 14900 $m^2$。

(3)锚杆。

底座与垫座采用 Φ25 砂浆锚杆支护，深入基岩 3.5 m，总长 $L$＝4.5 m，间排距 2 m，梅花形布置。

## 3.4 土石筑坝材料特性设计

### 3.4.1 坝体填筑料设计

#### 1. 现场碾压试验主要结论

(1)《贵州兴义市纳达水库工程混合料碾压试验成果报告》主要结论。

根据碾压成果表及上述成果分析可知，考虑现场天然含水情况，从填筑质量及工程进度两方面综合考虑，推荐现场回填可选择以下方案：铺土厚度 40 cm，先静压 2 遍，再振动碾压 6 遍。

以上施工方案均要求现场含水率控制在9.6%～14.6%。碾压机具选用22 t平碾振动压路机，行车速度2.0～4.0 km/h，铺料采用进占法，推土机平铺入仓，辅以人工找平。分段碾压时，相邻两段交接带碾迹应彼此搭接，垂直碾压方向搭接带宽度应为0.3～0.5 m，压实度可达98%以上，满足设计要求。推荐现场回填碾压参数详见表3-3-1。

**表3-3-1　现场回填碾压参数**

| 铺土厚度/cm | 碾压遍数 | | 碾压机具 | | | 铺料方式 | 搭接宽度/m |
|---|---|---|---|---|---|---|---|
| | 静压 | 振压 | 型号 | 工作质量/t | 行车速度/(km/h) | 铺料采用进占法，推土机平铺，辅以人工找平 | 垂直碾压方向 |
| 40 | 2 | 6 | GYS22 | 22 | 2.0～4.0 | | 0.3～0.5 |

(2)《贵州兴义市纳达水库工程心墙过渡料碾压试验成果报告》主要结论。

根据碾压成果表及上述成果分析可知，考虑现场天然含水情况，从填筑质量及工程进度两方面综合考虑，推荐现场回填可选择以下方案：铺料厚度40 cm，先静压2遍，再振动碾压8遍。

碾压机具选用3.0 t平碾振动压路机，行车速度2.0～3.0 km/h，铺料采用进占法，推土机平铺入仓，辅以人工找平。分段碾压时，相邻两段交接带碾迹应彼此搭接，压实后干密度大于2.1 g/cm$^3$，满足设计要求。推荐现场回填碾压参数详见表3-3-2。

**表3-3-2　现场回填碾压参数表**

| 铺料厚度/cm | 碾压遍数 | | 碾压机具 | | | 铺料方式 | 搭接宽度/m |
|---|---|---|---|---|---|---|---|
| | 静压 | 振压 | 型号 | 工作质量/t | 行车速度/(km/h) | 铺料采用进占法，推土机平铺，辅以人工找平 | 垂直碾压方向 |
| 40 | 2 | 8 | YZC3 | 3.0 | 2.0～3.0 | | 0.3～0.5 |

(3)《贵州兴义市纳达水库工程弱风化料1A区-1B区碾压试验成果报告》主要结论。

根据碾压成果表及上述成果分析可知，考虑现场天然含水情况，从填筑质量及工程进度两方面综合考虑，推荐现场回填可选择以下方案：铺料厚度80 cm，振压8遍。

碾压机具选用22 t平碾振动压路机，行车速度2.0～4.0 km/h，铺料采用进占法，推土机平铺入仓，辅以人工找平。分段碾压时，相邻两段交接带碾迹应彼此搭接，垂直碾压方向搭接带宽度应为0.3～0.5 m，压实后干密度大于2.05 g/cm$^3$，满足设计要求。推荐现场回填碾压参数详见表3-3-3。

**表3-3-3　现场回填碾压参数表**

| 铺料厚度/cm | 碾压遍数 | 碾压机具 | | | 铺料方式 | 搭接宽度/m |
|---|---|---|---|---|---|---|
| | 振压 | 型号 | 工作质量/t | 行车速度/(km/h) | 铺料采用进占法，推土机平铺，辅以人工找平 | 垂直碾压方向 |
| 80 | 8 | GYS22 | 22 | 2.0～4.0 | | 0.3～0.5 |

(4)《贵州兴义市纳达水库工程中粗砂过渡料、垫层碾压试验成果报告》主要结论。

根据碾压成果表及上述成果分析可知，考虑现场天然含水情况，从填筑质量及工程进度两方面综合考虑，推荐现场回填可选择以下方案：铺料厚度30 cm，先静压2遍，再振动碾压10遍。

碾压机具选用 22 t 平碾振动压路机，行车速度 2.0～4.0 km/h，铺料采用进占法，推土机平铺入仓，辅以人工找平。分段碾压时，相邻两段交接带碾迹应彼此搭接，垂直碾压方向搭接带宽度应为 0.3～0.5 m，压实后干密度大于 2.1 g/cm³，满足设计要求。推荐现场回填碾压参数详见表 3-3-4。

**表 3-3-4　现场回填碾压参数**

| 铺料厚度/cm | 碾压遍数 | | 碾压机具 | | | 铺料方式 | 搭接宽度/m |
|---|---|---|---|---|---|---|---|
| | 静压 | 振压 | 型号 | 工作质量/t | 行车速度/(km/h) | 铺料采用进占法，推土机平铺，辅以人工找平 | 垂直碾压方向 |
| 30 | 2 | 10 | GYS22 | 22 | 2.0～4.0 | | 0.3～0.5 |

(5)《贵州兴义市纳达水库工程级配碎石过渡料、垫层碾压试验成果报告》主要结论。

根据碾压成果表及上述成果分析可知，考虑现场天然含水情况，从填筑质量及工程进度两方面综合考虑，推荐现场回填可选择以下方案：铺料厚度 30 cm，先静压 2 遍，再振动碾压 10 遍。

碾压机具选用 22 t 平碾振动压路机，行车速度 2.0～4.0 km/h，铺料采用进占法，推土机平铺入仓，辅以人工找平。分段碾压时，相邻两段交接带碾迹应彼此搭接，垂直碾压方向搭接带宽度应为 0.3～0.5 m，压实后干密度大于 2.1 g/cm³，满足设计要求。推荐现场回填碾压参数详见表 3-3-5。

**表 3-3-5　现场回填碾压参数**

| 铺料厚度/cm | 碾压遍数 | | 碾压机具 | | | 铺料方式 | 搭接宽度/m |
|---|---|---|---|---|---|---|---|
| | 静压 | 振压 | 型号 | 工作质量/t | 行车速度/(km/h) | 铺料采用进占法，推土机平铺，辅以人工找平 | 垂直碾压方向 |
| 30 | 2 | 10 | GYS22 | 22 | 2.0～4.0 | | 0.3～0.5 |

(6)《贵州兴义市纳达水库工程堆石排水棱体碾压试验成果报告》主要结论。

根据碾压成果表及上述成果分析可知，考虑现场天然含水情况，从填筑质量及工程进度两方面综合考虑，推荐现场回填可选择以下方案：铺料厚度 100 cm，先静压 2 遍，再振动碾压 10 遍。

碾压机具选用 22 t 平碾振动压路机，行车速度 2.0～4.0 km/h，铺料采用进占法，推土机平铺入仓，辅以人工找平。分段碾压时，相邻两段交接带碾迹应彼此搭接，垂直碾压方向搭接带宽度应为 0.3～0.5 m，压实后干密度大于 2.1 g/cm³，满足设计要求。推荐现场回填碾压参数详见表 3-3-6。

**表 3-3-6　现场回填碾压参数**

| 铺料厚度/cm | 碾压遍数 | | 碾压机具 | | | 铺料方式 | 搭接宽度/m |
|---|---|---|---|---|---|---|---|
| | 静压 | 振压 | 型号 | 工作质量/t | 行车速度/(km/h) | 铺料采用进占法，推土机平铺，辅以人工找平 | 垂直碾压方向 |
| 100 | 2 | 10 | GYS22 | 22 | 2.0～4.0 | | 0.3～0.5 |

**2. 坝体填筑料设计**

挡水土石坝主要由混合料、强风化石渣料、弱风化料、堆石排水棱体、过渡料、排水反滤料、垫层料等土石料填筑而成，填料分层碾压密实，总填筑量为190.37万立方米。

1)筑坝材料要求及控制标准。

主要填料的规格技术要求如下。

(1)土石混合料和强风化石渣料。

石混合料和强风化石渣料填筑总量142.67万立方米，优先充分利用大坝、溢洪道开挖的土石料填筑坝体，开挖利用料80.56万立方米，其中直接上坝12.59万立方米，二次转运67.97万立方米；不足部分就近开挖库内料场的土料和强风化料，库内料场料62.11万立方米，直接上坝。土石混合料主要由残坡积土料、全风化土料和强风化岩料组成。土石混合料要求碾压层厚不大于400 mm，最大粒径不大于300 mm，碾压后压实度≥98%，碾压后干密度应大于1.83 g/cm³，相对密度≥0.90。强风化石渣料要求碾压层厚不大于400 mm，最大粒径不大于300 mm，碾压后压实度≥98%，碾压后干密度应大于1.90 g/cm³，相对密度≥0.80。

(2)弱风化料。

弱风化填筑料32.23万立方米，为就近开采库内料场的弱风化料直接上坝。要求碾压层厚不大于800 mm，最大粒径不大于600 mm，碾压后孔隙率≤20%。

(3)过渡层。

过渡层起着防渗过渡的作用，填筑总量约为7.38万立方米。在心墙上、下游两侧与坝体混合料之间各设一道碎石过渡层，净宽度均为3 m。由于沥青混凝土是黏弹塑性材料，墙体薄，自身抗力很小，主要是由过渡层起传递荷载的作用，因此沥青混凝土心墙与过渡层应该同时铺筑和碾压，使二者紧密贴合。过渡料颗粒级配适中，沥青混凝土与过渡料的相互渗入形成的黏结体宽度应控制在3～6 cm。过渡层采用仁家湾石料场中的级配较好的灰岩料场。过渡层要求质密、坚硬、抗风化、耐侵蚀，颗粒级配连续，最大粒径不宜超过80 mm，小于5 mm粒径的含量宜为25%～40%，小于0.075 mm粒径含量不宜超过5%。要求碾压层厚不大于400 mm，碾压后相对密度≥0.75。

(4)上游护坡排水反滤料、坝内排水反滤料。

上游护坡排水反滤料填筑量约为1.06万立方米，坝内排水反滤料填筑量为5.39万立方米。排水反滤料采用仁家湾石料场的石料加工而成，含泥量不大于5%，控制压实干密度不小于2.1 g/cm³，相对密度≥0.70。其中岸坡部位排水垫层料采用天然沙砾石料与人工碎石掺合料，最大粒径80 mm，粒径大于5 mm颗粒含量不小于50%。

(5)堆石排水棱体。

堆石排水棱体起着坝体下游排水作用，填筑量约为1.64万平方米。堆石排水棱体比较新鲜坚硬、组织均匀的碎石及块石不均匀系数小于30，孔隙率为20%～28%，控制压实干密度不小于2.1 g/cm³。级配较好，最大粒径70 mm，粒径小于10 mm的含量为10%～20%，粒径小于5 mm的含量小于10%。饱和抗压强度不小于80 MPa，即特硬岩。堆石排水棱体料采用仁家湾石料场的石料加工而成。

坝体填筑料的其他要求见表3-3-7，碾压要求见表3-3-8。

2)筑坝料级配要求。

(1)过渡料级配要求。

过渡料应具有连续的级配，要求最大粒径不大于80 mm，粒径小于5 mm的含量宜为25%～40%，粒径小于0.075 mm的含量不大于5%。过渡料建议级配曲线见表3-3-9，根据碾压试验确定其级配。

表 3-3-7　筑坝料控制标准参数要求

| 项目名称 | 土石混合料和强风化石渣料 | 心墙过渡层 | 弱风化料 1A 区 | 弱风化料 1B 区 | 上游枯期围堰结合体 | 堆石排水棱体 | 级配碎石反滤料、垫层 | 中粗砂反滤料、垫层 |
|---|---|---|---|---|---|---|---|---|
| 料源 | 优先采用溢洪道及输水隧洞开挖料，不足部分采用库内混合料场的强风化以上料 | 家湾石料场石料粗碎石：细石：石粉=5：3：1 | 混合料场弱风化层中上部 | 混合料场弱风化层中上部 | 部分利用开挖料 | 仁家湾石料场（弱风化中下部） | 仁家湾石料场（弱风化中下部） | 仁家湾石料场（弱风化中下部） |
| 填筑部位或作用 | 坝壳 | 沥青混凝土心墙两侧与弱风化料之间 | 沥青混凝土心墙下游过渡层与强风化石渣料之间 | 沥青混凝土心墙上游过渡层与强风化石渣料之间 | | 坝体下游排水 | 护坡反滤<br>下游基础排水 | 护坡反滤<br>下游基础排水 |
| 填筑量/（万立方米） | 127.80 | 7.38 | 18.15 | 14.33 | 14.87 | 1.64 | 0.68 | 5.78 |
| 石料品质 | | 级配良好的沙砾石料或人工碎石骨料，要求质密、坚硬、抗风化、耐浸蚀，最大粒径一般不超过沥青混凝土骨料最大粒径的 8 倍 | 比较新鲜坚硬、组织均匀的碎石及块石 | 比较新鲜坚硬、组织均匀的碎石及块石 | | 比较新鲜坚硬、组织均匀的碎石及块石 | 质地致密，利用经筛分的天然沙砾料或人工碎石组成 | 质地致密，利用经筛分的天然沙砾料或人工碎石组成 |
| 限制粒径/mm | 300 | 80 | 600 | 600 | 300 | 700 | 80 | 40 |
| <0.075 mm 颗粒含量/（%） | | <5 | <5 | <5 | | | <5 | <5 |

续表

| 项目名称 | 土石混合料和强风化石渣料 | 心墙过渡层 | 弱风化料1A区 | 弱风化料1B区 | 上游枯期围堰结合体 | 堆石排水棱体 | 级配碎石反滤料、垫层 | 中粗砂反滤料、垫层 |
| --- | --- | --- | --- | --- | --- | --- | --- | --- |
| 饱和抗压强度/MPa | | ≥45 | ≥30 | ≥30 | | ≥80～100 | ≥45 | ≥45 |
| 类型名称 | 土石混合料和强风化石渣料 | 级配良好砂砾石 | 碎石、块石 | 碎石、块石 | 土石混合料 | 块石 | 级配良好砂砾石 | 级配良好中粗砂 |
| 含(洒)水量/(%)(根据现场试验结果确定) | 12 | 3 | 3 | 3 | 12 | 15 | 3 | 3 |
| 不均匀系数 | | ≥30 | ≥15 | ≥15 | | <30 | 5～8 | 5～8 |
| 压实后干密度$\gamma d$/(g/cm$^3$) | ≥1.83(土石混合料)<br>≥1.90(强风化石渣料,可根据碾压试验调整) | ≥2.1 | ≥2.1 | ≥2.1 | ≥1.83 | ≥2.1 | ≥2.1 | ≥2.1 |
| 孔隙率/(%) | | | 20～28 | 20～28 | | 20～28 | | |
| 相对密度 | ≥0.9(土石混合料,参考值)<br>≥0.8(强风化石渣料) | ≥0.75 | | | ≥0.9(参考值) | | 0.70 | 0.70 |
| 压实度 | 98% | | | | 98% | | | |
| 渗透系数/(×$10^{-2}$cm/s) | | ≥1 | ≥1 | ≥1 | | 20～100 | ≥1 | ≥1 |
| 软化系数 | | 0.68～0.75 | 0.6 | 0.6 | | 0.68～0.75 | 0.68～0.75 | 0.68～0.75 |

表 3-3-8　坝体碾压参数要求

| 项目 | | 土石混合料和强风化石渣料(包含上游围堰结合体) | 心墙过渡料 | 弱风化料 1A 区 | 弱风化料 1B 区 | 堆石排水棱体 | 级配碎石过渡料、垫层 | 中粗砂过渡料、垫层 |
|---|---|---|---|---|---|---|---|---|
| 碾压机械 | 名称 | 振压 | 振动碾 | 振动碾 | 振动碾 | 振动碾 | 振动碾 | 振动碾 |
| | 碾重/t | 22 | 3 | 22 | 22 | 22 | 22 | 22 |
| | 振动频率/Hz | 32 | 50 | 32 | 32 | 32 | 32 | 32 |
| | 振幅/mm | | 0.58 | | | | | |
| 填筑方式 | | 进占法填筑 | 进占法填筑 | 进占法填筑 | 进占法填筑 | 进占法填筑 | 进占法填筑 | 进占法填筑 |
| 铺筑厚度/mm | | 400 | 400 | 800 | 800 | 1000 | 400 | 400 |
| 错距/mm | | 300 | 360 | 300 | 300 | 300 | 300 | 300 |
| 碾压遍数 | | 先静压 2 遍,后振压 6～8 遍 | 先静碾 2 遍,后振碾 8 遍 | 先静碾 2 遍,后振碾 8 遍 | 先静碾 2 遍,后振碾 8 遍 | 先静碾 2 遍,后振碾 10 遍 | 先静碾 2 遍,后振碾 10 遍 | 先静碾 2 遍,后振碾 10 遍 |
| 限制粒径/mm | | 300 | 80 | 600 | 600 | 700 | 80 | 40 |
| 含(洒)水量/(%) | | 9～15 | 3 | 3 | 3 | 12～18 | 3 | 3 |
| 行驶速度/(km/h) | | 2.5 | 2 | 2.5 | 2.5 | 2.5 | 2.5 | 2.5 |
| 压实后干密度 $\gamma d/(g/cm^3)$ | | ≥1.83(土石混合料) ≥1.90(强风化石渣料,可根据碾压试验调整) | ≥2.1 | ≥2.1 | ≥2.1 | ≥2.1 | ≥2.1 | ≥2.1 |
| 孔隙率/(%) | | | | 20～28 | 20～28 | 20～28 | | |
| 备注 | | | 不应有明显的颗粒分离和压碎现象 | | | | | |

表 3-3-9　过渡料级配曲线要求建议表（根据碾压试验确定）

| 堆石料名称 | 包络线 | 颗粒级配组成（颗粒粒径/mm） | | | | | | | | | | | | | | | | | 小于5mm含量 | 小于0.075mm含量 | 不均匀系数 | 曲率系数 |
|---|---|---|---|---|---|---|---|---|---|---|---|---|---|---|---|---|---|---|---|---|---|---|
| | | >800 | 800～600 | 600～400 | 400～300 | 300～200 | 200～100 | 100～80 | 80～60 | 60～40 | 40～20 | 20～10 | 10～5 | 5～2 | 2～0.5 | 0.5～0.25 | 0.25～0.075 | <0.075 | <5 | <0.075 | Cu | Cc |
| | | % | % | % | % | % | % | % | % | % | % | % | % | % | % | % | % | % | % | % | | |
| 过渡层 | 上包络线 | | | | | | | | | 14 | 18 | 16 | 12 | 12 | 12 | 4 | 8 | 4 | 40 | 4 | 88.9 | 2.17 |
| | 推荐 | | | | | | | | 8 | 16 | 19 | 13 | 12 | 11 | 11 | 3 | 5 | 2 | 32 | 2 | 46 | 1.76 |
| | 下包络线 | | | | | | | | 20 | 16 | 17 | 12 | 10 | 12 | 8 | 2 | 2.5 | 0.5 | 25 | 0.5 | 25.7 | 1.03 |

(2)弱风化料级配要求。

弱风化料1A、1B区要求粒径小于0.075 mm的含量不大于5%，粒径小于5 mm的含量宜不大于20%。

3)反滤料级配曲线。

由于坝体坝壳料含有较大量的黏粒和粉粒，需要对此进行反滤保护。为满足坝壳料反滤要求，上游侧在1B区与坝壳料间设置二层反滤，反滤厚度均为1.0 m。根据《碾压式土石坝设计规范》(SL274—2020)中附录B设计每层反滤层。

(1)第一层反滤料(保护强风化石渣)。

强风化石渣料碾压后级配见图3-3-2。

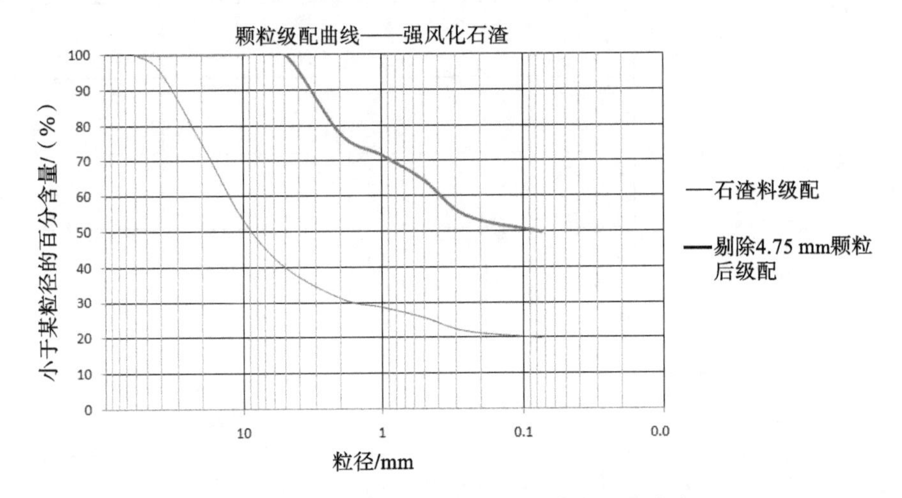


图3-3-2　坝壳石渣料碾压后颗粒粒径级配曲线

从图3-3-2中可知，风化石渣料碾压后含有粒径大于4.75 mm的颗粒，剔除粒径4.75 mm的颗粒后，粒径小于0.075 mm颗粒百分数为49.75%，属于第2类被保护土。

第一层反滤层(中粗砂)被保护土为碾压后风化石渣料。第一层反滤层(中粗砂)粒径要求如下。

①反滤要求：最大$D_{15}\leqslant 0.7$ mm。$D_{15}$为反滤料下包线的粒径，小于该粒径的砂重占总砂重的15%。②排水及防止采用间断级配反滤料的要求：最小$D_{15}\geqslant 4d_{15}$。

$d_{15}$为被保护土的粒径，小于该粒径的土重占总土重的15%；$d_{15}$为全料的$d_{15}$，$4d_{15}<0.1$ mm，取最小$D_{15}\geqslant 0.1$ mm。由于最大$D_{15}$与最小$D_{15}$比值不大于5，本工程最小$D_{15}\geqslant 0.14$ mm。

③反滤料不均匀系数$C_u\leqslant 6$，要求：最大$D_{60}<3.5$ mm，最小$D_{60}>0.7$ mm。

最大$D_{60}$为反滤料下包线的粒径，小于该粒径的砂重占总砂重的60%；最小$D_{60}$为反滤料上包线的粒径，小于该粒径的砂重占总砂重的60%。

④最大最小粒径准则。最大$D_{100}<75$ mm，最小$D_5>0.75$ mm。

最大$D_{100}$为反滤料下包线的粒径，小于该粒径的砂重占总砂重的100%；最小$D_5$为反滤料上包线的粒径，小于该粒径的砂重占总砂重的5%。

⑤防止分离反滤料最大$D_{90}$(下包线)要求：最大$D_{90}<20$ mm，最小$D_{10}<0.5$ mm。

第2类被保护土最大$D_{15}\leqslant 0.7$ mm。

本工程中渗透性是控制的必要条件，可知被保护土$d_{15}<0.005$ mm，最小$D_{15}>4d_{15}$且不小于0.1 mm，故最小$D_{15}=0.1$ mm。

反滤料按照不均匀系数 $C_u=6.0$ 设计，故最大 $D_{60}$ = 最大 $D_{15}/1.2\times6=0.7/1.2\times6=3.5$(mm)；最小 $D_{60}$ = 最大 $D_{60}/5=3.5/5=0.7$(mm)。根据规范条文说明表 17 确定最大最小粒径。最大 $D_{100}=75$ mm，最小 $D_5=0.075$ mm。

为减小施工中的骨料分离，需控制反滤层中最大 $D_{90}$ 进行控制，最小 $D_{10}$ = 最小 $D_{15}/1.2=0.1/1.2=0.08$(mm)<0.5(mm)，查规范条文说明表 13 的最大 $D_{90}=20$ mm。

以上计算成果如下。反滤料上包络线见表 3-3-10。

**表 3-3-10　反滤料上包络线**

| | 最小 $D_{60}$ | 最小 $D_{15}$ | 最小 $D_5$ |
|---|---|---|---|
| 粒径/mm | 0.7 | 0.1 | 0.075 |
| 备注 | 控制点 4 | 控制点 2 | 控制点 5 |

反滤料下包络线见表 3-3-11。

**表 3-3-11　反滤料下包络线**

| | 最大 $D_{100}$ | 最大 $D_{90}$ | 最大 $D_{60}$ | 最大 $D_{15}$ |
|---|---|---|---|---|
| 粒径/mm | 75 | 20 | 3.5 | 0.7 |
| 备注 | 控制点 6 | 控制点 7 | 控制点 3 | 控制点 1 |

第一层反滤料上、下包络线见图 3-3-3。

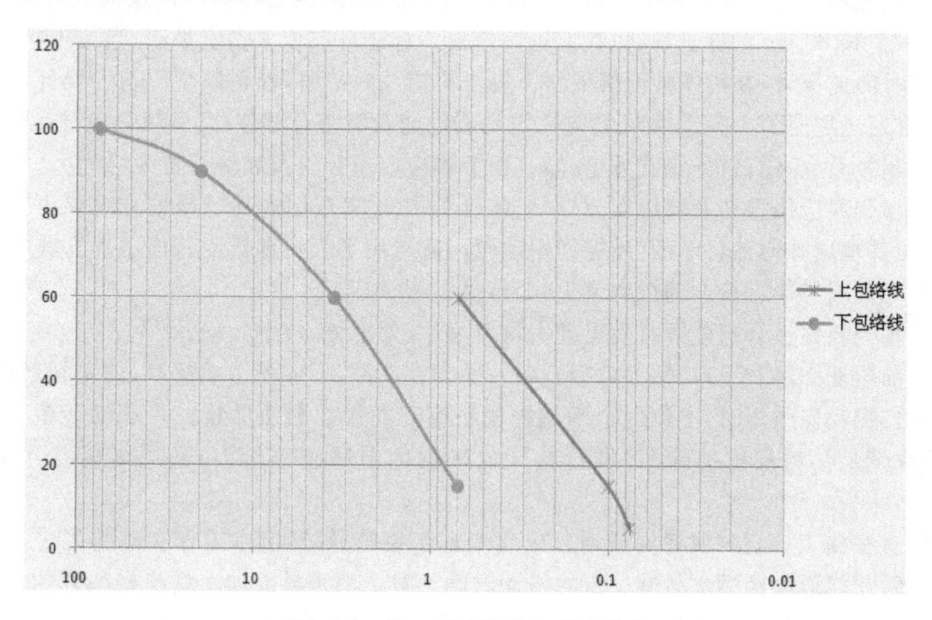


**图 3-3-3　第一层反滤料上、下包络线**

反滤料要求：颗粒粒径级配曲线在上、下包络线之间，$C_u\leqslant6$。

(2)第二层反滤料(级配碎石)。

①被保护土为中粗砂(即第一层反滤层)，其不均匀系数 $C_u\leqslant6$，反滤层的级配按下式确定：

$$D_{15}/d_{85}\leqslant4\sim5$$

$$D_{15}/d_{15}\geqslant5$$

式中，$D_{15}$为第二层反滤层（级配碎石）的粒径，小于该粒径的土重占总土重的15%，取$D_{15}$为5 mm；$d_{15}$为被保护土（中粗砂）的粒径，小于该粒径的土重占总土重的15%，取$d_{15}$为0.5 mm；$d_{85}$为被保护土（中粗砂）的粒径，小于该粒径的土重占总土重的85%，取$d_{85}$为2 mm。

②防止分离第二层反滤料$D_{90}$（下包络线）和$D_{10}$（上包络线）的粒径关系，$D_{10}$为2.0～5.0 mm，$D_{90}$为40 mm。

③第二层反滤料需满足下列条件。

$$D_{15}/d_{85} \leqslant 4 \sim 5$$

$$D_{15}/d_{15} \geqslant 5$$

式中，$D_{15}$为弱风化料1B区的粒径，小于该粒径的土重占总土重的15%；$d_{15}$为第二层反滤料（级配碎石）的粒径，小于该粒径的土重占总土重的15%；$d_{85}$为第一层反滤料（级配碎石）的粒径，小于该粒径的土重占总土重的85%；

**3. 填筑料填筑施工要求**

坝体各部位的填筑，必须按设计断面进行。坝面填筑材料应分区明确，符合设计要求，同一水平层各填筑区内材料不能混填。

坝面施工应统一管理、合理安排、分段流水作业，使填筑面层次分明，作业面平整，均衡上升。

坝壳料的填筑应遵守下列规定。

(1)坝壳料以进占铺料为主、混合法辅料为辅，平料时，在工作面两侧及前进方向，每20 m放置一个长80 cm的标志杆，以控制铺料厚度。标志杆有专人负责挪动，当推土机平料前进时，及时向前挪动，并指挥推土机平料。推土机应及时平料，铺料厚度应符合设计要求，其误差不宜超过层厚的10%。坝壳料与岸坡及刚性建筑物结合部位，宜回填一条过渡料。

(2)超径石宜在石料场爆破解小、填筑面上不应有超径块石和块石集中、架空。

(3)坝壳料应用振动平碾压实，与岸坡结合处2 m宽范围内平行岸坡方向碾压，不易压实的边角部位应减薄铺料厚度，用轻型振动碾压实或用平板振动器及其他压实机械压实。

(4)坝壳料与岸坡接合部位宜设1～2 m宽的过渡区。

(5)坝壳料在接合部位铺料后出现大块石集中、架空处，应予处理。

(6)前进法卸料及平料时，大粒径石料一般都在底部，不容易造成超厚，使平料后的表面比较平整，振动碾碾压时，不致因个别超径块石突起而影响碾压质量。一旦发现超径块石，则采用反铲从铺料层中挖除，运堆石料区或采用冲击锤破碎，再和下次填料混合填入坝体中。

(7)宜在施工规划时就将坝面划分成几个施工填筑区域，洒水工作在铺料区进行，与碾压区错开，使填筑料经洒水后有一定的浸润时间。对于填筑料的加水量应根据岩性，通过试验进行确定，严格控制。雨季或雨天施工时，可视坝料情况少加水或不洒水。

(8)弱风化料填筑时，尽量保持其自然状态直接上坝，减少倒运，防止颗粒破碎。

(9)适量加水有助于填筑料的碾压密实。加水可以在料场、车斗中进行，或在推土机摊铺前洒水湿润坝料。宜在施工规划时就将坝面划分成几个施工填筑区域，洒水工作在铺料区进行，与碾压区错开，使填筑料经洒水后有一定的浸润时间。对于填筑料的加水量应根据岩性，通过试验进行确定，严格控制。雨季或雨天施工时，可视坝料情况少加水或不洒水。

(10)混合料碾压容易出现坝面积水、形成橡皮土、坝料黏碾等现象。为克服这些不利现象，应提前适量加水。

(11)碾压要错距碾压,碾迹重复 20 cm。

(12)坝内不得有纵向接缝。堆石、石渣混合料及其他坝壳料纵横向接合部位,宜采用台阶收坡法,每层台阶宽度不小于 1.0 m。

(13)坝壳料的填筑,应逐层检查坝料质量、铺料厚度、洒水量、严格控制碾压参数,经检查合格后,方可继续填筑。

(14)填体填筑面应布置有效的洒水系统,供水量应满足施工要求。

(15)填筑过程中,应保证观测仪器埋设与监测工作的正常进行,采取有效措施,保护埋设仪器和测量标志完好无损。

(16)对使用部分软岩料的坝体,应尽可能减小软岩料的填筑高差。坝体全部达到度汛高程以后,上部坝体宜平起填筑,或下游部分超前填筑,特别是使用软岩料的坝;如果可能形成较大填筑高差,可提高后填部分的碾压功能,以改善坝体的变形形态。

# 第4章 碾压式沥青混凝土心墙设计

## 4.1 碾压式沥青混凝土心墙结构设计

**1.心墙形式**

心墙形式可采用倾斜式和垂直式。如果采用倾斜心墙，下游坡可以较陡，以节省坝体填筑方量；垂直心墙在坝基与坝壳沉陷较大的情况下，具有较好的适应性，并且需要的沥青混凝土方量较少，施工方便，便于和两岸的防渗系统相连接，使防渗系统安全可靠，本工程采用土石混合料作为坝壳料，坝壳沉降变形相对会较大，针对这种坝料，垂直心墙的适应性更好，因此本工程采用垂直心墙。

**2.心墙尺寸**

初设阶段：沥青混凝土心墙顶高程 1040.2 m，最低墙底高程 966.0 m。根据《土石坝沥青混凝土面板和心墙设计准则》要求，沥青混凝土心墙的厚度，底部为坝高的 1/110～1/70，顶部最小厚度不宜小于 40 cm，并综合考虑心墙不均匀沉陷以及施工中可能出现的不利工况，心墙顶宽取 0.6 m，向下游逐渐加厚至高程 966.0 m 处，心墙宽度渐变为 1.2 m。下部与其他建筑物连接的 3 m 范围为扩大段，以延长结合面的渗径，断面扩大系数为 0.25，底座顶部心墙宽度为 3 m。

施工图阶段：沥青混凝土心墙作为坝体防渗体，其厚度 0.6～1.2 m，呈阶梯形布置，▽991.0 m～▽971.0 m、▽1016.5 m～▽992.5 m、▽1018.0 m～▽1040.2 m 高程区间的沥青混凝土心墙厚度分别为 1.2 m、0.9 m、0.6 m。▽991 m～▽992.5 m、▽1016.5 m～▽1018.0 m高程区间为沥青混凝土心墙厚度渐变段，分别为 0.9～1.2 m、0.6～0.9 m，斜坡坡比为 1∶10。混凝土基座顶以上 3 m 高度内为沥青混凝土加厚段，以延长结合面的渗径，断面扩大系数为 0.25，基座顶部心墙宽度为 3 m。

**3.基座结构设计**

沥青混凝土心墙的基座采用梯形断面，基座起着压浆板作用和均匀传递上部沥青混凝土心墙自重到坝基，因此基座布置在岩基内。基座宽度综合考虑岩石的容许水力梯度且满足灌浆施工要求，底部宽度取 6 m，两边边坡均为 1∶0.5。基座厚度主要考虑压浆板厚度要求，取 3 m。基座按照构造配筋进行配筋设计。

沿着坝轴线方向，岸坡基座坡度分别为 1∶1.75、1∶1.2、1∶1.6、1∶1.1。

基座底板采用锚杆 Φ25@2 m×2 m(HRB400)，$L$=4.5 m，入岩 3.5 m、4 m，相间梅花形布置。

为控制混凝土基座温度裂缝，基座应设置施工缝。施工缝标准间距按照 10 m 定。横向施工浇筑接缝内设置键槽、插筋和铜片止水，缝面要凿毛，缝间钢筋不截断。

基座顶部设置梯形凹槽，凹槽深度 0.25 m，凹槽宽度 2～3 m。凹槽顶部与沥青混凝土放大脚相接触部位涂刷一层乳化沥青或稀释沥青，用量 0.15～0.20 kg/m²，其上再铺筑一层沥青玛琋脂，厚度 1 cm。沥青玛琋脂应在乳化沥青或稀释沥青充分干燥后进行铺筑。

基座和沥青混凝土心墙相交中部设置一道铜片止水。

施工图阶段，综合考虑岸坡段基岩条件，偏于安全考虑，岸坡坝段的基座底宽由初设的 4 m 调整为 6 m，厚度为 3 m。

**4. 沥青混凝土心墙与周边建筑物的连接**

由于沥青混凝土的塑性性质，在长期水压力作用下，心墙比岩基和混凝土构件更容易变形，而且水库蓄水后水压力会使沥青混凝土心墙产生一定的水平位移，与基础有一定的相对位移，因此，沥青混凝土心墙与周边建筑物的连接是防渗系统结构的关键部位，对其处理的好坏，将直接影响大坝的安全运行。

(1)沥青混凝土心墙与混凝土基座的连接。

混凝土底座顶宽 10.5 m，沿坝轴线将底座顶面浇成梯形凹槽，增大沥青混凝土心墙和刚性混凝土间的接触面，同时适应墙体位移变形。槽宽 2.0～3.0 m，深 0.25 m。沥青混凝土心墙施工前，将表面洗刷干净，干燥后在表面上涂刷两遍冷底子油，再涂刷 1 层 1 cm 厚的砂质沥青玛琋脂，底座横缝止水向上伸入沥青混凝土心墙 0.3 m。基座沿缝面纵向轴线设 1 道紫铜片纵向止水，基座混凝土一般 10 m 左右分缝，横缝间设止水，横缝止水与上部的迎水侧纵向止水连成一体。

(2)沥青混凝土心墙与坝顶防浪墙的连接。

坝顶设有钢筋混凝土防浪墙，并兼作挡水建筑物的一部分，为了确保防浪墙和沥青混凝土心墙紧密结合，防浪墙趾板伸入沥青混凝土心墙内 0.4 m，在趾板顶部表面涂刷一层厚 1 cm 的沥青胶，而后在表面填一层厚 5 cm 的沥青玛琋脂，再浇注 0.5 m 厚沥青混凝土。

## 4.2　沥青混凝土试验主要结论

沥青混凝土心墙总填筑量 9892 m³。沥青混凝土心墙原材料的粗骨料、细骨料和矿粉料主要选用仁家湾石料场的灰岩料。在沥青混凝土心墙开始铺筑施工以前，必须进行室内沥青混凝土的物理及力学性能试验、现场摊铺工艺试验和生产性试验，以确定施工配合比及施工工艺。这个试验过程包括三个阶段，即沥青混凝土设计配合比室内试验、现场摊铺试验和生产性试验。

**1. 贵州省兴义市纳达水库心墙沥青混凝土材料及配合比试验研究报告主要结论**

西安理工大学水工沥青防渗研究所 2018 年 9 月编制了《贵州省兴义市纳达水库心墙沥青混凝土材料及配合比试验研究报告》，对沥青混凝土的原材料进行了试验，论证了纳达工地的沥青混凝土原材料合格和沥青混凝土心墙坝型的沥青混凝土必要条件。该试验报告主要结论如下。

1)沥青混凝土原材料质量鉴定。

(1)沥青。

试验室对现场试验所用的沥青进行了抽样检测，试验结果见表 3-4-1。

表 3-4-1 克拉玛依 70 号 A 级道路石油沥青质量鉴定结果

| 试验项目 | | 技术要求 | 试验结果 |
|---|---|---|---|
| 针入度(25 ℃,0.1 mm) | | 60～80 | 68.1 |
| 针入度指数 PI | | −1.5～+1.0 | 0.55 |
| 延度(10 ℃,5 cm/min) | | ≥25 | 110.6 |
| 软化点/(℃) | | ≥45 | 48.1 |
| 溶解度/(%) | | >99.5 | 99.99 |
| 闪点/(℃) | | ≥260 | 310.0 |
| 密度(25 ℃)/($g/cm^3$) | | 实测 | 0.986 |
| 含蜡量/(%) | | ≤2.2 | 1.8 |
| 薄膜烘箱后 | 质量损失 | ±0.8 | −0.1 |
| | 残留针入度比 | ≥61 | 80.6 |
| | 延度(10 ℃,5 cm/min) | ≥6 | 28.3 |

沥青指标检测结果表明,克拉玛依 70 号 A 级道路石油沥青满足《土石坝沥青混凝土面板和心墙设计规范》(SL501—2010)70 号沥青的各项指标要求,可用作纳达水库心墙沥青混凝土的沥青。

(2)粗骨料。

经鉴定,送来的石灰岩粗骨料为碱性骨料,其质量鉴定结果见表 3-4-2。

表 3-4-2 粗骨料质量鉴定结果

| 技术指标 | 表观密度/($g/cm^3$) | 吸水率/(%) | 与沥青黏附性(级) | 耐久性/(%) | 抗热性 | 压碎值/(%) |
|---|---|---|---|---|---|---|
| 规范要求 | ≥2.6 | ≤2 | ≥4 | ≤12 | — | ≤30 |
| 检测结果 | 2.727 | 0.4 | 5 | 0.9 | 合格 | 10 |

经鉴定,石灰岩骨料为碱性骨料,粗骨料质地较坚硬,在加热过程中未出现开裂、分解等现象,与沥青黏附性强、耐久性好、压碎值合格,满足《土石坝沥青混凝土面板和心墙设计规范》(SL501—2010)的技术要求,可作为纳达水库沥青混凝土心墙的粗骨料。

(3)细骨料。

细骨料为石灰岩破碎后的人工砂。细骨料质量鉴定结果见表 3-4-3,细骨料级配筛析结果见表 3-4-4,细骨料级配曲线见图 3-4-1。

表 3-4-3 细骨料质量鉴定结果

| 技术指标 | 表观密度/($g/cm^3$) | 水稳定等级 | 耐久性/(%) | 吸水率/(%) | 含泥量/(%) |
|---|---|---|---|---|---|
| 规范要求 | ≥2.55 | ≥6 | ≤15 | ≤2 | ≤2 |
| 人工砂 | 2.721 | 9 | 0.9 | 0.4 | 0 |

**表 3-4-4　人工砂细骨料级配筛分结果**

| 筛孔尺寸/mm | 分计筛余/(%) | 累计筛余/(%) | 筛孔尺寸/mm | 总通过率/(%) |
|---|---|---|---|---|
| ≥2.36 | 0.0 | 0.0 | 2.36 | 100.0 |
| 1.18～2.36 | 24.2 | 24.2 | 1.18 | 75.8 |
| 0.6～1.18 | 23.5 | 47.7 | 0.6 | 52.3 |
| 0.3～0.6 | 23.0 | 70.7 | 0.3 | 29.3 |
| 0.15～0.3 | 9.1 | 79.8 | 0.15 | 20.2 |
| 0.075～0.15 | 8.2 | 88.0 | 0.075 | 12.0 |
| <0.075 | 12.0 | 100.0 | | |

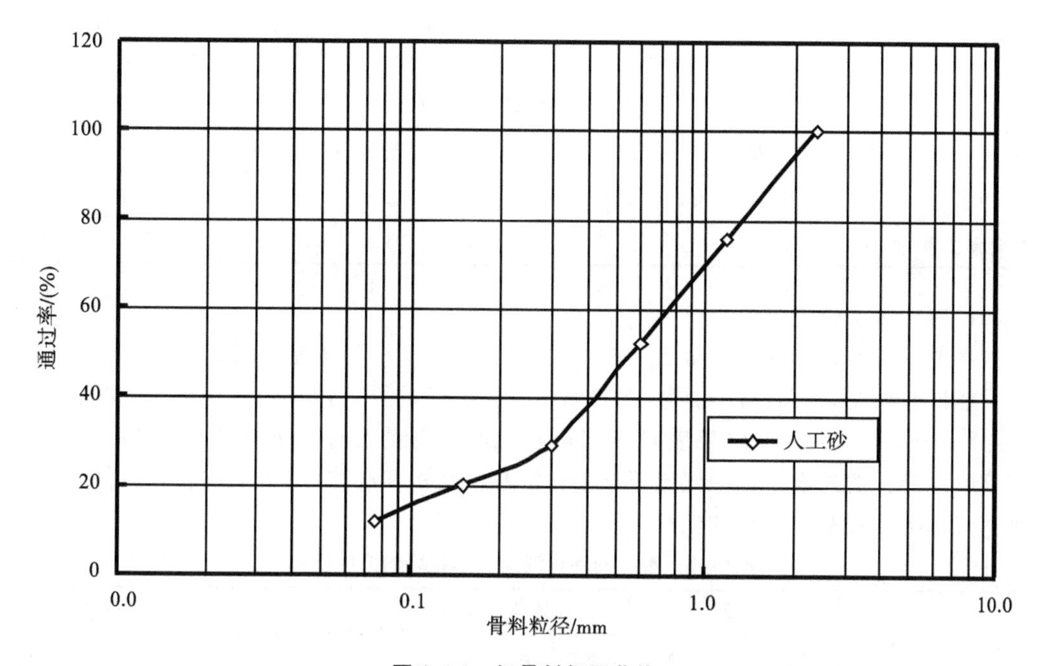


**图 3-4-1　细骨料级配曲线**

经鉴定，人工砂质地较坚硬，在加热过程中未出现开裂、分解等现象，吸水率较小，硫酸钠干湿 5 次循环重量损失小。各项指标均满足《土石坝沥青混凝土面板和心墙设计规范》(SL501—2010)的技术要求，可作为纳达水库沥青混凝土心墙的细骨料。

(4)填料。

填料鉴定试验包括密度试验、含水率试验、亲水系数试验及级配筛析试验。检测结果见表 3-4-5。

**表 3-4-5　填料质量鉴定结果**

| 技术指标 | 表观密度/($g/cm^3$) | 含水率/(%) | 亲水系数 | 填料级配筛分结果/(%) | | |
|---|---|---|---|---|---|---|
| | | | | 0.075 | 0.15 | 0.3 |
| 规范要求 | ≥2.5 | ≤0.5 | ≤1.0 | >85 | >90 | >100 |
| 检测结果 | 2.717 | 0.04 | 0.96 | 98.5 | 100 | 100 |

经鉴定，填料为碱性填料，且各项指标均满足设计技术要求，可用作纳达水库沥青混凝土心墙的填料。

2）沥青混凝土配合比。

根据 8 种配合比沥青混凝土的试验结果，从防渗、变形、强度、施工、耐久性和经济性等考虑，结合工程实际情况，推荐 5 号配合比沥青混凝土作进一步各项性能试验。推荐的 5 号配合比沥青混凝土材料和级配参数见表 3-4-6，推荐配合比的矿料级配见表 3-4-7。

**表 3-4-6　推荐的沥青混凝土配合比的材料和级配参数**

| 级配参数 | | | | 材料 | | | |
|---|---|---|---|---|---|---|---|
| 矿料最大粒径/mm | 级配指数 | 填料含量/(%) | 油石比/(%) | 粗骨料 | 细骨料 | 填料 | 沥青 |
| 19 | 0.41 | 12 | 6.8 | 石灰岩粗骨料 | 石灰岩人工砂 | 石灰岩矿粉 | 克拉玛依70号A级 |

**表 3-4-7　推荐配合比的矿料级配**

| 筛孔尺寸/mm | 粗骨料(19～2.36) | | | | | 细骨料(2.36～0.075) | | | | | 0.075 |
|---|---|---|---|---|---|---|---|---|---|---|---|
| | 19 | 16 | 13.2 | 9.5 | 4.75 | 2.36 | 1.18 | 0.6 | 0.3 | 0.15 | |
| 理论通过率 | 100.0 | 93.3 | 86.4 | 75.7 | 57.4 | 43.6 | 33.3 | 25.7 | 19.8 | 15.3 | 12.0 |

3）沥青混凝土性能。

推荐的 5 号配合比沥青混凝土通过小梁弯曲、拉伸、压缩、水稳定、渗透及静三轴等物理力学性能试验研究，各项性能均可满足沥青混凝土心墙的要求，其物理力学性能试验结果见表 3-4-8～表 3-4-10。试验结果表明，5 号配合比沥青混凝土的各项物理力学参数均满足心墙对沥青混凝土的要求，也满足《土石坝沥青混凝土面板和心墙设计规范》要求，可作为兴义市纳达心墙沥青混凝土设计的依据。

**表 3-4-8　推荐的沥青混凝土配合比的力学性能**

| 密度/(g/cm³) | 孔隙率/(%) | 拉伸 | | 抗压 | | 水稳定性系数 | 渗透系数/(cm/s) | 弯曲 | |
|---|---|---|---|---|---|---|---|---|---|
| | | 强度/MPa | 应变/(%) | 强度/MPa | 应变/(%) | | | 强度/MPa | 应变/(%) |
| 2.423 | 1.06 | 0.66 | 3.08 | 1.76 | 6.19 | 0.93 | $<10^{-8}$ | 2.423 | 1.06 |

**表 3-4-9　沥青混凝土非线性 E-B 模型参数**

| 密度/(g/cm³) | 孔隙率/(%) | 凝聚力 $C$/MPa | 内摩擦角 $\varphi$/(°) | 模量数 $K$ | 模量指数 $n$ | 破坏比 $R_f$ | 泊桑比 $\mu$ | 体变模量参数 | |
|---|---|---|---|---|---|---|---|---|---|
| | | | | | | | | 模量数 $K_b$ | $m$ |
| 2.423 | 1.06 | 0.19 | 29.0 | 235.0 | 0.18 | 0.35 | 0.49 | 2671.4 | 0.40 |

**表 3-4-10　沥青混凝土非线性 E-μ 模型参数**

| 密度/(g/cm³) | 孔隙率/(%) | 凝聚力 $C$/MPa | 内摩擦角 $\varphi$/(°) | 模量数 $K$ | 模量指数 $n$ | 破坏比 $R_f$ | $G$ | $F$ | $D$ |
|---|---|---|---|---|---|---|---|---|---|
| 2.423 | 1.06 | 0.19 | 29.0 | 235.0 | 0.18 | 0.35 | 0.49 | 0.00 | 0.0 |

**2. 贵州省兴义市纳达水库碾压(沥青混凝土心墙现场铺筑试验)试验成果报告主要结论**

陕西省水利水电工程西安理工大学质量检测中心2018年10月编制了《贵州省兴义市纳达水库碾压(沥青混凝土心墙现场铺筑试验)试验成果报告》,通过现场碾压试验验证沥青混凝土配合比设计的合理性,检验施工过程中原材料生产系统、沥青混凝土制备系统、运输系统和摊铺、碾压机具等的运行可靠性和配套性;通过试验确定合理的施工工艺和参数,如摊铺方式、碾压温度、碾压方式、碾压遍数等,以指导沥青混凝土心墙的现场施工。

(1)原材料检测结果的所有指标均满足《水工沥青混凝土施工规范》(SL514—2013)及《纳达水库工程坝体填筑及沥青混凝土心墙施工技术要求》的要求。

(2)现场试验沥青混合料抽提结果及沥青混凝土各项物性试验表明室内试验所推荐的5号配合比适应性较强,推荐其为施工配合比。

(3)沥青混凝土拌和楼的精度满足规范要求,拌和楼生产的沥青混合料质量满足施工要求。

(4)沥青混凝土与水泥基座之间、沥青混凝土上下层之间的结合情况良好;沥青混凝土心墙与过渡料之间的结合状况良好。

(5)场外试验冷底子油的喷涂和沥青玛𤥻脂的配比是合适的,在正式施工中,应保证冷底子油的喷涂厚度及均匀性;严格控制沥青玛𤥻脂的拌和工艺、原材料配比和摊铺厚度。

(6)在本次试验所选择的试验参数施工下的沥青混凝土性能指标均可满足设计要求,从工程防渗、变形、强度、施工、进度、耐久性和经济性等综合考虑,推荐施工参数见表3-4-11。

**表3-4-11　沥青混凝土施工参数控制表**

| 出机口温度/℃ | 初碾温度/℃ | 碾压遍数 | 铺料厚度/cm |
|---|---|---|---|
| 150～180 | 130～155 | 静2+动10+静2 | 30 |

# 4.3　沥青混凝土心墙施工技术要求

## 4.3.1　沥青混凝土原材料的技术要求

沥青混凝土原材料包括沥青、骨料、填料和掺料等,其中骨料包括粗骨料和细骨料,骨料和填料总称为矿料。

经过加热的矿料和沥青,按适当的配合比所拌和成的混合物为沥青混合料。

经压实或浇筑密实冷却后的沥青混合料称为沥青混凝土。

碾压时距沥青混合料摊铺表面以下50 mm的沥青混合料的温度称为碾压温度。

由沥青、细骨料和填料按一定比例在高温下配制而成的沥青混合料为沥青砂浆。

由填料和热沥青按适当比例拌和而成的混合物称为沥青玛𤥻脂。

**1. 沥青**

(1)沥青检测项目清单和质量技术要求见表3-4-12。

表 3-4-12　沥青质量技术要求

| 项目 | | 单位 | 质量指标 | 试验方法 |
|---|---|---|---|---|
| 针入度(25 ℃,100 g,5 s) | | 0.1 mm | 60～80 | GB/T4509 |
| 延度(5 cm/min,15 ℃) | | cm | ≥150 | GB/T4508 |
| 延度(1 cm/min,4 ℃) | | cm | ≥10 | GB/T4508 |
| 软化点(环球法) | | ℃ | 48～55 | GB/T4507 |
| 溶解度(三氯乙烯) | | % | ≥99.0 | GB/T11148 |
| 脆点 | | ℃ | ≤－10 | GB/T4510 |
| 闪点(开口法) | | ℃ | 260 | GB/T267 |
| 密度(25 ℃) | | $g/cm^3$ | 实测 | GB/T8928 |
| 含蜡量(裂解法) | | % | ≤2 | |
| 薄膜烘箱试验后(153 ℃,5 h) | 质量损失 | % | ≤0.2 | GB/T5304 |
| | 针入度比 | % | ≥68 | GB/T4509 |
| | 延度(5 cm/min,15 ℃) | cm | ≥80 | GB/T4508 |
| | 延度(1 cm/min,4 ℃) | cm | ≥4 | GB/T4508 |
| | 软化点升高 | ℃ | ≤5 | GB/T4507 |

(2)首选克拉玛依 70 号 A 级道路石油沥青。同一工程应采用同一厂家、同一标号的沥青。不同厂家、不同标号的沥青,不得混杂使用。

(3)每批沥青出厂时必须有出厂合格证和品质检验报告,沥青运到工地后应进行抽检。

(4)沥青从生产厂家运到施工工地应确保其在中转运输过程中包装体不破损、不受潮、不受侵蚀和污染、不因过热而发生老化。

(5)沥青的保管应按出厂编号分别储存,防止混杂。堆放场地宜靠近沥青混合料拌和站。

(6)稀释沥青用作冷底子油或层间涂层时,可采用沥青与汽油、柴油等有机溶剂配制。其配合比根据干燥速度的要求选定。

(7)稀释沥青用作冷底子油时,沥青与溶剂比例可采用 30∶70 或 40∶60。采用溶剂比例较大的目的是降低黏度,使易于渗入底层缝隙,形成黏结牢固的沥青膜。如用作层间涂层时,宜采用 60∶40 的比例,以提高黏度,增加涂层厚度。稀释沥青用大量价高的有机溶剂时,应尽量以乳化沥青代替。

(8)当采用慢挥发性溶剂配制稀释沥青时,宜将溶剂以细流状缓缓加入熔化的沥青中,不停搅拌,沥青温度不应超过 120 ℃。当采用易挥发性溶剂时,宜将熔化的沥青以细流状缓缓加入溶剂中,沥青温度应控制在 100 ℃±5 ℃。

**2. 粗骨料**

(1)粗骨料(粒径 2.5～19 mm)选用仁家湾石料场的碱性灰岩破碎的岩石。粗骨料应质地坚硬、新鲜,级配良好,不因加热而引起性质变化。粗骨料表面要求粗糙、多棱角,形状接近正方体,针片状颗粒含量应受到限制。其技术标准应满足表 3-4-13 的要求。

表3-4-13　沥青混合料粗骨料的技术要求

| 序号 | 项目 | 单位 | 指标 | 说明 |
|---|---|---|---|---|
| 1 | 表观密度 | $g/cm^3$ | ≥2.6 | |
| 2 | 与沥青黏附性 | 级 | ≥4 | 水煮法 |
| 3 | 针片状颗粒含量 | % | ≤25 | 颗粒最大、最小尺寸比>3 |
| 4 | 压碎值 | % | ≤30 | 压力400 kN |
| 5 | 吸水率 | % | ≤2 | |
| 6 | 含泥量 | % | ≤0.5 | |
| 7 | 耐久性 | % | ≤12 | 硫酸钠干湿循环5次的质量损失 |

(2)骨料加工的工艺流程及设备选型应满足沥青混凝土施工要求。骨料的开采、破碎与筛分，参照《水电工程砂石加工系统设计规范》(DL/T5098—2010)和《水工混凝土施工规范》(SL677—2014)的有关规定进行。

(3)粗骨料可根据其最大粒径分成5级，即16～19 mm、13.2～16 mm、9.5～13.2 mm、4.75～9.5 mm、2.36～4.75 mm。在施工过程中应保持粗骨料级配稳定。

(4)防渗沥青混凝土粗骨料的最大粒径，不得超过压实后的沥青混凝土铺筑层厚度的1/3且不得大于19 mm。

**3. 细骨料**

(1)细骨料(粒径0.075～2.5 mm)可选用仁家湾石料场的碱性灰岩破碎的人工砂或天然砂等。人工砂可单独使用或与天然砂混合使用。细骨料应质地坚硬、新鲜，级配良好，不因加热而引起性质变化，其按技术标准应满足表3-4-14的要求。加工碎石筛余的石屑，应加以利用。

表3-4-14　人工砂细骨料的技术要求

| 序号 | 项目 | 单位 | 指标 | 说明 |
|---|---|---|---|---|
| 1 | 表观密度 | $g/cm^3$ | ≥2.55 | |
| 2 | 吸水率 | % | ≤2 | |
| 3 | 水稳定等级 | 级 | ≥6 | 硫酸钠溶液煮沸1 min |
| 4 | 耐久性 | % | ≤15 | 硫酸钠干湿循环5次的质量损失 |
| 5 | 有机质及泥土含量 | % | ≤2 | |

(2)成品骨料的堆放，应符合下列规定。

①堆放场位置应选在洪水位以上、便于装卸处，并宜靠近沥青混合料拌和站。

②堆放场地应进行平整，对松软地面应压实，做到排水通畅。

③不同粒径组的骨料应分别堆存，用隔墙分开，防止混杂；宜设置防雨设施，以控制骨料加热前的含水率。细骨料储存应采用密封储存罐。

④骨料堆放时，应采取有效措施防止骨料分离。

⑤储存量应满足5天以上的生产需要。

**4. 矿粉填料**

(1)填料(主要粒径<0.075 mm的矿质粉状材料)应采用石灰岩粉、白云岩粉等碱性岩

石加工的石粉。也可采用普通硅酸盐水泥。填料应不团块、不含有机质及泥土，其技术标准应满足表 3-4-15 的要求。

**表 3-4-15　填料的技术要求**

| 序号 | 项目 | | 单位 | 指标 | 说明 |
|---|---|---|---|---|---|
| 1 | 表观密度 | | g/cm$^3$ | ≥2.5 | |
| 2 | 亲水系数 | | | ≤1.0 | 煤油与水沉淀法 |
| 3 | 含水率 | | % | ≤0.5 | |
| 4 | 细度 | <0.6 mm | % | 100 | |
| | | <0.15 mm | | >90 | |
| | | <0.075 mm | | >85 | |

(2)填料的储存必须防雨、防潮、防止杂物混入。散装填料宜采用筒仓储存，袋装填料应存入库房，堆高不宜超过 1.8 m，最下层距地面至少 0.3 m。

**5. 沥青涂料**

(1)用作沥青涂料的乳化沥青宜选用阳离子乳化沥青，其技术标准应满足表 3-4-16 的要求。

**表 3-4-16　阳离子乳化沥青的技术要求**

| 序号 | 项目 | | 单位 | 品种和技术指标 | | |
|---|---|---|---|---|---|---|
| | | | | PC-1 | PC-2 | PC-3 |
| 1 | 破乳速度 | | | 快裂 | 慢裂 | 快裂或中裂 |
| 2 | 筛上残留物(1.18 mm 筛)，≤ | | % | 0.1 | 0.1 | 0.1 |
| 3 | 黏度 | 恩格拉黏度计 E25 | | 2～10 | 1～6 | 1～6 |
| | | 道路标准黏度计 C25.3 | S | 10～25 | 8～20 | 8～20 |
| 4 | 蒸发残留物 | 残留物含量，≥ | % | 50 | 50 | 50 |
| | | 溶解度，≥ | % | 97.5 | 97.5 | 97.5 |
| | | 针入度(25 ℃) | 0.1 mm | 50～200 | 50～300 | 45～150 |
| | | 延度(15 ℃)，≥ | cm | 40 | 40 | 40 |
| 5 | 与粗骨料的黏附性，裹覆面积占总面积 | | | 2/3 | 2/3 | 2/3 |
| 6 | 常温储存稳定性 | 1d，≤ | % | 1.0 | 1.0 | 1.0 |
| | | 5d，≤ | | 5 | 5 | 5 |

注：PC 为喷洒型阳离子乳化沥青。

(2)乳化沥青储存时，应防止漏失、水分蒸发、表面结块、杂质混入和沉淀凝聚，故应采取容器加盖或密封。储存期限不宜过长，以防凝聚。

(3)凝聚的乳化沥青禁止使用。

## 4.3.2　沥青混凝土的技术要求及配合比

(1)技术要求。

碾压式沥青混凝土心墙的沥青混凝土的主要技术要求应满足表 3-4-17 的要求。

表 3-4-17　碾压式沥青混凝土心墙沥青混凝土主要技术要求

| 序号 | 项目 | 单位 | 指标 | 说明 |
|---|---|---|---|---|
| 1 | 空隙率 | % | ≤3 | 芯样 |
|  |  | % | ≤2 | 马歇尔试件 |
| 2 | 渗透系数 | cm/s | $\leqslant 1\times10^{-8}$ |  |
| 3 | 水稳定系数 |  | ≥0.9 |  |
| 4 | 弯曲强度 | kPa | ≥400 |  |
| 5 | 弯曲应变 | % | ≥1 |  |
| 6 | 内摩擦角 | ° | ≥25 |  |
| 7 | 黏结力 | kPa | ≥300 |  |

(2)沥青混凝土配合比。

根据西安理工大学提供的《贵州省兴义市纳达水库心墙沥青混凝土材料及配合比试验研究报告》和《贵州省兴义市纳达水库碾压(沥青混凝土心墙现场铺筑试验)试验成果报告》成果选择推荐的沥青混凝土配合比和级配参数见表 3-4-18,推荐配合比的矿料级配见表 3-4-19,沥青混凝土施工参数控制见表 3-4-20,沥青冷底子油配合比按重量比为沥青∶汽油＝3∶7,沥青玛𤧛脂配合比按重量比为沥青∶填料∶人工砂＝1∶2∶2。

表 3-4-18　推荐的沥青混凝土配合比的材料和级配参数

| 级配参数 |  |  |  | 材料 |  |  |  |
|---|---|---|---|---|---|---|---|
| 矿料最大粒径/mm | 级配指数 | 填料含量/(%) | 油石比/(%) | 粗骨料 | 细骨料 | 填料 | 沥青 |
| 19 | 0.41 | 12 | 6.8 | 石灰岩粗骨料 | 石灰岩人工砂 | 石灰岩矿粉 | 克拉玛依70 号 A 级 |

表 3-4-19　推荐配合比的矿料级配

| 筛孔尺寸/mm | 粗骨料(19～2.36) |  |  |  |  | 细骨料(2.36～0.075) |  |  |  |  | 0.075 |
|---|---|---|---|---|---|---|---|---|---|---|---|
|  | 19 | 16 | 13.2 | 9.5 | 4.75 | 2.36 | 1.18 | 0.6 | 0.3 | 0.15 |  |
| 理论通过率 | 100.0 | 93.3 | 86.4 | 75.7 | 57.4 | 43.6 | 33.3 | 25.7 | 19.8 | 15.3 | 12.0 |

表 3-4-20　沥青混凝土施工参数控制表

| 出机口温度/℃ | 初碾温度/℃ | 碾压遍数 | 铺料厚度/cm |
|---|---|---|---|
| 150～180 | 130～155 | 静 2＋动 10＋静 2 | 30 |

## 4.3.3　沥青混合料的制备与运输

### 1. 沥青混合料拌和站的布置与设备

(1)沥青混合料宜采用定型的拌和站生产。拌和站位置的选择应遵循下列原则:

①宜靠近摊铺现场,运距在 2 km 内(宜不超过半小时),同时防止运输过程中沥青混凝土拌合料产生离析。

②在工程爆破危险区之外。

③不受洪水威胁,场地排水条件良好。

④场地应平整、坚实,应不影响拌和站设备的正常运行。

⑤应满足环保要求,远离作业区、生活区,并位于生活区的下风处。

(2)沥青混合料拌和站宜选用间歇式。拌和站的生产能力,应满足铺筑高峰强度的要求。拌和站宜设置体积合适、保温性能好的沥青混合料储料仓,以满足拌和站连续运行的要求。间歇式拌和站的矿料料斗数目应满足配合比调配的需要,冷料仓不宜少 5 个,热料仓不宜少于 4 个。

(3)拌和站的各种传感器应定期检定。冷料供料装置应标定出供料曲线。

(4)间歇式拌和站应配备计算机设备,拌和过程中应能逐盘记录各种原材料的进料量、拌和温度等参数。

(5)拌和站宜具有二级除尘装置,并配有除尘料的储存和传输设备,以控制粉尘排放,并可使除尘料作为填料重新利用。

**2. 沥青混合料的拌和**

(1)沥青混合料的加热温度可参照表 3-4-21 的规定,并可根据实际情况进行适当调整。填料可不加热。

**表 3-4-21　沥青混合料的加热温度**

| 加热工序 | 石油沥青标号 |
|---|---|
| | 70 |
| 沥青加热温度/(℃) | 155～165 |
| 骨料加热温度/(℃) | 比沥青加热温度高 10～20 |
| 沥青混合料出料温度/(℃) | 155～175 |

(2)工地试验室应根据施工配合比和拌和站每个热料仓的筛分曲线,确定一盘沥青混合料各料仓的矿料用量,并签发配料单。

(3)拌和站每天宜进行下面三类检验。当配合比偏差不满足表 3-4-22 的规定时,应分析原因,并采取措施予以纠正。

①逐盘记录各热料仓的称量值,根据各热料仓的筛分曲线,逐盘计算出矿料级配曲线,并与施工配合比进行对比,计算出不同粒径组的偏差。当发现有偏差值不满足表 3-4-22 的规定时,应引起注意;如果连续 3 盘以上都不满足要求,宜对设备配料设定值或配料单进行调整,或停机查找分析原因。

②每天对沥青混合料至少进行 1 次抽提试验,将抽提结果的平均值与施工配合比进行比较,其允许偏差见表 3-4-22。抽提试样可在拌和站多时段取样并混合均匀。

**表 3-4-22　配合比允许偏差**

| 检验类别 | | 沥青 | 填料 | 细骨料 | 粗骨料 |
|---|---|---|---|---|---|
| 允许偏差/(%) | 逐盘、抽提 | ±0.3 | ±2.0 | ±4.0 | ±5.0 |
| | 总量 | ±0.1 | ±1.0 | ±2.0 | ±2.0 |

③每天或每个台班结束时,可按照《水工沥青混凝土施工规范》(SL514—2013)附录 D 的方法进行总量偏差检验,并将结果与施工配合比进行比较,其偏差应满足表 3-4-22 的规定。

(4)拌制沥青混合料时,应先将骨料和填料干拌15 s,再加入热沥青拌和。沥青混合料的拌和时间应不少于45 s。沥青混合料应色泽均匀,不离析,无花白料。

(5)沥青混合料制备的加工操作应满足设备作业指导书的要求。

**3. 沥青混合料的运输**

(1)沥青混合料运输车辆、斜坡喂料车的容积应与摊铺机容积配套,运输车辆数量应满足摊铺机摊铺作业的需要。

(2)料场及场内道路应进行处理并及时维护,确保道路平整,防止沥青混合料在运输过程中因过度颠簸造成离析。

(3)沥青混合料在运输途中应防止漏料,并减少热量损失,必要时可采取保温措施。

(4)沥青混合料的运输车箱应保持干净、干燥。车辆需在沥青混凝土面行走时,轮胎应清理干净。

(5)各种运输机具在转运或卸料时宜降低沥青混合料的落差,防止沥青混合料离析。

(6)运送沥青混合料的车厢、料罐、料斗等可适当涂刷、喷洒防黏液。

(7)运输沥青混合料的基本要求为:不离析、热量损失少、不漏料。沥青混合料允许的运输时间要求见表3-4-23。

**表3-4-23　沥青混合料允许的运输时间**

| 气温/℃ | ＞25 | 20～25 | 15～20 |
|---|---|---|---|
| 允许运输时间/min | 80 | 30 | 20 |

## 4.3.4　沥青混凝土心墙铺筑

**1. 一般规定**

(1)沥青混凝土铺筑前,应确定施工配合比,并确定施工技术标准。

(2)沥青混凝土铺筑前,应对矿料生产及储存系统、原材料供应、沥青混合料制备、运输、铺筑和检测等设备的能力、状况以及施工措施等进行检验,当其符合有关技术文件要求后,方能开始施工。

(3)沥青混凝土铺筑前,应对参与施工的人员进行岗位培训,未经培训不应上岗。每天施工前应有施工计划和作业指导书,并落实到施工班组和设备操作人员。

(4)沥青混凝土与水泥混凝土连接部位的施工应按设计要求进行。

**2. 铺筑前的准备**

(1)心墙底部的混凝土基座应按设计要求施工,经验收合格后方可进行沥青混凝土施工。

(2)坝基防渗工程,应在沥青混凝土施工前完成。

**3. 心墙摊铺**

(1)沥青混凝土心墙、过渡层以及与过渡层相邻的坝壳料应平起平压,均衡施工,以保证压实质量。心墙与过渡层同相邻坝壳填筑料的高差宜不大于80 cm。

(2)心墙摊铺宜采用将心墙和过渡料一同摊铺的联合摊铺机,摊铺机宜有预压实功能,摊铺速度宜为1～3 m/min,或由现场摊铺试验确定。专用机械难以铺筑的部位可采用人工摊铺,用小型机械压实,但应加强检查,注意压实质量。

(3)沥青混合料的施工机具应及时清理,经常保持干净。施工中,应防止杂质污染摊铺层面。

(4)连续施工时,一日宜铺筑 1～2 层沥青混凝土。如需多层铺筑,应进行场外试验论证,并确保压实质量和心墙尺寸满足设计要求。

(5)在施工现场,心墙中心线应有明确的标识。

(6)心墙的人工摊铺段,宜采用钢模板进行施工。钢模板应牢固,拼接严密,尺寸准确。钢模板间的中心线距心墙中心线的偏差应小于 5 mm,两侧钢模板的间距应确保心墙的设计厚度。钢模板经定位检查合格后,方可填筑两侧的过渡料。

(7)机械摊铺时,施工前应调整摊铺机自带的钢模板宽度以满足设计要求。

(8)过渡层的填筑尺寸、填筑材料以及压实质量等均应符合设计要求。

(9)人工摊铺过渡料时,填筑前应用防雨布等遮盖心墙表面,遮盖宽度应超出两侧模板 300 mm 以上。

(10)心墙两侧的过渡层铺筑应对称进行,并用小型振动碾同时对称压实,以免钢模移动。距心墙边缘 150～200 mm 范围内的过渡料应先不碾压,待心墙碾压后温度降至 70 ℃时再碾压,或与心墙骑缝碾压。碾压遍数应通过试验确定。

(11)过渡层材料的运输宜采用自卸汽车,自卸汽车的容积应考虑过渡层结构及薄层铺筑的特性,其运输能力应与铺筑强度相适应。

(12)心墙两侧过渡料压实后的高程应略低于心墙沥青混凝土面,以利于心墙层面排水。

(13)沥青混合料摊铺厚度由摊铺试验确定。平整度应满足设计要求。

(14)基础混凝土面上的摊铺宜在午后较高气温时进行。人工摊铺时卸料宜均匀,以减少平仓工作量。平仓时应避免沥青混合料分离。

(15)机械摊铺时应经常检测和校正摊铺机的控制系统。每次铺筑前,应按设计和施工要求调校铺筑宽度、厚度等相关参数,防止“超铺”“漏铺”和“欠铺”现象。

(16)机械摊铺时,应确保激光定位仪在整个摊铺过程中稳定不动,以保证过渡料及沥青混合料摊铺平整。

(17)沥青混合料的入仓温度应根据不同环境温度通过试验确定,宜为 140～165 ℃。

(18)在沥青混合料摊铺过程中应随时检测沥青混合料的温度,发现温度不合格的料应及时清除。清除废料时,应防止对下部沥青混凝土的扰动和破坏。

(19)沥青混合料摊铺后宜用帆布覆盖,覆盖宽度应超出心墙两侧各 30 cm。

**4. 心墙沥青混合料碾压**

(1)沥青混合料和过渡层碾压宜采用专用振动碾。沥青混合料与过渡料的碾压设备不宜混用。

(2)碾压时,可先静压两遍,再振动碾压,最后静压收光。碾压遍数应通过试验确定。

(3)沥青混合料的碾压温度应考虑施工时的气候条件,按试验确定。初碾温度不宜低于 130 ℃,终碾温度不宜低于 110 ℃。

(4)碾压轮宽度大于心墙宽度时,可采用振动碾在帆布上进行碾压,并应随时将帆布展平。沥青混凝土心墙宽度大于振动碾宽度时,应采用错位碾压方式。碾压遍数应合适,不欠碾,不过碾。

(5)机械设备碾压不到的边角和斜坡处,应采用人工夯或振动夯板夯实。

(6)碾压时应防止沥青混合料黏在碾面上,可在碾面微量连续洒水防黏。碾面上的黏附物应及时清理。碾压时如发生陷碾,应将陷碾部位的沥青混合料清除,并回填新的沥青混合料。

(7)碾压施工过程中,不应将柴油或油水混合液直接撒在层面上。受污染的沥青混合料应予清除。

(8)施工遇雨时,应及时用防雨布覆盖沥青混合料,并停止施工。未经压实受雨、浸水的沥青混合料,应予铲除。

(9)碾压过程中应及时清除污物和冷料块,并用小铲将嵌入沥青混凝土心墙的砾石清除。

(10)心墙铺筑后,在心墙两侧 3～4 m 范围内,不应有 10 t 以上的机械作业。各种机械不应直接跨越心墙。

**5. 心墙接缝及层面处理**

(1)在已压实的心墙施工面上继续铺筑前,应将施工面清理干净。当心墙层面温度低于 70 ℃时,摊铺覆盖前宜将层面加热 70 ℃以上。

(2)沥青混凝土心墙宜全线保持同一高程施工,以避免出现横缝。当需设置横缝时,其结合坡度宜不陡于 1∶3,坡面应压实。上、下层横缝应错开 2 m 以上。未经压实的横缝斜坡应予铲除。

(3)沥青混凝土表面不宜长时间停歇、暴露,因故停工、停歇时间较长时,应采取覆盖保护措施。

(4)沥青混凝土心墙钻孔取芯后,留下的孔洞内应清理干净,并抹干烘干,加热到 70 ℃,然后分 5 cm 一层回填击实。

**6. 沥青混凝土与刚性建筑物连接**

(1)沥青混凝土与刚性建筑物的连接是整个防渗系统的薄弱环节,应确保施工质量。

(2)连接部位使用的施工材料应经质量检验合格后方能使用。

(3)连接部位施工前宜进行现场铺筑试验,确定合理的施工工艺和质量标准。

(4)连接部位的混凝土面应平整,没有麻面和外露钢筋头。施工前,应除去混凝土表面的浮浆、乳皮、废渣等,然后宜喷涂一层稀释沥青,用量为 0.15～0.20 kg/m$^2$,潮湿部位的混凝土在喷涂前应将表面烘干。

(5)连接部位采用金属止水片或耐热橡胶止水板止水时,止水片、板的连接应可靠,确保不漏水。止水片、板表面应采取措施,以确保与沥青混凝土黏结、不漏水。

(6)连接部位的混凝土表面宜涂刷稀释沥青,待其干燥后,再涂刷一层沥青玛琋脂。

(7)心墙的岸坡连接部位应减小沥青混凝土铺筑厚度,采用小型设备压实或振捣密实。

## 4.3.5　低温施工和雨季施工

**1. 低温施工及越冬保护**

(1)当气温在 0 ℃以下进行碾压式沥青混凝土心墙施工时,应采取下列措施。

①沥青混合料的出机温度采用上限。

②施工机具上涂刷的防黏液,宜采用轻柴油。

③沥青混合料的储运设备和摊铺机等应增设保温措施。

④施工现场准备必要的加热设备，确保沥青混凝土层间结合质量。

⑤各工序应紧密衔接，及时拌和、运输、摊铺、碾压，以缩短作业时间。

⑥宜缩短碾压段长度，摊铺后及时碾压。宜用帆布铺盖沥青混凝土表面后再碾压。

⑦在寒冷地区，碾压结束后宜在沥青混凝土表面加设保温罩等。

⑧可搭设暖棚施工。

(2)当天气预报有降温、降雪或大风时，应及早做好停工安排及防护措施。

(3)寒冷地区面板的非防渗沥青混凝土层不宜裸露越冬，以防水分进入引起冻胀破坏。

(4)寒冷地区的心墙在冬季停工时，可用砂料等保温材料覆盖防冻，覆盖厚度可根据当地的最大冻结深度和材料的保温效果确定。

**2.雨季施工及施工期度汛**

(1)施工遇雨时应停止摊铺，已摊铺沥青混合料碾压时应用防雨篷或防雨布覆盖，否则应铲除。雨后沥青混凝土表面干燥后即可恢复摊铺。

(2)当有大到暴雨及短时雷阵雨预报及征兆时，应采取下列措施。

①做好停工准备，停止沥青混合料的生产。沥青混合料拌和、储存、运输全过程采用全封闭覆盖方式。

②摊铺机料斗口宜设置自动关闭装置，受料后及时关闭。摊铺完的沥青混合料及时碾压，未能及时碾压的沥青混合料，准备耐热防雨篷或防雨布，在覆盖沥青混合料面时进行碾压。

③缩小碾压段，摊铺后尽快碾压密实。

④两侧岸坡混凝土基座设置挡水埂，防止雨水流向摊铺部位。

⑤遇雨停工，心墙接头做成1∶3斜坡，斜坡碾压密实。

(3)施工度汛时，心墙与坝体高程宜在汛前达到施工洪水位以上。

# 第5章 大坝结构计算分析

沥青混凝土心墙土石坝结构计算分析主要包括渗流、渗透稳定、坝坡稳定、沉降计算和应力应变分析。

## 5.1 渗流分析

(1)计算原理。

根据不可压缩流体的假设和水流连续条件，在体积不变条件下，对于饱和渗透介质流入微单元的水量必须等于流出的水量，因此得出二维稳定渗流方程为：

$$\frac{\partial}{\partial x}\left(K_x \frac{\partial h}{\partial x}\right)+\frac{\partial}{\partial y}\left(K_y \frac{\partial h}{\partial y}\right)=0$$

式中，$h$ 为全水头值(位置水头和压力水头之和)，$K_x$、$K_y$ 为渗透系数。

对上述方程在计算渗流区域上进行离散，把渗流方程的渗透矩阵进行叠加组合，形成渗流数值模型：

$$[K]\{H\}=0$$

式中，$[K]$为总渗透矩阵，$n$ 阶对称方阵。$\{H\}$为包含有 $n$ 个节点 $h_i$ 值的列矩阵。

(2)渗流计算。

各渗流工况下的上、下游水位见表 3-5-1。

**表 3-5-1 各渗流工况下的上、下游水位**

| 渗流工况 | 上游水位/m | 下游水位/m | 每米断面流量/($m^3$/(d·m)) |
|---|---|---|---|
| 正常蓄水 | 1037.0 | 无水(968.5) | 5.22 |
| 设计洪水 | 1037.9 | 974.4 | 4.17 |
| 校核洪水 | 1040.0 | 975.3 | 5.03 |
| 正常蓄水位/死水位 | 1037.0→1010.0 | 无水(968.5) | |

注：→表示“水位降落到”。后文意义表示同。

根据计算可知大坝典型横剖面(河床最大坝高剖面)渗流量在正常蓄水位工况下最大，为 5.22 $m^3$/(d·m)，渗漏量不大。坝体浸润线在坝体内部已经下落到水平排水体内，不会从坝体下游坡逸出。坝基砂卵砾石最大渗透比降为 0.083，小于其允许的渗透比降 0.1；沥青混凝土心墙渗透比降为 68，小于其允许的渗透比降 80；混凝土帷幕渗透比降为 5，小于其允许的渗透比降 80。

(3)计算参数。

本工程坝体和坝基计算参数见表 3-5-2。

现场坝壳料填筑区试验参数见表 3-5-3，由表中可以看出，抗剪强度指标均高于初设采用的指标，偏于安全考虑，本次采用初设指标进行复核计算。

表 3-5-2　渗流、稳定的主要参数

| 部位 | 材料名称 | $K$/(cm/s) | | $\rho$/(g/cm$^3$) | | 不固结排水不排水抗剪强度指标 | | 固结排水不排水抗剪强度指标 | | 固结排水抗剪强度指标 | |
|---|---|---|---|---|---|---|---|---|---|---|---|
| | | $K_x$ | $K_y$ | $\rho_{天然}$ | $\rho_{sat}$ | $\varphi_u$/(°) | $c_u$/kPa | $\varphi_{cu}$/(°) | $c_{cu}$/kPa | $\varphi'$/(°) | $c'$/kPa |
| 坝体 | 混合料 | $1\times10^{-4}$ | $1\times10^{-4}$ | 1.9 | 2.0 | 19 | 5 | 20 | 10 | 22 | 12 |
| | 强风化石渣料 | $1\times10^{-3}$ | $1\times10^{-3}$ | 2.0 | 2.1 | 22 | 2 | 25 | 5 | 28 | 10 |
| | 弱风化料 | $1.0\times10^{-1}$ | $1.0\times10^{-1}$ | 2.15 | 2.25 | | | | | 38 | 0 |
| | 沥青混凝土心墙 | $1\times10^{-8}$ | $1\times10^{-8}$ | 2.4 | 2.4 | | | | | 26 | 35 |
| | 过渡层 | $5.0\times10^{-2}$ | $5.0\times10^{-2}$ | 2.2 | 2.3 | | | | | 40 | 0 |
| | 反滤料 | $5.0\times10^{-2}$ | $5.0\times10^{-2}$ | 2.2 | 2.3 | | | | | 40 | 0 |
| | 堆石棱体 | $5.0\times10^{-1}$ | $5.0\times10^{-1}$ | 2.2 | 2.3 | | | | | 40 | 0 |
| | 混凝土底座 | $1\times10^{-8}$ | $1\times10^{-8}$ | 2.45 | 2.45 | | | | | 40 | 50 |
| | 帷幕 | $1\times10^{-8}$ | $1\times10^{-8}$ | 2.45 | 2.45 | | | | | 40 | 50 |
| 坝基 | 弱风化岩 | $2.0\times10^{-4}$ | $2.0\times10^{-4}$ | 2.68 | 2.68 | | | | | 40 | 0 |

**表 3-5-3　现场坝壳料填筑区试验参数**

| 组数 | 直剪试验 | | 三轴压缩试验 | |
|---|---|---|---|---|
| | $c_{cu}$/kPa | $\varphi_{cu}$/(°) | $c'$/kPa | $\varphi'$/(°) |
| 1 | 87.5 | 30.7 | 91.74 | 33.81 |
| 2 | 75.5 | 33.5 | 89.95 | 33.78 |
| 3 | 77.5 | 32.7 | 86.93 | 33.49 |
| 4 | 81.5 | 31.7 | 90.95 | 33.79 |
| 5 | 79.5 | 31.6 | 90.39 | 33.62 |

(4)计算方法。

采用理正软件计算计算本工程。该程序可用于计算稳定渗流和非稳定渗流，并能适用于均质、心墙、斜墙土坝不同排水形式的变化。该程序采用自动剖分单元，数据准备工作量小，算题速度快，是土石坝分析的有效工具之一。

(5)流网。

正常蓄水位的流网见图 3-5-1。

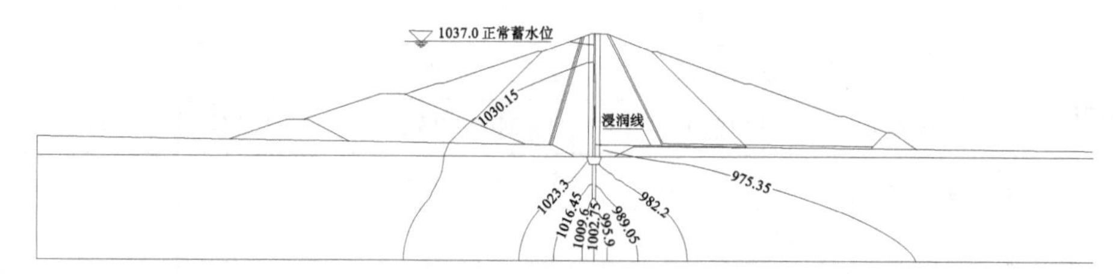


**图 3-5-1　正常蓄水位稳定渗流流网**

## 5.2　稳定计算

(1)稳定计算原理。

对于坝坡，圆弧滑动法稳定计算可按照简化毕肖普法计算。简化毕肖普公式为：

$$K=\frac{\sum\{[(W\pm V)\sec\alpha-ub\sec\alpha]\tan\varphi'+c'b\sec\alpha\}[1/(1+\tan\alpha\tan\varphi'/K)]}{\sum[(W\pm V)\sin\alpha+M_C/R]}$$

式中，$W$ 为土石条重量，$Q$、$V$ 分别为水平和垂直地震惯性力(向下为正，向上为负)，$u$ 为作用于土石条底面的孔隙压力，$\alpha$ 为每条块重力线与通过此条块底面中点的半径之间的夹角，$b$ 为土条宽度，$c'$、$\varphi'$为土石条底面的有效应力抗剪强度指标，当 $u=0$ 时，$c'$、$\varphi'$分别等于土石条底面的总应力抗剪强度指标 $c$、$\varphi$，$M_C$为水平地震惯性力对圆心的力矩，$R$ 为圆弧半径。

(2)稳定计算方法。

采用中国水利水电科学研究所岩土工程研究所的 Stab 软件进行本次工程各种工况下的稳定计算。Stab 软件程序在北京水规总院组织的黄山会议上通过审查鉴定，作为土石坝设计专用程序之一，在水利水电系统获得了推广应用。该程序可以分别采用毕肖普法、瑞典法和罗厄法(改良瑞典法)计算稳定。

(3)各种工况稳定计算。

根据《碾压式土石坝设计规范》规定，分别计算施工期、稳定渗流期、正常运用遇地震上、下游坝坡和水库水位降落期上游坝坡这四种工况的坝坡稳定。土坝的各种计算工况均应采用有效应力法，施工期工况和水库水位降落期工况还应同时采用总应力法计算，以较小的安全系数为准。在采用有效应力法计算稳定时，采用黏性土的固结不排水有效强度和无黏性土的慢剪强度。在采用总应力法计算施工期工况下的稳定时，采用黏性土的不固结不排水强度和无黏性土的慢剪强度。在采用总应力法计算水位骤降工况下的稳定时，采用黏性土的固结不排水强度和无黏性土的慢剪强度。具体计算参数详见表 3-5-2。各工况的计算结果汇总见表 3-5-4。计算结果表明，上、下游坝坡的稳定安全系数均大于允许值，上游坝坡稳定由骤降工况控制，下游坝坡稳定由地震工况控制。

**表 3-5-4　沥青心墙混凝土坝坡稳定计算结果汇总**

<table>
<tr><th rowspan="2">工况</th><th rowspan="2" colspan="2">具体工况</th><th rowspan="2">上游水位/下游水位<br>/m</th><th colspan="2">稳定安全系[K]</th><th rowspan="2">规范要求<br>安全系数</th></tr>
<tr><th>迎水侧</th><th>背水侧</th></tr>
<tr><td rowspan="2">正常运用<br>条件</td><td colspan="2">正常蓄水(有效应力法)</td><td>1037.0/968.5</td><td>1.736</td><td>1.571</td><td>1.35</td></tr>
<tr><td colspan="2">设计洪水(有效应力法)</td><td>1037.9/974.4</td><td>1.738</td><td>1.575</td><td>1.35</td></tr>
<tr><td rowspan="5">非常运用<br>条件Ⅰ</td><td rowspan="2">竣工期</td><td>(有效应力法)</td><td>无水</td><td>1.713</td><td>1.582</td><td>1.25</td></tr>
<tr><td>(总应力法)</td><td>无水</td><td>1.605</td><td>1.518</td><td>1.25</td></tr>
<tr><td colspan="2">校核洪水(有效应力法)</td><td>1040.0/975.3</td><td>1.742</td><td>1.577</td><td>1.25</td></tr>
<tr><td rowspan="2">正常蓄水位/<br>死水位</td><td>(有效应力法)</td><td>1037.0→1010.0/968.5</td><td>1.532</td><td>—</td><td>1.25</td></tr>
<tr><td>(总应力法)</td><td>1037.0→1010.0/968.5</td><td>1.445</td><td>—</td><td>1.25</td></tr>
<tr><td>非常运用<br>条件Ⅱ</td><td colspan="2">正常蓄水+地震工况<br>(有效应力法)</td><td>1037.0/968.5</td><td>1.536</td><td>1.463</td><td>1.15</td></tr>
<tr><td>备注</td><td colspan="6">→采用毕肖普法计算</td></tr>
</table>

稳定计算成果示意图见图 3-5-2。

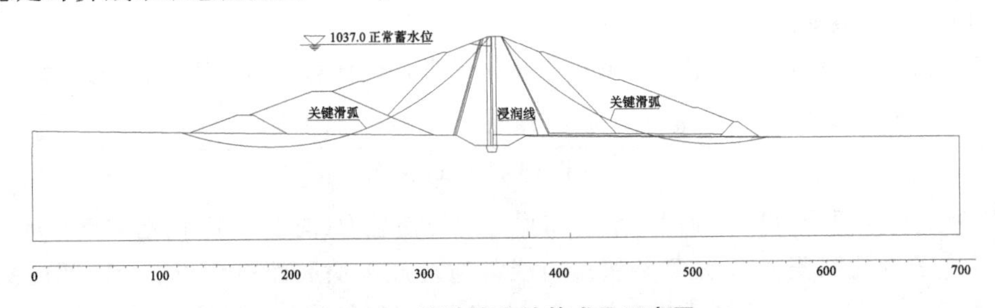


**图 3-5-2　坝坡稳定计算成果示意图**

## 5.3　沉降计算

根据《碾压式土石坝设计规范》，黏性土坝体和坝基最终沉降量采用分层总和法计算，即：

$$S_t = \sum_{i=1}^{n} \frac{e_{i0} - e_{it}}{1 + e_{i0}} h_i$$

式中，$S_t$ 为竣工时或最终的坝体和坝基总沉降量，$e_{i0}$ 为第 $i$ 层的起始孔隙比，$e_{it}$ 为第 $i$ 层相应于竣工时或最终的竖向有效应力作用下的孔隙比，$h_i$ 为第 $i$ 层土层厚度，$n$ 为土层分层数。

非黏性土坝体和坝基的最终沉降量为：

$$S_{\infty} = \sum_{i=1}^{n} \frac{p_i}{E_i} h_i$$

式中，$S_{\infty}$ 为坝体或坝基的最终沉降量，$p_i$ 为第 $i$ 层计算土石层坝体荷载产生的竖向应力，$E_i$ 为第 $i$ 层土石层的变形模量。

竣工后坝顶沉降量为最终沉降量减去竣工时沉降量的差值。经计算，坝体最终沉降量为 115 cm，其中竣工时沉降量为 90 cm，竣工后沉降量为 25 cm；坝基最终沉降量为 54 cm，其中竣工时沉降量为 49 cm，竣工后沉降量为 5 cm。因此，坝体和坝基最终总沉降量为 169 cm，其中竣工时坝体和坝基沉降量为 139 cm，竣工后沉降量为 30 cm，小于坝高的 1%，满足规范要求。坝顶预留最大超高按坝高的 1%估计，取 81.2 cm。

## 5.4　应力应变分析

大坝应力与变形分析主要目的是计算坝体及坝基在自重和各种不同工作条件下的应力和变形，从而定性地分析坝体是否发生塑性区及其范围、拉应力区及其范围、变形及裂缝、防渗体的水力劈裂等，并结合计算结果综合研究是否发生裂缝以及应采取的相应措施等。

坝体的应力与变形是十分复杂的非线性变化过程。地基和坝材料本构非线性，坝内存在多种材料分区，且物理特性相差较大；河谷和坝体的不规则性，导致坝体应力状态的空间性；坝体的连续填筑过程是边界和荷载动态变化的过程；运行期大坝上、下游水位的变化，形成稳定或非稳定渗流场，产生孔隙水压力和超孔隙水压力，并与坝体相互耦合。因此，坝体应力和变形十分复杂。

而应力和变形状态直接反应大坝安全和工作状态，为确保验证大坝设计安全和合理性，十分有必要对大坝进行三维数值仿真。

沥青心墙坝的应力变形呈空间分布，且与渗流场相互耦合，因此计算非常复杂。根据地质水文资料和设计方案，建立了“河谷-大坝”三维有限模型，考虑了渗流与坝体的耦合，对大坝填筑过程及主要控制工况进行了数值仿真，分析大坝主要分区的应力和变形、沥青心墙的工作状态和检验水力劈裂。

**1. 计算工况及荷载**

计算工况及荷载组合见表 3-5-5。

**表 3-5-5　计算工况及荷载组合**

| 主要考虑工况 | 坝前水位/m | 坝后水位/m | 作用类别 | | | | | 备注 |
|---|---|---|---|---|---|---|---|---|
| | | | 自重 | 静水压力 | 扬压力 | 动水压力 | 地震作用 | |
| 完建情况 | | | √ | | | | | |
| 正常蓄水位情况 | 1037 | 974.0 | √ | √ | √ | | | |

续表

| 主要考虑工况 | 坝前水位/m | 坝后水位/m | 作用类别 | | | | | 备注 |
|---|---|---|---|---|---|---|---|---|
| | | | 自重 | 静水压力 | 扬压力 | 动水压力 | 地震作用 | |
| 设计洪水位情况 | 1037.9 | 974.4 | √ | √ | √ | | | |
| 校核洪水位情况 | 1040.0 | 975.3 | √ | √ | √ | | | |
| 水位骤降情况 | 1037→1010（死水位） | 974.0 | √ | √ | √ | | | 大流量快速泄空，坝内的浸润线及孔隙水压力由非稳定渗流计算确定 |

**2. 计算分析及过程**

计算按筑坝过程分步计算。计算步骤见表 3-5-6。

**表 3-5-6　计算分析过程**

| 计算序号 | 计算内容 |
|---|---|
| 1 | 先计算河谷地应力，进行地应力初始 |
| 2 | 上游围堰开挖 |
| 3～6 | 上游围堰分层填筑（分 4 个计算步） |
| 7 | 上游围堰防渗墙施工 |
| 8 | 坝基开挖 |
| 9 | 防渗帷幕盖重施工 |
| 10 | 防渗帷幕 |
| 11～20 | 大坝分层填筑（分 10 个计算步） |
| 21 | 正常水位渗流与应力计算 |
| 22 | 校核洪水情况渗流与应力计算 |
| 23 | 设计洪水情况渗流与应力计算 |
| 24 | 水位骤降情况渗流与应力计算 |

挡水工况计算时，应进行渗流计算，一方面研究筑坝后河谷、帷幕、防心墙和坝体等最大渗透坡，另一方面计算的孔隙水压力和超孔隙水压力作为坝体应力、变形计算的前提，也是判断防渗心墙发生水力劈裂的依据。

**3. 有限元模型、荷载及边界**

根据大坝设计方案和地质资料，建立了“河谷-大坝”三维有限元网格模型。模型反映结构的主要几何特征和力学特征。$x$ 轴正向为左坝岸，$y$ 的正向为上游，$z$ 的正向为竖直向上，三维有限元网格模型见图 3-5-3。

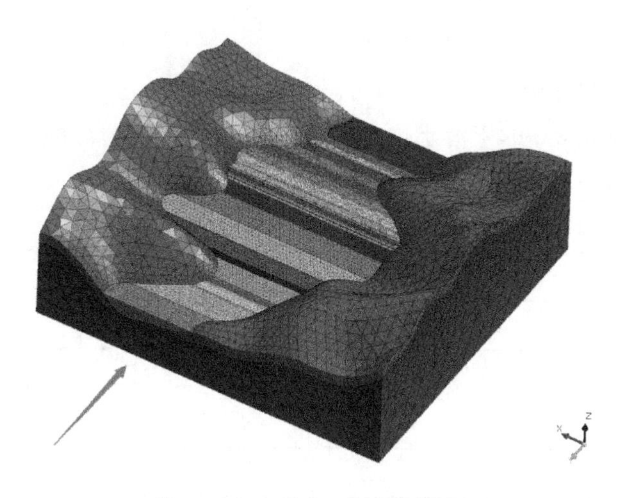

图 3-5-3　三维有限元网格模型

#### 4. 材料本构及主要参数取值

河谷地基和混凝土采用弹性本构，沥青心墙及其他坝体分区采用邓肯-张本构。主要参数取值见表 3-5-7 和表 3-5-8。

表 3-5-7　帷幕灌浆盖重力和河谷主要参数取值

| 项目 | 容重 /(kN/m³) | 抗压强度 /MPa | 抗拉强度 /MPa | 弹性模量 /GPa | 泊桑比 /μ | 渗透系数 /(cm/s) |
|---|---|---|---|---|---|---|
| 帷幕灌浆盖重混凝土 C25 | 24 | 11.9 | 1.27 | 28.0 | 0.167 | 1e−07 |
| 强风化 | 26.0 | | | 3.0 | 0.30 | 0.0023 |
| 弱风化基岩 | 26.5 | | | 5.5 | 0.27 | 1e−05 |

表 3-5-8　坝体主要分区材料参数取值

| 材料类型 | 天然容重 $\gamma$ /(kN·m⁻³) | 凝聚力 $c$ /kPa | 内摩擦角 $\varphi_0$ /(°) | 初变模量系数 $K$ | 初变模量指数 $n$ | 破坏比 $R_f$ | 体变模量系数 $K_b$ | 体变模量指数 $m$ | 泊桑比 $\mu$ | 卸荷模量 $K_{ur}$ | 渗透系数 /(cm/s) |
|---|---|---|---|---|---|---|---|---|---|---|---|
| 上、下游混合料 | 21 | 12 | 25 | 700 | 0.5 | 0.75 | 500 | 0.15 | 0.3 | 1400 | 1e−04 |
| 强风化料 | 21 | 10 | 28 | 700 | 0.5 | 0.75 | 500 | 0.15 | 0.3 | 1400 | 1e−03 |
| 弱风化料 | 22 | 0 | 40 | 900 | 0.28 | 0.69 | 800 | 0.12 | 0.3 | 1800 | 0.001 |
| 反滤层 | 22 | 0 | 40 | 700 | 0.54 | 0.65 | 400 | 0.5 | 0.3 | 1500 | 0.005 |
| 过渡层 | 22 | 0 | 42 | 800 | 0.52 | 0.68 | 400 | 0.18 | 0.3 | 1600 | 0.001 |
| 沥青混凝土心墙 | 24.23 | 190 | 29 | 235 | 0.18 | 0.35 | 2671.4 | 0.4 | 0.49 | 800 | 1e−8 |

**5. 计算主要成果**

1)渗流计算成果与分析。

大坝主要工况见表 3-5-9,下游水位变幅较小,校核洪水位情况的水位差最大,为渗流控制工况,因此,只展列该工况的主要成果。

**表 3-5-9　各渗流工况下的上、下游水位**

| 计算工况 | 上游水位/m | 下游水位/m | 上下游水位差/m |
|---|---|---|---|
| 正常蓄水情况 | 1037.0 | 974.0 | 63.0 |
| 设计洪水情况 | 1037.9 | 974.4 | 63.5 |
| 校核洪水情况 | 1040.0 | 975.3 | 64.7 |
| 水位骤降情况 | 1037→1010 | 974.0 | |

根据地形地质和坝体横断面等相关资料,截取了 1 个特征横断面(称其为剖面 1,桩号:K0+180.00)进行分析。断面位置如图 3-5-4 所示。

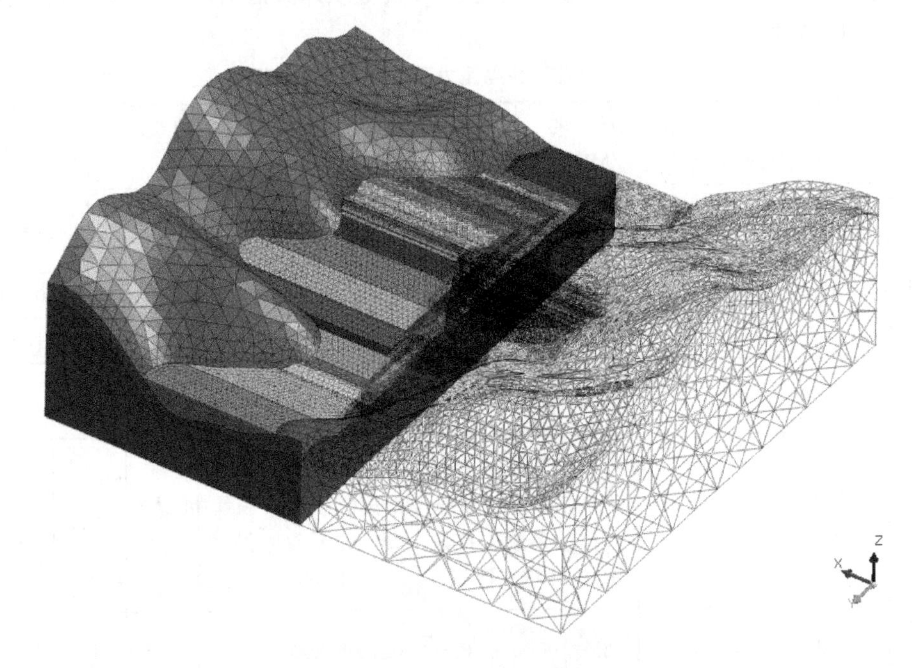


**图 3-5-4　模型剖面 1 位置图**

校核洪水位工况下的三维渗流流网图见图 3-5-5 和图 3-5-6。垂直于坝轴线的剖面 1 校核洪水位工况下总水头、压力水头、流速和水力梯度见图 3-5-7～图 3-5-10。

心墙上下游混合料和过度料区渗透系数较高,压力水头基本为水平直线;沥青心墙渗透系数较低,水力梯度较大,集中了大部分水力坡降,压力水头线曲线急剧下降。

从图 3-5-10 可知,沥青黏土心墙的渗透比降 $J_{Max}=38.5$,小于其允许的渗透比降 80,满足材料要求。坝基防渗帷幕的渗透比降 $J=0.91\sim13.2$,小于防渗帷幕的允许渗透比降 80。

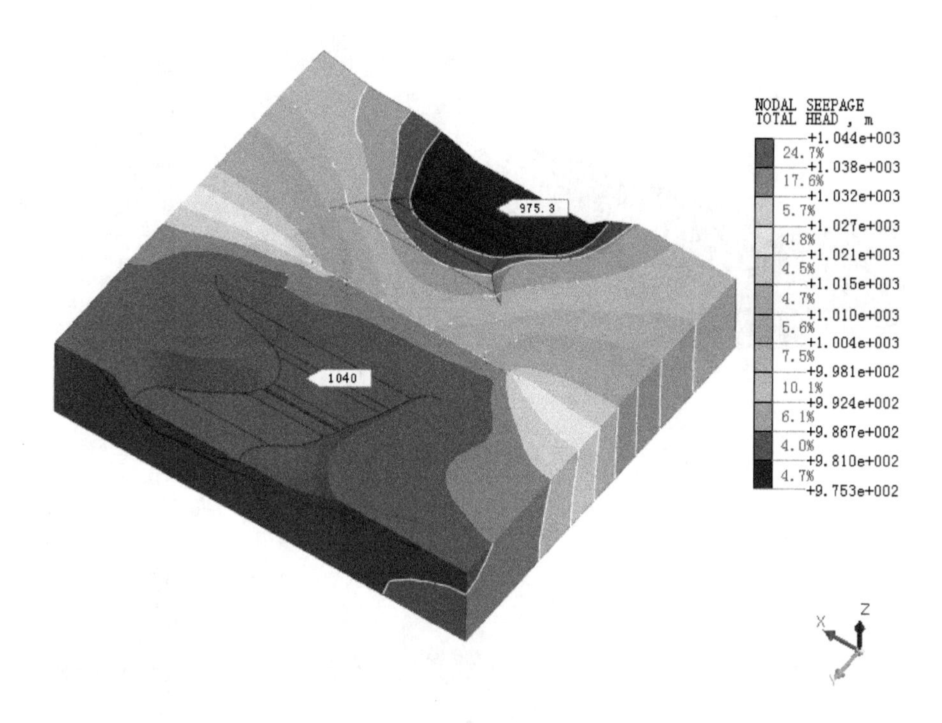


**图 3-5-5　校核洪水位工况总水图**

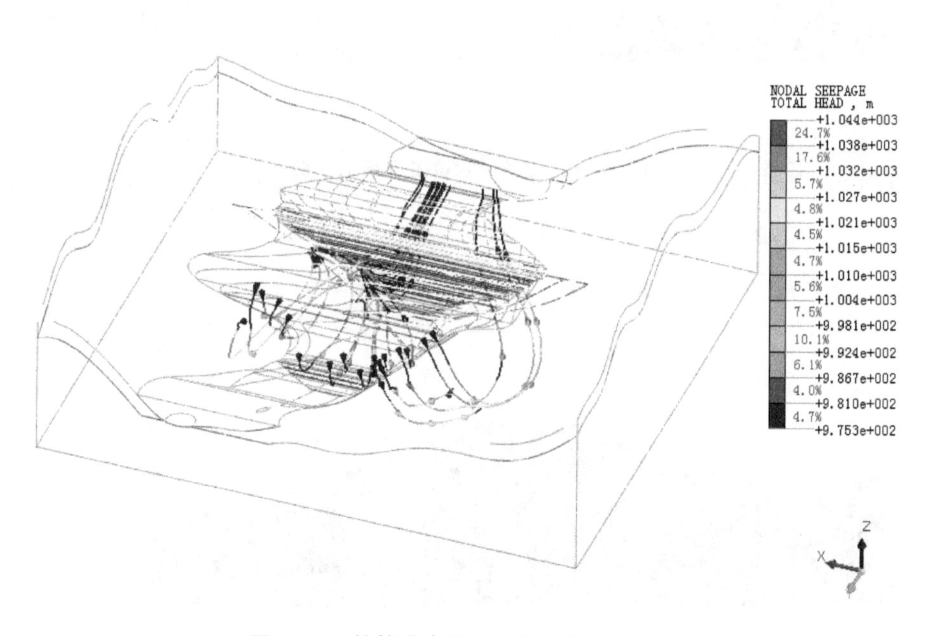


**图 3-5-6　校核洪水位工况绕坝渗流流线图**

**图 3-5-7　剖面 1 校核洪水位工况总水头图**

**图 3-5-8　校核洪水位工况压力水头**

**图 3-5-9　校核洪水位工况流速图**

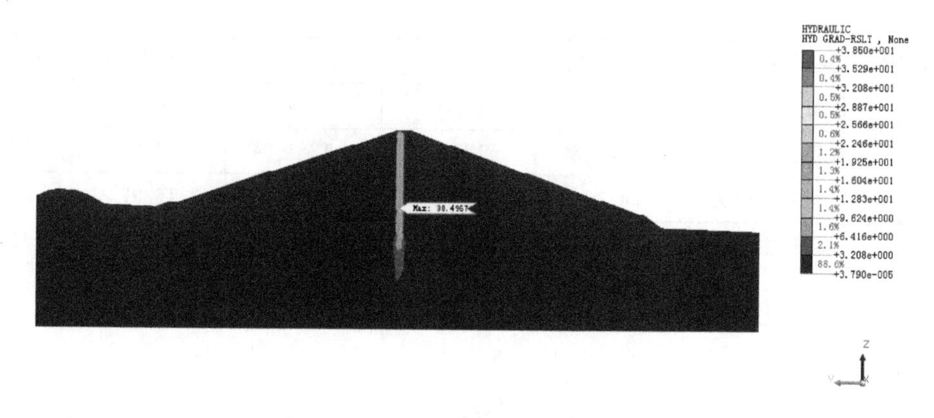


**图 3-5-10　校核洪水位工况水力梯度**

2)坝体应力、变形计算成果与分析。

大坝在填筑过程,大坝荷载和边界连续发生变化,坝内变形也不断发生变化。计算不考虑坝体的时间效应,即假定大坝加载时即沉降稳定。完建期坝体最大水平位移和垂直位移图见图 3-5-11 和图 3-5-12,大坝上下游区位移关于坝轴线大致呈对称分布,且均指向坝外,其中上游坝坡向上游方向最大水平位移为 0.126 m;下游坡向下游移动的最大水平位移为 0.145 m,均发生在 2/3 坝高的坝坡附近处;上游坝坡最大竖向沉降 0.405 m,下游坝坡最大竖向沉降 0.402 m,为坝高的 0.675%,均发生在 1/2～2/3 坝高混合料附近。

正常蓄水位情况、设计洪水位情况和校核洪水位情况的渗流规律十分相似,变形详见表 3-5-10。完建期变位数值为填筑完建时的最大位移,是相对于空间绝对坐标而言;正常蓄水位情况、设计洪水位情况和校核洪水位情况的变位数值均指相对于完建情况而言的。位移正负号与坐标系对应,即水平位移以向上游为正,竖向位移以下上为正;反之相反。

**表 3-5-10　坝体变形极值成果**　　(单位:m)

| 变形 | 方向 | 完建期 | 正常蓄水位 | 设计洪水位 | 校核洪水位 | 水位骤降 |
|---|---|---|---|---|---|---|
| 竖向变形 | 铅直向下 | 0.405 | −0.051 | −0.078 | −0.082 | −0.051 |
| 水平变形 | 向上游 | 0.126 | 0.014 | 无 | 无 | 0.014 |
| | 向下游 | 0.145 | 0.021 | 0.084 | 0.091 | 0.021 |

上表中,挡水情况的坝体相对于完建情况上抬,且上游坝坡抬升较下游坝坡大。这是因为挡水情况下,坝体存在渗流场,孔隙水压力和超孔隙水压力作用下产生向上、向下游的浮托力,且上游浮托力大于下游浮托力,所以坝体的有效应力相对于完建期减少了,且上游坝体有效应力减少量大于下游坝体。

各工况下,坝体各分区的应力极值进行提取,见表 3-5-11。应力以正为拉,以负为压。

**表 3-5-11　坝体部位的应力极值统计表**　　(单位:kPa)

| 坝体部位 | 应力 | 完建期 | 正常蓄水位 | 设计洪水位 | 校核洪水位 | 水位骤降 |
|---|---|---|---|---|---|---|
| 上游混合料 | 第一主应力 | 46.21 | 25.03 | 27.50 | 46.69 | 25.03 |
| | 第三主应力 | −1179.65 | −885.52 | −745.21 | −732.02 | −885.53 |
| 下游混合料 | 第一主应力 | 36.41 | 21.32 | 26.12 | 25.36 | 21.29 |
| | 第三主应力 | −1083.33 | −802.08 | −1011.68 | −1005.25 | −802.08 |

续表

| 坝体部位 | 应力 | 完建期 | 正常蓄水位 | 设计洪水位 | 校核洪水位 | 水位骤降 |
|---|---|---|---|---|---|---|
| 上游过渡层 | 第一主应力 | 21.57 | 19.35 | 13.44 | 16.97 | 19.35 |
| | 第三主应力 | −1589.24 | −1279.05 | −1281.04 | −1272.54 | −1279.05 |
| 下游过渡层 | 第一主应力 | 24.33 | 26.35 | 14.90 | 16.97 | 26.34 |
| | 第三主应力 | −1609.31 | −1271.34 | −1324.57 | −1313.29 | −1271.30 |

完建工况的应力、变形云图如图 3-5-11～图 3-5-16 所示。

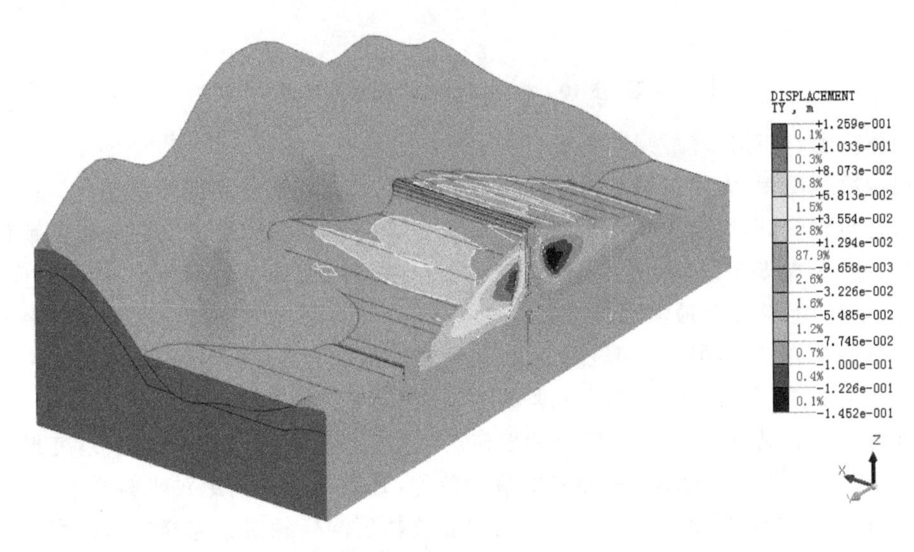


**图 3-5-11　大坝完建情况水平向位移图**

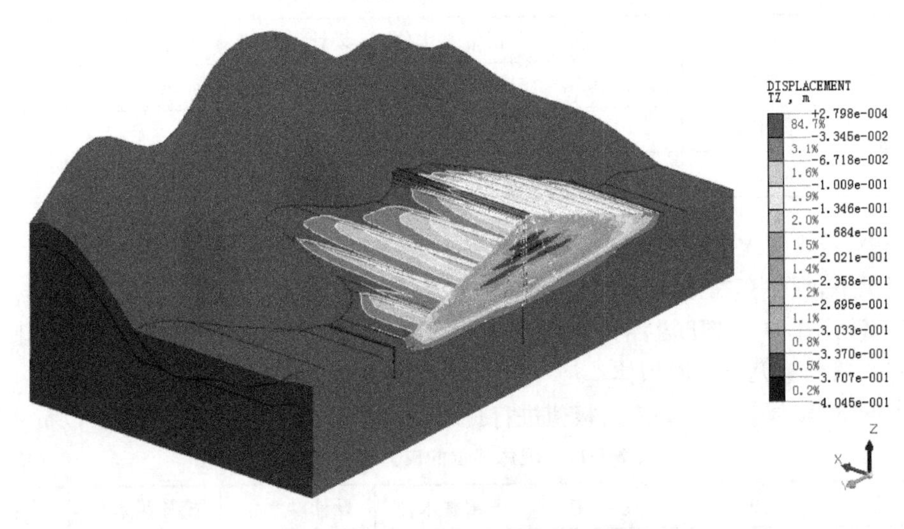


**图 3-5-12　大坝完建情况竖向位移图**

由于过渡层和弱风化料与坝壳料模量相差比较大，坝体内部变形较小，而坝壳混合料的变形则相对较大，会引起坝体的应力重分配，过渡层的应力明显比混合料提高。

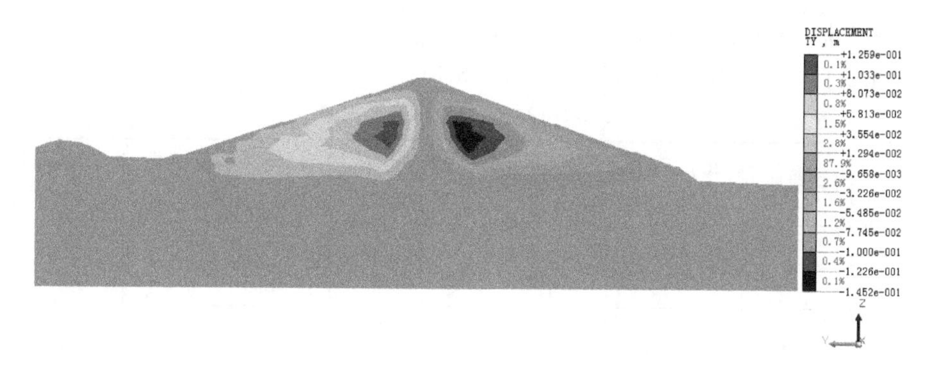


**图 3-5-13　剖面 1 大坝完建情况水平向位移图**

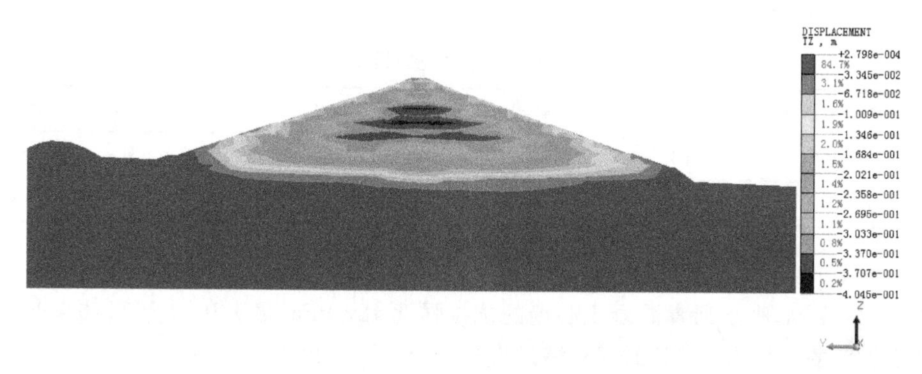


**图 3-5-14　剖面 1 大坝完建情况竖向位移图**

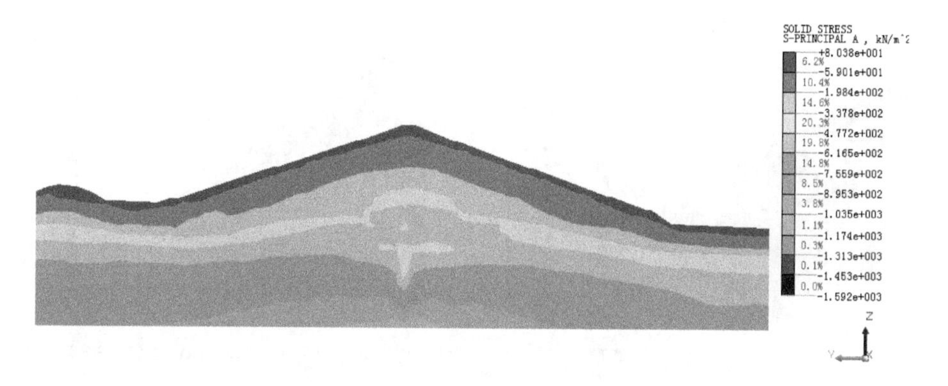


**图 3-5-15　完建工况剖面 1 第一主应力**

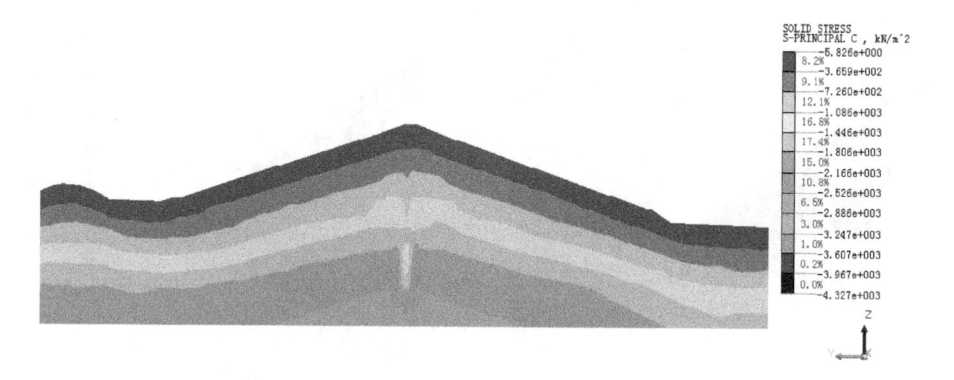


**图 3-5-16　完建工况剖面 1 坝体第三主应力**

3)心墙变形、应力和应变分析。

各工况沥青心墙的变形见表 3-5-12、表 3-5-13。

**表 3-5-12　沥青心墙变形成果**

| 变形 | 完建期 | 正常蓄水位情况（相对于完建期） | 设计洪水位情况（相对于完建期） | 校核洪水位情况（相对于完建期） | 水位骤降（相对于完建期） |
| --- | --- | --- | --- | --- | --- |
| 最大沉降/m | 0.40 | −0.047 | −0.056 | −0.061 | −0.047 |
| 最大水平变形/m | 0.044 | −0.074 | −0.081 | −0.088 | −0.074 |

注：水平变形向上游为正。

**表 3-5-13　心墙的应力极值统计**　　（单位：kPa）

| 应力 | 完建期 | 正常蓄水位 | 设计洪水位 | 校核洪水位 | 水位骤降 |
| --- | --- | --- | --- | --- | --- |
| 第一主应力 | 15.18 | 12.40 | 4.76 | 7.21 | 12.40 |
| 第三主应力 | −1110 | −893.5 | −932.7 | −928.2 | −893.5 |

表中心墙的第一主应力最大值为拉应力，校核洪水位心墙拉应力极值见图 3-5-15，拉应力极值 15.20 kPa，小于沥青混凝土心墙的抗拉强度 480 kPa；最大压应力 1110 kPa，小于沥青混凝土心墙的抗压强度 2580 kPa，满足设计要求。

大坝完建期心墙变形、应力和应变云图见图 3-5-17～图 3-5-19。

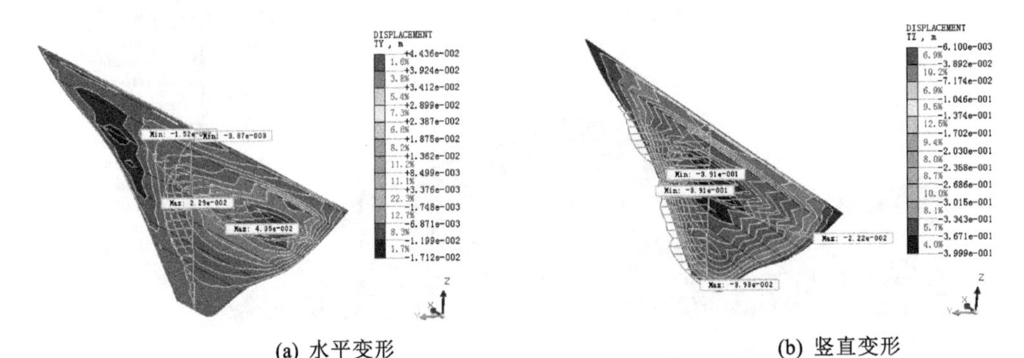


(a) 水平变形　　　　(b) 竖直变形

**图 3-5-17　沥青混凝土心墙水平变形与竖直变形**

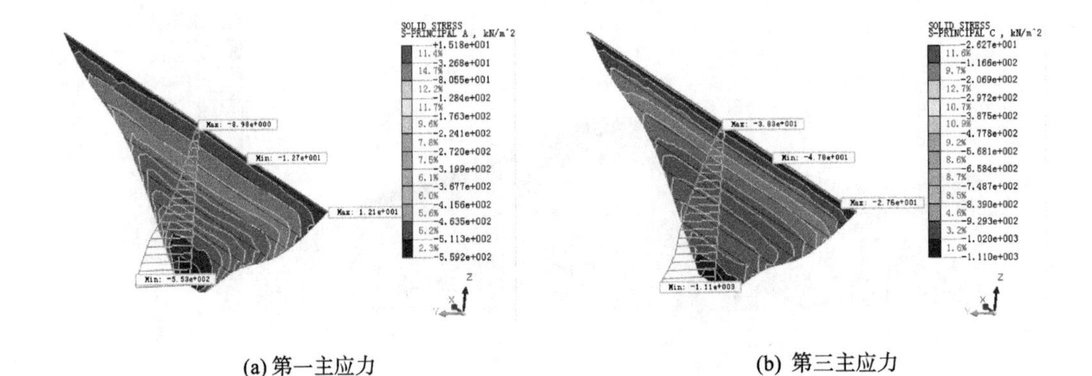


(a) 第一主应力　　　　(b) 第三主应力

**图 3-5-18　沥青混凝土心墙第一主应力和第三主应力**

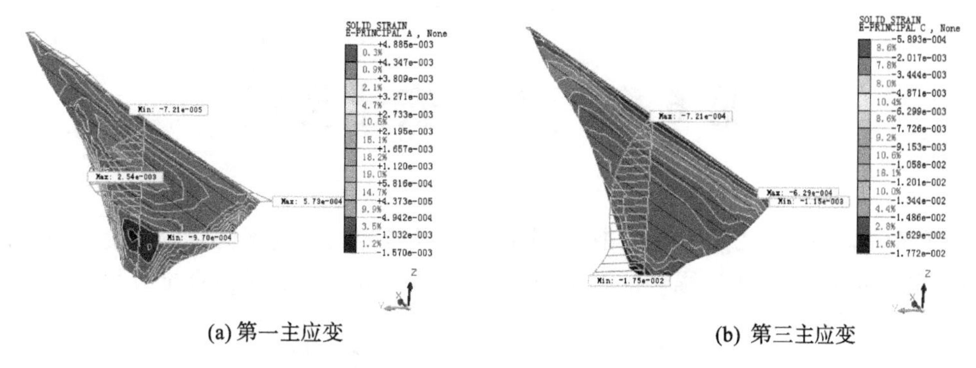


(a) 第一主应变　　　　(b) 第三主应变

**图 3-5-19　沥青混凝土心墙第一主应变和第三主应变**

4)心墙水力劈裂的判别。

水力劈裂是指水压力作用下裂缝的产生、发展并相互贯通最终形成裂缝的过程。心墙中任何一点处的孔隙水压力如果使该点处的最小主应力的有效值降低至心墙抗拉强度,就会产生水力劈裂。

心墙沥青混凝土在满足变形要求条件下,宜适当提高非线性变形模量。当心墙和过渡层的非线性变形模量相差较大时,可能产因拱效应引起心墙水平裂缝或发生水力劈裂而破坏,因而需要判别心墙是否可能发生水力劈裂。

本计算考虑渗流的流固耦合,心墙应力计算已经包含了孔隙水压力,即心墙计算成果为计及孔隙水压力后的有效应力。若有效拉应力不超过心墙的抗拉应力,则不发生水力劈裂;反之,则会。

取心墙的第一主应力图(图 3-5-20),沥青混凝土心墙内任何点的拉应力(正值)均不超过沥青心墙的抗拉强度 480 kPa,因此不会发生水力劈裂。

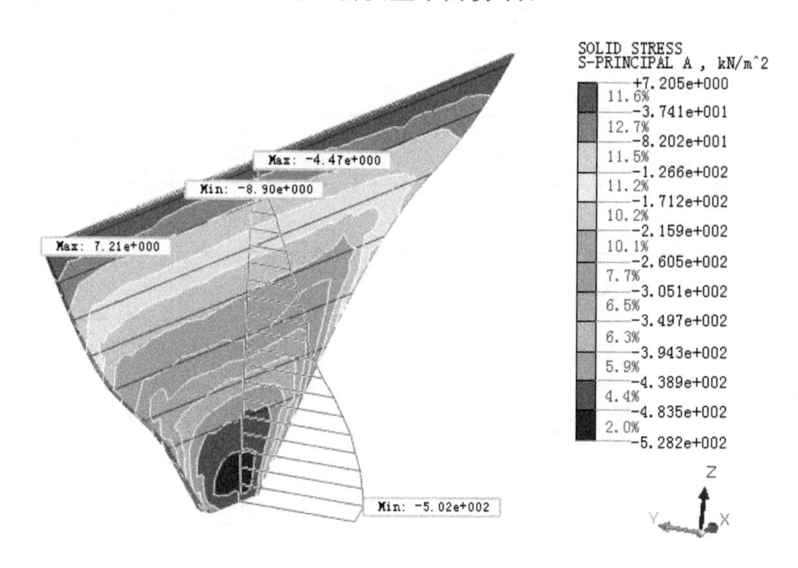


**图 3-5-20　沥青混凝土心墙第一主应力**

大坝应力与变形分析主要目的是计算坝体及坝基在自重和各种不同工作条件下的应力和变形,从而定性地分析坝体是否发生塑性区及其范围、拉应力区及其范围、变形及裂缝、防渗体的水力劈裂等,并结合计算结果综合研究是否发生裂缝以及应采取的相应措施等。

# 第6章　大坝安全监测

为了解沥青混凝土心墙在施工期、初次蓄水期及稳定运行期不同阶段的变形和工作状况，确保工程安全，同时为工程建设积累经验，纳达沥青混凝土心墙混合土石坝设计了较全面的安全监测项目。

## 6.1　监测仪器安装埋设详情

兴义市纳达水库工程导流洞从2016年3月10日开工，2017年12月22日基本完成导流洞的施工。2017年11月18日开始土石围堰施工，至2018年2月11日完成截流验收。2018年3月20日开始坝基开挖与处理，2019年12月18日大坝封顶。

沥青混凝土心墙混合土石坝挡水坝安全监测主要布置如下监测项目：变形监测、渗流渗压监测、应力应变及温度监测。

截至2021年11月底，表面变形测点83个（边角网点、水准基点、水平位移工作基点水准基点、水平位移、沉降兼侧点）已安装，并取得初始值。其他观测点139（支、台、套），已完成139（支、台、套），完成率100%，已安装仪器完好率100%（表3-6-1）。

大坝主要监测布置图详见图3-6-1～图3-6-4。图中高程和桩号单位为m。

表3-6-1　纳达水库仪器安装完成及完好情况

| 项目名称 | 监测设施名称 | 单位 | 设计数量 | 完成数量 |
|---|---|---|---|---|
| 表面变形观测 | 边角控制网点 | 座 | 6 | 6 |
| | 工作基点 | 座 | 10 | 10 |
| | 校核基点 | 座 | 10 | 10 |
| | 水准测量工作基点 | 座 | 1 | 1 |
| | 水准测量工作基点 | 座 | 2 | 2 |
| | 水准联测联系水准点 | 座 | 1 | 1 |
| | 视准线测点 | 座 | 25 | 25 |
| | 边坡观测墩 | 座 | 7 | 7 |
| | 溢洪道观测墩 | 座 | 17 | 17 |
| | 观测房观测墩 | 座 | 4 | 4 |

续表

| 项目名称 | 监测设施名称 | 单位 | 设计数量 | 完成数量 |
|---|---|---|---|---|
| 渗流压力 | 测压管 | 个 | 23 | 23 |
| | 振弦式渗压计 | 个 | 23 | 23 |
| 渗流量 | 量水堰 | 个 | 1 | 1 |
| | 堰流计 | 个 | 1 | 1 |
| 水位 | 水尺 | m/根 | 180/10 | 180/10 |
| | 自记水位计 | 个 | 1 | 1 |
| 内部变形 | 水管式沉降仪 | 个 | 13 | 13 |
| | 引张线式水平位移计 | 个 | 13 | 13 |
| | 多点位移计 | 个 | 9 | 9 |
| | 固定式测斜仪 | 个 | 7 | 7 |
| | 三向界面位移计 | 个 | 4 | 4 |
| | 电磁式沉降磁环 | 个 | 105 | 105 |
| | 测缝计 | 个 | 6 | 6 |
| | 位错计 | 个 | 4 | 4 |
| | 温度计 | 个 | 15 | 15 |
| 应变 | 土压力计 | 个 | 7 | 7 |
| | 单向应变计 | 个 | 9 | 9 |
| | 五向应变计 | 个 | 3 | 3 |
| | 钢筋计 | 个 | 6 | 6 |
| | 无应力计 | 个 | 3 | 3 |
| 管理 | 永久观测房 | 个 | 4 | 4 |

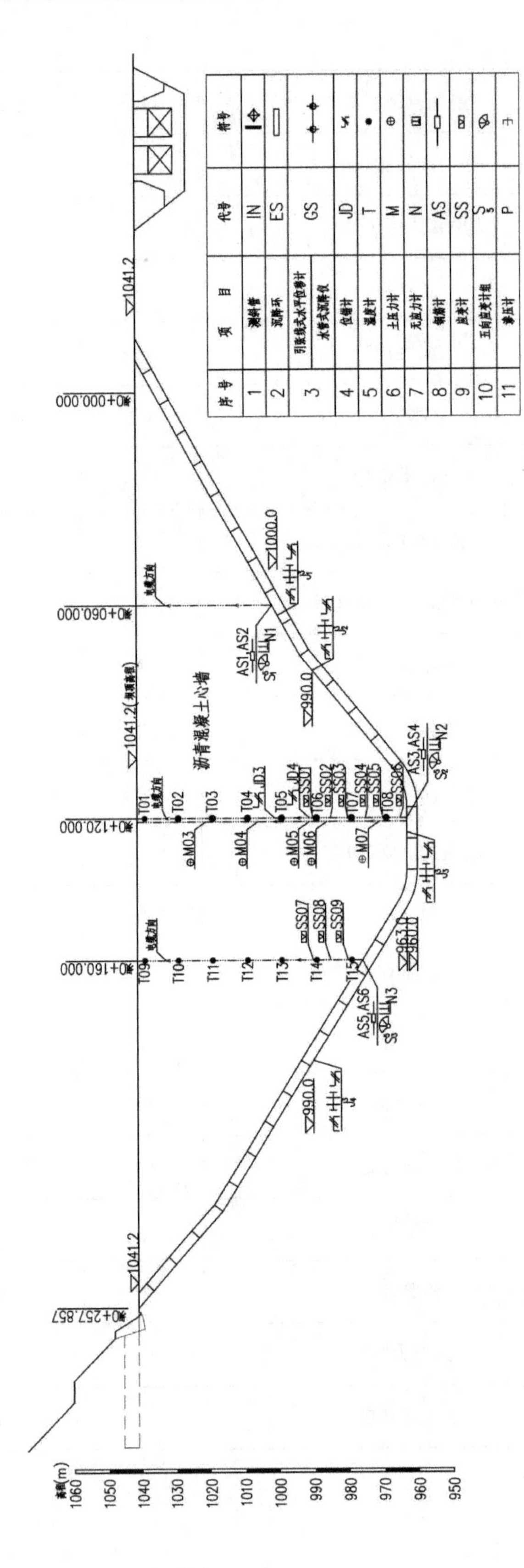


图 3-6-1 纳达大坝沥青混凝土心墙与下游过渡层接触面轴线纵剖面图

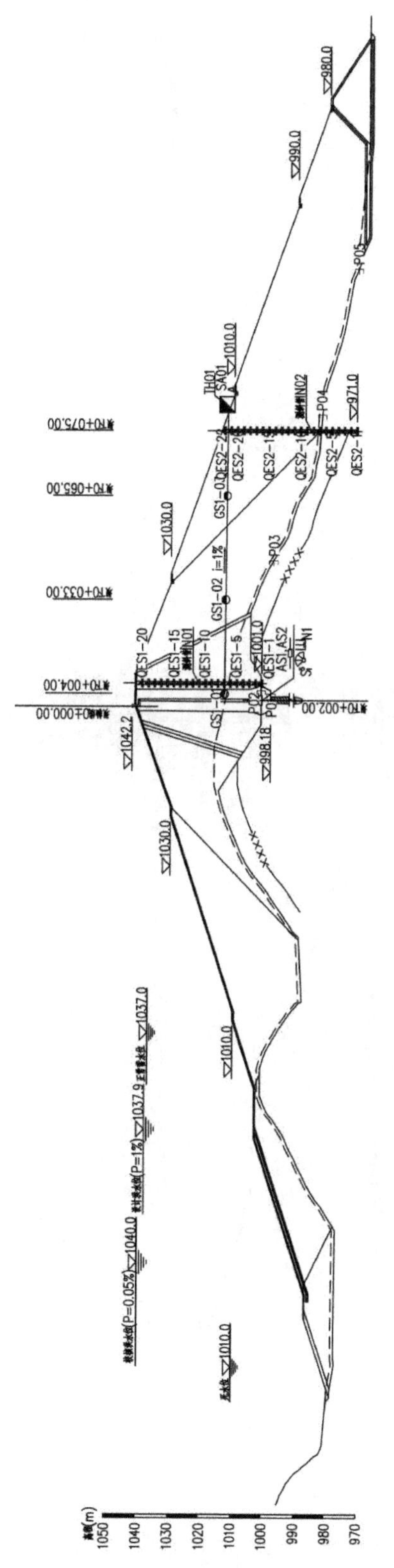


图 3-6-2　纳达大坝监测典型横剖面图(坝 0+060.00)

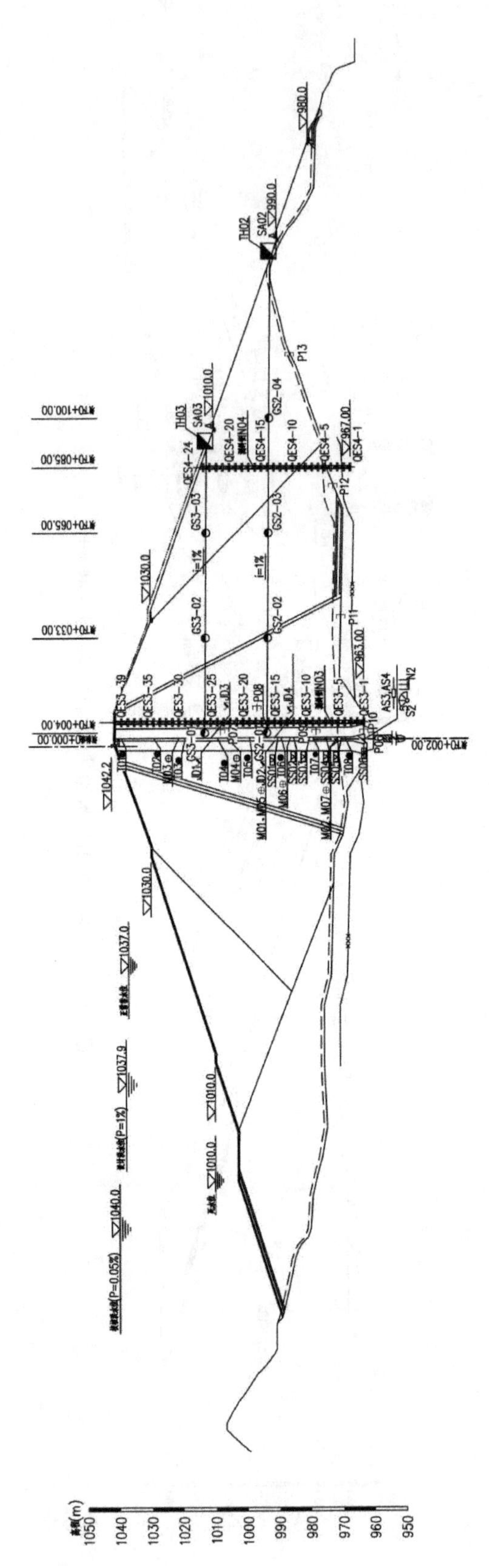


图 3-6-3 纳达大坝监测典型横剖面图(坝 0+120.00)

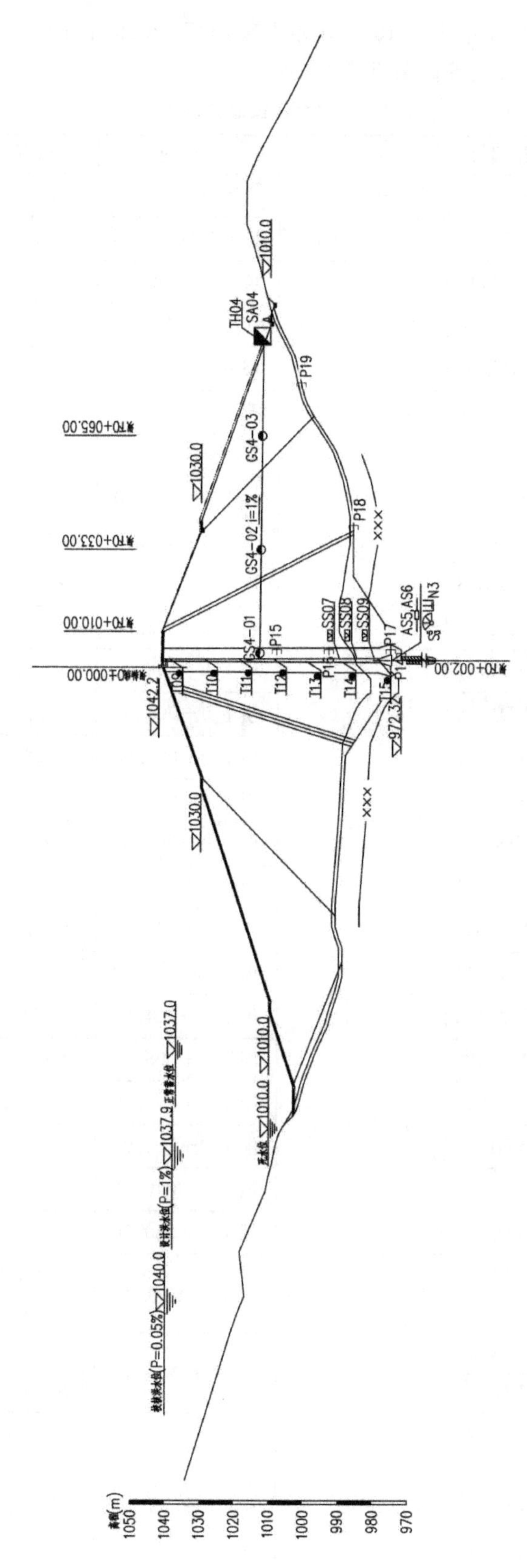


图 3-6-4　纳达大坝监测典型横剖面图(坝 0+160.00)

兴义市纳达水库从 2018 年 7 月 10 日开始安装，截至 2019 年 12 月 9 日，已安装仪器出厂编号、桩号、高程及安装日期等详情见表 3-6-2。

**表 3-6-2　纳达水库仪器安装详情**

| 仪器类型 | 仪器代码 | 仪器编号 | 左右岸桩号 | 上下游桩号 | 高程 | 安装日期 | 备注 |
|---|---|---|---|---|---|---|---|
| 钢筋计（6 支） | AS01 | SGYD7310 | 坝 0＋060.00 | 坝下 0＋002.00 | ▽1001.180 | 2018-11-21 | 完好 |
| | AS02 | SGYD7303 | 坝 0＋060.00 | 坝下 0＋003.547 | ▽998.180 | 2018-11-21 | 完好 |
| | AS03 | SGYD7301 | 坝 0＋120.00 | 坝下 0＋002.00 | ▽963.000 | 2018-06-25 | 完好 |
| | AS04 | SGYD7302 | 坝 0＋120.00 | 坝下 0＋003.675 | ▽760.000 | 2018-06-25 | 完好 |
| | AS05 | SGYD7309 | 坝 0＋160.00 | 坝下 0＋002.00 | ▽972.230 | 2018-10-11 | 完好 |
| | AS06 | SGYD7311 | 坝 0＋160.00 | 坝下 0＋003.675 | ▽975.320 | 2018-10-11 | 完好 |
| 渗压计（19 支） | P01 | RGYD1732 | 坝 0＋060.00 | 坝下 0＋004.00 | ▽998.18 | 2019-03-22 | 完好 |
| | P02 | RGYD1752 | | 坝下 0＋005.00 | ▽1001.18 | 2019-04-01 | 完好 |
| | P03 | RGYD1800 | | 坝下 0＋045.00 | ▽997.41 | 2019-03-17 | 完好 |
| | P04 | RGYD1806 | | 坝下 0＋090.00 | ▽982.15 | 2019-01-06 | 完好 |
| | P05 | RGYD1809 | | 坝下 0＋135.00 | ▽970.69 | 2018-12-02 | 完好 |
| | P06 | RDYD0931 | 坝 0＋120.00 | 坝下 0＋004.00 | ▽960.00 | 2018-06-25 | 完好 |
| | P07 | RGYD1808 | | 坝下 0＋005.00 | ▽1008.00 | 2019-04-21 | 完好 |
| | P08 | RGYD1781 | | 坝下 0＋005.00 | ▽993.00 | 2019-03-07 | 完好 |
| | P09 | RGYD1767 | | 坝下 0＋005.00 | ▽978.00 | 2018-12-27 | 完好 |
| | P10 | RDYD0946 | | 坝下 0＋005.00 | ▽963.00 | 20-06-25 | 完好 |
| | P11 | RDYD1782 | | 坝下 0＋040.00 | ▽970.15 | 2018-12-02 | 完好 |
| | P12 | RDYD1822 | | 坝下 0＋080.00 | ▽972.45 | 2018-12-12 | 完好 |
| | P13 | RDYD1766 | | 坝下 0＋120.00 | ▽985.85 | 2019-01-11 | 完好 |
| | P14 | RGYD1772 | 坝 0＋160.00 | 坝下 0＋004.00 | ▽972.32 | 2018-12-17 | 完好 |
| | P15 | RGYD1820 | | 坝下 0＋005.00 | ▽1008.00 | 2019-04-21 | 完好 |
| | P16 | RGYD1807 | | 坝下 0＋005.00 | ▽993.00 | 2019-03-07 | 完好 |
| | P17 | RGYD1797 | | 坝下 0＋005.00 | ▽975.32 | 2018-12-22 | 完好 |
| | P18 | RGYD1823 | | 坝下 0＋040.00 | ▽986.00 | 2019-01-16 | 完好 |
| | P19 | RGYD1791 | | 坝下 0＋080.00 | ▽1001.07 | 2019-04-01 | 完好 |
| 位错计（4 支） | JD1 | RHYD3194 | 坝 0＋120.00 | 心墙上游表面 | ▽1011.00 | 2019-05-31 | 完好 |
| | JD2 | RHYD2889 | | | ▽991.00 | 2019-03-06 | 完好 |
| | JD3 | RJYD3443 | | 心墙下游表面 | ▽1011.00 | 2019-05-31 | 完好 |
| | JD4 | RHYD3202 | | | ▽991.00 | 2019-03-06 | 完好 |
| 五向应变计（3 组 15 支） | S5 1-1 | REYD0774 | 坝 0＋060.00 | 坝下 0＋003.697 | ▽1001.18 | 2019-05-01 | 完好 |
| | S51-2 | REYD0803 | | | | | 完好 |
| | S5 1-3 | REYD0787 | | | | | 完好 |
| | S5 1-4 | REYD1092 | | | | | 完好 |
| | S5 1-5 | QBYD0822 | | | | | 完好 |

续表

| 仪器类型 | 仪器代码 | 仪器编号 | 左右岸桩号 | 上下游桩号 | 高程 | 安装日期 | 备注 |
|---|---|---|---|---|---|---|---|
| 五向应变计（3 组 15 支） | S5 2-1 | RHYD1078 | 坝 0+120.00 | 坝下 0+003.825 | ▽970.00 | 2018-11-30 | 完好 |
| | S5 2-2 | REYD0802 | | | | | 完好 |
| | S5 2-3 | REYD0764 | | | | | 完好 |
| | S5 2-4 | RHYD1068 | | | | | 完好 |
| | S5 2-5 | REYD0745 | | | | | 完好 |
| | S5 3-1 | RLYD1367 | 坝 0+160.00 | 坝下 0+003.825 | ▽975.07 | 2018-12-31 | 完好 |
| | S5 3-2 | RLYD1368 | | | | | 完好 |
| | S5 3-3 | RLYD1369 | | | | | 完好 |
| | S5 3-4 | RLYD1370 | | | | | 完好 |
| | S5 3-5 | RLYD1371 | | | | | 完好 |
| 无应力计（3 支） | N1 | QLYD1372 | 坝 0+061.00 | 坝下 0+003.447 | ▽1001.06 | 2019-05-01 | 完好 |
| | N2 | RHYD1053 | 坝 0+121.00 | 坝下 0+003.575 | ▽970.00 | 2018-11-30 | 完好 |
| | N3 | QBYD0823 | 坝 0+161.00 | 坝下 0+003.575 | ▽975.195 | 2019-01-05 | 完好 |
| 温度计（15 支） | T01 | RKYD1635 | 坝 0+120.00 | 心墙下游表面 | ▽1039.00 | 2019-11-27 | 损坏 |
| | T02 | RKYD1630 | | | ▽1029.00 | 20-10-28 | 完好 |
| | T03 | RKYD1627 | | | ▽1019.00 | 2019-09-28 | 完好 |
| | T04 | RKYD1629 | | | ▽1009.00 | 2019-08-29 | 完好 |
| | T05 | RKYD1637 | | | ▽999.00 | 2019-05-21 | 完好 |
| | T06 | RKYD1636 | | | ▽989.00 | 2019-04-21 | 完好 |
| | T07 | RKYD1641 | | | ▽979.00 | 2019-01-06 | 完好 |
| | T08 | UCYD1328 | | | ▽969.00 | 2018-11-22 | 完好 |
| | T09 | RKYD1636 | 坝 0+160.00 | 心墙下游表面 | ▽1039.00 | 2019-11-27 | 损坏 |
| | T10 | RKYD1634 | | | ▽1029.00 | 2019-10-28 | 完好 |
| | T11 | RKYD1639 | | | ▽1019.00 | 2019-09-28 | 完好 |
| | T12 | RKYD1628 | | | ▽1009.00 | 2019-08-29 | 完好 |
| | T13 | RKYD1632 | | | ▽999.00 | 2019-05-21 | 完好 |
| | T14 | RKYD1626 | | | ▽989.00 | 2019-04-21 | 完好 |
| | T15 | RKYD1462 | | | ▽979.00 | 2019-01-06 | 完好 |
| 土压力计（7 支） | M01 | QBYD0540 | 坝 0+121.00 | 心墙上游表面 | ▽991.00 | 2019-03-06 | 完好 |
| | M02 | SGYD1856 | | | ▽971.00 | 2018-11-30 | 完好 |
| | M03 | RJYD0621 | 坝 0+121.00 | 心墙下游表面 | ▽1021.00 | 2019-10-23 | 完好 |
| | M04 | QBYD0541 | | | ▽1006.00 | 2019-05-11 | 完好 |
| | M05 | QBYD0557 | | | ▽991.00 | 2019-03-06 | 完好 |
| | M06 | QBYD0553 | | | ▽986.00 | 2019-01-20 | 完好 |
| | M07 | RJYD0628 | | | ▽971.00 | 2018-11-30 | 完好 |

续表

| 仪器类型 | 仪器代码 | 仪器编号 | 左右岸桩号 | 上下游桩号 | 高程 | 安装日期 | 备注 |
|---|---|---|---|---|---|---|---|
| 三向界面位移计（4组12支） | J3 1-JD | RIYD3427 | 坝0+062.866 | 坝下0+004.00 | ▽1000.00 | 2019-05-01 | 完好 |
| | J3 1-JM | RIYD3252 | | | | | 完好 |
| | J3 1-JI | RIYD3249 | | | | | 完好 |
| | J3 2-JD | RIYD3255 | 坝0+078.455 | 坝下0+004.00 | ▽960.00 | 2018-11-30 | 完好 |
| | J3 2-JM | RIYD3241 | | | | | 完好 |
| | J3 2-JI | RHYD2836 | | | | | 完好 |
| | J3 3-JD | RIYD3277 | 坝0+124.866 | 坝下0+004.00 | ▽960.00 | 2018-11-30 | 完好 |
| | J3 3-JM | RIYD3249 | | | | | 完好 |
| | J3 3-JI | RIYD3273 | | | | | 完好 |
| | J3 4-JD | RHYD3131 | 坝0+182.627 | 坝下0+004.00 | ▽1000.00 | 2019-05-01 | 完好 |
| | J3 4-JM | RHYD3183 | | | | | 完好 |
| | J3 4-JI | RHYD3167 | | | | | 完好 |
| 单向应变计（9支） | SS01 | QBYD0820 | 坝0+060.00 | 心墙下游表面 | ▽990.180 | 2019-03-06 | 完好 |
| | SS02 | QBYD0821 | | | ▽985.180 | 2019-01-20 | 完好 |
| | SS03 | RLYD1374 | | | ▽980.000 | 2019-01-05 | 完好 |
| | SS04 | RLYD1375 | | | ▽975.000 | 2018-12-15 | 完好 |
| | SS05 | RLYD1376 | | | ▽970.230 | 2018-11-30 | 完好 |
| | SS06 | RLYD0739 | | | ▽965.320 | 2018-11-30 | 完好 |
| | SS07 | QBYD0814 | 坝0+060.00 | 心墙下游表面 | ▽990.00 | 2019-03-06 | 完好 |
| | SS08 | QBYD0834 | | | ▽985.00 | 2019-01-20 | 完好 |
| | SS09 | RLYD1373 | | | ▽980.00 | 2019-01-05 | 完好 |
| 固定式测斜仪（7支） | FIN01 | RJYD3382 | 坝0+121.00 | 心墙下游表面 | ▽970.00 | 2020-01-20 | 完好 |
| | FIN02 | RJYD3383 | | | ▽980.00 | | 完好 |
| | FIN03 | RJYD3384 | | | ▽990.00 | | 完好 |
| | FIN04 | RJYD3385 | | | ▽1000.00 | | 完好 |
| | FIN05 | RJYD3386 | | | ▽1010.00 | | 完好 |
| | FIN06 | RJYD3387 | | | ▽1020.00 | | 完好 |
| | FIN07 | RJYD3388 | | | ▽1030.00 | | 完好 |
| 引张线式水平位移计 | YS1-01 | RKYD1917 | 坝0+060.00 | 坝下0+004.00 | ▽1012.867 | 2019-06-13 | 完好 |
| | YS1-02 | RKYD1920 | | 坝下0+033.00 | ▽1012.577 | | 完好 |
| | YS1-03 | RKYD1911 | | 坝下0+065.00 | ▽1012.257 | | 完好 |

续表

| 仪器类型 | 仪器代码 | 仪器编号 | 左右岸桩号 | 上下游桩号 | 高程 | 安装日期 | 备注 |
|---|---|---|---|---|---|---|---|
| 引张线式水平位移计 | YS2-01 | QDYD1968 | 坝 0+120.00 | 坝下 0+004.00 | ▽1012.867 | 2019-06-13 | 完好 |
| | YS2-02 | RKTD1910 | | 坝下 0+033.00 | ▽1012.577 | | 完好 |
| | YS2-03 | RKYD1916 | | 坝下 0+065.00 | ▽1012.257 | | 完好 |
| | YS3-01 | RKYD1909 | | 坝下 0+004.00 | ▽993.447 | 2019-03-26 | 完好 |
| | YS3-02 | RKYD1919 | | 坝下 0+033.00 | ▽993.157 | | 完好 |
| | YS3-03 | RKYD1918 | | 坝下 0+065.00 | ▽992.837 | | 完好 |
| | YS3-04 | RKYD1908 | | 坝下 0+100.00 | ▽992.487 | | 完好 |
| | YS4-01 | RKYD1915 | 坝 0+160.00 | 坝下 0+004.00 | ▽1012.867 | 2019-06-13 | 完好 |
| | YS4-02 | RKYD1914 | | 坝下 0+033.00 | ▽1012.577 | | 完好 |
| | YS4-03 | RKYD1912 | | 坝下 0+065.00 | ▽1012.257 | | 完好 |
| 水管式沉降仪 | GS1-01 | RKYD1917 | 坝 0+060.00 | 坝下 0+004.00 | ▽1012.867 | 2019-06-13 | 完好 |
| | GS1-02 | RKYD1920 | | 坝下 0+033.00 | ▽1012.577 | | 完好 |
| | GS1-03 | RKYD1911 | | 坝下 0+065.00 | ▽1012.257 | | 完好 |
| | GS2-01 | QDYD1968 | 坝 0+120.00 | 坝下 0+004.00 | ▽1012.867 | 2019-06-13 | 完好 |
| | GS2-02 | RKTD1910 | | 坝下 0+033.00 | ▽1012.577 | | 完好 |
| | GS2-03 | RKYD1916 | | 坝下 0+065.00 | ▽1012.257 | | 完好 |
| | GS3-01 | RKYD1909 | | 坝下 0+004.00 | ▽993.447 | 2019-03-26 | 完好 |
| | GS3-02 | RKYD1919 | | 坝下 0+033.00 | ▽993.157 | | 完好 |
| | GS3-03 | RKYD1918 | | 坝下 0+065.00 | ▽992.837 | | 完好 |
| | GS3-04 | RKYD1908 | | 坝下 0+100.00 | ▽992.487 | | 完好 |
| | GS4-01 | RKYD1915 | 坝 0+160.00 | 坝下 0+004.00 | ▽1012.867 | 2019-06-13 | 完好 |
| | GS4-02 | RKYD1914 | | 坝下 0+033.00 | ▽1012.577 | | 完好 |
| | GS4-03 | RKYD1912 | | 坝下 0+065.00 | ▽1012.257 | | 完好 |

## 6.2　变形监测

### 6.2.1　大坝表面变形

大坝表面观测墩于 2021 年 7 月 6 日取得初始值，2019 年 12 月 20 日—2021 年 6 月 20 日，由于表面变形观测墩尚未浇筑完成，在大坝上下游及坝顶布置了临时木桩作为观测点，作为临时沉降观测测点。2019 年 12 月 20 日—2021 年 6 月 20 日之间，大坝坝顶沉降量为 56.2～115.4 mm，靠近坝顶中部沉降量较大，两侧测点沉降量较小。

### 6.2.2 大坝内部变形

**1. 坝体内部沉降**

1)水管式沉降仪。

(1)水管式沉降仪 GS1-01～GS1-03 位移。

水管式沉降仪 993 m 高程(GS3)大坝内部部分于 2019 年 3 月 26 日施工埋设,1012 m 高程(GS1、GS2、GS4)大坝内部部分于 2019 年 6 月 14 日施工埋设,观测房内部分于 2020 年 5 月 20 日安装调试完成。内部仪器埋设时取得内部测点高程,并测得此时观测房基点位置高程,待观测房施工完成后再次测得观测房基点高程,推算出在此期间水管式沉降仪各测点沉降总量。

水管式沉降 GS1-01～GS1-03 接入观测房 1,管线位于坝 0+060,高程大致位于 1012 m,于 2020 年 5 月 20 日第一次观测。大坝坝体已填筑完成,正在施工上游混凝土面板,坝体沉降速率相对较小,但还未趋于收敛稳定,至 2021 年 3 月后的数据显示沉降趋于稳定。水管式沉降仪 GS1-01～GS1-03 特征表见表 3-6-3,沉降变化时程曲线见图 3-6-5。

表 3-6-3　水管式沉降仪测点 GS1-01～GS1-03 沉降特征值统计

| 设计编号 | 埋设位置 | 高程/m | 埋设日期 | 最小值 | | 最大值 | | 变幅/mm | 当前值(2021-10-17)/mm |
|---|---|---|---|---|---|---|---|---|---|
| | | | | 测量值/mm | 出现日期 | 测量值/mm | 出现日期 | | |
| GS1-01 | 坝 0+061,坝下 0+004 | 1012.867 | 2019-06-16 | 78.8 | 2020-05-20 | 96.3 | 2021-06-14 | 17.5 | 96.3 |
| GS1-02 | 坝 0+061,坝下 0+033 | 1012.577 | 2019-06-16 | 105.0 | 1900-01-00 | 126.8 | 2021-07-29 | 21.8 | 126.8 |
| GS1-03 | 坝 0+061,坝下 0+065 | 1012.257 | 2019-06-16 | 239.4 | 2020-05-20 | 288.5 | 2021-06-19 | 49.1 | 288.5 |

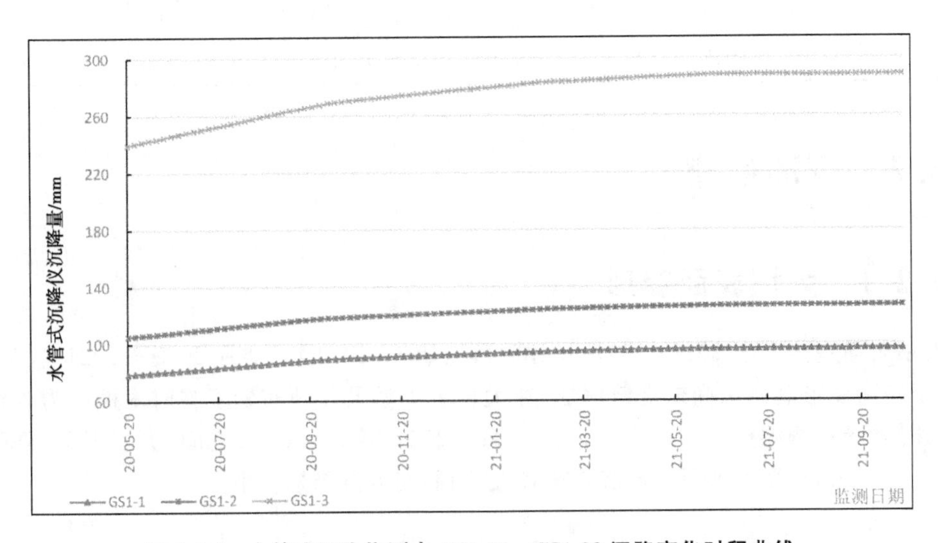


图 3-6-5　水管式沉降仪测点 GS1-01～GS1-03 沉降变化时程曲线

(2)水管式沉降仪 GS2-01～GS2-03 位移。

水管式沉降仪 GS2-01～GS2-03 接入观测房 2,管线位于坝 0＋120,高程大致位于 1012 m,于 2020 年 5 月 20 日第一次观测。大坝坝体已填筑完成,正在施工上游混凝土面板,坝体沉降速率相对较小,但还未趋于收敛稳定,至 2021 年 3 月后的数据显示沉降趋于稳定。

水管式沉降仪 GS2-01～GS2-03 特征表见表 3-6-4,沉降变化时程曲线见图 3-6-6,当前水管式沉降仪 GS2-01～GS2-03 位移值介于 308.6～406.5 mm 之间,最大值为 GS2-01,最小值为 GS1-03,大坝沉降速率已趋于平缓,沉降正常。

**表 3-6-4　水管式沉降仪测点 GS2-01～GS2-03 沉降特征值统计**

| 设计编号 | 埋设位置 | 高程/m | 埋设日期 | 最小值 | | 最大值 | | 变幅/mm | 当前值(2021-10-17)/mm |
|---|---|---|---|---|---|---|---|---|---|
| | | | | 测量值/mm | 出现日期 | 测量值/mm | 出现日期 | | |
| GS2-01 | 坝 0＋121,坝下 0＋004 | 1012.867 | 2019-06-16 | 329.1 | 2020-05-20 | 406.5 | 2021-07-24 | 77.4 | 406.5 |
| GS2-02 | 坝 0＋121,坝下 0＋033 | 1012.577 | 2019-06-16 | 275.8 | 2020-05-20 | 328.5 | 2021-07-29 | 52.7 | 328.5 |
| GS2-03 | 坝 0＋121,坝下 0＋065 | 1012.257 | 2019-06-16 | 256.0 | 2020-05-20 | 308.6 | 2021-07-29 | 52.6 | 308.6 |

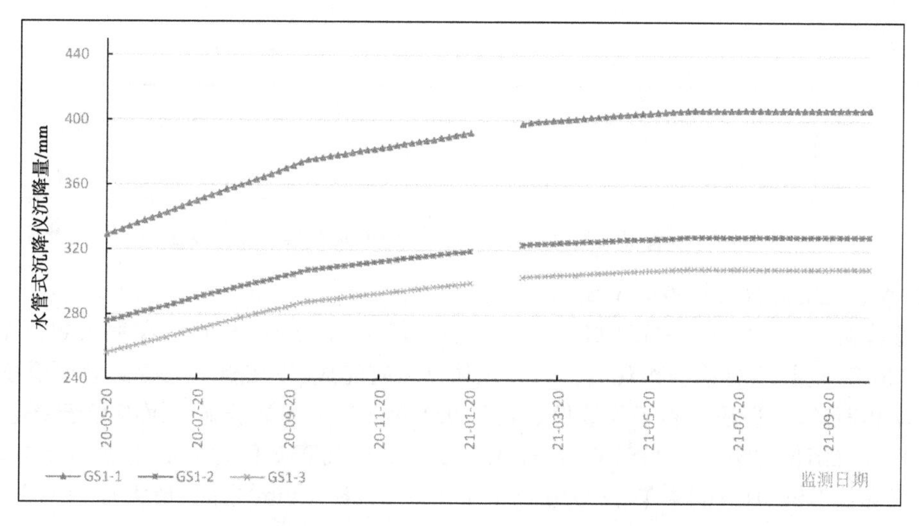


**图 3-6-6　水管式沉降仪测点 GS2-01～GS2-03 沉降变化时程曲线**

(3)水管式沉降仪 GS3-01～GS3-04 位移。

水管式沉降仪 GS3-01～GS3-04 接入观测房 3,管线位于坝 0＋120,高程大致位于 993 m,于 2020 年 5 月 20 日第一次观测。大坝坝体已填筑完成,正在施工上游混凝土面板,坝体沉降速率相对较小,但还未趋于收敛稳定,至 2021 年 3 月后的数据显示沉降趋于稳定。

水管式沉降仪 GS3-01～GS3-04 特征值见表 3-6-5,沉降变化曲线见图 3-6-7,当前水管式沉降仪 GS3-01～GS3-04 位移值介于 123.2～246.4 mm 之间,最大值为 GS3-01,最小值为 GS3-04,大坝沉降速率已趋于平缓,沉降正常。

表 3-6-5 水管式沉降仪测点 GS3-01～GS3-04 沉降特征值统计

| 设计编号 | 埋设位置 | 高程/m | 埋设日期 | 最小值 | | 最大值 | | 变幅/mm | 当前值(2021-10-17)/mm |
|---|---|---|---|---|---|---|---|---|---|
| | | | | 测量值/mm | 出现日期 | 测量值/mm | 出现日期 | | |
| GS3-01 | 坝 0+120,坝下 0+004 | 993.447 | 2019-03-26 | 204.5 | 2020-05-20 | 246.6 | 2021-07-14 | 42.1 | 246.6 |
| GS3-02 | 坝 0+120,坝下 0+033 | 993.157 | 2019-03-26 | 142.9 | 2020-05-20 | 174.4 | 2021-07-14 | 31.5 | 174.4 |
| GS3-03 | 坝 0+120,坝下 0+065 | 992.837 | 2019-03-26 | 129.3 | 2020-05-20 | 159.8 | 2021-07-14 | 30.5 | 159.8 |
| GS3-04 | 坝 0+120,坝下 0+100 | 992.487 | 2019-03-26 | 99.8 | 2020-05-20 | 159.8 | 2021-07-09 | 60.0 | 123.5 |

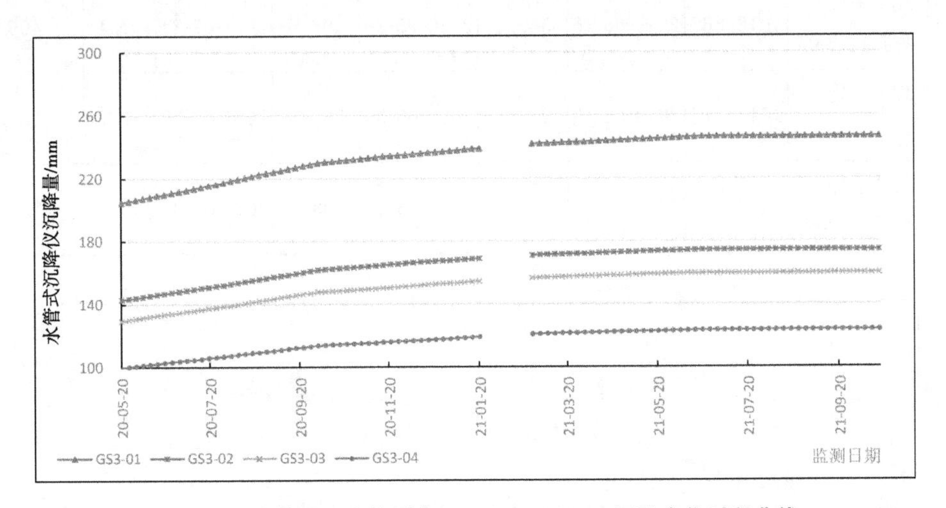


图 3-6-7 水管式沉降仪测点 GS3-01～GS3-04 沉降变化时程曲线

(4)水管式沉降仪 GS4-01～GS4-03 位移。

水管式沉降仪 GS4-01～GS4-03 接入观测房 4,管线位于坝 0+160,高程大致位于 1012 m,于 2020 年 5 月 20 日第一次观测。大坝坝体已填筑完成,正在施工上游混凝土面板,坝体沉降速率相对较小,但还未趋于收敛稳定,至 2021 年 3 月后的数据显示沉降趋于稳定。

水管式沉降仪 GS4-01～GS4-03 特征表见表 3-6-6,沉降变化时程曲线见图 3-6-8,当前水管式沉降仪 GS4-01～GS4-03 位移值介于 117.6～328.8 mm 之间,最大值为 GS4-01,最小值为 GS4-03,大坝沉降速率已趋于平缓,沉降正常。

表 3-6-6 水管式沉降仪测点 GS4-01～GS4-03 沉降特征值统计

| 设计编号 | 埋设位置 | 高程/m | 埋设日期 | 最小值 | | 最大值 | | 变幅/mm | 当前值(2021-10-17)/mm |
|---|---|---|---|---|---|---|---|---|---|
| | | | | 测值/mm | 出现日期 | 测值/mm | 出现日期 | | |
| GS4-01 | 坝 0+160,坝下 0+004 | 1012.867 | 2019-06-16 | 275.9 | 2020-05-20 | 328.8 | 2021-08-13 | 52.9 | 328.8 |
| GS4-02 | 坝 0+160,坝下 0+033 | 1012.577 | 2019-06-16 | 166.0 | 2020-05-20 | 197.9 | 2021-08-13 | 31.9 | 197.9 |

续表

| 设计编号 | 埋设位置 | 高程/m | 埋设日期 | 最小值 | | 最大值 | | 变幅/mm | 当前值(2021-10-17)/mm |
|---|---|---|---|---|---|---|---|---|---|
| | | | | 测值/mm | 出现日期 | 测值/mm | 出现日期 | | |
| GS4-03 | 坝 0+160，坝下 0+065 | 1012.257 | 2019-06-16 | 93.8 | 2020-05-20 | 117.6 | 2021-08-13 | 23.8 | 117.6 |

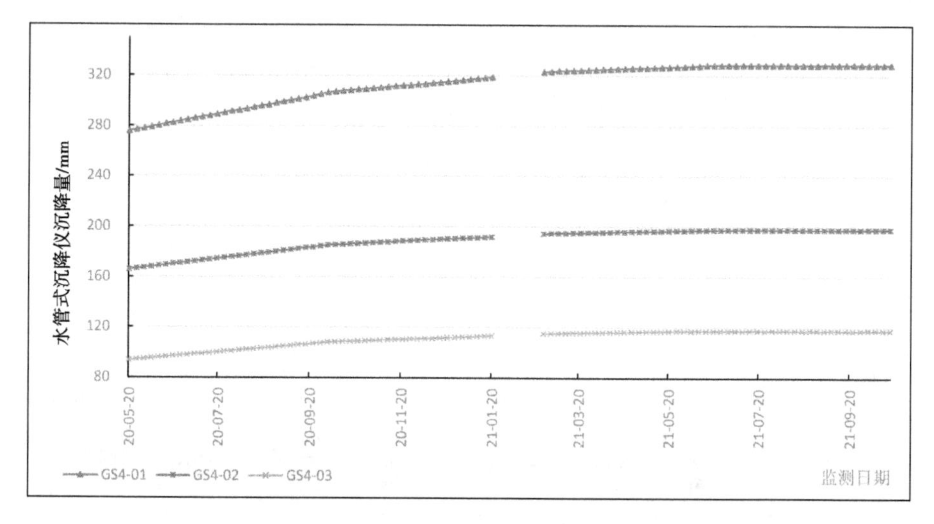


**图 3-6-8　水管式沉降仪测点 GS4-01～GS4-03 沉降变化时程曲线**

通过 GS2 和 GS3 对比分析可知，实测的不同高程相对垂直位移，总体呈沉降趋势。GS1 沉降最大点在 GS1-3，GS2～GS4 沉降最大点均发生在靠心墙下游侧过渡料中，由于 GS1 对应的坝 0+060.000 坝体断面是凹型的，上下游高程低，心墙部位高程高，其余监测断面均为心墙处坝体高程最低，因此实测的数据与坝体断面是吻合的，说明监测数据是合理的。

2）沉降磁环。

沉降磁环 SE1～SE4 沉降特征值见表 3-6-7，沉降变化时程曲线见图 3-6-9，沉降磁环 SE1～SE4 沉降量值介于 308.0～579.0 mm 之间，最大值为 SE3，最小值为 SE1，整体内部沉降已趋于平缓。

**表 3-6-7　沉降磁环 SE1～SE4 沉降特征值统计**

| 设计编号 | 埋设位置 | 高程/m | 埋设日期 | 最小值 | | 最大值 | | 变幅/mm | 当前值(2021-10-17)/mm |
|---|---|---|---|---|---|---|---|---|---|
| | | | | 测值/mm | 出现日期 | 测值/mm | 出现日期 | | |
| SE1 | 坝 0+060.00 坝下 0+008.50 | 1039.00 | 2020-01-21 | 226.0 | 2020-01-21 | 308.0 | 2021-10-17 | 82.0 | 308.0 |
| SE2 | 坝 0+060.00 坝下 0+085.00 | 1013.00 | 2019-06-26 | 286.0 | 2019-06-26 | 362.0 | 2021-10-17 | 76.0 | 358.0 |
| SE3 | 坝 0+120.00 坝下 0+008.50 | 1039.00 | 2020-01-01 | 417.0 | 2020-01-01 | 579.0 | 2021-10-17 | 162.0 | 579.0 |
| SE4 | 坝 0+120.00 坝下 0+085.00 | 1013.00 | 2020-06-18 | 266.0 | 2020-06-18 | 373.0 | 2021-10-17 | 107.0 | 373.0 |

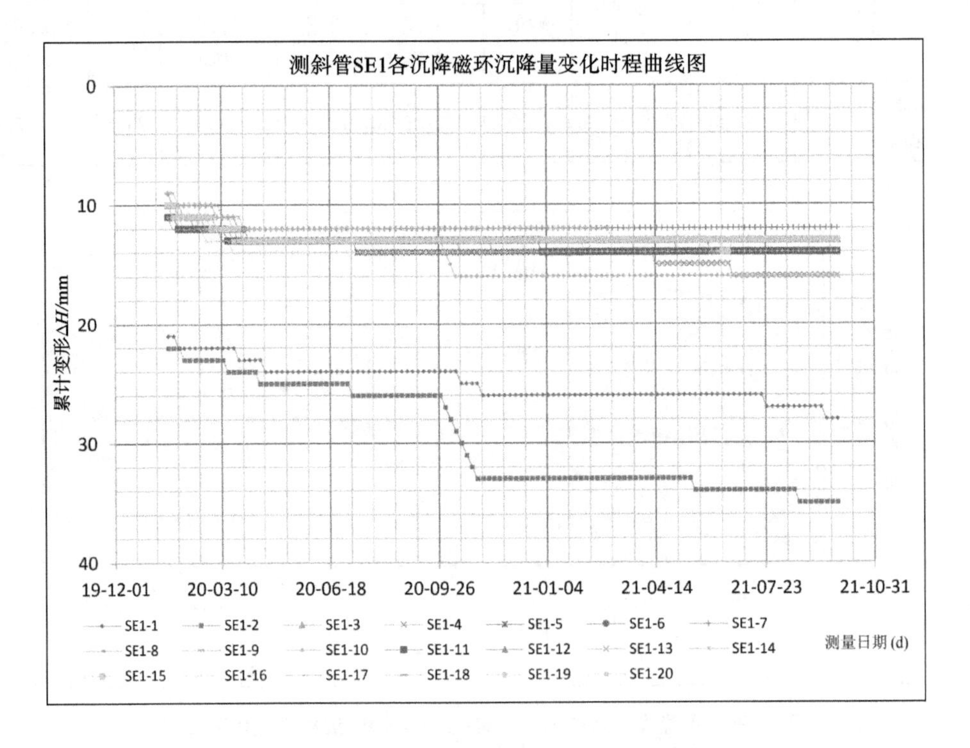


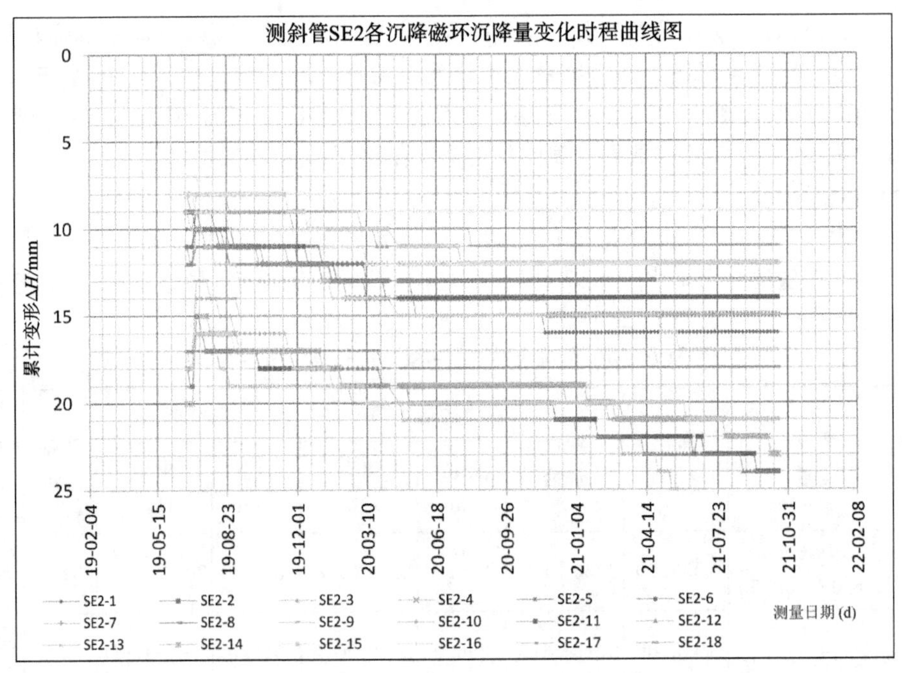


**图 3-6-9 沉降磁环 SE1～SE4 沉降变化曲线**

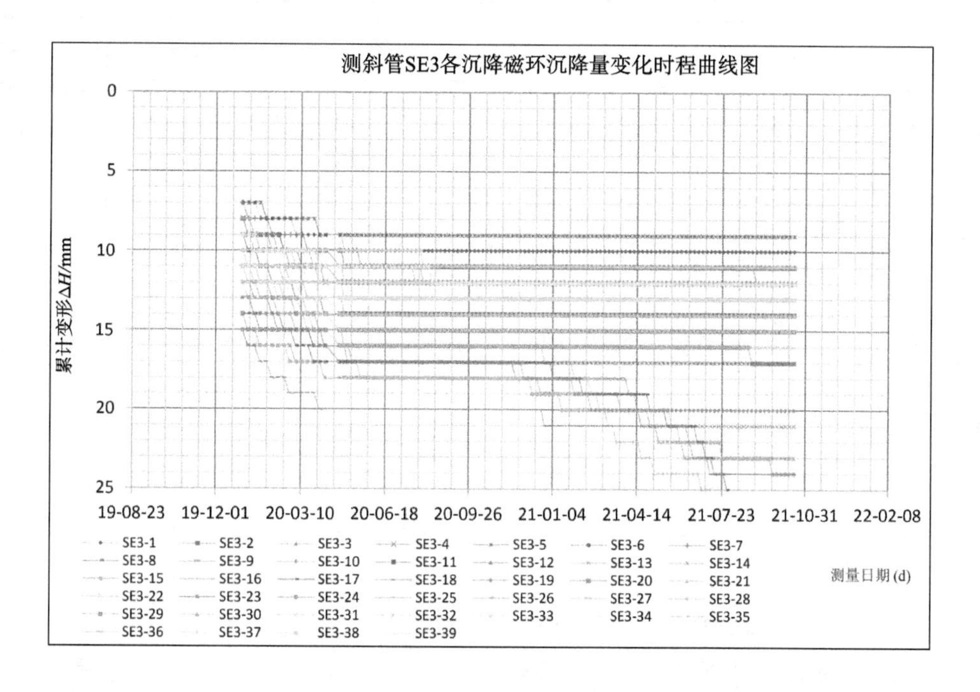


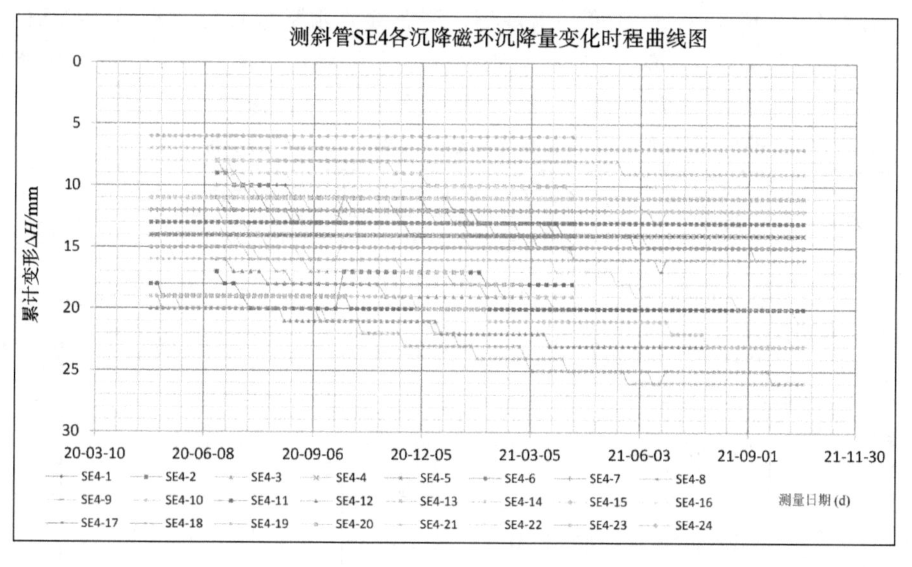


**续图 3-6-9**

从表 3-6-8 中可以看出水管式沉降仪沉降变形小于电磁沉降环沉降变形。

**2. 坝体水平位移**

1)引张式水平位移计。

引张线水平位移计 993 m 高程(YS3)大坝内部部分于 2019 年 3 月 26 日施工埋设,1012 m 高程(YS1、YS2、YS4)大坝内部部分于 2019 年 6 月 14 日施工埋设,观测房内部分于 2020 年 5 月 20 日安装调试完成。

表 3-6-8　1013.0 m 高程水管式沉降仪与电磁沉降环监测变形比较

| 监测设备 | 设计编号 | 埋设位置 | 高程/m | 埋设日期 | 最小值 | | 最大值 | | 变幅/mm | 当前值(2021-10-17)/mm |
|---|---|---|---|---|---|---|---|---|---|---|
| | | | | | 测值/mm | 出现日期 | 测值/mm | 出现日期 | | |
| 水管式沉降仪 | GS1-03 | 坝 0+061，坝下 0+065 | 1012.257 | 2019-06-16 | 239.4 | 2020-05-20 | 288.5 | 2021-06-19 | 49.1 | 288.5 |
| 电磁沉降环 | SE2 | 坝 0+060.00 坝下 0+085.00 | 1013.00 | 2019-06-26 | 286.0 | 2019-06-26 | 362.0 | 2021-10-17 | 76.0 | 358.0 |
| 水管式沉降仪 | GS2-03 | 坝 0+121，坝下 0+065 | 1012.257 | 2019-06-16 | 256.0 | 2020-05-20 | 308.6 | 2021-07-29 | 52.6 | 308.6 |
| 电磁沉降环 | SE4 | 坝 0+120.00 坝下 0+085.00 | 1013.00 | 2020-06-18 | 266.0 | 2020-06-18 | 373.0 | 2021-10-17 | 107.0 | 373.0 |

(1)引张线式水平位移计 YS1-01～YS1-03 位移。

引张线式水平位移计 YS1-01～YS1-03 接入观测房 1，管线位于坝 0＋060，高程大致位于 1012 m，于 2020 年 5 月 20 日第一次观测。引张线式水平位移计 YS1-01～YS1-03 特征值见表 3-6-9，过程图见图 3-6-10，当前引张线式水平位移计 YS1-01～YS1-03 位移值介于 1.8～1.9 mm 之间，最大值为 YS1-01，最小值为 YS1-03，整体深层水平位移较小。

表 3-6-9　引张线式水平位移计测点 YS1-01～YS1-03 位移特征值统计

| 设计编号 | 埋设位置 | 高程/m | 埋设日期 | 最小值 | | 最大值 | | 变幅/mm | 当前值(2021-10-17)/mm |
|---|---|---|---|---|---|---|---|---|---|
| | | | | 测量值/mm | 出现日期 | 测量值/mm | 出现日期 | | |
| YS1-01 | 坝 0+060，坝下 0+004 | 1012.867 | 2019-06-16 | 0.0 | 2020-05-20 | 1.9 | 2021-05-15 | 1.9 | 1.9 |
| YS1-02 | 坝 0+060，坝下 0+033 | 1012.577 | 2019-06-16 | 0.0 | 2020-05-20 | 1.9 | 2021-05-30 | 1.9 | 1.9 |
| YS1-03 | 坝 0+060，坝下 0+065 | 1012.257 | 2019-06-16 | 0.0 | 2020-05-20 | 1.8 | 2021-05-05 | 1.8 | 1.8 |

(2)引张线式水平位移计 YS2-01～YS2-03 位移。

引张线式水平位移计 YS2-01～YS2-04 接入观测房 2，管线位于坝 0＋120，高程大致位于 1012 m，于 2020 年 5 月 20 日第一次观测。

引张线式水平位移计 YS2-01～YS2-03 特征值见表 3-6-10，沉降变化曲线图见图 3-6-11，当前引张线式水平位移计 YS2-01～YS2-03 位移值介于 2.0～2.2 mm 之间，最大值为 YS2-01，最小值为 YS2-02，整体深层水平位移较小。

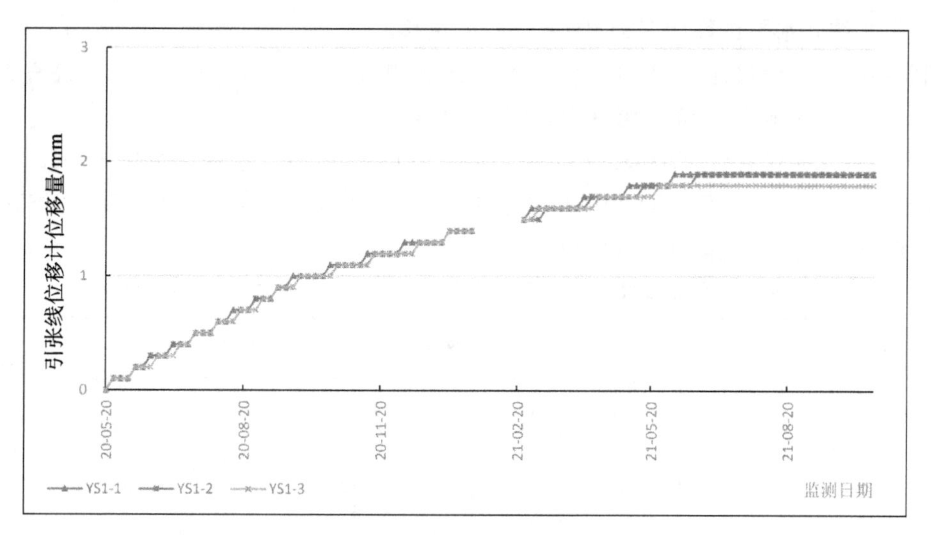


图 3-6-10　引张线式水平位移计测点 YS1-01～YS1-03 位移变化曲线

表 3-6-10　引张线式水平位移计测点 YS2-01～YS2-03 位移特征值统计

| 设计编号 | 埋设位置 | 高程/m | 埋设日期 | 最小值 | | 最大值 | | 变幅/mm | 当前值(2021-10-17)/mm |
|---|---|---|---|---|---|---|---|---|---|
| | | | | 测量值/mm | 出现日期 | 测量值/mm | 出现日期 | | |
| YS1-01 | 坝0+120，坝下0+004 | 1012.867 | 2019-06-16 | 0.0 | 2020-05-20 | 2.2 | 2021-05-30 | 2.2 | 2.2 |
| YS1-02 | 坝0+120，坝下0+033 | 1012.577 | 2019-06-16 | 0.0 | 2020-05-20 | 2.0 | 2021-05-10 | 2.0 | 2.0 |
| YS1-03 | 坝0+120，坝下0+065 | 1012.257 | 2019-06-16 | 0.0 | 2020-05-20 | 2.0 | 2021-04-30 | 2.0 | 2.0 |

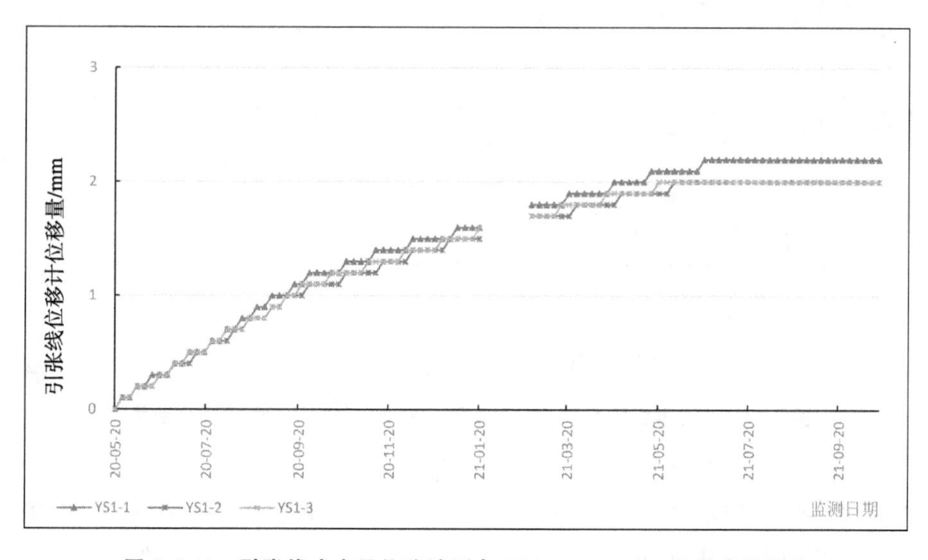


图 3-6-11　引张线式水平位移计测点 YS2-01～YS2-03 位移变化曲线

(3)引张线式水平位移计 YS3-01～YS3-04 位移。

引张线式水平位移计 YS3-01～YS3-04 接入观测房 3，管线位于坝 0＋120，高程大致位于 993 m，于 2020 年 5 月 20 日第一次观测。

引张线式水平位移计 YS3-01～YS3-04 特征表见表 3-6-11，过程图见图 3-6-12，当前引张线式水平位移计 YS3-01～YS3-04 位移值介于 2.6～2.7 mm 之间，最大值为 YS3-03，最小值为 YS3-01，整体深层水平位移较小。

**表 3-6-11 引张线式水平位移计测点 YS3-01～YS3-04 位移特征值统计**

| 设计编号 | 埋设位置 | 高程/m | 埋设日期 | 最小值 | | 最大值 | | 变幅/mm | 当前值(2021-10-17)/mm |
|---|---|---|---|---|---|---|---|---|---|
| | | | | 测值/mm | 出现日期 | 测值/mm | 出现日期 | | |
| YS3-01 | 坝 0＋120，坝下 0＋004 | 993.447 | 2019-03-26 | 0.0 | 2020-05-20 | 2.6 | 2021-05-25 | 2.6 | 2.6 |
| YS3-02 | 坝 0＋120，坝下 0＋033 | 993.157 | 2019-03-26 | 0.0 | 2020-05-20 | 2.6 | 2021-05-20 | 2.6 | 2.6 |
| YS3-03 | 坝 0＋120，坝下 0＋065 | 992.837 | 2019-03-26 | 0.0 | 2020-05-20 | 2.7 | 2021-05-25 | 2.7 | 2.7 |
| YS3-04 | 坝 0＋120，坝下 0＋100 | 992.487 | 2019-03-26 | 0.0 | 2020-05-20 | 2.7 | 2021-04-30 | 2.7 | 2.6 |

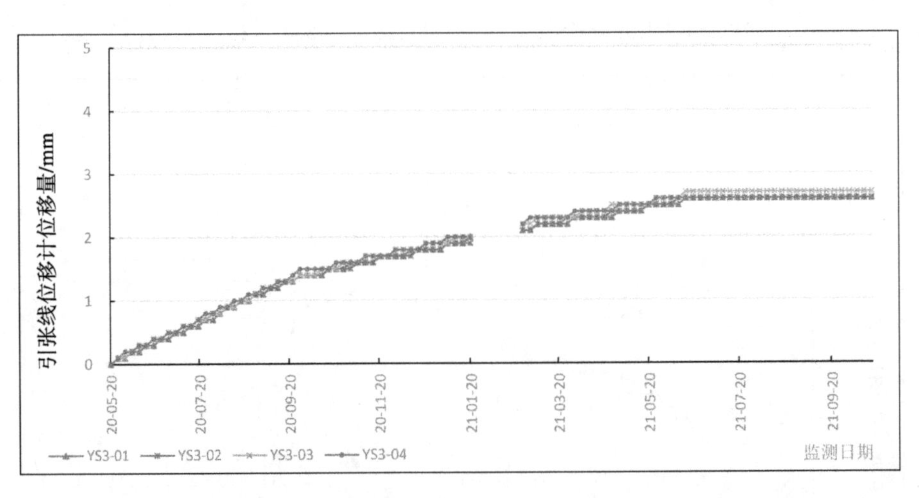


**图 3-6-12 引张线式水平位移计测点 YS3-01～YS3-04 位移变化曲线**

(4)引张线式水平位移计 YS4-01～YS4-03 位移。

引张线式水平位移计 YS4-01～YS4-03 接入观测房 4，管线位于坝 0＋120，高程大致位于 1012 m，于 2020 年 5 月 20 日第一次观测。

引张线式水平位移计 YS4-01～YS4-03 特征表见表 3-6-12，过程图见图 3-6-13，当前引张线式水平位移计 YS4-01～YS4-03 位移值介于 1.9～2.0 mm 之间，最大值为 YS4-01，最小值为 YS4-02，整体深层水平位移较小。

**表 3-6-12　引张线式水平位移计测点 YS4-01～YS4-03 位移特征值统计**

| 设计编号 | 埋设位置 | 高程/m | 埋设日期 | 最小值 | | 最大值 | | 变幅/mm | 当前值(2021-10-17)/mm |
|---|---|---|---|---|---|---|---|---|---|
| | | | | 测量值/mm | 出现日期 | 测量值/mm | 出现日期 | | |
| YS4-01 | 坝 0+120，坝下 0+004 | 1012.867 | 2019-06-16 | 0.0 | 2020-05-20 | 2.0 | 2021-05-25 | 2.0 | 2.0 |
| YS4-02 | 坝 0+120，坝下 0+033 | 1012.577 | 2019-06-16 | 0.0 | 2020-05-20 | 1.9 | 2021-04-25 | 1.9 | 1.9 |
| YS4-03 | 坝 0+120，坝下 0+065 | 1012.257 | 2019-06-16 | 0.0 | 2020-05-20 | 1.9 | 2021-05-25 | 1.9 | 1.9 |

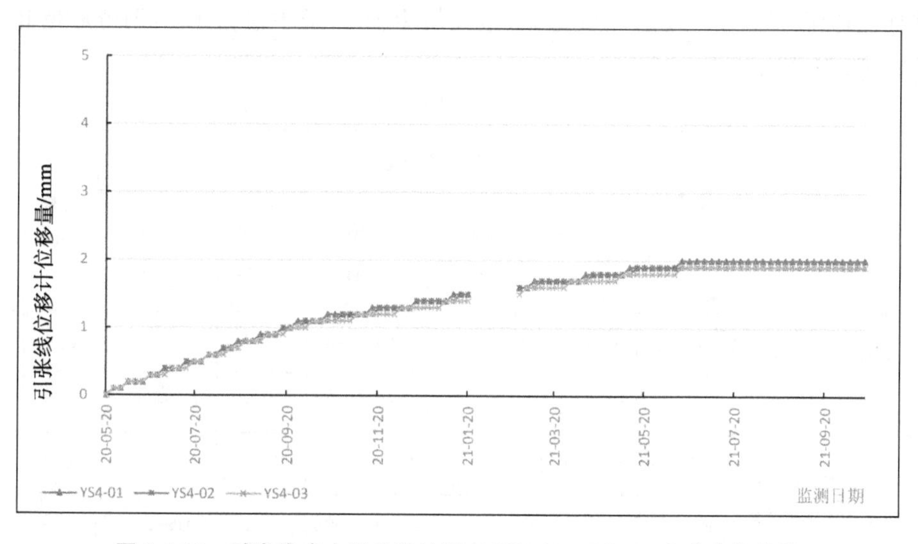


**图 3-6-13　引张线式水平位移计测点 YS4-01～YS4-03 位移变化曲线**

采用引张线式水平位移计监测时，由于目前尚未进行下闸蓄水，坝体水平位移值均相对较小。随着时间增长，2021 年 7 月前同一位置的水平位移的增长速率较小，但水平位移一直在增加未趋于稳定，2021 年 7 月后基本趋于收敛稳定。

2)垂直固定式测斜仪。

垂直固定式测斜仪 FIN01～FIN07 于 2019 年 10 月 20 日开始观测。垂直固定式测斜仪 FIN01～FIN07 特征表见表 3-6-13，倾斜变化时程曲线图见图 3-6-14，当前垂直固定式测斜仪 FIN01～FIN07 运行稳定，累计倾斜值最大为 2.4 mm，倾斜量较小，目前大坝变形未见异常，大坝深层稳定。从图 3-6-14 可以看出，采用垂直固定式测斜仪时，坝体水平位移随着坝体高度增加逐渐加大；在同一高程，坝体水平位移随着时间增长逐步增加。

表 3-6-13 垂直固定式测斜仪 FIN01～FIN07 倾斜特征值统计

| 设计编号 | 埋设位置 | 高程/m | 埋设日期 | 各测点累计最小值 | | 各测点累计最大值 | | 变幅/mm | 当前值(2021-10-20)/mm |
|---|---|---|---|---|---|---|---|---|---|
| | | | | 测量值/mm | 出现日期 | 测量值/mm | 出现日期 | | |
| FIN01 | 坝 0+121 坝 | 970 | 2019-10-20 | 0.00 | 2019-10-20 | 0.2 | 2021-10-20 | 0.2 | 0.2 |
| FIN02 | | 980 | 2019-10-20 | 0.00 | 2019-10-20 | 0.5 | 2021-10-20 | 0.5 | 0.5 |
| FIN03 | | 990 | 2019-10-20 | 0.00 | 2019-10-20 | 1.0 | 2021-10-20 | 1.0 | 1.0 |
| FIN04 | | 1000 | 2019-10-20 | 0.00 | 2019-10-20 | 1.5 | 2021-10-20 | 1.5 | 1.5 |
| FIN05 | | 1010 | 2019-10-20 | 0.00 | 2019-10-20 | 1.6 | 2021-10-20 | 1.6 | 1.6 |
| FIN06 | | 1020 | 2019-10-20 | 0.00 | 2019-10-20 | 2.0 | 2021-10-20 | 2.0 | 2.0 |
| FIN07 | | 1030 | 2019-10-20 | 0.00 | 2019-10-20 | 2.4 | 2021-10-20 | 2.4 | 2.4 |

**3. 沥青混凝土心墙变形**

1)单向位错计。

位错计测点 JD1～JD4 于 2018 年 11 月 30 日第一次观测。

位错计测点 JD1～JD4 特征表见表 3-6-14,位移变化时程曲线见图 3-6-15,当前三向界面位移计位移值介于 1.9～8.4 mm 之间,最大值为 JD1,最小值为 JD3,沥青心墙和下游回填料整体位错量较小。

表 3-6-14 位错计测点 JD1～JD4 位移特征值统计

| 设计编号 | 埋设位置 | 高程/m | 埋设日期 | 最小值 | | 最大值 | | 变幅/mm | 当前值(2021-06-19)/mm |
|---|---|---|---|---|---|---|---|---|---|
| | | | | 测量值/mm | 出现日期 | 测量值/mm | 出现日期 | | |
| JD1 | 坝 0+120.00 心墙上游表面 | ▽1011.00 | 2019-05-31 | 0.3 | 2019-05-31 | 9.7 | 2021-04-10 | 9.4 | 8.4 |
| JD2 | | ▽991.00 | 2019-03-06 | 0.5 | 2019-03-06 | 3.3 | 2019-11-12 | 2.8 | 2.1 |
| JD3 | 坝 0+078.455 坝下 0+004.00 | ▽1011.00 | 2019-05-31 | 0.4 | 2019-05-31 | 2.3 | 2021-01-10 | 2.0 | 1.9 |
| JD4 | | ▽991.00 | 2019-03-06 | 0.5 | 2019-03-06 | 3.4 | 2019-11-17 | 2.8 | 3.1 |

心墙与两侧过渡料间的变形关系主要受其变形模量影响。仪器埋设后,随着心墙填筑高程上升,下部沥青混凝土温度趋于稳定,变形相对较小,过渡料沉降量增大,此时仪器表现为相对受拉,压缩量相应会减少,与三向界面位移计组的心墙压缩位移监测资料是吻合的。JD1 位错计的读数明显比其他大比较多,待下闸蓄水后获得更多的监测数据需进一步分析这两个监测点数据是否有异常。

2)三向界面位移计。

三向界面位移计测点 $J_1^3$～$J_4^3$ 于 2018 年 11 月 30 日第一次观测。三向界面位移计测点 $J_1^3$～$J_4^3$ 特征值见表 3-6-15,位移变化时程曲线见图 3-6-16,当前三向界面位移计位移值介于 2.4～22.3 mm 之间,最大值为 $J_4^3$-JD,最小值为 $J_3^3$-JM,整体界面位移较小。

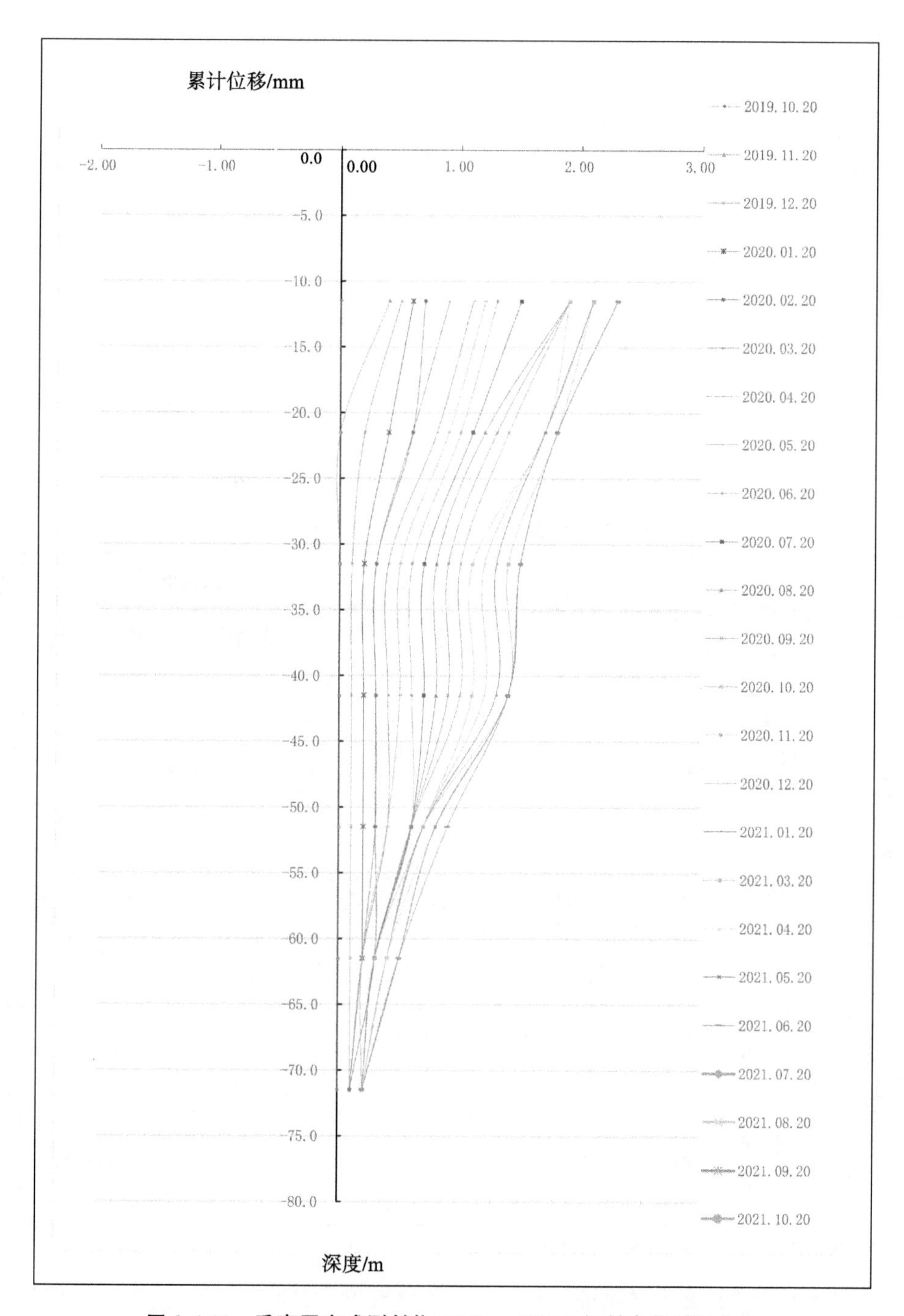


**图 3-6-14 垂直固定式测斜仪 FIN01～FIN07 倾斜变化时程曲线**

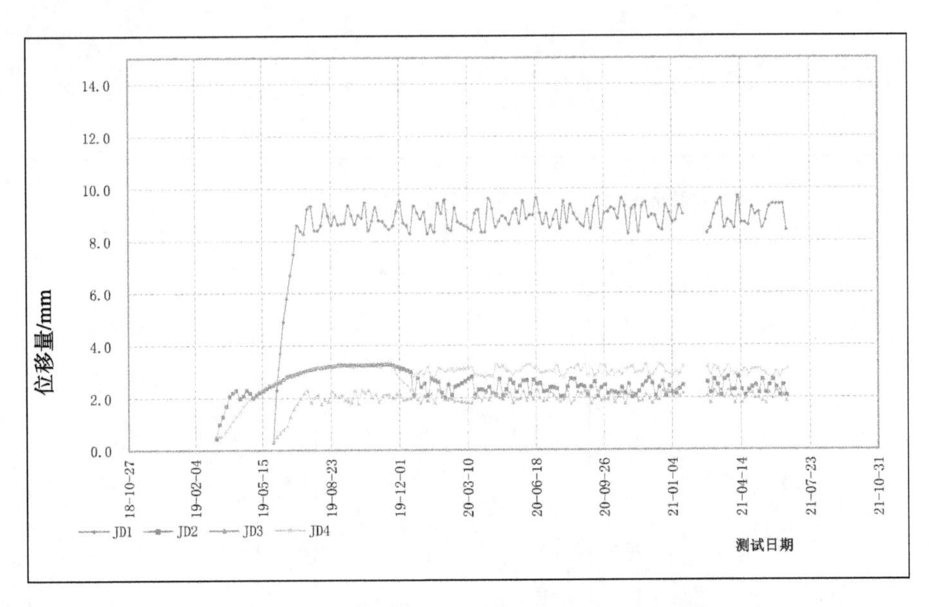


**图 3-6-15　位错计测点 JD1～JD4 位移变化时程曲线**

**表 3-6-15　三向界面位移计测点 $J_1^3$～$J_4^3$ 位移特征值统计**

| 设计编号 | 埋设位置 | 高程/m | 埋设日期 | 最小值 | | 最大值 | | 变幅/MPa | 当前值(2021-10-17)/mm |
|---|---|---|---|---|---|---|---|---|---|
| | | | | 测量值/mm | 出现日期 | 测量值/mm | 出现日期 | | |
| J3(1)-JD | 坝 0+062.866<br>坝下 0+004.00 | ▽1000.00 | 2019-05-01 | 0.2 | 2019-05-01 | 5.2 | 2019-05-01 | 5.0 | 5.0 |
| J3(1)-JM | | | | 1.2 | 2019-05-01 | 11.4 | 2019-05-01 | 10.2 | 11.4 |
| J3(1)-JI | | | | 0.2 | 2019-05-01 | 7.5 | 2019-05-01 | 7.3 | 6.8 |
| J3(2)-JD | 坝 0+078.455<br>坝下 0+004.00 | ▽960.00 | 2018-11-30 | 1.5 | 2018-11-30 | 7.2 | 2018-11-30 | 5.8 | 6.3 |
| J3(2)-JM | | | | 1.0 | 2018-11-30 | 4.1 | 2018-11-30 | 3.1 | 4.0 |
| J3(2)-JI | | | | 1.2 | 2018-11-30 | 9.5 | 2018-11-30 | 8.3 | 9.1 |
| J3(3)-JD | 坝 0+124.866<br>坝下 0+004.00 | ▽960.00 | 2018-11-30 | 1.5 | 2018-11-30 | 6.0 | 2018-11-30 | 4.5 | 5.4 |
| J3(3)-JM | | | | 0.3 | 2018-11-30 | 2.7 | 2018-11-30 | 2.4 | 2.4 |
| J3(3)-JI | | | | 1.7 | 2018-11-30 | 5.2 | 2018-11-30 | 3.5 | 5.1 |
| J3(4)-JD | 坝 0+182.627<br>坝下 0+004.00 | ▽1000.00 | 2019-05-01 | 1.3 | 2019-05-01 | 22.5 | 2019-05-01 | 21.2 | 22.3 |
| J3(4)-JM | | | | 0.2 | 2019-05-01 | 8.7 | 2019-05-01 | 8.5 | 8.6 |
| J3(4)-JI | | | | 0.3 | 2019-05-01 | 3.8 | 2019-05-01 | 3.6 | 3.0 |

注:JD 为界面剪切位移计(错位计),JM 为开合度界面位移计(侧缝计),JI 为耐高温压缩应变位移计。

从三向界面位移计测点数据表(表 3-6-15)可以看出,在同一高程,左岸心墙压缩位移值明显比右岸的大,与左岸心墙基础坐落在强风化上,右岸心墙基础坐落在弱风化基础上的地质差异是吻合的。J3(4)-JD 位错计的读数明显比其他大比较多,待下闸蓄水后获得更多的监测数据需进一步分析这两个监测点数据是否有异常。

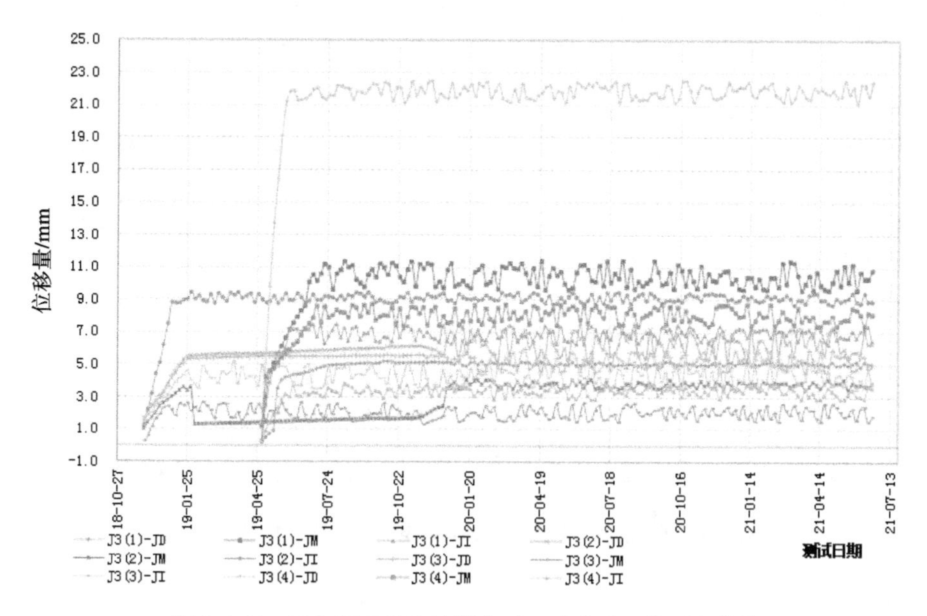


图 3-6-16　三向界面位移计测点 $J_1^3$～$J_4^3$ 位移变化时程曲线

## 6.2.3　应力、应变监测

### 1. 土压力计

由于心墙的主要荷载是墙体承受上游坝体侧向荷载及水压力，并把受力传递到下游坝壳。因此监测心墙传递到下游坝壳的水平荷载可以评估心墙的受力情况。为监测沥青混凝土心墙的应力情况，利用压应力计监测心墙传递到过渡料层上的压应力。土压力计测点M01～M07于2018年11月30日第一次观测。土压力计测点M01～M07特征值见表3-6-16，应力变化时程曲线见图3-6-17，当前土压力计压力值值介于411.6～1391.6 kPa之间，最大值为M02，最小值为M03，整体载荷正常。过程表明：

(1)仪器均为受压状态，沥青心墙与过渡料之间紧密结合。

(2)心墙的压应力随心墙的上升而不断增大，且其增长规律与心墙高程上升情况吻合。

(3)压力与仪器埋设高程反相关，埋设高程越低压力越大。

表 3-6-16　土压力计测点 M01～M07 应力特征值统计

| 设计编号 | 埋设位置 | 高程/m | 埋设日期 | 最小值 | | 最大值 | | 变幅/kPa | 当前值(2021-10-17)/kPa |
|---|---|---|---|---|---|---|---|---|---|
| | | | | 测量值/kPa | 出现日期 | 测量值/kPa | 出现日期 | | |
| M01 | 坝0+121.00心墙上游表面 | ▽991.00 | 2019-03-06 | 7.8 | 2019-03-06 | 999.6 | 2019-03-06 | 991.8 | 999.6 |
| M02 | | ▽971.00 | 2018-11-30 | 8.1 | 2018-11-30 | 1391.6 | 2018-11-30 | 1383.5 | 1391.6 |
| M03 | 坝0+121.00心墙下游表面 | ▽1021.00 | 2019-08-14 | 235.2 | 2019-08-14 | 411.6 | 2019-08-14 | 176.4 | 411.6 |
| M04 | | ▽1006.00 | 2019-05-11 | 4.5 | 2019-05-11 | 705.6 | 2019-05-11 | 701.1 | 705.6 |
| M05 | | ▽991.00 | 2019-03-06 | 4.9 | 2019-03-06 | 999.6 | 2019-03-06 | 994.7 | 999.6 |
| M06 | | ▽986.00 | 2019-01-20 | 7.4 | 2019-01-20 | 1097.6 | 2019-01-20 | 1090.2 | 1097.6 |
| M07 | | ▽971.00 | 2018-11-30 | 7.8 | 2018-11-30 | 1391.6 | 2018-11-30 | 1383.8 | 1391.6 |

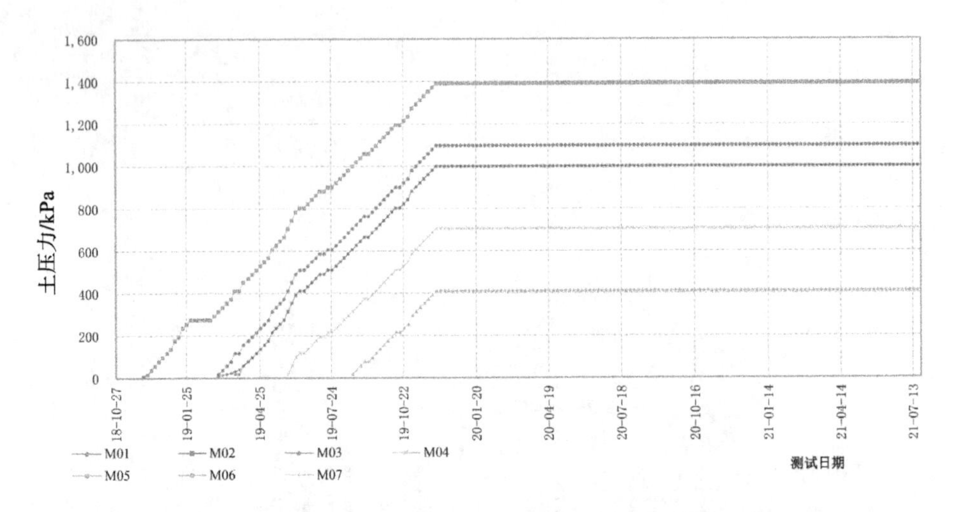


图 3-6-17　土压力计测点 M01～M07 应力变化时程曲线

**2. 基座钢筋计**

钢筋计测点 AS1～AS6 于 2018 年 6 月 25 日第一次观测。

钢筋计 AS1～AS6 特征值见表 3-6-17，过程图见图 3-6-18，当前钢筋计载荷值介于 －92.7～28.8 Mpa 之间，最大值为 AS4，最小值为 AS5，整体载荷较小，远小于钢筋抗拉、压强度设计值，说明混凝土基座无裂缝，不影响防渗帷幕的完整性。

表 3-6-17　钢筋应力计 AS1～AS6 应力特征值统计

| 设计编号 | 埋设位置 | 高程/m | 埋设日期 | 最小值 | | 最大值 | | 变幅/MPa | 当前值(2021-06-19)/MPa |
|---|---|---|---|---|---|---|---|---|---|
| | | | | 测量值/MPa | 出现日期 | 测量值/MPa | 出现日期 | | |
| AS1 | 坝 0＋060<br>(坝下 0＋002.00) | ▽1001.180 | 2018-11-21 | 5.6 | 2018-11-21 | 27.8 | 2018-11-21 | 22.2 | 27.4 |
| AS2 | 坝 0＋060<br>(坝下 0＋003.547) | ▽998.180 | 2018-11-21 | －26.4 | 2019-02-24 | 0.3 | 2019-02-24 | 26.7 | －20.2 |
| AS3 | 坝 0＋120<br>(坝下 0＋002.00) | ▽963.000 | 2018-06-25 | 7.8 | 2018-06-25 | 32.0 | 2018-06-25 | 24.2 | 28.8 |
| AS4 | 坝 0＋120<br>(坝下 0＋003.675) | ▽760.000 | 2018-06-25 | －100.4 | 2019-09-08 | 0.0 | 2019-09-08 | 100.4 | －92.7 |
| AS5 | 坝 0＋160<br>(坝下 0＋002.00) | ▽972.230 | 2018-10-11 | －20.5 | 2019-10-18 | －5.7 | 2019-10-18 | 14.8 | －17.6 |
| AS6 | 坝 0＋160<br>(坝下 0＋003.675) | ▽975.320 | 2018-10-11 | －100.4 | 2018-10-11 | 4.6 | 2018-10-11 | 105.0 | 2.8 |

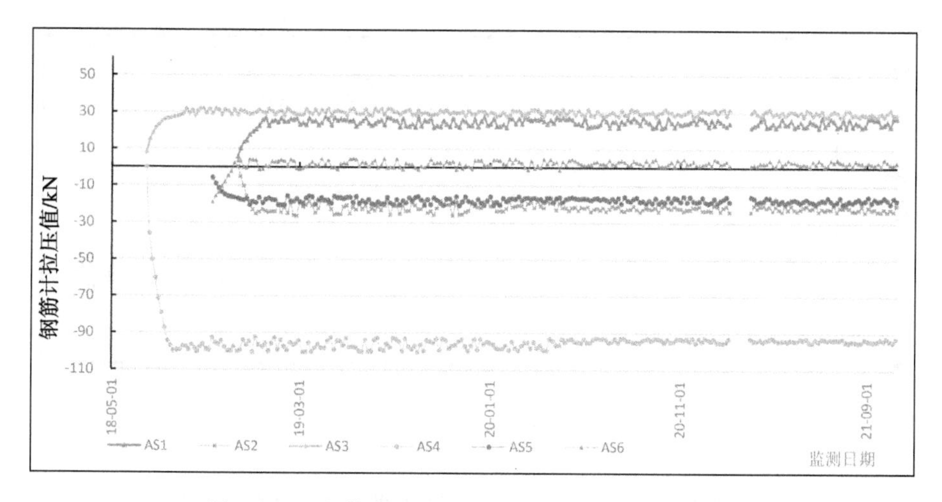


图 3-6-18 钢筋应力计 AS1～AS6 应力变化时程曲线

### 3. 单向应变计

单向应变计测点 SS01～SS09 于 2018 年 11 月 30 日第一次观测。

单向应变计测点 SS01～SS09 特征值见表 3-6-18，应力变化时程曲线见图 3-6-19，当前单向应变计应力值介于 35.9～165.4 με 之间，最大值为 SS05，最小值为 SS06。从监测数据上看，纳达沥青混凝土心墙处于受压状态，应变值趋于稳定无明显变化。

表 3-6-18 单向应变计测点 SS01～SS09 应力特征值统计

| 设计编号 | 埋设位置 | 高程/m | 埋设日期 | 最小值 | | 最大值 | | 变幅/με | 当前值(2021-06-19)/με |
|---|---|---|---|---|---|---|---|---|---|
| | | | | 测量值/με | 出现日期 | 测量值/με | 出现日期 | | |
| SS01 | 坝 0+060.00 心墙下游表面 | ▽990.180 | 2019-03-06 | 132.7 | 2019-03-06 | 151.5 | 2019-03-06 | 18.79 | 144.4 |
| SS02 | | ▽985.180 | 2019-01-20 | 23.3 | 2019-01-20 | 43.2 | 2019-01-20 | 19.90 | 35.9 |
| SS03 | | ▽980.000 | 2019-01-05 | 34.8 | 2019-01-05 | 52.6 | 2019-01-05 | 17.78 | 50.6 |
| SS04 | | ▽975.000 | 2018-12-15 | 31.1 | 2018-12-15 | 46.7 | 2018-12-15 | 15.60 | 44.7 |
| SS05 | | ▽970.230 | 2018-11-30 | 140.5 | 2018-11-30 | 171.5 | 2018-11-30 | 30.99 | 165.4 |
| SS06 | | ▽965.320 | 2018-11-30 | 6.4 | 2018-11-30 | 52.9 | 2018-11-30 | 46.49 | 47.2 |
| SS07 | 坝 0+060.00 心墙下游表面 | ▽990.00 | 2019-03-06 | 80.5 | 2019-03-06 | 107.2 | 2019-03-06 | 26.72 | 97.5 |
| SS08 | | ▽985.00 | 2019-01-20 | 45.6 | 2019-01-20 | 74.5 | 2019-01-20 | 28.92 | 71.1 |
| SS09 | | ▽980.00 | 2019-01-05 | 65.8 | 2019-01-05 | 82.0 | 2019-01-05 | 16.16 | 76.8 |

### 4. 五向应变计

五向应变计测点 $S_1^5$～$S_3^5$ 于 2018 年 11 月 30 日第一次观测。

五向应变计测点 $S_1^5$～$S_3^5$ 特征值见表 3-6-19，应力变化时程曲线见图 3-6-20，当前五向应变计测点应力值值介于 16.1～246.1 με 之间，最大值为 $S_1^5$-4，最小值为 $S_2^5$-4，整体载荷较小。

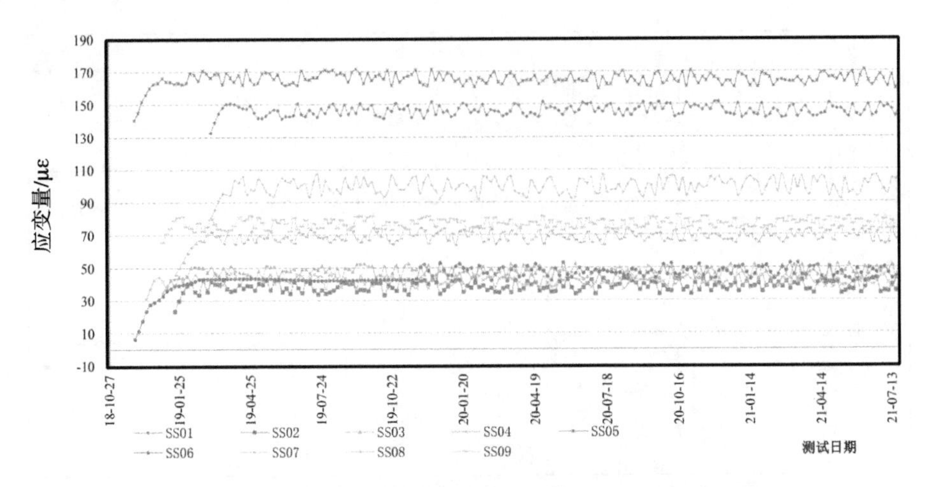


**图 3-6-19 单向应变计测点 SS01～SS09 应力变化时程曲线**

**表 3-6-19 单向应变计测点 $S_1^5$～$S_3^5$ 应力特征值统计**

| 设计编号 | 埋设位置 | 高程/m | 埋设日期 | 最小值 | | 最大值 | | 变幅/με | 当前值(2021-10-17)/με |
|---|---|---|---|---|---|---|---|---|---|
| | | | | 测量值/με | 出现日期 | 测量值/με | 出现日期 | | |
| S5(1)-1 | 坝 0+060.00 坝下 0+003.697 | ▽1001.18 | 2019-05-01 | 162.7 | 2019-05-01 | 239.9 | 2020-11-06 | 77.2 | 238.0 |
| S5(1)2 | | | | 180.4 | 2019-05-01 | 212.6 | 2021-01-05 | 32.2 | 198.7 |
| S5(1)-3 | | | | 162.5 | 2019-05-01 | 214.5 | 2019-07-20 | 52.0 | 204.2 |
| S5(1)-4 | | | | 236.9 | 2019-05-01 | 281.2 | 2021-07-04 | 44.3 | 265.6 |
| S5(1)-5 | | | | 84.2 | 2019-05-01 | 107.5 | 2019-11-12 | 23.3 | 99.6 |
| S5(2)-1 | 坝 0+120.00 坝下 0+003.825 | ▽963.00 | 2018-11-30 | 90.1 | 2018-11-30 | 130.2 | 2020-02-10 | 40.1 | 106.9 |
| S5(2)-2 | | | | 100.5 | 2018-11-30 | 142.7 | 2020-11-21 | 42.2 | 122.3 |
| S5(2)-3 | | | | 81.3 | 2018-11-30 | 128.8 | 2020-11-11 | 47.5 | 115.3 |
| S5(2)-4 | | | | 9.6 | 2018-11-30 | 24.2 | 2021-09-07 | 14.6 | 18.5 |
| S5(2)-5 | | | | 90.2 | 2018-11-30 | 135.7 | 2021-03-01 | 45.5 | 128.2 |
| S5(3)-1 | 坝 0+160.00 坝下 0+003.825 | ▽975.07 | 2018-12-31 | 16.8 | 2019-10-13 | 29.6 | 2021-03-06 | 12.8 | 17.7 |
| S5(3)-2 | | | | 9.6 | 2018-12-31 | 42.9 | 2020-09-17 | 33.3 | 39.3 |
| S5(3)-3 | | | | 19.2 | 2019-05-26 | 40.0 | 2019-03-16 | 20.8 | 26.4 |
| S5(3)-4 | | | | 4.7 | 2019-05-26 | 37.4 | 2021-10-02 | 32.7 | 25.6 |
| S5(3)-5 | | | | 8.5 | 2018-12-31 | 41.8 | 2021-10-07 | 33.3 | 40.6 |

**5. 无应变计**

无应变计测点 N1～N3 于 2018 年 11 月 30 日第一次观测。

无应变计测点 N1～N3 特征值见表 3-6-20，应力变化时程曲线见图 3-6-21，当前无应变计应力值值介于 26.1～79.8 με 之间，最大值为 N1，最小值为 N2，整体载荷较小。

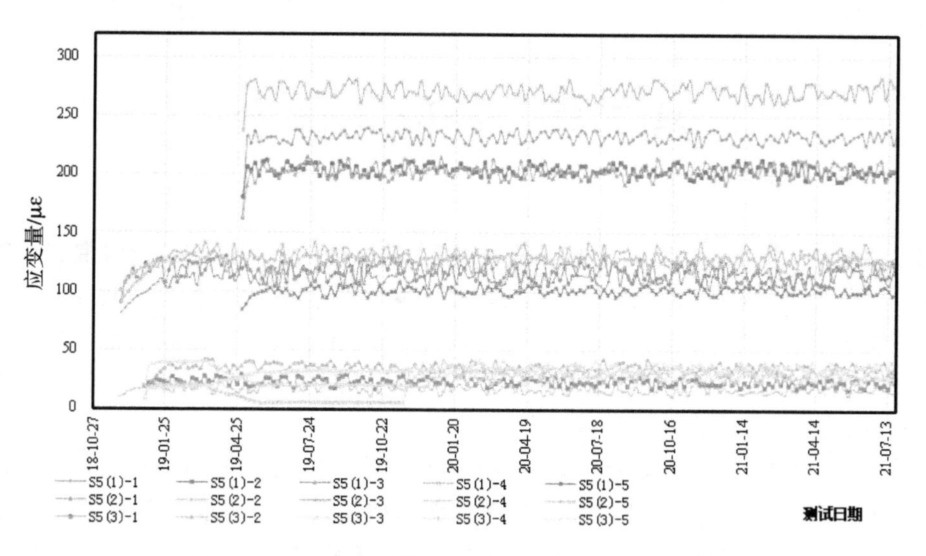


图 3-6-20　五向应变计测点 $S_1^5$～$S_3^5$ 应力变化时程曲线

表 3-6-20　无应变计测点 N1～N3 应力特征值统计

| 设计编号 | 埋设位置 | 高程/m | 埋设日期 | 最小值 | | 最大值 | | 变幅/με | 当前值(2021-10-17)/με |
|---|---|---|---|---|---|---|---|---|---|
| | | | | 测量值/με | 出现日期 | 测量值/με | 出现日期 | | |
| N1 | 坝 0+061.00<br>坝下 0+003.447 | ▽1001.055 | 2019-05-01 | 0.0 | 2021-06-19 | 81.3 | 2021-06-19 | 81.3 | 79.8 |
| N2 | 坝 0+121.00<br>坝下 0+003.575 | ▽962.876 | 2018-11-30 | 0.0 | 2019-11-17 | 43.5 | 2019-11-17 | 43.5 | 29.7 |
| N3 | 坝 0+161.00<br>坝下 0+003.575 | ▽975.195 | 2019-01-05 | 0.0 | 2019-07-05 | 26.4 | 2019-07-05 | 26.4 | 26.1 |

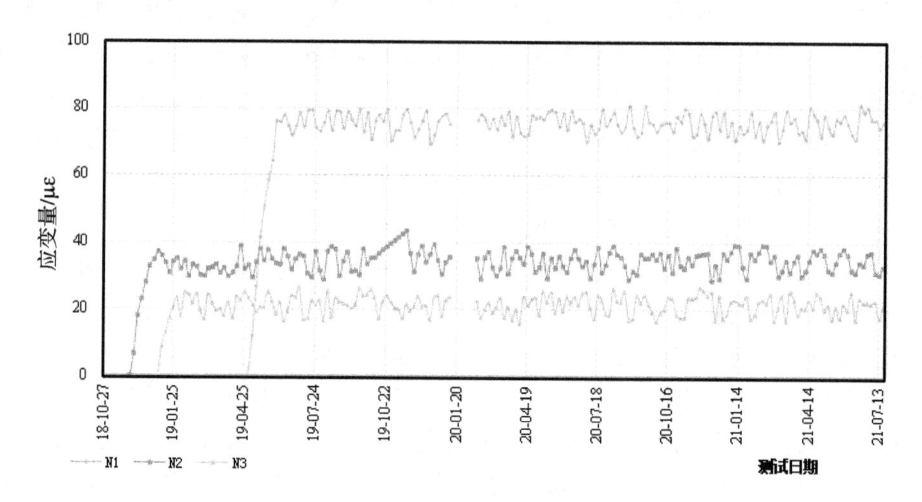


图 3-6-21　无应变计测点 N1～N3 应力变化时程曲线

# 第7章　经验与体会

兴义市纳达水库工程为Ⅲ等中型工程，在挡水坝设计上同时应用了沥青混凝土防渗和全断面土、石软岩筑坝两项新技术，是贵州省第一座利用弃渣填筑、沥青心墙混凝土土石坝最高的中型水库。纳达水库工程导流洞从2016年3月10日开工，至2019年12月18日大坝封顶，2021年12月3日下闸蓄水验收，2022年6月1日开始下闸蓄水。纳达水库大坝的兴建，为类似工程提供了较好的经验和借鉴。

沥青混凝土心墙防渗技术，对于缺少防渗土料的地区来说，是较佳选择。沥青混凝土心墙虽然在国内起步较晚，但随着21世纪初茅坪溪和冶勒等100 m级高坝相继建成，运行良好，其后碾压式沥青混凝土心墙坝得到快速发展。2017年建成了目前国内最高的碾压式沥青混凝土心墙土石坝——去学大坝。这些工程的建设，取得了丰富的工程经验，将有效地推动碾压式沥青混凝土土石坝技术的发展。沥青混凝土心墙防渗以其较佳的防渗性能及无可比拟的适应变形能力，甚至在裂缝产生后的自愈能力，正逐步发展成为土石坝防渗主体结构类型，解决了防渗土料缺乏地区的坝型选择困扰。随着沥青混凝土防渗技术在土石坝工程中的应用发展，也将在节约土地资源、防止水土流失方面取得重要作用。

软岩筑坝技术的应用，打破了坝工界长期以来认为硬岩更适合筑坝的传统观念。这给缺少硬岩地区的筑坝找到了新的思路。同硬岩相比，软岩强度低，软化系数小，但开采方便，碾压后更容易达到较高的密实度，从最早的在坝体下游干燥区采用软岩或风化石渣，到逐步采用全断面软岩筑坝，使得软岩地区的筑坝投资大大减少，切实达到了就地取材、因材设计的土石坝设计原则。纳达水库坝址区岩石具有“软硬相间”和强风化层较厚的地质条件特点，采用传统的软岩堆石料进行设计，石料场仅弱风化砂岩料能采用，料场开采需要对石料进行精挑细选，料场施工难度大，剥采比大，工程投资大。为利用当地建筑材料，节省工程投资，纳达水库大坝充分利用了溢洪道、输水隧洞开挖渣料及混合料场的覆盖层、全、强、弱风化料，采用全断面土、石软岩混合料进行筑坝，在坝料选用上有了进一步的突破。

纳达水库的兴建，对碾压式沥青混凝土心墙防渗技术和软岩筑坝技术有了一定的继承和发展，也希望通过我们的研究为该两项技术的理论发展有所帮助。今后，我们还将加强大坝的安全监测工作，以便更好地掌握大坝的运行情况。

作为全程参与纳达水库大坝设计到建设过程的一员，从坝型选择的迷茫，到不断搜集相关资料、研究相关技术，并开展针对本工程的相关技术研究，直到大坝的成功建设，在取得一些成功经验的同时，在新型筑坝技术的关键问题上也有些切身体会。

作为碾压式沥青混凝土心墙防渗技术，虽然从沥青混凝土本身的特性来讲，是十分理想的防渗材料，但设计不周、施工不当，都会造成渗漏，影响水库蓄水，甚至影响大坝安全。作为大坝防渗心墙来讲，沥青混凝土心墙是薄壁结构，影响其安全的因素较多，一旦渗漏、变形，很难修复。因此，从设计上，要求坝体分区尽可能细化，提出合理的各分区填筑料的设计指标；提出合理的沥青混凝土配合比，使其尽可能兼顾防渗、变形两大主要特性，对施工提出严格的技术要求。施工中，从原材料、搅拌、运输、摊铺和碾压等各个环节，都要严格控制，注意接缝处理，杜绝冷缝的出现。

为了刚度变化更加协调，施工图阶段在上、下游测混合料区与弱风化料区均增加了石渣风化料区，渗透系数亦符合向两侧逐渐变小的趋势，施工图阶段并要求渗透系数小的土料尽量填筑在上游区起到部分防渗的作用，对坝体防渗是有利的。为了加强大坝下游左、右岸岸坡的排水能力，更有利于坝体安全稳定，增设了三条排水带排水。

# 参考文献


[1] 中华人民共和国水利部.土石坝沥青混凝土面板和心墙设计规范:SL501—2010[S].北京:中国水利水电出版社,2010.

[2] 中华人民共和国水利部.水工沥青混凝土施工规范:SL514—2013[S].北京:中国水利水电出版社,2013.

[3] 中华人民共和国水利部.土石坝安全监测技术规范:SL551—2012[S].北京:中国水利水电出版社,2012.

[4] 中水珠江规划勘测设计有限公司.兴义市纳达水库工程下闸蓄水验收设计工作报告[R].广州.2021.

[5] 中水珠江规划勘测设计有限公司.兴义市纳达水库工程初步设计报告(报批稿)5 工程布置及建筑物[R].广州.2017.

[6] 中国葛洲坝集团路桥工程有限公司.兴义市纳达水库工程蓄水鉴定土建工程施工自检报告[R].宜昌.2021.

[7] 水利部珠江水利委员会基本建设工程质量检测中心.兴义市纳达水库工程蓄水安全鉴定工程安全监测自检报告[R].广州.2021.

[8] 中水珠江规划勘测设计有限公司.兴义市纳达水库工程碾压式沥青混凝土心墙施工技术要求[R].广州.2018.

[9] 中水珠江规划勘测设计有限公司.大坝筑坝料施工技术要求[R].广州.2018.

[10] 索丽生,刘宁.水工设计手册 第6卷 土石坝.第2版.[M].北京:中国水利水电出版社,2014.

[11] 杜雷功,王永生.沥青混凝土心墙全断面软岩筑坝技术研究与实践[M].北京:中国电力出版社,2012.

[12] 韩小妹,朱峰,蒋翼,等.碾压式沥青混凝土心墙土石坝筑坝关键技术与实践研究[M].北京:中国水利水电出版社,2019.

[13] 覃新闻,黄小宁,彭立新,等.沥青混凝土心墙设计与施工[M].北京:中国水利水电出版社,2011.

[14] 王柏乐.中国当代土石坝工程[M].北京:中国水利水电出版社,2004.

[15] 荣冠,朱焕春.茅坪溪土石坝沥青混凝土心墙施工期变形分析[J].水利学报,2003(07):115-119,123.

[16] 韩小妹,陈松滨.软岩筑坝技术在官帽舟沥青混凝土心墙土石坝中的探索与研究[J].人民珠江,2015,36(06):87-91.

[17] 朱晟,曹广晶,张超然,等.茅坪溪土石坝安全复核[J].水利学报,2004,(11):124-128.

[18] 祁世京.土石坝碾压式沥青混凝土心墙施工技术[M].北京:中国水利水电出版社,2000.

[19] 张志雄,白伟,项庆伟.观音洞水库沥青混凝土心墙石渣坝设计[J].水利规划与设计.2007(06):49-51,68.

[20] 鞠连义,赵颖华,刘清利.尼尔基沥青混凝土心墙砂砾石主坝设计[J].水力发电.2005

(11):28-29,32.
[21] 熊焰,刘永红,鄢双红.沥青混凝土心墙土石坝工程[J].岩石力学与工程学报.2001(S1):1917-1919.
[22] 王为标,申继红.中国土石坝沥青混凝土心墙简述[J].石油沥青,2002(04):27-31.
[23] 陆永学,时铁城,李娅,李浩瑾.玉滩水库沥青混凝土心墙石渣坝设计[J].水利水电工程设计,2013,32(01):25-28.
[24] 陈惠君,廖大勇.金峰水库沥青混凝土心墙软岩堆石坝设计[J].水利规划与设计,2016(05):81-83.
[25] 詹志兵,杨星晨.石庙子水库沥青混凝土心墙石渣坝坝坡稳定性分析[J].甘肃水利水电技术,2016,52(12):45-48.
[26] 丁立鸿.驮英水库大坝工程沥青混凝土配合比试验[J].广西水利水电,2020(05),5-7,19.
[27] 张超,岳朝俊,吴超,肖天奇.巴基斯坦卡洛特水电站沥青混凝土心墙堆石坝反滤料设计[J].水利水电快报,2021,42(11):39-42.
[28] 朱晟,闻世强.当代沥青混凝土心墙坝的进展[J].人民长江,2004(09):9-11.

# 第 4 篇

# 红河县勐甸水库工程

# 第1章　勐甸水库工程简介与枢纽布置

## 1.1　工程简介

勐甸水库位于云南省红河州红河县境内、勐龙河支流勐甸河下游，是勐龙河流域控制性的骨干水源工程，坝址以上集水面积为59.5 $km^2$，坝址多年平均年径流量3062万立方米，工程任务为农村人畜供水、农业灌溉供水。勐甸水库正常蓄水位646 m，相应库容为931万立方米，死水位630 m，死库容103万立方米，兴利库容828万立方米，总库容1336万立方米。勐甸水库工程规模为中型，工程等别为Ⅲ等，工程由枢纽工程、输水工程组成，其中：枢纽工程主要建筑物包括黏土心墙石碴坝、右岸溢洪道、左岸导流输水隧洞，输水工程主要建筑物包括输水管道及附属设施，工程设计灌溉面积2.016万亩，干管管首设计引用流量1.216 $m^3/s$（其中灌溉1.119 $m^3/s$，生态基流的流量为0.097 $m^3/s$）。

永久性工程主要建筑物（大坝、溢洪道、导流输水隧洞）级别为3级，次要建筑物级别为4级，临时性水工建筑物为5级。大坝坝肩边坡、溢洪道开挖边坡及导流输水隧洞进出口开挖边坡级别为4级。大坝设计洪水标准为50年一遇，校核洪水标准为1000年一遇，消能防冲设计洪水标准为30年一遇。根据《灌溉与排水工程设计规范》（GB50288—99），勐甸灌溉管道的级别由灌溉流量大小确定，本工程输水流量小于5 $m^3/s$，其建筑物级别为5级。

工程区地震动峰值加速度为0.171 g，地震动反应谱特征周期为0.40 s，相应的地震基本烈度为Ⅶ度，工程按Ⅶ度地震设防。

大坝采用黏土心墙石碴坝，坝顶长度355 m，最大坝高44.5 m；溢洪道布置在大坝右岸，控制段长10 m，溢流堰过水净宽15 m，导流输水隧洞布置于大坝左岸。

大坝坝轴线呈直线布置，拦河坝大致垂直河流走向。拦河坝为黏土心墙石碴坝，最大坝高44.5 m，坝顶高程651.90 m，防浪墙顶高程652.9 m，坝顶宽度8 m，坝顶总长355 m。坝体分区由上游至下游依次为上游填筑区、过渡层、黏土心墙、过渡层、下游填筑区、排水棱体组成。坝上游坡分三级，坡比从上至下为1∶2.75，1∶2.75和1∶2；下游分3级坡，坡比从上至下为1∶2.6、1∶2.6、1∶1.75。坝基防渗采用双排帷幕灌浆。

开敞式溢洪道布置在大坝右岸，溢洪道轴线与坝轴线交角为48.21°。溢洪道为单孔宽顶堰，堰顶高程646.0 m，孔口净宽15.0 m，控制段长10 m。溢洪道由进水渠、控制段、泄槽段、消力池等部分组成，全长331.2 m，其中进水渠长114.8 m，泄槽段长192.0 m，消力池长28 m。

导流输水隧洞布置在大坝左岸，由进口段、闸前隧洞有压段、闸门井段、闸后隧洞无压段等部分组成，全长436.6 m。采用竖井式进水口，长13.6 m，隧洞长423 m。导流时进水口底板高程621.1 m，输水时进水口顶高程628.3 m。隧洞出口中心高程613.5 m，隧洞闸门井前108 m隧洞按有压隧洞设计，洞断面形式为圆形，直径2.0 m，闸门井段长5.5 m，井底设置1.8 m×2 m(宽×高)的事故平面检修门一道,闸门井后309.5 m隧洞为2 m×2 m的城门洞型。闸门井为直径4.7 m的圆形断面,高33.4 m。洞身全部采用C25钢筋混凝土衬砌,衬砌厚度40 cm。隧洞导流完毕后,闸门井后设置11 m范围C20混凝土堵头,并埋设310 m长直径1.0 m的输水钢管引出洞外分岔,一岔接生态流量管DN200下放生态流量,一岔接灌溉、农村人畜生活供水输水干管DN1000和放空管DN1000。生态管长18 m,采用DN200钢管,放空管长21 m,采用DN1000钢管。

隧洞出口设一阀室,阀室尺寸11 m×20 m(宽×长),阀室内布置有生态流量管的检修阀、工作阀(DN200)各一套,放空管的检修阀、排气阀、工作阀各一套,输水干管的检修阀、流量计、工作阀各一套。输水钢管设计引用流量1.119 $m^3/s$(其中灌溉供水流量1.022 $m^3/s$,生态基流0.097 $m^3/s$)。

输水工程由1条干管和5条支管组成,干管从导流输水隧洞出口取水,沿勐甸河、勐龙河左岸布置,沿线设置5条支管。

## 1.2　工程设计依据

(1)气象条件。

极端最高气温:39.2 ℃。

极端最低气温:2.3 ℃。

多年平均气温:20.3 ℃。

多年平均降水量:1073.8 mm。

多年平均蒸发量:2125.3 mm。

多年平均风速:3.6 m/s。

多年平均年最大风速:15.6 m/s。

(2)坝址水位流量关系(表4-1-1)。

**表4-1-1　勐甸水库坝址H～Q关系成果**

| 水位(85高程m) | 流量/($m^3/s$) | 水位(85高程m) | 流量/($m^3/s$) |
|---|---|---|---|
| 611.0 | 0 | 612.8 | 167 |
| 611.2 | 3.28 | 613.0 | 203 |
| 611.4 | 10.7 | 613.2 | 244 |
| 611.6 | 21.7 | 613.4 | 288 |
| 611.8 | 36.2 | 613.6 | 336 |
| 612.0 | 54.2 | 613.8 | 387 |
| 612.2 | 77.3 | 614.0 | 440 |
| 612.4 | 104 | 614.2 | 498 |
| 612.6 | 134 | | |

(3)水库特征值(表4-1-2)。

**表4-1-2 勐甸水库特征值**

| 序号 | 名称 | | 单位 | 上坝址 |
|---|---|---|---|---|
| 1 | 库容 | 总库容 | 万立方米 | 1336 |
| 2 | | 正常水位以下库容 | 万立方米 | 931 |
| 3 | | 调洪库容(校核洪水位至正常水位) | 万立方米 | 405 |
| 4 | | 兴利库容(正常水位至死水位) | 万立方米 | 828 |
| 5 | | 死库容 | 万立方米 | 103 |
| 6 | | 设计淤沙库容 | 万立方米 | 130 |
| 7 | 水位 | 校核洪水位 | m | 650.14 |
| 8 | | 设计洪水位 | m | 649.98 |
| 9 | | 正常蓄水位 | m | 646.00 |
| 10 | | 死水位 | m | 630.00 |
| 11 | | 设计淤沙高程 | m | 623.89 |

(4)洪水(表4-1-3)。

**表4-1-3 勐甸水库坝址设计洪水成果**

| 项 目 | 各频率设计值 | | | | | | | | | | |
|---|---|---|---|---|---|---|---|---|---|---|---|
| | 5% | 10% | 20% | 33% | 50% | 1 | 2 | 3.33 | 5 | 10 | 20 |
| 洪峰流量/($m^3/s$) | 484 | 449 | 414 | 389 | 368 | 332 | 295 | 265 | 244 | 200 | 155 |
| 最大24 h洪量/(万立方米) | 1088 | 1010 | 936 | 880 | 833 | 748 | 668 | 600 | 552 | 462 | 365 |

(5)径流(表4-1-4)。

**表4-1-4 勐甸水库坝址径流计算成果**

| 时段 | 均值/($m^3/s$) | $C_v$ | $C_s/C_v$ | 各级频率设计值/($m^3/s$) | | | | | | | |
|---|---|---|---|---|---|---|---|---|---|---|---|
| | | | | 5% | 10% | 20% | 50% | 75% | 80% | 90% | 95% |
| 全年 | 0.971 | 0.26 | 2.0 | 1.42 | 1.31 | 1.17 | 0.948 | 0.791 | 0.755 | 0.667 | 0.598 |
| 枯期 | 0.465 | 0.28 | 3.5 | 0.709 | 0.640 | 0.566 | 0.444 | 0.369 | 0.354 | 0.317 | 0.293 |

(6)抗震设防标准。

按《中国地震动参数区划图》(GB18306—2015)采用的分区归档,工程场地的地震基本烈度为Ⅶ度,场地基岩地震动峰值加速度为0.171 g,场地地表地震动峰值加速度为0.177 g。按照《水工建筑物抗震设计规范》(SL203—97)的规定,本工程采用抗震设计烈度为Ⅶ度,需进行抗震设防。

(7)岩土(石)物理力学参数。

根据本工程的地质情况及工程类比,坝体稳定分析计算时,筑坝土料及坝基岩石物理指标采用平均值,筑坝土料力学指标采用小值平均值,坝基岩石力学指标采用小值。地质参数具体见表4-1-5~表4-1-8。

**表 4-1-5 岩土开挖边坡建议值**

| 岩土名称 | | 永久性 | | 临时性 | |
|---|---|---|---|---|---|
| | | 水上 | 水下 | 水上 | 水下 |
| 残坡积碎石土 | | 1∶1.5 | | 1∶1.25 | |
| $Q_2^{al+pl}$砂卵砾石(中密～密实) | | 1∶1.5 | | 1∶1.25～1∶1 | 1∶1.50～1∶1.25 |
| 全风化土 | | 1∶1.5 | | 1∶1.25 | |
| 强风化岩 | | 1∶1.25 | 1∶1.5 | 1∶1 | 1∶1.25 |
| 弱风化 | 砾岩、砂砾岩($N_1^1$) | 1∶0.75 | 1∶0.9 | 1∶0.5 | 1∶0.75 |
| | 含炭质泥质粉砂岩($N_1^2$) | 1∶1 | 1∶1.25 | 1∶0.85 | 1∶1.0 |

注:本表未考虑软弱结构面,适用单级边坡高度小于 20 m。

**表 4-1-6 河床砂砾卵石层物理力学参数建议值**

| 密度 ρ | | 渗透系数 | 允许水力比降 | 凝聚力 | 内摩擦角 | 摩擦系数 | 承载力 |
|---|---|---|---|---|---|---|---|
| 干 | 湿 | $K$ | $J_{允许}$ | $c$ | $\Phi$ | $f$ | $f_k$ |
| g/cm³ | | $10^{-2}$ cm/s | | kPa | ° | | kPa |
| 1.95 | 2.15 | 2 | 0.1 | 0 | 35 | 0.5 | 180 |

**表 4-1-7 坝址岩体力学参数建议值**

| 坝址 | 岩石名称 | 风化程度 | 混凝土/岩 | | 岩/岩 | | [R] /MPa | $E_0$ /GPa | 初步岩体分类 |
|---|---|---|---|---|---|---|---|---|---|
| | | | $f'$ | $c'$/MPa | $f'$ | $c'$/MPa | | | |
| 上坝址 | $N_1^2$含炭质泥质粉砂岩、泥质粉砂岩 | 全风化带 | 0.30 | 0.05 | 0.30 | 0.05 | 0.15 | 0.05 | $C_V$ |
| | | 强风化带 | 0.40 | 0.08 | 0.40 | 0.08 | 0.30 | 0.06 | $C_V$ |
| | | 弱风化带 | 0.50 | 0.15 | 0.45 | 0.12 | 0.50 | 0.1 | $C_{IV}$ |
| 下坝址 | $N_1^1$砾岩 | 强风化带 | 0.40 | 0.08 | 0.40 | 0.08 | 0.45 | 0.2 | $C_V$ |
| | | 弱风化带 | 0.55 | 0.20 | 0.50 | 0.20 | 1.2 | 0.5 | $C_{IV}$ |

**表 4-1-8 筑坝材料及坝基岩石物理力学指标建议值**

| 部位 | 材料名称 | K/(cm/s) | | ρ/(g/cm³) | | 抗剪强度指标 | | | |
|---|---|---|---|---|---|---|---|---|---|
| | | $K_x$ | $K_y$ | $\rho_{天然}$ | $\rho_{sat}$ | $\varphi_u$/(°) | $c_u$/kPa | $\varphi_{cu}$/(°) | $c_{cu}$/kPa |
| 坝体 | 防渗土料 | $1.6\times10^{-6}$ | $1\times10^{-6}$ | 1.7 | 1.74 | 24 | 15 | 24 | 26 |
| | 反滤料 | 0.05 | 0.0125 | 1.8 | 2.0 | 30 | 0 | 30 | 0 |
| | 堆石 | 0.5 | 0.15 | 2.7 | 2.7 | 38 | 0 | 38 | 0 |
| | 风化料(坝址) | $1\times10^{-4}$ | $5\times10^{-5}$ | 1.96 | 2.0 | 25 | 18 | 27 | 19 |
| | 风化料(料场) | 0.41 | 0.125 | 2.4 | 2.58 | 32 | 28 | 35 | 30 |
| 坝基 | 河床沙卵砾石 | $1.0\times10^{-2}$ | $1.25\times10^{-2}$ | 1.95 | 2.15 | 35 | 0 | 35 | 0 |
| | 全风化层 | $2.0\times10^{-4}$ | $5.0\times10^{-4}$ | 1.85 | 1.90 | 22 | 20 | 25 | 22 |
| | 强风化层 | $8.0\times10^{-4}$ | $2.0\times10^{-4}$ | 1.96 | 2.0 | 25 | 18 | 27 | 19 |

(8)规程规范主要设计允许值。

根据《碾压土石坝设计规范》(SL274—2001),本工程采用的设计允许值见表4-1-9。

**表4-1-9　土石坝抗滑稳定安全系数允许值**

| 设计工况 | 抗滑稳定容许值 |
| --- | --- |
| 设计洪水位工况 | 1.30 |
| 低水位工况 | 1.30 |
| 校核洪水位工况 | 1.20 |
| 施工期工况 | 1.20 |
| 地震工况 | 1.15 |

根据《溢洪道设计规范》(SL253—2000),允许值见表4-1-10。

**表4-1-10　溢洪道控制段抗滑稳定安全系数允许值**

<table>
<tr><th colspan="2">设计工况</th><th>抗滑稳定容许值</th></tr>
<tr><td rowspan="2">基本组合</td><td>设计洪水位工况</td><td>3.0</td></tr>
<tr><td>正常蓄水位工况</td><td>3.0</td></tr>
<tr><td>特殊组合(1)</td><td>校核洪水位工况</td><td>2.5</td></tr>
<tr><td>特殊组合(2)</td><td>地震工况</td><td>2.3</td></tr>
</table>

边坡工程设计主要包括枢纽区溢洪道开挖边坡支护和导流输水隧洞进出口开挖边坡支护设计。勐甸水库工程规模为中型,工程等别为Ⅲ等,永久性工程主要建筑物(大坝、溢洪道、导流输水隧洞)级别为3级,根据《水利水电工程边坡设计规范》(SL386—2007),本工程边坡等级定为4级,各工况下边坡抗滑安全稳定系数见表4-1-11。

**表4-1-11　边坡抗滑安全系数标准**

| 工况 | 抗滑稳定安全系数 $K_c$ |
| --- | --- |
| 正常工况 | 1.15 |
| 非常运用条件Ⅰ(正常运行下降雨) | 1.1 |
| 非常运用条件Ⅱ(地震工况) | 1.05 |

# 第 2 章　坝址、坝型、坝线及枢纽布置比较

## 2.1　坝址选择

坝址选择的原则如下。

(1)坝址尽量选择在两岸地形相对完整、岸坡适宜、有利于枢纽建筑物布置的河段。

(2)坝址地质条件应满足建坝条件，避开不良地质地段，库区无低邻谷渗漏，绕坝渗漏相对较小，避开活动性断裂构造以及其他不良地质地段；避开已有建筑物。

(3)集水面积尽可能大，淹没损失尽可能小，水库库容能满足供水和灌溉要求。

(4)坝址选择应考虑库区淹没、移民征地等方面的影响。

(5)工程地处山区峡谷，坝址选择应考虑施工交通、材料供应、设备运输条件等因素。

勐甸水库位于勐龙河一级支流勐甸河上，根据万分图分析和现场踏勘地形地质条件，兼顾灌区分布高程，可供选择的坝址较少，选择的建坝河段位于云南省红河州红河县城北部迤萨镇勐甸村，距县城 10 km，所选地段河流地形呈 S 形。河流左岸有新建城区公路以及居民建筑物，公路高程 660～640 m。河流右岸 676 m 高程以上有在建和已经完工居民建筑物。根据建坝河段的综合条件，经研究分析选择两处适合建坝的位置作为比选坝址方案，上、下坝址相距约 400 m，两坝址河床地面高差约 10 m。上坝址为左陡右缓的 V 形河谷；下坝址为基本对称的 V 形河谷。

### 2.1.1　上坝址地质条件

**1. 地形地貌**

上坝址位于勐甸河峡谷河段最上游，河流流向由 NW 转为 NE，河谷呈不对称 V 形横向谷，两岸地形基本对称，地形靠近河床高程 636.00 m 以下位置较陡，坡度 45°～50°，以上较为平缓，地面坡度 10°～15°，河谷底宽 12.5～13.00 m，设计正常蓄水位处河谷宽 330.09～332.20 m。河床面高程 611.78～617.04 m。

**2. 地层岩性**

坝段出露的地层岩性主要为上第三系半胶结的碎屑岩第二岩组($N_1^2$)、第三岩组($N_1^3$)及第四系地层(Q)，由老至新分述如下。

(1)上第三系($N_1$)：主要为第二岩组($N_1^2$)和第三岩组($N_1^3$)。

①第二岩组($N_1^2$)：泥质粉砂岩、泥岩、含炭质泥质粉砂岩夹砂岩或砾岩。为泥质或泥质粉砂结构，中厚层～厚层状构造，泥质胶结，主要分布于坝址两岸及其下游一带。

②第三岩组($N_1^3$)：以巨厚层状含泥质的砾岩、砂砾岩为主，局部夹薄层状砂岩，主要组成物质来源于附近的元古界凤港组的片麻岩、变粒岩等，总体胶结程度较差，多为泥质胶结，

透水性强。本层厚度大于300 m，主要分布于坝址两侧山体上部。

(2)第四系(Q)。

①残坡积堆积层($Q_4^{dl+el}$)：主要为泥质粉砂岩、砂砾岩及砾岩的残坡积碎石土、粉质黏土组成，厚度2.00～3.50 m，分布在坝址两岸山体斜坡地带。

②现代河床冲洪积层($Q_4^{al+pl}$)：主要为砂砾卵石、砾砂，主要发育于河床两岸。冲洪积物主要由砂、砾、卵石及泥质组成，砾石成分复杂，厚度3.00～7.60 m。

**3. 地质构造**

坝址岩层总体产状为310°/SW∠21°～30°，走向与河流近直交，倾上游，呈横向谷。

通过地质测绘及勘探工作，发现小断层2条，主要分布在坝址下游220～250 m处。

$F_A$断层：330°～335°/SW∠65°～68°，宽度2～5 m，构造岩主要为断层角砾岩，断层带内挤压透镜体发育，挤压面处擦痕清晰、砾石定向排列明显。

$F_B$断层：产状不明，走向NWW，宽度1.5～4 m，构造岩主要为断层角砾岩。

**4. 水文地质**

左岸地下水位埋深12.30～15.20 m，相对隔水层埋深33.20～33.60 m，右岸地下水位埋深6.60～8.70 m，相对隔水层埋深27.00～32.00 m，河床相对隔水层埋深>60 m，相应高程<225.74 m。

据钻孔注水、压水试验成果，基岩岩体的渗透性一般较小，左岸强风化岩体的渗透系数为$1.20\times10^{-5}$～$6\times10^{-5}$ cm/s；河床强风化岩体的渗透系数为$3.8\times10^{-4}$～$7.8\times10^{-4}$ cm/s；右岸岸强风化岩体的渗透系数为$5.7\times10^{-6}$～$6.3\times10^{-5}$ cm/s；按渗透系数$\leqslant5\times10^{-5}$ cm/s作为相对隔水层标准，相对隔水层埋深较浅。

在坝址左岸公路旁出露有一泉水，泉水为下降泉，流量0.01 L/s，水量较小，出露高程647.00 m。

**5. 岩体风化及物理地质现象**

坝址岩体主要为$N_1^2$的泥质粉砂岩、含炭质泥质粉砂岩，岩体以全～强风化为主，左岸全风化层厚13.34～19.40 m，强风化层揭露厚度21.50～36.15 m。河床全风化层厚6～27.0 m，部位强风化揭露厚度11.20～48.00 m；右岸全风化层厚度11.70～17.10 m，强风化层揭露厚度40.90～47.60 m。整个上坝址仅在河床上游深部揭露有弱风化岩，其他位置均未揭露弱风化基岩。

根据地表地质测绘，仅在上坝址下游左岸约150 m的位置，存在小规模岸坡坍塌，除此之外坝址区未发现滑坡和泥石流等不良地质现象。

**6. 岩(土)物理力学性质**

河床覆盖层为砂砾卵石层，卵砾石含量35%～45%，砂以中细砂为主，含泥量较大，未发现连续分布的砂层及卵砾石架空现象。重型动力触探实验(N63.5)成果显示表层砂卵砾石层呈松散状，中下部呈稍密～密室状。

岩石物理力学性质：$N_1^2$弱风化含炭质泥质粉砂岩属于极软岩，属$C_Ⅳ$类岩体。全、强风化粉砂岩、含炭质泥质粉砂岩、夹砾岩、砂砾岩层，岩心呈土块状，土块包石状、卵砾石状，属于$C_Ⅴ$类岩体。

## 2.1.2　下坝址地形地质条件

**1. 地形地貌**

下坝址位于迤萨镇政府往上游约200 m的勐甸河峡谷河段，距离上坝址约400 m，河流流向呈NE33°，河谷为V形斜向谷，两岸地形基本对称，地面坡度30°～42°，左岸620～644 m高程为公路修建的挡土墙，地形较陡，坡体上堆积有公路开挖弃土，河谷底宽26.70～34.00 m，设计正常蓄水位处河谷宽168.10～181.71 m。河床面高程600.3～606.72 m。

**2. 地层岩性**

坝段出露的地层岩性主要为上第三系半胶结的碎屑岩第一岩组($N_1^1$)和第二岩组($N_1^2$)及第四系地层(Q)，现由老至新分述如下。

(1)上第三系($N_1$)。

①第一岩组($N_1^1$)：砾岩、砂砾岩夹砂岩、粉砂岩，局部夹石膏层，总体胶结程度较差。中厚层至厚层状构造，主要由漂石、卵砾石、石英粉砂、细砂和岩屑组成，砾石主要由片麻岩、变粒岩及砂岩组成，本层厚度大于500 m，主要分布于下坝址两岸山体，是下坝址坝基的主要组成部分。

②第二岩组($N_1^2$)：泥质粉砂岩、泥岩、含炭质泥质粉砂岩夹砂岩、砾岩。为泥质或泥质粉砂结构，薄层～厚层状构造，泥质胶结，本层厚度大于200 m，主要分布于坝址上游$F_A$断层以南以及坝址右岸坝肩上部一带。

(2)第四系(Q)。

①残坡积堆积层($Q_4^{dl+el}$)：主要为泥质粉砂岩、砂砾岩及砾岩的残坡积碎石土，粉质黏土组成，砾石含量25%～35%，厚度2～5 m，主要分布在坝址两岸山体斜坡地带。

②现代河床冲洪积层($Q_4^{al+pl}$)：主要为砂砾卵石、砾砂，主要发育于河床。冲洪积物主要由砂、砾、卵石及泥质组成，砾石成分复杂，厚度12.80 m。

③人工堆积层($Q_4^s$)：人工堆积土，主要为两岸公路开挖弃土，堆积在下坝址两岸山坡及公路两侧，厚度0～22.60 m。

**3. 地质构造**

坝址总体岩层产状为359°/W∠50°～74°，走向与河流些交，倾上游左岸，呈斜向谷。

通过地质测绘及勘探工作发现断层2条，主要分布在坝址上游120～200 m的位置。

$F_A$断层：330°～335°/SW∠65°～68°，宽度2～5 m，构造岩主要为断层角砾岩，断层带内挤压透镜体发育，挤压面处擦痕清晰、砾石定向排列明显。

$F_B$断层：产状不明，走向NWW，宽度1.5～4 m，构造岩主要为断层角砾岩。

**4. 水文地质**

左岸地下水位埋深12.32～26.35 m，相对隔水层埋深80.50～95.30 m，右岸地下水位埋深4.86～17.25 m，相对隔水层埋深55.00～100.20 m，河床相对隔水层埋深55.00 m，相应高程<549.30 m。两岸地下水位高于正常蓄水位。

据钻孔注水、压水试验成果，基岩岩体的渗透性一般较大，左岸强风化岩体的透水率为13.9 Lu～24.61 Lu(渗透系数为$1.20\times10^{-5}$～$9.50\times10^{-4}$ cm/s)，弱风化岩体透水率为3.40

Lu～17.18 Lu；河床强风化岩体的透水率为 17.4 Lu～34.3 Lu，弱风化岩体透水率为 4.82 Lu～17.40 Lu；右岸全风化层渗透系数为 $6.46\times10^{-5}$～$1.10\times10^{-3}$ cm/s，强风化岩体的透水率为 12.8 Lu～26.20 Lu，弱风化岩体透水率为 3.60 Lu～18.20 Lu；按透水率渗透系数 $\leqslant5\times10^{-5}$ cm/s 作为相对隔水层标准，相对隔水层埋深普遍较大，存在坝基和坝肩绕坝渗漏问题。

**5. 岩体风化及物理地质现象**

$N_1^1$砾岩、砂砾岩分布区以全～强风化为主，左岸强风化层厚度 11.10～22.20 m，弱风化顶板埋深 32.90～44.80 m，相应弱风化顶板高程为 585.23～610.38 m；河床部位强风化厚度 20.10 m，相应弱风化顶板高程为 571.13 m；右岸全风化层厚 9.30～29.50 m，强风化厚度 7.30～31.2 m，弱风化顶板埋深 31.30～54.70 m，相应弱风化顶板高程为 583.40～621.47 m。

根据地表地质测绘，在坝址两侧山坡上堆积有一定厚度的公路开挖弃土，存在地震、强降雨或人类活动影响情况下局部发生存在小规模岸坡坍塌的可能，另外在下坝址坝轴线上游约 120 m 处，存在一小规模塌岸，除此之外坝址区未发现滑坡和泥石流等不良地质现象。

**6. 岩(土)物理力学性质**

河床覆盖层为砂砾卵石层，卵砾石含量 35%～45%，砂以中细砂为主，含泥量较大，未发现连续分布的砂层及卵砾石架空现象。重型动力触探实验(N63.5)成果显示砂卵砾石表层层呈松散状，中下部呈稍密～密实状。

岩石物理力学性质：$N_1^1$弱风化砾岩属较软岩，属于 $C_{Ⅳ}$ 类岩体。全、强风化砾岩、砂砾岩夹粉砂岩、砂岩岩层钻孔岩心呈砂卵砾石状、土夹碎石状，属于 $C_Ⅴ$ 类岩体。上、下坝址坝基岩石物理力学参数建议值见表 4-2-1。

**表 4-2-1 坝址岩体力学参数建议值**

| 坝址 | 岩石名称 | 风化程度 | 混凝土/岩 | | 岩/岩 | | [$R$]/(MPa) | $E_0$/(GPa) | 初步岩体分类 |
|---|---|---|---|---|---|---|---|---|---|
| | | | $f'$ | $c'$/(MPa) | $f'$ | $c'$/(MPa) | | | |
| 上坝址 | $N_1^2$含炭质泥质粉砂岩、泥质粉砂岩 | 全风化带 | 0.30 | 0.05 | 0.30 | 0.05 | 0.15 | 0.05 | $C_Ⅴ$ |
| | | 强风化带 | 0.40 | 0.08 | 0.40 | 0.08 | 0.30 | 0.06 | $C_Ⅴ$ |
| | | 弱风化带 | 0.50 | 0.15 | 0.45 | 0.12 | 0.50 | 0.1 | $C_{Ⅳ}$ |
| 下坝址 | $N_1^1$砾岩 | 强风化带 | 0.40 | 0.08 | 0.40 | 0.08 | 0.45 | 0.2 | $C_Ⅴ$ |
| | | 弱风化带 | 0.55 | 0.20 | 0.50 | 0.20 | 1.2 | 0.5 | $C_{Ⅳ}$ |

### 2.1.3 地质条件比较

上、下坝址相差 400 m，所处地质背景一致，根据上、下坝址的地形地貌、覆盖层结构、基岩特性、地质构造、风化特征，水文地质条件及存在主要工程地质问题等综合因素，将上、下坝址建坝的工程地质条件对比于表 4-2-2。

**表 4-2-2　上、下坝址工程地质条件比较**

<table>
<tr><th colspan="2">项目</th><th>上坝址</th><th>下坝址</th></tr>
<tr><td colspan="2">地形地貌特征</td><td>上坝址位于勐甸河峡谷河段最上游，河流流向在该位置由 NW 转为 NE26°，河谷呈不对称 V 形横向谷，两岸地形基本对称，地形靠近河床位置较陡，上部较为平缓，地面坡角 35°～50°，河谷底宽 12.5～13.00 m，设计正常蓄水位处河谷宽 330.09～332.20 m。河床面高程 611.78～617.04 m</td><td>上坝址位于勐甸河峡谷河段，距迤萨镇政府往上游约 200 m 的位置河流流向在该位置呈 NE33°，河谷呈 V 形斜向谷，两岸地形基本对称，左岸 620～644 m 高程为公路修建的挡土墙，地形较陡，坡体上堆积有公路开挖弃土，地面坡角 30°～42°，河谷底宽 26.70～34.00 m，设计正常蓄水位处河谷宽 168.10～181.71 m。河床面高程 600.3～606.72 m</td></tr>
<tr><td rowspan="2">地层岩性</td><td>覆盖层</td><td>残坡积层零星分布于两岸山坡，厚度 2.0～3.50 m。冲积含泥沙卵砾石层分布于河床，松散～稍密状，厚度 3～7.60 m，河床两岸台地前缘分布有 10～20 m 的中更新统冲积砂砾卵石层</td><td>残坡积层、人工堆积层分布于两岸山坡，左岸残坡积层厚度 1.2～22.6 m，右岸残坡积层厚度 1.8～18.20 m，人工堆积层厚度 0～5 m。冲积含泥沙卵砾石层分布于河床，上部呈松散状，下部呈稍密状，厚度 10.0～24.34 m</td></tr>
<tr><td>基岩</td><td>上第三系（$N_1^2$）：泥质粉砂岩、含炭质泥质粉砂岩为主，局部夹砂砾岩、砂岩，厚层～巨厚层状。岩层产状 310°/SW∠21°～30°</td><td>上第三系（$N_1^1$）：砾岩、砂砾岩为主，局部夹少量粉砂岩、砂岩，巨厚层状；岩层总体产状 359°/W∠50°～74°</td></tr>
<tr><td colspan="2">地质构造</td><td colspan="2">未发现较大规模断层，仅在上下坝址之间发现有 2 条小断层发育，破碎带宽度 2～6 m。上第三系基岩胶结较差，多呈全～强风化状出露坝址附近</td></tr>
<tr><td colspan="2">风化特征</td><td>$N_1^2$ 的泥质粉砂岩、含炭质泥质粉砂岩，岩体以全～强风化为主，左岸全风化层厚 13.34～19.40 m，强风化层揭露厚度 21.50～36.15 m。河床全风化层厚 6～27.0 m，部位强风化揭露厚度 11.20～48.00 m；右岸全风化层厚度 11.70～17.10 m，强风化层揭露厚度 40.90～47.60 m。整个上坝址仅在河床上游深部揭露有弱风化岩，其他位置均未揭露弱风化基岩</td><td>$N_1^1$ 砾岩、砂砾岩分布区以全～强风化为主，左岸强风化层厚度 11.10～22.20 m，弱风化顶板埋深 32.90～44.80 m，相应弱风化顶板高程为 585.23～610.38 m；河床部位强风化厚度 20.10 m，相应弱风化顶板高程 571.13 m；右岸全风化层厚 9.30～29.50 m，强风化厚度 7.30～31.2 m，弱风化顶板埋深 31.30～54.70 m，相应弱风化顶板高程 583.40～621.47 m</td></tr>
<tr><td colspan="2">水文地质特征</td><td>左岸地下水位埋深 12.30～15.20 m，相对隔水层埋深 33.20～33.60 m，右岸地下水位埋深 6.60～8.70 m，相对隔水层埋深 27.00～32.00 m，河床相对隔水层埋深＞60 m，相应高程＜225.74 m</td><td>左岸地下水位埋深 12.32～26.35 m，相对隔水层埋深 80.50～95.30 m，右岸地下水位埋深 4.86～17.25 m，相对隔水层埋深 55.00～100.20 m，河床相对隔水层埋深 55.00 m，相应高程＜549.30 m。两岸地下水位高于正常蓄水位</td></tr>
<tr><td colspan="2">岩体质量初评</td><td>全～强风化岩体属于 $C_V$ 类，弱风化岩体属 $C_{IV}$ 类。基岩风化深厚，基本未揭露弱风化基岩</td><td>全～强风化岩体属于 $C_V$ 类，弱风化岩体属 $C_{IV}$ 类。基岩风化深厚，弱风化顶板埋藏很深</td></tr>
</table>

两坝址主要存在以下异同点。

(1)下坝址河谷地形较上坝址窄，且下坝址河床高程较上坝址低约 11 m，坝高较上坝址大，坝基开挖边坡问题较上坝址突出。相对正常蓄水位时对勐甸河大桥及两岸公路影响较大。

(2)下坝址河床覆盖层及两岸残坡积层较上坝址略厚。

(3)下坝址呈斜向谷,河床及两岸基岩为 $N_1^1$ 砾岩、砂砾岩夹砂岩,巨厚层状,陡倾角,总体倾向上游偏左岸;上坝址呈横向谷,系向斜北东翼基岩为 $N_1^2$ 泥质粉砂岩、含炭质泥质粉砂岩夹砂砾岩、砂岩中厚层～厚层状,中等倾角,总体倾向上游。

(4)上、下坝址均受到红河断裂影响,且上下坝址之间发育有平行波罗母～茅草坪断裂的 $F_A$、$F_B$ 断层,上坝址距离波罗母～茅草坪断主干断裂裂仅 350 m。

(5)由于上、下坝址地层均为内陆断陷河流洪积及湖泊相暖湿气候条件下的沉积,半成岩成分复杂,同时受红河断裂发育影响,岩体风化强烈,全～强风化层深厚。坝基岩体基本类似,均属于 $C_V$ 类岩体。

(6)上、下坝址相对隔水顶板埋深差异明显,上坝址两岸地下水位及相对隔水顶板明显高于下坝址;而下坝址 $N_1^1$ 砾岩、砂砾岩夹砂岩地层两岸及河床分布深厚,渗透性较强,坝基及绕坝渗漏问题突出。上坝址坝基岩体为 $N_1^2$ 泥岩、泥质粉砂岩地层,渗透系数小,风化土黏性较好,当地人作为烧砖材料,可以作为水库坝址的隔水依托。

(7)上坝址为近横向谷,岩性为 $N_1^2$ 泥质粉砂岩、含炭质泥质粉砂岩,夹少量砂岩、砾岩,岸坡基本为横向坡,地形上相对平缓,边坡稳定性相对较好;而下坝址为斜向谷,岩性为 $N_1^1$ 砾岩、砂砾岩,夹砂岩、粉砂岩,岸坡基本为斜向坡,地形上相对较陡,现场测绘两岸局部存在坍塌现象,岸坡稳定相对较差。

比较结果,两坝址相距较近,所处地貌、地质单元一致,两坝址工程地质条件均较差,考虑到工程区虽毗邻红河断裂,但其尚属弱活动区。本工程坝高不大,通过工程处理,可修建当地材料坝,地形地质条件上,上坝址略优于下坝址。

### 2.1.4　上、下坝址枢纽布置

从地形、地质条件来看,坝址河谷地形狭窄,上部山体地形相对开阔,坝址基岩为 $N_1^2$ 岩组的泥质粉砂岩、含炭质泥质粉砂岩夹少量砾岩、砂岩,岩石为泥质胶结,半成岩状,风化深度大,坝基为全、强风化 $C_V$ 类岩体,坝基承载力有限,不均匀变形问题较为突出。坝址不适合修建重力坝和拱坝,适合修建当地材料坝。同时,本区地质构造复杂,区域构造稳定性差,坝基岩体属软岩。从抗震安全角度,当地材料坝适应能力强。

由于坝址附近石料丰富,同时也有一定储量的土料,所以坝址可选择土石坝作为本工程的基本坝型,结合建筑材料条件,大坝防渗考虑采用黏土心墙,因此采用黏土心墙石碴坝作为坝址比较的代表坝型。

上坝址枢纽建筑物由右岸溢洪道、黏土心墙石碴坝及左岸导流输水隧洞组成。下坝址枢纽建筑物由右岸溢洪道、黏土心墙石碴坝及右岸导流引水隧洞组成。下坝址受左岸公路影响,所以溢洪道与导游输水隧洞均位于右岸。

上、下枢纽布置比较主要存在以下 5 点。

(1)上坝址地形较开阔,两岸地形相对平缓,下坝址河谷较深窄,因此上坝址坝线比下坝址长 168.5 m,下坝址坝比上坝址高 10 m,坝体填筑量下坝址大于上坝址。

(2)上坝址溢洪道的地形低于下坝址,并且下坝址所在河段纵坡比上坝址陡,在溢洪道尺寸结构相同的情况下,溢洪道开挖量下坝址比上坝址大。

(3)下坝址导游输水隧洞与溢洪道布置在同一侧,受下游公路桥限制,下游导游输水隧洞出口位于公路桥下游,因此洞线比上坝址长。

(4)虽然下坝址防渗帷幕线比上坝址段，但下坝址两岸防渗帷幕底界深于上坝址，下坝址防渗处理工程量大于上坝址。

(5)下坝址正常蓄水位高于坝址所在的左岸二级公路，需要对坝肩前后的该段二级公路进行改线，地形上只能将该段二级公路布置通过大坝左坝肩，该段公路改线长度约 500 m，影响本地交通和大坝填筑施工。而上坝址不存在公路改线的工作及相关费用。因此枢纽布置上，通过以上比较，上坝址优于下坝址。

上、下坝址主要工程特性见表 4-2-3。

**表 4-2-3　上、下坝址工程特性**

| 项目 | 单位 | 数量或特征 | |
|---|---|---|---|
| | | 上坝址黏土心墙石碴坝 | 下坝址黏土心墙石碴坝 |
| 控制流域面积 | $km^2$ | 59.5 | 60.2 |
| 多年平均流量 | $m^3/s$ | 0.971 | 0.971 |
| 设计洪水($P=2\%$)洪峰流量 | $m^3/s$ | 295 | 295 |
| 校核洪水($P=0.1\%$)洪峰流量 | $m^3/s$ | 449 | 449 |
| 正常蓄水位 | m | 646.0 | 645.0 |
| 死水位 | m | 630 | 630 |
| 兴利库容 | 万立方米 | 828 | 835 |
| 水库总库容 | 万立方米 | 1186 | 1263 |
| 上游校核洪水位($P=0.1\%$) | m | 648.72 | 647.66 |
| 下游校核洪水位($P=0.1\%$) | m | 613.35 | 606.29 |
| 校核洪水位相应下泄流量 | $m^3/s$ | 278 | 273 |
| 上游设计洪水位($P=2\%$) | m | 647.51 | 646.48 |
| 下游设计洪水位($P=2\%$) | m | 613.01 | 606.6 |
| 设计洪水位相应下泄流量 | $m^3/s$ | 206 | 205 |
| 坝顶高程 | m | 650.5 | 649.5 |
| 坝顶长度 | m | 363.5 | 195 |
| 最大坝高 | m | 43 | 53 |
| 泄水建筑物形式 | | 右岸溢洪道 | 右岸溢洪道 |
| 孔口尺寸及孔数(宽×高－孔数) | m×m | 6×3－2 | 6×3－2 |
| 堰顶高程 | m | 643.0 | 642.0 |
| 最大单宽流量 | $m^3/(s \cdot m)$ | 18.8 | 18.8 |
| 消能方式 | | 底流消能 | 底流消能 |
| 引水建筑物形式 | | 导流输水隧洞 | 导流输水隧洞 |
| 隧洞长度/内径 | m | 405/3×4 m 城门洞 | 482/3×4 m 城门洞 |
| 城乡年供水量 | 万立方米 | 1356 | 1356 |
| 灌溉面积 | 万亩 | 2.02 | 2.02 |
| 库区征地移民补偿投资 | 万元 | 8864.14 | 16489.09 |

续表

| 项目 | 单位 | 数量或特征 | |
|---|---|---|---|
| | | 上坝址黏土心墙石碴坝 | 下坝址黏土心墙石碴坝 |
| 总工期 | 月 | 30 | 30 |
| 工程总投资 | 万元 | 25676.89 | 34086.03 |

### 2.1.5　施工条件及其他

(1)施工条件。

两坝址对外交通、场内交通及施工布置基本相同;上、下坝址施工导流均采用隧洞导流,上下坝址地质条件相当。根据上下坝址地形条件,上坝址右岸山体凹陷,左岸山脊突出,将导流洞布置在左岸可以减短洞线长度,工程量小,投资省,工期短;其次,右岸布置有永久建筑物溢洪道,不满足隧洞洞身最小覆盖层厚度要求。

下坝址处左岸山体凹陷,左岸山脊突出,因此导流洞宜布置在右岸。但由于溢洪道布置在右岸,因此为了满足导流洞最小覆盖层要求,需要将导流洞出口与溢洪道出口错开,从而导致导流洞轴线加长,导流洞出口段施工将与下游的跨河桥梁产生较大干扰。施工总工期,上、下坝址均为30个月。综上所述,从施工条件方面考虑,上坝址优于下坝址。

(2)水库淹没及工程占地。

从淹没影响看,同等政策费率条件下,上坝址征地移民补偿投资估算8864.14万元,下坝址16489.09万元,上坝址优势明显。

(3)工程投资。

上坝址方案水源工程总投资为25676.89万元,下坝址方案水源工程总投资为34086.03万元。

### 2.1.6　坝址选择

综合上述比较,上坝址在地形地质条件、工程布置、征地移民、工程投资等方面,均优于下坝址。因此推荐上坝址方案。坝址综合比较见表4-2-4。

**表4-2-4　坝址综合比较**

| 项目 | 坝址方案 | | 比较结果 |
|---|---|---|---|
| | 上坝址方案 | 下坝址方案 | |
| 地形条件 | 上坝址位于勐甸河峡谷河段最上游,河谷呈V形横向谷,两岸地形基本对称,地形靠近河床位置较陡,上部较为平缓,地面坡角35°～50°,河谷底宽12.5～13.00 m,设计正常蓄水位处河谷宽330.09～332.20 m。河床面高程511.78～617.04 m | 上坝址位于勐甸河峡谷河段,距迤萨镇政府往上游约200 m的位置,河谷呈V形斜向谷,两岸地形基本对称,左岸620～644 m高程为公路修建的挡土墙,地形较陡,坡体上堆积有公路开挖弃土,地面坡角30°～42°,河谷底宽26.70～34.00 m,设计正常蓄水位处河谷宽168.10～181.71 m。河床面高程600.3～606.72 m | 上坝址占优 |

续表

| 项目 | 坝址方案 | | 比较结果 |
| --- | --- | --- | --- |
| | 上坝址方案 | 下坝址方案 | |
| 地质条件 | 残坡积层零星分布于两岸山坡，厚度一般2.0～3.50 m。冲积含泥沙卵砾石层分布于河床，松散～稍密状，厚度3～7.60 m，河床两岸台地前缘分布有10～20 m的中更新统冲积砂砾卵石层。基岩以全～强风化为主的泥质粉砂岩、含炭质泥质粉砂岩，局部夹砂砾岩、砂岩，厚层～巨厚层状。左岸地下水位埋深12.30～15.20 m，相对隔水层埋深33.20～33.60 m，右岸地下水位埋深6.60～8.70 m，相对隔水层埋深27.00～32.00 m，河床相对隔水层埋深＞60 m | 残坡积层、人工堆积层分布于两岸山坡，左岸残坡积层厚度1.2～22.6 m，右岸残坡积层厚度1.8～18.20 m，人工堆积层厚度0～5 m。冲积含泥沙卵砾石层分布于河床，上部呈松散状，下部呈稍密状，厚度10.0～24.34 m。基岩以全～强风化为主的砾岩、砂砾岩，局部夹少量粉砂岩、砂岩，巨厚层状。左岸地下水位埋深12.32～26.35 m，相对隔水层埋深80.50～95.30 m，右岸地下水位埋深4.86～17.25 m，相对隔水层埋深55.00～100.20 m，河床相对隔水层埋深55.00 m，相应高程＜549.30 m。两岸地下水位高于正常蓄水位，两岸防渗处理问题尤为突出 | 上坝址占优 |
| 天然建材 | 坝址附近土料有限，沙砾料缺乏；石料储量丰富，但风化层较为深厚，弱风化岩埋深较大 | 同上坝址 | 两坝址相当 |
| 工程布置 | 采用黏土心墙石碴坝，溢洪道布置在右岸，引水隧洞布置在左岸 | 采用黏土心墙石碴坝，溢洪道与引水隧洞均布置在右岸，引水洞线长于上坝址，布置受两岸已有建筑局限 | 上坝址占优 |
| 施工条件 | 左岸有对外交通，采用隧洞导流，左隧洞右溢洪道的枢纽布置相互施工不受影响 | 左岸有对外交通，采用隧洞导流，下坝址受左岸公路影响，隧洞与溢洪道采用同侧布置，都布置在右岸，因此为了满足导流洞最小覆盖层要求，需要将导流洞出口与溢洪道出口错开，从而导致导流洞轴线加长，导流洞出口段施工将与下游的跨河桥梁产生较大干扰 | 上坝址占优 |
| 水源工程征地移民 | 8864.14万元 | 16489.09万元 | 上坝址占优 |
| 枢纽工程投资 | 16812.75万元 | 17596.94万元 | 上坝址占优 |
| 结论 | 经综合比较，推荐采用上坝址方案 | | |

## 2.2　坝型选择

### 2.2.1　天然筑坝材料

根据设计要求，本工程需要防渗土料16.15万立方米（自然方，下同），堆石料13.12万立方米，干砌块石及浆砌石料2.02万立方米，砂料6.67万立方米，粗骨料5.34万立方米。经初步了解，场地周围石料储量丰富，质量较好，运距较近；土料相对较少，且含有碎石，质量较差；本地区砂砾料缺乏，坝址区附近未见天然砂、卵砾石料分布，故考虑利用石料加工人工砂石骨料以满足工程的需要。

$\text{I}_1$土料场位于上坝址上游右岸约3.00 km处旧寨村后的山包，山坡上多为杂草和灌木，山体上部局部种植有玉米和木薯。土层主要为片麻岩残积土和风化土。岩性上部为褐红色粉质黏土或含砾粉质黏土，厚1.00～4.00 m，整个料场的北部和靠近山体底部的厚度较大，料场南部山体土体厚度偏小，厚度1.00～1.50 m，局部含少量砾石。无用层厚约0.4 m，有用层平均厚度约1.69 m。有简易公路通上、下坝址。该土料场需要剥离的无用层储量11.12万立方米，有用层储量44.53万立方米，土料场土层岩性为残坡积（含砂、砾）粉质黏土或黏土，下部为全风化土。根据试验资料表明：土料天然状态下的黏粒含量为35.5%，天然状态下的塑性指数23.90，渗透系数$1.6\times10^{-6}$ cm/s，天然含水率平均值18.70%，夯实后的最优含水率平均值17.10%，各项指标均满足防渗土料质量要求。

SHI1石料场距离坝址约2.5 km，山脚处有土石路通往坝址，由此公路运输至坝址处较为便利。圈定料场范围内的大理岩可开采平面面积15.88万平方米，地表残积土及含有树根等植物根系的表层岩土层、全风化片麻岩需要剥离，平均厚度5.00 m，夹层（强风化片麻岩）平均厚度7.18 m，弱风化层厚度大于47.90 m。料场范围内剥离层储量59.38万立方米，片麻岩等风化层等夹层储量37.81万立方米，弱风化层储量约567.67万立方米，储量可以满足设计要求。根据试验成果，弱风化大理岩饱和单轴抗压强度$R_b$为35.0～62.5 MPa，软化系数0.60～0.90，$\rho_d$为2.70～2.80 t/m$^3$>2.40 t/m$^3$，岩石质量指标达到块石料和人工骨料要求。

沥青骨料由于要求为碱性岩石，因库区内无碱性岩石，需外购。坝址区对外交通条件很好，供料不影响工程进度。

### 2.2.2　坝型拟定

从地形、地质条件来看，坝址河谷地形狭窄，上部山体地形相对开阔，坝址基岩为$N_1^2$岩组的泥质粉砂岩、含炭质泥质粉砂岩夹少量砾岩、砂岩，岩石为泥质胶结，半成岩状，风化深度大，坝基为全、强风化$C_V$类岩体，坝基承载力有限，不均匀变形问题较为突出；坝址不适合修建重力坝和拱坝，适合修建当地材料坝。同时，由于本区地质构造复杂，区域构造稳定性差，坝基岩体属软岩，从抗震安全角度，当地材料坝适应能力强。

由于坝址附近，石料丰富，同时也有一定储量的土料，所以坝址可选择土石坝作为本工程的基本坝型，大坝防渗可以考虑采用黏土心墙或者混凝土心墙。结合建筑材料条件拟定了塑性混凝土心墙石碴坝、黏土心墙石碴坝和沥青混凝土心墙石碴坝进行坝型进行技术经济比较，优选最佳坝型。

三种坝型坝体结构类似，区别主要在于坝体中心防渗区。

**1. 塑性混凝土防渗心墙石碴坝(简称“混凝土心墙石碴坝”)**

大坝坝顶长 355 m，坝顶宽度 8 m，坝顶高程 651.9 m，最大坝高 44.5 m，坝顶上游侧设防浪墙，墙顶高出坝顶 1.0 m。大坝上游坡分 3 级，坡比从上至下为 1∶2.75，1∶2.75 和 1∶2；下游分 3 级坡，坡比从上至下为 1∶2.6，1∶2.6，1∶1.75。上游一级马道高程 638.0 m，上游二级马道高程 625.0 m，宽度 4 m。下游一级马道高程 637.0 m，宽 2 m，下游二级马道高程 625.0 m，宽 4 m。上游护坡采用 15 cm 厚 C25 混凝土，下游 637 m 高程以上采用草皮护坡，637 m 高程以下采用 50 cm 厚干砌石护坡。排水棱体高程为 625.0 m。

坝体分区由上游至下游依次为上游填筑区、反滤层、中心防渗区、反滤层、下游填筑区、排水棱体组成。上、下游填筑区的全、强风化料采用石料场开采的全、强风化混合料，并充分利用溢洪道及隧洞的开挖料，压实相对密度不小于 0.75。坝体防渗采用 C10 塑性混凝土防渗墙，墙顶高程 650.14 m，墙宽 0.6 m。在混凝土心墙上、下游均设不小于 1.5 m 防渗土料保护区，坡度均为 1∶0.1。防渗土料渗流系数小于 $1\times10^{-4}$ cm/s，压实度为 96%。中心防渗区上下游过渡层由 1 m 厚的中粗砂和级配碎石组成。排水棱体填筑孔隙率不大于 28%。防渗墙施工为坝体填筑到 646 m 高程后进行，该部位土料上部最小宽度为 3 m，上下游，塑性混凝土墙体底部设 C25 混凝土压浆板，厚 1.0 m，坝基防渗采用双排帷幕灌浆进行处理，孔距 2.0 m，排距 1.5 m，帷幕底高程两岸以相对不透水层(渗透系数≤$5\times10^{-5}$ cm/s)以下 5 m 控制，河床部位以 1.5 倍坝高控制。

具体结构详见图 4-2-1。

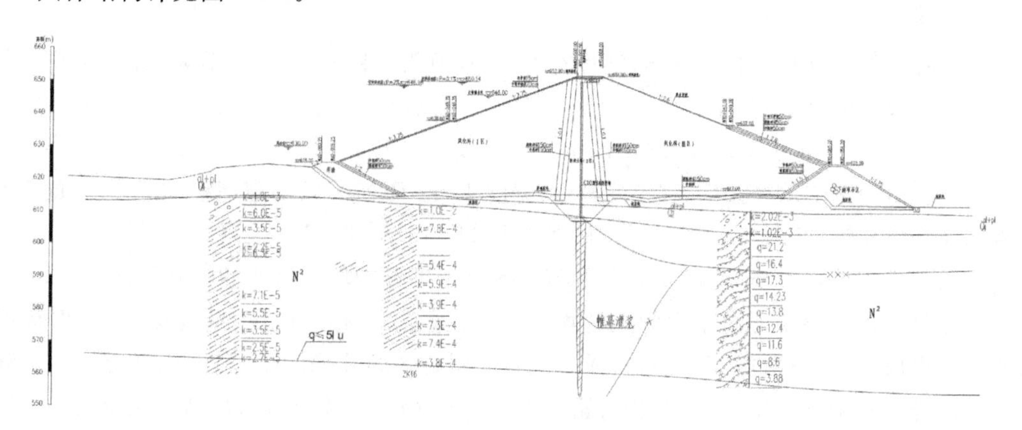


**图 4-2-1　塑性混凝土心墙坝典型剖面**

**2. 黏土心墙石碴坝**

大坝坝顶长 355 m，坝顶宽度 8 m，坝顶高程 651.9 m，最大坝高 44.5 m，坝顶上游侧设放浪墙，墙顶高出坝顶 1.0 m。大坝上游坡分 3 级，坡比从上至下为 1∶2.75，1∶2.75 和 1∶2；下游分 3 级坡，坡比从上至下为 1∶2.6，1∶2.6，1∶1.75。上游一级马道高程 638.0 m，上游二级马道高程 625.0 m，宽度 4 m。下游一级马道高程 637.0 m，宽 2 m，下游二级马道高程 625.0 m，宽 4 m。上游护坡采用 15 cm 厚 C25 混凝土，下游 637 m 高程以上采用草皮护坡，637 m 高程以下采用 50 cm 厚干砌石护坡。排水棱体高程 625.0 m。

坝体分区由上游至下游依次为上游填筑区、反滤层、中心防渗区、反滤层、下游填筑区、排水棱体组成。上、下游填筑区的全、强风化料采用石料场开采的全、强风化混合料，并充分利用溢洪道及隧洞的开挖料，压实相对密度不小于 0.75。坝体防渗采用黏土心墙，黏土心墙墙顶高程 651.0 m，顶宽 3 m，心墙上、下游坡度均为 1∶0.25。防渗土料渗流系数小于 $1\times10^{-5}$cm/s，压实度 96%，心墙上下游分别设有 1.5 m 厚的中粗砂和 1.5 m 厚的级配碎石反滤层。排水棱体填筑孔隙率不大于 28%。心墙底部设 C25 混凝土压浆板，厚 1.0 m，坝基防渗采用双排帷幕灌浆，孔距 2.0 m，双排排距 1.5 m。帷幕底高程两岸以相对不透水层（渗透系数$\leqslant5\times10^{-5}$cm/s）以下 5 m 控制，河床部位以 1.5 倍坝高控制。具体结构详见图 4-2-2。

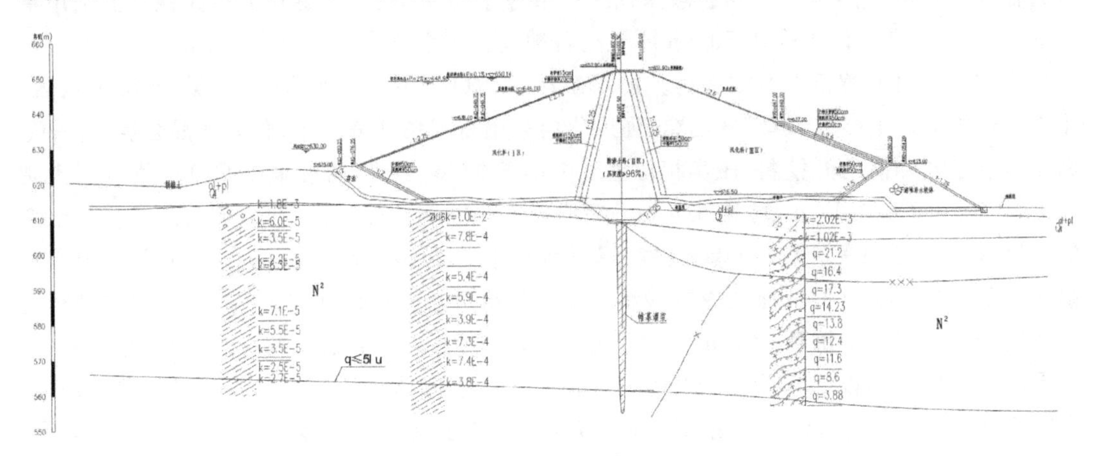

图 4-2-2　黏土心墙坝典型剖面

### 3. 沥青混凝土心墙石碴坝

沥青心墙石碴坝坝顶长 355 m，坝顶宽度 8 m，坝顶高程 651.9 m，最大坝高 44.5 m，坝顶上游侧设放浪墙，墙顶高出坝顶 1.0 m。大坝上游坡分 3 级，坡比从上至下为 1∶2.75，1∶2.75和 1∶2；下游分 3 级坡，坡比从上至下为 1∶2.6，1∶2.6，1∶1.75。上游一级马道高程 638.0 m，上游二级马道高程 625.0 m，宽度 4 m。下游一级马道高程 637.0 m，宽 2 m，下游二级马道高程 625.0 m，宽 4 m。上游护坡采用 15 cm 厚 C25 混凝土，下游 637 m 高程以上采用草皮护坡，637 m 高程以下采用 50 cm 厚干砌石护坡。排水棱体高程 625.0 m。

坝体分区由上游至下游依次为上游填筑区、反滤层、中心防渗区、反滤层、下游填筑区、排水棱体组成。上、下游填筑区的全、强风化料采用石料场开采的全、强风化混合料，并充分利用溢洪道及隧洞的开挖料，压实相对密度不小于 0.75。坝体防渗采用沥青混凝土心墙，防渗心墙墙顶高程 651.0 m，墙宽 0.6 m。在心墙防渗体上、下游均设有垂直过渡层，过渡层由级配碎石组成，厚 1.5 m。在上下游设有堆石区，采用弱风化岩石，上游坡度 1∶0.3，下游坡度 1∶0.75，堆石区上下游各设有 1 m 厚的级配碎石过渡层。堆石及过渡层的填筑孔隙率不大于 24%。排水棱体填筑孔隙率不大于 28%。心墙底部设 C25 混凝土基座，厚 2.0 m，坝基防渗采用双排帷幕灌浆进行处理，孔距 2.0 m，排距 1.5 m，帷幕底高程两岸以相对不透水层（渗透系数$\leqslant5\times10^{-5}$cm/s）以下 5 m 控制，河床部位以 1.5 倍坝高控制。具体结构详见图 4-2-3。

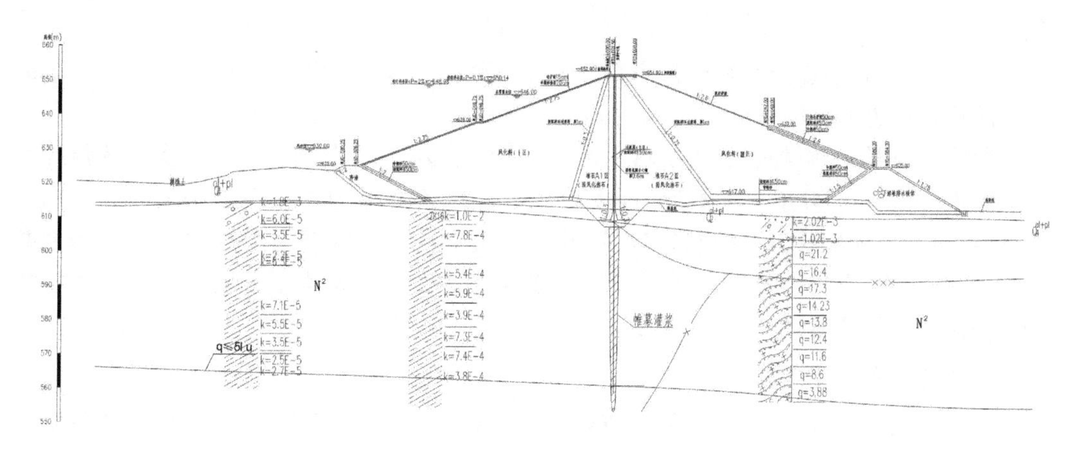

图 4-2-3　沥青混凝土心墙石渣坝典型剖面

## 2.2.3　坝型比较

### 1. 工程地质条件比较

三种坝型均为土石坝，区别仅在于坝体防渗结构。三种坝型心墙坝防渗体基础均坐落于全强风化泥质粉砂岩，地质条件一致。

### 2. 枢纽布置比较

三种坝型除大坝断面不同外，枢纽布置基本一致。

### 3. 筑坝材料比较

三种坝型上、下游坝壳料填筑区所采用材料一致，均为全、强风化料，上下游填筑区所用坝壳料来自石料厂开挖的全、强风化料及溢洪道、隧洞开挖料。混凝土心墙石碴坝、黏土心墙石碴坝及沥青混凝土心墙石碴坝的坝壳料用量分别为36.9万立方米，31.77万立方米和27.12万立方米，三种坝型坝壳料用量均有保证，都能充分利用开挖料。

沥青混凝土心墙石碴坝：本工程该坝型沥青混凝土用量较少(4653 $m^3$)，心墙骨料所需石料是碱性岩，需要从外采购，运距较远。心墙上下游的堆石区为需采用坝址下游的石料场开挖的弱风化开挖料，需16.8万立方米。若从坝址区SHI1石料场开采，剥离全、强风化层厚度较大，开采困难。

SHI1石料场的特点是：距离坝址约3 km，该料场地表残积土及含有树根等植物根系的表层岩土层、全风化片麻岩，平均厚度约5.00 m，夹层(强风化片麻岩)平均厚度7.18 m，弱风化层厚度大于47.90 m。料场范围内剥离层储量59.38万立方米，片麻岩等风化层等夹层储量37.81万立方米，弱风化层储量约567.67万立方米。储量可以满足设计要求，岩石质量指标能达到块石料和人工骨料要求。

SHI2石料场的特点是：距离坝址约5.97 km，现为一私人料场，开采断面弱风化基岩出露深厚，中厚层～厚层构造，全～强风化层厚度8～10 m。本料场剥离层储量3.63万立方米，强风化层风化料储量69.79万立方米，弱～微风化岩体储量203.56万立方米。岩石质量指标能达到块石料和人工骨料要求。

塑性混凝土心墙石碴坝：C10混凝土心墙上下游防渗土料用量3.8万立方米，渗流系数小于$1\times10^{-5}$cm/s即可，可采用坝址周边土料场土料，或者渗流系数比较小的溢洪道和隧洞开挖料。

黏土心墙石碴坝：黏土心墙防渗土料用量 16 万立方米，渗流系数要求小于 $1\times10^{-5}$ cm/s，需采用坝址周边土料场土料。

土料场特点是：土料场表层为杂草和灌木，山体上部局部种植有玉米和木薯。表层无用层剥离厚度约 0.4 m，开采厚度不均匀，开采深度 1.0～4.0 m，土料开采比较经济。根据试验资料表明：土料天然状态下的黏粒含量 35.5%，天然状态下的塑性指数 23.90，渗透系数 $1.6\times10^{-6}$ cm/s，天然含水率平均值 18.70%，夯实后的最优含水率平均值 17.10%，各项指标均满足防渗土料质量要求。

**4. 施工导流及施工条件**

三种坝型施工对外交通方便，导流方式一致，均采用左岸导流洞导流，导流工程量基本相当，施工布置及施工度汛基本相同。坝壳料的填筑方法也基本一致，最大的差别在于防渗体的施工。

塑性混凝土心墙的施工为坝体填筑到校核水位 650.14 m 高程后进行，心墙施工容易造成塌孔。塑性混凝土心墙与底部压浆板的结合施工要求较高，容易存在施工缺陷。

黏土心墙的防渗土料质量和用量有保证，黏土心墙的施工经验成熟，大坝黏土填筑施工进度受天气影响较大。

沥青混凝土心墙的施工需要专业的施工队伍和成熟的施工经验，施工质量才保证。大坝沥青混凝土填筑施工进度受天气影响较大。另外沥青混凝土需要专门的拌和设施场地，因此需要临时征地。

**5. 征地移民及水保方面比较**

塑性混凝土心墙坝需要石料场风化料 30.14 万立方米，黏土心墙坝需要石料场风化料 25.01 万立方米，沥青混凝土心墙坝需要石料场风化料 20.36 万立方米和弱风化石料 16.8 万立方米，三种坝型石料场临时征地及水保费用差别不大。另外，沥青心墙不需要土料场，减少了土料场的征地和水保费用。黏土心墙坝和塑性混凝土心墙坝存在土料场的征地费用（表 4-2-5），可知沥青心墙比黏土心墙节省临时补偿费 216.44 万元，比塑性混凝土心墙节省 60.6 万元。

**表 4-2-5　土料场临时征地补偿投资表**　（单位：万元）

| 编号 | 项目 | 临时用地补偿投资<br>塑性混凝土防渗心墙坝 | 临时用地补偿投资<br>黏土心墙坝 |
|---|---|---|---|
| 一 | 农村部分补偿费 | 28.30 | 101.07 |
| 二 | 专业项目迁建补偿费 | 0.00 | 0.00 |
| 三 | 库底清理费 | 0.00 | 0.00 |
| 四 | 其他费用 | 4.02 | 14.35 |
| 五 | 基本预备费 | 3.23 | 11.54 |
| 六 | 静态总投资 | 35.55 | 126.96 |
| 七 | 有关税费 | 25.05 | 89.48 |
| 八 | 含税静态总投资 | 60.60 | 216.44 |

沥青心墙坝不存在土料场的水土保持的工程措施和植物措施投资费用，这一方面比黏土心墙节省 24.94 万元，塑性混凝土心墙的土料场征地范围占黏土心墙的 0.3，因此水土保持措施费用按黏土心墙的 0.3 考虑(表 4-2-6、表 4-2-7)。

**表 4-2-6　土料场水保工程措施费用表(黏土心墙)**

| 序号 | 项目名称 | 单位 | 工程量 | 单价/元 | 投资/万元 |
|---|---|---|---|---|---|
| 1 | 截排水措施 | | | | 5.45 |
| | 土方开挖 | $m^3$ | 703 | 8.04 | 0.57 |
| | 浆砌砖 | $m^3$ | 122 | 399.69 | 4.88 |
| 2 | 拦挡措施 | | | | 11.47 |
| | 浆砌石 | $m^3$ | 486 | 235.93 | 11.47 |
| 3 | 土地整治工程 | | | | 5.78 |
| | 场地平整 | $hm^2$ | 1.51 | 11200.00 | 1.69 |
| | 表土剥离 | 万立方米 | 0.30 | 35800.00 | 1.07 |
| | 表土回填 | 万立方米 | 0.30 | 100500.00 | 3.02 |
| 4 | 合计 | 万元 | | | 22.7 |

**表 4-2-7　土料场水保植物措施费用表(黏土心墙)**

| 序号 | 项目名称 | 工程量 | | | 单价 | | 投资/万元 | | |
|---|---|---|---|---|---|---|---|---|---|
| | | 单位 | 栽植 | 苗木(种子) | 栽植(元) | 苗木(种子)(元、元/kg) | 栽植费 | 苗木(种子)费 | 合计 |
| 1 | 护坡措施 | | | | | | 0.13 | 0.24 | 0.37 |
| | 栽植攀缘植物 | 株 | 1990 | 1990 | 0.66 | 1.20 | 0.13 | 0.24 | 0.37 |
| 2 | 植被恢复措施 | | | | | | 0.28 | 1.59 | 1.87 |
| | 栽植旱冬瓜($H$=100 cm) | 株 | 1981 | 1981 | 0.85 | 2.80 | 0.17 | 0.55 | 0.72 |
| | 栽植火棘($H$=60 cm) | 株 | 1981 | 1981 | 0.40 | 2.50 | 0.08 | 0.50 | 0.58 |
| | 撒播植草 | $hm^2$/kg | 1.51 | 90.60 | 183.39 | 60.00 | 0.03 | 0.54 | 0.57 |
| 3 | 合计 | 万元 | | | | | 0.41 | 1.83 | 2.24 |

**6. 施工工期**

三个方案工期均为 28 个月。

## 2.2.4　推荐坝型

在同一坝址条件下，三种坝型均能适应坝址地形地质的条件，但筑坝材料类型、用量和质量要求不同，因此，各种坝型的施工条件、工程投资等方面有一定的差别。三种坝型主要工程量见表 4-2-8。①塑性混凝土心墙石碴坝坝体投资为 4927.96 万元；②黏土心墙石碴坝坝体投资为 4748.29 万元；③沥青混凝土心墙石碴坝的坝体投资为 4936.31 万元，黏土心墙坝型投资最省。

**表 4-2-8　坝型比较工程量及投资表**

| 序号 | 项目 | 单位 | 塑性混凝土心墙 | 黏土心墙（推荐） | 沥青混凝土心墙 |
|---|---|---|---|---|---|
| 1 | 坝底清基 | 万立方米 | 3.01 | 3.01 | 3.01 |
| 2 | 坝基齿槽土方开挖 | 万立方米 | 2.33 | 2.33 | 2.33 |
| 3 | 全强风化料填筑 | 万立方米 | 36.90 | 31.77 | 27.12 |
| 4 | 弱风化岩石 | 万立方米 | 0 | 0 | 16.79 |
| 5 | 防渗土料填筑 | 万立方米 | 3.8 | 13.6 | 0 |
| 6 | 沥青混凝土 | $m^3$ | 0 | 0 | 4653 |
| 7 | 坝内反滤料(中粗砂) | 万立方米 | 1.55 | 1.64 | 1.55 |
| 8 | 坝内反滤料(级配碎石) | 万立方米 | 1.45 | 1.80 | 2.90 |
| 9 | 堆石排水棱体 | 万立方米 | 2.09 | 2.09 | 2.09 |
| 10 | 上游混凝土 C25 护坡 | $m^3$ | 5007 | 5007 | 5007 |
| 11 | 护坡砂垫层 | $m^3$ | 7776 | 7776 | 7776 |
| 12 | 级配碎石垫层 | $m^3$ | 2782 | 2782 | 2782 |
| 13 | 下游干砌石护坡 | $m^3$ | 3877 | 3877 | 3877 |
| 14 | 下游草皮护坡 | $m^2$ | 10980 | 10980 | 10980 |
| 15 | C30 混凝土路面 | $m^3$ | 870 | 870 | 870 |
| 16 | 路面级配碎石垫层 | $m^3$ | 696 | 696 | 696 |
| 17 | 坝顶防浪墙 C25 | $m^3$ | 253 | 253 | 253 |
| 18 | 坝顶混凝土 C25 排水沟 | $m^3$ | 234 | 234 | 234 |
| 19 | 排水沟 M7.5 浆砌石 | $m^3$ | 346 | 346 | 346 |
| 20 | M7.5 浆砌石踏步 | $m^3$ | 418 | 418 | 418 |
| 21 | 钢筋 | t | 123.20 | 123.20 | 123.20 |
| 22 | C10 塑性混凝土防渗墙(0.6 m 厚) | $m^3$ | 5120 | 0 | 0 |
| 23 | 防渗墙造孔 | $m^2$ | 8055 | 0 | 0 |
| 24 | 帷幕灌浆造孔(间距 2 m) | m | 20671 | 20671 | 20671 |
| 25 | 帷幕灌浆 | m | 19525 | 19525 | 19525 |
| 26 | C25 混凝土压浆板 | $m^3$ | 3096 | 3096 | 5160 |
| 27 | 投资 | 万元 | 4927.96 | 4748.29 | 4936.31 |

方案综合比较见表 4-2-9。

**表 4-2-9　坝型综合比较表**

| 项目 | 坝型 | | | 比较结果 |
|---|---|---|---|---|
| | 塑性混凝土心墙坝 | 黏土心墙坝 | 沥青混凝土心墙坝 | |
| 地形地质 | 地形条件均能适应三种坝型 | 地形条件均能适应三种坝型 | 地形条件均能适应三种坝型 | 相同 |

续表

| 项目 | 坝型 | | | 比较结果 |
|---|---|---|---|---|
| | 塑性混凝土心墙坝 | 黏土心墙坝 | 沥青混凝土心墙坝 | |
| 天然建材 | 充分利用当地材料，质量达到要求，坝壳料储量及质量满足要求 | 充分利用当地材料，心墙土料储量足，质量达到要求，坝壳料储量及质量满足要求 | 石料储量及质量均满足要求 | 相同 |
| 施工条件 | (1)心墙在坝体填筑到一定高程后施工，容易塌孔；<br>(2)大坝填筑施工进度受天气影响相对较小；<br>(3)防渗墙与压浆板的衔接施工比较麻烦，容易存在施工缺陷 | (1)心墙与两侧坝壳料填筑需同步上升，在施工工艺上坝体填筑施工干扰较混凝土心墙方案大；<br>(2)大坝黏土填筑施工进度受天气影响较大；<br>(3)施工经验成熟 | (1)沥青混凝土心墙与两侧坝壳料填筑需同步上升，在施工工艺上坝体填筑施工干混凝土心墙方案大；<br>(2)大坝沥青混凝土填筑施工进度受天气影响较大；<br>(3)心墙施工需要专业有经验的施工队伍。且沥青混凝土需要专门的拌和设施场地 | 黏土心墙优 |
| 坝基处理 | 坝基均采用帷幕灌浆防渗，防渗线长度及深度布置一致 | 坝基均采用帷幕灌浆防渗，防渗线长度及深度布置一致 | 坝基均采用帷幕灌浆防渗，防渗线长度及深度布置一致 | 相同 |
| 适应变形能力 | 抗渗能力高，适应坝体变形能力不及沥青混凝土心墙和黏土心墙。地震区适应性较差 | 黏土心墙防渗体是柔性材料，是一种典型的塑性材料，具有较强的变形能力，抗渗能力高，适应坝体变形能力较强。在地震区，黏土心墙作为柔性结构，在防止地震破坏方面，比塑性混凝土心墙坝有利 | 沥青混凝土心墙坝的防渗体系是柔性材料，即沥青混凝土。沥青混凝土是一种典型的黏弹性流变材料，具有较强的自愈能力，抗渗能力高，适应坝体变形能力较强。在地震区，沥青混凝土心墙作为柔性结构，在防止滑塌与地震破坏方面，比塑性混凝土心墙坝有利 | 黏土心墙与沥青心墙优 |
| 工程布置 | 与溢洪道连接比较其他两种坝型复杂 | 与溢洪道连接比较简单 | 与溢洪道连接比较简单 | 黏土心墙优 |
| 土料场征地、水保 | 需要防渗土料 3.8 万立方米，土料场征地费用 60.6 万元，水保费用 7.5 万元 | 需防渗土料约 17 万立方米，土料场征地费用 216.44 万元，水保费用 24.94 万元 | 不需要征用土料场，但需要征用沥青心墙混凝土的拌和设施场地 | 沥青混凝土心墙优 |
| 石料场征地 | 石料场开挖厚度较浅 | 石料场开挖厚度较浅 | 需要弱风化料 16.8 万立方米，剥离石料场全、强风化层较厚 | 黏土心墙优 |
| 工程投资 | 5482.06 万元 | 5281.57 万元 | 6595.61 万元 | 黏土心墙优 |

续表

| 项目 | 坝型 | | | 比较结果 |
|---|---|---|---|---|
| | 塑性混凝土心墙坝 | 黏土心墙坝 | 沥青混凝土心墙坝 | |
| 总投资 | 5550.16万元 | 5522.95万元 | 6595.61万元 | 黏土心墙优 |

考虑征地移民及水保投资后，塑性混凝土心墙石碴坝坝体投资为5550.16万元，黏土心墙石碴坝坝体投资为5522.95万元，沥青混凝土心墙石碴坝的投资为6595.61万元，黏土心墙坝型投资最省，比塑性混凝土心墙坝省27.2万元，比沥青心墙坝省1072.66万元。

三种坝型均属当地材料坝，心墙坝对坝基地质条件要求较低。

塑性混凝土心墙施工工艺成熟，但地震区适应性较差。

黏土心墙坝方案，心墙防渗料的储量和质量可以得到保证，地震区适应性好，施工工艺成熟。坝壳料可以充分利用溢洪道及隧洞开挖料。

沥青混凝土心墙坝的防渗体系是一种柔性材料，典型的黏弹性流变材料，具有较强的自愈能力，抗渗能力高等优点。与溢洪道连接较为便利。但心墙材料需要外购，心墙施工需要专业的施工队伍。心墙堆石区域需要额外剥离石料厂的全强风化层。

经综合比较，推荐筑坝材料有保障，能充分利用开挖料上坝，征地面积小，对周边环境影响最小、投资相对较省的黏土心墙石碴坝方案。

# 第3章 大坝设计

## 3.1 大坝地质条件

坝线位于勐甸河峡谷河段峡谷入口约120 m处，河流流向NE，河谷呈不对称V形横向谷，两岸地形基本对称，左岸地形靠近河床，高程637.00 m以下位置较陡，坡度45°～50°，以上较为平缓，地面坡度10°～15°，右岸地形较为平缓，坡度10°～15°，两岸均种植有果树。河谷底宽13.30 m，设计正常蓄水位646 m处河谷宽279.25 m。河床面高程612.63～614.19 m。

左岸残坡积层厚0.5～3.80 m，右岸残坡积层厚0.70～1.80 m。左右两岸台地前缘分布有厚6～12 m的中更新冲洪积漂卵砾石，河床砂砾卵石层级配差，厚度0.50～3.00 m，表层呈松散状，中下部呈稍密～密实状，未发现连续分布的砂层，局部分布有大漂石。

基岩为N12泥质粉砂岩、含炭质泥质粉砂岩、砾岩，均为全～强风化岩，左岸全风化层厚12.0～19.00 m，强风化层揭露厚度5.90～20 m。河床全风化层厚6～10 m，强风化层揭露厚度39.00～43.70 m；右岸全风化层厚度11.60～30.30 m，强风化层揭露厚度8.80～22.20 m。仅在左岸ZK22孔深度39.00～45 m揭露有弱风化岩岩体破碎，节理裂隙发育。全～强风化岩属$C_V$类岩体。

据钻孔注水、压水试验成果，河床中砂卵砾石层为强透水层，全～强风化基岩岩体的渗透性一般较小，左岸全风化岩体渗透系数$1.08\times10^{-5}\sim7.92\times10^{-5}$ cm/s，强风化岩体的渗透系数$1.03\times10^{-5}\sim6.90\times10^{-4}$ cm/s；河床全风化岩体渗透系数$7.42\times10^{-5}$ cm/s，强风化岩体的渗透系数$3.95\times10^{-5}\sim6.75\times10^{-5}$ cm/s；右岸全风化岩体渗透系数$3.03\times10^{-6}\sim5.54\times10^{-5}$ cm/s，强风化岩体的渗透系数$9.13\times10^{-6}\sim3.98\times10^{-5}$ cm/s；按渗透系数$\leqslant5\times10^{-5}$ cm/s作为相对隔水层标准，相对隔水层埋深较浅。

左岸地下水位埋深12.70～21.60 m，相对隔水层埋深20.00～47.34 m，右岸地下水位埋深10.400～20.70 m，相对隔水层埋深20.40～35.00 m，河床相对隔水层埋深40.20 m。右岸地下水位高于正常蓄水位，左岸坝肩地下水位略低于正常蓄水位。

## 3.2 坝体构造

### 3.2.1 坝顶高程计算

本工程位于山区峡谷地区，按照《碾压式土石坝设计规范》(SL274—2001)的规定，坝顶在水库静水位以上的超高由三部分组成，即波浪爬高、风壅水面高度和安全加高，计算公式如下：

$$y = R + e + A + B$$

$$R_m = \frac{K_\Delta K_w}{\sqrt{1+m^2}} \sqrt{h_m L_m}$$

$$e = KW^2 D\cos\beta / 2gH_m$$

式中，$y$ 为坝顶超高，m；$R$ 为最大波浪在坝坡上的爬高，m，由平均波浪爬高 $R_m$，按照平均波高与坝前水深比值和相应的累积频率修正产生；$e$ 为风浪引起的坝前水位壅高，m；$A$ 为安全加高，正常运用情况取 0.7 m，非正常运用情况取 0.4 m；$B$ 为地震安全加高，包括地震壅浪高度（取 0.5 m）；$K_\Delta$为斜坡的糙率及渗透性系数；$K_w$为经验系数；$m$ 为坝坡坡率；$h_m$为平均波高，m；$L_m$为平均波长，m；$K$ 为综合摩阻系数，取 $3.6\times10^{-6}$；$W$ 为风速，m/s；$D$ 为吹程，m；$H_m$ 为水域平均水深，m；$\beta$ 为计算风向与坝轴线法线方向的夹角，(°)。

**1. 计算条件**

根据《碾压式土石坝设计规范》(SL274—2001)第 5.3.3 条的规定，坝顶高程等于水库静水位与坝顶超高之和，应按以下运用条件计算，取其最大值。

设计洪水位＋正常运用条件的坝顶超高；

校核洪水位＋非正常运用条件的坝顶超高；

正常蓄水位＋地震工况的坝顶超高。

**2. 计算参数**

(1)风速 $W$。

依据《碾压式土石坝设计规范》(SL274—2001)，计算风速在正常运用情况时采用多年平均年最大风速(15.6 m/s)的 2 倍(按 31.2 m/s 计算)，在校核洪水位时，采用多年平均年最大风速 15.6 m/s 计算。

(2)等效风区长度 $D_e$。

根据库区 1∶2000 水库水域平面图，依据《碾压式土石坝设计规范》(SL274—2001)，等效风区长度按下式计算：

$$D_e = \frac{\sum_i D_i \cos^2\alpha_i}{\sum_i \cos\alpha_i}$$

式中，$D_e$ 为等效风区长度；$D_i$ 为计算点至水域边界的距离，$i$ 取 0、±1、±2、±3、±4、±5、±6；$\alpha_i$ 为第 $i$ 条射线与主射线的夹角，等于 $i\times7.5°$。

根据计算结果，设计洪水位时等效风区长度为 1200 m。

**3. 计算结果**

坝顶高程计算成果见表 4-3-1。

**表 4-3-1　坝顶高程计算成果**

| 工况 | 正常水位 | 设计水位 | 校核水位 | 地震工况(Ⅶ度) |
|---|---|---|---|---|
| 吹程 $D$/km | 1.2 | 1.2 | 1.2 | 1.2 |
| 风速 $v$/(m/s) | 31.2 | 31.2 | 15.6 | 15.6 |
| 水位 $Z$/m | 646 | 648.98 | 650.14 | 646 |
| 安全加高 $A$/m | 0.7 | 0.7 | 0.4 | 0.4 |
| 壅高 $e$/m | 0.03 | 0.03 | 0.01 | 0.01 |

续表

| 工况 | 正常水位 | 设计水位 | 校核水位 | 地震工况(Ⅶ度) |
| --- | --- | --- | --- | --- |
| 地震涌浪高度/m | — | — | — | 0.5 |
| 爬高 $R_m$/m | 1.85 | 1.85 | 0.87 | 0.87 |
| 坝顶超高 $y$/m | 2.58 | 2.58 | 1.28 | 1.78 |
| 计算坝顶(墙顶)高程/m | 648.58 | 651.56 | 651.42 | 647.78 |

根据坝顶高程计算成果,坝顶高程由设计工况控制,计算坝顶高程为 651.56 m。勐甸水库上游红星溃后坝勐甸水库水位 651.77 m,根据《碾压式土石坝设计规范》(SL274—2001)5.3.4 条,当坝顶上游侧设有防浪墙时坝顶超高可改为对防浪墙顶的要求,但此时在正常运用条件下坝顶应高出静水位 0.5 m;在非常运用条件下坝顶应不低于静水位。考虑红星水库溃坝工况,故取坝顶高程 651.9 m,为保证行车及行人安全,坝顶上游设防浪墙,墙高 1.0 m。

## 3.2.2　大坝结构设计

### 3.2.2.1　坝体剖面设计

大坝坝顶长 355 m,坝顶宽度 8 m,坝顶高程 651.9 m,最大坝高 44.5 m,坝顶上游侧设防浪墙,墙顶高出坝顶 1.0 m。大坝上游坡分 3 级,坡比从上至下为 1∶2.75,1∶2.75 和 1∶2;下游坡分 3 级,坡比从上至下为 1∶2.6,1∶2.6,1∶1.75。上游一级马道高程 640.0 m,上游二级马道高程 629.4 m,与大坝围堰结合,平台宽度 32.975 m。下游一级马道高程 637.0 m,宽 2 m,下游二级马道高程 625.0 m,宽 4 m。上游护坡采用 C25 混凝土预制块和现浇结合护坡,厚度 15 cm,下设碎石和中粗砂垫层分别厚 15 cm。下游 636.7 m 高程以上采用框格草皮护坡,636.7～624.7 m 高程采用预制 C25 块石护坡,厚度 20 cm,护坡下设 50 cm 厚的级配碎石和 50 cm 厚的中粗砂反滤层。堆石排水棱体马道高程 624.7 m,宽 4 m,采用预制 C25 块石护坡。

坝体分区由上游至下游依次为上游填筑区(629.4 m 以下与大坝围堰结合),黏土心墙及上、下游反滤层(级配碎石层和中粗砂层各 1.5 m),下游填筑区,排水棱体。上游坝壳料填筑区 630 m(死水位)高程以下采用溢洪道开挖料,630 m 高程以上采用石料场强、中风化混合料,下游坝壳料采用石料场强、中风化混合料。坝体防渗采用黏土心墙,防渗心墙墙顶高程 650.95 m,顶宽 3 m,心墙上、下游坡度均为 1∶0.25。在心墙防渗体上、下游均设有反滤层,由级配碎石和中粗砂组成,厚度各为 1.5 m。河床过水部位和左右两侧存在强透水层(渗透系数大于 $10^{-3}$cm/s),其中河床过水部位深度 6 m,左侧最大深度 11 m,右侧最大深度 6 m,因此防渗心墙齿槽开挖至中等透水层,齿槽底部宽 7 m,并设 C25 混凝土压浆板,厚 1.0 m。

### 3.2.2.2　心墙填筑设计

**1. 心墙基础地质条件**

(1)大坝左岸齿槽,基础开挖桩号范围为坝 0+023.45～坝 0+222.50。齿槽基础开挖揭露地层岩性为第三系第二岩组的全风化砾岩,全、强风化石英砂岩和全风化泥质粉砂岩;

坝0+023.45～坝0+060.00段岩性为全风化泥质粉砂岩。左坝段心墙齿槽在桩号坝0+071.30～坝0+140.00范围内，齿槽地基土为灰黄色全风化泥质粉砂岩，地基土经过雨水浸泡，较为松软，不宜直接作为齿槽基础使用，经现场开挖显示，齿槽设计底板高程以下仅厚50～60 cm处即为全风化砾岩，地基均一，胶结紧密，满足设计要求，因此清除表层松散全风化泥质粉砂岩80～100 cm，以下部全风化砾岩作为坝基持力层使用。同时盖板浇筑前刨除表层扰动土层，以原状地层作为坝基基础。坝0+183.70～坝0+187.70段，高程621.6～623.3 m之间，夹一层褐黄色全风化泥质粉砂岩夹砂砾岩，满足设计要求，盖板浇筑前将表层扰动土层刨除。坝0+203.00～坝0+204.00，高程618.0～619.0 m范围内，见地下水渗出，流量在1～1.5 L/min。施工过程中对渗水位置采取集中引排处理。

(2)河床段齿槽(高程607.5 m)，基础开挖范围桩号为坝0+222.50～坝0+232.00，建基面开挖揭露地层岩性为第三系第二岩组的强风化石英砂岩，建基面上下游斜坡为全风化石英砂岩，局部夹全、强风化含炭质泥质粉砂岩。

(3)大坝右岸齿槽：基础开挖揭露地层岩性为第三系第二岩组的全、强风化层。齿槽基础建基面均置于全风化层内。

**2. 心墙填筑**

大坝坝体采用黏土心墙防渗，黏土料来源于$\text{I}_1$号土料场，用料6.1万立方米。碾压前试验资料表明：$\text{I}_1$号土料场的土料天然状态下的黏粒含量35.5%，天然状态下的塑性指数23.90，渗透系数$1.6\times10^{-6}$ cm/s，天然含水率平均值18.70%，击实后的最优含水率平均值17.10%，各项指标均满足防渗土料质量要求。

黏土心墙(Ⅱ区)填筑料质量控制：渗透系数$\leqslant1\times10^{-5}$ cm/s，有机质含量不大于2%，水溶盐含量不大于3%，黏土心墙碾压时黏土含水率控制在最优含水率的$-2\%\sim+3\%$偏差范围内。防渗料填筑要求：压实度≥98%，碾压层厚35 cm，碾压8遍。

黏土心墙与反滤料、坝壳填筑平起平压，均衡施工，以保证压实质量。

### 3.2.2.3　坝壳料填筑设计

**1. 基础地质条件**

河床段坝壳料填筑部位基础清除砂卵砾石表层，对其中下部进行压实处理后，建基面置于砂卵砾石层内1 m以下；两岸坡挖除表层残坡积土层，将建基面置于全风化砂砾岩或全风化泥质粉砂岩1 m以下，并对其进行压实处理。

左岸坝肩基础及边坡：左岸开挖揭露地层岩性自上而下为上第三系第二岩组(N12)全风化泥质粉砂岩、砾岩，基础均置于全风化层内；左岸边坡开挖后揭露岩性为全风化砾岩、石英砂岩为主，局部为全风化泥质粉砂岩，为土质边坡。其中坝0－065～坝0+055段坡脚和坝0+055～108段(高程611～614.7 m段)岩性为浅褐黄色全风化石英砂岩，局部夹深黑色含炭质泥质粉砂岩；且在全风化砾岩层中间(高程621.6～623.3 m之间)夹褐黄色全风化泥质粉砂岩，呈顺水流横向、条带状分布。两岸开挖边坡为横向坡，为土质边坡，地层产状大致为305°/SW∠24°。

河床基础：大部分置于上第三系第二岩组(N12)全风化石英砂岩，下游中间局部置于第四系冲洪积(Q4al+pl)砂卵砾石层内，河床齿槽基础置于强风化细砂岩上，开挖后基础地质条件满足设计要求。

右岸坝肩基础及边坡：右岸坝肩基础同样置于上第三系第二岩组(N12)全风化泥质粉

砂岩和砾岩层中;大坝右岸边坡开挖揭露为全风化砾岩和石英砂岩,局部夹泥质粉砂岩。全风化砾岩主要分布在右岸边坡的上部,全风化石英砂岩主要在坝0－121～坝0＋30段;全风化石英砂岩在边坡下部,右岸边坡地层基本与左岸边坡地层相对称,产状305°/SW∠24°。

**2. 填筑要求**

(1)全、强风化混合料区。

坝体上、下游坝壳料用量26.41万立方米,上游630 m高程以下(Ⅰ′)区为溢洪道开挖料(51950 $m^3$),上游630 m高程以上(Ⅰ)为全强风化料(87945 $m^3$)及下游(Ⅲ)区坝壳料主要采用SH1石料场的强、中风化混合料(124231 $m^3$)。

溢洪道的开挖料主要为全、强风化泥质粉砂岩和砾岩,密度1.96～2.05 g/$cm^3$,内摩擦角25°～27°,碾压后渗透系数$>1\times10^{-4}$ cm/s。溢洪道开挖料(Ⅰ′)区填筑要求压实度≥96%,渗透系数$\leqslant1\times10^{-3}$cm/s,碾压层厚35 cm,碾压8遍。风化料(Ⅰ)区填筑要求压实度≥96%,碾压层厚35 cm,碾压8遍。

SH1石料场的大理岩全～强风化混合料,实验结果显示其主要指标范围值为:紧密密度2.09～2.15 g/$cm^3$,内摩擦角(击实后)31.30°～34.40°,渗透系数(击实后)$2.1\times10^{-4}\sim9.8\times10^{-4}$cm/s。设计要求碾压层厚60 cm,压实8遍,碾压后孔隙率≤22%,渗透系数$\geqslant1\times10^{-3}$cm/s。

填筑要求如下。

①非防渗土料为风化岩,可以是土料也可以是石渣,但必须同料同层。

②非防渗土料的填筑始终应保证防渗体的上升。少雨期填筑与防渗体相邻的非防渗土料,多雨期或负温期填平补齐上下游非防渗土料。

③非防渗土料的填筑应与拦洪度汛要求密切结合,汛前先填筑坝体上游度汛断面,满足拦洪度汛高程,汛期则可继续填筑下游部分坝体,尽可能实现均衡施工。

④非防渗土料在接合部位需先填筑1～2 m宽的过渡料反滤层,再填筑非防渗土料。

(2)排水棱体。

排水棱体石料用量12805 $m^3$,主要采用SH1石料场弱风化岩,强度较高,岩石稳定性好,抗压强度大于30 MPa,软化系数大于0.8,最大粒径不大于700 mm,≤5 mm的细粒料不超过25%,含泥量不超过5%。填筑孔隙率在20%～24%之间,碾压层厚80 cm,碾压8遍,碾压后自由透水。

填筑要求如下。

①堆石的质量及颗粒级配应按施工图纸所示的不同部位采用不同的标准,不得混淆。

②堆石料中不允许夹杂黏土、草、木等有害物质。

③堆石料在装卸时应特别注意避免分离,不允许从高坡向下卸料。靠近岸边地带应以较细石料铺筑,严防架空现象。

④在无试验资料时,堆石料铺填和碾压过程中的加水量依其岩性、风化程度而异,一般不超过填筑量的15%。

⑤压实堆石料的振动平碾行驶方向应平行于坝轴线,靠岸边处可顺岸行驶。振动平碾难以碾及的地方,应用小型振动碾或其他机具进行压实,其压实遍数应按监理人指示作出调整。

⑥岸边地形突变以及坡度过陡而振动碾压不到位的部位,应适当修整地形使碾压设备各部位碾压到位。

⑦堆石料应采取大面积铺筑,以减少接缝。

(3)反滤料。

防渗心墙上游一反(中粗砂)8716 $m^3$,二反(反滤级配碎石)8063 $m^3$,共计16779 $m^3$。防渗心墙下游一反(中粗砂)8727 $m^3$,二反(反滤级配碎石)7823 $m^3$,共计16550 $m^3$。反滤料设计要求采用质地致密的母岩材料,要求母岩饱和抗压强度≥60 MPa,软化系数大于0.8,超径颗粒含量不应大于3%,逊径颗粒含量不应大于5%,针片状颗粒含量不应大于10%。反滤料中粒径小于0.075 mm的颗粒含量应小于5%。碾压层厚35 cm,压实后相对密度≥0.7,渗透系数≥$1\times10^{-3}$cm/s。

填筑要求如下。

①反滤层的位置、尺寸、材料级配、粒径范围应符合设计要求的规定。

②反滤料填筑与防渗土料填筑面平起。

③在反滤料与基础和岸边的接触处填料时不允许因颗粒分离而造成粗集料集中和架空现象。

④反滤料与相邻坝料连接时可采用锯齿状填筑,必须保证反滤层的设计厚度不受侵占。

⑤反滤料的填筑参数严格按碾压试验结果实施。

⑥为增强压实效果,沙砾料碾压前应加水润湿,在无试验资料时砂砾料的加水量宜为其填筑量的20%。

大坝填筑控制指标见表4-3-2。

表4-3-2　大坝填筑控制指标

| 填筑材料 | | 黏土料 | 溢洪道开挖利用料 | 石料场全强风化料 | 石料场强弱风化料 | 石料场弱风化料 | 反滤料 |
|---|---|---|---|---|---|---|---|
| 填筑部位 | | 心墙 | 上游630下 | 上游630上 | 下游坝壳料 | 排水棱体 | |
| 质量控制参数 | 压实度 | ≥98% | ≥96% | ≥96% | | | |
| | 相对密度 | | | | | | ≥0.7 |
| | 孔隙率 | | | | ≤22% | 20%≤$n$≤24% | |
| | 渗透系数 | ≤$1\times10^{-5}$ | ≤$1\times10^{-3}$ | | ≥$1\times10^{-3}$ | 自由透水 | ≥$1\times10^{-3}$ |
| 施工控制参数 | 铺料厚度 | 35 cm | 35 cm | 35 cm | 60 cm | 80 cm | 35 cm |
| | 碾压遍数 | 8 | 8 | 8 | 8 | 8 | 8 |
| | 碾压设备 | YZ32KA振动凸块碾 | YZ32KA振动凸块碾 | YZ32KA振动凸块碾 | YZ32KA振动平碾 | YZ32KA振动平碾 | YZ32KA振动平碾 |
| | 行进速度 | 2 km/h | 2 km/h | 2 km/h | 2 km/h | 2 km/h | 2 km/h |
| | 碾压方式 | 搭接碾压,搭接带宽20~30 cm | 搭接碾压,搭接带宽20~30 cm | 搭接碾压,搭接带宽20~30 cm | 搭接碾压,搭接带宽20~30 cm | 搭接碾压,搭接带宽20~30 cm | 搭接碾压,搭接带宽20~30 cm |

### 3.2.2.4　坝顶结构及交通

坝顶宽8 m,上游设人造花岗岩防浪墙,防浪墙顶高程652.9 m,下游设500 mm×800 mm(宽×深)电缆排水沟,坝顶路面采用人造花岗岩青石板路面,路面净宽6.75 m。溢流堰顶设交通桥,宽10 m,采用C25现浇钢筋混凝土结构。为保证安全,溢洪道控制段上、下游侧设栏杆,左岸坝顶与左岸已有二级公路相连接。

#### 3.2.2.5 坝坡

坝体上游坝坡自上而下分别为1∶2.75、1∶2.75、1∶2.0，护坡均采用C25预制与现浇相结合混凝土护坡，预制护坡尺寸0.5 m×0.3 m，现浇混凝土护坡尺寸0.3 m×0.3 m，护坡厚度0.15 m，下设15 cm粗碎石垫层和砂垫层；坝上游设有2级马道，马道高程分别为640.0 m及629.4 m。下游坝坡自上而下分别为1∶2.6、1∶2.6、1∶1.75，坝下游设有2级马道，马道高程分别为636.7 m及624.7 m，宽度分别为2 m和4 m；636.7 m马道高程以上采用草皮护坡，636.7～624.7 m高程采用预制C25块石护坡，尺寸0.5 m×1.0 m，厚度20 cm，护坡下设50 cm厚的级配碎石和50 cm厚的中粗砂反滤层。堆石排水棱体马道高程624.7 m，宽4 m，采用预制C25块石护坡，边坡1∶1.75。

上游混凝土护坡按《碾压式土石坝设计规范》附录A中A.2.3公式计算：

$$t = 0.07\eta h_p \sqrt[3]{\frac{L_m}{b}} \times \frac{\rho_w}{\rho_c - \rho_w} \times \frac{\sqrt{m^2+1}}{m}$$

经计算$L_m$=13.48 m，$h_p$=0.54 m，$\eta$=1.1，$b$=0.3 m，$t$=0.12 m，设计取0.15 m。

## 3.3 大坝基础防渗设计

### 3.3.1 地质条件

坝基全风化带颗粒组成极其不均，主要为“低液限黏土质砂”和“含砂、含砾低液限黏土”，局部存在“含细粒土砾”。颗粒组成差异较大，根据计算全风化层的不均匀系数1.94～11173.00（>5），$C_c$为0.00～8.40，细颗粒含量13.50%～68.50%，相差悬殊。根据《水利水电工程地质勘察规范》（GB50487—2008）附录G判定坝基有发生渗透变形破坏的可能，渗透变形破坏主要为流土型，左岸ZK22～ZK23孔之间及其附近有发生管涌的可能，通过计算建议流土型破坏坝段允许水力比降取0.50～0.70，管涌段允许水力比降取0.16。根据不同坝段处，设计水位情况下水力比降为0.93～1.54，大于土体允许比降，因此对大坝坝基进行帷幕灌浆处理，延长渗透路径，降低水力比降，同时在坝后加强反滤措施，防止土体流失产生渗透变形。

根据坝基岩土体颗分试验成果、岩土层渗透变形类型，结合设计不同坝段、不同深度的水力比降，对坝基不同位置渗透变形破坏底界进行计算。经计算左岸坝基渗透破坏下限埋深15.47～45.00 m，右岸埋深20.84～29.96 m，河床位置坝基渗透破坏下限埋深34.69 m，因此坝基帷幕防渗处理范围应封闭渗透变形破坏层，底界深度应穿过渗透变形破坏层下限5～10 m；两岸防渗边界应满足穿过渗透变形破坏层下限或地下水位，左岸坝肩接头处地下水位略低于正常蓄水位，因此防渗帷幕向外延伸1～2倍最大坝高，延长渗漏途径以防止坝肩渗漏。

### 3.3.2 防渗设计

(1)坝基开挖要求。

坝基开挖分为心墙清基及坝壳部位清基。

根据地质资料显示，大坝河床部位（约 95 m 范围）为第四系全新统冲洪积层，透水性强，且河床左岸坡度较陡接近 1∶0.7。主河床左右两岸下卧 3 m 左右的第四系全新统残坡积层，透水性较强，渗透系数平均值 $1\times10^{-4}\sim1\times10^{-3}$ cm/s。

鉴于河床砂卵砾石冲洪积层不是很深厚，并且考虑土坝填筑与岸坡结合密实以及防渗需要，清除河床段心墙齿槽部位的砂卵砾石覆盖层，建于全风化基岩下 1～3 m，该部位的心墙齿槽开挖垂直深度 6～14 m，齿槽底部宽 7 m，齿槽上、下游开挖坡度 1∶1.25。左右两岸的黏土心墙齿槽基础建于原地面高程下 3～5 m（即第四系全新统残坡积层下挖 3 m 左右），齿槽两岸开挖边坡坡比不陡于 1∶1.5。心墙齿槽岩面设 C25 混凝土压浆板，厚 1.0 m，宽 7 m。

上下游坝壳部位清基开挖深度 1.0 m，剥离表层植被及根植土和河床松散砂卵砾石表层。清基面开挖完成后应对坝基面进行碾压，碾压遍数不少于 7 遍。

(2)基础防渗处理。

大坝坝基防渗通过比较帷幕灌浆、高喷灌浆和塑性混凝土防渗墙 3 个方案，推荐采用帷幕灌浆方案。根据地质揭露的坝趾处相对隔水层情况，坝基及岸坡防渗帷幕深度布置如下：主河床过水部位（桩号 0＋206 m～0＋208 m）42 m 范围根据规范以 1.5 倍坝高作为帷幕底界；其余坝段以渗透系数 $K\leqslant1\times10^{-4}$ cm/s 的相对隔水层下 5 m 作为帷幕底界，两岸防渗边界取水库正常蓄水位与地下水位交点，岸坡防渗处理顶高程以正常蓄水位（646.0 m）控制。

根据地质成果，坝基为半成岩全、强风化带，渗透系数小，属微透水，仅局部弱透水，坝基渗漏和绕坝渗漏量小，基本不影响水库正常蓄水。但是根据地质颗分试验成果，坝基全风化带颗粒组成极其不均，以砂、砂砾为主，不均匀系数、曲率系数、细颗粒含量均相差悬殊，坝基全风化带不同部位因颗粒组成不同分别存在流土、管涌以及过渡型渗透变形破坏可能，经计算坝基及绕坝渗漏带一定深度内运行水力比降超过允许水力比降，存在渗透变形破坏，因此仍需进行帷幕灌浆防渗处理，处理范围应封闭渗透变形破坏层，帷幕底界深度应穿过渗透变形破坏层下限 5 m，以防止坝基、坝肩因渗漏发生渗透变形破坏。

根据地质成果提供的渗透变形破坏底界：左岸坝基渗透破坏下限埋深 15.47～45.00 m，右岸埋深 20.84～29.96 m，河床位置坝基渗透破坏下限埋深 34.69 m，设置坝基防渗帷幕深度为穿过渗透变形破坏层下限 5 m，即左岸坝基帷幕底界埋深 20.0～50.00 m，右岸埋深 26.0～35.0 m，河床位置坝基帷幕底界埋深 35 m。

帷幕灌浆中心线总长 494 m，其中左岸长 96 m，河床部位 355 m，右岸 43 m，采用双排孔布置，孔距 1.5 m，排距 1.2 m。基础开挖出防渗齿槽后，浇筑 1.0 m 厚的 C25 混凝土压浆板，宽 7 m。帷幕上下游各设 1 排固结灌浆孔，固结灌浆孔孔距 3 m，孔深 8 m。灌浆材料采用普通硅酸盐水泥，强度等级 42.5 级或以上。

## 3.4　大坝渗流稳定分析

### 3.4.1　大坝渗流分析

本工程渗流计算基于 Darcy 定律，采用 GeoStudio-SEEP/W 软件对河床坝体断面正常蓄水位、设计洪水位、校核洪水位及水位骤降工况进行渗流有限元计算。SEEP/W 模块通过渗流有限元计算，分析边坡在不均匀饱和条件、非饱和条件下的孔隙水压力，并对边坡稳定时的瞬态和稳态孔隙水压力进行分析。

(1)基本资料。

地基土分层及埋深采用《云南省红河县勐甸水库工程可行性研究工程地质勘察报告》中的工程地质剖面图，各土层渗透系数取值见表 4-3-3。

**表 4-3-3　土层渗透系数表**

| 土层 | 干密度 | 饱密度 | 渗透系数 | |
|---|---|---|---|---|
| | $\rho$/(g/cm³) | $\gamma_{饱}$/(g/cm³) | $K_x$/(cm/s) | $K_y$/(cm/s) |
| 黏土心墙 | 1.7 | 1.74 | $1.6\times10^{-6}$ | $1.6\times10^{-6}$ |
| 排水反滤料 | 1.8 | 2.0 | 0.05 | 0.0125 |
| 石渣料(坝址) | 1.96 | 2.0 | $1\times10^{-4}$ | $5\times10^{-5}$ |
| 石渣料(料场) | 2.4 | 2.58 | 0.41 | 0.125 |
| 排水棱体 | 2.7 | 2.7 | 0.5 | 0.15 |
| 坝基覆盖层 | 1.95 | 2.15 | $1.15\times10^{-2}$ | $1.25\times10^{-2}$ |
| 坝基全风化 | 1.85 | 1.9 | $2.95\times10^{-4}$ | $5.05\times10^{-4}$ |
| 帷幕灌浆 | | | $5\times10^{-5}$ | $5\times10^{-5}$ |

(2)计算工况。

根据《碾压式土石坝设计规范》(SL274—2001)，渗流计算工况如下。

①稳定渗流。

工况一：正常蓄水位 646.0 m，对应下游无水(取地面高程 611.6 m)；

工况二：设计洪水位 648.98 m，对应下游水位 612.6 m；

工况三：校核洪水位 650.14 m，对应下游水位 613.1 m；

②非稳定渗流。

工况四：库内水位由正常蓄水位 646.0 m 降至死水位 630.0 m，对应库外无水(取地面高程)。根据水库放空限制，水位骤降不超过 2 m/天。

(3)计算成果及分析。

选取坝体最大断面进行计算，计算成果见表 4-3-4。

**表 4-3-4　渗流计算成果**

| 计算断面桩号 | 工况 | 渗流量 $Q$/(m³/(d·m)) | 心墙 | | 坡脚 | |
|---|---|---|---|---|---|---|
| | | | 计算最大比降 $J$ | 允许比降 $[J_1]$ | 计算最大比降 $J$ | 允许比降 $[J_2]$ |
| 坝 0+220.00 | 工况一 | 0.609 | 5.439 | 6.5 | 0.235 | 0.6 |
| | 工况二 | 0.842 | 5.962 | 6.5 | 0.325 | 0.6 |
| | 工况三 | 0.804 | 6.113 | 6.5 | 0.31 | 0.6 |
| | 工况四 | 0.687 | 3.828 | 6.5 | 0.265 | 0.6 |

渗流计算结果表明，在各种计算工况下，最大坡降均小于允许渗透坡降，满足渗透稳定要求。

浸润线计算简图见图 4-3-1～图 4-3-5。

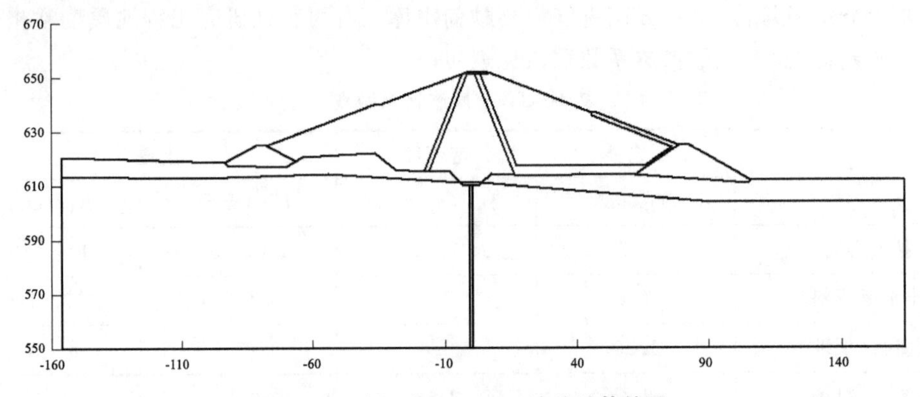


图 4-3-1　坝 0＋220.00 m 渗流计算简图

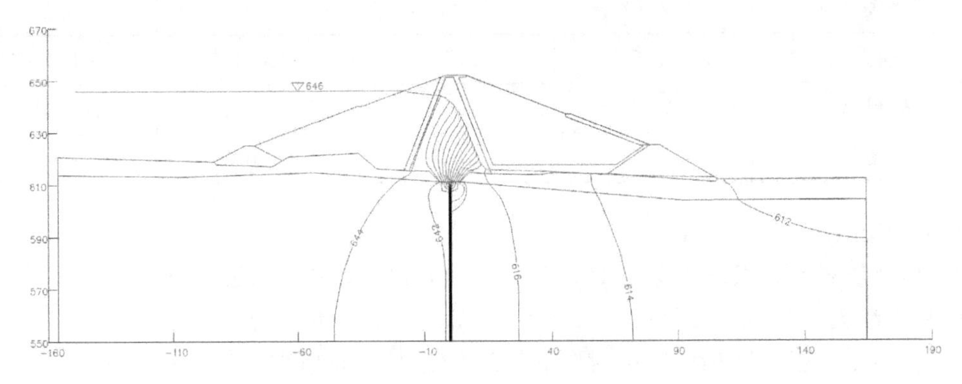


图 4-3-2　正常蓄水位工况流网图

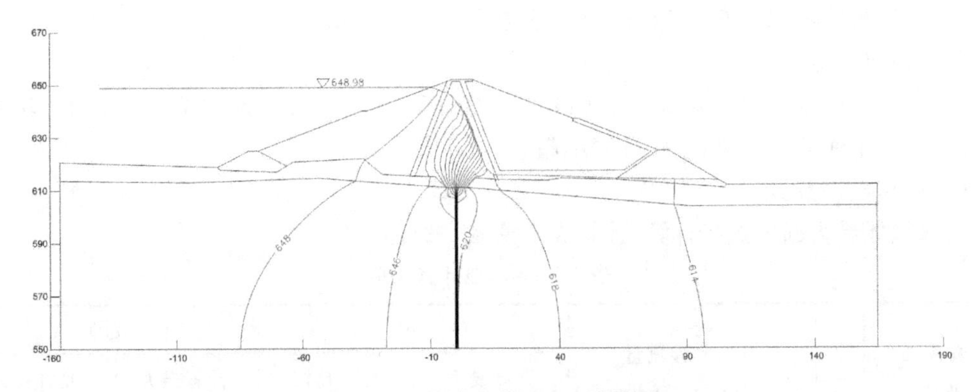


图 4-3-3　设计洪水位工况流网图

(4)渗漏量计算。

渗流计算包括渗透坡降及渗漏量计算，为较准确地计算水库的总渗漏量，对大坝几个典型断面单宽渗漏量进行计算。经计算，大坝年渗漏总量为 9.224 万立方米，水库多年平均年径流量 3062 万立方米，渗漏量约占多年平均年径流量的 0.302%，大坝的渗漏量在合理范围内，所推荐的防渗方案是合理有效的。

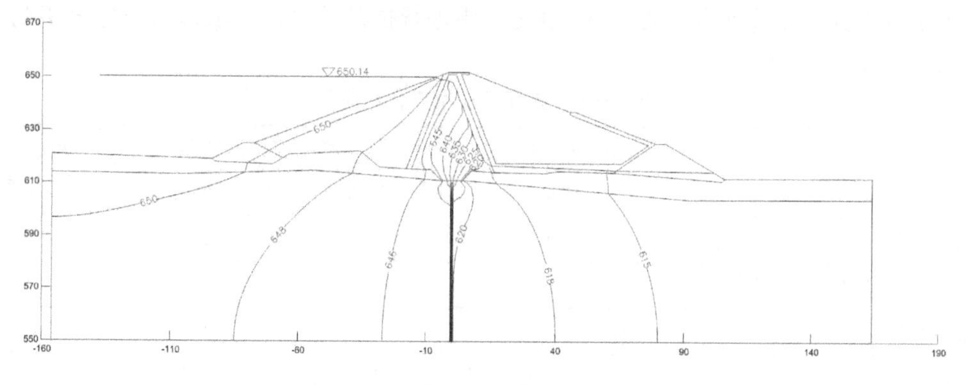


图 4-3-4　校核洪水位工况流网图

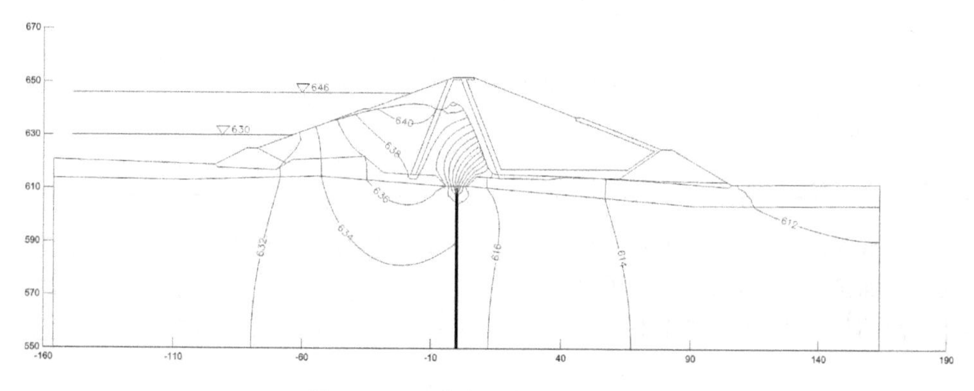


图 4-3-5　正常水位骤降工况流网图

## 3.4.2　大坝稳定分析

(1)基本资料。

本工程属中型工程，坝高 44.5 m，水库的大坝为 3 级建筑物。

地基土分层及埋深采用《云南省红河县勐甸水库工程地质勘察报告》中工程地质剖面图，计算断面为河床位置最大断面，桩号为坝 0+220.00。各土层物理力学性质指标见表4-3-5。

表 4-3-5　土层物理力学性质指标

| 土层 | 干密度 $\rho$/(g/cm$^3$) | 饱密度 $\gamma_{饱}$/(g/cm$^3$) | $\Phi_u$/(°) | $C_u$/kPa | $\Phi_{cu}$/(°) | $C_{cu}$/kPa |
|---|---|---|---|---|---|---|
| 黏土心墙 | 1.7 | 1.74 | 24 | 15 | 24 | 26 |
| 排水反滤料 | 1.8 | 2.0 | 30 | 0 | 30 | 0 |
| 石渣料(坝址) | 1.96 | 2.0 | 25 | 18 | 27 | 19 |
| 石渣料(料场) | 2.4 | 2.58 | 32 | 28 | 35 | 30 |
| 排水棱体 | 2.4 | 2.58 | 38 | 0 | 38 | 0 |
| 河床砂卵石覆盖层 | 1.96 | 2.15 | 35 | 0 | 35 | 0 |

(2)稳定计算工况。

根据《碾压式土石坝设计规范》(SL274—2001)及《水工建筑物抗震设计规范》(SL203—

97)，由于该工程区域设计烈度为 7 度，因此需要进行抗震计算。大坝边坡稳定分析的计算工况及结果见表 4-3-6。

**表 4-3-6　土坝坝坡稳定计算成果**

| 工况 | 水库水位(上/下)/m | 稳定安全系数 | | 规范要求安全系数 |
|---|---|---|---|---|
| | | 临水坡 | 背水坡 | |
| (1)施工期 | 无水 | 2.292 | 1.931 | 1.2 |
| (2)稳定渗流期(有效应力法) | | | | |
| 正常蓄水位 | ▽646.0/无水 | 1.927 | 1.763 | 1.3 |
| 设计洪水位 | ▽649.98/▽612.6 | 1.784 | 1.663 | 1.3 |
| 校核洪水位 | ▽650.14/▽613.1 | 1.645 | 1.521 | 1.2 |
| (3)水位骤降期 | | | | |
| 正常水位骤降 | ▽646↘▽630.0 | 1.564 | — | 1.2 |
| (4)遇地震(有效应力法) | | | | |
| 正常蓄水位+7 度地震 | ▽646.0 | 1.224 | 1.346 | 1.15 |

从计算成果看，各种工况下，坝坡抗滑稳定安全系数均大于规范规定的最小安全系数，坝体设计断面满足要求，大坝安全可靠。

计算简图见图 4-3-6～图 4-3-12。

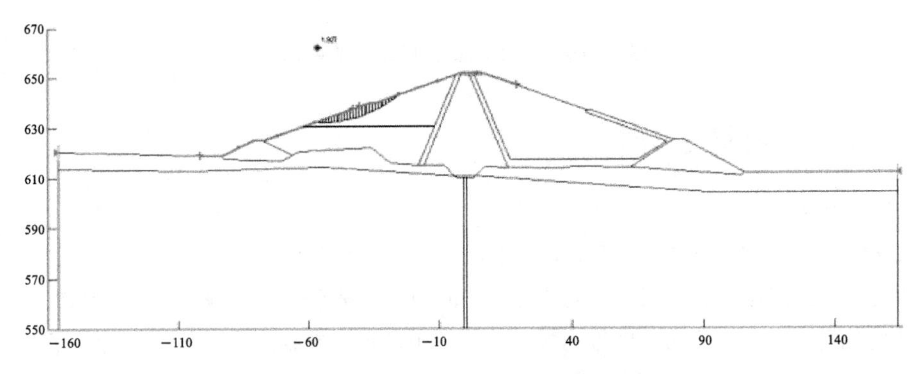


**图 4-3-6　正常蓄水位工况上游边坡滑裂面图**

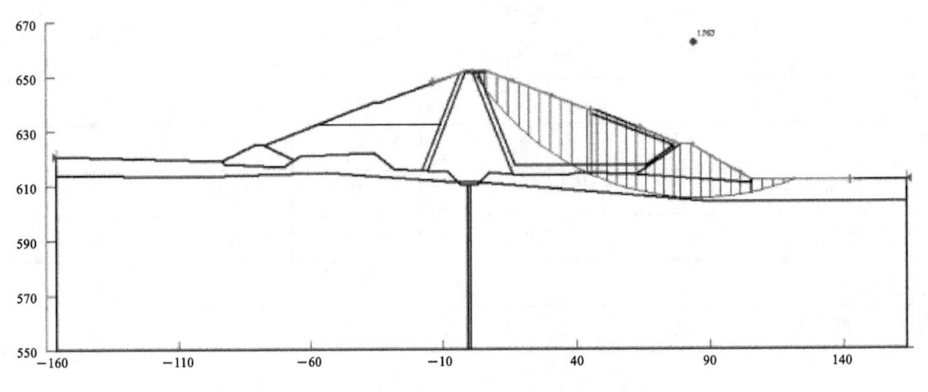


**图 4-3-7　正常蓄水位工况下游边坡滑裂面图**

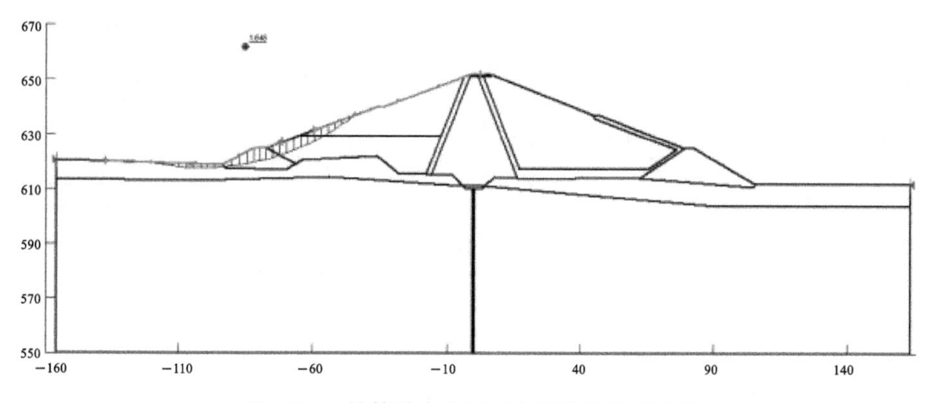


图 4-3-8　校核洪水位工况上游边坡滑裂面图

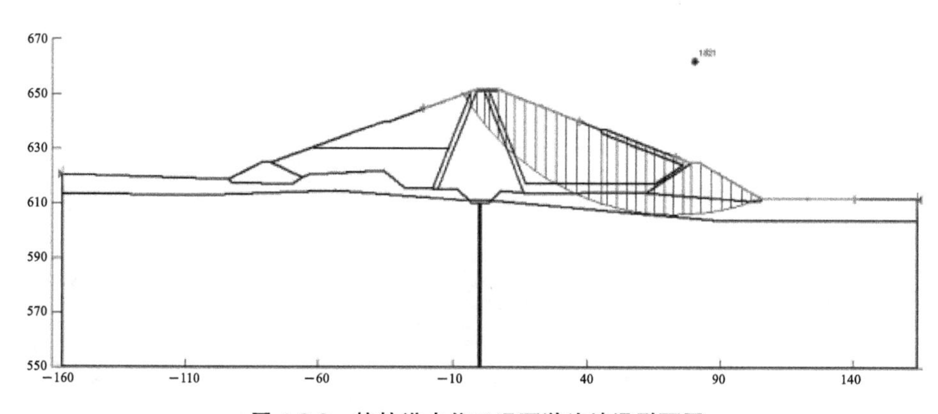


图 4-3-9　校核洪水位工况下游边坡滑裂面图

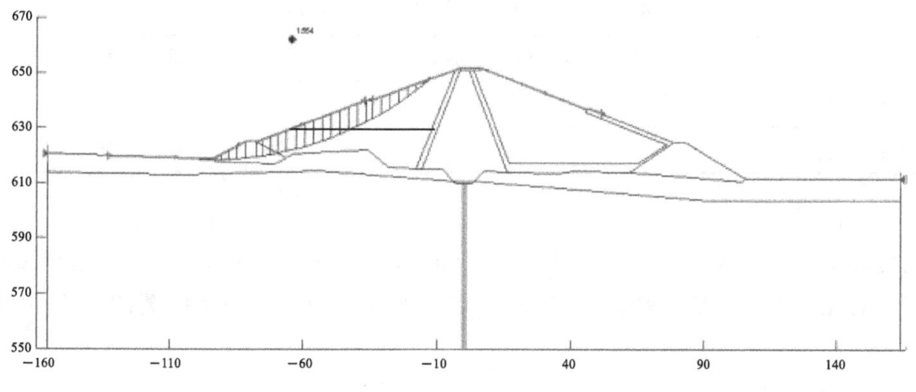


图 4-3-10　正常水位骤降工况上游边坡滑裂面图

### 3.4.3　沉降分析

本工程坝基为全风化泥质粉砂岩坝基，选取桩号坝 0＋215.00、坝 0＋220.00 两个典型断面对坝体和坝基的沉降进行计算。

(1)基本资料。

经分析地质报告描述及类似工程经验，各土层压缩性指标取值见表 4-3-7。

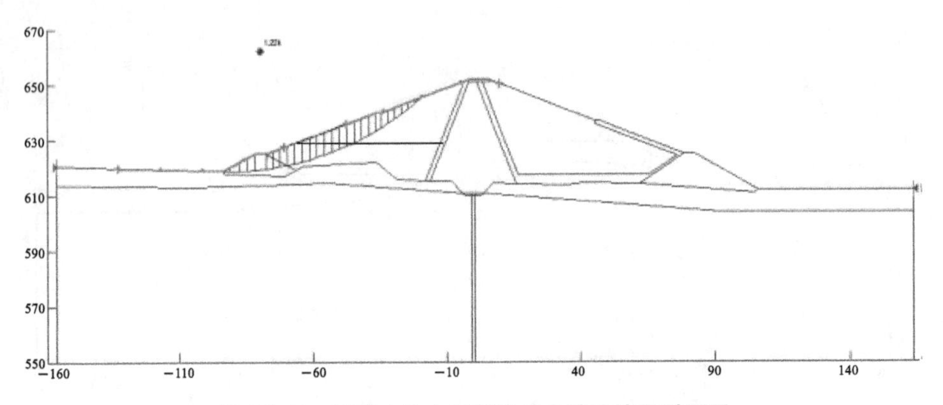


图 4-3-11　正常水位+地震工况上游边坡滑裂面图

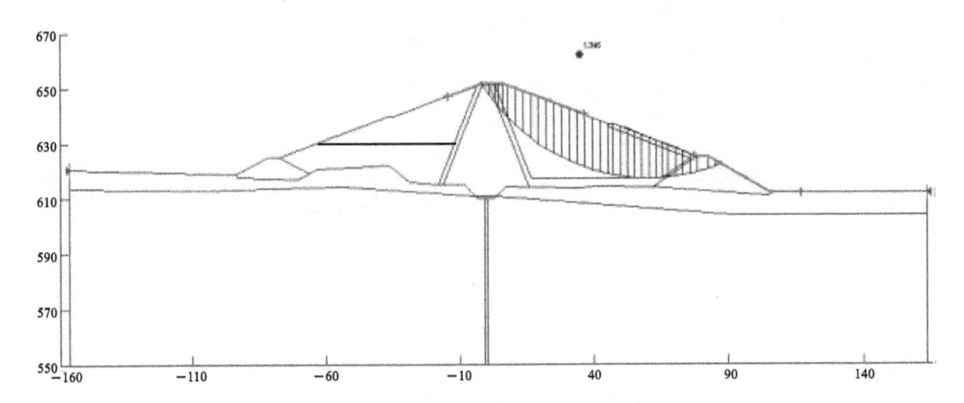


图 4-3-12　正常水位+地震工况下游边坡滑裂面图

表 4-3-7　坝基土层压缩性指标建议值

| 名称 | 压缩模量 $E_s$/MPa | 承载力标准值/kPa |
| --- | --- | --- |
| 全风化泥质粉砂岩 | 60 | 180 |
| 强风化泥质粉砂岩 | 72 | 300 |

(2)计算依据。

根据《碾压式土石坝设计规范》(SL274—2001),采用分层总和法。坝体分层厚度取 8 m 计算,坝基为全、强风化泥质粉砂岩,基础平均厚度 25 m,小于坝基底宽的 1/4,可按一层计算。

①坝体沉降计算。

坝体竣工时的沉降量和最终沉降量可用分层总和法按下式计算:

$$S_t = \sum_{i=1}^{n} \frac{e_{i0} - e_{it}}{1 + e_{i0}} h_i$$

式中,$S_t$ 为竣工时或最终的坝体和坝基总沉降量;$e_{i0}$ 为第 $i$ 层的起始孔隙比;$e_{it}$ 为第 $i$ 层相应于竣工时或最终的竖向有效应力作用下的孔隙比;$h_i$ 为第 $i$ 层土层厚度;$n$ 为土层分层数。

注:黏性土坝基沉降计算采用堤坝沉降计算模块进行计算。

②非黏性土坝基。

非黏性土坝体和坝基的最终沉降量可用《碾压式土石坝设计规范》估算。

$$S_{\infty} = \sum_{i=1}^{n} \frac{P_i}{E_i} h_i$$

式中，$S_{\infty}$为坝体或坝基的最终沉降量；$P_i$为第 $i$ 层计算土层由坝体荷载产生的竖向应力；$E_i$为第 $i$ 层计算土层的变形模量。

③竖向应力。

根据《碾压式土石坝设计规范》附录 E.2.3，对于中坝 $Y/B<0.25$（$Y$ 为压缩层厚；$B$ 为坝基底宽），可不考虑坝体荷载引起的附加应力在坝基的应力扩散，取坝顶以下的最大坝体自重应力作为坝基的附加应力。坝基的可压缩层厚度不满足该要求，故应考虑附加应力在坝基的应力扩散。假定坝基内应力分布从坝基面向下作 45°扩散，并每个水平面上按三角形分布，三角形顶点与坝体自重合力作用线吻合，则计算层面上的最大竖向应力：

$$P_{max} = \frac{2R}{B+2y}$$

式中，$P_{max}$为计算层面上的最大竖向应力；$R$ 为坝体自重合力；$y$ 为计算点坝基深度。

(3)计算成果。

本工程按非黏性土地基计算各断面最终沉降量成果详见表 4-3-8。

**表 4-3-8　最终沉降量成果**

| 计算剖面桩号 | 总沉降量/m | 地基特性 |
|---|---|---|
| 坝 0+215.00 | 0.18 | 全风化泥质粉砂岩 |
| 坝 0+220.00 | 0.38 | 全风化泥质粉砂岩 |

# 第4章 泄洪建筑物设计

## 4.1 溢洪道布置

从地形条件上看，拦河坝左岸为一条二级公路及各类民用住房片区，没有布置溢洪道的条件，因此只能将溢洪道布置在拦河坝右岸。右岸岸缓坡地段，坡角 10°～15°，第四系残坡积层厚 2.0～3.5 m。溢洪道进口段、控制段及泄槽段基岩为 N12 泥质粉砂岩、含炭质泥质粉砂岩夹砾岩、砂砾岩，岩体破碎，胶结程度稍差，工程地质条件一般。采用溢洪道单独泄洪，设计水位下泄流量 135 $m^3/s$，校核水位下泄流量 222 $m^3/s$。

溢洪道位于大坝右岸，设 1 孔，溢洪道轴线与坝轴线夹角 48.21°。溢洪道由进口引水渠段、控制段、泄槽段、消力池段及出口护坦段组成，全长 334.8 m，具体布置如下。

溢洪道引水渠段根据地形采用不对称布置，桩号为溢 0-104.8 m～溢 0＋000.0 m，总长 104.8 m。水渠为梯形断面，近控制段位置的左、右两侧采用扭面与控制段左、右边墩相接。引渠段在溢 0-010.0～溢 0-104.8 m 设置转弯段，轴线转弯半径为 R＝60 m，转弯角度为 90.6°。进口引渠段底板高程为 645.7 m，厚 0.3 m，底板及渠道两侧衬砌均采用 C25 混凝土浇筑。

控制段为无闸宽顶堰，长 10 m，桩号为溢 0＋000.0～溢 0＋010.0，堰顶高程 646.0 m，过水净宽 15 m，边墩墩顶度 1.5 m，闸顶设有宽 10 m、净跨 15 m 的交通桥。控制段闸墩及交通桥顶高程同坝顶高程为 651.9 m。

泄槽段桩号为溢 0＋010.0 至溢 0＋202.0，底板厚度 1.0 m，泄槽底板坡度分 2 段，溢 0＋010.0 m～溢 0＋160 m 底坡为 1∶6，溢 0＋160 m～溢 0＋202.0 m 底坡为 1∶3。泄槽溢 0＋010.0～溢 0＋160 净宽 15 m，溢 0＋160 m～溢 0＋202.0 m 渐变至末端净宽 24 m。泄槽采用“凵”型钢筋混凝土结构，边墙高度根据水力学计算和建筑物衔接需要，为 5.9～2 m。根据流速大小 $v \leqslant 15$ m/s，即桩号溢 0＋60 m 之前，泄槽边墙及底板采用 C25 混凝土，流速 $v > 15$ m/s，即桩号溢 0＋60 m 之后，泄槽及消力池边墙及底板采用 C40 抗冲耐磨混凝土。泄槽分缝长度为 15 m 和 12 m，泄槽两侧墙背面回填石渣料至墙顶高程。

消力池段桩号溢 0＋202.0 至溢 0＋230.0，消力池净宽 24 m，长 28 m，深 3.0 m，底板高程 607.0 m，厚 1.3 m，侧墙采用衡重式，墙高 7.3 m，墙顶高程 613.0 m，消力池两侧墙背填石渣料至墙顶高程或原地面高程。消力池分缝长度 14 m，边墙及底板面层采用厚 50 cm 的 C40 抗冲刷混凝土，其余部位采用 C25 混凝土。底板上设置间距 2 m×2 m 排水孔，孔径 80 mm，梅花状布置。消力池出口设置钢筋石笼护坦防冲。

溢洪道引水渠、控制段、泄槽及消力池基本置于全风化基岩，对控制段基础进行固结灌浆处理，设置了 3 排灌浆孔，同排孔距 1.5 m，排距 4.2 m 和 3 m，梅花形布置，孔深 8 m。溢洪道的防渗与大坝的防渗系统连成整体，在控制段设置了双排帷幕灌浆孔，排距 1.2 m，同排孔距 1.5 m，错开布置。

## 4.2　溢洪道地质条件

引水渠段(溢上 0-104.80～溢上 0+000.00):位于右岸靠上游岸坡,建基面高程 645.7 m,该段开挖后,基础置于(N12)全风化砾岩、泥质粉砂岩。

控制段(溢上 0+000.00～溢下 0+010.00):控制段底板高程 643.0 m,控制段开挖所揭露地质情况与前期勘察结论基本一致,基础坐落在强风化细砂岩,地层产状 302°/SW∠25°,能满足承载力要求。

泄槽段(溢下 0+010.00～溢下 0+202.00):泄槽段高程 605.1～646 m,泄槽段基础均置于浅褐黄色强风化细砂岩,该段岩体风化强烈,岩体破碎,遇水易软化。

消力池(溢下 0+202.00～溢下 0+230.00):消力池高程 605.1 m,开挖揭露基础置于强风化细砂岩下部,局部可见夹少量含炭质泥质粉砂岩,见少量地下水渗出。能满足设计要求。

溢洪道边坡开挖为横向坡,基本上均为土质边坡,开挖所揭露地层岩性为(N12)褐黄色全风化泥质粉砂岩、灰黄色砾岩、浅褐黄色全～强风化细砂岩,局部存在灰黑色含炭质泥质粉砂岩,岩层产状大致为 302°/SW∠25°,从揭露情况可见,边坡岩土体风化强烈,土夹碎块状,遇水易软化,抗冲刷能力差。地下水渗出形式为以潮湿为主。

## 4.3　溢洪道控制段形式选择

**1. 控制段闸孔形式选择**

本工程坝址处洪峰流量不大,设计洪水 $Q_{设计}=368\ m^3/s(P=2\%)$,校核洪水 $Q_{校核}=449\ m^3/s(P=0.1\%)$,在相同枢纽布置的情况下,考虑了溢流表孔采用无闸和有闸两种方案进行比较,方案考虑前提是由溢洪道承担全部泄洪任务,输水导流洞不参与泄洪。两种方案的左岸输水隧洞形式规模相同,不列入比较。拟定布置方案如下。

(1)无闸方案。

大坝采用黏土心墙石碴坝,坝顶高程 651.9 m。

开敞式宽顶堰溢洪道布置在大坝右岸,溢洪道全长 331.20 m,溢洪道为单孔泄洪,控制段长 10 m,孔口净宽 15.0 m,堰顶高程 646.0 m;堰后泄槽段全长 200.0 m,泄槽采用钢筋混凝土"凵"型槽方案;溢洪道采用底流消能的方式,底板高程 606.6 m,底板厚度 1.2 m,消力池尺寸 24 m×28 m×3 m(宽×长×深)。溢洪道设计下泄流量 $Q_{设计}=135\ m^3/s(P=2\%)$,泄槽单宽流量 9 $m^3/s$,相应下游水位 612.6 m;校核下泄流量 $Q_{校核}=222\ m^3/s(P=0.1\%)$,相应下游水位 613.1 m,泄槽单宽流量 14.8 $m^3/s$;消能防冲下泄流量 $Q=117\ m^3/s(P=3.33\%)$。水位～泄量关系详见表 4-4-1。

**表 4-4-1　溢洪道(净宽 15 m)水位～泄量关系**

| 库水位 /m | 堰上水头 $H_0$/m | 单宽流量 $q/(m^2/s)$ | 下泄流量 $Q/(m^3/s)$ | 库水位 /m | 堰上水头 $H_0$/m | 单宽流量 $q/(m^2/s)$ | 下泄流量 $Q/(m^3/s)$ |
|---|---|---|---|---|---|---|---|
| 651 | 5 | 19.67 | 295 | 648.4 | 2.4 | 6.47 | 97 |
| 650.8 | 4.8 | 18.53 | 278 | 648.2 | 2.2 | 5.67 | 85 |

续表

| 库水位/m | 堰上水头$H_0$/m | 单宽流量$q$/($m^2$/s) | 下泄流量$Q$/($m^3$/s) | 库水位/m | 堰上水头$H_0$/m | 单宽流量$q$/($m^2$/s) | 下泄流量$Q$/($m^3$/s) |
|---|---|---|---|---|---|---|---|
| 650.6 | 4.6 | 17.33 | 260 | 648 | 2 | 4.93 | 74 |
| 650.4 | 4.4 | 16.20 | 243 | 647.8 | 1.8 | 4.20 | 63 |
| 650.2 | 4.2 | 15.13 | 227 | 647.6 | 1.6 | 3.47 | 52 |
| 650 | 4 | 14.07 | 211 | 647.4 | 1.4 | 2.87 | 43 |
| 649.8 | 3.8 | 13.00 | 195 | 647.2 | 1.2 | 2.27 | 34 |
| 649.6 | 3.6 | 12.00 | 180 | 647 | 1 | 1.73 | 26 |
| 649.4 | 3.4 | 11.00 | 165 | 646.8 | 0.8 | 1.20 | 18 |
| 649.2 | 3.2 | 10.00 | 150 | 646.6 | 0.6 | 0.80 | 12 |
| 649 | 3 | 9.07 | 136 | 646.4 | 0.4 | 0.40 | 6 |
| 648.8 | 2.8 | 8.20 | 123 | 646.2 | 0.2 | 0.13 | 2 |
| 648.6 | 2.6 | 7.33 | 110 | 646 | 0 | 0.00 | 0 |

(2)有闸方案。

大坝采用黏土心墙石碴坝，坝顶高程650.5 m。

开敞式宽顶堰溢洪道布置在大坝右岸，溢洪道全长376.2 m，控制段长15 m，堰顶高程646.0 m，为2孔6 m宽闸孔泄洪，泄槽净宽14.2 m；堰后泄槽及消力池段全长200 m，泄槽采用钢筋混凝土“凵”型槽方案；溢洪道采用底流消能的方式，底板高程606.0 m，底板厚度1.5 m，消力池尺寸24 m×33 m×4.3 m（宽×长×深）。溢洪道设计下泄流量$Q_{设计}$=190 $m^3$/s($P$=2%)，相应下游水位612.95 m；校核下泄流量$Q_{校核}$=269 $m^3$/s($P$=0.1%)，相应下游水位613.35 m；消能防冲下泄流量$Q$=174 $m^3$/s($P$=3.33%)。水位～泄量关系详见表4-4-2。

**表4-4-2 水库水位与溢洪道敞泄下泄量关系**

| 库水位/m | 堰上水头$H_0$/m | 单宽流量$q$/($m^2$/s) | 下泄流量$Q$/($m^3$/s) | 库水位/m | 堰上水头$H_0$/m | 单宽流量$q$/($m^2$/s) | 下泄流量$Q$/($m^3$/s) |
|---|---|---|---|---|---|---|---|
| 650 | 7 | 25.5 | 363 | 646.4 | 3.4 | 8.8 | 125 |
| 649.8 | 6.8 | 24.5 | 347 | 646.2 | 3.2 | 8.1 | 115 |
| 649.6 | 6.6 | 23.4 | 332 | 646 | 3 | 7.3 | 104 |
| 649.4 | 6.4 | 22.3 | 317 | 645.8 | 2.8 | 6.6 | 94 |
| 649.2 | 6.2 | 21.3 | 302 | 645.6 | 2.6 | 5.9 | 84 |
| 649 | 6 | 20.3 | 288 | 645.4 | 2.4 | 5.3 | 75 |
| 648.8 | 5.8 | 19.3 | 274 | 645.2 | 2.2 | 4.6 | 66 |
| 648.6 | 5.6 | 18.3 | 260 | 645 | 2 | 4.0 | 57 |
| 648.4 | 5.4 | 17.3 | 246 | 644.8 | 1.8 | 3.4 | 49 |
| 648.2 | 5.2 | 16.4 | 232 | 644.6 | 1.6 | 2.9 | 41 |

续表

| 库水位/m | 堰上水头 $H_0$/m | 单宽流量 $q/(m^2/s)$ | 下泄流量 $Q/(m^3/s)$ | 库水位/m | 堰上水头 $H_0$/m | 单宽流量 $q/(m^2/s)$ | 下泄流量 $Q/(m^3/s)$ |
|---|---|---|---|---|---|---|---|
| 648 | 5 | 15.4 | 219 | 644.4 | 1.4 | 2.4 | 34 |
| 647.8 | 4.8 | 14.6 | 208 | 644.2 | 1.2 | 1.9 | 27 |
| 647.6 | 4.6 | 13.8 | 195 | 644 | 1 | 1.4 | 20 |
| 647.4 | 4.4 | 12.9 | 183 | 643.8 | 0.8 | 1.0 | 15 |
| 647.2 | 4.2 | 12.0 | 171 | 643.6 | 0.6 | 0.7 | 10 |
| 647 | 4 | 11.2 | 159 | 643.4 | 0.4 | 0.4 | 5 |
| 646.8 | 3.8 | 10.4 | 148 | 643.2 | 0.2 | 0.1 | 2 |
| 646.6 | 3.6 | 9.6 | 136 | 643 | 0 | 0.0 | 0 |

(3)方案比较。

溢洪道有闸、无闸方案，其移民、土建、金属结构的投资比较见表4-4-3。根据比较可知，无闸方案从投资上比有闸方案多114.95万元。但是运行管理上，无闸方案比有闸方案方便，因为勐甸水库大坝位于山区河道上，洪水陡涨陡落，从降雨开始到洪峰出现仅需4个小时左右，要对洪水进行准确而及时的预报较困难；勐甸水库径流量不大，汛期一日洪量占全年径流量比重较大，若不加以利用，洪水过后，来流量急剧减小，采用有闸不利于水库及时蓄水；此外，由于水库无下游防洪任务，红河县水利设施的管理力量薄弱，水库若采用闸控在水库管理上存在不便。因此溢洪道控制段推荐无闸方案。

**表4-4-3　溢洪道有闸、无闸方案投资比较**

| 编号 | 工程或费用名称 | 有闸方案投资(1) | 无闸方案投资(2) | (2)—(1)万元 |
|---|---|---|---|---|
| 一 | 第一部分：建筑工程 | | | 29.97 |
| 1 | 挡水工程一拦河坝 | 4642.7 | 4748.29 | 105.59 |
| 2 | 泄洪工程一溢洪道 | 2334.23 | 2258.61 | −75.62 |
| 二 | 第三部分：金属结构设备安装工程 | | | −65.72 |
| | 泄洪工程一溢洪道 | 65.72 | 0 | −65.72 |
| 三 | 征地移民 | 7052.6 | 7203.3 | 150.7 |
| 四 | 投资差 | | | 114.95 |

### 2. 控制段堰型选择

因本工程坝址处洪峰流量不大，设计洪水 $Q_{设计}=368\ m^3/s(P=2\%)$，校核洪水 $Q_{校核}=449\ m^3/s(P=0.1\%)$，根据《溢洪道设计规范》(SL253—2000)，对于堰高小于3 m的低堰，可采用宽顶堰和驼峰堰。为尽量减少溢洪道开挖，本工程在溢洪道不设闸门并满足泄流能力的情况下，控制段宜采用低堰，即堰高小于3 m。下面对控制段堰型进行宽顶堰和驼峰堰的比较，两方案其他建筑物布置相同。

(1)宽顶堰。

本内容同“控制段闸孔形式选择”的无闸方案，这里不再赘述。

(2)驼峰堰。

大坝采用黏土心墙坝，坝顶高程651.9 m。

驼峰堰方案，采用单孔净宽15 m泄洪，控制段长10 m，堰顶高程646.0 m，采用b型驼峰堰，堰高0.935 m，即进水渠渠底高程645.065 m，驼峰堰中圆弧半径为0.98175 m，上下游圆弧半径3.74 m。堰后泄槽及消力池段全长200 m，泄槽采用钢筋混凝土“凵”型槽方案；溢洪道采用底流消能的方式，底板高程606.0 m，底板厚度1.5 m，消力池尺寸24 m×28 m×3 m(宽×长×深)。本方案对应的设计水位648.81 m，校核水位649.97 m，溢洪道相应设计下泄流量$Q_{设计}=142\ m^3/s(P=2\%)$，校核下泄流量$Q_{校核}=228\ m^3/s(P=0.1\%)$。

水位-泄量关系详见表4-4-4。

**表4-4-4　驼峰堰(净宽15 m)水位-泄量关系**

| 库水位/m | 堰上水头$H_0$/m | 单宽流量$q/(m^2/s)$ | 下泄流量$Q/(m^3/s)$ | 库水位/m | 堰上水头$H_0$/m | 单宽流量$q/(m^2/s)$ | 下泄流量$Q/(m^3/s)$ |
|---|---|---|---|---|---|---|---|
| 646.2 | 0.2 | 0.17 | 2.57 | 649.2 | 3.2 | 11.28 | 169.24 |
| 646.4 | 0.4 | 0.50 | 7.44 | 649.4 | 3.4 | 12.27 | 184.02 |
| 646.6 | 0.6 | 0.92 | 13.84 | 649.6 | 3.6 | 13.28 | 199.21 |
| 646.8 | 0.8 | 1.43 | 21.51 | 649.8 | 3.8 | 14.32 | 214.77 |
| 647 | 1 | 2.02 | 30.28 | 650 | 4 | 15.38 | 230.71 |
| 647.2 | 1.2 | 2.67 | 40.04 | 650.2 | 4.2 | 16.47 | 247.02 |
| 647.4 | 1.4 | 3.38 | 50.71 | 650.4 | 4.4 | 17.58 | 263.69 |
| 647.6 | 1.6 | 4.15 | 62.22 | 650.6 | 4.6 | 18.71 | 280.70 |
| 647.8 | 1.8 | 4.97 | 74.53 | 650.8 | 4.8 | 19.87 | 298.06 |
| 648 | 2 | 5.84 | 87.58 | 651 | 5 | 21.05 | 315.76 |
| 648.2 | 2.2 | 6.76 | 101.36 | 651.2 | 5.2 | 22.25 | 333.78 |
| 648.4 | 2.4 | 7.62 | 114.25 | 651.4 | 5.4 | 23.48 | 352.14 |
| 648.6 | 2.6 | 8.49 | 127.35 | 651.6 | 5.6 | 24.72 | 370.81 |
| 648.8 | 2.8 | 9.39 | 140.88 | 651.8 | 5.8 | 25.98 | 389.75 |
| 649 | 3 | 10.32 | 154.85 | 652 | 6 | 27.27 | 409.08 |

(3)方案比较。

两方案均可行，且两方案坝高相同。驼峰堰的泄流能力略大于宽顶堰，5年至1000年一遇洪水频率下，驼峰堰的水位低于宽顶堰10～20 cm，但驼峰堰的渠道高程低于宽顶堰的渠道高程63.5 cm，渠道及泄槽开挖量大于宽顶堰方案的开挖量，约2800 m³。施工上宽顶堰支模比驼峰堰简单，能保证堰体施工质量，因此推荐溢洪道控制段采用无闸宽顶堰。堰型比较特征水位对比见表4-4-5。

表 4-4-5　堰型比较特征水位对比

| 项目 | | 单位 | 宽顶堰 | | 驼峰堰 | |
|---|---|---|---|---|---|---|
| | | | 无闸 | 红星溃坝 | 无闸 | 红星溃坝 |
| 校核 | 校核洪水标准 | % | 0.1 | | 0.1 | |
| | 洪峰流量 | $m^3/s$ | 449 | | 449 | |
| | 校核洪水位 | m | 650.14 | 651.77 | 649.97 | 651.64 |
| | 校核洪水位以下库容 | 万立方米 | 1336 | 1512 | 1318 | 1498 |
| | 最大下泄量 | $m^3/s$ | 222 | | 228 | 375 |
| 设计 | 设计洪水标准 | % | 2 | | 2 | |
| | 洪峰流量 | $m^3/s$ | 295 | | 295 | |
| | 设计洪水位 | m | 648.98 | | 648.81 | |
| | 设计洪水位以下库容 | 万立方米 | 1211 | | 1195 | |
| | 最大下泄量 | $m^3/s$ | 135 | | 142 | |
| | 设计洪水标准 | % | 3.33 | | 3.33 | |
| | 洪峰流量 | $m^3/s$ | 265 | | 265 | |
| | 最高库水位 | m | 648.71 | | 648.55 | |
| | 最大下泄量 | $m^3/s$ | 117 | | 126 | |
| | 设计洪水标准 | % | 5 | | 5 | |
| | 洪峰流量 | $m^3/s$ | 244 | | 244 | |
| | 最高库水位 | m | 648.53 | | 648.38 | |
| | 最大下泄量 | $m^3/s$ | 106 | | 114 | |
| | 设计洪水标准 | % | 10 | | 10 | |
| | 洪峰流量 | $m^3/s$ | 200 | | 200 | |
| | 最高库水位 | m | 648.18 | | 648.05 | |
| | 最大下泄量 | $m^3/s$ | 84 | | 91 | |
| | 设计洪水标准 | % | 20 | | 20 | |
| | 洪峰流量 | $m^3/s$ | 155 | | 155 | |
| | 最高库水位 | m | 647.77 | | 647.66 | |
| | 最大下泄量 | $m^3/s$ | 61 | | 66 | |

**3. 孔口尺寸选择**

由于工程坝址位置左右岸均受到现有地形条件和建筑物限制，现推荐方案坝顶高程651.9 m，基本与左岸公路齐平。若减小溢洪道控制段孔口尺寸，则必须设置闸门以防抬高坝顶高程，为日后水库运行管理带来不便。若增大控制段孔口尺寸，溢洪道右岸存在建筑物及公路，开挖受限，也不合适。因此推荐的溢洪道控制段形式及孔口尺寸仍为单孔 15 m 宽无闸宽顶堰。

## 4.4 消能建筑物设计

溢洪道陡槽段和出口消能段岩石胶结程度较差，风化强烈，抗冲能力差，需做好抗冲处理措施。根据岩土物理力学性质，结合工程经验，溢洪道岩土体大部分抗冲刷能力较差，河床砂砾卵石的抗冲刷流速为2.0 m/s，强风化($N_1^2$)的抗冲流速为2.0 m/s，强风化($N_1^1$)砾岩、砂砾岩的抗冲流速2.5 m/s。本工程坝下水深不大(小于跃后水深)，鉴于以上原因，本工程不宜采用挑流，面流或戽流的消能方式，只能选择底流消能，消能率高，对下游岸坡冲刷小，设置钢筋混凝土结构消力池，减少对河床的冲刷，经计算消力池尺寸为24 m×28 m×3 m(宽×长×深)。

## 4.5 泄洪消能计算成果

### 4.5.1 溢洪道水力计算

**1.泄流能力计算**

溢洪道泄流能力根据《溢洪道设计规范》(SL253—2000)进行计算，本工程溢流堰采用宽顶堰型，敞泄时泄流能力按以下公式计算：

$$Q = m\varepsilon B\sqrt{2g}H_0^{3/2}$$

$$\varepsilon = 1 - 0.2[\zeta_K + (n-1)\zeta_0]\frac{H_0}{nb}\ (\text{当}\frac{H_0}{b} > 1\text{时取值为}1)$$

式中，$Q$为泄流量；$B$为溢流堰总净宽，$B=nb$；$n$为溢洪道孔数；$b$为单孔净宽；$H_0$为计入流速水头的堰上总水头；$m$为流量系数；$\varepsilon$为闸墩侧收缩系数；$\zeta_K$为边墩形状系数；$\zeta_0$为中墩形状系数。

控泄时闸孔出流泄流能力计算公式如下：

$$Q = \sigma_s \mu_0 enb\sqrt{2gH_0}$$

式中，$Q$为泄流量；$\sigma_s$为淹没系数，本工程取值为1；$\mu_0$为闸孔自由出流的流量系数；$e$为闸门开启高度；$n$为表孔数；$b$为单孔净宽15 m；$H_0$为计入流速水头的闸前总水头。

经计算，在校核洪水位650.14 m($P$=0.1%)时，溢洪道泄量为222 m³/s；在设计洪水位648.98 m($P$=2%)时，溢洪道泄量为135 m³/s，在30年一遇洪水位648.71 m($P$=3.33%)时，溢洪道泄量为117 m³/s。

溢洪道敞泄时水库水位与下泄量关系见表4-4-6。

**表4-4-6 水库水位与溢洪道敞泄下泄量关系**

| 上游水位/m | $H_0$/m | $\mu_0$ | $Q$ |
|---|---|---|---|
| 651 | 5.129 | 0.383 | 295 |
| 650.8 | 4.924 | 0.383 | 278 |
| 650.6 | 4.718 | 0.383 | 260 |

续表

| 上游水位/m | $H_0$/m | $\mu_0$ | $Q$ |
|---|---|---|---|
| 650.4 | 4.511 | 0.383 | 243 |
| 650.2 | 4.306 | 0.382 | 227 |
| 650 | 4.100 | 0.382 | 211 |
| 649.8 | 3.894 | 0.382 | 195 |
| 649.6 | 3.689 | 0.382 | 180 |
| 649.4 | 3.483 | 0.382 | 165 |
| 649.2 | 3.276 | 0.382 | 150 |
| 649 | 3.071 | 0.381 | 136 |
| 648.8 | 2.866 | 0.381 | 123 |
| 648.6 | 2.660 | 0.381 | 110 |
| 648.4 | 2.454 | 0.381 | 97 |
| 648.2 | 2.248 | 0.380 | 85 |
| 648 | 2.043 | 0.380 | 74 |
| 647.8 | 1.837 | 0.380 | 63 |
| 647.6 | 1.631 | 0.379 | 52 |
| 647.4 | 1.427 | 0.378 | 43 |
| 647.2 | 1.221 | 0.377 | 34 |
| 647 | 1.017 | 0.376 | 26 |
| 646.8 | 0.811 | 0.375 | 18 |
| 646.6 | 0.607 | 0.373 | 12 |
| 646.4 | 0.403 | 0.370 | 6 |
| 646.2 | 0.201 | 0.364 | 2 |
| 646 | 0.000 | 0.353 | 0 |

**2. 泄槽水面线计算**

泄槽水面线按《溢洪道设计规范》(SL253—2000)进行计算。起始计算断面定在堰下收缩断面即泄槽首部，宽顶堰起始断面水深 $h_1$ 泄槽首端断面计算的临界水深 $h_k$：

$$h_1 = \sqrt[3]{\frac{q^2}{g}}$$

式中：$q$ 为起始计算断面单宽流量。

泄槽水面线根据能量方程，用分段求和法计算，计算公式如下：

$$\Delta l_{1-2} = \frac{\left(h_2\cos\theta + \frac{\alpha_2 v_2^2}{2g}\right) - \left(h_1\cos\theta + \frac{\alpha_1 v_1^2}{2g}\right)}{i - \overline{J}}$$

$$\overline{J}=\frac{n^2\overline{v}^2}{\overline{R}^{4/3}}$$

式中，$\Delta l_{1-2}$ 为分段长度；$h_1$ 、$h_2$ 分别为分段始、末断面水深；$v_1$ 、$v_2$ 分别为分段始、末断面平均流速；$\alpha_1$ 、$\alpha_2$ 分别为流速分布不均匀系数，取 1.05；$\theta$ 为泄槽底坡角度；$i$ 为泄槽底坡，$i=\tan\theta$ ；$\overline{J}$ 为分段内平均摩阻坡降；$n$ 为泄槽槽身糙率系数；$\overline{v}$ 为分段平均流速，$\overline{v}=(v_1+v_2)/2$ ；$\overline{R}$ 为分段平均水力半径，$\overline{R}=(R_1+R_2)/2$ 。

泄槽段水流掺气水深按下式计算：

$$h_b=(1+\frac{\zeta v}{100})h$$

式中，$h$ 为泄槽计算断面的水深；$v$ 为不掺气情况下泄槽计算断面的流速；$\zeta$ 为修正系数，本工程取为 1.4 s/m。

泄槽下泄校核流量 $Q=222\ m^3/s$ 时的水力计算结果见表 4-4-7。

**表 4-4-7　校核流量下泄槽水力计算成果**

| 桩号 | 不掺气水深/m | 掺气水深/m | 边墙高度/m | 流速/(m/s) |
|---|---|---|---|---|
| 溢 0+010.00 | 2.82 | 3.02 | 4.02 | 5.26 |
| 溢 0+020.00 | 1.6 | 1.81 | 2.81 | 9.2 |
| 溢 0+030.00 | 1.4 | 1.61 | 2.61 | 10.57 |
| 溢 0+043.00 | 1.2 | 1.41 | 2.41 | 12.33 |
| 溢 0+060.00 | 1.0 | 1.21 | 2.21 | 14.8 |
| 溢 0+117.60 | 0.83 | 1.04 | 2.04 | 17.83 |
| 溢 0+154.50 | 0.77 | 0.96 | 1.98 | 19.22 |

根据溢洪道下泄校核流量时的边墙高度计算，并考虑泄槽边墙与控制段边墩的连接挡土问题，确定桩号溢 0+010.0 m～溢 0+025.0 m 取 5.9～2.8 m，桩号溢 0+025.0 m～溢 0+160.0 m 边墙高取 2.8～2.0 m，溢 0+160.0 m～溢 0+190.0 m 边墙取高 2.0 m，溢 0+190.0 m～溢 0+202.0 m 边墙顶高程 613.0 m，与消力池边墙高程顺接。

**3. 下游消能计算**

本工程溢洪道消能防冲建筑物按 30 年一遇洪水设计，相应库水位 648.71 m，下游水位 612.96 m，下游河床高程 610 m，下泄设计洪水泄流量 117 $m^3/s$(敞泄)，溢洪道采用底流消能，设消力池，并进行消能防冲设计计算。

消力池池深计算公式如下：

$$d=\sigma_0 h_c''-h_s'-\Delta z$$

$$h_c''=\frac{h_c}{2}\left(\sqrt{1+\frac{8\alpha q^2}{gh_c^3}}-1\right)\left(\frac{b_1}{b_2}\right)^{0.25}$$

$$h_c^3-T_0h_c^2+\frac{\alpha q^2}{2g\varphi^2}=0$$

$$\Delta z=\frac{\alpha q^2}{2g\varphi^2h_s'^2}-\frac{\alpha q^2}{2gh_c''^2}$$

$$L=6(h_c''-h_c)$$

式中，$d$ 为消力池深度，m；$\sigma_0$ 为水跃淹没系数，可采用 1.05～1.1；$h''_c$ 为跃后水深，m；$h_c$ 为收缩水深，m；$\Delta z$ 为出池落差，m；$L$ 为消力池长度，m；$\alpha$ 为水动能校正系数，可采用 1.0～1.05；$q$ 为单宽流量，$m^3/(s \cdot m)$；$b_1$、$b_2$ 分别为消力池首末端宽度，m；$T_0$ 为由消力池底板顶面算起的总势能，m；$h'_s$ 为出池河床水深，m。

选取 30 年一遇洪峰流量水位下的下泄流量进行水力学计算。消能计算结果见表 4-4-8。

**表 4-4-8　消力池消能计算结果**

| 洪水频率 | 上游水位 | 下游水位 | 下泄流量 $Q/(m^3/s)$ | 收缩水深 $h_c/m$ | 跃后水深 $h''_c/m$ | 消力池深度 $d/m$ | 底板厚度 /m | 消力池长度 $L_{sj}$ |
|---|---|---|---|---|---|---|---|---|
| 3.33% | 648.71 | 612.5 | 117 | 0.171 | 5.24 | 2.83 | 1.11 | 26.24 |

消力池池长、池深按消能防冲标准 30 年一遇洪水设计，偏于安全考虑，取池长 28 m，池深 3 m，底板厚度 1.3 m，底板上设置排水孔 ϕ80，间距 2 m，梅花状布置。

## 4.5.2　溢洪道结构稳定、应力计算

### 1. 控制段稳定及基底应力计算

控制段采用整体式现浇钢筋混凝土结构，基础置于全风化含炭质泥质粉砂岩上，无闸控制，在设计洪水、校核洪水工况下，水平推力较小，不作控制。本工程地震设计烈度为 7 度，考虑地震组合。基本组合为正常蓄水位 646 m 和校核水位工况，特殊组合为正常蓄水位发生地震为组合工况。按抗剪断强度公式进行抗滑稳定安全核算。溢洪道控制段建基面高程 643 m，基岩为 $N1^2$ 泥质粉砂岩、含炭质泥质粉砂岩夹砾岩、砂砾岩，岩体破碎，胶结程度稍差，属全风化基岩，允许承载力 $[R]=0.18$ MPa，$f'=0.3$，$c'=0.05$ MPa。

$$K=\frac{f'\sum G+c'A}{\sum H}$$

式中，$K$ 为按抗剪断强度公式计算的抗滑稳定安全系数；$f'$ 为堰(闸)体混凝土与基岩接触面的抗剪断摩擦系数，取 0.3；$c'$ 为堰(闸)体混凝土与基岩接触面的抗剪断凝聚力，取 0.05 MPa；$\sum H$ 为作用在闸室上的全部水平向荷载。

采用材料力学方法计算堰基底面应力。

$$\sigma_{max/min}=\frac{\sum G}{A}\pm\frac{\sum M}{W}$$

式中，$\sigma_{max/min}$ 为闸室基底应力的最大值或最小值；$\sum G$ 为作用在闸室上的全部竖向荷载；$\sum M$ 为作用在闸室上的全部竖向和水平向荷载对于基础底面垂直水流方向的形心轴的力矩；$A$ 为闸室基底面的面积；$W$ 为闸室基底面对于该底面垂直水流方向的形心轴的截面矩。

经计算，各工况下堰体抗滑稳定安全系数均大于规范允许值，见表 4-4-9，满足规范要求。

表 4-4-9　溢洪道控制段抗滑应力计算成果

| 工况 | 允许 $K$ | 计算 $K$ | 基底应力 $\sigma_{max}$/kPa | 基底应力 $\sigma_{min}$/kPa |
| --- | --- | --- | --- | --- |
| 完建 | 3.0 | — | 138.56 | 137.69 |
| 正常蓄水位 | 3.0 | 5.15 | 110.35 | 102.91 |
| 校核水位 | 2.5 | 4.88 | 93.66 | 90.76 |
| 地震 | 2.3 | 2.75 | 120.71 | 92.75 |

在正常工况下基底应力 $P_{max}=110$ kPa、$P_{min}=103$ kPa，在地震工况下基底应力 $P_{max}=121$ kPa，$P_{min}=93$ kPa。溢洪道控制段地面高程 627.90～657.0 m，建基面高程 643 m，堰基岩体均为 N12 强风化岩，属于Ⅴ类岩体，允许承载力$[R]=0.18$ MPa，基本可以满足溢洪道堰基持力层要求；为提高基础岩体的抗滑及渗透稳定性，对基础进行基础固结灌浆。

**2. 泄槽抗滑稳定计算**

“凵”型泄槽采用整体式现浇钢筋混凝土结构，基础置于全风化含炭质泥质粉砂岩上，泄槽上作用力包括重力、时均压力、脉动压力，根据溢洪道控制段稳定计算公式计算泄槽的稳定，公式中 $f'=0.3$，$c'=0.05$ MPa。动水压力计算公式如下。

时均压力：

$$P_{tr}=1.05p_{tr}A$$

$$p_{tr}=\rho_w gh\cos\theta$$

式中，$p_{tr}$ 为过水面上计算点的时均压强；$\rho_w$ 为水的密度；$h$ 为计算点的水深；$\theta$ 为结构物底面与水平面的夹角。

脉动压力：

$$P_{fr}=\pm\beta_m p_{fr}A$$

$$p_{fr}=3K_p\frac{\rho_w v^2}{2}$$

式中，$p_{fr}$ 为脉动压强，N/m²；$A$ 为作用面积；$\beta$ 为面积均化系数，本工程取 0.1；$K_p$ 为脉动压强系数，本工程取 0.02；$v$ 为相应设计状况下水流计算断面的平均流速，m/s。

计算简图及各工况计算结果见图 4-4-1 和表 4-4-10。

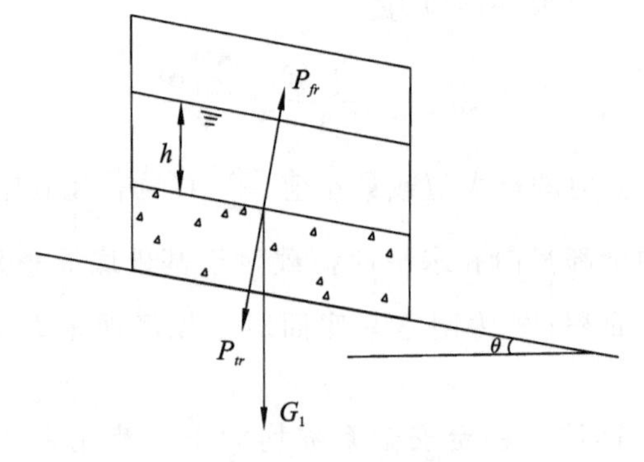


图 4-4-1　计算简图

表 4-4-10 泄槽抗滑稳定应力计算成果

| 部位 | 工况 | 允许 $K$ | 计算 $K$ | 平均基底应力 $\sigma$/kPa |
|---|---|---|---|---|
| 1∶6<br>泄槽末端 | 完建 | 3.0 | 10.62 | 34.03 |
| | 校核水位 | 2.5 | 10.97 | 40.73 |
| 1∶3<br>泄槽首端 | 完建 | 3.0 | 5.48 | 32.73 |
| | 校核水位 | 2.5 | 5.66 | 43.64 |
| 1∶3<br>泄槽末端 | 完建 | 3.0 | 6.05 | 29.1 |
| | 校核水位 | 2.5 | 6.07 | 29.8 |

**3. 消力池挡墙抗滑稳定计算**

消力池两侧挡墙采用衡重式，基础置于全风化含炭质泥质粉砂岩上，地基允许承载力 $[R]=0.18$ MPa，挡墙平均基底应力不大于地基允许承载力，最大基底应力不大于地基允许承载力的 1.2 倍，最大与最小应力之比基本组合不大于 2.0，特殊组合不大于 2.5。挡墙与碎石基础接触面的抗剪断摩擦系数 $f$ 取 0.5，挡墙基底应力和抗滑稳定系数计算公式如下。

基底应力：

$$P_{\max/\min}=\frac{\sum G}{A}\pm\frac{\sum M}{W}$$

式中，$P_{\max/\min}$ 为挡土墙基底应力的最大值或最小值；$\sum G$ 为作用在挡土墙上全部垂直于水平面的荷载；$\sum M$ 为作用在挡土墙上的全部荷载对水平面平行前墙墙面方向形心轴的力矩之和(kN · m)；$A$ 为挡土墙基底面的面积；$W$ 为挡土墙基底面对于基底面平行前墙墙面方向形心轴的截面矩($m^3$)。

抗滑稳定安全系数：

$$K=\frac{f\sum G}{\sum H}$$

式中，$K$ 为按抗剪断强度公式计算的抗滑稳定安全系数；$f$ 为堰(闸)体混凝土与碎石基础接触面的抗剪断摩擦系数，取 0.5；$\sum H$ 为作用在闸室上的全部水平向荷载。

计算工况如下。

(1)施工完建期工况：考虑下墙地下水。

(2)正常运用工况：正常蓄水位，墙后地下水至墙顶高程，消力池满水，不考虑下墙土压力。

(3)地震工况：正常运用工况下遭遇地震。

地震工况时的计算简图见图 4-4-2。

计算结果见表 4-4-11，根据计算结果可知，在土基上的挡土墙最大与最小应力之比满足规范要求，可不进行抗倾覆稳定计算。各工况计算结果满足规范要求。

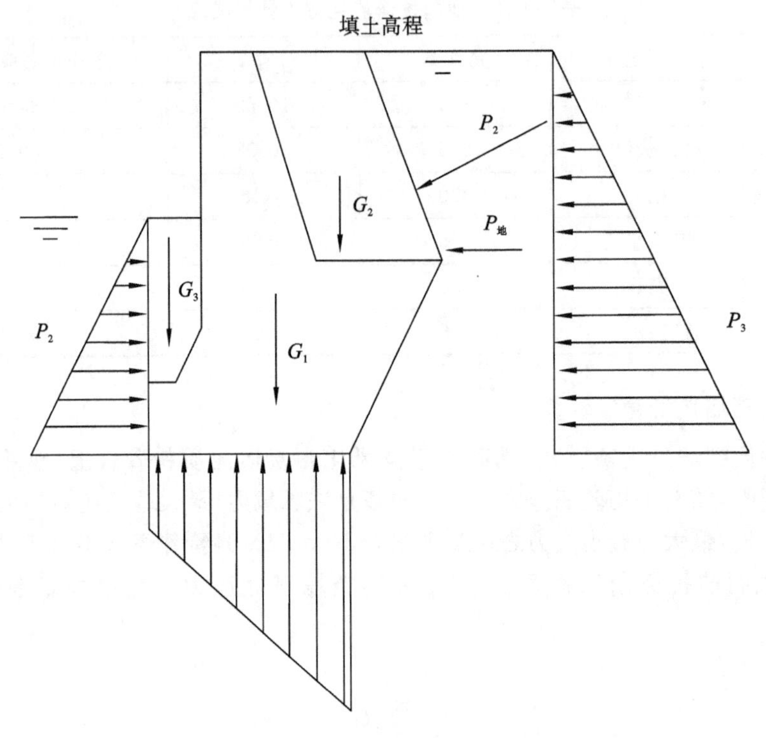


**图 4-4-2　正常蓄水及地震工况**

**表 4-4-11　挡墙抗滑稳定应力计算成果**

| 工况 | 抗滑允许 $K$ | 计算 $K$ | 计算基底应力 $\sigma$/kPa | | 最大最小应力之比允许值 | 最大最小应力之比计算值 |
|---|---|---|---|---|---|---|
| | | | 前趾 | 后踵 | | |
| 完建 | 1.25 | 3.5 | 67.58 | 156.64 | 2.5 | 2.318 |
| 正常蓄水 | 1.25 | 1.37 | 140.95 | 125.17 | 2.0 | 1.126 |
| 地震 | 1.05 | 1.16 | 183.33 | 82.79 | 2.5 | 2.214 |

# 第5章　灌溉供水工程设计

## 5.1　输水建筑物设计

### 5.1.1　输水隧洞方案确定

本水库工程等别属Ⅲ等，永久性工程主要建筑物大坝、溢洪道、导流输水隧洞为3级，其他临时性水工建筑物为5级；输水工程各干渠及渠系建筑物为5级。根据《水利水电工程施工组织设计规范》(SL303—2004)规定，枢纽工程导流建筑物为5级，在采用土石围堰时，设计洪水标准为重现期5～10年；输水工程导流建筑物为5级，在采用土石围堰时，设计洪水标准为重现期5～10年。

大坝为黏土心墙石渣坝，原河床不具备开挖明渠导流的条件，黏土心墙石渣坝亦不推荐采用分期导流施工，因此采用一次围堰拦断河床隧洞导流。

由于本工程地形上布置受约束，地质上成洞条件差，若分别设置输水隧洞和导流洞成本太高，因此采用输水隧洞与导流洞两洞合一方案，即隧洞前期作为施工导流洞，后期作为灌溉输水隧洞，并采用洞内埋管与灌溉工程的供水管道相接。为了避免导流输水隧洞与溢洪道干扰，将洞线布置在左岸。隧洞断面尺寸的确定分别考虑有压输水隧洞所需断面尺寸、导流所需断面尺寸以及施工最小断面所需尺寸，取其大。

勐甸水库蓄水后，输水最大引用流量1.216 $m^3/s$(其中灌溉1.119 $m^3/s$，生态基流的流量为0.097 $m^3/s$)，最小施工隧洞断面即可满足过流能力要求。最小施工断面钻爆法的最小圆形施工直径为2.0 m，非圆形断面高度不小于1.8 m，宽度不小于1.5 m。

在确定了导流标准、施工导流方式、导流程序及枯期施工导流时段的前提下，对导流输水隧洞洞径重点从导流工程费用及坝体临时拦洪度汛断面填筑强度等方面分别进行了Φ2.0 m(方案一)、Φ2.5 m(方案二)及Φ3.0 m(方案三)三个方案的比选。经比选，导流输水隧洞采用Φ2.0 m的圆形隧洞可满足施工导流需要。

因此本工程导流输水隧洞采用直径为2.0 m的圆形洞和2 m×2 m的城门洞。推荐的导流输水隧洞由竖井取水段、闸前有压隧洞、闸门井、闸后无压隧洞组成，总长420.6 m。

### 5.1.2　隧洞地质条件

(1)进口段。

导流洞进口段地表边坡天然坡角30°～35°，表层为残坡积含砾粉质黏土，厚度1.00～2.50 m，洞身穿过部位为上第三系第二岩组$N_1{}^2$的泥质粉砂岩夹砾岩、砂砾岩的全风化层，其位置恰好接近于$N_1{}^2$小向斜的核部，基岩风化深厚，进口段工程地质条件较差。根据《水利水电工程地质勘察规程》初步划分进口段围岩分类为Ⅴ类。

(2)洞身段。

洞身段为$N_1^2$全～强风化泥质粉砂岩、含炭质泥质粉砂岩夹砾岩、砂砾岩，岩层在该段距离$N_1^2$小向斜核部较近，岩层产状处于渐变的过渡段，地层走向310°～320°，倾向不定，在“检查井”以前的洞段，洞线走向17°，与岩层走向大角度斜交，受构造、风化影响，洞室围岩破碎，加之洞室埋深较大，位于地下水位以下，围岩遇水易软化，自稳时间很短，规模较大的变形破坏都可能发生，洞室稳定性较差，围岩分类为Ⅴ类围岩。

闸门井至f2断层之间洞身处于$N^2$岩层产状310°/SW∠21°～30°，洞线走向64°，洞线与岩层走向交角64°，对洞室稳定有利，但是由于$N_1^2$围岩风化深厚，洞室基本处于其全～强风化带内，岩体破碎，围岩分类属于Ⅴ类围岩，洞体自稳能力较差；f2以后的洞段处于$N_1^1$强风化砾岩、砂砾岩夹砂岩地层中，岩层产状359°/W∠50°～74°，该段围岩胶结较差，透水性好，风化强烈，因此围岩稳定性较差。根据相关资料，洞体大部分位于地下水位以下。围岩属于Ⅴ类围岩。另外由于$N_1^1$弱风化砾岩中砾岩的大小差异较大，直径5～300 cm，对洞室掘进影响较大。

(3)出口段。

位于坝线下游约220 m处，围岩为全～强风化$N_1^1$砾岩、砂砾岩夹少量粉砂岩、砂岩夹，属Ⅴ类围岩。洞脸边坡残坡积层厚1.5～3.50 m，全、强风化砾岩厚30～40 m，稳定性差。

### 5.1.3　进水口

洞外进水口段长13.6 m，宽3.4 m，高10.3 m，导流入口尺寸为2.0 m×2.0 m，导流入口底板高程621.1 m，入口段前设1道封堵门槽，封堵门槽后设一方形井式进水塔。为减少水库污物进入引水隧洞，引水口设在淤沙高程以上，并在引水口的前后左右4个方向均设有1道拦污栅，4孔设4扇，孔口尺寸2.0 m×1.0 m(宽×高)。拦污栅形式为潜孔固定直栅，底槛高程627.3 m，顶高程为628.3 m。栅叶总宽2.64 m，总高1.64 m，按4 m水位差设计，总水压力132.2 kN。

待施工导流结束后，封堵塔前入口后，从井式进水塔孔口进水，孔口设置永久拦污栅。进水口顶部平台高程631.0 m，作为临时清污平台。进水渠按对称的“八”字形开挖防护，防护边坡采用C20混凝土，厚0.4 m。

(1)进水口淹没深度计算。

根据《水利水电工程进水口设计规范》(SL285—2003)，有压进水口的最小淹没深度应满足下式要求：

$$S = cv\sqrt{d}$$

式中，$S$为闸门顶板高程以上最小淹没深度(m)；$c$为进水口形状系数，对称水流取$c=0.55$；$v$为闸门处断面流速$v=Q/A$，流速为1.16 m/s；$d$为闸孔高度，取1.0 m。

淹没水深：$S=0.672$ m。

经计算，要保证进水口有好的进水条件，形成压力流，进水口顶部至少应满足0.7 m的淹没深度。经计算，本工程的灌溉最低取水水位630 m，因此取水口顶高程低于629.30 m，取水口底高程高于淤沙高程623.9 m，即可满足规范要求。因此本工程取水口顶高程取628.3 m，取水孔高1 m。

(2)进水口地基应力计算。

本工程隧洞进水口施工建成及水库蓄水后,不存在抗滑、抗倾问题。建基面上垂直正应力计算根据《水利水电工程进水口设计规范》(SL285—2003)计算如下:

$$\sigma = \frac{\sum V}{A} \pm \frac{\sum M_x y}{J_x} \pm \frac{\sum M_y x}{J_y}$$

式中:$\sigma$ 为建基面上计算点垂直应力;$\sum V$ 为建基面上垂直力的总和;$\sum M_x$、$\sum M_y$ 为建基面上垂直力对形心轴 $X$、$Y$ 的力矩总和;$J_x$、$J_y$ 为建基面对形心轴 $X$、$Y$ 的惯性矩;$A$ 为建基面面积。

地基允许承载力[$R$]=180 kPa。计算结果表明,在各工况下,地基应力应大于 0,并小于地基允许承载力,基底应力最大值与最小值之比不大于 2.0(表 4-5-1)。

**表 4-5-1　地基应力计算结果**

| 工况组合 | 计算情况 | 坝基边缘应力/kPa | | 应力不均匀系数 $\eta$ |
|---|---|---|---|---|
| | | $\sigma_{上}$ | $\sigma_{下}$ | |
| 基本 | 施工完建 | 87.5 | 110.2 | 1.25 |
| 特殊 | 地震 | 58.6 | 97.6 | 1.66 |

## 5.1.4　闸门井

闸门井设置在左岸坝肩平台,井顶高程与坝顶高程相同,为 651.9 m。井体高 33.4 m,井体为直径 4.7 m 的圆形,衬砌厚度 0.5 m,井底闸室段长 5.5 m,底板顶高程 619.5 m,厚 1.0 m,内设一道事故检修门,同时可以利用其施工期挡水,为下游阀门设备及管线的安装创造条件。闸门尺寸 1.8 m×2.0 m(宽×高),底槛高程 619.5 m,闸顶高程 651.9 m。闸门按挡设计洪水位 648.98 m 设计,设计水头 29.48 m,总水压力 1261 kN。门槽宽 0.7 m,深 0.45 m。闸门形式采用潜孔式平面滑动钢闸门,门体总宽 2.5 m,总高 2.1 m。门后设有检修孔兼作闸门通气孔。闸室前后各设 3.5 m 长的隧洞渐变段。井体上部平台设启闭机房,采用卷扬式启闭机。闸门井采用 C25 混凝土钢筋混凝土衬砌,抗渗等级 W8,防冻等级 F50。

(1)结构计算。

闸门井为 3 级建筑物,混凝土强度等级 C25,钢筋采用Ⅲ级钢筋,钢筋混凝土衬砌按限裂要求设计,按二类环境,允许裂缝宽度为 0.30 mm,结构衬砌厚度按 50 cm 计算。计算中分别考虑了运行期、检修期工况,作用荷载考虑了内水压力、外水压力、灌浆压力。计算采用北京理正岩土系列软件《水工隧洞衬砌计算程序》来进行内力配筋,具体成果见表 4-5-2。

**表 4-5-2　衬砌计算成果表(Ⅴ类围岩)**

| 项目 | 断面尺寸(圆形)$D$4.7 m | 断面尺寸(圆形)$D$4.7 m |
|---|---|---|
| 衬砌厚度/m | 0.50 | 0.50 |
| 单位弹性抗力系数 $k_0$/(MPa/cm) | 2 | 2 |
| 计算工况 | 正常蓄水位 | 检修期 |

续表

| 项目 | 断面尺寸(圆形)$D$4.7 m | 断面尺寸(圆形)$D$4.7 m |
|---|---|---|
| 压力状态 | 有压 | 无压 |
| 灌浆压力/MPa | 0.5 | 0.5 |
| 内压水头/m | 30.0 | 0 |
| 外水水头/m | 30.0 | 30.0 |
| 外水压折减系数 | 0.5 | 0.7 |
| 内层最大配筋 | Φ16@200 | Φ16@200 |
| 外层最大配筋 | Φ16@200 | Φ16@200 |

(2)工程措施。

闸门井井体及闸室基本处于全～强风化带内，岩体破碎，围岩分类属于Ⅴ类，岩层与洞线走向交角 64°，洞体自稳能力较差，因此应特别注意井体的开挖安全，做好井体开挖支护。井体结构直径 4.7 m，设计开挖直径 5.2～5.4 m，做好 651.9 m 平台洞口混凝土锁口后再从上至下分段开挖，竖井每开挖 1 m 支护便支护 1 m。锁口采用现浇 C20 钢筋混凝土，高 2 m，并设置锁口锚杆 ϕ25，长 3 m/3.5 m 间隔布置。锁口下部开挖支护，设计采用钢筋混凝土环(C20 混凝土)，混凝土环厚 25 cm。具体开挖支护设计剖面图见图 4-5-1，混凝土环的施工可现浇可预制。

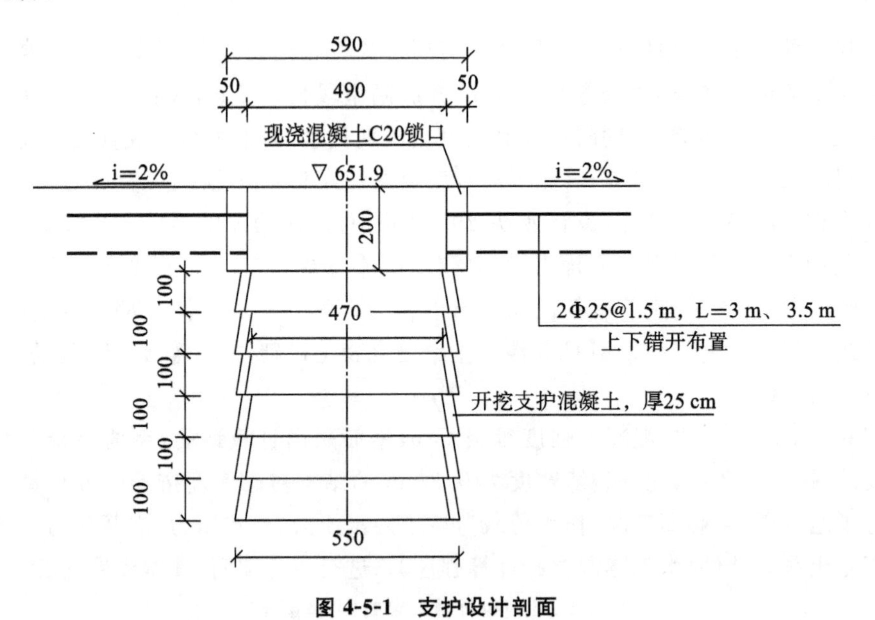


图 4-5-1　支护设计剖面

## 5.1.5　输水隧洞

隧洞基本处于全～强风化带内，围岩分类属于Ⅴ类，岩体破碎，整条隧洞埋深 7.5～50 m。岩层与洞线走向交角 64°，洞体自稳能力较差，结构洞径小不方便检修，因此为尽量避免水库蓄水后因地质条件差引起的隧洞渗水等问题，将闸门井前隧洞设计为有压隧洞，闸门井后隧洞设计为无压洞。

闸门井前有压洞(桩号0-018.00～0+090.00)。

该段包括有压圆形断面和渐变段，总长92 m。其中桩号0-018.00～0+086.50为内径2.0 m的圆形断面，长104.5 m，结构衬砌厚度40 cm。桩号0+086.50～0+090.00为由圆变方的渐变段3.5 m，与孔口尺寸1.8 m×2 m(宽×高)的闸门井闸室相接(闸室长5.5 m，桩号0+090.00～0+095.50)。

闸门井后无压洞(桩号0+095.50～0+405.00)。

该段包括渐变段和有压城门洞型断面，总长309.5 m。其中桩号0+095.50～0+099.00为与闸门井闸室相接的方变城门洞型的渐变段3.5 m。桩号0+099.00～0+405.00为城门洞型，长306 m，内口尺寸2 m×2 m(宽×高)，拱顶为内径2 m的半圆形，结构衬砌厚度40 cm。

施工导流完毕后，该段城门洞型隧洞内铺设钢管与洞外输水干管相连，钢管直径1.0 m，C20混凝土堵头设置在闸门井渐变段后11 m范围(桩号0+099.00～0+110.00)。钢管在隧洞出口外与灌溉供水干管相接。因隧洞洞径小，检修条件差，洞内钢衬段按明管设计。

(1)洞径设计。

输水隧洞设计输水流量1.216 $m^3/s$，由于流量较小，根据《水工隧洞设计规范》(SL279—2016)的规定，横断面的最小尺寸除应满足运行和导流要求外，还应符合施工要求，圆形断面的内径不宜小于2.0 m；非圆形断面的高度不小于1.8 m，宽度不小于1.5 m。在满足施工导流要求的条件下，确定洞径为2.0 m的圆形断面和2 m×2 m的城门洞型断面。

(2)隧洞水力计算。

隧洞封堵供水后，闸门井前段输水隧洞和井后埋管为有压运行，隧洞埋管过流能力按有压流公式计算：

$$Q=\mu A\sqrt{2gH_0}$$

$$\mu=\frac{1}{\sqrt{1+\left(\sum\frac{8gL_i}{C^2d_i}\left(\frac{A}{A_i}\right)^2+\sum\xi\left(\frac{A}{A_i}\right)^2\right)}}$$

式中，$Q$为过流能力，$m^3/s$；$\mu$为流量系数；$A$为隧洞出口断面面积，$m^2$；$A_i$为隧洞计算断面面积，$m^2$；$H_0$为上游水面至隧洞出口中心高程之差，m。

水头损失由局部损失和沿程损失两部分组成，水头损失计算参照《水力计算手册》及《水工隧洞设计规范》(DL/T5195—2004)。隧洞水头损失计算公式如下。

水头损失：
$$h_w=h_f+h_m$$

沿程水头损失系数：
$$h_f=\frac{Lv^2}{C^2R}$$

局部水头损失系数：
$$h_m=\xi\frac{v^2}{2g}$$

式中，$A$为隧洞过水断面面积；$L$为隧洞长度；$C$为谢才系数；$v$为设计流速；$n$为糙率系数；$R$为水力半径；$\xi$为局部水头损失系数。

本工程为灌溉洞与导流洞两洞合一，导流进口高程较低为621.5 m，经计算：隧洞埋管流量系数$\mu$=0.376，死水位630 m时，过流能力$Q$=5.3 $m^3/s$，大于供水及生态基流所需流

量之和 $Q$max＝1.216 m$^3$/s，满足设计要求。

(3)隧洞结构计算。

隧洞为 3 级建筑物，衬砌厚度 0.40 m，混凝土强度等级 C25，钢筋采用Ⅲ级钢筋，钢筋混凝土衬砌按限裂要求设计，按二类环境，允许裂缝宽度为 0.30 mm。为充分利用围岩的承载力，保证衬砌与围岩的紧密贴合，应进行回填灌浆处理。

计算中分别考虑了运行期、检修期工况，作用荷载考虑了内水压力、外水压力、山岩压力和衬砌自重。计算采用北京理正岩土系列软件《水工隧洞衬砌计算程序》来进行内力配筋，具体成果见表 4-5-3。

**表 4-5-3　隧洞衬砌计算成果表(Ⅴ类围岩)**

| | 圆形断面 D2.0 m | 城门洞型(2 m×2 m) |
|---|---|---|
| 压力状态 | 有压 | 无压 |
| 衬砌厚度/m | 0.40 | 0.40 |
| 计算工况 | 校核水位 | 检修工况 |
| 单位弹性抗力系数 $k_0$/(MPa/cm) | 2 | 2 |
| 围岩容重/(kN/m$^3$) | 20 | 20 |
| 灌浆压力/MPa | 0.2 | 0.2 |
| 内压水头/m | 30.5 | 0 |
| 外水水头/m | 30.5 | 27 |
| 外水压折减系数 | 0.5 | 0.5 |
| 内层最大配筋 | Φ18@200 | Φ25@200<br>墙角结构加强 |
| 外层最大配筋 | Φ18@200 | Φ20@200<br>墙角结构加强 |

圆形断面计算简图见图 4-5-2。

城门洞型断面计算简图见图 4-5-3。

(4)工程措施。

隧洞进口段地表边坡天然坡角 30°～35°，表层为残坡积含砾粉质黏土，厚度 1.00～2.50 m，洞身穿过部位为上第三系第二岩组 N12 的泥质粉砂岩夹砾岩、砂砾岩的全风化层，其位置恰好接近于 N12 小向斜的核部，基岩风化深厚，进口段工程地质条件较差。洞身段为 N12 全～强风化泥质粉砂岩、含炭质泥质粉砂岩夹砾岩、砂砾岩，洞室基本处于其全～强风化带内，岩体破碎，围岩分类属于Ⅳ～Ⅴ类围岩。隧洞出口位于坝线下游约 220 m 处，围岩为全～强风化 N11 砾岩、砂砾岩夹少量粉砂岩、砂岩夹，属Ⅴ类围岩。洞体最大埋深 50 m，地下水位于隧洞顶板之上，施工中存在渗、滴水现象。根据隧洞地质勘测成果显示，隧洞洞身段多为Ⅴ类围岩，因此全洞开挖初期支护采用钢拱架和系统喷锚挂网支护，必要时采用管棚和注浆花管支护，具体支护工程措施如下。

①隧洞全断面开挖为城门洞型，开挖尺寸 3.3 m×3.2 m(宽×高)，拱顶为半圆形。

②隧洞钢拱架支护采用 12.6 号工字钢，间距 0.4～0.5 m；系统砂浆锚杆为 Φ25，长 3.0

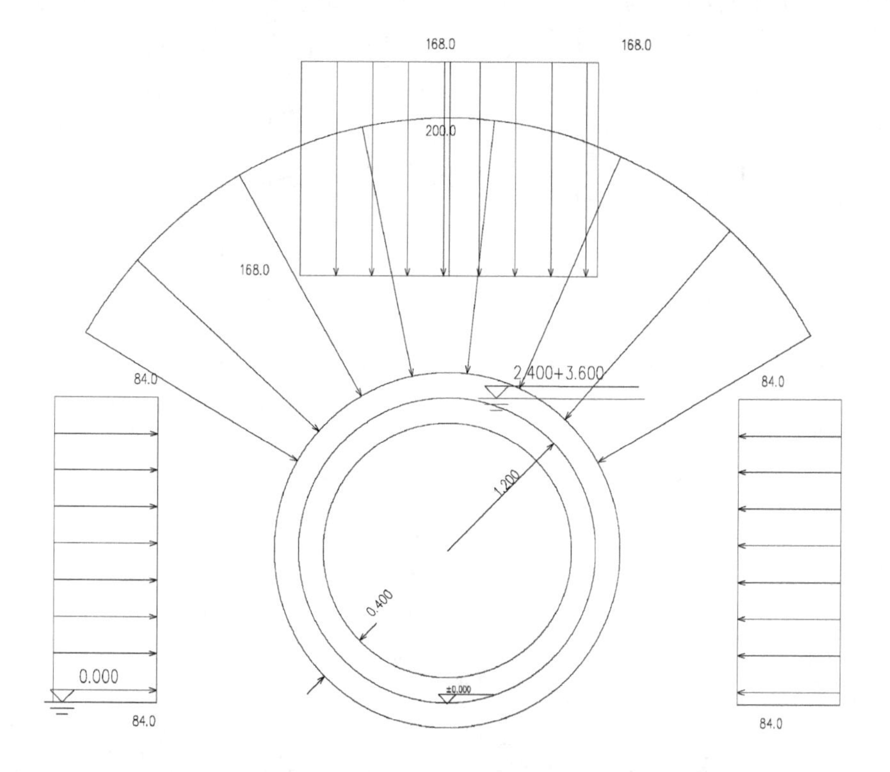


计算简图

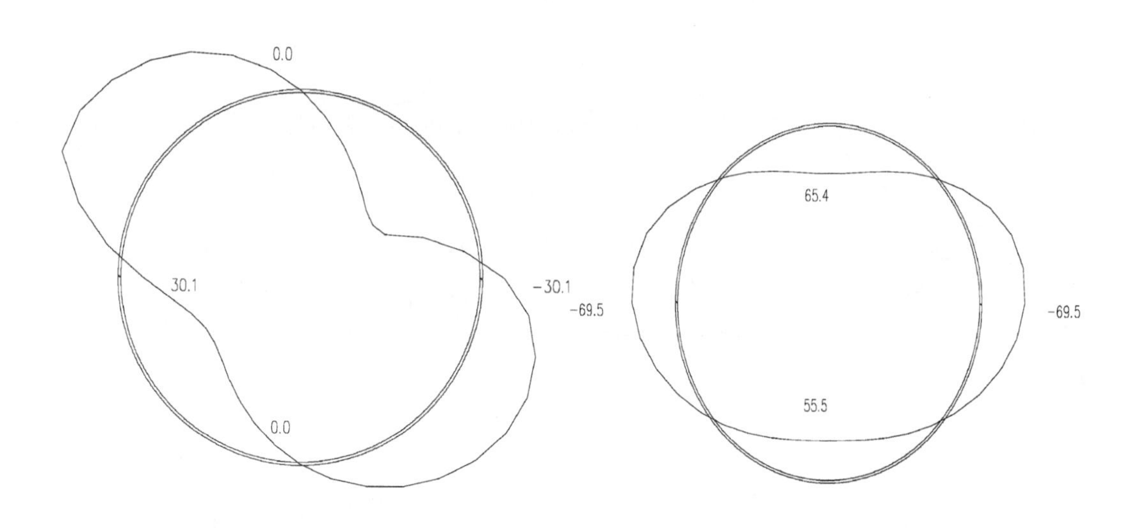


剪力图（设计值，不含地震作用）
单位:kN

弯矩图（设计值，不含地震作用）
单位：kN·m

**图 4-5-2 圆形断面计算简图**

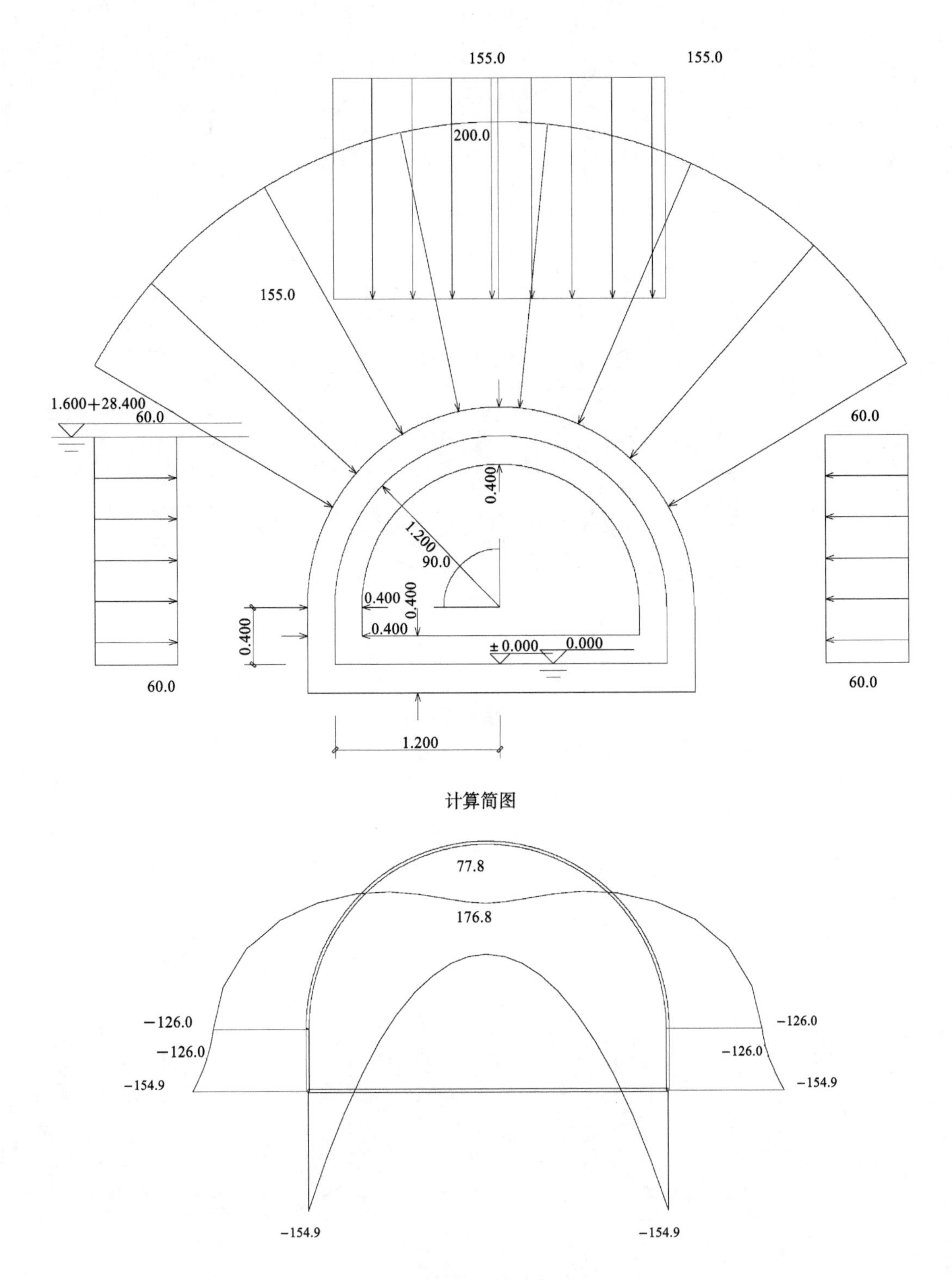


弯矩图（设计值，不含地震作用）
单位：kN · m

**图 4-5-3　城门洞型断面计算简图**

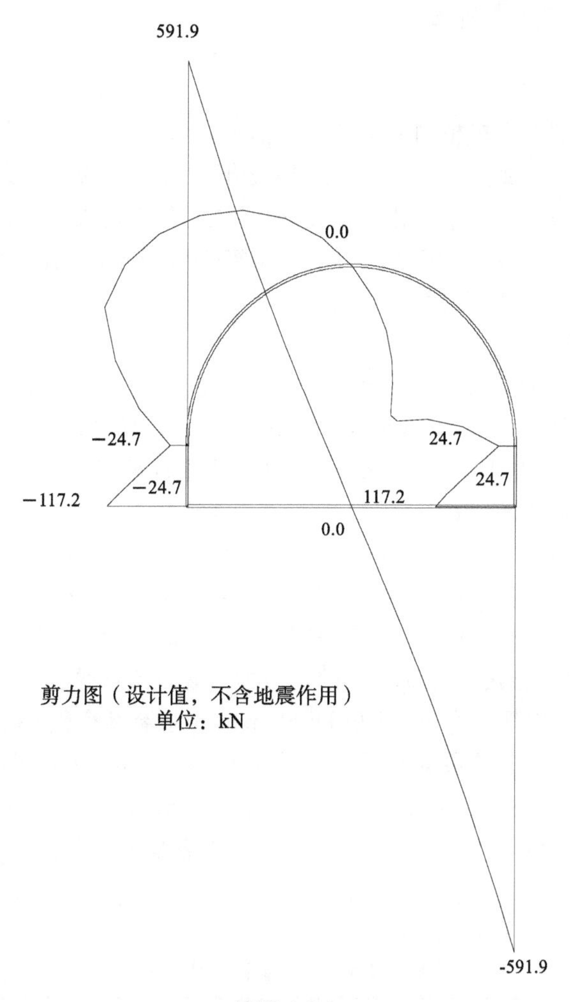


**续图 4-5-3**

m，梅花形布置，间排距 1.0 m；钢筋网为 Φ8，间距 20 cm×20 cm，喷 20 cm 厚 C20 混凝土。为保证进出口开挖时施工安全，另外设置管棚和注浆花管，管棚为 Φ108 的无缝钢管长 10 m，环向间距 40 cm，搭接长度 2 m；注浆花管为长 4.5 m、管径 Φ42 的钢管，间距 30 cm，搭接长度 1 m；初定设置范围为进出口 30 m。洞身其他地质条件较差部位同样也可以采用管棚与注浆花管支护。

③隧洞二期衬砌结构全断面采用 C25 钢筋混凝土，抗渗等级 W8，防冻等级 F50。

④隧洞进、出口：洞脸正面采用贴坡式混凝土墙支护，侧面采用混凝土挂网支护，厚 0.1 m。洞口边坡设直径 8 cm 的排水孔，孔深 4 m。

⑤回填灌浆设计：洞顶 120°范围内进行回填灌浆，灌浆孔深度以进入围岩 5 cm 为标准，灌浆孔排距约为 2 m。

⑥固结灌浆设计：对全洞进行固结灌浆，灌浆孔深 2 m，孔排距为 2 m，每圈 4 孔，呈梅花形布置。

## 5.1.6　引水压力钢管

(1)总体布置。

引水隧洞输水首端采用单根洞内埋管形式输水，后采用洞内明管输水，隧洞出口通过三梁岔管分为供水灌溉管和放空管，放空管首端分岔设置生态基流管，放空管和生态基流管引水至阀室末端明渠。考虑一定水锤压力系数，引水压力钢管均按内水压力 0.6 MPa 设计，洞内埋管段按 0.35 MPa(含 0.1 MPa 放空负压)验算钢管稳定，明管段按 0.1 MPa 放空负压验算钢管稳定。钢管及加劲环材料均采用 Q235C。

(2)引水压力钢管。

隧洞内首端压力钢管采用洞内埋管形式，起始桩号为 D0＋99.00，起始端管中心高程 620.4 m，钢管直径 D1000 mm，钢管壁厚 12 mm。为保证埋管抗外压稳定性，埋管段每隔 2 m 设加劲环，加劲环尺寸为 12×180 mm；转弯处设置止推环，止推环尺寸为 12×180 mm；洞内埋管首端设有 3 道截水环，截水环尺寸为 12×250 mm。

洞内明管起始桩号为 D0＋211.90，钢管直径 D1000 mm，钢管壁厚 12 mm。明管段每隔 10 m 设置 1 个马鞍形支座，支座为钢板焊接而成；相邻支座间钢管设 1 个加劲环，加劲环尺寸为 12×180 mm；明管中部 D0＋361.90 桩号设置 1 套 DN1000-PN10 单式轴向型波纹管伸缩节，以适应管段由于温度变化而产生的轴向力引起的横向位移。

隧洞出口通过 1 个三梁岔管分为 1 根 D1000 mm 供水灌溉管和 1 根 D1000 mm 放空管，管道中心高程 613.4 m，钢管直管段壁厚 12 mm，岔管壁厚 14 mm，加强梁厚 25 mm，在岔管和弯管处均设有镇墩。放空管首端通过贴边岔管形式引出 1 根 D200 mm 生态基流管，生态基流管采用 DN219 mm 无缝钢管，壁厚 9.5 mm。放空管和生态基流管均后接明渠放水。

(3)结构计算。

引水压力钢管计算成果见表 4-5-4。

**表 4-5-4　压力钢管计算成果**

| 序号 | 钢管形式 | 计算类别 | 设计值 | 容许值/最小值 |
|---|---|---|---|---|
| 1 | 洞内埋管 | 管壁应力 | $\sigma$=36 MPa | [$\sigma$]=141.7 MPa |
| | | 加劲环管壁抗外压稳定安全系数 | $k$=8.1 | [$k$]=1.8 |
| | | 加劲环自身抗外压稳定安全系数 | $k$=2.1 | [$k$]=1.8 |
| 2 | 明管 | 跨中管壁组合应力 | $\sigma$=47.9 MPa | [$\sigma$]=116.3 MPa |
| | | 支墩处钢管应力 | $\sigma$=112.2 MPa | [$\sigma$]=141.7 MPa |
| | | 管壁抗外压稳定安全系数 | $k$=4.12 | [$k$]=2.0 |
| 3 | 三梁岔管 | U 梁最大应力 | $\sigma$=61.3 MPa | [$\sigma$]=141.7 MPa |
| | | 腰梁最大应力 | $\sigma$=3.33 MPa | [$\sigma$]=141.7 MPa |
| | | 拉杆应力 | $\sigma$=13.2 MPa | [$\sigma$]=141.7 MPa |

### 5.1.7　生态基流

按环境用水需求全年下放生态基流的流量为0.097 $m^3/s$。施工导流期主要通过导流洞放水；导流完成封堵后到水库蓄水之间采用水泵从库内提水至岸边溢洪道堰顶高程后，通过溢洪道下放环境水。

正常运行期下放生态基流措施为：从导流输水隧洞引出的钢管在出口分岔，一岔接生态基流岔管DN200，在出口阀室内的生态基流岔管首端设置DN200的检修阀和流量计、工作阀各一套，岔管末端引至坝下游坡脚附近，平面长度约180 m，管出口末端高程610 m，根据需要下放生态流量。

生态流量管管径根据死水位630 m时仍需下放0.097 $m^3/s$的流量确定，计算公式采用本报告章节5.9.4的有压流计算公式，这里不再赘述。

### 5.1.8　放空管

考虑到日后勐甸水库大坝检修的需要，依靠灌溉供水干管放空库容操作不方便，因此在隧洞出口灌溉供水干管首端设置DN1000的放空岔管，在隧洞出口阀室内分别设置一套放空管的检修阀和工作阀。放空管出口由圆形变成高0.5 m，宽2 m的鸭嘴形，接封闭式箱涵消力池长17.5 m，宽4 m。死水位至正常蓄水位对应的放空管流量5.34～7.38 $m^3/s$，水库单纯依靠放空管放空时间约16天。

### 5.1.9　出口阀门设备

引水隧洞洞内明钢管中部设有1个伸缩节，以适应管道轴向变形。引水隧洞出口有$D$1000 mm供水灌溉管、$D$1000 mm放空管和$D$200 mm生态基流管三条管道，在供水灌溉管和生态基流管首端沿水流方向依次设置有检修阀、流量计和流量调节阀，用以检修和控制流量；放空管沿水流依次设置有检修阀、复合排气阀组和锥形阀，用以检修、排气和放空。为便于检修拆装，每个阀门均设有C2F型补偿接头，通过法兰连接。阀门可采用现地控制或远控。出口段所有阀门均布置在阀室内，阀室顶部设有轨道，阀门检修时，可采用临时设备检修。

### 5.1.10　施工支洞堵头设计

导流输水隧洞封堵长度计算公式采用《水工隧洞设计规范》(SL279—2016)封堵体设计，具体如下：

$$L \geqslant \frac{P}{[\tau]A}$$

式中，$L$为封堵体长度，m；$P$为封堵体迎水面承受的总水压力，MPa，考虑容许安全系数，常取3.0；$[\tau]$为容许剪应力，取0.2～0.3 MPa，取值0.2 MPa；$A$为封堵体剪切面周长，m，取值3.14 m。

采用C20混凝土封堵，计算堵头长度为4.2 m，考虑到封堵质量的影响，为减少封堵段接触面的绕渗，设计堵头取值11 m，且封堵回填混凝土与原导流输水隧洞衬砌混凝土接触面之间进行回填灌浆处理。

导流输水隧洞进口段封堵时，先由竖井下闸封孔，接着下放进口封堵叠梁门，进口封堵叠梁门采用钢筋混凝土结构，门块尺寸0.9 m×2.5 m×0.5 m(高×宽×厚)，每块重约2.92 t，共3块，采用橡皮止水，胶木滑块支承，最后进行封堵段混凝土浇筑。钢筋混凝土闸门在进口搭设平台现场预制，采用人工扒杆逐块吊放。闸门下放前，清除底坎及门槽底部碎石等杂物。在浇筑混凝土前，将洞壁全面凿毛，以保证混凝土结合良好。利用坝区设置的拌和机拌制混凝土，泵送入仓，在顶拱部位埋设灌浆管，在混凝土达70%设计强度后进行回填灌浆及接缝灌浆。

## 5.2　灌溉供水工程设计

### 5.2.1　输水点及灌区分布

(1)供水点分布。

勐甸水库供水主要承担灌区内的勐龙、齐心寨村供水，供水包括居民生活用水和大、小牲畜用水。供水点主要分布在勐龙河两岸，设计供水人口为3365人，大牲畜8391头，小牲畜14745头，勐甸水库灌区设计需水量1353.5万立方米，其中灌溉需水量1301万立方米($P=75\%$)。灌区内人畜供水量52.5万立方米。干管管首灌溉供水引用流量为1.119 $m^3/s$。主要供水点分布见表4-5-5。

**表4-5-5　主要供水点分布表**

| 供水点 | 年供水量/(万立方米) | 供水流量/($m^3/s$) | 控制高程/m |
| --- | --- | --- | --- |
| 勐龙 | 36.1 | 0.011 | 620 |
| 齐心 | 16.4 | 0.005 | 610 |

(2)灌区分布。

勐甸水库设计灌溉面积2.016万亩，灌区分布于勐龙河两岸，根据灌区的地理位置和分布情况，将灌区分成以下片区，详见表4-5-6。

**表4-5-6　灌区分布及控制高程表**

| 序号 | 分片名称 | 控制高程/m | 各片面积/亩 |
| --- | --- | --- | --- |
| 1 | 坝下灌片 | 620 | 457 |
| 2 | 曼板灌片 | 620 | 1450 |
| 3 | 曼板2灌片 | 620 | 1374 |
| 4 | 勐龙2灌片 | 620 | 1284 |
| 5 | 勐龙灌片 | 620 | 6116 |
| 6 | 坝蒿灌片 | 600 | 1427 |

续表

| 序号 | 分片名称 | 控制高程/m | 各片面积/亩 |
| --- | --- | --- | --- |
| 7 | 坝蒿2灌片 | 600 | 1145 |
| 8 | 曼冒灌片 | 600 | 1693 |
| 9 | 齐心寨灌片 | 600 | 1051 |
| 10 | 大平灌片 | 600 | 336 |
| 11 | 土台灌片 | 600 | 1096 |
| 12 | 虎街河灌片 | 600 | 2731 |
| 13 | 合计 |  | 20160 |

### 5.2.2　输水工程地质条件

输水工程沿线的主要地貌类型为中低山地貌和第四系冲～洪积河谷地貌，中低山主要分布在线路两侧，两侧山顶高程855.30～996.70 m，管线两岸山坡坡度较陡，坡度30°～65°，山体植被稀疏，多为杂草和灌木。第四系冲洪积河谷地貌主要分布在勐甸河及其沿线各支流两岸，河谷谷底高程392.30～624.70 m，多种植有香蕉、蔬菜、水稻等农作物，沿勐甸河左岸分布有公路一条。沿线出露的地层岩性主要为上第三系半胶结的碎屑岩及第四系地层。

### 5.2.3　输水线路布置原则

勐甸水库灌区位于迤萨镇，涉及勐龙、齐心寨、土台3个村委。为狭长地带，沿勐龙河两岸分布，输水线路布置遵循以下原则。

(1)输水线路布置服从灌区分布及乡镇分布原则。即输水线路应尽可能覆盖更多的灌区并尽可能兼顾到沿程乡镇供水，干支渠(管)不偏离灌区，避免引过长的支渠(管)，并尽可能自流，减少提灌。本工程干、支渠(管)线路均采用自流输水方式。自流供水灌溉范围内的局部高地，实行分片提水供水灌溉。

(2)输水线路应尽可能避开村寨和人口密集区的原则。减少沿途房屋搬迁和移民安置，减少施工时与村寨之间的干扰。

(3)输水线路布置应满足技术可行、经济合理的原则。管线布置尽可能避开不良地质、地形段，避开难工险段，以管道为主，渡槽、隧洞、倒虹吸等建筑物依据渠线地形布置，因地制宜，使之相得益彰，发挥各自的优点，选择最佳线路组合。

(4)输水线路应尽可能线路短、顺直规整，以减少水头损失和工程量。在满足自流供水灌溉的前提下，管线应选择较陡的纵向坡降以减小过水断面，节省工程量和工程投资。管线坡度不陡于25°。

(5)管道尽量在承载能力大的天然地基上布置，以减少基础处理的工程量。

(6)线路尽量靠近公路布置，利于施工材料的运输。

(7)管线跨沟(河)建筑物布置原则,根据现场踏勘,并结合1/万地形图实地勾绘,结合灌区的地形、地貌、灌面分布及现有水利设施分布情况,参考以往工程经验,当管线绕线长度大于3倍的建筑物长度时,采用跨沟(河)布置。跨沟(河)建筑物形式当跨度小于50 m,高差小于30 m时采用桥架管,其余采用倒虹管。

### 5.2.4　输水线路拟定

根据供水点及灌区的地理位置和分布情况,供水灌溉分布呈为狭长地带,由于库水位较高,输水方式考虑采用自流输水以降低运行成本,因此管线走向的选择具唯一性。根据以上原则,输水线路布置了高压管线方案与低压管线方案。

(1)高压管线方案,沿公路布置,顺着孟洞河、勐龙河道而下,设一条干管和5条支管,干管平面总长14.285 km,5条支管平面总长11.514 km。

(2)低压管线方案,管线干管桩号5+920 m前与高压管线布置方案一致,之后沿550 m高程左右布置,在到达齐心寨灌片后,为减少支管(斗管)工程量,基本垂直等高线而下跨河并到达曼冒灌片600 m高程点,并沿着600 m左右高程延伸至土台灌片。低压管线干管平面总长14.560 km,设6条支管,支管平面总长14.34 km。

### 5.2.5　输水线路比选

高压线路和低压线路2种方案的比较如下。

(1)高压线路方案整条干管沿公路顺河而下,干管平面长度14285 m,该方案特点是管线布置方便简单,缺点是随着地形高程的降低,干管后半段压力偏大,最大静水压力246 m,位于干管末端。整条管线桩号GG0+000 m～GG3+400 m压力水头在100 m以内,管道桩号GG3+400 m以后干管至末端～GG14+285 m,平面距离10.88 km长平面管线长度压力水头超过100 m。

(2)低压管线方案,干管平面长度全长14560 m,在干管管线从河道左岸转至右岸的部位,即桩号干10+700 m～干11+600 m,约900 m管线工作压力水头为133～200 m,其余部位工作压力水头小于200 m。该方案的特点是管线后半段高程较高,管道压力较小,缺点是管线后半段沿山区地形而建,施工相对麻烦。两方案特性见表4-5-7、表4-5-8,工程量及投资比较见表4-5-9。比较两方案各有优缺点,高压管线方案干管压力偏大,正常蓄水位条件下,大于100 m水头工作压力的管线长度约10630 m,最大工作水头达到225 m,因此对管材要求比较高。但是该方案优点也很明显,管道铺设施工方便,安装快捷。低压管线方案,正常蓄水位条件下,管道工作水头大部分能控制在100 m水头以下,但是局部仍存在超过100 m水头的管道,长度约2 km,最大工作压力仍能达到210 m。低压管线方案缺点是为适应地形管线长度比高压管略长,管道铺设多在山坡上,施工不方便,临时施工道路远多于高压管线方案。工程总投资,高压管线方案为7338.38万元,低压管线方案为7448.46万元,因此推荐投资低且施工方便的高压管线方案。

表 4-5-7 高压线路方案特性

| 序号 | 建筑物 | 进口桩号 /m | 出口桩号 /m | 管道长 /m | 供水片区 | 供水量 /(万立方米) | 供水流量 /($m^3$/s) | 灌溉面积 /亩 | 设计流量 | | 管径 /mm | 管材 |
|---|---|---|---|---|---|---|---|---|---|---|---|---|
| | | | | | | | | | 管首流量 /($m^3$/s) | 管末流量 /($m^3$/s) | | |
| 1 | 干管 | GG0+000 | GG2+464 | 2464 | 坝下灌片 | | | 457 | 1.119 | 1.095 | DN1000 | 玻璃钢夹砂管 |
| 2 | 1#支管 | ZGA0+000 | ZGA1+000 | 1000 | 曼板灌片 a | | | 830 | 0.074 | 0.073 | DN300 | 玻璃钢夹砂管 |
| 3 | 1#支管 | ZGA1+000 | ZGA2+026 | 1026 | 曼板灌片 b | | | 620 | 0.031 | 0.031 | DN300 | 玻璃钢夹砂管 |
| 4 | 干管 | GG2+464 | GG6+183 | 3719 | 勐龙 2 灌片、曼板 2 灌片 | | | 2658 | 0.982 | 0.951 | DN1000 | 玻璃钢夹砂管 |
| 5 | 2#支管 | ZGB0+000 | ZGB0+900 | 900 | 勐龙灌片 a | 36.1 | 0.011 | 1491 | 0.331 | 0.328 | DN700 | 球墨铸铁管 |
| 6 | 2#支管 | ZGB0+900 | ZGB1+950 | 1050 | 勐龙灌片 b | | | 1489 | 0.237 | 0.234 | DN700 | 球墨铸铁管 |
| 7 | 2#支管 | ZGB1+950 | ZGB3+200 | 1250 | 勐龙灌片 c | | | 1260 | 0.160 | 0.158 | DN700 | 球墨铸铁管 |
| 8 | 2#支管 | ZGB3+200 | ZGB4+597 | 1397 | 勐龙灌片 d | | | 1877 | 0.095 | 0.094 | DN700 | 球墨铸铁管 |
| 9 | 干管 | GG6+183 | GG8+530 | 2347 | 坝蒿灌片 a | | | 762 | 0.509 | 0.499 | DN800 | 球墨铸铁管 |
| 10 | 3#支管 | ZGC0+000 | ZGC0+900 | 900 | 坝蒿 2 灌片 a | | | 514 | 0.058 | 0.057 | DN250 | 球墨铸铁管 |
| 11 | 3#支管 | ZGC0+900 | ZGC1+618 | 718 | 坝蒿 2 灌片 b | | | 631 | 0.032 | 0.032 | DN250 | 球墨铸铁管 |
| 12 | 干管 | GG8+530 | GG12+250 | 3720 | 坝蒿灌片 b、曼冒灌片、齐心寨灌片 | 16.4 | 0.005 | 3410 | 0.402 | 0.390 | DN700 | 球墨铸铁管 |
| 13 | 4#支管 | ZGD0+000 | ZGD1+061 | 1061 | 大平灌片 | | | 336 | 0.017 | 0.017 | DN200 | 球墨铸铁管 |
| 14 | 干管 | GG12+250 | GG14+285 | 2035 | 土台灌片 | | | 1241 | 0.197 | 0.193 | DN600 | 球墨铸铁管 |
| 15 | 5#支管 | ZGE0+000 | ZGE1+000 | 1000 | 虎街河灌片 a | | | 565 | 0.131 | 0.130 | DN500 | 球墨铸铁管 |
| 16 | 5#支管 | ZGE1+000 | ZGE1+500 | 500 | 虎街河灌片 b | | | 1014 | 0.102 | 0.101 | DN500 | 球墨铸铁管 |
| 17 | 5#支管 | ZGE1+500 | ZGE2+212 | 712 | 虎街河灌片 c | | | 1006 | 0.051 | 0.050 | DN500 | 球墨铸铁管 |
| 合计 | | | | 25799 | | | | 20160 | 1.119 | | | |

表 4-5-8 低压线路方案特性

| 序号 | 建筑物 | 进口桩号/m | 出口桩号/m | 管道长/m | 管径/m | 管材 | 供水片区 | 供水量/(万立方米) | 供水流量/($m^3/s$) | 灌溉面积/亩 | 供水控制点高程/m | 管道设计流量/($m^3/s$) |
|---|---|---|---|---|---|---|---|---|---|---|---|---|
| 1 | 干管 | 干 0+000 | 干 2+780 | 2780 | 1 | 玻璃钢夹砂 | 坝下灌片 | | | 457 | 620 | 1.119 |
| 2 | 1#支管 | 1#支 0+000 | 1#支 2+080 | 2080 | 0.3 | 玻璃钢夹砂 | 曼板灌片 | | | 1549 | 620 | 0.078 |
| 3 | 干管 | 干 2+780 | 干 5+920 | 3140 | 1 | 玻璃钢夹砂 | 勐龙 2 灌片、曼板 2 灌片 | | | 2716 | 620 | 0.983 |
| 4 | 2#支管 | 2#支 0+000 | 2#支 4+765 | 4765 | 0.7/0.6 | 球墨铸铁 | 勐龙灌片 | 36.1 | 0.011 | 5727 | 620 | 0.304 |
| 5 | 干管 | 干 5+920 | 干 8+400 | 2480 | 0.8 | /玻璃钢夹砂球墨铸铁 | 小新寨灌片 | | | 580 | 610 | 0.521 |
| 6 | 3#支管 | 3#支 0+000 | 3#支 2+225 | 2225 | 0.3 | 球墨铸铁 | 坝蒿灌片 | | | 1822 | 600 | 0.092 |
| 7 | 干管 | 干 8+400 | 干 11+725 | 3325 | 0.7 | /玻璃钢夹砂球墨铸铁 | 齐心寨灌片 | 16.4 | 0.005 | 1051 | 600 | 0.39 |
| 8 | 4#支管 | 4#支 0+000 | 4#支 1+440 | 1440 | 0.25 | 球墨铸铁 | 曼冒灌片 | | | 880 | 600 | 0.045 |
| 9 | 干管 | 干 11+725 | 干 13+170 | 1445 | 0.6 | /玻璃钢夹砂球墨铸铁 | 曼冒 2 灌片 | | | 1305 | 600 | 0.278 |
| 10 | 5#支管 | 5#支 0+000 | 5#支 1+160 | 1160 | 0.2 | 球墨铸铁 | 大平灌片 | | | 336 | 600 | 0.017 |
| 11 | 干管 | 干 13+170 | 干 14+560 | 1390 | 0.5 | /玻璃钢夹砂球墨铸铁 | 土台灌片 | | | 1241 | 600 | 0.193 |
| 12 | 6#支管 | 6#支 0+000 | 5#支 2+670 | 2670 | 0.4 | 球墨铸铁 | 虎街河灌片 | | | 2536 | 600 | 0.129 |
| 13 | 干管 | | | 14560 | | | | | | 7350 | | 0.457 |
| 14 | 支管 | | | 14340 | | | | | | 12850 | | 0.665 |
| 15 | 合计 | | | 28900 | | | | | | 20200 | | 1.119 |

**表 4-5-9　管线方案工程量比较**

| 部位 | | 序号 | 项目 | 单位 | 高压管线方案 | 低压管线方案 |
|---|---|---|---|---|---|---|
| 干管 | 土建 | 1 | 土方开挖 | $m^3$ | 102850 | 130505 |
| | | 2 | 石方开挖 | $m^3$ | 25712 | 47645 |
| | | 3 | 土方回填 | $m^3$ | 117501 | 110929 |
| | | 4 | 石方回填 | $m^3$ | 0 | 45262 |
| | | 5 | 粗砂垫层 | $m^3$ | 8184 | 11050 |
| | | 6 | 回填块石 | $m^3$ | 1240 | 1473 |
| | | 7 | C15 镇墩混凝土 | $m^3$ | 7713 | 6793 |
| | | 8 | C25 混凝土支墩 | $m^3$ | 2150 | 2043 |
| | | 9 | 钢筋 | t | 231.41 | 231.33 |
| | 管材 | 10 | 玻璃钢夹砂管(DN1000,PN1.0) | m | 1159 | 1955 |
| | | 11 | 玻璃钢夹砂管(DN1000,PN1.5) | m | 2499 | 4853 |
| | | 12 | 球墨铸铁管(DN1000,K7) | m | 3760 | 0 |
| | | 13 | 玻璃钢夹砂管(DN800,PN1.5) | m | 0 | 1716 |
| | | 14 | 球墨铸铁管(DN800,K7) | m | 932 | 1260 |
| | | 15 | 球墨铸铁管(DN800,K8) | m | 1884 | 0 |
| | | 16 | 玻璃钢夹砂管(DN700,PN1.0) | m | 0 | 912 |
| | | 17 | 玻璃钢夹砂管(DN700,PN1.5) | m | 0 | 1914 |
| | | 18 | 球墨铸铁管(DN700,K8) | m | 2145 | 516 |
| | | 19 | 球墨铸铁管(DN700,K10) | m | 2318 | 756 |
| | | 20 | 球墨铸铁管(DN700,K11) | m | 0 | 0 |
| | | 21 | 玻璃钢夹砂管(DN600,PN1.0) | m | 0 | 582 |
| | | 22 | 玻璃钢夹砂管(DN600,PN1.5) | m | 0 | 462 |
| | | 23 | 球墨铸铁管(DN600,K8) | m | 0 | 666 |
| | | 24 | 球墨铸铁管(DN600,K10) | m | 2442 | 0 |
| | | 25 | 玻璃钢夹砂管(DN500,PN1.0) | m | 0 | 1116 |
| | | 26 | 球墨铸铁管(DN500,PN2.0) | m | 0 | 468 |
| 支管 | 土建 | 27 | 土方开挖 | $m^3$ | 70185 | 98875 |
| | | 28 | 石方开挖 | $m^3$ | 11229 | 38985 |
| | | 29 | 土方回填 | $m^3$ | 72736 | 71951 |
| | | 30 | 石方回填 | $m^3$ | 0 | 35070 |
| | | 31 | 粗砂垫层 | $m^3$ | 10426 | 8850 |
| | | 32 | 回填块石 | $m^3$ | 720 | 756 |
| | | 33 | C15 镇墩混凝土 | $m^3$ | 5420 | 3381 |
| | | 34 | C25 混凝土支墩 | $m^3$ | 1150 | 1208 |
| | | 35 | 钢筋 | t | 162 | 130.41 |

续表

| 部位 | | 序号 | 项目 | 单位 | 高压管线方案 | 低压管线方案 |
|---|---|---|---|---|---|---|
| | 管材 | 36 | 玻璃钢夹砂管(DN300,PN1.0) | m | 3634 | 2496 |
| | | 37 | 玻璃钢夹砂管(DN250,PN1.0) | m | 0 | 0 |
| | | 38 | 球墨铸铁管(DN700,K8) | m | 5976 | 2340 |
| | | 39 | 球墨铸铁管(DN600,K8) | m | 0 | 1500 |
| | | 40 | 球墨铸铁管(DN500,K7) | m | 0 | 1878 |
| | | 41 | 球墨铸铁管(DN300,K8) | m | 0 | 1728 |
| | | 42 | 球墨铸铁管(DN300,K8) | m | 0 | 2670 |
| | | 43 | 球墨铸铁管(DN250,K8) | m | 1941 | 0 |
| | | 44 | 球墨铸铁管(DN200,K10) | m | 1273 | 1392 |
| | | 45 | 球墨铸铁管(DN400,K10) | m | 0 | 3450 |
| | | 46 | 球墨铸铁管(DN500,K10) | m | 2654 | 0 |
| 投资 | | 47 | 投资 | 万元 | 7338.38 | 7448.46 |

## 5.2.6　输水工程布置

由于现场实际地形条件变化,推荐线路与在建的元蔓高速公路存在交叉数次,干管及支管选择尽量避免横穿开挖高速公路,可以从高速公路桥墩下通过。推荐的干管线路需要在高速公路收费匝道进口前横穿一次,横穿县道(XJ02)4 次,支管横穿县道 1 次;干管从高速公路桥墩下横穿 5 次,支管从高速公路桥墩下横穿 2 次,干管跨河一次。

管道线路布置跨路、跨河特性见表 4-5-10～表 4-5-12。

**表 4-5-10　高速公路桥墩下埋管特性**

| 位置 | 序号 | 桩号/m | 管径/mm | 管材 |
|---|---|---|---|---|
| 干管 | 1 | GG3+458～GG3+493 | DN1000 | 螺纹钢管 |
| | 2 | GG3+880～GG4+007 | DN1000 | 球墨铸铁管 |
| | 3 | GG7+879～GG7+954 | DN800 | 球墨铸铁管 |
| | 4 | GG9+461～GG9+493 | DN700 | 球墨铸铁管 |
| | 5 | GG11+724～GG11+770 | DN700 | 球墨铸铁管 |
| 1#支管 | 6 | ZGA0+942～ZGA1+011 | DN300 | 球墨铸铁管 |
| 2#支管 | 7 | ZGB0+317～ZGB0+357 | DN700 | 球墨铸铁管 |

**表 4-5-11　高速公路桥墩下埋管特性**

| 位置 | 序号 | 桩号/m | 管径/mm | 管材 |
|---|---|---|---|---|
| 干管 | 1 | GG5+480～GG5+496 | DN1000 | 球墨铸铁管 |
| | 2 | GG7+861～GG7+906 | DN800 | 球墨铸铁管 |
| | 3 | GG10+245～GG10+265 | DN700 | 球墨铸铁管 |
| | 4 | GG12+323～GG12+343 | DN600 | 球墨铸铁管 |
| 2#支管 | 5 | ZGB0+000～ZGB0+031 | DN700 | 球墨铸铁管 |

表 4-5-12　跨河(沟)管特性

| 位置 | 桩号 | 基础 | 设计水位/m | 管径/mm | 管材 | 管中心高程/m |
|---|---|---|---|---|---|---|
| 干管 | GG9＋461～GG9＋493 | 砂卵砾石 | 447.9 | DN700 | 球墨铸铁管 | 453 |

推荐的输水工程输水管线包括干管和 1＃～5＃支管，干管线路平面总长 14.285 km，支管线路平面总长 11.514 km。

干管接输水隧洞出口末端钢管相接，干管前半段(桩号由 GG0＋000 m～GG6＋000 m)顺着勐龙河左岸顺着公路向下，后半段因灌区多位于右岸，为减少支管及斗管跨河的工程量，管线布置开始顺着孟洞河左岸，在 GG7＋100 m 左右穿过孟洞河，顺河道右岸顺地形而下(桩号由 GG6＋000 m～GG14＋030 m)，直至土台灌片末端。总干管平面总长 14.285 km，总坡降为 0.1522%，灌溉供水管首最大流量 1.119 $m^3/s$，管道采用 DN1000、DN800、DN700、DN600 四种管径，管材采用螺纹钢管(工作压力小于 100 m 水头，桩号 GG0＋000 m～GG2＋750 m)和球墨铸铁管两种(工作压力大于 100 m 水头，桩号 GG2＋750 m～GG6＋183 m)，干管累计灌溉面积 8862 亩。

支管线路平面总长 11.514 km。干管桩号 GG2＋464 m 处接曼板 1＃支管(平面管线长 2026 m)，负责曼板灌片；干管桩号 GG6＋183 m 处接勐龙 2＃支管(平面管线长 4597 m)，负责勐龙灌片；干管桩号 GG8＋530 m 处接坝蒿支管(3＃支管，长 1618 m)，负责坝蒿灌片；干管桩号 GG12＋250 m 处大平支管(4＃支管，长 1061 m)，负责大平灌片；在干管末端桩号 GG14＋285 m 处接虎街河支管(5＃支管，长 2212 m)，负责虎街河灌片；其余灌片由干管上接斗管负责灌溉。支管均采用球墨铸铁管，累计灌溉面积 11338 亩。

本工程输水管道铺设采用埋管，管槽开挖边坡为 1∶0.5，安装管道前根据管径在基础铺设 100～250 mm 粗砂垫层，管道两侧预留 300～450 mm 的施工空间，管道安装后，回填开挖料(跨沟管地面以下 500 mm 采用回填大块石防冲)，并压实，管道埋深大于 800 mm。管道在平面或立面转弯设 C25 镇墩，镇墩后管道上设伸缩节。

干管、支管等各级管首均设置检修阀，并沿管道每隔 5～10 km 布置一个检修阀；总干管检修阀后及左干管末端各设一个减压恒压阀，以降低阀前过剩水头；在管道沿线各供水点出口均设置流量控制阀；在管道凸起点设置快速排气阀，长距离无凸起点的管段每隔 1 km 左右设置排气阀；在管道低凹处设置泄水冲沙阀。干管、支管管路沿线设置的检修阀、复合排气阀组(含配套检修闸阀)、排泥阀、放水阀、流量计和流量控制阀等，各种闸阀均包含含管道伸缩接头，合计 172 套。

## 5.2.7　输水管线水力过渡研究结果

在长距离供水过程中，输水工况的转换、管线阀门的启闭及某管段故障检修等都会导致输水系统产生水力瞬变现象，轻则导致管路出现非正常供水，重则导致爆管，破坏整个输水系统的运行。输水系统的水力过渡过程是非常复杂的非线性变化过程。为了保证整个输水系统的安全稳定运行，需对输水系统的水力过渡过程进行专题研究，以对输水系统的运行可靠性和危险工况进行预测，为输水系统结构布置和各类阀门的运行调节提供安全保证与科学依据。提出合理的调度方案，给出合理的水力过渡过程。具体包括：

(1)对重力流管线特性进行计算分析，提出各工况下水力过渡过程较危险区域。

(2)对本工程管线系统进行数值模拟计算,提出以下结论:

①干管及各支管阀门开启(关闭)时间;

②各段管线的最高、最低压力包络线;

③各段管线上水锤防护措施可靠性分析及验证。

(3)对管线工程的设计、运行和管理提出建议和意见。

勐甸水库输水工程运行过程中沿线水流状态可能发生变化,因此有必要对以下内容进行研究:

①爆管工况的仿真研究。

②在各主要控制工况下,对管道末端阀门关闭时产生的水锤进行数值仿真计算,并分析其危害。

③在各主要控制工况下,对各阀门按不同的关阀程序进行仿真计算,提出阀门关闭规律。

④对突然开阀工况产生的水锤进行数值仿真计算,分析其对管道的危害。

⑤确定开阀时间。

经专题研究结论如下:

①恒定流分析。

各管最大压力见表4-5-13。

**表4-5-13　各管稳态最大压力**

| 管道序号 | 检修工况静水压力 | | 设计流量工况 | | 最大压力水头/m |
|---|---|---|---|---|---|
| | 最大静水压力水头/m | 最大静水压力位置 | 最大压力水头/m | 最大压力位置 | |
| 干管 | 255.49 | GG14+285 | 238.94 | GG14+285 | 255.49 |
| 1#支管 | 99.82 | ZGA1+103 | 96.28 | ZGA1+103 | 99.82 |
| 2#支管 | 162.66 | ZGB0+845 | 154.43 | ZGB0+845 | 162.66 |
| 3#支管 | 190.59 | ZGC0+000 | 180.88 | ZGC0+000 | 190.59 |
| 4#支管 | 228.62 | ZGD0+667 | 214.82 | ZGD0+667 | 228.62 |
| 5#支管 | 242.36 | ZGE0+000 | 225.86 | ZGE0+000 | 242.36 |

②爆管事故危害分析。

由于工程输水流量大、距离长、地形起伏多变,在不同管段发生爆管事故时对其相邻管段的压力影响很大,合理的调度能够防止爆管事故扩大,避免次生灾害发生。

建议在爆管事故发生时,300 s直线关闭上游检修阀。

③关阀过渡过程。

关阀检修时,建议采用直线关阀方案先动水关闭干、支管尾部阀门,再静关闭水其他位置的闸(阀)门。

各管线建议关阀时间及瞬态最大压力见表4-5-14。

表 4-5-14　各管道建议关阀时间及瞬态压力极值成果

| 管线 | 建议关阀时间/s | 瞬态最大压力水头/m | 最大压力所在桩号 | 1.3 倍静水压力水头/m | 瞬态最小压力水头/m |
|---|---|---|---|---|---|
| 干管 | 120 | 257.60 | GG14+285 | 332.14 | 24.91 |
| 1#支管 | 120 | 98.42 | ZGA0+010 | 129.78 | 21.10 |
| 2#支管 | 60 | 180.56 | ZGB0+840 | 211.50 | 86.40 |
| 3#支管 | 60 | 186.82 | ZGC0+000 | 247.30 | 101.79 |
| 4#支管 | 60 | 220.68 | ZGD0+665 | 296.63 | 86.83 |
| 5#支管 | 120 | 241.10 | ZGE0+000 | 314.59 | 164.47 |

④开阀过渡过程。

系统完成检修后开阀运行时，建议采用直线开阀方案先静水开启管首和管中闸(阀)门，再动水开启干、支管尾部阀门。

重新启动工况的动水开阀过程中，均无负压产生。

(a)开阀情况 1:所有管阀门开启，单管检修后开阀通水。

单管道停水检修，其他管道正常供水，计算管道检修后开阀通水时的开阀时间和相应的压力。各管线建议开阀时间及瞬态最小压力见表 4-5-15。

表 4-5-15　各管道建议开阀时间及瞬态压力极值成果

| 管线 | 建议开阀时间/s | 瞬态最小压力水头/m | 所在桩号 |
|---|---|---|---|
| 干管 | 300 | 0.59 | GG14+285 |
| 1#支管 | 600 | 0 | GGA0+462 |
| 2#支管 | 120 | 16.75 | GGB4+593 |
| 3#支管 | 120 | 1.88 | GGC1+570 |
| 4#支管 | 120 | 14.98 | GGD1+075 |
| 5#支管 | 120 | 5.70 | GGE2+212 |

(b)开阀情况 2:所有管阀门关闭，单管开阀通水。

所有管道阀门关闭，计算单管道阀门开启通水时开阀时间和相应的压力。各管线建议开阀时间及瞬态最小压力见表 4-5-16。

表 4-5-16　各管道建议开阀时间及瞬态压力极值成果

| 管线 | 建议开阀时间/s | 瞬态最小压力水头/m | 所在桩号 |
|---|---|---|---|
| 干管 | 720 | 6.79 | GG14+285 |
| 1#支管 | 600 | 1.52 | GGA0+462 |
| 2#支管 | 300 | 16.31 | GGB4+593 |
| 3#支管 | 120 | 0.90 | GGC1+570 |
| 4#支管 | 120 | 13.40 | GGD1+075 |
| 5#支管 | 600 | 5.17 | GGE2+212 |

⑤干、支管最大压力包络线。

各工况干、支管最大压力包络线见表4-5-17～表4-5-22。

**表4-5-17　干管最大压力包络线**

| 桩号 | 中心线高程/m | 最大压力水头/m | 管道中心最大测压管水头/m |
|---|---|---|---|
| GG0＋000 | 621 | 25.15 | 646.15 |
| GG0＋119 | 620 | 26.88 | 646.88 |
| GG0＋239 | 613 | 34.6 | 647.6 |
| GG0＋386 | 613 | 35.15 | 648.15 |
| GG0＋542 | 614 | 34.54 | 648.54 |
| GG0＋701 | 608 | 41.08 | 649.08 |
| GG0＋754 | 601 | 48.35 | 649.35 |
| GG0＋879 | 598 | 51.74 | 649.74 |
| GG0＋966 | 599 | 50.85 | 649.85 |
| GG1＋048 | 582 | 67.93 | 649.93 |
| GG1＋113 | 578 | 72.04 | 650.04 |
| GG1＋175 | 578 | 72.17 | 650.17 |
| GG1＋280 | 576 | 74.26 | 650.26 |
| GG1＋559 | 593 | 58.65 | 651.65 |
| GG1＋738 | 581 | 71.13 | 652.13 |
| GG1＋910 | 575 | 77.32 | 652.32 |
| GG2＋002 | 572 | 80.71 | 652.71 |
| GG2＋143 | 567 | 86.35 | 653.35 |
| GG2＋208 | 566 | 87.47 | 653.47 |
| GG2＋302 | 562 | 91.55 | 653.55 |
| GG2＋355 | 559 | 94.66 | 653.66 |
| GG2＋614 | 561 | 93.51 | 654.51 |
| GG2＋739 | 556 | 99.11 | 655.11 |
| GG2＋928 | 553 | 102.59 | 655.59 |
| GG3＋022 | 548 | 107.66 | 655.66 |
| GG3＋194 | 545 | 110.86 | 655.86 |
| GG3＋364 | 540 | 116.05 | 656.05 |
| GG3＋531 | 545 | 111.53 | 656.53 |
| GG3＋594 | 541 | 115.63 | 656.63 |
| GG3＋662 | 541 | 115.72 | 656.72 |

续表

| 桩号 | 中心线高程/m | 最大压力水头/m | 管道中心最大测压管水头/m |
|---|---|---|---|
| GG3+831 | 537 | 120.15 | 657.15 |
| GG4+107 | 532 | 125.76 | 657.76 |
| GG4+186 | 533.5 | 124.34 | 657.84 |
| GG4+263 | 535 | 122.93 | 657.93 |
| GG4+450 | 539.1 | 119.24 | 658.34 |
| GG4+523 | 533 | 125.42 | 658.42 |
| GG4+659 | 531 | 127.47 | 658.47 |
| GG4+766 | 527 | 131.53 | 658.53 |
| GG4+844 | 525 | 133.61 | 658.61 |
| GG4+928 | 523.5 | 135.19 | 658.69 |
| GG5+010 | 522 | 136.78 | 658.78 |
| GG5+068 | 522.1 | 136.77 | 658.87 |
| GG5+139 | 517 | 141.95 | 658.95 |
| GG5+264 | 517 | 142.01 | 659.01 |
| GG5+387 | 517 | 142.07 | 659.07 |
| GG5+480 | 516 | 143.14 | 659.14 |
| GG5+659 | 519 | 140.64 | 659.64 |
| GG5+945 | 509 | 151.24 | 660.24 |
| GG6+073 | 513 | 147.41 | 660.41 |
| GG6+260 | 514 | 146.47 | 660.47 |
| GG6+347 | 517 | 143.4 | 660.4 |
| GG6+401 | 519 | 141.37 | 660.37 |
| GG6+483 | 511 | 149.3 | 660.3 |
| GG6+572 | 514 | 146.23 | 660.23 |
| GG6+675 | 508.5 | 151.63 | 660.13 |
| GG6+777 | 503 | 157.03 | 660.03 |
| GG7+146 | 487 | 172.73 | 659.73 |
| GG7+274 | 488 | 171.61 | 659.61 |
| GG7+489 | 489 | 170.45 | 659.45 |
| GG7+601 | 486.3 | 173.01 | 659.31 |
| GG7+713 | 483.7 | 175.56 | 659.26 |
| GG7+954 | 471 | 188.02 | 659.02 |

续表

| 桩号 | 中心线高程/m | 最大压力水头/m | 管道中心最大测压管水头/m |
|---|---|---|---|
| GG8+110 | 471 | 187.9 | 658.9 |
| GG8+176 | 471.7 | 187.15 | 658.85 |
| GG8+265 | 469.9 | 188.92 | 658.82 |
| GG8+353 | 468 | 190.68 | 658.68 |
| GG8+431 | 467 | 191.63 | 658.63 |
| GG8+550 | 454 | 204.45 | 658.45 |
| GG8+634 | 465 | 193.4 | 658.4 |
| GG8+694 | 467 | 191.36 | 658.36 |
| GG8+839 | 467 | 191.23 | 658.23 |
| GG8+980 | 464 | 194.09 | 658.09 |
| GG9+073 | 462 | 196.01 | 658.01 |
| GG9+220 | 457 | 200.91 | 657.91 |
| GG9+279 | 457 | 200.86 | 657.86 |
| GG9+350 | 453 | 204.8 | 657.8 |
| GG9+410 | 453 | 204.76 | 657.76 |
| GG9+536 | 453 | 204.7 | 657.7 |
| GG9+625 | 453 | 204.62 | 657.62 |
| GG9+706 | 452 | 205.57 | 657.57 |
| GG9+788 | 451 | 206.5 | 657.5 |
| GG9+848 | 451 | 206.46 | 657.46 |
| GG9+903 | 451 | 206.42 | 657.42 |
| GG9+969 | 450 | 207.37 | 657.37 |
| GG10+038 | 448 | 209.31 | 657.31 |
| GG10+197 | 447 | 210.22 | 657.22 |
| GG10+314 | 443 | 214.16 | 657.16 |
| GG10+373 | 441 | 216.11 | 657.11 |
| GG10+461 | 440.5 | 216.54 | 657.04 |
| GG10+548 | 440 | 216.96 | 656.96 |
| GG10+689 | 439 | 217.83 | 656.83 |
| GG10+808 | 436 | 220.72 | 656.72 |
| GG11+027 | 445 | 211.64 | 656.64 |
| GG11+088 | 444 | 212.59 | 656.59 |

续表

| 桩号 | 中心线高程/m | 最大压力水头/m | 管道中心最大测压管水头/m |
| --- | --- | --- | --- |
| GG11+162 | 444 | 212.53 | 656.53 |
| GG11+277 | 443 | 213.42 | 656.42 |
| GG11+378 | 431 | 225.31 | 656.31 |
| GG11+486 | 428.5 | 227.75 | 656.25 |
| GG11+575 | 427 | 229.14 | 656.14 |
| GG11+644 | 427.1 | 229.01 | 656.11 |
| GG11+771 | 423 | 233.02 | 656.02 |
| GG11+876 | 419 | 236.94 | 655.94 |
| GG11+962 | 418.5 | 237.38 | 655.88 |
| GG12+046 | 418 | 237.83 | 655.83 |
| GG12+191 | 417 | 238.71 | 655.71 |
| GG12+262 | 419.1 | 236.5 | 655.6 |
| GG12+577 | 415 | 240.13 | 655.13 |
| GG12+687 | 415 | 239.91 | 654.91 |
| GG12+806 | 415.1 | 239.65 | 654.75 |
| GG12+910 | 411.1 | 243.49 | 654.59 |
| GG13+013 | 407 | 247.37 | 654.37 |
| GG13+155 | 409 | 245.11 | 654.11 |
| GG13+246 | 408 | 245.95 | 653.95 |
| GG13+343 | 408.1 | 245.65 | 653.75 |
| GG13+397 | 406 | 247.68 | 653.68 |
| GG13+450 | 406 | 247.59 | 653.59 |
| GG13+528 | 405 | 248.45 | 653.45 |
| GG13+615 | 405 | 248.31 | 653.31 |
| GG13+746 | 406 | 247.07 | 653.07 |
| GG13+824 | 407 | 245.94 | 652.94 |
| GG13+917 | 407.1 | 245.73 | 652.83 |
| GG14+008 | 407.1 | 245.52 | 652.62 |
| GG14+102 | 401.1 | 251.39 | 652.49 |
| GG14+195 | 395 | 257.24 | 652.24 |
| GG14+285 | 390 | 262.17 | 652.17 |

表4-5-18　1#支管最大压力包络线

| 桩号 | 中心线高程/m | 最大压力水头/m | 管道中心最大测压管水头/m |
|---|---|---|---|
| GGA0+000 | 570 | 75.88 | 645.88 |
| GGA0+010 | 546 | 99.83 | 645.83 |
| GGA0+030 | 559 | 86.86 | 645.86 |
| GGA0+058 | 577 | 68.9 | 645.9 |
| GGA0+108 | 579 | 66.9 | 645.9 |
| GGA0+148 | 581 | 64.9 | 645.9 |
| GGA0+200 | 575 | 70.9 | 645.9 |
| GGA0+225 | 573 | 72.95 | 645.95 |
| GGA0+291 | 569 | 77.15 | 646.15 |
| GGA0+312 | 565 | 81.36 | 646.36 |
| GGA0+370 | 572 | 74.59 | 646.59 |
| GGA0+417 | 595 | 51.84 | 646.84 |
| GGA0+462 | 619 | 28.1 | 647.1 |
| GGA0+493 | 617 | 30.31 | 647.31 |
| GGA0+571 | 613 | 34.72 | 647.72 |
| GGA0+621 | 608 | 39.92 | 647.92 |
| GGA0+636 | 607 | 41.13 | 648.13 |
| GGA0+656 | 605 | 43.33 | 648.33 |
| GGA0+679 | 604 | 44.53 | 648.53 |
| GGA0+718 | 601 | 47.73 | 648.73 |
| GGA0+744 | 600 | 48.94 | 648.94 |
| GGA0+792 | 600 | 49.15 | 649.15 |
| GGA0+899 | 590 | 59.33 | 649.33 |
| GGA0+916 | 590 | 59.53 | 649.53 |
| GGA0+939 | 595 | 54.75 | 649.75 |
| GGA0+990 | 585.3 | 64.58 | 649.88 |
| GGA1+007 | 582 | 68.13 | 650.13 |
| GGA1+170 | 571 | 79.32 | 650.32 |
| GGA1+286 | 571 | 79.49 | 650.49 |
| GGA1+401 | 571.1 | 79.66 | 650.76 |
| GGA1+514 | 571.1 | 79.83 | 650.93 |
| GGA1+520 | 571 | 80.14 | 651.14 |

续表

| 桩号 | 中心线高程/m | 最大压力水头/m | 管道中心最大测压管水头/m |
|---|---|---|---|
| GGA1+640 | 572.5 | 78.85 | 651.35 |
| GGA1+760 | 574 | 77.56 | 651.56 |
| GGA1+880 | 575.5 | 76.26 | 651.76 |
| GGA1+998 | 577 | 74.97 | 651.97 |
| GGA2+026 | 579 | 73.18 | 652.18 |

**表 4-5-19　2＃支管最大压力包络线**

| 桩号 | 中心线高程/m | 最大压力水头/m | 管道中心最大测压管水头/m |
|---|---|---|---|
| GGB0+000 | 516.1 | 144.95 | 661.05 |
| GGB0+028 | 509 | 152.32 | 661.32 |
| GGB0+111 | 497 | 164.58 | 661.58 |
| GGB0+150 | 485 | 176.85 | 661.85 |
| GGB0+269 | 492 | 170.15 | 662.15 |
| GGB0+400 | 489.3 | 173.1 | 662.4 |
| GGB0+529 | 486.7 | 176.05 | 662.75 |
| GGB0+657 | 484 | 178.99 | 662.99 |
| GGB0+749 | 484.1 | 179.18 | 663.28 |
| GGB0+840 | 483 | 180.56 | 663.56 |
| GGB0+975 | 486 | 177.86 | 663.86 |
| GGB1+108 | 489 | 175.15 | 664.15 |
| GGB1+217 | 493.5 | 170.95 | 664.45 |
| GGB1+323 | 498 | 166.75 | 664.75 |
| GGB1+447 | 497 | 168.04 | 665.04 |
| GGB1+571 | 494 | 171.32 | 665.32 |
| GGB1+693 | 491 | 174.6 | 665.6 |
| GGB1+831 | 491.5 | 174.34 | 665.84 |
| GGB1+966 | 492.1 | 174.09 | 666.19 |
| GGB1+976 | 492.1 | 174.33 | 666.43 |
| GGB1+980 | 492 | 174.7 | 666.7 |
| GGB2+078 | 493 | 173.97 | 666.97 |
| GGB2+176 | 494 | 173.24 | 667.24 |
| GGB2+274 | 495 | 172.5 | 667.5 |

续表

| 桩号 | 中心线高程/m | 最大压力水头/m | 管道中心最大测压管水头/m |
| --- | --- | --- | --- |
| GGB2＋405 | 499.5 | 168.27 | 667.77 |
| GGB2＋535 | 504 | 164.03 | 668.03 |
| GGB2＋630 | 502.5 | 165.79 | 668.29 |
| GGB2＋722 | 501 | 167.55 | 668.55 |
| GGB2＋831 | 508 | 160.82 | 668.82 |
| GGB2＋952 | 509 | 160.08 | 669.08 |
| GGB3＋071 | 510 | 159.33 | 669.33 |
| GGB3＋177 | 512.1 | 157.77 | 669.87 |
| GGB3＋275 | 512 | 158.06 | 670.06 |
| GGB3＋373 | 512 | 158.35 | 670.35 |
| GGB3＋511 | 514.5 | 156.11 | 670.61 |
| GGB3＋648 | 517 | 153.88 | 670.88 |
| GGB3＋801 | 522.1 | 149.04 | 671.14 |
| GGB3＋957 | 522 | 149.4 | 671.4 |
| GGB4＋076 | 524.5 | 147.15 | 671.65 |
| GGB4＋193 | 527 | 144.91 | 671.91 |
| GGB4＋291 | 528.3 | 143.83 | 672.13 |
| GGB4＋388 | 529.7 | 142.76 | 672.46 |
| GGB4＋484 | 531 | 141.68 | 672.68 |
| GGB4＋593 | 548 | 124.96 | 672.96 |

**表 4-5-20　3＃支管最大压力包络线**

| 桩号 | 中心线高程/m | 最大压力水头/m | 管道中心最大测压管水头/m |
| --- | --- | --- | --- |
| GGC0＋000 | 455.1 | 190.57 | 645.67 |
| GGC0＋077 | 478 | 167.72 | 645.72 |
| GGC0＋078 | 478 | 167.72 | 645.72 |
| GGC0＋145 | 489 | 156.72 | 645.72 |
| GGC0＋146 | 489 | 156.72 | 645.72 |
| GGC0＋257 | 487.5 | 158.23 | 645.73 |
| GGC0＋368 | 486 | 159.73 | 645.73 |
| GGC0＋371 | 486 | 159.73 | 645.73 |
| GGC0＋526 | 504 | 141.77 | 645.77 |

续表

| 桩号 | 中心线高程/m | 最大压力水头/m | 管道中心最大测压管水头/m |
|---|---|---|---|
| GGC0+529 | 504 | 141.77 | 645.77 |
| GGC0+622 | 520.1 | 125.69 | 645.79 |
| GGC0+624 | 520.1 | 125.69 | 645.79 |
| GGC0+739 | 520 | 125.74 | 645.74 |
| GGC0+855 | 520 | 125.79 | 645.79 |
| GGC0+857 | 520 | 125.79 | 645.79 |
| GGC0+941 | 519 | 126.79 | 645.79 |
| GGC1+025 | 518 | 127.79 | 645.79 |
| GGC1+027 | 518 | 127.79 | 645.79 |
| GGC1+165 | 522 | 123.8 | 645.8 |
| GGC1+167 | 522 | 123.8 | 645.8 |
| GGC1+267 | 525 | 120.8 | 645.8 |
| GGC1+269 | 525 | 120.8 | 645.8 |
| GGC1+401 | 514 | 131.78 | 645.78 |
| GGC1+404 | 514 | 131.78 | 645.78 |
| GGC1+570 | 525 | 120.82 | 645.82 |

**表 4-5-21　4＃支管最大压力包络线**

| 桩号 | 中心线高程/m | 最大压力水头/m | 管道中心最大测压管水头/m |
|---|---|---|---|
| GGD0+000 | 421.2 | 224.4 | 645.6 |
| GGD0+091 | 429.1 | 216.52 | 645.62 |
| GGD0+180 | 437 | 208.65 | 645.65 |
| GGD0+182 | 437 | 208.65 | 645.65 |
| GGD0+282 | 423 | 222.61 | 645.61 |
| GGD0+283 | 423 | 222.61 | 645.61 |
| GGD0+366 | 429 | 216.64 | 645.64 |
| GGD0+367 | 429 | 216.64 | 645.64 |
| GGD0+392 | 439 | 206.63 | 645.63 |
| GGD0+393 | 439 | 206.63 | 645.63 |
| GGD0+468 | 441 | 204.66 | 645.66 |
| GGD0+470 | 441 | 204.66 | 645.66 |
| GGD0+568 | 429 | 216.64 | 645.64 |

续表

| 桩号 | 中心线高程/m | 最大压力水头/m | 管道中心最大测压管水头/m |
|---|---|---|---|
| GGD0＋665 | 417 | 228.6 | 645.6 |
| GGD0＋666 | 417 | 228.6 | 645.6 |
| GGD0＋713 | 447 | 198.67 | 645.67 |
| GGD0＋715 | 447 | 198.67 | 645.67 |
| GGD0＋812 | 467 | 178.7 | 645.7 |
| GGD0＋813 | 467 | 178.7 | 645.7 |
| GGD0＋908 | 512 | 133.78 | 645.78 |
| GGD0＋910 | 512 | 133.78 | 645.78 |
| GGD1＋075 | 545 | 100.86 | 645.86 |

**表 4-5-22　5＃支管最大压力包络线**

| 桩号 | 中心线高程/m | 最大压力水头/m | 管道中心最大测压管水头/m |
|---|---|---|---|
| GGE0＋000 | 403.1 | 242.4 | 645.5 |
| GGE0＋096 | 407 | 238.55 | 645.55 |
| GGE0＋098 | 407 | 238.55 | 645.55 |
| GGE0＋215 | 412 | 233.56 | 645.56 |
| GGE0＋217 | 412 | 233.56 | 645.56 |
| GGE0＋348 | 415 | 230.56 | 645.56 |
| GGE0＋351 | 415 | 230.56 | 645.56 |
| GGE0＋504 | 434 | 211.6 | 645.6 |
| GGE0＋507 | 434 | 211.6 | 645.6 |
| GGE0＋630 | 446 | 199.62 | 645.62 |
| GGE0＋633 | 446 | 199.62 | 645.62 |
| GGE0＋772 | 450 | 195.63 | 645.63 |
| GGE0＋775 | 450 | 195.63 | 645.63 |
| GGE0＋863 | 444.5 | 201.12 | 645.62 |
| GGE0＋951 | 439 | 206.61 | 645.61 |
| GGE0＋953 | 439 | 206.61 | 645.61 |
| GGE1＋057 | 443 | 202.62 | 645.62 |
| GGE1＋059 | 443 | 202.62 | 645.62 |
| GGE1＋151 | 447.1 | 198.53 | 645.63 |
| GGE1＋153 | 447.1 | 198.53 | 645.63 |

续表

| 桩号 | 中心线高程/m | 最大压力水头/m | 管道中心最大测压管水头/m |
|---|---|---|---|
| GGE1＋226 | 447 | 198.62 | 645.62 |
| GGE1＋228 | 447 | 198.62 | 645.62 |
| GGE1＋377 | 441 | 204.61 | 645.61 |
| GGE1＋379 | 441 | 204.61 | 645.61 |
| GGE1＋478 | 442.7 | 202.92 | 645.62 |
| GGE1＋578 | 444.4 | 201.22 | 645.62 |
| GGE1＋677 | 446.1 | 199.56 | 645.66 |
| GGE1＋679 | 446.1 | 199.56 | 645.66 |
| GGE1＋790 | 446 | 199.75 | 645.75 |
| GGE1＋792 | 446 | 199.75 | 645.75 |
| GGE1＋870 | 446 | 199.84 | 645.84 |
| GGE1＋872 | 446 | 199.84 | 645.84 |
| GGE1＋984 | 459 | 186.95 | 645.95 |
| GGE1＋986 | 459 | 186.95 | 645.95 |
| GGE2＋098 | 461 | 185.06 | 646.06 |
| GGE2＋212 | 463 | 183.15 | 646.15 |

⑥管道运行建议。

(a)在不同管段发生爆管事故时对其相邻管段的压力影响很大，爆管时降压波的传递将导致相邻管段高点处空气阀大量进气，对空气阀性能要求较高，工程实际运行中空气阀的运行维护必须加以保障。

(b)在输水管线运行时，除了本章节所提及的阀门开关工况外，尚存在其他多种组合运行工况。在运行管理中，在不小于本章节建议的开、关阀时间的前提下，尽量延长开关阀时间。

## 5.3　输水管径、管材及公称压力的选择

(1)管径选择。

输水管道管径选择考虑两个方面，一是在水库死水位时保持输水管道输送设计流量支管顶最小水头不小于 0.5 m，以确保供水可靠；二是输水管干管流速尽量控制在经济流速 0.9～1.5 m/s，以减少水头损失。据此原则经计算比较，干管管径采用 DN1000、DN800、DN700、DN600，支管管径采用 DN200～DN700。

(2)管道公称压力选择。

输水管道设计压力根据《村镇供水工程技术规范》及《城镇供水长距离输水管(渠)道工程技术规程》规定，本工程选用的玻璃钢夹砂管的公称压力不小于管道最大工作压力的 1.5 倍及 0.4 MPa 安全余量；本工程选用的球墨铸铁管的公称压力不小于管道最大工作压力加

0.5 MPa 安全余量。本工程管道运行水锤计算见单独计算报告。据此原则，本工程选用的玻璃钢夹砂管公称压力为 PN0.8～PN1.6；球墨铸铁管公称压力为 PN1.6～PN2.5，壁厚采用 K9 级。

(3)管材选择。

推荐的输水工程输水管线包括干管和 1＃～5＃支管，干管线路平面投影总长 14.285 km，管首最大灌溉供水流量 1.119 $m^3/s$；支管线路平面投影总长 11.514 km。管线布置于县道右侧，离公路不远，材料运输方便。

干管接输水隧洞出口末端钢管相接，干管顺着勐龙河布置，管首中心高程 612.5 m，管末端中心高程 390.0 m，坡降为 1.5576％，采用 DN1000、DN800、DN700、DN600 四种管径，管道工作压力水头位于 17.5～225 m 范围。

支管线路平面总长 11.514 km。1＃支管（平面管线长 2026 m）接干管桩号 GG2＋464 m 处，负责曼板灌片，管道工作压力范围为 2.5～91.1 m；2＃支管（平面管线长 4597 m）接干管桩号 GG6＋183 m 处，负责勐龙灌片，管道工作压力范围为 72～153 m；3＃支管（平面管线长 1618 m）接干管桩号 GG8＋530 m 处，负责坝蒿灌片，管道工作压力范围为 71.1～164.6 m；4＃支管（平面管线长 1061 m）接干管桩号 GG12＋250 m 处，负责大平灌片，管道工作压力范围为 64.6～205.7 m；5＃支管（平面管线长 2212 m）接干管桩号 GG14＋030 m 处，负责虎街河灌片，管道工作压力范围为 144.3～220.3 m。支管采用 DN200、DN250、DN300、DN500、DN700 五种管径。

根据规范，为保证管道线路运行安全，干管与支管的设计压力为最大工作压力的 1.5 倍，因此管材选取时，管道的公称压力应大于等于管线相应部位的设计压力。

输水工程各段管道上的输水高程控制点、管径、管中心点高程，以及死水位与正常蓄水位对应的管道工作压力、设计压力等特性见表 4-5-23。

**表 4-5-23　干管及支管特性**

| 部位 | | 桩号 | | 设计流量 $q$ | 管径/m | 输水点控制高程/m | 管首尾中心高程/m | 630 m 水位工作管压水头/m | 646 m 水位工作管压水头/m | 管道设计压力 MPa |
|---|---|---|---|---|---|---|---|---|---|---|
| 干管 | 干 1 | GG0＋000 | GG1＋365 | 1.119 | 1 | 620 | 612.5 | 17.5 | 33.5 | 1.0 |
| | | | | | | | 576.25 | 51.9 | 67.9 | |
| | 干 2 | GG1＋365 | GG2＋780 | 1.095 | 1 | 620 | 576.25 | 51.9 | 67.9 | 1.5 |
| | | | | | | | 545.51 | 80.9 | 96.9 | |
| | 干 3 | GG2＋780 | GG3＋400 | 0.982 | 1 | 620 | 545.51 | 81.0 | 97.0 | 1.8 |
| | | | | | | | 537.85 | 100.0 | 116.0 | |
| | 干 4 | GG3＋400 | GG6＋183 | 0.951 | 1 | 620 | 537.85 | 100.0 | 116.0 | 2.0 |
| | | | | | | | 509 | 114.4 | 130.4 | |
| | 干 5 | GG6＋183 | GG8＋530 | 0.509 | 0.8 | 610 | 509 | 114.4 | 130.4 | 2.6 |
| | | | | | | | 465.8 | 154.0 | 170.0 | |

续表

<table>
<tr><th colspan="2" rowspan="2">部位</th><th colspan="2" rowspan="2">桩号</th><th>设计</th><th rowspan="2">管径<br>/m</th><th rowspan="2">输水点<br>控制<br>高程<br>/m</th><th rowspan="2">管首尾<br>中心高程<br>/m</th><th rowspan="2">630 m<br>水位<br>工作管<br>压水头<br>/m</th><th rowspan="2">646 m<br>水位<br>工作管<br>压水头<br>/m</th><th>管道<br>设计<br>压力</th></tr>
<tr><th>流量 $q$</th><th>MPa</th></tr>
<tr><td rowspan="4">干管</td><td rowspan="2">干 6</td><td rowspan="2">GG8＋530</td><td rowspan="2">GG12＋250</td><td rowspan="2">0.402</td><td rowspan="2">0.7</td><td rowspan="2">600</td><td>465.8</td><td>154.0</td><td>170.0</td><td rowspan="2">3.0</td></tr>
<tr><td>417.57</td><td>195.0</td><td>211.0</td></tr>
<tr><td rowspan="2">干 7</td><td rowspan="2">GG12＋250</td><td rowspan="2">GG14＋285</td><td rowspan="2">0.197</td><td rowspan="2">0.6</td><td rowspan="2">600</td><td>417.57</td><td>195.0</td><td>211.0</td><td rowspan="2">3.5</td></tr>
<tr><td>390</td><td>206</td><td>225</td></tr>
<tr><td rowspan="10">支管</td><td rowspan="2">支 1</td><td rowspan="2">GG2＋464</td><td rowspan="2">ZGA2＋026</td><td rowspan="2">0.074</td><td rowspan="2">0.3</td><td rowspan="2">620</td><td rowspan="2">546.2～618.8</td><td>75.1</td><td>91.1</td><td rowspan="2">1.5</td></tr>
<tr><td>2.5</td><td>18.5</td></tr>
<tr><td rowspan="2">支 2</td><td rowspan="2">GG6＋183</td><td rowspan="2">ZGB4＋597</td><td rowspan="2">0.331</td><td rowspan="2">0.7</td><td rowspan="2">620</td><td rowspan="2">483～548</td><td>137.0</td><td>153.0</td><td rowspan="2">2.5</td></tr>
<tr><td>72.0</td><td>88.0</td></tr>
<tr><td rowspan="2">支 3</td><td rowspan="2">GG8＋530</td><td rowspan="2">ZGC1＋618</td><td rowspan="2">0.061</td><td rowspan="2">0.25</td><td rowspan="2">600</td><td rowspan="2">453.6～525.1</td><td>148.6</td><td>164.6</td><td rowspan="2">2.5</td></tr>
<tr><td>77.1</td><td>93.1</td></tr>
<tr><td rowspan="2">支 4</td><td rowspan="2">GG12＋250</td><td rowspan="2">ZGD1＋061</td><td rowspan="2">0.017</td><td rowspan="2">0.2</td><td rowspan="2">600</td><td rowspan="2">419.9～545</td><td>189.7</td><td>205.7</td><td rowspan="2">3.1</td></tr>
<tr><td>64.6</td><td>80.6</td></tr>
<tr><td rowspan="2">支 5</td><td rowspan="2">GG14＋030</td><td rowspan="2">ZGE2＋212</td><td rowspan="2">0.129</td><td rowspan="2">0.5</td><td rowspan="2">600</td><td rowspan="2">403～463</td><td>204.3</td><td>220.3</td><td rowspan="2">3.3</td></tr>
<tr><td>144.3</td><td>160.3</td></tr>
</table>

常用的输水管材有钢管、球墨铸铁管、玻璃钢夹砂管（RPM）、预制钢筒混凝土管（PCCP）、新型塑料给水管（PE）等，各种管材的特性如下。

①钢管：钢管是目前大口径埋地管道中运用最为广泛的管材，具有较高的强度和不透水性，适用于任何水头和较大管径，钢管的强度较大，可以承受内压高，管件加工方便，使用性强，缺点是钢管的刚度小，易变形，防腐要求严，钢管管材价格也较为昂贵，且钢管内外壁均需防腐处理，长距离尚需采用阴极保护法防腐，施工过程中现场焊接施工安装不方便。

②球墨铸铁管：球墨铸铁管是广泛应用的供水管材，具有强度高、韧性好、延伸率大、耐腐蚀等特点，内壁衬水泥磨光防腐，外壁采用喷锌后涂沥青防腐，采用柔性 T 型接口，适应变形能力强，止水效果好，是一种较理想的供水管材，缺点是重量大、二次运输较为不便，造价比较高。

③玻璃钢夹砂管（RPMP）：玻璃钢夹砂管是改革开放以来我国从意大利和瑞士引进的一种新型制管工艺，它的最大特点是无需防腐处理，可以适用于腐蚀性强的土壤，和化学废水的输送。采用此管材运输轻便，劳动强度低。为了节约运输成本，玻璃钢管选择在施工现场附近临时建厂，由于缺乏检测设备，质量控制无法实现，玻璃钢管工艺复杂，工序人工环节多，产量低，质量受人工影响较大，且玻璃钢夹砂管结构层复杂，无法现场检验，客户主要通过工厂监造进行质量控制。在抗击水压时（如水锤）或外界负荷时，容易变形、撕裂甚至爆管。RPM 管径范围 d300-2700，承压能力≤2.0 MPa，但其管径越大，承压能力越小。

④预应力钢筒混凝土管（PCCP）具有公道的复合结构、承受内外压较高、接头密封性好、抗震能力强、施工方便快捷、防腐性能好、维护方便等特性，被工程界所关注，广泛应用于长

间隔输水干线、压力倒虹吸、城市供水工程、产业有压输水管线、电厂循环水工程下水管道、压力排污干管等。与以往管材相比，PCCP 具有适用范围广，经济寿命长、抗震性能好、安装方便、运行用度低，基本不漏水等优点。PCCP 管径范围 600～4000 mm，承压能力≤2.0 MPa。

⑤新型塑料给水管(PE)：聚乙烯塑料管材的普遍特点是粗糙系数小，过水能力大；耐腐蚀性好，对水质不产生二次污染；管材质量轻，运输及装卸费用低，安装方便，施工费用低；随工作压力增高，管壁加厚；管径越大，价格增加越快。PE 管径≥300 的适用于工作压力不超过 1.0 MPa。

针对本工程输水管道输水管线长、管径较多、工作水头大的特点选用以上几种管材进行进一步，各管材的主要性能优缺点见表 4-5-24。管材单价比较见表 4-5-25。管材综合性能比较见表 4-5-26。

**表 4-5-24　管材综合性能比较**

| 序号 | 名称 | 优点 | 缺点 |
| --- | --- | --- | --- |
| 1 | 钢管 | 耐内压高，管材接口灵活，配件齐全，抗渗性能强，管材重量轻，抗震性能好，适用于地形复杂地段和穿越各种障碍，钢管的水力条件好($n$=0.009)，运行费用低 | 管材价格较高，管材易腐蚀，管道内、外壁需做除锈和防腐处理，防腐维护费用高。承受外压能力较低。钢管的焊接方式耗时长，而且焊接质量易受现场气候因素及施工条件的影响 |
| 2 | 球墨铸铁管 | 与钢管相似具有较高的承压能力；具有良好的防腐性能；密封性好；接口为柔性，抗震性能高；施工安装方便。中、小口径(DN100～DN2200)，在我国已具备大批量生产能力，因而使用广泛 | 水力条件稍差($n$=0.012)，大口径国内生产厂很少，价格偏高，市场缺乏竞争力，比钢管重 |
| 3 | 玻璃钢夹砂管 RPMP | 水力条件好($n$=0.009～0.01)，自重轻，施工安装方便，水密性好，耐腐蚀，抗震性能较好 | 大口径管材价格较高，容易受外压失稳和因管道受外压变形造成接头渗漏；承受外压能力较差，对基础处理和施工技术要求较高，需用砂回填，提高了工程费用 |
| 4 | 预应力钢筒混凝土管 PCCP | 耐腐蚀性能好，除接口处外不需作内外壁防腐处理，寿命长；抗内外压强度较高，工作压力 0.4～2.0 MPa；施工回填要求较低，管材价格较低，水密性比普通钢筋混凝土水管好 | PCCP 管道钢筒承压能力取决于焊工的焊接水平，自重在 5 种管材中最大，是球墨铸铁管的 2～2.5 倍，需做管道基础和修筑较高等级的施工运输临时便道，运输成本较高；配件(弯头、排水三通、排气三通)采用通常的钢制配件需要再在内外壁喷涂水泥砂浆防腐；对软土地基，需做管道基础，运输和施工不是很方便，造价相对较高 |
| 5 | 新型塑料给水管(PE) | 水力条件好($n$=0.009～0.01)，自重轻，安装方便，水密性好，耐腐蚀 | 大口径管材价格较高，承受外压能力较差，施工回填要求高 |

表 4-5-25　管材单价比较

| 部位 | | 桩号 | | 管径 | 管道设计压力MPa | 球墨铸铁管 | | 螺旋钢管 | | 预应力钢筒混凝土管(PCCP) | | 玻璃钢夹砂管(RPMP) | | 新型塑料给水管(PE) | |
|---|---|---|---|---|---|---|---|---|---|---|---|---|---|---|---|
| | | | | | | 型号 | 单价/(元/m) | 壁厚 | 单价/(元/m) | 公称压力/MPa | 单价/(元/m) | 公称压力/MPa | 单价/(元/m) | 公称压力/MPa | 单价/(元/m) |
| 干管 | 干1 | GG0+000 | GG1+365 | 1 | 1.0 | K7 | 2416 | δ=8 | 1913 | 1.0 | 1590 | 1.0 | 1265 | 1.0 | 3669 |
| | 干2 | GG1+365 | GG2+780 | 1 | 1.5 | K7 | 2416 | δ=10 | 2365 | 1.8 | 1870 | 1.6 | 1833 | / | / |
| | 干3 | GG2+780 | GG3+400 | 1 | 1.5 | K7 | 2416 | δ=10 | 2365 | 1.8 | 1870 | 1.6 | 1833 | / | / |
| | 干4 | GG3+400 | GG6+183 | 1 | 2.0 | K7 | 2416 | δ=12 | 2818 | / | / | 2.0 | 2694 | / | / |
| | 干5 | GG6+183 | GG8+530 | 0.8 | 2.6 | K8 | 1492 | δ=12 | 2254 | / | / | / | / | / | / |
| | 干6 | GG8+530 | GG12+250 | 0.7 | 3.0 | K8 | 1185 | δ=14 | 2295 | / | / | / | / | / | / |
| | 干7 | GG12+250 | GG14+285 | 0.6 | 3.6 | K9 | 1015 | δ=14 | 1974 | / | / | / | / | / | / |
| 支管 | 支1 | GG2+464 | ZGA2+026 | 0.3 | 1.5 | K7 | 554 | δ=8 | 599 | / | / | 1.6 | 222 | / | / |
| | 支2 | GG6+183 | ZGB4+597 | 0.7 | 2.5 | K7 | 1077 | δ=12 | 1972 | / | / | / | / | / | / |
| | 支3 | GG8+530 | ZGC1+618 | 0.25 | 2.5 | K7 | 311 | δ=8 | 510 | / | / | / | / | / | / |
| | 支4 | GG12+250 | ZGD1+061 | 0.2 | 3.1 | K7 | 258 | δ=8 | 421 | / | / | / | / | / | / |
| | 支5 | GG14+030 | ZGE2+212 | 0.5 | 3.1 | K8 | 771 | δ=10 | 1184 | / | / | / | / | / | / |

注:“/”表示常规市场上相应压力的管材没有

**表 4-5-26　管材综合性能比较**

| 项 目 | 钢管(SP) | 球墨铸铁管(DIP) | 预应力钢筒混凝土管(PCCP) | 玻璃夹砂管(RPMP) | 新型塑料给水管(PE) |
|---|---|---|---|---|---|
| 糙率系数 $n$ | 0.009 | 0.012 | 0.012 | 0.010 | 0.009 |
| 耐久性(年) | 20～50 | 20～50 | 50～100 | 50 | 20～50 |
| 防腐性 | 自身易腐蚀，需采取工程措施 | 自身易腐蚀，需采取工程措施 | 防腐性能较好 | 无需防腐 | 无需防腐 |
| 耐压性 | 最大内压可达 2 MPa，抗外压能力差 | 承受内压的能力比其他管材都强 | 最大内压 2 MPa，可深埋 | 能承受高内压，但易外压失稳 | 能承受内外压力偏小 |
| 管材重量 | 较轻 | 较轻 | 重 | 轻 | 轻 |
| 接头方式 | 焊接刚性接口 | 柔性接口 | 柔性承插式双橡胶圈密封止水 | 柔性承插式双“o”橡胶圈密封止水 | 柔性接口 |
| 施工方法、安装及维护 | 现场焊接较困难，检测、维护费高 | 运输重量一般，有零配件，施工维护费用低 | 运输重量较大，有零配件，施工维护费用低 | 施工安装方便，但对基础与两侧的回填土要求高 | 施工安装方便，但对基础与两侧的回填土要求高 |
| 对基础要求 | 适应不均匀沉陷能力强，一般不需基础处理 | 适应不均匀沉陷能力强，需镇墩和基础处理 | 适应不均匀沉陷能力强，需镇墩和基础处理 | 不适合软土层 | 属柔性管，承受外压能力较差，在埋地后会产生一定的径向变形；施工回填要求高 |
| 抗震性能 | 强 | 强 | 强 | 弱 | 弱 |
| 价格 | 内压≤1.5 MPa 时，与球墨铸铁有竞争力 | 压力＞1.5 MPa 时，比钢管具有优势 | 在承压范围内，价格小于钢管和球墨铸铁管 | 在承压范围内，价格小于钢管和球墨铸铁管 | 在管径≥1 m 和高压下，5 种管材中，其价格最贵 |

经比较可知：

①当管道设计压力等于 1 MPa 时，直径 1 m 的管道选择余度较大，5 种管材都可以，玻璃钢夹砂管最便宜，PE 管最贵。

②当管道设计压力等于 1.5 MPa 时，PE 管已经没有可选型号，玻璃钢夹砂管和 PCCP 管相对球墨铸铁和钢管具有比较大的价格优势。

③当管道设计压力等于 2 MPa 时，只有钢管、球墨铸铁管和玻璃钢夹砂管可选，球墨铸

铁管的价格优势凸显出来。

④当管道设计压力大于 2 MPa，管道直径小于 1 m 时，可选管材只有球墨铸铁管和钢管，价格上球墨铸铁管占优势。

⑤PCCP 管最重，施工运输最不方便，玻璃钢夹砂管容易受外压失稳，对基础处理和施工技术要求较高。

⑥PE 管可选管径和管压可选择范围太小，可选用时的价格在 5 种管材中还最高。

综合考虑以上因素，在选择施工相对容易并尽量减少管材型号的前提下，本工程输水管材推荐采用钢管和球墨铸铁管，在工作压力≤1 MPa 时，管材采用单价相对较少的钢管，即干管桩号 GG3＋400 之前采用钢管；干管工作压力＞1 MPa 时，干管桩号 GG3＋400 之后的干管和 5 条支管管材采用单价小的球墨铸铁管。

## 5.4　敷设方式

(1)普通管道。

本工程输水管道铺设采用埋管，管槽开挖边坡为 1∶0.75(土坡)和 1∶0.5(石坡)，安装管道前根据管径在基础铺设 10～25 cm 粗砂垫层，管道两侧预留 30～50 cm 的施工空间，管道安装后，回填开挖料并压实，管道埋深大于 70 cm。管道在平面或立面转弯、变管径、三通处设 C15 镇墩，明管段每隔 6 m 设置一个支墩，镇墩后管道上设伸缩节，管线共设镇墩 1072 个。

(2)跨河(沟)管道。

跨河(沟)管道铺设采用埋管，管槽开挖边坡为 1∶1，管道两侧预留 35～50 cm 的施工空间，根据管径管道外包 25～50 cm 混凝土，上面再回填开挖料，管道埋深应在最大冲刷深度以下。

(3)跨路管道。

跨路管道采用埋管，管槽开挖边坡为 1∶0.5，安装管道前根据管径在基础铺设 10～30 cm 粗砂垫层，管道两侧预留 30～50 cm 的施工空间，管道安装后，按路基标准回填后，再恢复路面，管道埋深在路面下 1 m 以上。

(4)陡坡管道。

管道纵坡大于 1∶2 时采用明管布置，平、纵面拐弯处设 C15 镇墩，直线段长度超过 100 m 加设镇墩，镇墩间每隔 6 m 设 C20 支墩。镇、支墩基础应落于稳定、坚实的原状土基或岩基。

(5)软基段管道。

根据地质测绘，管道沿线无工程地质性状较差的特殊性土，因此从持力层强度上来讲，管道均可采用天然地基。如施工时发现软土地基，软土厚度较薄时采用换填处理，软土较厚时采用搅拌桩处理，使管基承载力满足设计要求。

(6)附属设施。

干管、左支管和右支管等各级管首均设置检修阀，并沿管道每隔 5～10 km 布置一个检修阀；干管各分段在进入高位水池前设置水位控制阀；干管、左支管、右支管末端各设一个超压泄压阀，以降低阀前过剩水头；在管道沿线各供水点进口均设置检修阀或泄水阀；在管道凸起点设置快速排气阀，长距离无凸起点的管段每隔 0.6 km 左右设置排气阀；在管道低凹处设置泄水阀。供水支管主要设置检修阀、流量计和流量控制阀。灌溉支管只配有分水阀。本工程输水管道共设置各式阀门 172 套。所有阀门均设置在阀门井内。

# 第6章　经验与体会

在勐甸工程的施工建设过程中，主要存在以下几点体会，在以后的设计过程中从中吸取经验和教训。

(1)导流输水隧洞洞径设计除了应该考虑运行过流所需断面、导流过流所需断面以及施工最小断面外，还应考虑后期洞内管道安装施工、检修时所需空间尺寸。

(2)根据《水利水电工程压力钢管设计规范》(SL/T281—2020)3.2.4条“分段式明管转弯处宜设置镇墩，其间钢管可用支墩支承，两镇墩间应设置伸缩节，伸缩节宜设在镇墩下游侧。波纹管伸缩节可设置在管段中部”；3.2.5条“超过150 m的直线管段，宜在其间加设镇墩。”本工程输水隧洞闸门井后隧洞断面为2 m×2 m的城门洞型，洞内需安装直径Φ1.0 m，长306 m的钢管，且设有一段转弯半径为40 m、长41.9 m的转弯段，转弯段后洞内直管段长243.1 m，超过150 m，需要前后设置镇墩，且两镇墩之间需设置一波纹管伸缩节，洞内设置镇墩基本是管道安装后全断面回填混凝土，无法再进洞检修其前面的钢管，因此伸缩节后的镇墩应设置在洞外。管道安装施工时，隧洞空间狭小，管道两侧空间平均只有0.5 m，为日后检修伸缩节方便，伸缩节的安装应尽量靠近洞口。

(3)本工程洞内埋管实际施工时，施工空间狭窄，对施工工序要求很高，且支墩的设置让管道及隧洞日后检修空间更显狭小。所以，其他工程如果涉及洞内埋管较长需要注意预留洞内埋管的施工和检修空间。